EXPOSÉ

DES APPLICATIONS

DE L'ÉLECTRICITÉ

Imp. Polytechnique de E. LACROIX. N. COLLIN, successeur, à St-Nicolas-Varangéville (Meurthe).

BIBLIOTHÈQUE SCIENTIFIQUE-INDUSTRIELLE ET AGRICOLE
Des Arts et Métiers

EXPOSÉ

DES APPLICATIONS

DE L'ÉLECTRICITÉ

PAR

LE C[TE] TH. DU MONCEL

Officier de la Légion d'honneur et de l'ordre de Saint-Wladimir de Russie
Ingénieur-Électricien de l'Administration des lignes télégraphiques françaises

---

3e Edition entièrement refondue

TOME DEUXIÈME

TECHNOLOGIE ÉLECTRIQUE

PARIS
LIBRAIRIE SCIENTIFIQUE, INDUSTRIELLE ET AGRICOLE
Eugène LACROIX, Imprimeur-Éditeur
Libraire de la Société des Ingénieurs civils, de celle des Conducteurs des Ponts et chaussées
de la Société des anciens Élèves des Écoles nationales d'Arts et métiers
de MM. les Mécaniciens de la marine nationale, etc., etc.
54, rue des Saints-Pères
1873

TECHNOLOGIE ÉLECTRIQUE

DEUXIÈME SECTION

ORGANES ÉLECTRIQUES SUSCEPTIBLES D'ÊTRE EMPLOYÉS DANS LES APPLICATIONS ÉLECTRIQUES

CHAPITRE PREMIER.

CONSIDÉRATIONS GÉNÉRALES ET LOIS DES ÉLECTRO-AIMANTS.

Lorsqu'on veut obtenir une action électrique à distance, soit pour fournir des indications fugitives comme dans la télégraphie, la transmission électrique de l'heure, l'enregistrement d'effets physiques ou mécaniques déterminés ; soit pour produire une action mécanique énergique sous une influence très-minime, par exemple, déterminer la marche ou le réglage de machines puissantes d'après les effets d'une cause physique à peine appréciable ; soit, enfin, pour provoquer des effets physiques et mécaniques susceptibles d'être utilisés dans la pratique, il ne suffit pas d'avoir une pile et un circuit, il faut que le courant envoyé à travers ce circuit ait un auxiliaire qui transforme extérieurement, par une action matérielle, les effets qui sont la conséquence de sa circulation momentanée dans le circuit. Or c'est de cette espèce d'intermédiaire, de ce révélateur, en un mot, de la présence du courant, dont nous allons maintenant nous occuper.

A proprement parler, toute réaction extérieure des courants peut être utilisée soit pour l'une, soit pour l'autre des applications que nous venons d'exposer ; ainsi, les réactions mécaniques, calorifiques et lumineuses des décharges électriques, les décompositions électro-chimiques, les réactions électro-magnétiques qui permettent à une aiguille aimantée de se mettre en croix sur un courant, ou à un morceau de fer de s'aimanter sous l'influence de ce même courant, les réactions électro-physiologiques même, sont autant d'effets qui peuvent être appliqués à la révélation de la présence d'un courant dans un circuit, quelque étendu qu'il puisse être; mais parmi ces effets, nous n'étudierons en ce moment que ceux qui peuvent déterminer une action mécanique et en tête de ces effets nous placerons ceux qui ont pour résultat la création d'un aimant temporaire ou d'un électro-aimant.

DES ÉLECTRO-AIMANTS.

Un électro-aimant se compose de trois parties ; du *noyau magnétique* ou cylindre de fer destiné à être magnétisé, de *l'hélice magnétisante* constituée par un fil isolé enroulé sur une espèce de bobine ordinairement en cuivre ou en bois, et d'une *armature de fer* ou pièce de fer, le plus souvent de forme prismatique, placée devant l'extrémité du noyau magnétique. Les extrémités de ce noyau sont appelées vulgairement *pôles* de l'électro-aimant.

Quand le noyau magnétique est constitué par une tige cylindrique droite, l'électro-aimant est appelé *électro-aimant droit*, et le plus souvent il ne réagit que par un seul de ses pôles ; mais si cette tige est recourbée en forme de fer à cheval et que les deux extrémités puissent réagir sur la même armature, il est dit *en fer à cheval* ou *à deux branches*. Un pareil électro-aimant peut du reste être constitué par plusieurs pièces réunies l'une à l'autre ; ainsi deux noyaux de fer joints par une traverse de même métal et portant chacun une bobine, peuvent constituer un électro-aimant à deux branches, et c'est même la forme qu'ils ont ordinairement. La pièce de jonction, qui réunit les deux branches s'appelle alors *culasse* de l'électro-aimant. Ces formes ont, du reste, été très-variées, et nous décrirons plus tard les principales.

Lorsqu'à l'électro-aimant que nous venons de décrire il manque une bobine sur l'une des deux branches de fer, il est dit *boiteux*. Ce genre d'électro-aimants, que j'ai beaucoup étudié et le premier employé dans les applications électriques, a beaucoup d'avantages dont nous parlerons plus tard et une force beaucoup plus considérable qu'on ne semblerait le croire à première vue. La *fig.* 1 représente des électro-aimants de ce genre.

Fig. 1.

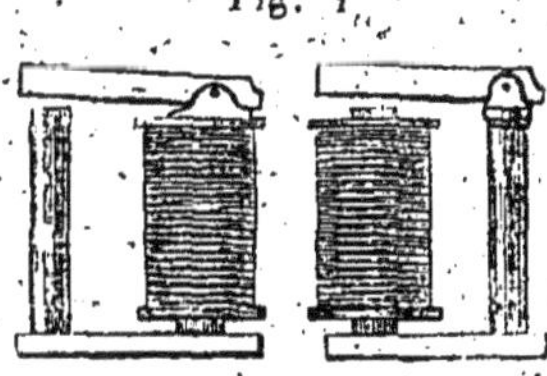

Historique de la question. — Lorsque Ampère et Arago firent la découverte de cette magnifique propriété des courants de pouvoir aimanter et désaimanter à volonté un morceau de fer, ils étaient loin de soupçonner les innombrables applications qui pourraient en résulter plus tard. Les lois qui président au développement de cette action étaient encore à naître, et les effets observés ne permettaient guère de faire présager tout le parti qu'on pourrait en tirer, surtout en télégraphie, puisqu'à cette époque les électro-aimants n'étaient constitués que par une hélice en gros fil enroulée grossièrement autour d'une tige de fer. Avec un pareil système, on ne pouvait naturellement produire aucune force sur des circuits un peu longs ; aussi quand Ampère conçut le télégraphe électro-magnétique, qui fut la base de la télégraphie électrique aujourd'hui en usage, ne pensa-t-il nullement à l'emploi des électro-aimants, et eut-il recours aux aiguilles aimantées, dont l'action paraissait alors infiniment plus sensible. Cette même idée présida encore longtemps aux inventions qui suivirent celle d'Ampère, et c'est M. Morse qui semble être le premier qui ait mis l'électro-aimant en honneur dans les applications électriques. Il est vrai qu'à l'époque où ce savant fit cette innovation, les lois des électro-aimants étaient encore inconnues aussi bien que les relais, et cette idée était alors plutôt une erreur qu'un progrès réalisé, surtout dans son application à la télégraphie. Mais quand on put s'assurer qu'avec une disposition convenable, un électro-aimant pouvait acquérir une force considérable, que cette force pouvait se produire à distance, dans telles conditions que l'on pouvait désirer ; enfin, quand on put saisir le lien qui relie les lois des électro-aimants à celles des courants, on put croire que le grand levier qu'Archimède cherchait pour soulever le monde était trouvé pour la télégraphie électrique. C'est seulement alors qu'elle passa dans le domaine de la mécanique et qu'elle put accomplir les pas de géant que nous lui avons vu faire depuis vingt-cinq ans. On comprend, d'après ce préambule, combien la question des électro-aimants est importante, et combien toutes les recherches sérieuses, qui peuvent conduire à leur amélioration, doivent être saisies avec empressement, non-seulement par les administrations télégraphiques, mais encore par tous les constructeurs qui appliquent l'électricité à la mécanique.

Les premières recherches faites dans la voie du perfectionnement des électro-aimants doivent être rapportées à MM. Lenz et Jacobi, célèbres savants russes auxquels la science et les arts doivent plus d'une découverte, et entr'autres celle de la galvanoplastie. Grâce aux nombreuses expériences qu'ils entreprirent en commun et à l'application qu'ils firent du calcul aux résultats auxquels il parvinrent, ils démontrèrent : 1° *que la force propre des électro-aimants est proportionnelle à l'intensité du courant et au nombre des spires que le fil enroulé en hélice autour du fer peut fournir ;* 2° que, pour placer ces électro-aimants dans les meilleures conditions possibles par rapport au circuit dans lequel on les interpose, il faut que la résistance de l'hélice soit égale à celle de la partie du circuit étrangère à l'électro-aimant.

Un peu plus tard, M. Wheatstone, appliquant ces déductions à la télégraphie, changea complétement les conditions de leur construction, en les faisant de petites dimensions et en les enroulant de fil fin. Il obtint de cette manière d'excellents résultats, et c'est alors qu'il imagina les relais, qui ont rendu de si importants services à la télégraphie électrique.

Les lois de MM. Lenz et Jacobi, telles qu'elles avaient été formulées dans l'origine, laissaient supposer que la masse magnétique des électro-aimants pouvait se prêter *indéfiniment* au développement de la force électro-magnétique déterminée par l'action du courant. Mais cette hypothèse n'était pas logiquement admissible, car elle ne conduisait à rien moins qu'à faire d'une masse de fer très-petite une source inépuisable de force. M. Müller, croyant à l'impossibilité d'une pareille conséquence, entreprit de nombreuses expériences qui le conduisirent à reconnaître que non-seulement une masse de fer est susceptible d'un certain maximum d'aimantation, mais encore que la loi de MM. Lenz et Jacobi n'est vraie qu'entre certaines limites de l'état magnétique du fer, et que, entre ces limites mêmes, *la force de l'électro-aimant est proportionnelle aux racines carrées des diamètres des noyaux magnétiques, ou à ces diamètres, si on tient compte de la réaction exercée sur l'armature.* De plus, la formule à laquelle le conduisirent ses expériences lui montra que, *pour développer, dans deux électro-aimants de différents diamètres, une même partie aliquote de leur maximum magnétique, il faut que les intensités électriques multipliées par les nombres de tours de spires soient proportionnelles aux racines carrées des cubes des diamètres.*

Quelque temps après, plusieurs anomalies présentées par certains électro-aimants à ces différentes lois engagèrent M. Dub à étudier de nouveau la question au point de vue de la longueur des noyaux magnétiques, dont M. Müller n'avait pas tenu compte, et à la suite de nombreuses et belles expériences, ce savant put s'assurer que la force électro-magnétique, tout en croissant comme les racines carrées des diamètres, *est encore proportionnelle aux racines carrées des longueurs.* Mais, comme l'attraction qui résulte de cette force *décroît en raison de la racine carrée de la distance du point milieu du noyau magnétique à l'armature*, il en résulte que les deux lois de Dub et de Müller réunies peuvent se résumer dans la proposition suivante :

La force attractive des électro-aimants sur une armature est proportionnelle aux diamètres des noyaux magnétiques et aux racines carrées de leur longueur.

MM. de Waltenhofen, Overboeck, se sont ensuite occupés de la question des maxima de saturation magnétique, et ils ont pu constater, d'abord que ces maxima dépendent uniquement de la masse du fer et non de la forme des électro-aimants, en second lieu *que l'aimantion maxima dont est susceptible un électro-aimant sous l'influence du courant peut dépasser de cinq fois celle qu'il pourrait conserver, si au lieu d'être en fer il était en acier trempé, et que c'est dans le voisinage de ce dernier degré d'aimantation que les lois de Jacobi, Dub et Müller sont applicables.*

Enfin, s'il m'était permis de mentionner mon nom auprès de ceux des illustres savants dont je viens de parler, je dirais qu'ayant reconnu dans l'action des électro-aimants sur leurs armatures des effets tout à fait analogues à ceux de l'électricité par influence, j'ai admis de la part des électro-aimants une double action qui, loin d'infirmer les conséquences des lois précédentes, ne fait que les accentuer davantage, en donnant lieu à une sorte de condensation magnétique. J'ai développé longuement cette théorie dans mon étude du magnétisme et dans plusieurs mémoires publiés à différentes époques ; j'ai également montré que les noyaux de fer des électro-aimants n'avaient pas besoin d'être massifs pour produire une grande force et qu'ils pouvaient être remplacés avantageusement par *des tubes de fer si on avait soin de munir leur extrémité polaire d'un bouchon de fer de même épaisseur que le tube et que cette épaisseur fût proportionnée à la force électrique agissant sur eux.*

Une fois les lois des électro-aimants établies dans toute leur simplicité, on chercha à modifier la forme de ces organes électro-magnétiques pour les appliquer de la manière la plus avantageuse suivant les cas. Parmi les savants qui se sont occupés le plus fructueusement de cette question, nous citerons d'abord M. Niklès, qui a publié sur ce sujet un volume très-intéressant, MM. Cecchi de Florence, Siemens de Berlin, Delafollye, Joule, Hughes, Varley, Hipp, de Haldat, Robinson, Thomson, etc., etc. Toutefois, malgré tous les intéressants travaux entrepris par ces savants, il restait encore à coordonner les faits et à les relier les uns aux autres par une théorie mathématique qui pût indiquer, en même temps, les conditions de maximum de force de ces organes électro-magnétiques. J'ai entrepris ce travail, qui m'a demandé de très-longues études, et il a été l'objet d'un volume spécial que j'ai publié en 1871, sous le titre de *recherches sur les meilleures conditions de construction des électro-aimants*. Grâce à lui, tous les effets connus et même ceux qui étaient regardés comme des anomalies peuvent être facilement expliqués, et à l'aide de formules très-simples, il devient facile de déterminer non seulement les dimensions d'un électro-aimant pour correspondre le plus efficacement possible à une intensité électrique et à un circuit donnés, mais encore la longueur et la grosseur du fil de l'hélice magnétisante. Nous ne pourrons donner ici qu'un léger aperçu de ce travail, car il est beaucoup trop mathématique pour que nous puissions entrer dans les discussions théoriques qu'il a soulevées, mais d'après les conclusions auxquelles il conduit et que nous allons exposer, on se trouvera en possession de tous les éléments nécessaires pour appliquer d'une manière utile les lois des électro-aimants dans les différents cas qui peuvent se présenter.

I. LOIS DES ÉLECTRO-AIMANTS.

Dans l'historique que nous avons fait des découvertes relatives aux électro-aimants, nous avons exposé d'une manière sommaire les différentes lois qui régissent leur action ; mais pour qu'elles puissent être mises en application, il s'agit de les formuler mathématiquement, et pour y arriver, nous rechercherons d'abord l'expression mathématique des différents éléments qui entrent dans leur construction et qui les relient au circuit électrique dans lequel ils sont interposés ; je veux parler du nombre des tours de spires et de la longueur de l'hélice magnétisante, de la longueur et du diamètre des noyaux magnétiques, enfin de la grosseur du fil de l'hélice. Les formules qui donnent l'expression de ces valeurs sont d'ailleurs indispensables à connaître pour tous les calculs relatifs à la construction des électro-aimants, car elles permettent de déduire l'un ou l'autre de ces éléments de la valeur des autres dans des conditions données.

Formules des différentes valeurs des éléments entrant dans la construction d'un électro-aimant. — Pour arriver à la détermination de ces formules, il nous suffira de considérer que, si on désigne par b la longueur de la bobine, par r le rayon ou le demi-diamètre de son tube, par H la longueur du fil de l'hélice, par a l'épaisseur des couches de spires, par g le diamètre du fil de l'hélice muni de sa couverture isolante, par t le nombre des spires, on pourra représenter d'abord le nombre des spires de chaque rangée par $\frac{b}{g}$, et, comme il y a autant de rangées que g est contenu de fois dans l'épaisseur a, on aura pour représenter le nombre total des spires :

$$t = \frac{b}{g} \times \frac{a}{g} = \frac{ab}{g^2}. \qquad (80)$$

Si on recherche maintenant la longueur de chacune des spires de la première et de la dernière rangée, on trouvera qu'elle est pour la première, $2\pi\left(r + \frac{g}{2}\right)$ et pour la dernière, $2\pi\left(r + a - \frac{g}{2}\right)$; par conséquent, les longueurs totales de ces deux rangées seront :

$$\frac{b}{g} 2\pi \left(r + \frac{g}{2}\right) \quad \text{et} \quad \frac{b}{g} 2 \left(r + a - \frac{g}{2}\right).$$

Les couches intermédiaires constituant, avec ces deux rangées, les termes d'une progression arithmétique dont les expressions précédentes sont les termes extrêmes, et dont le nombre de termes est représenté par $\frac{a}{g}$ la longueur totale H de l'hélice ou la somme des longueurs de ces différentes rangées sera donnée par la formule

$$H = \frac{b}{g} \, \frac{2\pi\left(r + \frac{g}{2} + r + a - \frac{g}{2}\right)}{2} \, \frac{a}{g} = \frac{\pi ba\,(a + 2r)}{g^2};$$

ou, si on remplace $2\,r$, qui n'est autre chose que le diamètre du tube de la bobine, par c :

$$H = \frac{\pi ba\,(a + c)}{g^2}; \qquad (81)$$

mais comme $t = \frac{ab}{g^2}$, on peut tirer de l'équation précédente, en remplaçant $\frac{ab}{g^2}$ par t, les relations suivantes :

$$(82) \qquad t = \frac{H}{\pi\,(a + c)} \quad \text{et} \quad H = t\pi\,(a + c). \qquad (83)$$

formules desquelles on peut déduire pour les quantités a, b, c, g et t douze valeurs différentes qui peuvent être mises à contribution suivant les cas.

D'après ces données, la résistance d'un circuit simple composé d'une ligne métallique isolée, à l'extrémité de laquelle se trouvera un électro-aimant, aura pour expression, en désignant par R la résistance de la ligne, augmentée de la résistance de la pile

$$R + \frac{\pi ba(a+c)}{g^2}$$

et par suite l'intensité du courant sur ce circuit avec une force électromotrice représentée par E sera :

$$I = \frac{E}{R + \frac{\pi ba(a+c)}{g^2}}.$$

Mais comme dans cette formule la valeur R exprimée généralement en unités métriques de fil télégraphique doit être convertie en unités de même résistance que le fil de l'électro-aimant, il faudra, quand g sera indéterminé et variable, que cette valeur de R présente dans son expression les traces de cette conversion, et pour trouver ces traces, il suffira de nous rappeler que les résistances de deux fils sont inversement proportionnelles à leurs sections ou aux carrés des diamètres et également en raison inverse de leur conductibilité. En conséquence, si nous prenons la section du fil télégraphique dont le diamètre est 4 millimètres pour l'unité de comparaison, que nous désignions par s le diamètre du fil de cuivre de l'hélice, et que nous adoptions pour représenter le rapport de conductibilité du fer et du cuivre le chiffre 6, la résistance réduite de R, estimée primitivement en longueur de fil télégraphique, sera représentée par :

$$\frac{s^2}{0,000016} R. 6.$$

Mais comme le diamètre s ne diffère du diamètre g que par la petite épaisseur de l'enveloppe de soie qui recouvre le fil, épaisseur dont le rapport avec le diamètre de ce fil est connu et qui est pour les fils très-fins 1,6428 (1), on peut prendre g pour s en le divisant par ce rapport que nous appellerons f. Si, d'un autre côté, on désigne par q la constante $\frac{6}{0,000016}$ qui est égale à 375000, on arrive en définitive à la

(1) Ce coefficient varie pour les différents fils, et nous en donnons les valeurs dans la seconde table du sous-chapitre V.

formule :

$$q\frac{Rg^2}{f^2} \qquad (84)$$

pour représenter la réduction de la résistance R en fonction du fil de l'hélice ; de sorte que l'expression de la valeur de I devient alors :

$$I = \frac{E}{\frac{qRg^2}{f^2} + \frac{\pi\, ba\,(a+c)}{g^2}}$$

Toutefois si on fait varier le diamètre g, la quantité g^2 devra figurer au numérateur de cette expression, car si la résistance d'un circuit est en raison inverse de la section du conducteur qui le compose, l'intensité du courant lui est au contraire proportionnelle (1). De plus, le dénominateur entier de la formule précédente devra être multiplié par une constante K en rapport avec l'unité de longueur, l'unité de section, l'unité de conductibilité, afin qu'on puisse faire varier g dans les conditions déterminées; de cette manière, la formule de l'intensité du courant devient :

$$I = \frac{Eg^2}{Kf^2\left[\frac{qRg^2}{f^2} + \frac{\pi ba\,(a+c)}{g^2}\right]} \qquad (85)$$

---

(1) Si la formule exprimant la valeur de I n'était pas affectée au numérateur par le facteur g^2, on arriverait, en la discutant, à des conséquences tout à fait contraires à la réalité. En effet, si, pour plus de simplicité, on suppose que les deux résistances que nous avons considérées soient représentées par deux conducteurs de longueur R et H et de diamètre G et g, lesquelles étant réduites en fonction l'une de l'autre donnent pour expression de la résistance totale, $K\left(\frac{Rg^2}{G^2} + H\right)$, l'intensité I du courant aura pour expression :

$$I = \frac{E}{K\left(\frac{Rg^2}{G^2} + H\right)}.$$

Or, si l'on fait dans cette formule $g = o$ ou $= \frac{A}{o}$, c'est-à-dire infiniment petit ou infiniment grand, la valeur de I sera représentée dans le premier cas par $\frac{E}{KH}$, et dans le second par zéro; résultats évidemment absurdes, puisque plus on augmente la section d'un conducteur, plus est grande l'intensité du courant. En faisant figurer au numérateur de l'expression le facteur g^2, il n'en est plus ainsi, et l'on obtient avec $g = o$ une intensité nulle, et avec $g = \frac{A}{o}$ une intensité égale à $\frac{EG^2}{KR}$, résultats tout à fait logiques.

Lois algébriques des électro-aimants. — Nous avons vu précédemment que les expériences de MM. Lenz et Jacobi avaient conduit à cette conclusion que la force propre des électro-aimants, est proportionnelle à l'intensité du courant et au nombre des tours de spires de leur hélice magnétisante. Mais si on considère que quand ces organes exercent leur action sur une armature de fer doux, ils créent par le fait un nouvel aimant qui en réagissant à son tour sur le premier peut provoquer une action semblable, on arrive à conclure que *la force attractive des électro-aimants doit être proportionnelle au carré de l'intensité du courant pour un même nombre de tours de spires, et au carré du nombre de tours de spires pour une même intensité du courant.* Cette loi, démontrée expérimentalement par M. Dub, ne peut toutefois être considérée comme rigoureusement vraie, que quand l'électro-aimant et l'armature présentent à peu près la même masse, et que leur état magnétique est voisin de celui qui correspond au point de saturation, c'est-à-dire de celui que conserveraient ces pièces magnétiques, si étant en acier trempé, elles étaient aimantées au maximum. Nous reviendrons, du reste, plus tard sur cette question. Pour le moment, nous ajouterons qu'il résulte de la loi précédente, que si l'intensité électrique (agissant sur l'électro-aimant) et le nombre des tours de spires de l'hélice varient en même temps, ce qui a presque toujours lieu, puisqu'en augmentant ce nombre de tours de spires sans charger le générateur électrique, on augmente par cela même la résistance du circuit, *la force attractive des électro-aimants devient proportionnelle au carré de l'intensité du courant multiplié par le carré du nombre des tours de spires.*

Quand l'électro-aimant au lieu d'agir sur une armature de fer doux, exerce son action sur un autre électro-aimant, *l'attraction est proportionnelle à la somme des produits de l'intensité du courant par le nombre des tours de spires dans les deux hélices.*

Enfin, quand l'électro-aimant réagit sur une armature en acier magnétisé à saturation, *la force attractive est simplement proportionnelle au produit de l'intensité du courant par le nombre des tours de spires.*

On observera en même temps *que la nature et le diamètre du fil des hélices magnétisantes n'exercent aucune influence, quand l'intensité du courant ne varie pas.*

D'après ces différentes lois, la force attractive F d'un électro-aimant agissant sur une armature de fer doux peut avoir pour expression :

1° Dans le cas où l'intensité électrique varie seule :

$$F = I^2 t;$$

2° Dans le cas où le nombre des spires varie seul :

$$F = I t^2;$$

3° Dans le cas où le nombre des spires et l'intensité électrique varient en même temps, ce qui est le cas d'un électro-aimant qu'on enroule successivement jusqu'à ce qu'il soit dans ses meilleures conditions pour être appliqué sur un circuit extérieur de résistance R :

$$F = I^2 t^2.$$

Or, si dans ces formules on remplace les quantités I et t par leur expression mathématique que nous avons déduite précédemment, on trouve pour valeur de F dans ce dernier cas :

$$F = \frac{E^2 a^2 b^2}{[Rg^2 + \pi ba\,(a + c)]^2}, \qquad (86)$$

et en faisant varier seulement g :

$$F = \frac{g^4\, E^2\, ab}{f^2 K^2\, [Rg^2 + \pi ba\,(a + c)]^2}.$$

Cette dernière expression se complique encore des facteurs c et $\sqrt{b}$ qui doivent figurer à son numérateur, si on suppose variable le diamètre et la longueur du fer de l'électro-aimant, car on a vu que les forces sont *proportionnelles aux diamètres des noyaux magnétiques et aux racines carrées de leur longueur* ; de sorte que l'expression générale de F pour un même nombre de tours de spires peut être mise sous cette forme :

$$F = \frac{g^4\, E^2 t\, c \sqrt{b}}{[Rg^2 + \pi ba\,(a + c)]^2} \qquad (87)$$

Or ces expressions sont susceptibles de plusieurs conditions de maximum, suivant qu'on fait varier les quantités a, g, c et b, et ces conditions conduisent aux déductions suivantes, que j'ai longuement discutées dans mon étude des meilleures conditions de construction des électro-aimants (1).

1° Si on fait varier g, c'est-à-dire le diamètre du fil de l'électro-aimant, la résistance du circuit extérieur R doit contenir dans son évaluation cette quantité g, qui doit figurer également au numérateur de la formule, et les conditions de maximum répondent à l'égalité des deux résistances R et H, comme si l'expression correspondait à la formule de Joule $T = I^2 H$.

(1) Brochure de 132 pages publiée en 1871 chez Gauthier Villars, quai des Augustins, 55.

Cette déduction signifie que pour un électro-aimant de dimensions données a, b, c, la plus grande force possible obtenue *avec la moindre résistance de circuit* possible est produite quand la grosseur du fil de l'électro-aimant rend la résistance de celui-ci égale à celle du circuit extérieur.

2° Si on fait varier la quantité a, c'est-à-dire l'épaisseur des couches de spires, laquelle est proportionnelle au nombre des tours de spires, mais croît plus lentement que la résistance de l'électro-aimant, les conditions de maximun de la formule indiquent que la résistance de l'hélice de l'électro-aimant doit être supérieure à la résistance du circuit extérieur dans le rapport de 1 à $\frac{a+c}{a}$, ce qui signifie en d'autres termes qu'un fil de grosseur donnée g peut par son enroulement autour d'un électro-aimant de longueur et de diamètre donnés c et b, augmenter avantageusement la force électro-magnétique jusqu'à ce que la résistance de l'hélice soit égale à celle du circuit multiplié par $\frac{a+c}{a}$. De plus, si on compare entre elles les expressions de la formule correspondante aux deux conditions de maximum que nous venons de déduire, on reconnaît que c'est l'expression en rapport avec les dernières conditions de maximum que nous avons déduites qui donne à la force électro-magnétique sa plus grande valeur, et ce maximum est d'autant plus accentué que le diamètre c est plus grand.

3° Si on fait varier la quantité c, c'est-à-dire le diamètre du fer de l'électro-aimant, les autres valeurs restant constantes, on reconnaît qu'il ne peut exister de conditions de maximum dans la formule qu'en dehors du circuit extérieur R ; mais si on réduit cette résistance en fonction de la longueur H de l'hélice magnétisante, en donnant à R la valeur indiquée par les conditions de maximum que nous avons déduites précédemment, c'est-à-dire en lui attribuant la valeur de H divisée par un facteur a, qui est plus grand que l'unité, et qui représente $\frac{a+c}{a}$, on arrive à conclure que l'on ne peut augmenter avantageusement le diamètre du fer d'un électro-aimant que jusqu'à ce qu'il soit égal à l'épaisseur de l'hélice magnétisante, c'est-à-dire jusqu'à ce que $a = c$, d'où il résulte que la résistance d'une hélice magnétisante doit être égale au double de celle du circuit extérieur, puisque la quantité $\frac{a+c}{a}$ par laquelle il faut multiplier R pour le rendre égal à H, devient alors 2 ; dans ces conditions l'expression de H devient :

$$H = \frac{2\pi \, bc^2}{g^2}$$

4° Si on fait varier la quantité b ou plutôt un multiple m, qui exprime la longueur d'un électro-aimant en fonction de son diamètre c, et si on place les autres quantités a, c, H dans les conditions de maximum qui leur incombe, on reconnaît qu'en ne tenant pas compte de l'action produite par le nombre des tours de spires, action qui entraîne, ainsi qu'on l'a vu, des conditions de maximum particulières, on ne peut augmenter avantageusement la longueur d'un électro-aimant dont l'hélice magnétisante doit avoir la même épaisseur que son diamètre et une résistance double de celle du circuit extérieur, que jusqu'à une certaine limite, et cette limite peut-être déduite de la comparaison de l'expression de la valeur générale de H avec celle qui la représente dans les conditions de maximum par rapport à m. Or le rapport de ces deux expressions étant $\frac{12\pi c^3 m}{2\pi c^3 m}$, on peut en conclure que la valeur maxima attribuable à m dans l'hypothèse que nous avons admise, est le nombre 6, quand l'électro-aimant n'a qu'une seule bobine et le nombre 12 quand il en a deux ; car si on donne à m sa valeur minima, qui est 1, le rapport $\frac{m'}{m} = 6$ devient $m' = 6$. Conséquemment, un électro-aimant simple doit avoir pour longueur 6 fois son diamètre et un électro-aimant double 12 fois ce diamètre.

Les lois des électro-aimants que nous avons exposées précédemment supposent que le magnétisme développé dans le fer de l'électro-aimant correspond au point de saturation magnétique de ce fer et par ce mot *saturation magnétique* nous entendons ici l'état magnétique que conserverait l'électro-aimant si au lieu d'être en fer il était en acier trempé aimanté. Or, il arrive souvent que ce point de saturation n'est pas atteint ou bien se trouve dépassé. Dans ces cas, les forces électro-magnétiques pour un même nombre de tours de spires, ne sont plus proportionnelles au carré de l'intensité du courant et suivent un rapport plus ou moins rapide. Naturellement ce rapport est beaucoup plus rapide quand la saturation magnétique de l'électro-aimant n'est point atteinte et il est au contraire plus lent quand cette saturation est dépassée. Dans ces conditions, les déductions que nous avons précédemment posées pour les maxima de la force électro-magnétique ne sont plus les mêmes, et le calcul montre que dans le premier cas, l'hélice magnétisante doit avoir une épaisseur plus grande que le diamètre du noyau magnétique, une résistance moindre que celle du circuit intérieur et que les dimensions du noyau magnétique lui-même doivent être supérieures à celles qui auraient été déterminées si l'on fût parti de l'hypothèse de la proportionnalité des forces aux carrés de l'intensité du courant. Dans le deuxième cas, les formules ne sont plus susceptibles de maxima.

Si le circuit sur lequel est interposé un électro-aimant est soumis à des dérivations, comme un circuit télégraphique, les formules représentant la force des électro-aimants se trouvent un peu plus compliquées et si, pour représenter l'intensité du courant, on part des formules simples que nous avons posées page 11, on arrive à cette conclusion : que la résistance H de l'hélice basée sur les conditions de maximum par rapport à a doit être égale à la résistance totale du circuit multipliée par $\frac{a+c}{a}$; mais cette résistance totale doit être considérée comme représentant celle du circuit dans des conditions opposées et symétriques du point d'application des dérivations par rapport à celui que l'on considère. Toutefois, comme la résistance totale d'un circuit est toujours moins grande que celle de l'une ou de l'autre des dérivations, on peut conclure que ces dérivations ont pour résultat de faire réduire considérablement la longueur de l'hélice magnétisante.

En définitive, si on applique à la formule représentant la force des électro-aimants les différentes déductions que nous venons d'exposer, cette formule, dans le cas de la saturation magnétique du fer et sur un circuit simple devient :

$$F = \frac{E^2 m^2 c^4}{[Rg^2 + 2\pi c^3 m]^2} ; \qquad (88)$$

qui donne pour conditions de maximum unique :

$$R = \frac{\pi c^3 m}{g^2} = \frac{H}{2} \quad \text{ou} \quad H = 2R.$$

Les autres lois des électro-aimants peuvent être résumées de la manière suivante :

1° Le magnétisme libre d'une section transversale donnée d'un électro-aimant est proportionnelle à la différence des racines carrées de la demi-longueur de l'électro-aimant et de la distance de la section donnée au bout le plus voisin de celui-ci (*Dub*).

2° L'attraction la plus énergique exercée par un électro-aimant, se produit quand ses extrémités polaires ont la même surface que la section transversale du noyau magnétique.

3° Le pouvoir magnétique d'une hélice magnétisante composée d'un seul métal, est pour une même surface de pile et avec une disposition des éléments répondant au maximum de l'intensité du courant dans les différents cas, proportionnelle à la racine carrée du poids du fil métallique employé (*Menzzer*).

Conditions de force des électro-aimants, par rapport à leurs armatures et aux différentes parties constituant leur masse magnétique. — Dans les lois des électro-aimants que nous avons précédemment résumées, nous avons admis que l'armature des électro-aimants avait des dimensions suffisantes pour fournir un degré d'aimantation égal à celui du noyau magnétisé par l'hélice, et ce ne pouvait être d'ailleurs qu'à cette condition que l'attraction exercée sur cette armature pouvait être représentée par le carré de la force propre de l'électro-aimant. Mais pour qu'il en soit ainsi, avec un électro-aimant arrivé à l'état de saturation magnétique maxima, il faut nécessairement que cette armature présente à peu près la même masse que le noyau directement magnétisé par l'hélice ; et, comme pour satisfaire aux lois de proportionnalité des forces par rapport aux diamètres et aux longueurs, l'armature doit présenter à peu près les mêmes dimensions que l'électro-aimant, on en conclut que *le maximum de force dont est susceptible un système électro-magnétique composé d'une armature et d'un noyau de fer entouré par une hélice, doit se produire, quand les dimensions des deux organes magnétiques sont égales ou du moins de même longueur et de surface équivalente ;* la proportionnalité des forces aux diamètres indique, en effet, que celles-ci sont plutôt en rapport avec les surfaces qu'avec les masses magnétiques (1).

---

(1) Si les forces étaient en rapport avec les masses magnétiques ou les volumes, elles seraient proportionnelles pour une même longueur b d'électro-aimant à $\pi \frac{c^2}{4}$ ou à c^2 ; mais étant en rapport avec les surfaces, elles sont proportionnelles, pour cette longueur b, à πc, c'est-à-dire à c, ce qui existe réellement ainsi qu'on l'a vu.

Or il résulte de ce principe que, si au pôle inactif d'un électro-aimant droit, on adapte une seconde armature, la force électro-magnétique du système devra considérablement être accrue, puisque l'électro-aimant muni de sa première armature constitue par le fait un électro-aimant de longueur double ; par suite, le maximum de force devra alors se produire, quand cette seconde armature sera de même longueur que l'électro-aimant devenu ainsi de longueur double ; et, si l'on considère le système par rapport à la première armature, on pourra déduire cette loi générale *qu'un électro-aimant droit, dont le noyau magnétique dépasse la bobine magnétisante du côté opposé à l'armature, augmente successivement de force jusqu'à ce que sa longueur totale soit égale à trois fois la longueur de la bobine* (1). C'est en effet ce que l'expérience démontre.

Cette déduction va nous permettre d'établir d'autres conditions de maxima relatives aux électro-aimants doubles.

En effet, puisque la longueur du noyau magnétique, en dehors de l'hélice magnétisante, peut être favorable au développement de la force jusqu'à la concurrence de trois fois la longueur de l'hélice, on peut comprendre que cette force pourra être encore rendue plus grande, en faisant réagir sur l'armature cette masse de fer, et en l'enveloppant d'une seconde hélice ; or, si cette seconde hélice est de même longueur que la première, on a par le fait deux électro-aimants distincts placés tous les deux dans leurs conditions de maximum, et dont la partie sans bobine, constituant ce que l'on appelle la *culasse* de l'électro-aimant double, *doit être égale à la longueur des noyaux magnétisés*, si l'on veut rester dans les conditions de maximum établies précédemment. On peut donc poser *cette égalité des quatre parties constituantes du système, comme condition de maximum des électro-aimants doubles.*

Cette conclusion, qui est, du reste, conforme à l'expérience, explique

---

(1) Pour qu'on puisse bien comprendre cette déduction, il faut considérer que *les forces des deux pôles d'un électro-aimant sont solidaires*, et que l'un de ces pôles ne peut avoir sa force augmentée sans que l'autre ne reçoive un accroissement correspondant. Conséquemment si, dans le système magnétique en question, la force de celui des pôles qui n'est pas destiné à produire une action effective, est devenue maxima par suite de l'action de l'armature de fer qui est mise en contact avec lui et qui est représentée par la partie du noyau de fer dépassant la bobine, l'autre pôle doit avoir acquis également son maximum de force pour réagir sur l'armature appelée à subir les effets de l'attraction.

plusieurs phénomènes que présentent les électro-aimants, et dont nous aurons occasion de parler plus tard.

Il s'agit maintenant de savoir quelles sont les meilleures dispositions d'armatures. Si nous ne considérons ici que la question de force sans nous préoccuper des exigences de l'application, lesquelles exigences peuvent être en opposition complète avec ces conditions de maximum (en ce sens que, pour des mouvements prompts, les armatures doivent présenter la plus petite masse possible), il est évident que ce sera la forme prismatique aplatie qui sera la meilleure, car le centre de l'action magnétique de l'armature correspondant à la ligne axiale, il est clair que plus son épaisseur dans le sens normal à l'action magnétique de l'électro-aimant sera grande, plus la distance de celui-ci au point milieu de l'armature sera considérable, et par conséquent moins la force sera grande. D'après cela, la forme cylindrique et la forme prismatique, avec des dimensions égales, devront être écartées. Ce seront donc des armatures les plus minces possibles et posées à plat devant les pôles de l'électro-aimant qui résoudront le mieux la question, puisque alors la distance du centre d'action magnétique de l'armature au pôle de l'électro-aimant sera à son minimum. L'expérience démontre, en effet, qu'avec une armature de 3 centimètres de largeur sur 3 millimètres d'épaisseur, la différence des forces correspondantes à sa position à plat ou sur champ est dans le rapport de 92 à 59 (1).

D'un autre côté, on comprend aisément que, pour fournir la plus grande course possible avec le moins d'affaiblissement de force possible, il suffit d'articuler les armatures de manière que l'une des extrémités soit en contact avec l'un des noyaux magnétiques, et que l'autre extrémité soit seule mobile; de cette manière, l'armature se meut angulairement, et la force qui en résulte, comparée à celle qui correspond à la même armature, se

(1) La *forme* et la *masse* des armatures doivent dépendre de plusieurs considérations, mais principalement des fonctions qu'elles sont appelées à remplir. Au point de vue de la force en elle-même, ces armatures, suivant Mussembroeck, doivent toujours être *un peu plus larges que les pôles qui agissent sur elles*; leur longueur doit dépasser de 4 ou 5 lignes les extrémités polaires de l'aimant, *et leur épaisseur doit varier suivant l'énergie de celui-ci*. Ce savant prétend même que cette épaisseur, pour une force magnétique donnée, est susceptible d'un maximum après lequel il y aurait perte de force si on l'augmentait encore. Il est facile de comprendre que cette condition de force n'est pas toujours réalisable; car si on exige de cette armature des mouvements très-rapides, il est évident qu'on devra la choisir la plus légère possible, et c'est pour cette raison que M. Hughes la réduit dans ses électro-aimants télégraphiques à un petit prisme très-mince et très-court.

M. Liais, comme Mussembroeck, admet l'augmentation de la force attractive avec

mouvant parallèlement à la ligne des pôles, est presque doublée. Elle est augmentée, en effet, avec l'armature dont nous avons parlé, dans le rapport de 125 à 64 ; et cela se comprend d'ailleurs facilement, si l'on considère que la distance d'attraction se trouve, par cette disposition, diminuée de près de moitié.

D'après l'assimilation que nous avons faite précédemment, de la traverse réunissant les deux noyaux de fer d'un électro-aimant double avec son armature, on peut comprendre que, quand ces quatre parties sont égales entre elles, elles constituent un système double, dans lequel chacun des noyaux magnétiques, composant un électro-aimant spécial, a une armature distincte, et cette armature étant de même longueur et de même surface que le noyau magnétique qui agit sur elle, peut donner lieu à une réaction magnétique qui sera effectuée dans des conditions analogues à celle de l'action produite par le noyau magnétique lui-même. Par conséquent, l'égalité de l'action et de la réaction, qui est admise dans la transformation de la formule It en I^2t^2, est alors parfaitement réalisable. Mais il n'en est plus de même quand l'armature ainsi que la culasse se trouvent avoir des dimensions plus petites ou plus grandes ; il peut alors arriver, ou que ces armatures ne puissent pas fournir la somme de magnétisme nécessaire pour répondre à l'action, ou que les noyaux de fer eux-mêmes ne présentent pas une assez grande masse magnétique pour correspondre complétement à la réaction qui pourrait se produire. Dans ce cas, les forces dépendent donc des plus courtes parties constituant le système magnétique ; mais, comme l'accroissement de force qu'elles peuvent fournir individuellement est proportionnel à la racine carrée de leur longueur, et que l'une de ces parties ne peut varier en longueur sans que l'autre la suive, il en résulte que *quand les différentes parties d'un*

---

la masse des armatures jusqu'à une certaine limite, mais il fixe cette limite au dessous de celle de l'électro-aimant qui agit sur elle. *Au contact, la force attractive pour des armatures de même longueur croît, selon lui, comme la racine cubique de la surface exposée à l'induction, la troisième dimension restant constante, et comme la racine carrée de cette troisième dimension, si on la fait varier en rendant constante la surface exposée à l'induction.*

Suivant M. Hughes, les armatures doivent être faites avec un fer dont les fibres soient disposées parallèlement à la ligne réunissant les pôles des électro-aimants, et *la masse de ce fer doit être la même que celle des noyaux magnétiques pour une même longueur*. Pour les électro-aimants télégraphiques, la meilleure largeur des armatures, selon lui, serait 1 centimètre avec une épaisseur de 3 millimètres, et la longueur devrait correspondre exactement aux pôles qui agissent sur elles. Dans son électro-aimant, où les pôles sont très-rapprochés l'un de l'autre, elle n'est que de 2 centimètres.

électro-aimant double ne sont pas égales entre elles, la force est proportionnelle à la longueur de la plus courte partie. C'est en effet ce que M. Dub a reconnu depuis longtemps.

Comme corollaires de cette loi, M. Dub donne les déductions suivantes, qui se comprennent du reste facilement sans qu'il soit besoin de les expliquer.

1° La force attractive des électro-aimants peut être proportionnelle à leur longueur, lorsque les longueurs des différentes parties qui les composent croissent toutes dans le même rapport ;

2° Les maxima de force attractive sont proportionnels aux longueurs divers des systèmes dont les parties sont respectivement d'égale longueur ;

3° La force attractive reste constante quand les plus courtes parties sont égales entre elles, que ces plus courtes parties soient représentées par l'électro-aimant ou l'armature.

D'après les conclusions de l'Association britannique pour les mesures électriques, les forces électro-magnétiques doivent être mesurées par la méthode des répulsions magnétiques, et l'unité de force électro-magnétique est représentée elle-même par la répulsion exercée entre deux pôles magnétiques semblables, placés à un mètre de distance et agissant l'un sur l'autre avec une force représentée par $\frac{1}{9,81}$ gramme-mètre. Toutefois, la plupart des expériences qui ont été faites jusqu'ici sur les électro-aimants, résultent de pesées faites par l'intermédiaire d'une balance et de poids : reste à savoir quels sont les rapports qui peuvent exister entre ces deux systèmes de mesures.

Conclusions générales. — Si on résume les différentes déductions que nous avons tirées des lois des électro-aimants par rapport à leurs conditions de maximum de force, on arrive aux conclusions suivantes qui peuvent servir de base pour la construction des électro-aimants.

1° Les conditions de maxima qui peuvent servir à la détermination des divers éléments entrant dans la construction des électro-aimants, sont complexes et doivent s'étendre aux rapports réciproques de l'hélice magnétisante avec les dimensions des électro-aimants, le nombre de spires qu'elle peut fournir, la résistance du circuit et la grosseur du fil qui constitue l'hélice.

2° Ces conditions varient suivant que l'intensité du courant, qui doit animer cet électro-aimant, développe en lui un état magnétique égal, inférieur ou supérieur à celui qui correspond au point de saturation magnétique et suivant que le circuit extérieur est isolé ou non isolé.

3° Sur un circuit parfaitement isolé et dans l'hypothèse d'un état magnétique voisin de celui correspondant au point de saturation, auquel cas les forces attractives sont proportionnelles aux carrés des intensités du courant et aux carrés des nombres de tours de spires, *l'hélice magnétisante doit avoir une épaisseur égale au diamètre des noyaux magnétiques et une résistance double de celle du circuit extérieur. La longueur de chacune des branches de l'électro-aimant lui-même doit être égale à six fois son diamètre, et la traverse qui réunit les deux branches ainsi que l'armature, doivent avoir une longueur égale à celle de ces branches. Enfin, l'armature, devra être de forme prismatique, d'épaisseur un peu inférieure au quart du diamètre des barreaux magnétiques, disposée à plat devant les pôles de l'électro-aimant et articulée sur l'un d'eux de manière à être en contact avec lui par l'extrémité articulée.*

4° Dans l'hypothèse d'un état magnétique inférieur à celui qui correspond au point de saturation, auquel cas les forces croissent dans un rapport plus grand que celui des carrés des intensités du courant, l'hélice magnétisante doit avoir une épaisseur plus grande que le diamètre du noyau magnétique, une résistance moindre que celle du circuit extérieur, et les dimensions du noyau magnétique lui-même doivent être inférieures à celles qui auraient été déterminées si l'on fût parti de l'hypothèse de la proportionnalité des forces aux carrés de l'intensité du courant.

5° Sur un circuit non isolé, comme un circuit télégraphique, les conditions que nous venons d'exposer, tout en restant les mêmes, se trouvent par le fait modifiées en ce sens que la résistance du circuit extérieur sur laquelle elles sont basées, doit être considérée comme étant réduite dans le même rapport que la résistance totale de ce circuit extérieur s'est trouvée elle-même diminuée par le fait des dérivations.

6° La détermination des dimensions d'un électro-aimant, pour correspondre à un circuit extérieur de résistance donnée, est fournie par les formules (1) :

(1) Ces formules dérivent de la formule donnant la valeur de H dans les conditions de maximum de l'électro-aimant; la première est l'expression simple se rapportant à la longueur du fil de l'hélice, la seconde se rapporte à la résistance des circuits extérieurs estimée en unités métriques de fil télégraphique, laquelle se trouve alors convertie en longueur du fil de grosseur g que doit constituer l'hélice magnétisante.

$$c = \sqrt[5]{\frac{Hg^2}{2\pi m}} \text{ ou } c = \sqrt[5]{\frac{Rg^4}{f^2}.\ 9947,16068.} \quad (89)$$

m représentant un coefficient constant par lequel il faut multiplier le diamètre de l'électro-aimant pour représenter sa longueur, f^2 un coefficient variable par lequel il faut diviser g pour obtenir le diamètre du fil dépourvu de sa couverture isolante et dont nous donnons les valeurs dans le second tableau du sous chapitre V.

7° Pour déterminer les dimensions d'un électro-aimant sans spécification de la grosseur du fil, et de manière que son état magnétique soit voisin de celui qui correspond au point de saturation, il faut d'abord calculer c en partant de la formule :

$$c = \sqrt[5]{(E - IR)^2.\ 0,00000000000000000339701761} \quad (90)$$

I indiquant l'intensité du courant dans le circuit où doit être interposé l'électro-aimant, circuit dont la résistance totale est égale à 2R, E représentant la force électro-motrice de la pile (1).

La quantité c étant ainsi déterminée, la valeur de g se déduit de l'équation :

$$g^2 = f\sqrt{\frac{c^3}{R}.\ 0,0001005312.} \quad (91)$$

qui dérive elle-même de l'équation n° (89)

8° La force des électro-aimants gagne beaucoup, du moins dans les limites entre lesquelles les rapports d'accroissement des forces restent proportionnelles aux carrés des intensités du courant, quand on augmente

---

(1) Cette formule dérive de la loi de la proportionnalité du produit It à $\sqrt{c^3}$ (*loi de Muller*) et des données expérimentales fournies par un électro-aimant placé dans ses conditions de maximum, lesquelles sont indiquées dans le premier tableau du sous chapitre V.

En effet :

De la proportion $\frac{I't'}{It} = \frac{\sqrt{c'^3}}{\sqrt{c^3}}$ et de l'équation $I' = \frac{E'}{R' + \frac{2\pi c'^3 m}{g^2}}$,

on tire :

$$c' = \sqrt[5]{\left(\frac{(E' - R'I')10\,g^2}{2\pi m I}\right)^2}$$

et en convertissant la valeur $\frac{10g^2}{2\pi m I}$, composée de quantités connues, en une seule constante, on obtient la formule en question.

le diamètre du fil de l'hélice ; car si ce diamètre g devient gv, le diamètre de l'électro-aimant doit être $v^{\frac{4}{3}}$ et l'augmentation de force qui en résulte est dans le rapport de F à F . $v^{\frac{10}{3}}$. Ainsi, en doublant le diamètre du fil d'une hélice magnétisante, la force qui est produite, en plaçant l'électro-aimant dans ses conditions de maximum, est plus de neuf fois plus grande que celle correspondante au fil avant son accroissement de diamètre.

9° L'extra-courant produit au sein des électro-aimants, au moment de l'aimentation des noyaux magnétiques, et qui est d'autant plus fort que le nombre des spires de l'hélice est plus considérable, agissant en sens contraire du courant transmis, exige que la résistance de l'hélice des électro-aimants soumis à l'action de courants instantanés, soit réduite dans une grande proportion ; et cette cause de réduction, jointe à celles dont il a été question dans les paragraphes 4 et 5, fait que la longueur du fil des électro-aimants télégraphiques, loin de présenter une résistance double de celle du circuit, doit en avoir une beaucoup moindre.

Observations. — La plus importante des déductions qui précèdent, celle qui conclut à donner au fil des électro-aimants une résistance double de celle du circuit extérieur, est un peu en contradiction avec les principes généralement admis et même avec la loi de Joule dont nous avons parlé page 439, tome I ; mais ce désaccord vient de ce que la formule qui a jusqu'ici servi de point de départ à la discussion sur les conditions de force des électro-aimants, était incomplète et ne tenait pas compte de tous les éléments entrant dans la construction d'un électro-aimant. En complétant cette formule, comme nous l'avons fait précédemment, et lui appliquant les lois des électro-aimants suivant la nature des variables, on trouve :

1° Que la loi de Joule qui conclut à la proportionnalité du travail à la résistance du circuit, ne peut être appliquée dans sa propre acception, au cas du travail produit par les électro-aimants, en raison de la double réaction échangée entre un électro-aimant et son armature, et de l'action particulière produite par les spires de l'hélice magnétisante, laquelle non-seulement est en rapport avec leur nombre, mais se trouve encore proportionnelle au carré de ce nombre. D'ailleurs, la formule de Joule ne s'applique pas toujours au travail qui résulte de l'action du courant ; ainsi, le travail électro-chimique, par exemple, est représenté par la formule $Ke \frac{Et}{R}$ ainsi qu'on l'a vu page 440, tome I ; alors que le travail mécanique et calorifique est représenté par $Ke \frac{E^2 t}{R}$ et ces expressions sont admises aussi bien en Angleterre qu'en France (Voir le *Formulaire* de M. Clark, p. 5, et le mémoire de M. Ed. Becquerel sur les piles dont nous avons résumé les conclusions p. 212, tome I).

2° Que la formule exprimant la force des électro-aimants qui n'est pas susceptible de fournir des conditions de maximum, quand elle est simple et qu'elle répond aux équations $F = I^2 t^2$ et $F = It$, peut en déterminer de parfaitement caractérisées, quand elle est complète, parce qu'alors l'accroissement de la résistance du circuit, par suite de la superposition des spires les unes sur les autres, au lieu d'être proportionnel à leur nombre, s'effectue dans un rapport beaucoup plus rapide.

3° Que les conditions de maximum ainsi déduites sont applicables à la force propre des électro-aimants aussi bien qu'à leur force attractive, ce qui est logique ; mais cette conclusion n'est plus vraie quand on discute la formule en rapport avec la loi de Joule.

L'expérience confirme, du reste, toutes les conclusions que nous avons formulées. Ainsi, un électro-aimant muni d'une hélice magnétisante de 75 kilomètres de résistance et animé par le courant d'une pile de Daniell de 20 éléments, ne fournit sur un circuit isolé de 100 kilomètres, que 15 grammes de force attractive à un millimètre de distance, alors qu'il en provoque une de 25 grammes dans les mêmes conditions de résistance du circuit extérieur, lorsque sa bobine est remplacée par une autre de fil plus fin, il est vrai, mais présentant une résistance de 200 kilomètres. La raison en est, que cette dernière bobine étant près de *deux fois plus résistante* que le circuit extérieur, se trouve à peu près placée dans les conditions de maximum que nous avons déduites, tandis que la première bobine a une résistance qui en est fort éloignée.

D'un autre côté, les expériences de M. Hughes montrent que sur un circuit télégraphique de 500 kilomètres, le meilleur effet des électro-aimants correspond à une résistance de l'hélice magnétisante ne dépassant pas 120 kilomètres. Or, si on calcule la résistance totale d'une pareille ligne, et si on considère que dans les transmissions télégraphiques les fermetures de circuit sont d'une si courte durée que les électro-aimants employés ne peuvent jamais être magnétisés à saturation, on arrive à trouver que le chiffre indiqué par M. Hughes est bien celui qui correspond aux conditions de maximum que nous avons posées, surtout si on réfléchit que l'extra-courant d'induction qui se produit dans un électro-aimant, au moment des fermetures du courant et qui agit en sens contraire du courant transmis, est d'autant plus intense que le nombre des tours de spires de l'électro-aimant est plus considérable.

II. DE LA DISTRIBUTION DU MAGNÉTISME DANS LES ÉLECTRO-AIMANTS ET LEURS ARMATURES, ET DES CONDITIONS DE FORCE QUI EN RÉSULTENT.

Généralement la distribution du magnétisme dans les différentes parties constituant un système magnétique est faussement interprétée ; cela vient de ce que la théorie du magnétisme, telle qu'on la professe encore aujourd'hui, est incomplète et que l'on confond perpétuellement l'action des aimants agissant comme courants avec celle de ces mêmes aimants agissant comme induisants. A ce dernier point de vue, qui est le seul que nous ayions à considérer dans les phénomènes auxquels sont dues les réactions électro-magnétiques, les effets doivent être considérés comme se rapportant exactement à ceux de l'électricité statique, et par conséquent, on doit y retrouver des actions analogues à celles des condensateurs. Dans mon *Etude du magnétisme*, j'entre dans de nombreux détails pour montrer la manière de concilier théoriquement tous les phénomènes, mais, ne pouvant en parler ici, je renvoie le lecteur à cet ouvrage.

Quand on présente une armature épaisse à l'action de l'un des pôles d'un électro-aimant droit, le fluide attiré n'occupe pas, comme on l'admet généralement, la moitié de l'armature la plus voisine de ce pôle, abandonnant l'autre moitié au fluide repoussé, c'est-à-dire au fluide de même nom que celui du pôle électro-magnétique. Ce fluide attiré n'occupe dans l'armature *qu'un petit espace hémisphérique au-dessus du pôle induisant, lequel espace diminue de grandeur à mesure que la distance entre l'armature et l'aimant devient moins grande, et se trouve réduit à rien quand l'armature arrive au contact de l'aimant.* Dans ce cas, le fluide attiré se trouve complétement *dissimulé* à la surface de jonction des deux pièces magnétiques, et *le fluide repoussé occupe toute la surface extérieure de l'armature.* De cette manière, celle-ci ne semble être *qu'un épanouissement de l'extrémité polaire de l'aimant*, comme le démontre le fantôme magnétique de ce système représenté

fig. 2. Le même effet se produit avec l'électricité statique, bien qu'on professe précisément le contraire (1).

Il résulte de cette action une conséquence assez curieuse, c'est qu'un système magnétique composé d'un aimant uni à une armature de même longueur que lui, qui devrait théoriquement constituer un aimant de longueur double, se trouve avoir deux polarités très-différentes et ne répondant pas du tout à celles d'un aimant unique ; et ces polarités si

Fig. 2.

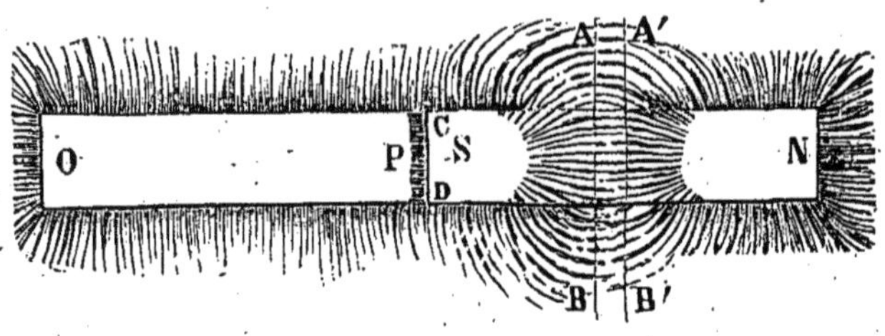

différentes pour l'étendue de la surface qu'elles occupent sur le système, le sont encore plus sous le rapport de la force attractive qu'elles exercent individuellement, car cette force est beaucoup plus grande pour le pôle le moins étendu que pour l'autre pôle, comme on le verra à l'instant. On peut donc en conclure que, si un électro-aimant droit muni de son armature, constitue par le fait un aimant de plus grande longueur et a sa force propre augmentée comme les racines carrées des longueurs, son action polaire a été tellement changée, que la ligne neutre A'B' (fig. 2) de l'aimant primitif qui aurait dû se transporter à la ligne de jonction des deux pièces magnétiques, se trouve à peine déplacée.

La force attractive est-elle inhérente à l'aimant ou à l'électro-aimant, ou bien n'existe-t-elle qu'au moment où elle se trouve excitée par la présence d'un corps magnétique sur lequel elle peut s'exercer ? Telle est la question sur laquelle les physiciens sont loin d'être d'accord, et cela vient précisément de cette confusion des deux effets différents dont nous avons parlé précédemment. Pour qu'on puisse comprendre aisément ces

---

(1) Si on approche de l'extrémité d'un conducteur isolé un corps électrisé, l'électricité attirée, au lieu d'occuper la moitié de ce conducteur la plus voisine de ce corps, n'occupe qu'une surface extrêmement minime, et le fluide repoussé occupe la presque totalité de la périphérie du conducteur influencé. M. Melloni, avant de mourir, avait voulu rectifier le jugement des physiciens à cet égard, mais il n'a pas été écouté.

deux effets, assimilons un aimant à un corps électrisé. Si celui-ci est convenablement isolé et dans des conditions telles, que le fluide reste à l'état statique, aucun signe n'indiquera qu'il est électrisé ; mais si on approche de lui des boules de sureau, on verra celles-ci immédiatement attirées, et cette réaction a été la conséquence de ce que sous son influence deux fluides de noms contraires se sont trouvés développés en face l'un de l'autre, se sont surexcités et, par suite de leur réaction mutuelle, ont déterminé l'entraînement du corps mobile ; évidemment, dans ce cas, il n'y avait pas eu de force préexistante. Dans le magnétisme, il en est de même. L'aimant livré à lui-même, sans surexcitation extérieure est bien un aimant, c'est-à-dire un corps traversé par un courant magnétique circulant en hélice autour de son axe, comme le courant électrique dans le solénoïde d'Ampère ; mais ses forces polaires n'existent pas, et la preuve, c'est que, d'après les expériences de M. Müller, c'est dans le voisinage de la partie médiane d'un barreau aimanté, c'est-à-dire suivant la section de sa ligne neutre, qu'un aimant est le plus fortement aimanté et produit les réactions d'induction les plus énergiques. Suivant moi, l'attraction magnétique n'est rien autre chose qu'une action semblable à l'attraction exercée entre les deux électricités accumulées des deux côtés de la lame isolante d'un condensateur, et la seule différence qu'il peut y avoir, c'est que la lame isolante en question est remplacée dans les aimants par la force coercitive et que les fluides ne peuvent se déplacer que moléculairement, ainsi qu'on l'a vu page 122, tome I.

Qu'il y ait des lignes de force magnétique suivant lesquelles l'action des aimants s'exerce plus énergiquement que suivant d'autres directions, ainsi que cela résulte des expériences de M. Faraday, cela doit être, et cela se comprend, dès lors que l'on regarde un aimant comme constitué par un solénoïde; mais ce fait ne détruit en aucune façon la théorie précédente, ainsi que nous l'avons démontré dans notre *Etude du magnétisme.*

Avec les électro-aimants à deux branches, les effets que nous avons analysés précédemment se répétant d'une manière double, il en résulte, qu'à distance, les deux extrémités d'une armature se trouvent polarisées en sens contraire des pôles de l'électro-aimant qui leur correspondent, tandis qu'au contact elles sont polarisées dans le même sens; mais la plus grande partie de la périphérie de cette armature dans les deux cas ne peut avoir des propriétés magnétiques bien marquées quand elles sont épaisses, en raison de la tendance que possède chaque pôle de l'électro-aimant à polariser cette périphérie dans un sens différent.

Conditions de force des électro-aimants par rapport aux réactions extérieures qui peuvent les stimuler. — En dehors des lois des électro-aimants, lois qui sont en rapport avec celles des courants et qui peuvent se traduire mathématiquement à l'aide des formules d'Ohm, de Jacobi, de Dub et de Müller, dont nous avons parlé, il existe, par suite des réactions de l'aimant agissant comme induisant, une foule de moyens de faire varier la force des électro-aimants, et ces moyens peuvent être mis à profit pour rendre ceux-ci plus puissants.

L'un de ces moyens, reconnu pour la première fois par Descartes, et susceptible d'être appliqué avec un grand avantage aux électro-aimants droits, consiste à placer *sur celui des pôles qui ne doit pas attirer l'armature une masse de fer doux* CA *(fig. 3). La force de l'autre pôle se trouve alors grandement surexcitée (elle a pu atteindre jusqu'au triple de sa valeur primitive), et cette surexcitation,* ainsi que je l'ai démontré, *est d'autant plus grande que la surface de la masse de fer ainsi ajoutée est plus développée. Cette augmentation de force, toutefois, a une limite, après laquelle il y a changement de signe dans l'effet obtenu si on continue à augmenter la masse additionnelle* (ainsi que l'a reconnu M. Nicklès).

Fig. 3.

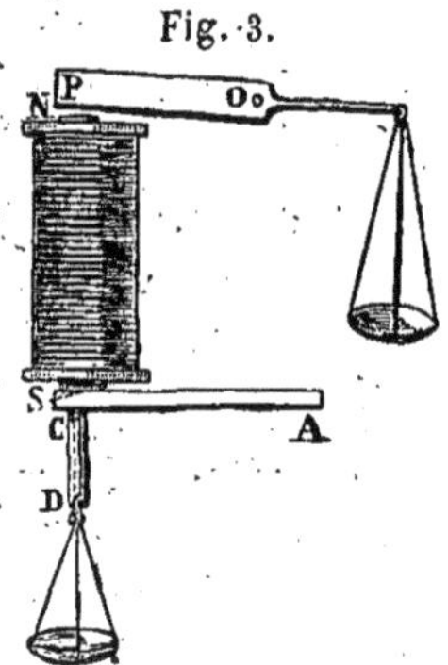

J'ai démontré que cette augmentation de force ne provient pas exclusivement du développement plus considérable que prend alors le noyau magnétisé, mais pour une grande partie de la surexcitation produite par les actions réflexes échangées entre le pôle inactif et la masse de fer appliquée sur lui, ainsi qu'on l'a vu précédemment. Cet effet de surexcitation peut d'ailleurs être obtenu, à un moindre degré, il est vrai, avec la masse de fer additionnelle placée à distance du pôle inactif.

Si la force du pôle opposé à celui qui est muni de la masse de fer gagne à cette disposition, en revanche la force de ce dernier pôle ainsi épanoui *est considérablement affaiblie, et cela d'autant plus qu'elle s'exerce plus loin de la surface de contact des deux masses magnétiques.* Toutefois, cette diminution de force est loin de correspondre à l'augmentation d'énergie du pôle opposé.

Un fait assez remarquable et qui a son importance dans les applications électriques aussi bien que pour la théorie des différentes réactions électro-magnétiques, *c'est que si on surexcite le pôle affaibli du système précédent avec le pôle contraire d'un second aimant de même puissance que le premier, on obtient immédiatement le maximum de force, quelle que soit la grandeur de la masse de fer additionnelle.*

Il résulte de ces différentes réactions :

1° Que si l'action de la masse de fer additionnelle sur le pôle inactif d'un électro-aimant droit a pour effet de surexciter la force de l'autre pôle, l'armature placée devant celui-ci a également pour effet, tout en stimulant ce pôle, de renforcer le premier, qui devient par cela même d'autant plus puissant que l'armature est plus rapprochée : dans ce cas, les actions réflexes sont doubles et mêmes quadruples ;

2° Que la force relativement considérable des électro-aimants boiteux tient surtout à la réaction de la culasse et de la branche sans bobine qui jouent le rôle de la masse de fer additionnelle dans les systèmes magnétiques précédents ;

Fig. 4.

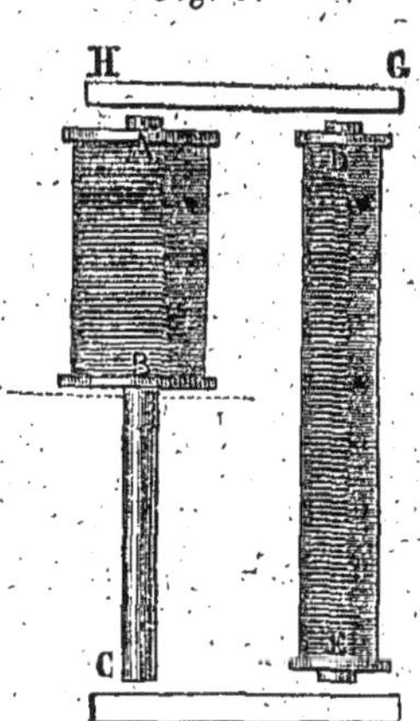

3° Que si on accumule dans le voisinage de l'un des pôles A (*fig.* 4) d'un électro-aimant *droit* toutes les spires qu'une longueur de fil donnée est susceptible de fournir, la force de ce pôle est plus grande que si on répartit les spires de cette hélice sur toute la longueur du noyau de fer, quand bien même le nombre de ces spires serait beaucoup plus grand dans ce dernier cas que dans le premier : cela résulte de ce que dans le premier cas, la partie du noyau de fer dépassant la bobine joue le rôle de la masse de fer additionnelle des précédentes expériences, tandis que dans le dernier cas, cette surexcitation ne peut avoir lieu ; il existe toutefois une limite minima pour la longueur de la bobine ainsi adaptée à l'extrémité polaire des électro-aimants, et cette limite correspond environ au tiers de la longueur du noyau de fer ; dans ces conditions, la force de l'électro-aimant est plus forte que celle de l'électro-aimant entièrement recouvert par l'hélice dans la proportion de 67 à 27 (1).

(1) Voir mon mémoire sur ces effets attractifs dans mes *Recherches sur les meilleures conditions de force des électro-aimants*, p. 60.

4° Que la force d'un électro-aimant à deux branches, dont les bobines restent les mêmes et dont on fait varier seulement la longueur des noyaux magnétiques, fournit toujours la même force attractive, et cela parce que chaque partie du noyau magnétique enveloppé par une bobine joue le rôle d'un électro-aimant droit dont la force se trouve surexcitée par la culasse de fer et toute la masse magnétique qui lui est adhérente; or, que cette masse soit petite ou grande, la surexcitation sera toujours portée à son maximum, puisque chacun des deux électro-aimants joue par rapport à l'autre le rôle d'excitateur au maximum de la masse additionnelle.

Un second moyen de stimuler la force des électro-aimants, est de polariser préventivement l'armature de fer qui doit être attirée, par l'action au contact ou à distance d'un aimant persistant, ou au moyen d'une hélice magnétisante enroulée directement sur l'armature. Une armature dans ces conditions est attirée avec beaucoup plus d'énergie que si elle était constituée avec de l'acier trempé aimanté, parce que le fer s'aimante beaucoup plus énergiquement que l'acier. L'inconvénient de ce système, quand il doit être simplement substitué au système ordinaire, est de fournir un magnétisme rémanent considérable (dû au magnétisme persistant de l'aimant).

Conditions de force des électro-aimants par rapport à la forme et à la disposition de leurs armatures. — La manière dont se présente l'armature d'un électro-aimant devant les pôles qui sont appelés à produire l'attraction exercée, comme on l'a vu page 21, une grande influence sur l'effet définitif qui est produit. J'ai fait à cet égard de nombreuses expériences qui ont conduit aux conclusions suivantes :

1° La force attractive des électro-aimants, quels qu'ils soient, est d'autant plus grande que la surface de leur armature qui reçoit le plus directement l'influence magnétique est plus développée, et que la masse de fer exposée à cette influence est mieux mise en rapport avec l'énergie magnétique de l'électro-aimant.

2° Il résulte de là que l'attraction des électro-aimants à deux branches est plus forte *à distance* avec des armatures prismatiques *disposées à plat* devant les pôles de l'électro-aimant, qu'avec des armatures *disposées sur champ*, *tandis que l'inverse a lieu quand l'attraction s'effectue au contact.* Pour l'attraction à distance, les effets produits peuvent être entre eux dans le rapport de 59 à 92.

3° La disposition électro-magnétique dans laquelle les armatures se meuvent *angulairement* par rapport à la ligne des pôles de l'électro-aimant, c'est-à-dire sont articulées par l'une de leurs extrémités dans le voisinage de l'un des pôles de l'électro-aimant, comme on le voit *fig.* 5,

Fig. 5.

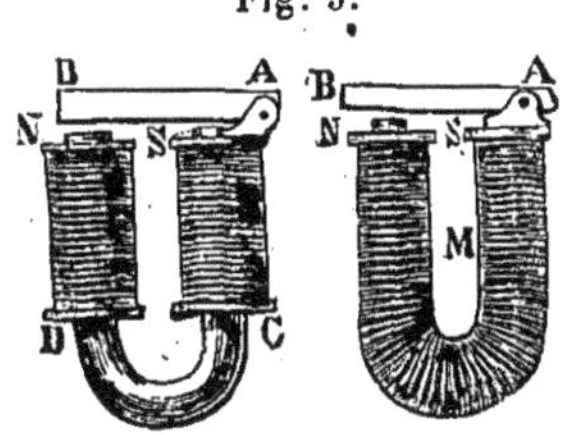

est beaucoup plus favorable que celle dans laquelle les armatures se meuvent *parallèlement* à cette même ligne, ce qui les suppose adaptées en croix à l'extrémité d'un levier basculant, comme on le voit *fig.* 6. Cet avantage est surtout manifeste pour les électro-aimants boiteux, dont la force peut varier dans le rapport de 125 à 64.

4° Les armatures prismatiques sont attirées avec d'autant plus de force que *leur surface est plus grande*, mais *la forme* de ces surfaces a une immense influence sur cette attraction à cause de la distance moyenne de tous les points qui subissent l'influence de l'électro-aimant, laquelle distance peut varier considérablement suivant cette forme.

Fig. 6.

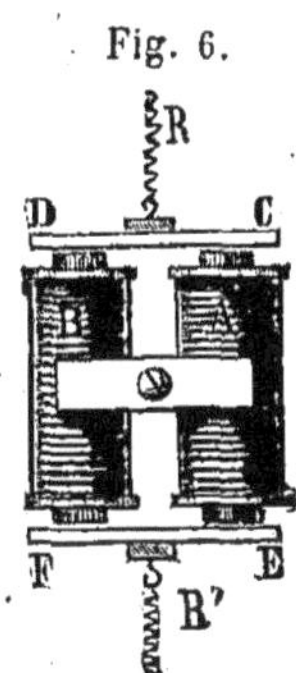

Ainsi *une armature cylindrique*, *de même surface qu'une armature prismatique*, *est attirée avec beaucoup moins de force que cette dernière*, et le rapport de ces forces peut être comme celui des nombres 85 et 44.

5° Par suite d'une réaction analogue à celle qui précède, *l'attraction latérale* des électro-aimants dont les noyaux ressortent un peu des bobines est infiniment *moins énergique que l'attraction normale*, c'est-à-dire que celle qui est exercée dans le sens des axes de ces noyaux ; le rapport de ces forces est comme celui des nombres 33 et 18.

6° Les armatures constituées par des *aimants persistants* ne facilitent l'attraction que quand elles sont disposées à distance de manière à se mouvoir parallèlement à la ligne des pôles de l'électro-aimant. Dans les autres cas l'inverse à lieu, attendu que l'action magnétique exercée sur le fer est beaucoup plus énergique que celle exercée sur l'acier (1).

7° La force attractive résultant de la fermeture momentanée d'un courant est toujours, pour une même distance d'écartement de l'armature,

(1) Voir le mémoire de M. de Waltenhofen sur les aimants dans les *Mondes*, tome V, p. 546.

plus grande que celle provenant de l'action continue du même courant qu'on chercherait à vaincre en augmentant la force antagoniste. Ce fait doit être rapporté à des effets de force vive et aux effets de polarisation de la pile. Le rapport des forces attractives dans les deux cas est comme celui des nombres 136 et 95.

8° Lorsque la force attractive d'un électro-aimant *se divise entre plusieurs armatures*, la force attractive totale est augmentée, mais la *force individuelle de chacune d'elles est d'autant plus affaiblie que leur nombre est plus grand ;* c'est par une raison analogue que quand les deux pôles d'un électro-aimant sont très-rapprochés, la force attractive diminue, car l'une des branches de cet électro-aimant joue par rapport à l'autre le rôle d'une seconde armature ;

9° La force attractive d'un électro-aimant et d'une armature qui n'ont pas encore servi est plus considérable, pour une force électrique donnée, que celle du même électro-aimant et de la même armature qui ont subi préventivement une forte aimantation, et, pour obtenir de ce même électro-aimant et de cette même armature une force à peu près égale à celle qu'ils produisaient primitivement, il faut renverser le sens du courant; encore cette plus grande puissance n'existe-t-elle que pour la première fermeture du courant.

10° L'attraction à distance des électro-aimants se trouve affaiblie quand, par une cause quelconque, une première fermeture de courant n'a pas été suivie d'une attraction complète de l'armature ; cela tient, ainsi que la réaction précédente, aux effets du magnétisme rémanent.

11° La force répulsive exercée par les électro-aimants sur des armatures aimantées est bien loin de correspondre à la force attractive qui peut être exercée sur elles par le renversement des pôles de l'électro-aimant. Ce fait, reconnu dès l'origine des études magnétiques et qui est longuement discuté par M. Mussembroeck et l'abbé Nollet, s'explique aisément par la réaction de l'aimant agissant comme induisant, laquelle réaction tend à développer sur l'armature une polarité contraire à celle qu'elle possède. Or dans l'effet attractif cette réaction s'effectue dans le même sens que la réaction dynamique de l'aimant, tandis qu'elle s'effectue en sens opposé dans le cas de la répulsion.

Conditions de force des électro-aimants par rapport à la masse et à la nature du fer des noyaux magnétiques. — Les conditions de force des électro-aimants par rapport à leur diamètre et à leur degré de saturation magnétique peuvent être, dans certaines circonstances, en contradiction entre elles, car on a vu que si l'on gagne de la force en augmentant le diamètre des noyaux magnétiques, on peut en perdre quand ces noyaux, n'étant pas saturés, ces diamètres sont trop grands. Les conditions de maximum que nous avons posées page 24, montrent en effet que, dans ce dernier cas on doit chercher à réduire la grosseur des barreaux. Mais cette considération n'est pas la seule, et l'expérience montre qu'il peut se produire entre la masse de fer directement magnétisée et la partie centrale, des réactions secondaires analogues à celles qui se manifestent quand on approche d'un aimant agissant sur une armature, une seconde armature.

On a voulu satisfaire à ces deux conditions contradictoires en employant des électro-aimants tubulaires, mais comme l'étendue de la surface magnétique exerce un effet prépondérant, il a fallu, pour satisfaire à cette nouvelle exigence, ne diminuer la masse des noyaux magnétiques que dans leur partie centrale ; d'un autre côté, comme la nature du fer et sa disposition moléculaire exercent une très-grande influence, on a dû rechercher les conditions de maximum à ce point de vue, et voici les conclusions auxquelles on est arrivé.

1° La force des électro-aimants tubulaires, dont les extrémités polaires ne sont pas garnies de semelles de fer, est beaucoup moins grande que celle d'électro-aimants de mêmes dimensions dont le noyau de fer est massif ; ces forces, dans les conditions des électro-aimants télégraphiques, peuvent être dans le rapport de 25 à 38 ; mais si on munit les extrémités polaires de ces électro-aimants tubulaires d'une semelle de fer ou d'un bouchon de fer qui pourra même être assez mince, on pourra, ainsi que je l'ai démontré le premier (1), rendre ces électro-aimants aussi énergiques que des électro-aimants en fer massif de mêmes dimensions. En conséquence ces électro-aimants devront être particulièrement recherchés, à la condition toutefois de proportionner leur épaisseur à l'énergie du courant qui doit agir sur eux. L'expérience a démontré à M. Hughes que pour les électro-aimants télégraphiques placés sur une ligne très-résistante (500 kilomètres), cette épaisseur doit être environ le quart du diamètre du tube, et le tube lui-même doit avoir en longueur six fois son diamètre (soit 2 1/2 millimètres d'épaisseur pour 1 tube de 1 centimètre

---

(1) Voir mon mémoire sur cette question dans mes Recherches sur les meilleures conditions de construction des électro-aimants, page 106, et dans le journal l'*Institut*, années 1858 et 1862.

de diamètre et de 6 centimètres de longueur). Il a reconnu d'ailleurs que la masse magnétique devait fournir un poids de 80 grammes.

2° La disposition fibreuse du fer par rapport à l'axe du noyau magnétique ayant, suivant M. Hughes, une grande influence sur l'énergie de sa polarité magnétique, il est essentiel que les tubes de fer des électro-aimants et leurs armatures soient construits de manière que les fibres du fer suivent le sens de la ligne axiale de ces pièces, et pour cela il suffit que celles-ci soient tirées longitudinalement à la filière. Toutefois comme il existe entre les différents fers, sous ce rapport, des différences considérables qui peuvent être dans le rapport de 1 à 8, comme cela a lieu entre le fer de Suède et le fer doux du Berry, on devra, avant de construire un électro-aimant, essayer à l'aide d'un aimant étalon la force magnétique du fer que l'on veut employer. Pour être dans de bonnes conditions, il fau qu'un petit cylindre de ce fer puisse être soulevé aussi facilement par l'aimant étalon qu'un cylindre en fer de Suède d'une longueur quatre fois moindre (1).

4° Suivant M. de Waltenhofen, la valeur limite du moment magnétique de l'unité de poids, correspondant à l'état de saturation magnétique du fer, est absolue ; c'est une constante indépendante de la forme et du volume de l'électro-aimant, dont l'expression numérique équivaut de très-près à 2100 unités absolues par kilogramme. Il en résulte que le pouvoir magnétique temporaire, que l'on peut communiquer au fer d'après la théorie, *excède de* 5 *fois et au-delà le pouvoir permanent*, qu'on peut communiquer à des aimants d'acier de première qualité. *Or ce pouvoir permanent correspond à 400 unités absolues par kilogramme, et la loi de Lenz et de Jacobi ne peut être appliquée que jusqu'à une saturation moyenne de* 800 *de ces unités absolues par kilogramme.* Du reste, la valeur limite absolue du moment magnétique de l'unité de poids est une constante caractéristique de la constitution moléculaire du fer, comparable aux constantes d'élasticité et de cohésion de ce métal.

5° D'après M. Hughes, la force des électro-aimants serait directement proportionnelle à un pouvoir conducteur magnétique qui, d'après ses expériences, serait en rapport intime avec *la dureté* des corps magnéti-

---

(1) Cette remarque de M. Hughes n'est du reste pas nouvelle et nous voyons dans l'ouvrage de Mussembroeck, publié en 1739, les moyens qu'il faut employer pour obtenir sous ce rapport de bons fers. (Voir mes recherches sur les meilleures conditions de construction des électro-aimants, p. 97.)

ques. Or, comme un barreau de fer très-doux peut, avec les mêmes dimensions et sous l'influence d'une même hélice magnétisante, porter un poids huit fois plus grand qu'un barreau d'acier, il en conclut que le fer doux a un *pouvoir conducteur magnétique* huit fois plus grand que l'acier. D'un autre côté, M. Hughes admet également que les corps magnétiques ont un *pouvoir absorbant*, c'est-à-dire la propriété de diffuser, par suite de leur contact, une action magnétique déterminée en un point d'un autre corps magnétique. Ce pouvoir absorbant serait en raison directe de la masse magnétique, il dépendrait de la nature de cette masse et varierait avec le pouvoir conducteur, mais dans une proportion infiniment moins rapide. Ainsi, alors que le fer est 8 fois plus conducteur que l'acier, son pouvoir absorbant ne serait supérieur à celui de ce dernier métal que de un sixième seulement.

Lorsqu'un électro-aimant est disposé comme on le voit fig. 7 avec des pôles épanouis en dehors des bobines magnétisantes, le maximum de force est obtenu quand la longueur de l'armature aimantée TT est un tant soit peu plus longue que l'intervalle CB séparant les deux pôles. M. Hughes explique cet effet en disant que les véritables pôles d'un aimant, étant situés à une certaine distance de ses extrémités libres, c'est vers les points a et d que se trouve concentrée la plus grande force polaire de l'électro-aimant EF ; conséquemment quand l'armature TT correspond en longueur à ces points, les sphères d'attraction polaire des deux systèmes magnétiques (représentées en demi-teinte sur la figure) se correspondent dans leurs conditions de maximum, tandis qu'il n'en est plus de même quand l'armature est plus longue ou plus courte, par exemple, quand elle devient T′ T′.

Fig. 7.

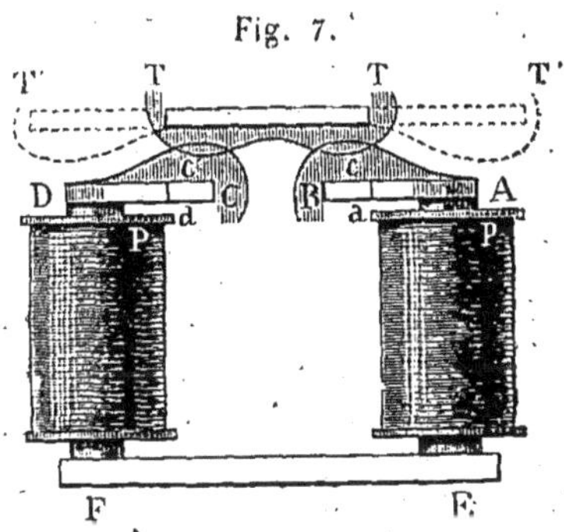

Nous ne chercherons pas à infirmer les déductions expérimentales que nous venons d'exposer, mais nous croyons que la théorie en est au moins contestable, car nous avons vu page 29 que la position des pôles d'un aimant en contact avec une armature, est peu modifiée par la présence de celle-ci qui semble former comme un épanouissement du pôle qui agit sur elle. S'il y a renforcement de la polarité aux points a et d, il doit bien certainement provenir uniquement de l'action réciproque des deux appendices polaires DC, AB, l'un sur l'autre, et l'effet signalé par M. Hughes s'en déduit naturellement. M. Hughes, du reste, semble avoir reconnu la réaction que nous venons d'exposer, car il indique comme une des conditions de force auxquelles on doit avoir égard pour ce genre d'électro aimants, de disposer les appendices polaires de manière à *absorber* le moins de magnétisme possible.

III. EFFETS DES ÉLECTRO-AIMANTS.

RÉACTIONS CONTRAIRES PRODUITES AU SEIN DES ÉLECTRO-AIMANTS.

Magnétisme rémanent. — Théoriquement parlant, un électro-aimant à travers lequel un courant a cessé de passer devrait abandonner instantanément et complétement son aimantation. Mais par le fait il est loin d'en être ainsi, et, avec des attractions au contact, ce magnétisme restant ou *rémanent* est si considérable, qu'il faut quelquefois une force assez grande pour vaincre la résistance qu'il occasionne. On croit généralement que cet effet provient uniquement d'une aimantation réelle qu'acquerraient sous l'influence du courant, certaines particules impures du fer entrant dans la construction des électro-aimants, et de là les recherches qui ont été faites pour obtenir des fers excessivement purs; mais il est loin d'en être ainsi. Sans doute le magnétisme rémanent tel que nous venons de le définir existe, mais ses effets sont très-minimes relativement à ceux qu'on voudrait supprimer et qu'on attribue à tort à la même cause. On peut distinguer facilement les deux effets en faisant passer un courant énergique à travers un électro-aimant muni de son armature, et en arrachant plusieurs fois de suite cette armature, une fois le courant interrompu. Le premier arrachement exige une certaine force, quelquefois même une force très-considérable, tandis que les autres s'effectuent avec plus ou moins de facilité. Or, c'est l'aimentation qui subsiste après le premier arrachement, qui constitue le magnétisme rémanent. Avec les fers très-purs, comme ceux que M. Froment a obtenus dans le temps, et ceux de M. Cailletet, l'adhérence de l'armature à l'électro-aimant, après ce premier arrachement, est pour ainsi dire nulle; mais avec les fers impurs ou durs comme les fers de Suède, elle est assez considérable, surtout avec des électro-aimants de grandes dimensions, et pour la faire disparaître, il ne s'agit que de préparer le fer de manière qu'il soit très-pur. Quant à l'autre réaction, elle n'est que le résultat de la condensation magnétique dont nous avons parlé p. 30 et qui a pour effet de maintenir en présence l'un de l'autre les fluides développés, après même que la cause aimantante qui les a stimulés a cessé d'agir. Cette réaction, qui après un premier arrachement de l'armature, disparaît instantanément, ne peut, comme on le comprend aisément, être combattue que par des moyens purement physiques, et nous verrons plus tard ceux qui ont été proposés pour arriver à ce but. Quant à présent, nous nous bornerons à examiner la manière dont se comporte cette réaction contraire dans les différentes conditions des électro-aimants. (1) Les nombreuses expériences que j'ai faites à ce sujet m'ont démontré :

1° Que le magnétisme rémanent *croît avec l'intensité du courant, mais dans un rapport moins rapide que l'accroissement de cette intensité,* d'où il résulte qu'il est *relativement* d'autant plus considérable par rapport à la force attractive correspondante, que celle-ci elle-même est moins grande ;

2° Qu'il croît avec le nombre de spires de l'hélice magnétisante dans un rapport également beaucoup moins rapide que ce nombre ;

3° Que le magnétisme rémanent, lorsque l'armature de l'électro-aimant est au contact des pôles de celui-ci, peut rester développé, pour ainsi dire, indéfiniment et conserver la même énergie (2), mais qu'il en est tout autrement quand ce magnétisme doit réagir à distance. Dans ce dernier cas, il peut avoir une puissance assez considérable au premier instant de son action, mais cette puissance diminue excessivement promptement et peut devenir nulle au bout d'une ou de deux secondes à un tiers de millimètre. Dans tous les cas, la décroissance du magnétisme réma-

---

(1) M. de Waltenhofen prétend que quelquefois le magnétisme rémanent est de sens contraire à celui développé par l'aimantation temporaire, et il explique cet effet en disant que quand les molécules magnétiques déplacées de leur position d'équilibre naturel par l'effet de la condensation magnétique, y reviennent brusquement, elles peuvent la dépasser et produire une autre réaction en sens contraire ; cet effet n'arrive du reste que quand la désaimantation est opérée brusquement. Cette expérience confirme de la manière la plus complète, la théorie magnétique que j'ai exposée en 1857 dans mon étude du magnétisme (voir cet ouvrage, pages 56 — 63).

(2) J'ai pu conserver pendant plusieurs mois, des années même, des systèmes électro-magnétiques ainsi disposés, sans que la force du magnétisme condensé ait été sensiblement affaiblie.

nent avec la distance à laquelle il excercè son action, est infiniment plus rapide que la force attractive.

Avec une épaisseur de papier de 0,086 de millimètre et des forces attractives (au contact) de 1100 à 1500 grammes, cette force du magnétisme rémanent varie entre 17 et 25 grammes, tandis qu'au contact elle peut atteindre 310 grammes et même d'avantage.

Il résulte de ces effets une conséquence très-importante, c'est que le magnétisme rémanent, qui peut paraître sans inconvénients fâcheux quand il manifeste son influence à des intervalles de temps assez distancés, peut exercer une réaction très-préjudiciable quand il se manifeste entre un électro-aimant et une armature vibrant avec une certaine vitesse ; alors non-seulement son action se fait sentir à une distance considérable, mais, variant suivant l'intensité du courant transmis, il nécessite un réglage continuel du ressort antagoniste, et ce réglage est un des grands inconvénients des appareils télégraphiques. Nous verrons plus tard comment, grâce à certaines combinaisons électro-magnétiques, on a pu faire disparaître cet inconvénient : il nous suffit, quant à présent, de le signaler pour montrer que l'écartement qu'on peut donner à une armature ne supprime nullement les effets du magnétisme rémanent, quand les vibrations de celle-ci doivent être rapides.

Avec la diposition des électro-aimants dans laquelle les armatures se meuvent angulairement, la force antagoniste, n'ayant par le fait à vaincre que le magnétisme d'un pôle seulement, les effets du magnétisme rémanent peuvent être infiniment moins préjudiciables qu'avec la disposition contraire, et c'est encore un avantage de plus à ajouter à ceux dont nous avons déjà parlé en faveur de cette disposition. La différence de la force antagoniste nécessaire pour vaincre le magnétisme rémanent avec ces deux dispositions, peut atteindre en effet jusqu'à 130 grammes, l'une de ces forces étant représentée par 310grammes et l'autre par 180.

Le magnétisme rémanent et le magnétisme condensé n'augmentent avec la masse des électro-aimants et de leurs armatures, que parce que la force attractive est plus considérable et que les particules aciérées qui entrent dans le fer sont en plus grande quantité ; toutefois il paraîtrait, d'après M. de la Rive, que la longueur des branches d'un électro-aimant exercerait une certaine influence et que les électro-aimants à longues branches seraient sous ce rapport dans de plus mauvaises conditions que les électro-aimants à branches courtes.

On s'est préoccupé depuis longtemps, comme je l'ai déjà dit, des moyens de faire disparaître le magnétisme rémanent dans les réactions des électro-aimants, mais on n'y est que très-médiocrement parvenu, tant qu'on ne s'est appliqué à combattre cette action que dans l'hypothèse d'une aimantation permanente des particules impures du fer. Parmi les moyens qui ont été proposés, nous citerons celui de M. Moll, qui consiste à renverser alternativement un grand nombre de fois le sens du courant à travers l'hélice magnétisante, et qui est fondé sur ce qu'un aimant persistant qui subit cette opération perd considérablement de sa force ; celui de M. Siemens, qui consiste à n'employer pour noyaux magnétiques que des canons de fer fendus longitudinalement pour couper le courant magnétique ; celui de M. Beetz, qui susbtitue aux noyaux de fer plein des faisceaux de fil de fer ; celui de M. Monnet, qui consiste à tasser dans des étuis de laiton très-minces de la limaille de fer réduite par l'hydrogène ; celui de M. Cailletet, qui consiste à n'employer comme fer d'électro-aimants que la partie centrale d'une masse de fer préparée à une température assez élevée pour que cette partie centrale, préservée de l'action des gaz de la combustion, puisse prendre la forme cristalline ; ceux fondés sur la fabrication galvanoplastique du fer ou sa fabrication de toutes pièces avec des fils de fer réunis en faisceau et purifiés à la température du rouge blanc dans un bain d'eau de chaux ; enfin ceux proposés par Mussembroeck et dont nous avons déjà parlé. Tous ces moyens n'ont eu pour effet que de détruire plus ou moins le magnétisme rémanent proprement dit, mais non la condensation magnétique (1).

Réactions d'induction. — Le magnétisme rémanent n'est pas la seule réaction contraire qui existe dans les électro-aimants, il en est d'autres qui sont la conséquence de l'action électrique elle-même. Ainsi, lorsqu'on ferme le courant à travers l'hélice magnétisante d'un électro-aimant, il se détermine, sous l'influence du noyau magnétique, qui se trouve alors aimanté, et par suite de la réaction des spires de l'hélice inductrice les unes sur les autres, un courant d'induction qui se trouve dirigé en sens contraire du courant de la pile et qui tend non-seulement à affaiblir celui-ci dans le premier moment de l'action de l'électro-aimant, mais encore à augmenter l'énergie de l'étincelle électrique et à prolonger

(1) Voir dans les *Mondes*, tome 21, p. 637, la description de deux procédés pour obtenir du fer chimiquement pur, l'un imaginé par MM. Mathiessen, Grus et Szizepanowski, l'autre par MM. Klein et Jacobi : ce dernier est fondé sur l'action électrolytique.

la durée de la période variable de la propagation du courant, trois défauts extrêmement fâcheux dans les applications électriques.

Ces défauts, sur les lignes télégraphiques, ne laissent pas que d'avoir une certaine importance ; car, d'après les expériences faites par M. Brisson, le courant induit provenant de l'aimantation des électro-aimants des appareils télégraphiques est quelquefois assez fort pour faire fonctionner à lui seul un récepteur télégraphique, et d'après les expériences de M. Marié-Davy, la durée de la période variable de la propagation électrique peut, dans le fil d'une bobine de 714 spires, être 17 fois plus longue que dans le même fil déroulé. Ces effets expliquent pourquoi sur les longues lignes télégraphiques, par les temps les plus secs et les plus favorables, on ne peut dépasser une certaine vitesse de transmission, comme on le verra plus tard.

Pour prévenir l'action nuisible de ces extra-courants dans les électro-aimants, M. Carlier a substitué au fil recouvert de soie, dont on se sert ordinairement pour les hélices magnétisantes, un fil non isolé, et, malgré les assertions de M. Dub, cette disposition a parfaitement réussi ; car un électro-aimant de ce genre adapté successivement sur plusieurs appareils de l'administration des lignes télégraphiques françaises, desservant les lignes les plus longues, a permis à ces appareils de parfaitement fonctionner, alors qu'ils ne marchaient plus du tout avec d'autres bobines. M. Hughes lui-même a reconnu la vérité de ces résultats et l'a confirmée à la commission de perfectionnement des lignes télégraphiques, à plusieurs reprises.

Les avantages de cette disposition se comprennent d'ailleurs aisément, si l'on examine que les courants induits, ayant une beaucoup plus grande tension que les courants voltaïques, peuvent se dériver d'une spire à l'autre dans un sens perpendiculaire au plan de ces spires, sans suivre intégralement l'hélice dans toute sa longueur (1). Par suite, l'action nuisible dont nous avons parlé au commencement de ce chapitre se trouve grandement atténuée, et, la longueur de l'hélice pouvant être dès lors augmentée sans inconvénient, on peut accroître le nombre des spires, ce qui contribue le plus à l'accroissement de la force, comme nous l'avons démontré page 16.

---

(1) Pour certains électro-aimants, l'affaiblissement de ces courants induits est tel, que l'étincelle qu'ils produisent au moment des ruptures du circuit ne s'aperçoit plus du tout : mais il faut pour cela que le courant voltaïque n'ait pas trop de tension, et que le nombre des spires de l'hélice ne soit pas trop considérable.

D'un autre côté, les différentes spires du fil se touchant, il arrive que si une ou plusieurs ruptures se produisent en certains points de la longueur de l'hélice, soit accidentellement, soit par suite d'un foudroiement de la ligne, l'électro-aimant peut fonctionner quand même, puisque la communication peut alors se faire par les spires voisines. J'ai publié un long mémoire sur ces sortes d'électro-aimants à fil nu dans les *Annales télégraphiques* de l'année 1865 (Voir t. VIII, p. 203), et je m'abstiendrai, en conséquence, d'entrer ici dans de longs détails à leur égard : je dirai seulement que, pour qu'ils puissent fournir une force égale à celle des autres électro-aimants, il faut que les différentes couches de spires soient séparées les unes des autres par des feuilles de papier bien sec, dépassant un peu les extrémités de l'hélice, afin qu'il n'y ait communication entre les différentes rangées de spires que par la simple épaisseur du fil qui continue l'hélice. Dans un électro-aimant construit de cette manière, les contacts des spires entre elles sont tellement imparfaits, quelque soin qu'on prenne d'ailleurs à les serrer les unes contre les autres, que la résistance de l'hélice, pour une même longueur de fil, est fort peu différente de ce qu'elle aurait été si l'hélice eût été construite avec du fil isolé. Il faut toutefois, pour cela, que le fil de cuivre soit de très-bonne conductibilité, car plus la résistance est grande, plus la tendance du courant à se dériver augmente ; or, les fils de cuivre qu'on rencontre dans le commerce sont, comme on l'a vu, loin d'être semblables les uns aux autres sous ce rapport, car ils peuvent être moins conducteurs que le fer.

Si le système dont nous parlons présente des avantages, il n'est pas pour cela exempt d'inconvénients. Ainsi, quand la tension du courant voltaïque devient très-considérable, ces sortes d'électro-aimants perdent beaucoup de leur force, et cela se comprend aisément, si l'on examine que l'isolement incomplet des spires, qui peut être suffisant pour une certaine tension électrique, ne l'est plus pour une plus grande tension : alors le courant, au lieu de suivre intégralement toutes les spires de l'hélice, se dérive en grande partie par le plus court chemin, sans produire d'effet utile (1).

---

(1) Un électro-aimant avec une hélice en fil de cuivre nu de 2 millimètres de diamètre, et animé par un élément de Bunsen, fournit une force attractive aussi forte que s'il était recouvert de soie, et aucune étincelle ne se produit quand on interrompt le courant voltaïque qui passe au travers ; mais si on anime ce même élec-

S'il faut en croire M. Dub, qui est du reste contraire à l'emploi du fil nu pour la construction des électro-aimants, parce qu'il n'a vu qu'un côté de la question, ce système n'appartiendrait pas à M. Carlier : ce savant aurait lui-même fait des études sur des électro-aimants ainsi constitués, longtemps avant M. Carlier ; mais, comme il avait toujours pensé qu'il valait mieux employer des fils ayant une couverture isolante, il n'avait jamais parlé de ces sortes d'hélices. Nous voulons bien admettre la vérité de l'assertion de M. Dub, mais nous croyons que, s'il avait constaté comme nous les avantages de ces électro-aimants, il n'aurait pas émis à leur égard une opinion contraire. Cette opinion, du reste, prouve que les électro-aimants dont il s'est servi étaient dans de très-mauvaises conditions. Il est certain que la constrution de ces sortes d'organes est très-délicate, et M. Hughes m'a souvent affirmé qu'il n'avait jamais pu reproduire un électro-aimant aussi bon que celui que j'avais donné à l'administration, et qui a été construit par M. Carlier lui-même.

Outre les courants d'induction qui naissent au sein du circuit inducteur et qui exercent les réactions contraires dont nous venons de parler, il en est d'autres qui en réagissant sur les fluides magnétiques développés peuvent rendre plus difficile la désaimantation. Ces courants naissent dans l'enveloppe même qui compose le corps de la bobine magnétisante. Si cette enveloppe est métallique, ces courants acquièrent une assez grande intensité ; si au contraire cette enveloppe est en bois, en carton ou en verre, cette action contraire se trouve réduite à son minimum et n'exerce que très-peu d'effet, ainsi que l'a constaté M. Becquerel. Cette influence doit être surtout prise en considération dans les appareils où l'on veut produire un grand nombre d'alternatives d'aimantation, et elle joue un rôle beaucoup plus important qu'on est porté à le croire généralement. On a, du reste, cherché à l'éviter dans les bobines métalliques en y pratiquant des entailles, et ce moyen a bien réussi, à ce qu'il paraît.

Suivant M. Beetz, les courants induits dans les bobines des électro-aimants et appelés vulgairement *extra courants*, manifesteraient surtout leur action par un retard apporté à l'*aimantation* des noyaux magnétiques ; tandis que les courants induits, développés à la surface des noyaux eux-

---

tro-aimant avec 60 éléments de Bunsen, il fournit une attraction moins forte, ce qui tient non-seulement à la dérivation qui se fait perpendiculairement aux spires, mais à l'échauffement considérable du fil qui a lieu alors et qui diminue sa conductibilité dans une grande proportion.

mêmes, ou des tubes des bobines, auraient pour effet principal de retarder la *désaimantation* ; ce sont du moins les conclusions de ce savant, quand les noyaux magnétiques des électro-aimants sont entièrement recouverts par leurs hélices magnétisantes. S'ils ne sont recouverts que partiellement, le retard apporté au développement comme à la disparition du magnétisme, dépendrait surtout de l'inertie magnétique du fer (*Voir le Formulaire électrique de M. Latimer Clark, p.* 15).

LOIS DE LA DÉCROISSANCE DE LA FORCE ATTRACTIVE AVEC LA DISTANCE.

Depuis l'origine des connaissances magnétiques, les savants se sont efforcés de déterminer la loi suivant laquelle décroît la force magnétique avec la distance, et ils sont arrivés à des résultats bien différents les uns des autres (1). Cependant, on admet généralement avec Mussembroeck et Coulomb, que les attractions magnétiques sont en raison inverse du carré des distances qui séparent les armatures des aimants. Cette loi, quoique vraie au point de vue des réactions dynamiques des aimants, ne l'est plus au point de vue des réactions statiques dont nous avons parlé, et il en résulte que suivant que ces réactions sont plus ou moins développées par suite de la disposition et de la nature des armatures, elles masquent plus ou moins la loi des carrés, qui ne se retrouve qu'après une certaine limite (un millimètre environ pour de faibles électro-aimants). Quoiqu'il en soit, ce qui est positif, c'est que dans le voisinage du contact des pièces magnétiques, la décroissance de la force attractive diminue dans une progression qui dépasse souvent la troisième et même la quatrième puissance de la distance.

Du reste, la diminution plus ou moins rapide de la force attractive avec la distance d'écartement de l'armature dépend beaucoup du nombre d'éléments de la pile et du nombre de spires de l'hélice. En général, cette diminution est d'autant moins rapide, que le nombre des éléments de la pile employée est plus considérable et que les spires de l'hélice magnétisante sont plus nombreuses.

La moyenne des nombreuses expériences que j'ai faites pour détermi-

---

(1) Suivant M. Gauss, toute force dirigée d'un point magnétique sur un corps qui en subit l'effet, est inversement proportionnelle à la troisième puissance de la distance quand celui-ci présente une grande masse.

ner ces lois de décroissance de la force attractive m'ont fourni les chiffres suivants pour exprimer les rapports des forces à 2, 3 et 4 millimètres, avec des électro-aimants télégraphiques et des courants issus de piles de Daniell:

2,1 1,9 1,5.

Or, ceux qui correspondent aux carrés des distances sont :

2,2 1,8 1,6 ;

à partir de 1 millimètre jusqu'à 4, la loi des carrés est donc sensiblement vraie pour des forces faibles.

LOIS DE LA VITESSE D'AIMANTATION ET DE DÉSAIMANTATION ET DE LA VITESSE DE CHUTE DES ARMATURES.

Si les courants électriques mettent dans les circuits télégraphiques un certain temps à s'établir dans leurs conditions définitives, le magnétisme est également loin d'atteindre instantanément son maximum d'effet dans les corps soumis à l'action magnétisante, et cela d'autant plus que le courant qui produit cette action, non-seulement n'atteint pas immédiatement toute sa force, mais se trouve affaibli dans les premiers moments de son action par des courants induits contraires. Le temps de la saturation maximum d'un électro-aimant est, en effet, souvent très-long et dépend des rapports de l'intensité de l'action magnétisante, avec la disposition et la grandeur de la masse magnétique, ainsi que de la nature du fer. On a utilisé cette propriété des corps magnétiques dans plusieurs applications électriques et notamment dans les télégraphes imprimeurs. Avec des électro-aimants de moyenne grandeur ayant des forces représentées par une attraction (à 2 millimètres de distance) de 950, 450 et 80 grammes, ces temps d'aimantation maximum ont été 0s,049, 0s,068, 0s,124. Mais avec des forces beaucoup plus faibles, ils ont pu atteindre jusqu'à une minute et plus. Du reste, ces temps sont inversement proportionnels aux forces attractives, ainsi que je l'ai reconnu à la suite de nombreuses expériences faites à l'aide de mon chronographe électro-chimique. D'un autre côté, plus la masse de fer est compacte et considérable, plus encore le magnétisme met de temps à atteindre son degré de saturation maximum.

M. Hughes est en complet désaccord avec les physiciens à cet égard, car il prétend que pour les électro-aimants télégraphiques, le temps de la saturation maximum n'est que de 1/28 de seconde et est indépendant de l'intensité électrique qui agit sur lui aussi bien que de sa grandeur. Ce désaccord pourrait tenir à la forme d'électro-aimants qu'il a employés pour ses expériences et qui ont leurs pôles armés de semelles de fer. Ces semelles constituent des espèces d'armatures, et les variations d'action magnétique du noyau pourraient bien, par suite de cet intermédiaire, se trouver dissimulées ou tout au moins atténuées.

Du reste, M. Hughes reconnait que les forces des électro-aimants aux différents instants de leur aimantation jusqu'au moment où elles atteignent leur maxima ne croissent pas uniformément. *Elles augmentent avec une très-grande rapidité dans les premiers instants de l'aimantation, puis cette marche ascendante se ralentit considérablement de plus en plus et devient à peine appréciable dans le voisinage du maximum.* Celui-ci théoriquement pourrait n'exister qu'après un temps infini, mais en réalité il apparaît plus ou moins vite, suivant la sensibilité des appareils avec lesquels on expérimente. Au point de vue pratique, si on représente par 1, 2, 3, 4, les divers instants de l'aimantation qu'on supposera égaux, les accroissements de force correspondants seraient comme les nombres 8, 4, 2, 1,

L'aimantation et la désaimantation se comportent-elles de la même manière ?... Telle est la question qui restait à résoudre et qui a été élucidée il y a quelques années, avec talent par MM. Rykc et Beetz. Il est résulté de leurs savantes recherches :

1° Que la désaimantation s'opère beaucoup plus rapidement que l'aimantation, et c'est précisément à cette différence qu'est due la tension plus grande des *courants induits directs*.

2° Que cette différence est surtout remarquable quand le noyau magnétisé est composé d'un faisceau de fils de fer fins ; car alors la désaimantation est sensiblement instantanée, tandis que l'aimantation s'effectue dans les mêmes conditions que si le noyau magnétisé eût été en fer plein.

3° Que lorsque le fer doux dépasse de beaucoup l'hélice, la durée du développement du magnétisme dépend en grande partie de la vitesse avec laquelle s'opère la polarisation magnétique dans le sens longitudinal, et cette vitesse est à son minimum quand le fer doux est composé de disques de tôle superposés ou de limaille de fer.

Quant aux vitesses de chute des armatures, j'ai reconnu que, comme les temps de saturation maxima, elles sont proportionnelles aux forces attractives. Avec des électro-aimants de petites dimensions ayant des forces de 170, 90 et 24 grammes, ces vitesses de chute, pour une distance de 1, 2, 4, millimètres, ont été $0^s,007$, $0^s,012$, $0^s,048$, tandis que les temps de relèvement des armatures sous l'influence de leur ressort antagoniste ont été 0s,036, 0s,048, 0s,074.

Dans le jeu d'un électro-aimant, la promptitude du mouvement de l'armature dépend de deux choses : d'abord de la force attractive, comme nous venons de le voir, mais surtout de la masse plus ou moins grande de cette armature dont la force d'inertie exige un certain temps pour être vaincue : plus cette masse est petite, plus l'armature tend à vibrer facilement, mais plus aussi la force attractive diminue et tend à augmenter le temps de l'attraction. Il est donc entre ces deux conditions contraires un terme moyen qu'il faut chercher à obtenir quand on veut construire des appareils marchant avec une grande vitesse, et ce terme moyen doit, bien entendu, dépendre de l'effet qu'on a à produire et de la grandeur de la course qui doit être effectuée par l'armature. Comme cette course est généralement très-petite dans les appareils destinés aux applications électriques, il faut autant que possible employer des armatures très-légères et à plus forte raison des supports d'armatures de dimensions les plus exiguës possible.

J'ai entrepris, pour bien fixer les limites de ces aimantations maxima dans les appareils télégraphiques et déterminer les avantages qu'on pourrait en tirer dans la pratique, une série d'expériences dont voici sommairement les résultats (1).

1° Les durées de fermeture de courants pour obtenir les meilleures conditions de fonctionnement des électro-aimants doivent être d'autant plus grandes que la ligne est plus longue et que la tension électrique est plus faible.

2° Cet accroissement des durées de fermeture du courant, à mesure que la ligne s'allonge, suit une progression beaucoup plus rapide que l'accroissement de longueur de la ligne elle-même ; ainsi, tandis que les rapports de l'accroissement de résistance de la ligne sont entre eux comme les nombres 1,67, 2,34, 3,03, les rapports de durées des fermetures du circuit correspondantes sont comme 2,006, 3,296, 4,732, etc.

3° Cet accroissement plus rapide des durées de fermetures du courant devient encore plus rapide quand l'intensité du courant de la pile diminue, et on le comprend du reste facilement, si l'on considère qu'à l'accroissement de durée occasionné par la diminution d'énergie de la pile, s'ajoute

(1) Voir mon mémoire sur cette question dans le journal l'*Institut*, année 1864, p. 412. *Annales télégraphiques*, tome VIII, p. 309—Recherches sur les meilleures conditions de constructions des électro-aimants, p. 100.

celui qui provient de l'affaiblissement de cette même intensité par l'accroissement de résistance de la ligne. Ainsi, tandis que l'intensité du courant, pour les différentes longueurs de ligne dont nous avons parlé, a diminué par rapport à ce qu'il était primitivement, dans les rapports 1,324, 1,355, 1,368, les durées de fermeture ont augmenté comme 2,686, 2,003, 2,046, c'est-à-dire d'environ deux tiers en sus.

4° Si une même force antagoniste est opposée à l'action de l'électro-aimant dans les différentes conditions de résistance de la ligne, ces durées de fermeture devront croître dans un rapport à peu près constant, comme si elles étaient multipliées par un même coefficient ne variant qu'avec la force antagoniste et proportionnellement à elle. Pour une force représentée par 1,5, ce coefficient doit être à peu près 4.

5° Quand les durées de fermeture des circuits restent constantes, les forces maxima auxquelles elles donnent lieu, sont entre elles dans un rapport à peu près inverse à celui qui aurait existé entre ces durées, si elles eussent été susceptibles de varier, et que la force antagoniste fût restée constante.

6° Les durées *minima* des fermetures de circuit pour qu'un appareil Breguet puisse fonctionner avec une pile de 28 éléments Daniell sont :

1° Avec un circuit sans autre résistance que celle de l'électro-aimant télégraphique (de 120 kilomètres) . . .	0″,00344
2° Avec un circuit extérieur de 100 kilomètres	0″,00690
3° Avec un circuit extérieur de 200 kilomètres	0″,01130
4° Avec un circuit extérieur de 300 kilomètres	0″,01628
5° Avec un circuit extérieur de 370 kilomètres	0″,02616

7° Les durées correspondantes aux forces maxima du même appareil sont :

1° Avec le circuit sans résistance extérieure	0″,10964
2° Avec le circuit de 100 kilomètres	0″,15988
3° Avec le circuit de 200 kilomètres	0″,36282

Dans les expériences que nous venons de rapporter, les prolongations des fermetures de courant que nous avons signalées tiennent à deux causes : d'abord à l'inertie magnétique des électro-aimants, mais aussi à la vitesse de la propagation électrique qui, dans le cas où nous avons expérimenté, ne laisse pas que d'être assez considérable, car ainsi qu'on l'a vu, cette vitesse, avec des conducteurs enroulés en spirale sur eux-mêmes et fournissant seulement 714 spires, pourrait être 17 fois moins grande que sur ces mêmes conducteurs déroulés en ligne droite. Ce ralentissement pourrait être même encore augmenté par suite de l'intervention d'un noyau de fer au sein de l'hélice.

Si le circuit, au d'être isolé, est soumis à des dérivations, les effets sont assez complexes, et conduisent à des conséquences diamétralement opposées, suivant le chiffre de la résistance du circuit.

Avec un circuit peu résistant, les dérivations placées près de l'électro-aimant, et par conséquent dans les conditions les plus désavantageuses, au lieu de tendre à faire augmenter les durées de fermeture du circuit, tendent au contraire à les faire diminuer ; mais si le circuit est très-résistant, l'inverse a lieu, et la limite de résistance à laquelle s'effectue ce renversement d'effet est d'autant plus éloignée que la dérivation est plus résistante. Cela tient sans doute à ce que, dans le premier cas, une grande partie du courant passe par la dérivation, et, comme le temps d'une émission de courant (charge et décharge) est moins long quand le circuit est soumis à des dérivations que quand il est isolé, ainsi qu'on l'a vu par la figure 19 de la page 67, tome I, l'effet dont il est capable est obtenu plus vite. Dans le second cas, la partie du courant qui traverse l'électro-aimant étant moins affectée par la dérivation, la durée d'émission du courant est plus longue, et, comme l'intensité de celui-ci est moindre que sur le circuit isolé, les durées de fermetures du courant doivent être plus longues.

La disposition des piles peut encore avoir aussi une certaine influence sur les mouvements plus ou moins prompts des armatures. Ainsi, l'expérience a démontré à M. Hipp qu'une pile composée de douze éléments, faisait produire à un télégraphe Morsse 26 signaux par minute, alors qu'une pile composée d'un seul élément, donnant pourtant la même intensité électrique à la boussole, n'en faisait produire que 16 dans le même laps de temps. Cette action différente, ainsi que M. Beetz l'a démontré, provient du courant induit qui se produit au moment de l'aimantation et qui, en agissant en sens inverse du courant transmis, tend, comme nous l'avons déjà dit, dans le premier moment de l'action de l'électro-aimant, à neutraliser la force attractive de celui-ci. Or, ce courant contraire est d'autant moins énergique que le circuit est plus résistant, et le circuit d'une pile composée de plusieurs éléments est plus résistant que celui d'une pile composée d'un seul élément. Par suite du même raisonnement, on comprendra que le second courant induit qui naît au moment de l'ouverture du circuit, par suite de la désaimantation de l'électro-aimant, et qui tend à continuer l'action de celui-ci, exercera une action d'autant moins forte, que le circuit sera plus résistant ou que la pile se composera d'un plus grand nombre d'éléments. Toutefois, il n'y a pas lieu de se préoccuper de ces effets sur les circuits télégraphiques, car des différences de résistance de ce genre s'effacent alors complétement.

DES FORCES ANTAGONISTES OPPOSÉES A L'ACTION DES ÉLECTRO-AIMANTS.

Pour obtenir, de la part d'un aimant temporaire, un effet mécanique quelconque, il faut nécessairement qu'il y ait un mouvement accompli, soit par l'électro-aimant, l'armature étant fixe, soit par celle-ci devenue mobile, l'électro-aimant étant fixe. C'est donc l'attraction à distance qui doit être utilisée à la production de cet effet mécanique, et pour que celui-ci puisse être renouvelé, il faut nécessairement l'intervention *d'une force antagoniste* qui puisse rappeler l'armature à son point de départ quand l'électro-aimant est devenu inactif. Comment peut-on obtenir dans de bonnes conditions cette force antagoniste ? c'est ce que nous allons examiner.

Une force antagoniste peut être produite de différentes manières, soit par des ressorts, soit par le simple effet de la pesanteur, soit par des réactions électro-magnétiques.

Le moyen le plus ordinaire est l'emploi de ressorts à boudin en cuivre jaune, que l'on attache d'un côté à l'armature et que l'on fixe du côté opposé à un fil qui s'enroule sur un petit treuil. En tournant ce petit treuil soit d'un côté, soit de l'autre, on tend ou on détend le ressort. Ce moyen peut être employé dans presque tous les cas ; cependant, comme les ressorts présentent une grande élasticité, il vaut mieux, quand l'appareil doit éprouver une certaine trépidation, avoir recours aux effets de la pesanteur. Les figures 32, 33 *bis*, 36, etc., pl. I, offrent des exemples de ce genre de ressorts.

Pour obtenir que la pesanteur agisse comme force antagoniste, rien de plus facile. Vous prolongez l'armature au delà des points de son articulation, ou bien vous y adaptez un bras de levier plus ou moins long, et vous faites courir sur ce bras de levier un contre-poids assez fort pour équilibrer le poids de l'armature. Que l'électro-aimant agisse de bas en haut ou de haut en bas, ce moyen peut toujours convenir, et l'on règle, en avançant ou en reculant le contre-poids, qui est muni à cet effet d'une vis de pression, la force antagoniste que l'on juge nécessaire.

La fig. 35 (Pl. I) représente un système de ce genre, et de plus une combinaison à l'aide de laquelle l'effet antagoniste ne réagit sur l'armature que par l'intermédiaire d'un levier. Cette combinaison a deux grands avantages, d'abord celui d'économiser la place dans les appareils et en second lieu de fournir une action considérable avec un très-petit contre-poids ; ce qui est facile à comprendre, puisque le bras de levier de la bascule qui réagit sur l'armature peut être alors très-court. M. Paul Garnier emploie toujours ce système dans ses horloges électriques.

Enfin comme troisième moyen on peut employer des lames de ressort R, R' (*fig.* 8) que l'on place, soit sous l'armature au point où elle doit être soulevée, soit au-dessus de cette armature ou d'une pièce qui en dépend, avec une tige de liaison doublement articulée, ou simplement un fil de soie. On règle ces ressorts par des vis de rappel V, V', qui en diminuent ou en augmentent la tension. Dans certaines applications où l'on a besoin d'un effet antagoniste de longue durée, par exemple dans l'horlogerie électrique de précision, ce système de ressorts antagonistes est préférable aux ressorts à boudin. Ceux-ci, en effet, au bout d'un certain temps, perdent leur élasticité, et l'on est obligé de les tendre de nouveau. Avec les ressorts d'acier, cet inconvénient n'existe plus. Jusqu'à présent, néanmoins, on n'a généralement fait usage de ces derniers ressorts que dans le cas assez rare où l'on veut seulement détacher l'armature de l'électro-aimant, par exemple, dans les appareils où l'armature n'intervient que pour maintenir une détente. (Voir fig. 39, Pl. I.)

Fig. 8.

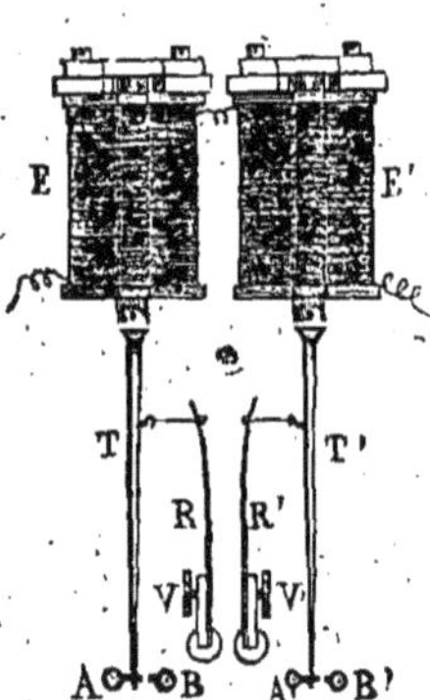

On peut employer encore, avec beaucoup d'avantages, les ressorts d'acier quand il s'agit de produire un effet antagoniste à un mouvement circulaire, par exemple, quand on veut rappeler à sa position primitive une armature qui aura décrit un arc de cercle. Alors on emploie les spirales de l'horlogerie, c'est-à-dire de petites lames de ressort roulées en spirale, que l'on fixe d'un côté à l'armature ou sur son pivot, et de l'autre sur une partie rigide ; il devient ensuite facile, avec des boutons à raquettes, de régler la force de ce ressort comme on le fait du reste pour le spiral des balanciers de montre. Ce genre de ressorts, représenté fig. 38, Pl. I, a été employé par M. Weare pour ses horloges électriques à balancier circulaire marchant sous l'influence de piles sèches, et par M. Bain dans ses cadres galvanométriques à inflexion.

Dans tous les systèmes que nous venons de décrire, la force antagoniste s'exerce toujours au préjudice de la force attractive. Or, comme cette force ne laisse pas que de devoir être assez considérable, surtout quand on emploie des armatures aimantées, on a cherché à l'obtenir par des moyens purement physiques. Ces moyens consistent dans deux électro-aimants opposés l'un à l'autre comme dans la *fig.* 40, pl. I, et entre les pôles desquels on place l'armature qui doit déterminer l'effet mécanique. Si cette armature est en fer doux, on fait passer alternativement le courant dans ces deux électro-aimants, et comme, en raison du magnétisme rémanent, cette armature reste dans le voisinage du pôle de l'électro-aimant qui l'a attirée, on obtient toujours par ce moyen des vibrations suffisamment définies pour les effets mécaniques dont on a besoin ; il faut seulement alors un commutateur un peu plus compliqué que quand on emploie des ressorts antagonistes.

Avec des armatures aimantées, ce système est d'une importance beaucoup plus grande, car les deux électro-aimants étant opposés par leurs pôles contraires, ils peuvent réagir simultanément sur l'armature, l'un par répulsion, l'autre par attraction ; et comme la grosseur du fil des hélices magnétisantes peut être calculée pour que ces deux hélices réunies ne constituent que la résistance voulue pour correspondre au maximum de force en rapport avec la pile employée, on gagne à la fois de la force et par la masse magnétique et par l'action double. Un simple commutateur à renversement des pôles supplée alors à la force antagoniste, puisqu'en inversant le courant, celui des deux électro-aimants qui avait d'abord attiré, repousse ensuite, et réciproquement. Un autre avantage immense de ce système, c'est d'éviter le règlement de la force antagoniste suivant la force du courant, après toutefois que la distance à laquelle l'armature se trouve des pôles de l'électro-aimant, (pôles sur lesquels elle pourrait réagir par son magnétisme propre), a été réglée d'avance. Ce système a été fréquemment employé par M. Glœsener (qui en est l'inventeur) et par M. Breguet, pour l'horlogerie électrique. Dans ce genre d'application électrique, en effet, l'usage de ce système est indispensable, en raison des courants accidentels atmosphériques qui exercent toujours des effets contraires sur les fils conducteurs des circuits. Les figures 40, 41, 42, 44 (pl. I), montrent différentes dispositions de ce système, propres à recevoir l'effet de ce genre d'effet antagoniste. Dans la fig. 40, l'armature placée entre les deux électro-aimants oscille parallèlement à sa ligne axiale. C'est la disposition la plus généralement employée. Dans la figure 41, elle pivote sur son centre pour faire osciller ses deux extrémités entre les pôles des deux électro-aimants. Dans la fig. 44, un effet du même genre se produit, mais il est aidé par l'action d'un multiplicateur qui enveloppe le système. Enfin, dans la figure 42, on emploie une paire d'électro-aimants droits supplémentaires, qui en réagissant dans le même sens que les deux électro-aimants à deux branches placés bout à bout aux extrémités des premiers, permettent d'obtenir de la part de deux armatures pivotant sur leur centre deux effets différents.

L'inconvénient des armatures aimantées est qu'elles sont sujettes à se désaimanter lorsque l'action magnétique qui agit sur elles varie continuellement et rapidement de sens. Pour l'éviter, on peut disposer l'armature comme dans la figure 20, de manière qu'un seul de ses pôles subisse ces alternatives d'actions magnétiques inverses : l'autre pôle qui est libre maintient toujours développé le magnétisme du pôle influencé. Mais on peut encore éviter cet inconvénient en prenant, au lieu d'une armature aimantée, une armature en fer doux que l'on polarise par influence en la plaçant devant l'un des pôles d'un aimant permanent un peu énergique, ou en aimantant cette armature au moyen d'une hélice, recevant un courant spécial dépendant ou indépendant du courant de la ligne. Nous verrons plus tard de très-ingénieuses combinaisons qui ont été faites dans cet ordre d'idées.

IV. AIMANTATION PERSISTANTE.

Bien que l'aimantation persistante des corps magnétiques soit peu susceptible d'être mise à contribution dans les applications électriques, nous croyons, néanmoins, devoir en dire quelques mots, car les aimants peuvent entrer comme pièces auxiliaires dans les appareils électro-magnétiques, et jouent même un rôle des plus importants dans les appareils d'induction.

Mussembroeck, l'abbé Nollet, MM. Michell et Canton, ont consacré de longues pages à l'étude des procédés d'aimantation des corps magnétiques (1), et nous devons le dire tout d'abord, ces procédés ne sont pas plus avancés aujourd'hui qu'à l'époque de ces savants. On pourrait

(1) Voir le traité des aimants artificiels, par MM. Michell et Canton (traduction du P. Rivoire). Paris 1752.

même croire, à en juger par l'énergie comparative des aimants artificiels que nous avons entre les mains, que les procédés actuels seraient même inférieurs aux anciens, et cela se comprend, si l'on considère qu'ayant à notre disposition des aimants électriques d'une force infiniment plus grande que celle à laquelle peuvent atteindre les aimants persistants, les physiciens emploient toujours ceux-là de préférence dans leurs recherches. Depuis les électro-aimants, la question de force des aimants permanents qui préoccupait tant les physiciens dans le siècle dernier, a donc perdu considérablement de son importance, et par le fait on ne s'en préoccupe plus aujourd'hui que quand il s'agit de la confection des machines d'induction.

Procédés d'aimantation. — Le plus simple des procédés d'aimantation est celui de la simple touche qui consiste à frotter le barreau d'acier trempé que l'on a à aimanter sur le pôle d'un aimant puissant, en ayant soin d'effectuer la friction toujours dans le même sens, et à partir du milieu du barreau. Bien que sous cette seule influence le second pôle puisse se trouver constitué, comme il est moins énergique que le premier, il devient nécessaire de le stimuler en répétant pour cette seconde partie du barreau la même opération que pour la première, mais sur le pôle opposé de l'aimant inducteur.

Pour obtenir avec ce système de friction une aimantation plus énergique, on imagina d'opérer la friction simultanément sur les deux moitiés du barreau avec deux aimants énergiques agissant par leurs pôles opposés, et afin que le magnétisme développé pût se maintenir sans perte pendant les alternatives des frictions, on appuyait les extrémités du barreau ainsi magnétisé sur les pôles contraires de deux aimants spéciaux placés dans le prolongement de son axe, ou on faisait réagir sur lui des combinaisons magnétiques ayant pour effet de provoquer des réactions par influence.

Ces procédés *dits à double touche* ont été employés dans des conditions plus ou moins bonnes par MM. Knight, Michell, Œpinus, Coulomb, Duhamel et Antheaume. Suivant l'abbé Nollet, le plus parfait serait celui de M. Duhamel.

Dans ce système, dont nous représentons fig. 9 le dispositif et qui est fondé sur les effets auxquels nous avons donné le nom de condensation magnétique, le magnétisme successivement développé dans le barreau AB, était maintenu par l'action de deux armatures de fer doux AC, BD, réunies par un barreau CD et de deux barres aimantées très-longues EF, GH placées contre ces armatures.

Quand on venait à aimanter par double friction le barreau AB en tirant en sens inverse l'un de l'autre les deux faisceaux aimantés composant le système M, les polarités déterminées en A et B provoquaient une action par influence sur les armatures AC, BD, et cette action ayant pour effet secondaire de surexciter les polarités du barreau, était d'autant plus énergique que les armatures étaient en fer très-doux et surexcitées elles-

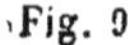
Fig. 9.

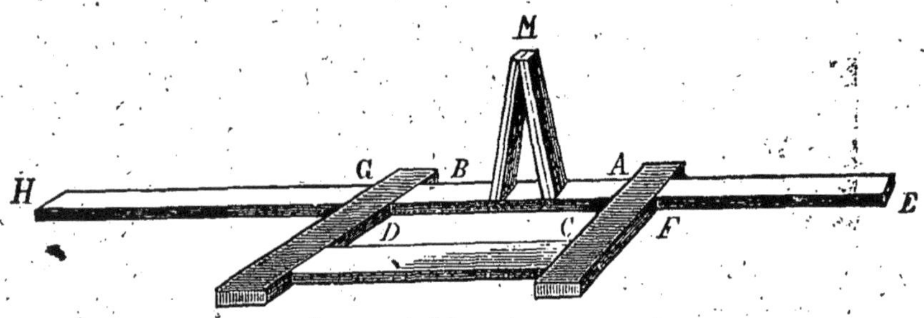

mêmes par les barreaux EF et GH. Quand après plusieurs frictions effectuées dans le même sens, le barreau AB se trouvait suffisamment aimanté d'un côté, on le retournait et on répétait la même opération de l'autre côté (1).

Au moyen de ce système d'aimantation, Duhamel est parvenu à obtenir comme, du reste, l'avait fait Knight avant lui, des aimants permanents pouvant porter 8 fois leur poids. C'est un résultat qu'on n'obtient guère maintenant. Aujourd'hui, comme nous le disions, ces différents procédés n'ont plus d'importance, parce qu'avec la magnétisation directe par la spirale voltaïque on peut faire arriver instantanément les barreaux, à un degré de saturation magnétique bien supérieur à celui qu'ils peuvent conserver. Toute la difficulté est de leur faire garder une fraction consi-

(1) L'action des armatures sur les barreaux magnétiques pendant qu'ils subissent l'aimantation est tellement grande, que M. Jamin ayant pu obtenir par une aimantation électro-magnétique (à l'aide d'une spirale galvanique) une force de 300 kilog. de la part d'un aimant en fer à cheval composé de dix lames et pesant 10 kilog. *a pu porter cette force à 780 kilog. en armant 5 des lames de cet aimant de 5 armatures de fer doux et en les réaimantant sous l'influence de ces armatures.* Il est vrai que ces armatures, une fois détachées de l'aimant, celui-ci revenait à sa première force. (Voir les *Mondes*, tome XX, page 378.)

dérable de cette aimantation temporaire. Or, les effets plus ou moins avantageux qu'on peut obtenir sous ce rapport, dépendent non-seulement de la nature de l'acier mais encore de sa trempe et de certaines préparations dont on fait peu de cas aujourd'hui, mais qui pourtant avaient leur valeur, puisqu'en définitive les aimants anciens valent généralement mieux que les aimants modernes. On pourra, du reste, trouver dans la *Physique* de Mussembroeck des renseignements très-circonstanciés sur ces préparations.

Les constructeurs qui, dans ces derniers temps, ont obtenu les meilleurs résultats pour les aimants permanents sont : MM. Elias, de Harlem, Logemann, en Hollande, Henley, en Angleterre, Limay, en France, Siemens, en Allemagne ; les deux premiers ont construit pour l'École polytechnique un aimant du poids de 75 kilog., qui en porte 150, mais ils n'ont pas fait connaître leur procédé.

A défaut de renseignements sur les moyens employés par la plupart des constructeurs dont nous venons de parler pour maintenir la force de leurs aimants, nous rapporterons ici le système employé par M. Varley, qui paraît avoir très-bien réussi. Il commence d'abord par faire chauffer au rouge vif les pièces d'acier qui doivent être aimantées dans un creuset rempli en partie d'un mélange de noir animal et de ferrocyanate de potassium. Ces substances, suivant lui, empêchent les surfaces métalliques de s'altérer au feu. Quand cette opération est terminée, il plonge les pièces en question dans un appareil que nous allons décrire, et dans lequel elles subissent la trempe sous l'influence magnétique.

Cet appareil consiste dans une bobine d'électro-aimant dont le canon, d'ailleurs très-mince, est en fer et terminé par deux rondelles du même métal ; une pièce de fer taillée en forme d'entonnoir et percée d'un trou assez large est vissée sur la rondelle supérieure de la bobine, de manière à pénétrer à une certaine distance à l'intérieur du canon. Une autre pièce de fer également percée, est vissée de la même manière du côté opposé de la bobine et communique avec un tuyau fermé par un robinet. Quand on se sert de cet appareil, on l'anime par le courant d'une forte pile, et on plonge à l'intérieur de la bobine magnétisante les pièces d'acier rougies, ainsi que nous l'avons vu précédemment. L'introduction de ces pièces se fait par l'entonnoir dont nous avons parlé. Après quelques secondes, on verse par le même entonnoir de l'eau rendue très-froide par un mélange réfrigérant ou même des gaz liquéfiés par la compression, ou bien encore du mercure presque solidifié ; on ouvre le robinet du tuyau inférieur, et on laisse couler le liquide jusqu'à l'entier refroidissement des pièces magnétisées. Par ce moyen, ces pièces subissent l'aimantation, non-seulement par l'action de l'hélice magnétisante, mais encore par l'action polaire des deux bouchons de fer introduits dans le canon de la bobine, et cette aimantation se continue pendant toute l'opération de la trempe.

Quand les pièces sont retirées de l'appareil précédent, on les met sur un étau pour les travailler ; mais on a soin de disposer devant leurs pôles ceux d'un fort électro-aimant animé par un courant énergique. Avec ce système, M. Varley est arrivé à obtenir des aimants puissants qui conservent parfaitement bien leur magnétisme et dont les pôles sont placés d'une manière tout à fait régulière et symétrique.

Du reste, il ne faut pas se faire trop d'illusions à l'égard de la force des aimants, car nous avons vu qu'ils étaient susceptibles d'un degré de saturation magnétique, et l'expérience a montré à MM. Hœcher et Kulp, que si on désigne par T la force portante d'un aimant, Q son poids, on peut poser la relation :

$$T = a\sqrt[3]{Q^2} \text{ ou } T = a\,Q^{\frac{2}{3}}$$

a désignant une constante dépendant de la nature de l'acier qui compose l'aimant. Or, on voit que si la constante a n'est pas notablement supérieure à 1, le poids porté par l'aimant sera toujours inférieur à son propre poids (1).

M. de Waltenhofen, de son côté, a montré que pour des barreaux d'acier aimantés pour la première fois et dont le diamètre ne dépasse pas le vingtième de la longueur :

1° *Les moments temporaires sont proportionnels aux puissances* $\frac{4}{5}$ *de l'intensité magnétique* x *du courant :*

2° *Que ces moments sont de plus, proportionnels aux puissances* $\frac{3}{4}$ *de leur poids, pour un même courant.*

Ces deux lois peuvent être résumées dans la formule

$$y = C \cdot g^{\frac{3}{4}} \cdot x^{\frac{4}{5}}$$

y représentant le moment magnétique du barreau, $Cg^{\frac{3}{4}}$ une constante proportionnelle à la puissance $\frac{3}{4}$ du poids, x l'intensité magnétique du courant (2).

---

(1) Voir les *Mondes*, tome 19, p. 9.
(2) Voir les *Mondes*, tome 5, p. 546.

Meilleures dispositions des aimants puissants. — L'épaisseur de la couche magnétique susceptible de recevoir l'action directe de l'aimantation étant assez restreinte, ainsi qu'on l'a vu précédemment, il est essentiel que les aimants fixes ne soient pas par trop épais. Dès lors, on se trouve conduit, quand on veut obtenir des aimants un peu énergiques, à les constituer de plusieurs pièces réunies en faisceau ; mais comme ces différents aimants ainsi réunis peuvent réagir les uns sur les autres, en tendant à créer des polarités contraires à celles qu'ils possèdent (1), il devient important, quand on veut obtenir leur effet maximum, d'éloigner assez les unes des autres les lames qui les composent pour réduire le plus possible ces réactions contraires. C'est précisément ce qu'a compris M. Siemens, et les aimants qu'il construit se composent d'une série de lames aimantées *a*, *a*, *a*, *a* (fig. 10), placées pa-

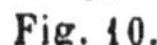
Fig. 10.

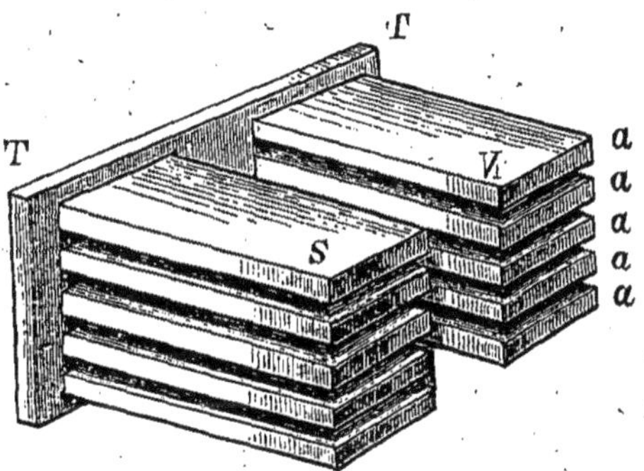

rallèlement à un centimètre environ les unes des autres et rivées sur une traverse de fer TT qui leur est commune. Cette traverse prolongée est munie à son autre extrémité d'un second système de ces lames aimantées, et le tout constitue une espèce d'aimant en fer à cheval qui a une force d'autant plus grande que la masse de fer intermédiaire TT réunissant les

(1) Ces effets contraires, déjà étudiés par Coulomb, ont été, dans ces derniers temps, l'objet d'un travail important de M. Kulp, qui a reconnu que non-seulement la force d'un aimant composé de plusieurs lames aimantées, réunies en faisceau, ne correspond pas à la somme des forces individuelles de ces lames, mais encore que cette perte de force est plus ou moins grande, suivant que l'aimantation de ces lames est uniforme ou non uniforme. Quand *les lames sont également aimantées, elles reprennent leur force primitive une fois qu'elles se trouvent séparées, mais si elles sont d'inégale force, elles restent affaiblies après cette séparation*, et cet affaiblissement permanent est moindre pour les forts aimants que pour les petits (voir les *Mondes*, tome 19, p. 10 et 339).

deux faisceaux surexcite elle-même leur polarité. Cette disposition a produit les plus heureux résultats et, grâce à elle, M. Siemens a pu créer des appareils d'induction d'une grande énergie. Nous aurons occasion d'en voir souvent l'application dans la suite de cet ouvrage.

Inutile de dire que pour relier ensemble les différentes lames d'un faisceau magnétique, il faut autant que possible éviter les matières magnétiques. C'est avec des colliers ou des boulons de cuivre qu'il faut opérer ces liaisons, ou tout simplement par le serrage d'une traverse de bois ou de cuivre qui s'applique sur les deux branches de l'aimant, quand celui-ci est en fer à cheval.

Ordinairement, on munit les extrémités polaires des faisceaux magnétiques d'une armature ou semelle de fer doux, afin de concentrer davantage l'action des différentes lames, mais il faut que cette armature soit très-mince, si on ne veut pas perdre de la force. Quand on peut la supprimer, l'effet est meilleur.

V. CALCULS RELATIFS AUX ÉLECTRO-AIMANTS.

Les lois des électro-aimants et les déductions que nous en avons tirées permettent de calculer facilement les dimensions d'un électro-aimant, ainsi que la longueur et la grosseur du fil de son hélice magnétisante pour correspondre le plus efficacement possible à une force électrique donnée et à un circuit de résistance également donnée. Elles permettent aussi de renverser le problème et de déterminer la force électrique à employer et la disposition de l'électro-aimant, pour obtenir dans les conditions les plus favorables, sur un circuit donné, une force attractive déterminée.

Pour arriver à ces déterminations d'une manière pratique, il est nécessaire d'avoir toutes les données en rapport avec un électro-aimant type tenant en quelque sorte lieu d'unité de comparaison et qui étant placé dans les conditions de maximum par rapport à la résistance du circuit extérieur et à la disposition des différents éléments qui le composent, peut fournir une force maxima F, à laquelle on peut rapporter toutes les autres.

Les valeurs se rapportant à cet électro-aimant type, n'ont pas encore été jusqu'ici déterminées d'une manière parfaitement rigoureuse, mais, si on considère les résultats des expériences suivantes, faites avec un électro-aimant ayant pour diamètre des noyaux magnétiques 1 centimètre, pour longueur de chacun d'eux 6 centimètres, pour épaisseur de l'hélice 1 centimètre, et muni alternativement de bobines de 75 et 200 kilomètres de résistance, on pourra peut-être trouver là provisoirement un type répondant aux conditions que nous venons d'exposer.

Dans ces expériences, le courant traversant le circuit provenait d'une pile de Daniell de 20 éléments en service depuis longtemps et par conséquent peu intense, et l'attraction avait lieu à une distance d'écartement de l'armature égale à un millimètre.

1° Force de l'électro-aimant avec les bobines de 75 kilomètres de résistance.

	m	m	Force attractive.
Le circuit extérieur ayant	— 18620 +	0 —	80 grammes.
Id.	— 18620 +	100000 —	15 —
Id.	— 18620 +	200000 —	5,5
Id.	— 18620 +	370000 —	0,0.

2° Force de l'électro-aimant avec les bobines de 200 kilomètres de résistance.

	m	m	Force attractive.
Le circuit extérieur ayant	— 18620 +	0 —	58 grammes.
Id.	— 18620 +	100000 —	25 —
Id.	— 18620 +	200000 —	14 —
Id.	— 18620 +	370000 —	6 —

Le fil de ces circuits était parfaitement isolé, et le temps de fermeture du courant était assez long pour développer l'aimantation maxima.

Si on prend les intensités du courant d'après les formules d'Ohm dans ces différentes conditions de l'expérience, et si on prend les rapports des carrés de ces intensités ainsi déterminées, et qu'on place en regard les rapports des forces magnétiques correspondantes, on trouve pour les chiffres de la seconde série d'expériences, celle qui présente le plus de points de comparaison, les nombres suivants :

$$\frac{I^2}{I'^2}=2,13\quad \frac{F}{F'}=2,3 \quad\Bigg|\quad \frac{I^2}{I''^2}=3,64\quad \frac{F}{F''}=4,1 \quad\Bigg|\quad \frac{I^2}{I'''^2}=7,19\quad \frac{F}{F'''}=9,6$$

Ces chiffres, avec l'accroissement proportionnel de la force électro-magnétique aux cubes de l'intensité du courant, seraient :

$$\frac{I^3}{I'^3}=3,09\quad \frac{F}{F'}=2,3 \quad\Bigg|\quad \frac{I^3}{I''^3}=6,96\quad \frac{F}{F''}=4,1 \quad\Bigg|\quad \frac{I^3}{I'''^3}=19,28\quad \frac{F}{F'''}=9,6.$$

Or ces calculs nous montrent :

1° Que conformément à ce que nous avons dit page 17, les forces électro-magnétiques croissent dans un rapport d'autant plus rapide avec l'intensité du courant que l'électro-aimant est moins saturé de magnétisme, mais dans un rapport pourtant beaucoup moins élevé que celui des cubes des intensités.

2° Que les dimensions de l'électro-aimant expérimenté sont même un peu fortes pour correspondre aux courants employés, même pour une résistance de circuit extérieur variant de 0 à 100 kilomètres.

3° Qu'en prenant pour unité de force celle de 25 grammes correspondant à un circuit extérieur de 100 kilomètres, on se trouve à peu près dans les conditions voulues ; car le rapport de la croissance des forces électro-magnétiques diffère peu de celui des carrés des intensités du courant, et, comme la force de la pile répond à une résistance de 5 kilomètres par élément et que la résistance de l'hélice est bien voisine du double de celle du circuit extérieur, l'électro-aimant se trouve à peu près placé dans ses conditions de maximum (1).

En calculant d'après les dimensions de cet électro-aimant les valeurs de H, de t et de g, et d'après les constantes de l'élement Daniell, les valeurs de E et de I, on obtient les chiffres du tableau suivant, dont nous verrons à l'instant l'application, ainsi que celle des trois autres tableaux qui l'accompagnent.

---

(1) Nous devrons faire observer, à l'égard de cette question d'unité de mesure de force électro-magnétique, que le système de mesurer les forces des électro-aimants par les répulsions magnétiques ou les oscillations de l'aiguille aimantée, nous paraît non-seulement *peu concluant*, eu égard aux déductions pratiques que l'on peut en tirer, puisque les effets de ces organes électro-magnétiques ne se présentent pas généralement dans ces conditions, mais encore susceptible de conduire à des conclusions *inexactes*, en raison des effets d'influence qui agissent si énergiquement dans la force attractive et qui se trouve *éliminés* par cette méthode. Au point de vue théorique ce système peut avoir un bon côté, mais au point de vue de l'application, le système de mesure par poids est encore le plus sûr, et tant que MM. les physiciens universitaires resteront ainsi dans le domaine de l'idéal, ils pourront bien prêcher dans le désert. D'après ces considérations, on pourra comprendre que les recherches de M. Cazin sur les électro-aimants pourront conduire à des déductions différentes de celles que nous avons analysées précédemment sans pour cela infirmer les nôtres qui sont le résultat d'expériences faites dans les conditions de la pratique. A bon entendeur salut !....

N° 1. Valeurs se rapportant à l'électro-aimant servant de type de comparaison.

	SANS TUBE DE CUIVRE.	AVEC TUBE DE CUIVRE RONDELLES ET DÉGAGEMENT.
Résistance du circuit y compris celle de la pile.	118620^m	118620^m
Résistance de l'hélice	200000^m	200000^m
Valeurs de E.	119460	119460
Valeurs de I	0,37490	0,37490
Valeurs de H	1470^m	1633^m
Valeurs de t	23032	21654
Valeurs de g^2	0^m,0000000521	0^m,0000000587
Valeurs de a.	0^m,0100	0^m,0120
Valeurs de c	0^m,0100	0^m,0100
Valeurs de αc	0^m,0100	0^m,0120
Valeurs de $2\,b$.	0^m,1200	0^m,1200
Valeurs de $2mc$	0^m,1200	0^m,1060
Valeurs de I^2	0^m,14055	0^m,14055
Valeurs de t^2	530473024	468895726
Valeurs de $I^2\,t^2$.	74557988,82793	65903294,28930
Épaisseur de chacune des quatre rondelles des deux bobines	»	1^{mm},5
Élévation des rondelles inférieures au-dessus de la culasse pour le dégagement des extrémités du fil.	»	4^{mm},00
Valeurs de F avec $I = 0,3479$ et une résistance de circuit de 118620 mètres	»	25 gr.
Valeurs de F avec $I = 0,2853$ et une résistance de circuit de 218620 mètres	»	14 gr.

N° 2. Valeurs se rapportant aux fils des électro-aimants.

	Nos des fils les plus usités.	$\frac{g}{f}$ ou s Diamètre du fil nu.	g Diamètre du fil couvert.	f Valeurs de f.	f^2 Carrés de f.	$\frac{s^2}{s^{2\prime}}$ Rapports des sections.	g^2 Carrés des diamètres des fils couverts.
Jauge carcasse (c. soie)	Fil n° 32	0m,00014	0m,00023	1,6428	2,6988	816,3	0,0000000529
	n° 28	0 ,00022	0 ,00033	1,5000	2,2500	330,6	0,0000001089
	n° 24	0 ,00027	0 ,00040	1,4814	2,1934	219,5	0,0000001600
	n° 20	0 ,00035	0 ,00048	1,3714	1,8796	130,6	0,0000002304
	n° 16	0 ,00040	0 ,00055	1,3750	1,8906	100,0	0,0000003025
	n° 12	0 ,00049	0 ,00065	1,3265	1,7582	66,6	0,0000004225
	n° P	0 ,00058	0 ,00077	1,3275	1,7609	47,5	0,0000005929
Jauge décimale (c. coton).	Fil n° 1	0 ,00060	0 ,00122	2,0333	4,1331	44,4	0,000001488
	n° 2	0 ,00070	0 ,00134	1,9143	3,6634	32,6	0,000001795
	n° 3	0 ,00080	0 ,00146	1,8250	3,3306	25,0	0,000002132
	n° 4	0 ,00090	0 ,00158	1,7555	3,0800	19,8	0,000002396
	n° 5	0 ,00100	0 ,00172	1,7200	2,9584	16,0	0,000002958
	n° 6	0 ,00110	0 ,00184	1,6727	2,7989	13,2	0,000003385
	n° 7	0 ,00120	0 ,00196	1,6333	2,6687	11,1	0,000003842
	n° 8	0 ,00130	0 ,00208	1,6000	2,5600	9,4	0,000004326
	n° 9	0 ,00140	0 ,00220	1,5714	2,4670	8,2	0,000004840
	n° 10	0 ,00150	0 ,00232	1,5466	2,3901	7,1	0,000005382
	n° 11	0 ,00170	0 ,00254	1,4941	2,2320	5,5	0,000006451
	n° 12	0 ,00180	0 ,00266	1,4777	2,1844	4,9	0,000007075
	n° 13	0 ,00200	0 ,00288	1,4444	2,0851	4,0	0,000008294
	n° 14	0 ,00210	0 ,00300	1,4285	2,0392	3,6	0,000009000
	n° 15	0 ,00235	0 ,00327	1,3915	1,9349	2,9	0,000010690
	n° 16	0 ,00260	0 ,00354	1,3615	1,8523	2,4	0,000012532

N° 3. Conditions des fils que l'on rencontre dans le commerce.

NUMÉROS à la jauge carcasse	DIAMÈTRES des fils nus.	NOMBRES de mètres des fils nus par kilog.	DIAMÈTRES des fils recouverts	NOMBRES de mèt. de ces fils par kilog.	RÉSISTANCE approximative de ces fils par kilog.	PRIX des fils couverts en soie par kil.	PRIX des fils couverts en coton par kil.
N° 12	0^m,00056	514 m.	0^m,00054	515	» »	15^f,50	7,75
N° 14	0 ,00050	680	0 ,00048	673	» »	15 ,75	8 »
N° 16	0 ,00044	796	0 ,00044	780	22^k,30	16 ,25	8,75
N° 18	0 ,00040	867	0 ,00040	929	29 ,60	17 ,50	9,25
N° 20	0 ,00036	1238	0 ,00034	1390	31 ,47	19 ,80	9,75
N° 22	0 ,00032	1439	8 ,00032	1420	» »	21 »	10,50
N° 24	0 ,00028	1925	0 ,00028	1872	43 ,75	24 »	11,75
N° 26	0 ,00026	2389	0 ,00026	2257	138 ,23	27 ,50	12,75
N° 28	0 ,00024	2854	0 ,00022	3230	174 ,94	31 »	13,50
N° 29	0 ,00023	3054	» »	» »	185 ,77	32 ,25	14,75
N° 30	0 ,00021	3822	0 ,00020	3920	228 ,46	33 ,50	16 »
N° 31	0 ,00020	4042	0 ,00019	4390	471 ,51	35 »	17 »
N° 32	0 ,000185	5875	0 ,00017	4810	528 ,57	36 ,50	18 »
N° 33	0 ,00017	6130	0 ,00015	9400	967 ,56	41 »	» »
N° 34	0 ,00016	7750	0 ,00014	9580	» »	48 »	» »
N° 38	0 ,000125	10550	0 ,000125	9650	1680 »	60 »	» »
N° 39	0 ,000115	11950	0 ,000115	10600	» »	60 »	» »
N° 40	0 ,00010	18400	0 ,00009	16290	» »	80 »	» »
N° 42	0 ,00008	24800	» »	» »	4228 »	105 »	» »
N° 43	0 ,000075	25600	0 ,00007	26310	» »	105 »	» »
N° 44	0 ,00006	36500	0 ,00006	35400	17500 »	115 »	» »

N° 4. Conditions des fils du commerce (2ᵉ tableau) **(1)**.

NUMÉROS à la jauge décimale.	NOMBRE de mètres par kilog.	DIAMÈTRES en dixièmes de millimètre.	PRIX DES FILS couverts en soie par kilog.	PRIX DES FILS couverts en coton par kilog.
N° P	670	0,0005	7,75	7,75
N° 1	418	0,0006	14,75	7,50
N° 2	330	0,0007	14,50	7,25
N° 3	208	0,0008	14 »	7 »
N° 4	180	0,0009	13,75	6,75
N° 5	160	0,0010	13,50	6,50
N° 6	137	0,0011	13 »	6,25
N° 7	100	0,0012	13 »	6 »
N° 8	85	0,0013	12,75	5,75
N° 9	75	0,0014	12,50	5,60
N° 10	70	0,0015	12,50	5,50
N° 11	66	0,0016	12 »	» »
N° 12	54	0,0018	12 »	» »
N° 13	40	0,0020	11,75	» »
N° 14	34	0,0022	» »	5,35
N° 15	30	0,0024	11,50	» »
N° 16	26	0,0027	» »	» »
N° 17	19	0,0030	» »	» »
N° 18	16	0,0034	» »	» »
N° 20	10	0,0044	» »	» »

(1) Les chiffres que nous avons donnés dans le tableau n° 2, pour représenter les diamètres des fils avec ou sans leur couverture de soie, ne sont pas exactement ceux que l'on trouverait en mesurant directement ces fils, et on pourra s'en convaincre en jetant les yeux sur le tableau n° 3 ; cela tient à ce que nos chiffres résultent de calculs faits sur des électro-aimants tout fabriqués, dont on a mesuré la résistance par des procédés rhéostatiques, et dans lesquels les espaces vides et les irrégularités d'enroulement, qui se rencontrent toujours dans les bobines, se trouvent imputés aux valeurs représentant l'épaisseur de la couche isolante. Par ce système de détermination, on obtient donc des valeurs dont l'exactitude n'est sans doute pas très-rigoureuse, matériellement parlant, mais qui, étant introduites

Problèmes sur la construction des électro-aimants. — Le premier problème que nous avons posé au commencement de ce sous-chapitre sur les meilleures conditions de construction des électro-aimants peut, en lui appliquant un exemple numérique, être énoncé de la manière suivante :

On désire connaître les dimensions d'un électro-aimant et la grosseur du fil qui doit constituer son hélice magnétisante pour qu'étant placé dans ses conditions de maximum, l'état magnétique développé en lui corresponde à un état voisin du point de saturation et cela sous l'influence d'un seul élément Bunsen (petit modèle) et sur un circuit extérieur présentant une résistance de 104 mètres de fil télé-

---

dans les formules, leur donnent beaucoup plus de précision, parce qu'elles tiennent compte d'éléments insaisissables qui seraient forcément négligés en partant des valeurs réelles.

On comprend, d'ailleurs facilement, comment ces valeurs peuvent être calculées, puisqu'il ne s'agit pour cela que de déduire la valeur de g de la formule (n° 91), qui devient, avec les valeurs $a = 0{,}012$, $c = 0{,}012$, et $b = 0{,}12$, et les coefficients de réduction de H en fonction de g,

$$g^2 = f\sqrt{\frac{0{,}000000000289529}{H}},$$

et comme $\frac{g}{f} = s$, s, représentant le diamètre du fil de cuivre, qu'on peut mesurer directement en dégarnissant de soie un bout du fil, on a, en définive,

$$f = \frac{\sqrt{\frac{0{,}000000000289529}{H}}}{s^2},$$

et par suite $g = fs$.

Les tableaux 3 et 4 qui précèdent ont été établis avec un soin particulier par M. Bonis, l'un des meilleurs fabricants de fils électriques de Paris, qui n'emploie dans leur fabrication que des cuivres dont la conductibilité a été vérifiée et atteint toujours, de 94 à 96 pour cent, celle de l'argent (1).

On remarquera que le diamètre des fils fins recouverts, malgré leur enveloppe de soie, est plus petit que celui des numéros correspondants non recouverts : cela tient à ce que, dans l'opération du recouvrement, ces fils, qui sont mous, sont soumis à une tension et à un étirement qui diminuent moyennement leur diamètre de 3 centièmes de millimètre environ. Aussi voit-on que ces fils, ainsi recouverts et malgré le poids de leur couverture de soie, fournissent par kilogramme une plus grande longueur. Toutefois, cet allongement ne se fait remarquer que jusqu'au numéro 32, et, à partir de ce numéro, l'inverse a lieu. Cette apparente anomalie s'explique facilement, si l'on réfléchit que le poids de la couverture de soie, qui entre pour très-peu de chose dans le poids total des numéros élevés, devient de plus en plus sensible, à mesure que le fil est plus fin, et finit par devenir assez important, non-seulement pour masquer les effets de l'étirement, mais encore pour représenter dans le poids total une certaine longueur de fil.

(1) La maison Bonis est établie rue Montmartre, n° 18.

graphique, la résistance propre de l'élément Bunsen devant être estimée, en raison de la petite résistance du circuit, à 57 mètres.

La formule n° (90) donnera immédiatement le diamètre de l'électro-aimant pour satisfaire aux données du problème et cette formule avec les chiffres indiqués précédemment et ceux qu'on peut déduire du tableau de la page 171, tome I, sera représentée par :

$$c = \sqrt[5]{(11123 - 104 \times 35,65)^2 . 0,0000000000000000339701761}$$

$$\text{ou : } c = 0^m,0285.$$

Cette valeur de c étant ainsi déterminée et substituée à c dans la formule n° (91), on obtient pour valeur de g, c'est-à-dire pour diamètre du fil, y compris sa courverture de coton :

$$g = \sqrt[4]{\frac{\overline{0^m,0285}^3 . \overline{1,3615}^2}{104} . 0,0001005312} = 0^m,00264$$

laquelle divisée par 1,3615 indique comme diamètre du fil de cuivre 0,00193.

Ainsi, l'électro-aimant cherché devra avoir un diamètre de $2^c,85$, la longueur de chacune de ses branches sera de 17 centimètres, et le fil de son hélice aura un diamètre de $1^{mm},93$, sans y comprendre la couverture de soie, soit 2 millimètres, et une longueur de 248 mètres qui fournira 1388 spires.

Si l'on recherche maintenant la force d'un pareil électro-aimant en partant de celle fournie par l'électro-aimant type, sous l'influence d'une pile de Daniell de 20 éléments qui est 25 grammes à 1 millimètre de distance attractive, on arrive à trouver :

1° Que par rapport à l'intensité du courant qui doit l'animer et au nombre de ses tours de spires, il doit fournir, d'après la proportion $F : F' :: I^2t^2 : I'^2t'^2$, une force de 818 grammes.

2° Que par suite de ses dimensions plus grandes, cette force doit être augmentée dans le rapport de $1^{\frac{5}{2}}$ à $2,85^{\frac{5}{2}}$, ce qui la porte à $3^k,935$ gr., soit environ 4 kilog.

Ce chiffre, toutefois, n'est que très-approximatif, car quand on part d'une très-faible force qui n'a pu être mesurée avec une grande précision pour en déterminer une beaucoup plus considérable, on peut être sujet à des erreurs plus ou moins grandes. C'est pourquoi il faut toujours avoir, comme donnée de comparaison dans ce genre de calculs, des chiffres fournis par des expériences faites avec des électro-aimants dans des conditions un peu analogues.

Si on voulait augmenter encore la force de l'électro-aimant sans que son état magnétique change beaucoup par rapport à celui correspondant au point de saturation, il faudrait, comme nous l'avons dit page 36, le constituer avec des tubes de fer et si on donne à ces tubes l'épaisseur de $\frac{1}{4}$ du diamètre, ainsi que l'a admis M. Hughes, il faudrait multiplier le diamètre c par $\sqrt[3]{\frac{16}{12}}$, c'est-à-dire par 1,1 et recommencer les calculs en partant de cette donnée. Je dois dire cependant qu'on peut, sans grand inconvénient, diminuer l'épaisseur des tubes jusqu'au septième et même jusqu'au dixième du diamètre (1).

Le second problème que nous avons posé page 61 peut se traduire de la manière suivante, en prenant un exemple numérique :

On voudrait obtenir une force attractive de 200 grammes à 1 millimètre d'écartement de l'armature sur un circuit isolé de 50 kilomètres et l'on voudrait savoir : 1° quelle devrait être la grosseur et les dimensions de l'électro-aimant qui doit être interposé dans le circuit ; 2° la longueur et le nombre des spires de l'hélice magnétisante, ainsi que la grosseur du fil qui la constitue ; 3° le nombre des éléments de la pile à employer qui devra être une pile de Daniell.

On calculera d'abord l'intensité que devra avoir le courant pour faire produire à l'électro-aimant inconnu la force de 200 gr. demandée, mais comme le nombre des éléments de la pile est inconnu, on supposera d'abord la pile composée de 20 éléments et on supposera que c'est un électro-aimant de mêmes dimensions que l'électro-aimant type qui est en cause, afin d'avoir un point de repère. Dans ce cas, cette intensité sera représentée par :

$$\frac{20 \times 5973}{3 \times (20 \times 931 + 50000)} \text{ ou } 0{,}5803$$

et la résistance de l'hélice sera égale à 2 (20 × 931 + 50000) ou 137240

(1) Voir *mes recherches sur les électro-aimants*, p. 112. Le rapport $\frac{c}{4}$ adopté par M. Hughes, représente celui qui existe entre le volume du noyau massif et sa surface.

mètres. Or pour que ce fil enroulé sur un électro-aimant de la grosseur de l'électro-aimant type constitue une épaisseur d'hélice $a = c$, il faut que la grosseur du fil dérive de la formule n° (91) qui donnera pour g^2, 0,0000000755. Dès lors, le nombre de tours de spires donné par la formule $\frac{ab}{g^2}$ devient 19072, et si on recherche la force produite par cet électro-aimant, sur un circuit de 50 kilomètres, en la comparant à celle de l'électro-aimant type sur le circuit de 100 kilomètres, on trouve qu'elle est égale à 44gr,93.

On pourra alors poser la proportion :

$$\overline{0,5803}^2 \times \overline{19072}^2 : x^2y^2 :: 44^g,93 : 200$$

de laquelle on pourra tirer la valeur du produit x^2y^2, représentant le carré de l'intensité du courant à déterminer multiplié par le carré du nombre de tours de spires de l'életro-aimant inconnu, lequel produit est 545369318. Or pour faire dans ce produit la part de x^2 et de y^2 et ne pas demander entièrement à l'intensité x du courant un trop grand excédant de force que l'on peut obtenir par l'augmentation du diamètre de l'électro-aimant, on pourra avoir recours à la loi de Müller, qui montre que si l'on fait le diamètre de l'électro-aimant inconnu égal à c, on aura augmenté sa force par rapport à celle de l'électro-aimant type dans le rapport de 1 à $\sqrt{c^3}$. De plus, comme on pourra poser $x : \mathrm{I} :: \sqrt{c^3} : 1$, on pourra rendre l'intensité qui a fourni laf orce 44gr,93 *égale à celle qui doit fournir la force* 200gr, en multipliant I par $\sqrt{c^3}$. Conséquemment $\mathrm{I}\sqrt{c^3}$ représentera l'intensité du courant qui devra animer l'électro-aimant inconnu, et pour qu'il soit tenu compte de l'action due à l'accroissement du diamètre dans l'expression algébrique de sa force x^2y^2 (sans quoi on augmenterait cette force d'une manière doublé), il faudra diviser x^2y^2 par $\sqrt{c^3}$; de sorte que l'on pourra poser :

$$(\mathrm{I}\sqrt{c^3})^2\, t^2 = \frac{x^2\,y^2}{\sqrt{c^3}},$$

d'où l'on déduit :

$$c = \sqrt[9]{\frac{x^4\,y^4}{\mathrm{I}^4\,t^4}} = \sqrt[3]{\sqrt[3]{19,82}} = 1^c,395.$$

Pour résoudre les autres parties du problème, on commencera par chercher comment doit être composée la pile pour fournir l'intensité $I\sqrt{c^3}$ ou 0,9534 sur un circuit $(nR + l)$ 3, et la formule exprimant l'intensité du courant sur ce circuit pourra l'indiquer, car la valeur n, qui est la seule inconnue dans cette formule, a pour expression :

$$n = \frac{3 \times 50000 \times 0,9534}{5973 - 3 \times 931 \times 0,9534} = 43.$$

On se trouve donc de cette manière en possession de la résistance totale du circuit, laquelle étant doublée, donne pour résistance de l'hélice magnétisante 90033 mètres de fil télégraphique, et comme cette hélice doit fournir 19072 spires, on obtiendra la valeur de g^2 au moyen de la formule $t = \frac{H}{\pi(a+c)}$ laquelle, dans le cas qui nous occupe devient :

$$t = \frac{H}{2\pi c} = \frac{2Rqg^2}{2\pi cf^2}\text{ ; d'où : } g^2 = \frac{\pi cf^2 t}{Rq},$$

c'est-à-dire $0^m,0000000668$.

Or cette grosseur de fil donne pour longueur de l'hélice, d'après la formule $H = 2\pi ct$, $1671^m,67$.

Ainsi, l'électro-aimant qui devra être interposé dans le circuit de 50 kilomètres pour produire la force 200 grammes, devra avoir des noyaux de fer de $0^m,01395$ de diamètre sur $0^m,08370$ de longueur. Le fil enroulé sur lui devra avoir une longueur de $1671^m,67$ sur un diamètre de 0,000258 avec la couverture de soie, 0,0001571 sans cette couverture. Enfin cette hélice devra fournir 19072 spires et la pile devra se composer de 43 éléments de Daniell.

Les calculs dont nous venons d'indiquer précédemment le mécanisme ne sont pas seulement utiles pour placer les électro-aimants dans leurs meilleures conditions et obtenir des effets déterminés, on peut encore, par leur intermédiaire, reconnaître si les données des problèmes comportent les meilleures conditions de fonctionnement des électro-aimants et s'il n'y a pas lieu de les modifier elles-mêmes, du moins dans l'arrangement des éléments qui sont donnés. Le problème suivant présente un exemple de ce genre.

Deux électro-aimants ayant chacun 2200 mètres de résistance ou un seul, peuvent être appliqués à un appareil ; ils fonctionnent d'ailleurs dans un circuit sans résistance extérieure sous l'influence d'une seule pile de Daniell de 8 éléments : on demande si l'effet le plus avantageux sera fourni par l'action simultanée des deux électro-aimants ou par l'action d'un seul.

Le problème est très-simple à résoudre; mais la solution est curieuse par la conclusion à laquelle elle conduit. On comprend d'abord facilement que le problème se réduit à une question de comparaison de forces. Or, pour connaître ces forces, il faut calculer les intensités du courant avec les deux dispositions électro-magnétiques. En appliquant les formules d'Ohm aux deux cas, on trouve :

1° Que dans le cas d'un électro-aimant seul, l'intensité du courant est représentée par 4,95 ;

2° Que, dans le cas où les deux électro-aimants (qui d'ailleurs sont semblables) sont intercalés sur deux dérivations issues des pôles mêmes de la pile, cette intensité, représentée par $\frac{nE}{2nR + H}$ est 2,79.

Les forces de ces deux électro-aimants seront donc entre elles comme les carrés des deux quantités 4,95 et 2,79. Maintenant, si on admet, ce que l'expérience a démontré, que la force de l'électro-aimant placé dans le circuit simple est 200 grammes, la force de chacun des deux autres sera donnée par la formule :

$$\frac{\overline{2,79}^2 \times 200}{\overline{4,95}^2},$$

soit 64 grammes.

Or, si on additionne la force des deux électro-aimants interposés, on *trouve une force totale de 128 grammes, alors que la force d'un seul électro-aimant était 200 grammes ;* on perd donc à la bifurcation, et malgré l'action combinée des deux électro-aimants, 72 grammes de force attractive. L'expérience a fourni exactement le même résultat ; ainsi la force trouvée pour chacun des électro-aimants interposés dans les dérivations était 70 grammes.

Cet effet est la conséquence de ce que la disposition de la pile donnée, qui n'est déjà pas en rapport avec la résistance du circuit extérieur, puisque sa résistance est près de quatre fois plus grande que cette dernière, l'est encore moins par rapport au circuit constitué par les deux dérivations. En effet la formule $\frac{nE}{2nR + H}$, qui représente dans ce cas l'intensité du courant sur chaque dérivation et qui, dans le cas d'une pile disposée en séries, donne pour conditions de maximum pour cette intensité $2\frac{a}{b}R = H$ ou $\frac{a}{b}R = \frac{H}{2}$, montre que dans ce cas la résistance de la pile doit être la moitié de celle du circuit; mais comme, d'un autre côté, les conditions de maximum par rapport à la force des électro-aimants concluent à ce que l'hélice magnétisante ait une résistance double de celle du circuit extérieur, il s'ensuit que, pour satisfaire à cette nouvelle condition de maximum, il faut que $\frac{a}{b}R = \frac{H}{4}$, et en conséquence que le nombre a des éléments en tension fourni par la formule $a = \sqrt{\frac{nH}{4R}}$ soit, pour notre pile de 2,17. Comme on ne peut fractionner un élément de pile et que les accouplements exigent des nombres qui soient des diviseurs parfaits de n, la combinaison voltaïque qui répondra le mieux à ces conditions de maximum comportera deux éléments de surface quadruple, ou plutôt quatre éléments de surface double; car, avec des résistances de circuit aussi petites, les coefficients de résistance de la pile de Daniell doivent être supposés 180^{m}, au lieu de 931^{m}. Dans ces conditions, la force électro-magnétique la plus grande ne correspondrait plus à l'électro-aimant du circuit simple, comme nous l'avons constaté précédemment.

On peut toujours conclure des résultats que nous venons de constater que, dans beaucoup d'applications électriques, on a tort de diviser le courant et d'employer trop d'électro-aimants. Le calcul devrait toujours présider à toutes ces dispositions, et presque jamais on ne s'en occupe. Voilà pourquoi on fait grand bruit d'une foule d'anomalies étranges qui ne sont des anomalies que pour ceux qui ne connaissent pas les lois de l'électricité.

On pourrait multiplier à l'infini les problèmes du genre de ceux que nous venons de poser; mais, comme ils n'apprendraient rien qui ne puisse se déduire des formules que nous avons données, nous nous en tiendrons là pour le moment.

Résistances types des électro-aimants télégraphiques. — Pour éviter tous les calculs que nous venons d'exposer et surtout ne pas compliquer la nomenclature du matériel télégraphique, on a ramené à l'administration des lignes télégraphiques françaises toutes les résistances des électro-aimants à trois types que l'on emploie suivant les circonstances de leur application, et que l'on désigne sous le nom *d'électro-aimants à grande résistance*, *d'électro-aimants à moyenne résistance*, et *d'électro-aimants à petite résistance*. Les premiers avaient dans l'origine une résistance d'environ 200 kilomètres, mais depuis les expériences de M. Hughes, on a considérablement réduit cette résistance et elle n'est plus aujourd'hui que de 120 kilomètres ; les seconds ont une résistance de 75 kilomètres, et les troisièmes une résistance de 5 ou 6 kilomètres seulement. Ces derniers ne sont employés qu'avec des courants de piles locales.

CHAPITRE II.

DISPOSITIONS DIVERSES DES ÉLECTRO-AIMANTS.

I. ÉLECTRO-AIMANTS SIMPLES.

Nous avons représenté planche I les différentes formes d'électro-aimants simples, les plus usitées dans les applications électriques.

Les fig. 1, 2, 3, 4, 5, 6, 7 sont des électro-aimants droits avec ou sans bobines dont les pôles sont droits, en biseau (fig. 2), en pointe (fig. 5), ou épanouis (fig. 4), suivant les besoins de l'application ; les fig. 3 et 4 représentent les coupes de ces électro-aimants pour montrer que dans la fig. 3, par exemple, les rondelles de cuivre sont soudées directement sur le fer de l'électro-aimant et que dans la fig. 4, le fer de l'électro-aimant est creux avec deux bagues de fer aux extrémités pour augmenter les surfaces polaires, et tenir lieu des rondelles des bobines. Nous avons vu que ce système était mauvais et qu'il valait mieux employer avec des tubes creux de petits bouchons de fer placés aux deux extrémités.

La fig. 6 représente la disposition des électro-aimants droits de l'appareil de tissage de M. Bonelli. Dans ce système, l'armature fait en quelque sorte partie du noyau magnétisé, et en recevant elle-même de la part de l'hélice une aimantation directe, elle rend plus énergique l'attraction entre les deux pièces.

La fig. 7 représente un électro-aimant droit muni à ses deux extrémités de deux palettes de fer. Ce système, disposé dans de petites dimensions, peut être employé avec avantage, comme armature d'électro-aimant. Alors les palettes de fer qui le terminent doivent correspondre aux pôles de l'électro-aimant. Cette disposition, que j'avais imaginée en 1854, pour mon télégraphe imprimeur, a été depuis adaptée par M. Maroni aux télégraphes Morsse italiens.

Les fig. 8, 9, 10, 11, 12, 13, 17, 18, 20 montrent les différentes dispositions qu'on a données aux électro-aimants à deux branches.

La fig. 9 représente le système le plus connu et le plus employé ; il se compose, comme nous l'avons dit en commençant, de deux noyaux de fer rivés sur une traverse commune ou *culasse* et munis de bobines de bois ou de cuivre sur lesquelles sont enroulées les hélices magnétisantes. Les rondelles des bobines servent à arrêter le fil ; mais du côté de la traverse de fer, le canon de la bobine dépasse la rondelle de manière à laisser vide un petit espace par lequel sortent les deux extrémités du fil de l'hélice. C'est par deux trous pratiqués dans la rondelle inférieure que passent ces deux bouts du fil ; mais il faut avoir soin de recouvrir celui-ci en ces endroits de matière isolante, soit de gutta-percha chauffée, soit de toile cirée, etc., afin qu'il n'y ait point contact entre lui et le cuivre de la bobine, ce qui entraînerait une déperdition considérable du courant.

La communication des deux hélices peut se faire soit directement de l'une à l'autre par les deux extrémités correspondantes de chaque hélice, soit par le fer de l'électro-aimant lui-même. Dans ce dernier cas, une des extrémités de chaque hélice est soudée ou rivée sur le canon de la bobine, tandis que les deux autres bouts sont en rapport avec le circuit ; mais ce genre de communication exige une plus grande perfection dans l'isolement du fil, de sorte qu'en général l'autre moyen est préféré.

Les bobines de cuivre, disposées comme nous venons de le dire sur les électro-aimants, ont cela d'agréable qu'il suffit de les assujettir sur un rouet pour les enrouler, tandis que, quand le fil doit être enroulé directement sur le fer avec deux rondelles de retien, il faut que les branches de fer de l'électro-aimant puissent être dévissées à volonté de dessus leur traverse commune, ce qui est une difficulté dans la pratique. Pourtant l'électro-aimant gagne de la force à cette disposition. Quelques constructeurs, pour obtenir avec les bobines les avantages fournis par ce dernier système, et pour éviter les inconvénients de l'induction dont il a été parlé page 45, pratiquent dans le canon de ces bobines de grandes rainures longitudinales.

Du reste, qu'on se serve ou non des bobines, il est bon que les pôles de l'électro-aimant ressortent un peu, mais très-peu des rondelles supérieures.

La fig. 10 montre un électro-aimant dont l'hélice est enroulée directement sur le fer sans rondelles de retien ; alors les différents rangs des spires se superposent en rétrogradant de manière à former deux cônes tronqués opposés par leur base. Ces sortes d'électro-aimants sont particulièrement employés dans les machines de Clarke, pour favoriser les effets de l'induction, qui est plus énergique au milieu des noyaux qu'aux extrémités.

La fig. 12 est la représentation d'un électro-aimant à branches creuses et à rondelles de fer. Le fil est enroulé entre la traverse commune et la rondelle qui forme l'épanouissement des pôles. Ces électro-aimants présentant un large diamètre de pôles, sont surtout favorables à l'attraction équatoriale, lorsque celle-ci doit s'exercer sur des armatures larges dont la ligne médiane peut coïncider avec la ligne axiale de l'électro-aimant. Je les ai employés pour un électro-moteur construit sur ce principe, et, comme leurs pôles avaient 16 centimètres de diamètre et que les armatures en avaient 10, j'obtenais une course attractive de 14 cenmètres, il est vrai que la force attractive générale était diminuée.

La fig. 11 représente un électro-aimant boîteux dont nous avons exposé les propriétés page 6.

En rapprochant très-près l'une de l'autre les deux branches d'un pareil électro-aimant, et en recourbant la branche libre, comme l'indique la fig. 13, on peut obtenir tout près l'un de l'autre les deux pôles de l'électro-aimant et faire réagir par conséquent ses deux pôles à la fois sur une armature prise en bout et de très-minime étendue. Ce moyen a été aussi employé par M. Bonelli dans ses métiers de tissage électro-magnétiques ; toutefois la force est moindre qu'avec des pôles écartés.

Une disposition analogue et prise dans le même but, a été adoptée par M. Morsse et M. Hughes, pour les électro-aimants à deux bobines de leur télégraphe, seulement les branches de cet électro-aimant sont toutes les deux recourbées (voir la fig. 17) ou garnies de palettes de fer comme dans la figure de la page 38.

Si l'on suppose soudée à la rondelle de fer d'un électro-aimant droit une chemise cylindrique de fer doux, qui enveloppera la bobine, on concevra que ce cylindre partageant le magnétisme de la rondelle, présentera un pôle de même nom à son extrémité libre ; on aura donc ainsi à l'une des extrémités de l'électro-aimant un pôle circulaire au centre duquel se trouvera l'autre pôle. Un pareil système peut être employé concurremment avec les deux précédents pour l'attraction des armatures se présentant en bout. (Voir fig. 15.) Il en sera de même de l'électro-aimant à trois pôles, représenté fig. 14, et qui peut être considéré comme un diminutif du précédent. MM. Fabre et Kunemann, qui construisent leurs électro-aimants de cette manière (avec la chemise de fer), prétendent qu'ils ont une grande supériorité de force sur les autres ; ils les appellent *électro-aimants tubulaires*. M. Roux a aussi employé dans son grand électro-moteur des électro-aimants de ce genre : seulement les pôles sont oblongs au lieu d'être circulaires. (Voir fig. 21.)

Si l'on adapte à un électro-aimant droit qui sera creux et à rondelles de fer, comme celui de la fig. 4, deux chemises cylindriques de fer doux, laissant entre elles, vers le milieu de l'électro-aimant, une petite rainure vide, on obtiendra un électro-aimant circulaire ayant un pôle différent sur chacune des deux chemises de fer qui le recouvrent, et agissant par conséquent par ses deux pôles à la fois sur une armature longitudinale où circulaire sur laquelle il sera appuyé. De plus, en faisant traverser l'axe creux de cet électro-aimant par un axe quelconque non magnétique, on en fait une véritable roue parfaitement aimantée, qui peut exercer une grande force d'adhérence sur un barreau de fer ou un rail sur lequel on la ferait rouler. Ce système avait été proposé par M. Nicklès pour l'aimantation des roues des locomotives sur les chemins de fer, et comme électro-transmetteur de mouvement pour suppléer aux engrenages. (Voir fig. 16 et 28.)

En recourbant à angle droit la traverse sur laquelle sont fixées les deux branches d'un électro-aimant recourbé, on peut faire en sorte de placer l'un vis-à-vis de l'autre, comme dans la fig. 18, les deux pôles contraires. De plus, en coupant cette traverse en deux, et faisant glisser les deux parties libres dans une coulisse pratiquée sur une planche de fer doux, on peut régler à volonté l'écart de ces deux pôles. Tel est l'appareil de Faraday, à l'aide duquel on peut étudier les phénomènes du diamagnétisme et de la polarisation de la lumière sous l'influence du magnétisme.

Quand on veut faire osciller une armature entre les deux pôles d'un électro-aimant, ce qui suppose généralement l'emploi d'armatures aimantées, trois moyens peuvent être employés : ou les pôles de l'électro-aimant ressortant des bobines se recourbent parallèlement à la ligne axiale et se présentent l'un vis-à-vis de l'autre à une distance aussi petite qu'on le veut ; ou les deux branches sont suffisamment rapprochées pour que l'oscillation puisse se faire dans le sens équatorial entre ces branches ; ou enfin les branches de l'électro-aimant sont elles-mêmes inclinées pour que les pôles soient plus rapprochés l'un de l'autre. Ce dernier système avait été employé par M. Breguet dans ses télégraphes silencieux ; il a l'avantage sur les autres de ne pas exiger un trop grand allongement des branches, ce qui nuit toujours un peu à la force développée, et d'exercer sur l'armature une attraction directe qui est toujours plus puissante que l'attraction latérale. La fig. 20 représente ce système. Nous parlerons prochainement d'une autre combinaison pour des attractions de ce genre qui doivent s'effectuer à une distance plus grande, et sans qu'il y ait d'effet mécanique à produire.

M. Siemens, de Berlin, cherchant à détruire, autant que possible, le magnétisme rémanent dans ses fers d'électro-aimants, a construit leurs branches de forme ovoïde, et a pratiqué, dans chacune d'elles, des fentes longitudinales destinées, suivant lui, à couper le courant magnétique.

Les électro-aimants à pôles multiples, représentés fig. 19, ont été employés souvent par M. Froment dans ses grands électro-moteurs; ils consistent dans une barre de fer portant 8, 10, 12, etc., cylindres de fer sur lesquels sont adaptées les hélices magnétisantes. La distribution du magnétisme s'y fait d'une manière particulière : les branches paires ont toutes le même pôle, et les branches impaires possèdent l'autre pôle; il en résulte que l'un quelconque de ces pôles se trouve toujours entre deux pôles de même nom, comme dans les électro-aimants à trois pôles dont nous avons parlé. Ces sortes d'électro-aimants ont une grande force et ont l'avantage de réagir sur une très-grande longueur d'armature. Ils sont donc précieux pour les électro-moteurs.

On a cherché aussi à aimanter de plusieurs manières des plaques de fer, de façon à en faire des électro-aimants. Ainsi M. Joule s'est imaginé de recourber en cylindre une plaque de tôle, comme on le voit, fig. 22, et d'en redresser les deux côtés (ceux en regard l'un de l'autre) de manière à permettre l'application d'une armature. Il lui a suffi alors d'enrouler le fil dans le sens de la longueur du cylindre, pour construire un électro-aimant à deux branches présentant ses deux pôles sur les tranches redressées de la plaque.

En cannelant une plaque de fer, c'est-à-dire en pratiquant sur toute sa surface une série de rainures assez profondes, et en introduisant dans ces rainures un fil métallique isolé se repliant sur lui-même, de manière à contourner tous les reliefs des cannelures, M. Pulver-Macher a pu faire des électro-aimants à pôles multiples comme ceux de M. Froment. Ces pôles se trouvent répartis sur les reliefs des cannelures, de telle manière qu'un pôle sud se trouve toujours entre deux pôles nord, et réciproquement. (Voir la fig. 23.) Avec un seul fil, ces électro-aimants n'ont pas une grande puissance, mais comme ils prennent très-peu de place, on peut les multiplier considérablement. En faisant les cannelures plus grandes et les reliefs plus épais, on pourrait aussi faire revenir un grand nombre de fois le fil sur lui-même et multiplier ainsi l'effet magnétique.

Parmi les dispositions différentes que M. Pulver-Macher a indiquées pour la construction de ces sortes d'électro-aimants, il en est une qu'il recommande spécialement comme donnant une grande force magnétique. C'est de composer la plaque de fer elle-même avec des bandes de tôle (de 1 millimètre d'épaisseur) juxtaposées les unes à côté des autres, et séparées entre elles par des feuilles de papier de l'épaisseur d'une carte à jouer. Cette pile de plaques étant fortement serrée dans un cadre de cuivre, et présentant des reliefs (entre les cannelures) de 6 millimètres environ, fournit, d'après M. Pulver-Macher, un excellent électro-aimant, bien qu'un seul conducteur de 3 millimètres environ de diamètre circule à travers les cannelures.

Disposition des armatures. — Les armatures des électro-aimants, soit barreaux aimantés, soit aimants temporaires, ou simplement palettes de fer doux, peuvent être disposées, par rapport aux électro-aimants qui doivent avoir action sur elles, de plusieurs manières : articulées sur les deux bobines des électro-aimants ou dans leur voisinage, comme dans la fig. 33, le mouvement décrit par elles s'effectue parallèlement à la ligne axiale des électro-aimants, mais perpendiculairement à la ligne équatoriale, par conséquent l'action des deux pôles sur le fer est égale de part et d'autre; articulées par l'une des extrémités, comme dans la fig. 33 bis, le mouvement s'effectue angulairement par rapport à la ligne axiale et, par conséquent, l'action des deux pôles sur le fer est inégale mais très-efficace, puisque l'un des pôles agit presque au contact; enfin articulées entre les pôles de l'électro-aimant par l'intermédiaire d'un pivot parallèle aux branches de celui-ci, comme dans la fig. 36, leur mouvement est basculant dans le sens équatorial ; par conséquent, l'action attractive est latérale. Ce système a été employé par M. Siemens dans son télégraphe électrique à mouvements synchroniques.

Ces différents systèmes de disposition de l'armature que nous venons de passer en revue, s'appliquent seulement à l'action directe, soit normale, soit latérale, des électro-aimants ; mais quand on veut exercer la force de ceux-ci à l'égard de leurs armatures par l'intermédiaire des réactions réciproques des résultantes magnétiques, la disposition des armatures doit être un peu différente et peut être modifiée de trois manières : 1° On peut les disposer à plat par rapport aux pôles des électro-aimants en les fixant à l'extrémité d'un levier articulé en dehors de l'électro-aimant et se mouvant dans le sens de la ligne équatoriale perpendiculairement à la ligne axiale. L'armature étant alors placée à un millimètre environ des bords polaires de l'électro-aimant, se trouve entraînée au-dessus des pôles de celui-ci jusqu'à ce que sa ligne médiane coïncide avec la ligne axiale de l'électro-aimant. C'est, comme je l'ai déjà dit, le moyen d'obtenir une très-grande course de la part des armatures; mais quand on emploie une grande force électrique, on court risque de faire ployer les supports, car cette action attractive s'opère sous l'influence même de l'attraction normale qui est la plus forte. La fig. 37 représente cette disposition. La seconde manière de disposer les armatures pour obtenir la même réaction magnétique est de les faire basculer dans le plan de la ligne axiale au-dessus des pôles de l'électro-aimant dont on a épanoui les bords au moyen d'une rondelle de fer doux, comme on le voit dans la fig. 36. Enfin le troisième système de disposition des armatures dans le cas qui nous occupe est de faire basculer l'armature entre les pôles de l'électro-aimant dont les bords auront été également épanouis et qu'on aura échancrés de manière à ce que l'armature puisse pivoter librement tout en subissant l'action magnétique sur l'étendue de près d'une demi-circonférence. (Voir la fig. 38). Ce dernier système est évidemment le meilleur, car la force normale des pôles de l'électro-aimant qui est en dehors de l'action que l'on cherche à obtenir, réagit dans ce cas aux deux extrémités de l'armature et dans un sens contraire. Elle n'exerce donc pas d'effet nuisible ni sur le système du pivotage ni sur la flexion de l'armature ou des pièces qui la supportent, comme cela arrive dans les deux systèmes qui précèdent : j'ai imaginé cette disposition en 1854.

Un avantage qui résulte de l'emploi de ce mode d'action électro-magnétique, en outre, de la plus grande course que l'on obtient, c'est que l'armature étant placée à une très-petite distance des bords polaires de l'électro-aimant, l'action magnétique directe qui est la plus forte (1) réagit dès le premier moment de la course de l'armature. Or, c'est précisément le cas inverse des autres systèmes d'attraction, et l'on peut comprendre dès lors, combien, dans beaucoup de cas, cette propriété est précieuse.

---

(1) L'expérience prouve en effet que la force électro-magnétique est plus forte sur les bords des pôles de l'électro-aimant qu'au centre. Il suffit pour s'en convaincre de suspendre à un fil un morceau de fer, et de l'exposer normalement au-dessus des centres polaires. On voit alors le fer dévier de la verticale et se porter vers les bords.

M. Dezelu, dans deux électro-moteurs qu'il avait exposés en 1855, a adopté deux dispositions d'armatures qui permettent à un électro-aimant droit de réagir comme un électro-aimant à deux branches. Dans l'une de ces dispositions, l'armature se recourbe à ses deux extrémités de manière à atteindre les deux pôles de l'électro-aimant en enveloppant la bobine. Alors la tige qui la porte est normale à l'axe de l'électro-aimant, et peut, en traversant l'électro-aimant lui-même, porter une seconde armature, comme on le voit, fig. 29. Dans l'autre disposition, l'électro-aimant est creux, et l'armature, qui est alors droite, se trouve à l'intérieur du cylindre de fer. La tige de cette armature traverse l'électro-aimant, et l'action de celui-ci se manifeste dans un sens ou dans l'autre, suivant la proximité de l'armature de l'une ou de l'autre des parois du cylindre. Pour simplifier la disposition des pièces, M. Dezelu a préféré donner à son électro-aimant la forme oblongue, comme on le voit, fig. 30 et 31.

Dans ces différents systèmes d'ajustement des armatures, il faut, autant que possible, que les pivotages s'effectuent sur pointes, ce qui est facile à obtenir, puisqu'il suffit pour cela d'adapter aux paliers des supports des vis de pression à pointe. Quelquefois cependant on peut substituer avec avantage aux articulations des lames de ressorts, et ces lames remplissent en même temps la fonction de ressort antagoniste, comme on peut en juger par la fig. 27. Ce système est surtout préférable quand il s'agit d'une vibration à produire de la part de l'armature, comme dans les sonneries électriques et les appareils électro-médicaux. On conçoit en effet que l'élasticité de la lame amplifie encore l'effet de la vibration.

Lorsqu'on veut obtenir de la part d'un électro-aimant deux effets mécaniques différents sans employer d'armatures aimantées, deux armatures placées parallèlement l'une à côté de l'autre, deviennent nécessaires ; mais il faut que leurs ressorts antagonistes soient inégalement tendus.

En adaptant deux piles distinctes au transmetteur en rapport avec cet électro-aimant et en réglant la tension de ces ressorts antagonistes de manière que l'une des armatures puisse fonctionner sous l'influence d'une seule des piles tandis que l'autre exigera, pour être attirée, le concours des deux piles prises ensemble, on obtiendra que l'une des armatures puisse fonctionner sans que l'autre participe à son mouvement. Un mécanicien d'Amiens, M. Freitel, a employé ce système électro-magnétique, pour un télégraphe imprimeur; et pour un motif dont je ne me suis pas rendu compte, il a taillé ses armatures en forme de prismes triangulaires, ce qui l'a conduit à pratiquer sur les pôles de son électro-aimant un double évidement angulaire (voir fig. 32). Tout ingénieux que peut être ce système, il ne peut présenter une grande sûreté dans sa manière de fonctionner, car l'intensité des piles variant continuellement, il peut se faire que l'attraction qui a été à peine suffisante pour attirer celle des armatures la moins tendue, puisse le devenir assez pour attirer les deux armatures à la fois. Néanmoins, dans certaines applications, ce système peut être appliqué avec avantage, mais il faut alors que la différence de tension entre les deux ressorts antagonistes soit considérable.

Quand, par la disposition adoptée fig. 27, l'armature doit s'enfoncer dans les bobines mêmes de l'électro-aimant, elle constitue un véritable fer d'électro-aimant qui se meut à la manière des pistons des machines à vapeur. Dans ce cas, elle se compose donc de deux cylindres de fer (du calibre des bobines) réunis par une traverse de même métal et forme elle-même un électro-aimant double. D'autres fois les armatures sont constituées par des électro-aimants droits ou recourbés, armés de toutes pièces (fig. 7). D'autres fois encore elles sont remplacées par des cylindres de fer qui se présentent à l'action de l'électro-aimant par le bout; nous avons vu (fig. 13) quelle forme il convenait alors de donner aux électro-aimants. Enfin il arrive quelles sont formées elles-mêmes par un cylindre de fer, quand on les emploie comme électro transmetteurs de mouvement, comme dans la fig. 28.

II. COMBINAISONS ÉLECTRO-MAGNÉTIQUES.

1° Systèmes complexes d'électro-aimants.

Afin de réunir dans un même système électro-magnétique, les avantages particuliers de plusieurs des systèmes d'électro-aimants que nous venons de décrire, quelques constructeurs se sont imaginé de faire des combinaisons plus ou moins complexes de ces différents systèmes, et sont arrivés à des résultats généralement fort avantageux. Nous allons maintenant étudier celles de ces combinaisons, qui nous ont paru les plus importantes.

Système Cecchi. — L'une des plus anciennes, et qui a été la plus appliquée par les constructeurs, est celle que nous représentons, fig. 11 ci-contre et dont l'invention est due au R. P. Cecchi, de Florence. Elle se compose essentiellement d'un électro-aimant droit M dont les deux pôles sont terminés par deux lames de fer doux C et D, évasées à leur partie inférieure, de manière à constituer deux palettes GD, EC (fig. 12). Ces deux palettes sont placées entre les pôles opposés de deux aimants persistants en fer à cheval SLN, N'L'S', sur lesquels appuient deux armatures AB, A'B'. Enfin, l'électro-aimant droit lui-même peut pivoter, suivant son axe, sur deux pointes de vis J et O, de manière à permettre aux palettes GD, EC, d'osciller entre les pôles des aimants persistants.

Fig. 11.

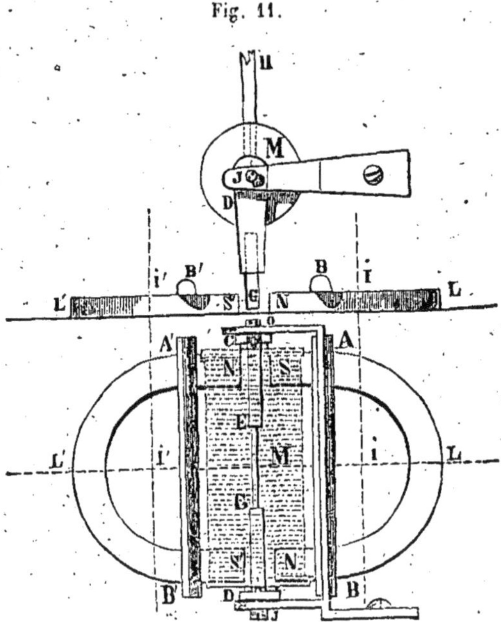

Fig. 12.

Avec cette disposition, on comprend facilement qu'il suffit de renverser alternativement le courant passant à travers l'électro-aimant droit M, pour que les palettes GD, EC, se trouvant polarisées alternativement dans deux sens différents, accomplissent un mouvement de va-et-vient qui peut être utilisé mécaniquement, et pour que l'action des aimants permanents soit toujours mise en rapport avec celle de l'électro-aimant, il suffit d'approcher ou d'éloigner des pôles NS, N'S' les deux armatures AB, A'B'.

L'avantage de ce système est de ne pas nécessiter de ressort antagoniste et d'être mis en action sous une influence attractive et une influence répulsive agissant simultanément dans le même sens, ce qui augmente beaucoup l'effet électrique.

Système de M. de La Follye. — Le système de M. de La Follye, ou plutôt les systèmes de M. de La Follye, sont basés sur une réaction analogue ; seulement l'armature, au lieu d'entraîner dans son mouvement oscillatoire la bobine, oscille librement à l'intérieur du canon de cuivre sur lequel est enroulé le fil et qui se trouve à cet effet un peu aplati. Plusieurs de ces systèmes permettent la suppression du ressort de rappel, sans nécessiter le renversement du courant. Nous en représentons ci-dessous (fig. 13 et 14) deux exemples.

ABCD (fig. 14) est un électro-aimant boiteux dont la palette A représente le noyau magnétisé, B la branche sans bobine. Évidemment cette branche, quand le courant passe, tend à attirer vers elle la palette A ; mais quand le courant est interrompu, cette dernière peut se trouver attirée par l'action d'un aimant permanent E qui la ramène à sa position initiale. Le second système, représenté fig. 13, est la combinaison en double du système précédent ; seulement c'est une traverse horizontale de fer qui remplit le rôle de la branche sans bobine du système précédent.

Fig. 13. Fig. 14.

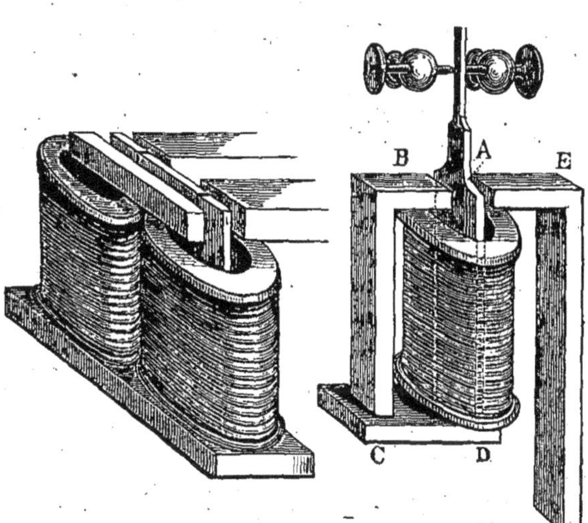

Système de M. Dujardin. — La fig. 15 ci-contre représente une autre des dispositions de M. de La Follye, modifiée par M. Dujardin, et s'appliquant aux courants renversés. Dans ce système les bobines restent cylindriques, et le noyau magnétisé, qui est lui-même constitué par un tube de fer, se termine à l'un de ses bouts par une longue tige de fer qui en stimule considérablement la force d'après le principe énoncé page 31, et qui réagit en même temps sur les pièces mécaniques, destinées à être mises en jeu. Ce tube pivote sur celle de ses extrémités qui porte la tige dont nous venons de parler, et son autre extrémité oscille entre les deux pôles d'un aimant en fer à cheval placé verticalement, lequel, ayant ses extrémités polaires munies de semelles mobiles de fer conduites par des vis de réglage, peut réagir plus ou moins énergiquement sur le noyau mobile.

Fig. 15.

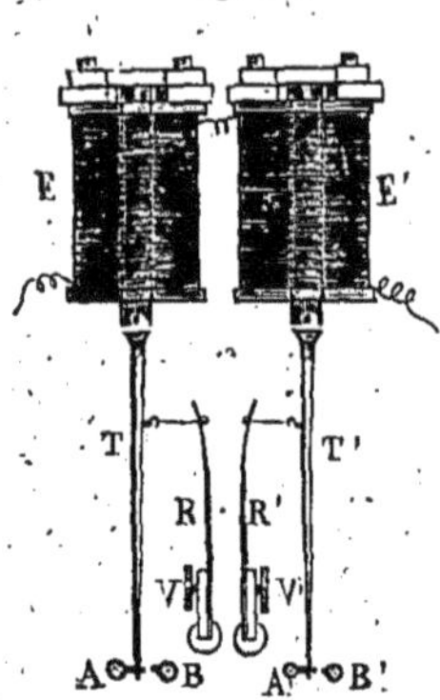

Système de M. Siemens. — Le système de M. Siemens, aujourd'hui très-employé, consiste dans un électro-aimant à deux branches AB (fig. 16 et 17) sur la culasse duquel est adapté, par l'une de ses extrémités polaires, un fort aimant recourbé NS qui polarise par son extrémité libre l'armature EF de l'électro-aimant, placée alors entre les deux pôles de celui-ci. Ces deux pôles sont, comme dans le système précédent, munis

Fig. 16. Fig. 17.

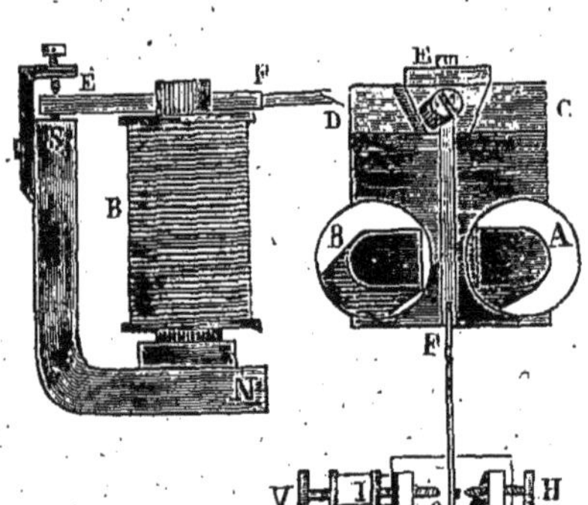

de semelles mobiles de fer, afin de pouvoir en régler l'action, et suivant que le courant passe dans un sens ou dans l'autre, l'armature oscille à droite ou à gauche. En réglant convenablement, à l'aide de la vis V, la position de l'armature par rapport aux deux pôles de l'électro-aimant, on peut faire en sorte, comme dans le système de M. de La Follye, que l'un des pôles rappelle toujours l'armature à sa position initiale au moment de l'interruption du courant, et par suite l'appareil peut fonctionner avec des courants non renversés, sans nécessiter de ressorts antagonistes.

Système de M. Hughes. — Quand on veut obtenir un effet de déclanchement électrique énergique sous l'influence d'une émission de courant, le système électro-magnétique employé par M. Hughes dans son télégraphe imprimeur peut présenter de très-grands avantages. Dans ce système, que nous représentons fig. 18, les deux branches d'un fort aimant persistant en fer à cheval portent à leur extrémité deux semelles de fer sur lesquelles sont fixés deux noyaux de fer doux munis de bobines. Une armature de fer doux A est appuyée en temps ordinaire sur ces deux noyaux, et une lame de fer doux *aa'* appliquée sur les deux branches de l'aimant permet d'en régler la force. Par leur contact avec les pôles de l'aimant, les noyaux de fer se trouvent fortement aimantés, et l'armature A étant en contact avec eux, reste appliquée sur leurs pôles en temps ordinaire ; mais si on envoie à travers les bobines enveloppant les noyaux, un courant de sens contraire au courant magnétique développé dans ceux-ci, l'armature se détache et détermine l'action mécanique voulue.

Fig. 18.

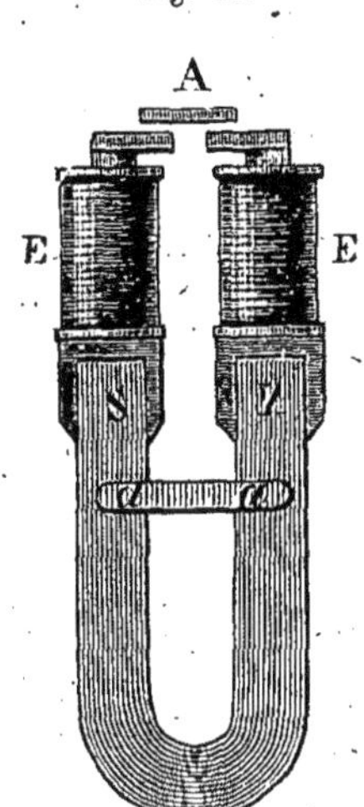

Afin de rendre l'armature A la plus légère possible, M. Hughes adapte aux noyaux magnétiques de son électro-aimant deux petites semelles de fer doux qui rendent l'intervalle interpolaire plus petit et permettent à l'armature de se réduire à une petite lame très-courte. Nous avons discuté page 38, les effets qui sont la conséquence de cette disposition ; ls sont complexes et peut-être en désaccord avec la théorie ; toujours est-il qu'appliqué au télégraphe imprimeur de M. Hughes, ce système a produit d'excellents résultats, car ce télégraphe peut fonctionner avec une force électrique relativement très-faible et entre des limites de résistance qui peuvent varier considérablement sans nécessiter de réglage.

Système de M. Wheatstone. —Voulant obtenir le plus de force possible d'un système électro-magnétique réduit à ses plus petites dimensions, M. Wheatstone a combiné une disposition toute particulière d'électro-aimant que nous représentons en double fig. 19, et qu'il a appliquée non-seulement aux télégraphes domestiques qui sont en service chez les particuliers à Londres, mais encore à ses télégraphes à marche rapide. Ce système se compose de quatre électro-aimants droits de très-petit diamètre, disposés parallèlement les uns à côté des autres (les pôles contraires en regard), et entre lesquels se meut parallèlement à leur axe un système d'armatures arquées excessivement léger. Ces armatures sont constituées par quatre petits barreaux aimantés AB, CD, etc., de la grosseur d'une aiguille à tricoter, dont les extrémités sont intercalées de chaque côté du système entre les quatre pôles des électro-aimants droits, et qui sont fixés sur un axe commun d'oscillation EF, dont l'un des bouts porte la tige destinée à déterminer l'action mécanique. Une vis aimantée P, P′ réagissant sur l'un de ces barreaux aimantés, rappelle toujours chaque système à une position fixe.

Fig. 19.

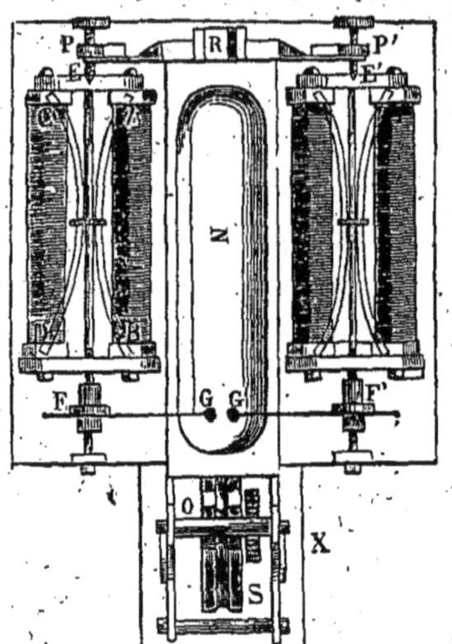

Fig. 20.

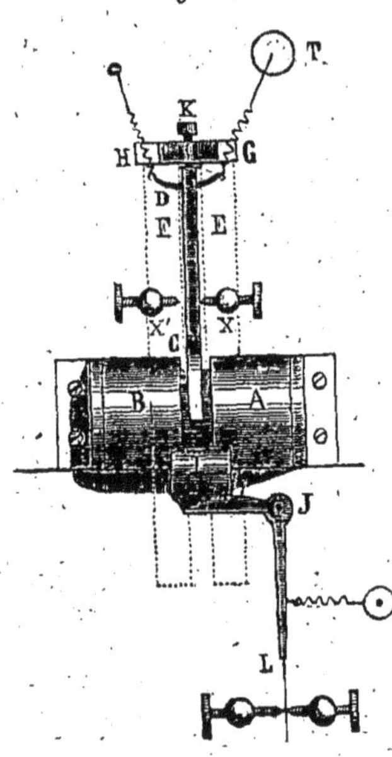

Avec cette disposition on comprend facilement que chaque faisceau aimanté subissant de la part des pôles des électro-aimants seize influences effectives conspirantes dans un même sens, et n'ayant d'ailleurs par lui-même, qu'une force d'inertie bien minime puisque son centre de gravité est très-rapproché de l'axe d'oscillation du système, il se trouve dans les meilleures conditions possibles de force et de vitesse.

Système de M. Varley.—Le système que nous représentons fig. 20 a été combiné par M. Varley dans le but d'obtenir deux effets différents sous une même action électro-magnétique.

C'est en somme un électro-aimant circulaire de Nicklès entre les deux pôles duquel oscille une armature en forme de fourche CD, maintenue, appuyée contre un pivot K par l'intermédiaire de deux ressorts à boudin. Cette armature se trouvant très-rapprochée d'une traverse de fer GH mise en contact avec les pôles de deux aimants E, F placés derrière l'appareil, peut être polarisée par elle et par suite réagir à la manière des armatures aimantées, et pendant que son action s'effectue sous l'influence d'un sens déterminé du courant, une seconde armature IJ disposée de manière à recevoir l'action simultanée des deux pôles circulaires, vibre d'une manière indépendante du sens du courant et sous l'influence seule des interruptions alternatives de celui-ci.

Système de M. Digney. — Bien que les réactions électro-magnétiques par répulsion n'aient pas une grande énergie, on les a employées cependant dans quelques occasions avec un certain succès. Dans ce cas, la disposition qui a le mieux réussi est celle que MM. Digney ont appliquée à leur télégraphe imprimeur, et que nous représentons ci-dessous (fig. 21).

Fig. 21.

A et B sont deux électro-aimants droits accouplés, placés de manière à présenter d'un même côté des pôles de noms contraires. CD,EF, sont deux armatures aimantées oscillant parallèlement à la ligne des pôles, et disposées de manière à subir de la part des aimants deux réactions différentes suivant le sens du courant; enfin deux ressorts antagonistes R et R' et des butoirs d'arrêt, entre lesquels oscillent les leviers portant les armatures, permettent de régler la force électro-magnétique et de maintenir à un écart suffisant les armatures des pôles des électro-aimants.

Avec cette disposition, l'attraction des palettes aimantées sur le fer des électro-aimants constitue la force antagoniste : or, comme cette force est à son maximum au moment où les palettes sont dans leur position initiale, c'est-à-dire près des pôles des électro-aimants, il est urgent de la diminuer, et c'est pour cela qu'ont été introduits les ressorts R et R', qui agissent par conséquent dans le même sens que la force magnétique développée, laquelle est répulsive, comme nous l'avons dit. Maintenant, si l'on considère que quand l'une des armatures est repoussée, l'autre est attirée et concentre les actions magnétiques des deux électro-aimants, comme s'il n'y en avait qu'un seul en fer à cheval dont elle constituerait la culasse, on comprendra facilement, d'après les réactions que nous avons étudiées page 31, que la force répulsive totale devra être grandement accrue par cette disposition et se trouver dans les meilleures conditions pour les réactions mécaniques que l'on veut obtenir.

D'un autre côté, la disposition de deux électro-aimants juxtaposés présentant 4 pôles libres, est éminemment favorable pour les doubles réactions de la télégraphie électrique. En effet, la résistance des hélices magnétisantes appelées à réagir sur les organes magnétiques étant une quantité donnée en rapport avec la longueur du circuit de la ligne télégraphique, il est infiniment préférable de la concentrer sur un même organe électro-magnétique agissant doublement, que de la répartir sur deux électro-aimants agissant isolément ; car quand l'un de ces électro-aimants, par suite de la direction du courant qui les anime, ne doit produire aucun effet mécanique, sa force se trouve perdue en pure perte, sans profiter à l'autre. Or, avec la disposition adoptée par MM. Digney, chacune des deux réactions magnétiques contraires est produite sous l'influence d'hélices ayant leur maximum de résistance et, par suite, leur maximum de force.

Système de M. Hipp. — Ce système, qui a été appliqué avec succès aux pianos électriques de MM. Hipp et Spiess, qui ont figuré à l'Exposition universelle de 1867, est fondé sur un principe analogue à celui des électro-aimants représentés fig. 37 et 38, pl. I, c'est-à-dire sur la force directrice des pôles magnétiques. L'armature A, fig. 22 ci-contre, est placée entre les deux pôles de l'électro-aimant, et pivotant en *t*, entre deux pointes de vis, elle est attirée jusqu'à ce que le plan passant par la ligne médiane corresponde à celui de la ligne axiale de l'électro-aimant. Afin de joindre à l'action directrice la force attractive normale, les pôles de l'électro-aimant sont taillés en biseau et les pans coupés correspondent à l'inclinaison de l'armature en son point de repos, comme on le voit fig. 22. On gagne à cette disposition une course d'armature relativement assez considérable, et les attractions ne provoquent aucun bruit, ce qui est un très-grand avantage dans l'application que M. Hipp a faite de ce système électro-magnétique.

Fig. 22.

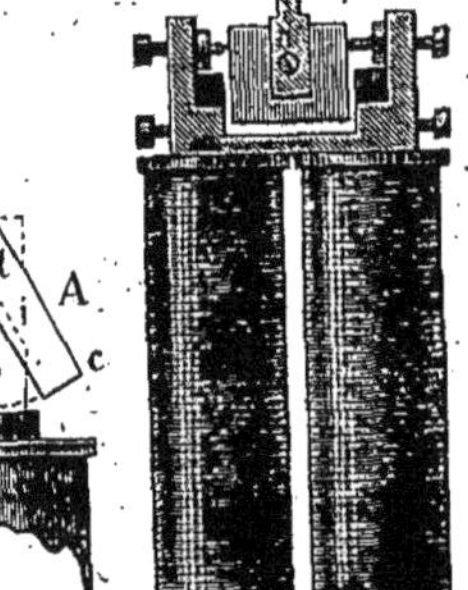

Système de M. Carré.—Ce système électro-magnétique, appliqué très-heureusement à un régulateur de lumière électrique imaginé par M. Carré, n'est qu'une modification de l'électro-aimant représenté fig. 38, pl. I et que j'avais moi-même combiné en 1854.

Cette disposition, que nous reproduisons fig. 23 et 24 ci-dessous, se compose d'un électro-aimant ordinaire dont les pôles A et B ressortent des bobines magnétiques et dont l'armature EHGF pivote dans l'espace interpolaire AB, de manière à se placer sous l'influence attractive de l'électro-aimant, suivant la ligne axiale AB, et pour que la course attractive soit plus grande, cette armature porte deux arcs de fer doux GE,HF, dont la courbe

Fig. 23.

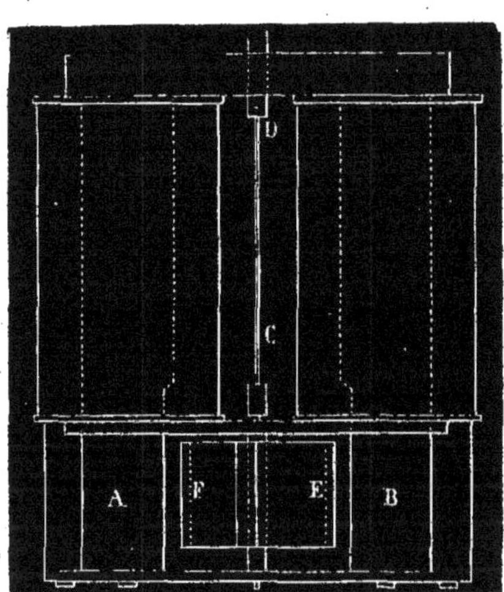

est calculée de manière que l'attraction normale exercée par les pôles de l'électro-aimant suivant la ligne axiale, puisse se joindre à l'action directrice qui tend à placer l'armature de telle manière que les deux milieux de ces arcs correspondent exactement à la ligne axiale. Ces arcs GE,HF, au lieu d'être circulaires, constituent donc des portions de spirales, et celles-ci sont réglées de façon à ce que la force attractive augmente, depuis la première position jusqu'à la dernière, dans une proportion déterminée en rapport avec la force antagoniste.

L'armature dont nous venons de parler, au lieu d'avoir pour force antagoniste un ressort en spirale, comme dans la figure 38, pl. I, est montée par son milieu sur une tige d'acier un peu flexible fixée à ses deux extrémités, et c'est la torsion exercée sur cette tige par le déplacement de l'armature qui constitue la force antagoniste appelée à la ramener à sa position initiale. Pour une force attractive donnée, l'armature se fixe donc

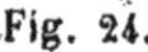
Fig. 24.

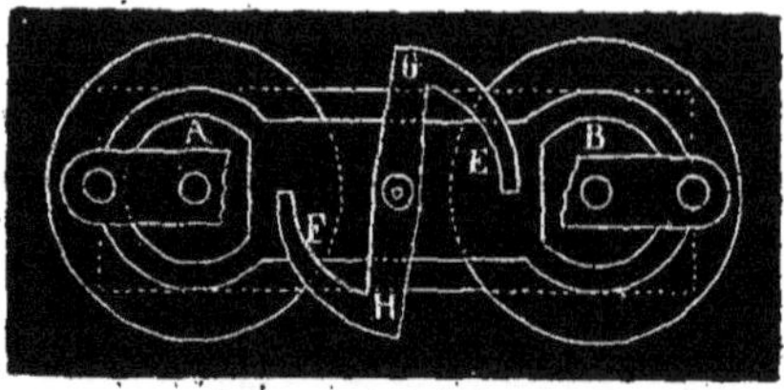

dans une position plus ou moins oblique, jusqu'à ce que cette force attractive ait fait équilibre à la force de torsion, et naturellement cette obliquité diminue ou augmente suivant les variations de la force attractive, ce qui permet d'employer ce système comme organe régulateur.

Cette disposition est avantageuse en ce sens qu'elle permet, pour des variations très-peu considérables dans l'intensité du courant, d'obtenir de la part d'une armature des mouvements angulaires qui peuvent atteindre jusqu'à 60 degrés.

Système de M. Breguet. — Pour obtenir de la part de l'armature une course relativement un peu grande et en même temps uniformiser la force attractive, M. Breguet a pensé qu'il suffisait de prendre une armature cylindrique et de la faire pivoter à ses deux extrémités autour de deux pointes placées un peu excentriquement par rapport à son

Fig. 25.

axe, comme on le voit fig. 25 ci-dessus. De cette manière, en effet, si le plus grand rayon de la courbure de cette armature par rapport au centre d'oscillation correspond à la distance de ce centre aux extrémités polaires de l'électro-aimant, il suffira de faire tourner l'armature sur elle-même pour l'éloigner d'une quantité qui ira sans cesse en augmentant jusqu'à la position diamétralement opposée, c'est-à-dire jusqu'à ce qu'elle ait décrit un arc de 180°; mais si on ne considère qu'un arc de 90° et qu'une force antagoniste et un levier d'arrêt maintiennent cette armature dans cette position, il est clair que la force attractive de l'électro-aimant tendra à faire tourner l'armature pour ramener le point de la plus grande courbure en face des pôles, non-seulement en raison de l'attraction directe, mais encore de l'action directrice polaire; on pourra donc obtenir de la part de cette armature une action mécanique s'étendant dans toute la longueur d'un arc de 90°. Ce système, comme celui de M. Carré, est encore une dérivation de l'électro-aimant représenté fig. 38, pl. I.

Système du Moncel-Maroni. — Il y a déjà longtemps, en 1854, j'avais appliqué à un télégraphe imprimeur, comme armature de l'électro-aimant commandant le mouvement de la roue des types, un petit électro-aimant droit, terminé par deux petites palettes de fer doux, et ayant pour fonction : 1° d'augmenter la force attractive de l'électro-aimant de l'appareil télégraphique, 2° d'annihiler cette force attractive, pour un certain sens du courant transmis, en faisant traverser ce petit électro-aimant par un courant local contraire à celui de la ligne et plus fort que lui.

Fig. 26.

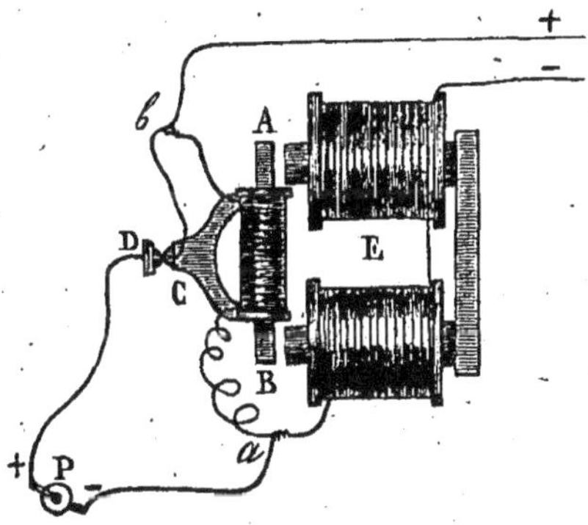

Voici quelle était la disposition de cet appareil : AB, fig. 26, était l'armature électro-aimant en question; elle était portée par la fourchette d'encliquetage commandant le mouvement de la roue des types, et le fil de la bobine qu'elle portait correspondait, d'un côté avec l'une des extrémités du fil de l'électro-aimant E et avec l'un des pôles de la pile locale P, de l'autre avec le fil de ligne et un butoir de platine C, adapté au levier de la fourchette. Un second butoir D, communiquant avec le second pôle de la pile locale, complétait le système.

Quand un courant de sens convenable était transmis à travers l'électro-aimant E et la bobine de son armature, celle-ci se trouvait attirée avec d'autant plus de force que les deux actions magnétiques déterminées étaient conspirantes dans un même sens, et, de plus, le courant de la pile locale P augmentait encore cette action au moment où l'armature était la plus éloignée de l'électro-aimant; quand, au contraire, le courant transmis était renversé, le courant de ligne se trouvait neutralisé à travers la bobine de l'armature par le courant de la pile locale, et comme celui-ci n'avait qu'une très-petite résistance à franchir à travers cette bobine, il pouvait à lui seul aimanter l'armature de manière à la rendre inerte devant l'action de l'électro-aimant. Bien que ce système ait convenablement fonctionné avec des circuits rendus assez résistants, les dérivations du courant de la pile locale à travers le circuit de ligne me parurent dangereux pour une bonne transmission, et j'en revins aux armatures aimantées, n'attachant pas d'ailleurs une grande importance à cette combinaison magnétique, qui fut cependant le point de départ des armatures électro-aimants employées depuis par MM. Cechi, Breguet, Rénault, etc. Les dispositions adoptées par ces inventeurs me paraissant d'ailleurs préférables à la mienne, je crus qu'il était inutile de revenir sur celle-ci; de là vient l'omission que j'en ai faite dans mes premiers ouvrages. Toutefois, on peut en trouver une description détaillée dans le journal *l'Institut* du 1er novembre 1854.

Je donne tous ces détails parce que, en 1861, M. Maroni a réinventé ce système électro-magnétique, et l'ayant appliqué au télégraphe Morse, il en a obtenu, à ce qu'il paraît, des effets très-avantageux, tellement avantageux que beaucoup d'appareils ainsi disposés sont actuellement employés en Italie.

Fig. 27.

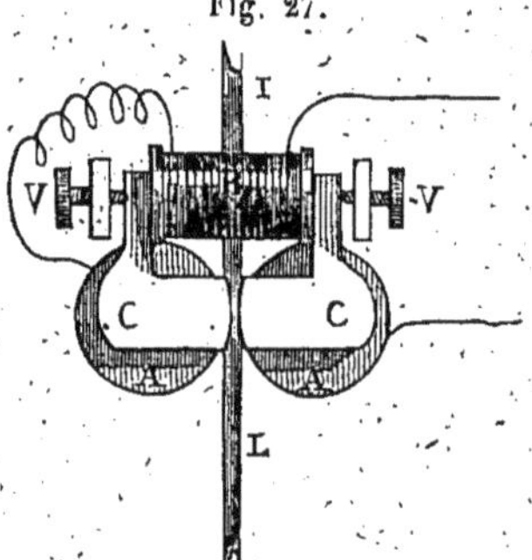

La fig. 27 représente la manière dont ce genre d'armature électro-aimant a été appliqué au levier imprimeur des télégraphes Morse. Les bobines de l'électro-aimant A,A sont vues en projection horizontale ; C,C sont les palettes de fer de l'armature électro-aimant; B la bobine ; V,V les vis sur lesquelles pivote, suivant son axe, cette bobine ; IL le levier fixé aux joues de fer de la bobine. L'une des extrémités du fil de l'électro-aimant communique avec l'un des bouts du fil B, dont l'autre bout est en communication avec la terre.

Système électro-magnétique de M. Roudel. — D'après M. Roudel, les électro-aimants tubulaires jouiraient d'une propriété particulière qui les rendrait susceptibles de fournir deux attractions différentes sous l'influence d'une simple inversion de courant.

« J'ai rivé, dit-il, en deux points diamétralement opposés de la chemise d'un de ces électro-aimants, deux petits supports en fer doux, auxquels j'ai articulé deux armatures A, C (fig. 28), aussi en fer doux. La première A est beaucoup moins massive que la seconde et se trouve beaucoup plus voisine du pôle libre de l'électro-aimant.

« En faisant passer dans le fil de l'électro-aimant un courant d'une certaine intensité i, et dans un sens tel que son pôle libre soit boréal, l'armature A est seule attirée ; mais, si l'on inverse le courant, le pôle libre devenant austral, les deux armatures sont simultanément attirées. Toutefois, en vertu de la différence des masses et des distances, le mouvement de A est plus rapide que celui de C.

Fig. 28.

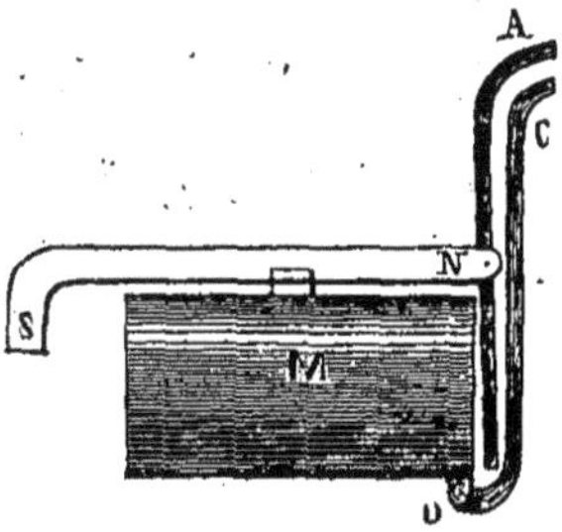

« En réglant l'intensité du courant de manière qu'elle soit constamment comprise entre deux valeurs, l'une maximum, l'autre minimum, l'appareil fonctionne régulièrement, l'armature C se mouvant à volonté. Mais lorsque i devient maximum, les deux armatures sont attirées, quel que soit le sens du courant, et si cette intensité devient minimum, C n'est jamais attiré, quel que soit le sens du courant, tandis que A se meut encore très-rapidement. »

M. Roudel a appliqué ce système à un télégraphe imprimeur, pour faire fonctionner à volonté la roue des types et le mécanisme imprimeur, et il paraîtrait qu'il aurait fourni de bons résultats.

Afin de pouvoir faire varier l'intensité du courant dans de plus grandes limites sans cesser d'obtenir l'effet utile, M. Roudel place un aimant fixe NS parallèlement à l'axe de l'électro-aimant, le pôle boréal en face de l'armature C. Par cette disposition, chaque fois que l'électro-aimant est austral, cette armature C est attirée plus énergiquement, et, dans le cas contraire, sa tendance au mouvement est neutralisée par la répulsion due à la réaction de l'aimant fixe.

Électro-aimants fixes à doubles hélices. — On a employé

souvent et dans des buts bien différents des électro-aimants à deux hélices superposées, tantôt pour produire des effets d'induction particuliers, comme nous en verrons prochainement plusieurs exemples dans les dispositions électro-magnétiques propres à supprimer les effets du magnétisme rémanent; tantôt pour fournir avec deux courants équilibrés des indications d'une nature spéciale dépendant de la rupture de l'un ou l'autre de ces circuits, comme dans les expériences électriques de balistique; tantôt pour faire marcher des appareils, soit sous l'influence d'un courant local, soit sous l'influence d'un courant de ligne, comme dans les transmissions télégraphiques simultanées en sens contraire; tantôt pour faire varier à volonté la section ou la longueur du fil de l'hélice magnétisante; enfin dans une foule de cas que nous discuterons quand nous en serons à la description des différentes applications électriques. Pour le moment nous nous bornerons au simple énoncé que nous avons donné de ces sortes d'électro-aimants.

Systèmes à doubles électro-aimants combinés. — De même qu'on a employé dans certains électro-aimants deux hélices pour arriver à obtenir avec un seul organe magnétique des réactions multiples, de même on a combiné deux systèmes électro-magnétiques pour obtenir des fonctions mécaniques multiples sous l'influence de réactions électriques simples; c'est ainsi que MM. Dujardin, Lenoir et autres ont employé deux électro-aimants accouplés pour produire des inversions de courants locaux sous l'influence de courants simplement interrompus ou réagir sur un circuit local, sous l'influence d'une interruption de courant, alors que les fermetures avec ou sans inversion de courant étaient utilisées à faire fonctionner des appareils sur un autre circuit.

2° SYSTÈMES POUR SUPPRIMER LES EFFETS DE LA CONDENSATION MAGNÉTIQUE.

Nous avons vu, page 39, qu'après la rupture d'un circuit dans lequel est interposé un électro-aimant, celui-ci conserve, surtout quand l'armature est en contact avec ses pôles, une adhérence persistante qui provient principalement de deux causes, l'une de l'impureté du fer, l'autre d'un effet de condensation magnétique qui est complétement indépendant de la nature du métal magnétique. Mais en dehors de ces causes, il en est d'autres non moins à craindre qui, tenant à la manière même dont les courants se propagent dans un circuit et aux courants induits qui naissent au sein de l'électro-aimant lui-même, se manifestent d'une manière sensible sur les longs circuits, surtout quand les émissions de courants sont très-rapides, comme dans les systèmes télégraphiques reproduisant l'écriture. On a vu, en effet, que les transmissions sur les lignes télégraphiques sont loin d'être instantanées, que les décharges exigent pour s'effectuer un temps quatre fois plus long que les charges, que les courants induits d'ouverture qui sont de même sens que les courants transmis continuent l'action de ceux-ci après les interruptions du circuit, et que les dérivations ainsi que les courants de retour qui se produisent sur les lignes augmentent encore la durée de ces réactions contraires. Il était donc de toute nécessité, pour la rapidité du service télégraphique, pour les enregistrations chronographiques et pour une foule d'autres applications électriques, qu'on pût trouver un moyen d'annihiler ces causes de retard dans les désaimantations, et plusieurs systèmes ont été proposés dans ce but par MM. Jacobi, Quéval, Cuche, Mouilleron, d'Arlincourt et Lenoir. Moi-même j'en ai combiné un, mais qui n'a pour effet que de combattre les effets de la condensation magnétique. De tous ces systèmes ce sont ceux de MM. d'Arlincourt et Lenoir qui ont donné les résultats les plus satisfaisants. Celui de M. d'Arlincourt surtout a pu réaliser le tour de force de faire fonctionner directement un relais de Paris à Marseille à travers une résistance de plus de 1250 kilomètres, sous l'influence d'une pile de 60 éléments Daniell et avec une vitesse suffisante pour faire admirablement fonctionner un télégraphe autographique. C'est un résultat réellement merveilleux et qu'on n'aurait guère osé espérer après tous les essais infructueux qui avaient été tentés jusque-là. Mais n'anticipons pas sur notre sujet et suivons, dans la description que nous allons faire de ces différents systèmes, l'ordre chronologique de leur invention.

Système à contre-courant de M. Jacobi. — Au premier abord, quand on considère la question, on pourrait croire qu'il suffirait pour la résoudre de faire suivre d'un petit courant contraire, les interruptions du courant agissant sur l'électro-aimant. Mais pour obtenir ce résultat, il faudrait que ce contre-courant ne fût pas trop fort, pût varier avec l'intensité du courant principal et pût arriver en temps opportun, conditions évidemment très-difficiles à remplir et qui exigeraient, pour être obtenues mécaniquement, des combinaisons assez délicates et assez compliquées. M. Jacobi, en se reportant aux effets contraires des courants de polarisation, a cru trouver précisément en eux la solution du problème, et cette solution lui a paru d'autant plus avantageuse dans ce cas, que ce contre-courant pouvait en même temps contribuer à décharger la ligne. Pour obtenir cette réaction, rien d'ailleurs de plus facile, car il suffisait d'introduire une batterie de polarisation dans le circuit et de faire en sorte que chaque interruption du courant fût suivie immédiatement d'une fermeture directe de ce circuit, ayant pour effet de mettre la pile complétement en dehors de celui-ci : voici à cet effet le dispositif qu'il a adopté.

B (fig. 29), est une batterie de platine d'un nombre plus ou moins grand d'éléments, P une pile de ligne, E l'électro-aimant, C une clef de télégraphe. La batterie B est réunie d'un côté à l'électro-aimant par le fil de ligne, de l'autre à la pile et à la clef, de manière à correspondre au contact établissant la communication avec la terre à la station C. Cette station est d'ailleurs reliée avec l'électro-aimant E, par la terre, et avec la pile P. Or, voici ce qui arrive quand on transmet. Quand on ferme

Fig. 29.

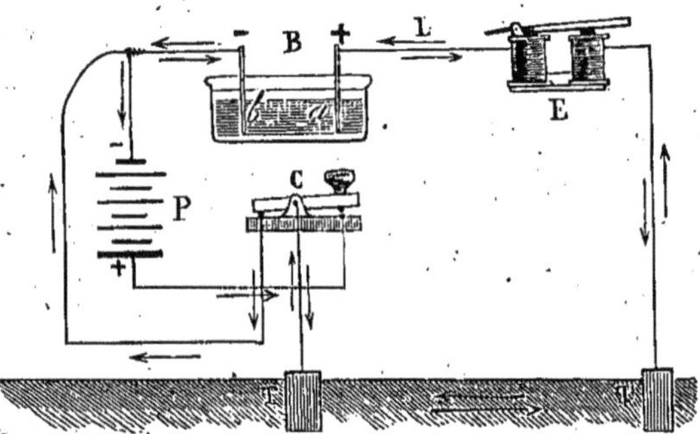

le circuit de la ligne, le courant de la pile P va de C en E, de E en B et de B en P. La plaque *a* de la batterie se polarise positivement, la plaque *b* négativement ; de sorte qu'au moment de l'interruption du circuit, le courant de polarisation va de *a* en E, de E en C et de C en *b*, c'est-à-dire en sens contraire au courant primitif. Si l'électro-aimant E a conservé son action attractive, celle-ci se trouve donc détruite par le courant secondaire, et comme le courant de polarisation varie d'intensité avec le courant de la pile, les appareils étant une fois convenablement réglés, les effets nuisibles du magnétisme condensé et rémanent se trouvent toujours combattus par une force qui augmente ou diminue avec eux.

Un élément de la batterie de polarisation de M. Planté a pu détruire, à l'aide de cette disposition, un magnétisme condensé représenté par 200 grammes d'attraction.

L'inconvénient de ce système est de provoquer quelquefois, quand les appareils ne sont pas bien réglés, plusieurs mouvements insolites de l'armature de l'électro-aimant, provenant de ce qu'après avoir détruit le magnétisme rémanent et avoir fait soulever cette armature, le courant de polarisation provoque par son action propre une nouvelle attraction qui n'est nullement commandée par le courant de ligne. Cet effet se produit fréquemment avec les batteries de plomb en raison de leur grande force électro-motrice. Avec les batteries de platine, au contraire, il ne se rencontre presque jamais ; mais en revanche il faut, pour obtenir une action efficace, employer un bien plus grand nombre d'éléments, ce qui ne laisse pas que d'augmenter considérablement la résistance du circuit.

Système de M. J. Quéval. — Ce système, qui n'est qu'un diminutif du précédent et qui est représenté *fig.* 30, consiste à recouvrir les électro-aimants d'une seconde hélice en rapport avec une pile particulière de petite intensité et dont le courant, dirigé en sens contraire de celui qui doit animer l'électro-aimant, n'est mis en circulation qu'au moment même où l'armature ayant atteint l'extrémité de sa course, est sur le point de toucher le fer de l'électro-aimant.

Fig. 30.

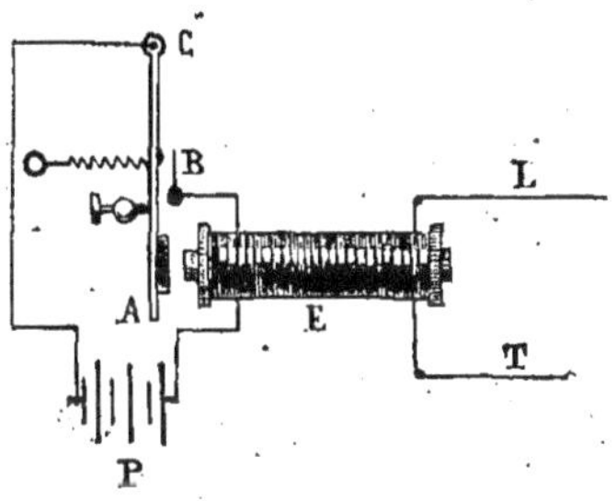

La force attractive qui est alors produite, étant supérieure à la force répulsive que tend à développer la pile accessoire, l'armature est maintenue abaissée ; mais quand le courant principal est interrompu, le courant de cette pile accessoire devient prépondérant, et oppose au magnétisme condensé de l'armature un magnétisme de même nom, d'où résulte une répulsion qui est précisément concordante avec l'interruption du courant principal et contribue à faire détacher l'armature.

La fig. 30, peut donner une idée de cette disposition : E est un électro-aimant dont la première hélice correspond au circuit LT, et la seconde à la pile accessoire P' et à une lame de ressort B. Lorsque l'armature A est attirée sous l'influence du courant envoyé par le circuit LT, elle rencontre avant la fin de sa course le ressort B, et ferme le courant de la pile P, qui produit un effet inverse à celui du courant principal. Nous verrons plus tard comment M. Quéval a établi cette disposition pour les appareils télégraphiques.

Système de M. Cuche. — Ce système est assez analogue à celui que nous venons de décrire; seulement, au lieu que ce soit une action électrique répulsive qui provoque le détachement de l'armature, c'est l'action attractive d'un autre électro-aimant qui agit en sens contraire de l'attraction produite et qui se trouve mis en action quand l'armature étant à la fin de sa course, rencontre la vis butoir.

L'inconvénient de ces deux systèmes est de ne pouvoir fonctionner régulièrement que quand les courants qui commandent l'attraction sont d'une intensité suffisamment constante pour que le courant de la pile locale ne soit pas ou trop fort ou trop faible. Or, dans certaines applications, il est impossible de compter sur cette constance des courants.

Système de M. Lenoir. — Dans les systèmes précédents, l'effet du contre-courant était le plus souvent incertain, non-seulement parce qu'il ne se produisait pas instantanément au moment de la rupture du circuit, mais encore parce que son intensité ne variant pas avec celle du courant de ligne, se trouvait ou trop grande ou pas assez grande pour annihiler l'effet magnétique rémanent. Pour parer à ce double inconvénient, M. Lenoir, comme M. Jacobi, a cherché à mettre à contribution les effets secondaires des courants transmis et a songé à utiliser à la répulsion de l'armature de ses électro-aimants le courant induit que ces électro-aimants pouvaient faire naître dans une bobine (disposée *ad hoc*) *au moment même* des ruptures du circuit. Nous devons dire que cette idée avait été déjà conçue par M. d'Arlincourt, comme nous le verrons à l'instant, mais dans d'autres conditions.

Pour obtenir le résultat que nous venons d'énoncer, M. Lenoir compose les bobines magnétisantes de ses électro-aimants de deux hélices superposées : les premières directement appliquées sur les fers de l'électro-aimant, sont destinées à l'aimantation des noyaux magnétiques, les secondes en fil plus fin et beaucoup plus résistantes produisent les courants induits utilisés à la désaimantation. A cet effet, le circuit de ligne est mis en communication avec les extrémités de ces hélices, de manière à ce que le courant, au sortir des premières, se bifurque entre la terre et les secondes en traversant ces dernières dans un sens contraire à celui qu'il avait dans les hélices intérieures. Il devrait sans doute résulter de cette disposition un affaiblissement dans l'aimantation des noyaux magnétiques, par suite de la bifurcation du courant, mais cet affaiblissement est plutôt théorique que réel, en raison de la grande résistance de ces secondes hélices, de la communication avec la terre établie entre les deux hélices et qui écoule entièrement le courant de ligne, enfin, du développement des courants induits de fermeture qui se trouvent alors agir dans le même sens que le courant transmis et qui coupent toute issue à une dérivation du courant de ligne qui tendrait à s'établir à travers l'hélice induite. Il résulte de cette disposition que les courants induits de fermeture ordinairement nuisibles à l'aimantation, lui sont au contraire favorables et qu'au moment des interruptions du courant de ligne, le courant induit direct, qui prend alors naissance, passe à travers les hélices dans un sens contraire à l'aimantation, décharge le circuit à son extrémité en rapport avec la terre et détruit le magnétisme rémanent qui pourrait subsister dans l'électro-aimant. Ce système produit d'excellents résultats, quand la bobine induite est disposée de manière à ce que les courants auxquels elle donne naissance n'aient que juste l'intensité suffisante pour désaimanter l'électro-aimant; car dans ce système, les armatures sont en fer doux et c'est ce qui le distingue essentiellement de celui de M. d'Arlincourt, comme nous le verrons à l'instant.

Système de M. d'Arlincourt. — M. d'Arlincourt a varié sou-

Fig. 31. Fig. 32.

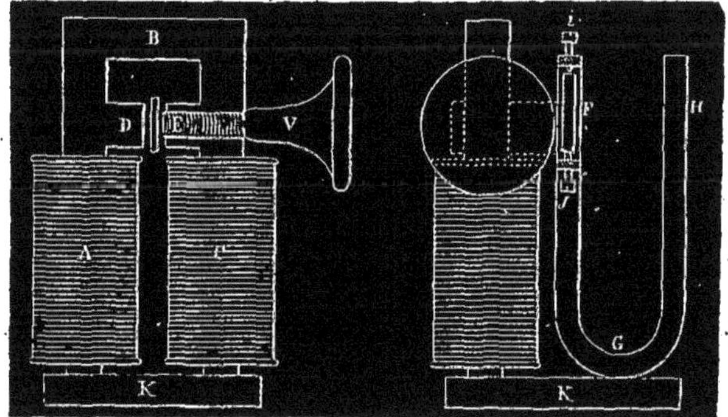

vent la forme de son électro-aimant relais, quoiqu'ayant obtenu avec la plupart des dispositions successivement expérimentées, de très-bons résultats. Nous représentons fig. 31 et 32 ci-contre la forme qu'il a définitivement adoptée.

ABC (fig. 31) est un électro-aimant ordinaire dont les deux pôles sont fixés sur une traverse de bois ou de cuivre K et dont les effets d'attraction sont provoqués du côté de la culasse B entre deux appendices de fer D, E adaptés aux noyaux magnétiques. Entre ces deux appendices en effet, oscille une palette de fer doux F vue en bout (fig. 31), mais que l'on voit de côté (fig. 32), qui est polarisée par le pôle d'un aimant permanent en fer à cheval FGH placé derrière l'électro-aimant et qui peut naturellement se déplacer suivant la nature polaire des appendices D et E. Cette palette ou armature placée dans une entaille pratiquée dans l'aimant, pivote sur deux vis i, j. Enfin, une vis V permet d'éloigner plus ou moins la palette F de l'appendice E. Voici alors ce qui se passe quand un courant traverse l'électro-aimant.

Au moment du passage de ce courant, l'électro-aimant prend une polarité que nous avons définie page 29, c'est-à-dire que s'il se développe un pôle nord à l'extrémité polaire du noyau A du côté de K, une polarité sud se développera en D et sera décroissante jusqu'en B, où elle deviendra nulle ; il en sera de même, mais en sens inverse pour le noyau C. Conséquemment, si la palette de fer doux F est polarisée nord, elle sera attirée vers D et repoussée par E. Au moment où le courant cessera de passer à travers l'électro-aimant, la démagnétisation de la masse magnétique aura pour effet de faire disparaître la polarité sud de D et la polarité nord de E ; mais comme il restera dans cette masse une certaine quantité de magnétisme rémanent, le pôle nord du noyau A qui existait à son extrémité libre du côté K et le pôle sud du noyau C, placé du même côté, s'étendront vers B, avec une intensité magnétique décroissante et polariseront les appendices D et E en sens inverse de ce qu'ils étaient primitivement au moment du passage du courant. Il en résultera donc un mouvement en sens inverse de la palette, et, comme cette interversion polaire s'effectue immédiatement après l'interruption du courant sous l'influence même de la cause qui, dans les autres systèmes d'électro-aimants, retarde le mouvement en sens inverse des armatures, la succession des mouvements de celles-ci sera infiniment plus rapide que quand on est obligé de les produire par des inversions de courant ou par l'action subséquente d'un ressort antagoniste. Ce renversement des polarités des appendices D et E est beaucoup plus énergique et beaucoup plus prompt qu'on ne le croirait à première vue, et, pour s'en rendre compte, il suffit de prendre un électro-aimant à deux branches dont les bobines magnétisantes soient moins longues que les noyaux de fer et fixées à l'extrémité de ceux-ci. En plaçant une aiguille aimantée en face de la partie des noyaux non recouverte et en fermant le courant à travers l'électro-aimant, on voit immédiatement le pôle de l'aiguile de nom contraire au pôle libre du noyau magnétique correspondant, se précipiter vers ce noyau et y rester énergiquement adhérent ; mais aussitôt qu'on interrompt le courant, l'aiguille aimantée tourne sur elle-même et vient présenter, presqu'avec la même énergie, le pôle de nom contraire à celui qui avait été primitivement attiré. Il est vrai que l'énergie de cette dernière action est moins persistante que celle de la première, car elle diminue à mesure que la désaimantation du noyau magnétique devient plus complète et même diminue brusquement ; nous verrons à l'instant que cette propriété a été mise à contribution d'une manière ingénieuse par M. d'Arlincourt, pour compléter son système (1). J'avais cru un instant que le courant induit résultant de l'interversion des polarités magnétiques sur les noyaux de fer facilitait la réaction précédente, mais en plaçant des hélices d'induction sur les parties de ces noyaux qui avaient leurs polarités renversées, j'ai reconnu que le courant induit correspondant à l'interruption du courant inducteur était toujours dans le même sens que le simple courant de désaimantation. Conséquemment, il ne pouvait que prolonger, comme dans les électro-aimants ordinaires, les effets d'aimantation rémanente produits par le courant inducteur ; toutefois, comme ce courant succède à une désaimantation qui fournit l'interversion polaire dont nous avons parlé et qu'il a pour effet de tendre à rétablir les polarités primitives déterminées par le courant voltaïque, son action définitive peut se traduire par l'anéantissement brusque ou tout au moins l'affaiblissement des polarités inverses développées, anéantissement qui doit s'effectuer aussitôt après leur apparition.

Le système électro-magnétique de M. d'Arlincourt, par une disposition très-simple que nous allons indiquer, a pu acquérir une propriété toute particulière qui le rend précieux pour la télégraphie : c'est la possibilité qu'il donne de faire accomplir à la palette une *oscillation entière*,

(1) Ce qui est curieux, c'est que ce renversement de polarités est infiniment plus caractérisé au moment même des fermetures et ouvertures de courant que quand on le constate quelques instants après.

c'est-à-dire un mouvement de va-et-vient complet pour une simple rupture de circuit.

Supposons en effet l'appareil décrit précédemment réglé de telle façon que la palette tende à rester toujours penchée du côté où l'attire le courant voltaïque : pendant le passage de ce courant, cette palette n'accomplira aucun mouvement, mais à la rupture du circuit, l'interversion des polarités des noyaux magnétiques D et E se produisant, la palette en question sera repoussée dans l'autre sens, et comme l'action magnétique qui la retiendra alors s'affaiblit brusquement, ainsi que nous l'avons vu précédemment, elle reviendra immédiatement après à sa première position, qu'elle conservera, puisque l'appareil aura été réglé en conséquence. On comprend même que pour un réglage convenable, ce retour pourra être instantané. Or, si on dispose la palette de manière à ce que dans son mouvement de répulsion elle établisse une communication à la terre, on pourra faire en sorte, dans les relais télégraphiques, de décharger la ligne à chaque émission du courant sans aucune perte de temps et sans aucun dispositif secondaire pour cette fonction si importante. Nous verrons plus tard comment M. d'Arlincourt a appliqué cette disposition aux relais translateurs qui ont résolu d'une manière si complète le problème des transmissions à longues distances ; nous nous contenterons ici d'en expliquer sommairement le principe.

Derrière chaque relais de translation, c'est-à-dire derrière chaque électro-aimant dont l'armature doit faire les fonctions de manipulateur télégraphique, est placé un autre électro-aimant disposé de la manière précédente et appelé relais de décharge. Le courant de la pile qui doit être transmis par le relais translateur passe à travers ce relais de décharge et pendant qu'il parcourt la ligne, ce dernier relais est inactif, par suite de la disposition dont nous avons parlé plus haut ; mais aussitôt que le courant cesse, l'armature accomplit son oscillation instantanée et établit le contact qui décharge la ligne, en la mettant en communication avec la terre ; le courant de retour se trouve donc ainsi supprimé et ne peut plus aller produire dans l'autre relais de translation les perturbations qui entravent les transmissions. (*Voir l'article relais au chapitre de la télégraphie électrique*).

La figure 33, page 106, montre encore une autre disposition du système électro-magnétique de M. d'Arlincourt, qui se rapproche un peu de celle de M. Siemens, dont nous avons parlé page 87. Elle ne diffère de celles que nous venons d'étudier qu'en ce que la culasse en fer de l'électro-aimant est remplacée par le second pôle de l'aimant permanent; les effets sont d'ailleurs exactement les mêmes. F et C sont les deux appendices de fer doux entre lesquels oscille la palette de l'électro-aimant; ED est cette

Fig. 33.

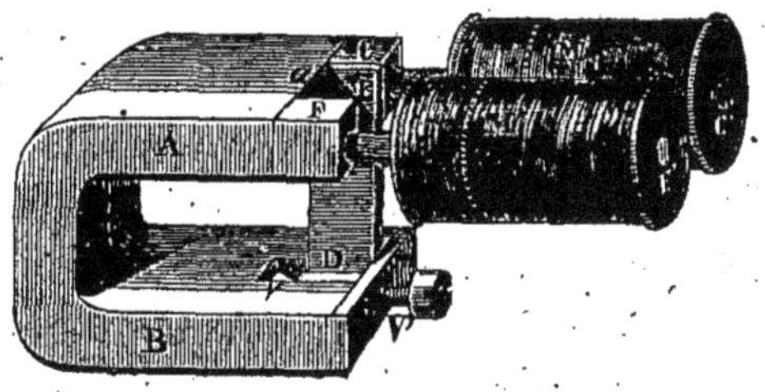

palette qui est articulée entre deux vis V et V' dans un évidement pratiqué sur le pôle B de l'aimant persistant AB, qui lui communique sa polarité magnétique. Enfin M et M' sont les bobines de l'électro-aimant qui sont enroulées dans un sens contraire.

Avant d'arriver à cet électro-aimant, M. d'Arlincourt en avait combiné un, fondé uniquement sur les réactions d'induction et qui avait également produit de très-bons résultats. Cet appareil, qui a quelqu'analogie avec celui de M. Lenoir, quoique les effets réalisés soient différents (1), se compose de deux noyaux magnétiques, CG, DB (fig. 34), portant chacun

Fig. 34.

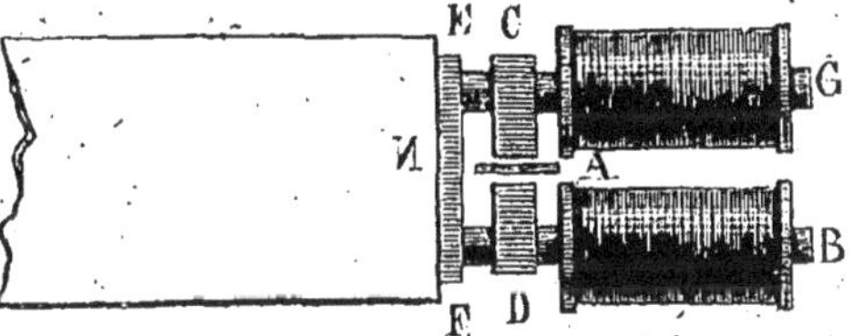

deux hélices superposées et fixées sur les deux pôles d'un électro-aimant en fer à cheval, que l'on ne distingue pas sur notre figure, parce qu'il est

(1) Les électro-aimants relais de M. d'Arlincourt ont été brevetés en 1869, tandis que celui de M. Lenoir ne date que de 1870. Bien que la disposition de ce dernier soit différente de celle des appareils de M. d'Arlincourt et que M. Lenoir n'ait cherché qu'à détruire le magnétisme rémanent des électro-aimants ordinaires, il est impossible de ne pas reconnaître que le principe sur lequel sont fondés ces appareils appartient à M. d'Arlincourt.

caché sous le bâti N, mais dont les deux extrémités polaires sont en E et en F encastrées dans une traverse de cuivre EF.

Les fils des secondes hélices des noyaux magnétiques qui reçoivent l'induction sont reliés aux extrémités de l'hélice de l'électro-aimant en fer à cheval, de manière à ce que les courants induits d'ouverture déterminent sur les extrémités polaires E et F de cet électro-aimant des polarités magnétiques *inverses de celles qui sont produites sur ces mêmes extrémités* par les premières hélices des noyaux magnétiques, sous l'influence du courant de ligne qui les traverse. Enfin, deux pièces de fer C et D, adaptées sur ces extrémités polaires E, F, et placées l'une devant l'autre, comme dans l'électro-aimant de M. Hughes, réagissent sur l'armature A, qui est placée entre deux, et qui est polarisée d'une manière fixe. Voici alors les effets qui se produisent dans cet électro-aimant. Au moment des émissions du courant à travers les premières hélices des noyaux magnétiques CG,DB, des courants induits inverses se produisent dans les secondes hélices et ceux-ci, par l'intermédiaire de l'électro-aimant en fer à cheval, déterminent sur les pièces de fer C et D appelées à réagir sur l'armature, des polarités magnétiques qui sont dans le même sens que celles qui leur sont communiquées par les noyaux magnétiques eux-mêmes : il y a donc alors entraînement de l'armature A d'un certain côté et dans ce cas, les courants induits agissent dans le même sens que le courant de la pile. Au moment des interruptions de ce dernier courant, au contraire, les courants induits qui traversent l'électro-aimant en fer à cheval sont *directs* et déterminent sur les pièces polaires C et D des polarités inverses qui donnent lieu à un mouvement de l'armature A en sens inverse du premier et détruisent en même temps le magnétisme rémanent dans les noyaux CG,DB.

Pour augmenter encore la sensibilité du système d'électro-aimants que nous avons décrit et leur donner la facilité de fonctionner sous l'influence des simples affaiblissements ou renforcements de charge qui constituent les alternatives d'émissions et d'interruptions de courants sur les longues lignes télégraphiques (1), M. d'Arlincourt adapte à l'extré-

(1) Sur les longues lignes télégraphiques, en effet, les courbes représentant les charges et décharges correspondantes à une série d'émissions successives de courants régulièrement espacées, fournissent d'abord des ondulations ascendantes *Abc*, *cde*, *efg*, fig. 35; puis ces ondulations se développent selon une ligne droite intermédiaire entre la charge maxima et la charge minima. Nous traiterons, du reste cette question à fond, quand nous en serons à la télégraphie électrique.

mité des noyaux magnétiques FF′, CC′ (fig. 33) qu'il prolonge à cet effet, deux nouvelles bobines qu'il fait traverser par un courant local dans un sens inverse à celui du courant de ligne et dont il règle l'intensité au moyen d'un rhéostat. Ce courant doit être un tant soit peu plus faible que celui du courant de ligne et tend, par conséquent, à réagir sur l'armature DE, en sens contraire de ce dernier. Il en résulte qu'il suffit du moindre affaiblissement dans l'intensité du courant de ligne pour que le courant local exerce une action prépondérante et réagisse conjointement avec le courant induit développé dans les bobines du circuit de ligne (lequel est alors très-faible), de manière à rappeler l'armature DE dans sa position normale. Toutefois, quand un renforcement d'intensité du courant de ligne vient à succéder à cet affaiblissement, et cela sous l'influence d'une nouvelle émission de courant, l'effet magnétique déterminé par celui-ci reprend le dessus et les modifications magnétiques qui se produisent alors dans les noyaux FF′, CC′ détruisant l'état magnétique que leur avait laissé le courant local, il tend à se produire dans le circuit traversé par celui-ci un courant induit qui, étant de sens contraire au

Fig. 35.

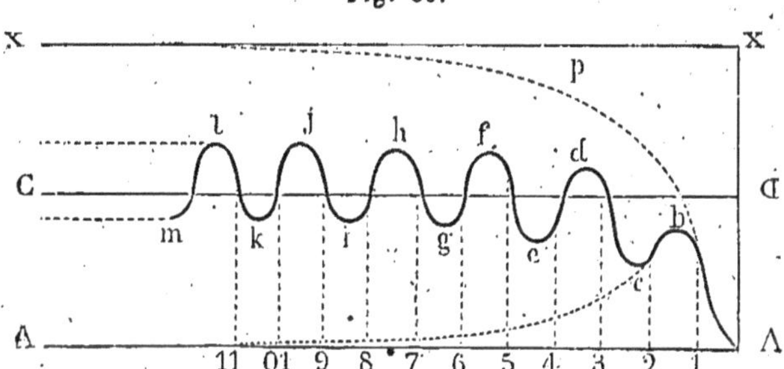

courant local, se trouve agir dans le même sens que le courant de ligne, et augmente par cela même l'action de ce dernier. Il en advient donc, qu'avec ce système, les émissions de courant de courte durée exercent un effet relativement plus grand que les émissions plus prolongées, ce qui est très-avantageux dans les transmissions télégraphiques en général et surtout dans celles qui ont pour effet la reproduction de l'écriture. Nous devons dire, toutefois, que l'emploi de bobines doubles en télégraphie n'a, en lui-même, rien de nouveau, comme on a pu le voir page 96, par les applications nombreuses qui en ont été faites ; mais ce qui en constitue la valeur, dans le cas qui nous occupe, c'est l'effet qu'elles ont à remplir et qui répond à un besoin très-réel.

Système à réactions magnétiques auxiliaires de

M. Th. du Moncel. — Les électro-aimants dont l'armature est aimantée, et qui fonctionnent par le renversement du courant, ne peuvent jamais éprouver les effets de la condensation magnétique ; mais l'objection principale faite à ces systèmes, étant toujours la possibilité supposée de la désaimantation des armatures, désaimantation qui aurait pour effet, si elle était réelle, de mettre les appareils dans l'impossibilité matérielle de fonctionner, puisqu'il n'y aurait plus alors de ressorts antagonistes, j'ai recherché s'il n'y aurait pas moyen, tout en gardant exactement la disposition ordinaire des électro-aimants, de leur adapter un système qui pût détruire les effets du magnétisme rémanent. J'y suis parvenu avec le système électro-magnétique, que nous reproduisons fig. 36, lequel a pu permettre à un télégraphe Breguet de fonctionner sans réglage avec un circuit variant en résistance de 0 à 500 kilomètres, et avec une pile variant de 2 à 30 éléments. Le problème était donc complétement résolu, car si les désaimantations si fort à craindre devaient se manifester réellement, on avait toujours entre les mains un système électro-magnétique ordinaire pouvant être réglé à volonté, et qui, loin d'être

Fig. 36.

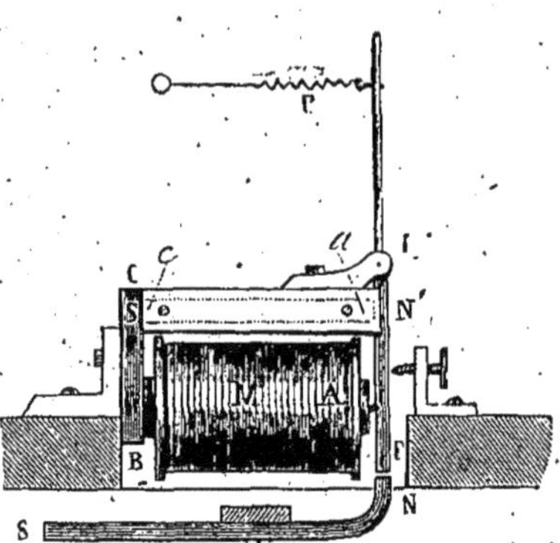

inférieur à ceux qui sont employés communément, avait même une énergie plus grande, à cause de la course angulaire de l'armature.

Voici maintenant en quoi consiste le système en question :

Il se compose essentiellement d'un électro-aimant boiteux M, dont la branche sans bobine *ac* porte un aimant permanent N'S' et dont l'armature IF, articulée en I dans le voisinage du pôle N', se meut devant l'un des pôles d'un second aimant permanent NS; adapté en dehors du système. Ces deux aimants sont d'ailleurs disposés de manière que leurs pôles N et N', placés dans le voisinage de l'armature IF, soient de même nom que celui de l'électro-aimant situé en A. Voici ce qui résulte de cette disposition : quand le courant cesse de circuler à travers l'électro-aimant, le magnétisme attiré de l'armature est surtout condensé en A, la branche *ac* étant magnétisée très-faiblement et ayant d'ailleurs sa polarité en grande partie neutralisée par la polarité contraire de l'aimant N'S'. Or les aimants NS, N'S', en réagissant l'un sur l'armature, l'autre sur le noyau de fer de l'électro-aimant, tendent à détruire cette condensation. En effet, le pôle S' de l'aimant N'S', étant en contact avec la traverse BC de l'électro-aimant et étant de nom contraire au pôle A, tend, après la cessation du courant, à communiquer sa polarité magnétique à toute la masse de fer de cet électro-aimant, et par conséquent à détruire en A le magnétisme qui s'y trouvait développé ; d'un autre côté, l'aimant NS tend à attirer en F le magnétisme de l'armature condensé en A et à lui substituer du magnétisme repoussé. Or il résulte de cette double réaction que l'attraction se trouve changée en répulsion, ainsi que l'expérience le démontre.

Certainement, au premier abord, on pourrait croire qu'une pareille combinaison ne peut réaliser les effets que nous avons annoncés qu'au préjudice de la force attractive ; mais l'expérience montre que ce préjudice est bien minime. Ainsi un électro-aimant boiteux qui, avec la disposition précédente, attirait 130 grammes à 1 millimètre de distance, en attirait, il est vrai, 140 sans cette disposition ; mais en revanche, le magnétisme condensé, qui exigeait 180 grammes de force antagoniste (au contact du fer) pour que l'armature pût se détacher, n'exigeait plus aucune force antagoniste avec la disposition électro-magnétique que nous avons décrite.

Il est important d'observer que les aimants NS, N'S' doivent avoir leur énergie proportionnée à la force développée dans l'électro-aimant, et cette énergie peut être réglée par l'éloignement ou le rapprochement de l'aimant N'S' de la branche *ac* et par la distance plus ou moins grande séparant l'armature de l'aimant NS.

Il est aussi quelques détails de construction que nous devons indiquer pour placer le système dans les meilleures conditions possibles. Ainsi les branches de l'électro-aimant doivent être longues et d'inégale grosseur ; la branche sans bobine doit être de très-petit diamètre et très-rapprochée de la bobine ; la culasse BC doit être épaisse et l'aimant N'S' doit être fixé sur la branche sans bobine au moyen de vis de cuivre. De petits coins en cuivre, interposés entre les deux extrémités de la branche sans bobine et les deux pôles de l'aimant, permettent de régler le degré de force que ceux-ci doivent exercer. Cet aimant d'ailleurs doit dépasser un peu la branche *ac*, afin de réagir latéralement sur l'armature. Celle-ci doit être longue et dépasser de beaucoup le pôle A de l'électro-aimant. Elle doit être articulée sur une pièce de cuivre I, fixée sur la branche sans bobine un peu en arrière du pôle. Enfin il est nécessaire que la branche recouverte de la bobine soit d'un assez gros diamètre (de 12 à 13 millimètres pour les électro-aimant à fil fin).

Il y a bien encore pour détruire les effets du magnétisme rémanent plusieurs autres systèmes, entr'autres celui à tension antagoniste variable de M. Mouilleron, mais comme il ne peut s'appliquer qu'à des appareils où il existe un moteur mécanique, cette disposition ne peut être étudiée en ce moment.

3° SYSTÈMES POUR ÉVITER LES OXYDATIONS DE L'INTERRUPTEUR, RÉSULTANT DE L'ÉTINCELLE DE L'EXTRA-COURANT DES ÉLECTRO-AIMANTS.

Pour obtenir de la part d'un électro-aimant les alternatives d'aimantation et de désaimantation nécessaires à la production d'un effet mécanique, il faut nécessairement que le courant électrique qui le traverse soit interrompu et rétabli à l'aide d'un dispositif spécial, et c'est ce dispositif auquel on a donné le nom d'interrupteur ou de rhéotome, suivant que l'effet est simple ou complexe. Nous étudierons plus tard, dans un chapitre spécial, ces différents systèmes d'interrupteurs, mais pour le moment, nous nous bornerons à faire observer que l'intervention des électro-aimants dans le circuit, complique considérablement la question, en raison de l'étincelle d'induction qui résulte de la réaction des spires les unes sur les autres, et qui agit toujours d'une manière plus ou moins fâcheuse sur les lames métalliques destinées à produire les contacts sur l'interrupteur. En effet, quelque faible que soit cette étincelle, elle finit toujours, au bout d'un certain temps, par oxyder les points de contact et augmenter ainsi considérablement la résistance du circuit de l'électro-aimant. Si elle est forte comme cela a lieu avec les courants intenses, non-seulement les contacts sont oxydés, mais le métal qui les compose se trouve brûlé et détérioré, et bientôt l'interrupteur est mis hors de service. Quand il ne s'agit que de contacts faits à la main et de courants d'intensité moyenne, on en est quitte pour nettoyer de temps en temps les points oxydés de l'interrupteur et d'appuyer plus énergiquement dessus, mais si les interruptions résultent d'un effet mécanique déterminé par l'électro-aimant lui-même, il est loin d'en être ainsi, et il devient nécessaire de prendre des mesures pour éviter les effets désastreux qui peuvent en résulter.

On a proposé, pour éviter ces inconvénients, divers moyens que nous allons maintenant passer en revue, mais nous devons dire toutefois, avant de commencer, que tous ces moyens n'ont eu pour effet que de détruire seulement l'étincelle de l'extra-courant : l'étincelle de la pile doit donc toujours subsister, mais comme elle est très-faible avec les courants dont on fait le plus fréquent usage dans les applications électriques, le problème peut être regardé comme suffisamment résolu quand l'étincelle d'induction se trouve détruite.

Le plus ancien moyen qui ait été mis en pratique, est fondé sur ce principe, que plus on divise l'action d'un courant, moins grands sont ses effets ; en conséquence, au lieu de constituer les interrupteurs de deux pièces métalliques uniques, on en prend un plus ou moins grand nombre, et on les met toutes en relation avec le conducteur du courant, à l'aide de ramifications plus ou moins multipliées, mais qui doivent toutes fournir une même résistance, sans quoi le courant se porterait toujours sur celui des interrupteurs dont la résistance serait moindre. Par ce moyen, on répartit l'étincelle sur plusieurs points, et l'oxydation se trouve diminuée sur chacun d'eux en particulier. Toutefois, ce moyen est le plus souvent insuffisant ou s'il ne l'est pas, il donne lieu à tant de complications dans les appareils, qu'on préfère généralement ne pas l'employer.

On a cherché aussi à détourner l'étincelle de l'interrupteur en la condensant, au moyen d'un grand condensateur, comme cela a lieu dans l'appareil d'induction de Ruhmkorff, mais les effets obtenus n'ont pas été complétement satisfaisants. Enfin on s'est trouvé conduit, pour les courants très-intenses, à en revenir aux premiers interrupteurs à mercure, dont Ampère s'était servi dans ses expériences d'électro-magnétisme ; seulement afin d'éviter les trépidations de ce métal, et de diminuer le volume de l'étincelle, on a dû avoir recours à un amalgame pâteux de platine, et superposer au mercure une couche d'alcool. De cette manière, on a pu obtenir des interruptions parfaitement nettes et régulières, et c'est ainsi que sont disposés maintenant les interrupteurs des grandes machines d'induction.

Nous devons cependant dire ici que les électro-aimants à fil nu résolvent parfaitement le problème pour des courants d'intensité moyenne, et des fils d'un diamètre supérieur à 1 millimètre, et nous sommes étonné que les constructeurs n'emploient pas plus souvent ce moyen, qui n'exige aucun mécanisme supplémentaire, ni aucune préparation expérimentale.

Les moyens que nous venons d'indiquer ne sont pas toujours applicables, car d'un côté, l'alcool se volatilise assez promptement, et d'un autre côté, quand il s'agit de faibles courants nécessitant des électro-aimants à fil fin, les hélices à fil nu ne résolvent pas le problème. On a donc dû rechercher un système qui, par certaines combinaisons électro-magnétiques, pût produire sur les électro-aimants un effet analogue à une interruption du courant, sans pour cela interrompre le circuit. Plusieurs inventeurs ont résolu ce problème, et comme en ce moment encore la plupart de ces moyens sont ignorés même de ceux qui s'occupent de cette question, nous allons les décrire par ordre de date.

Fig. 37.

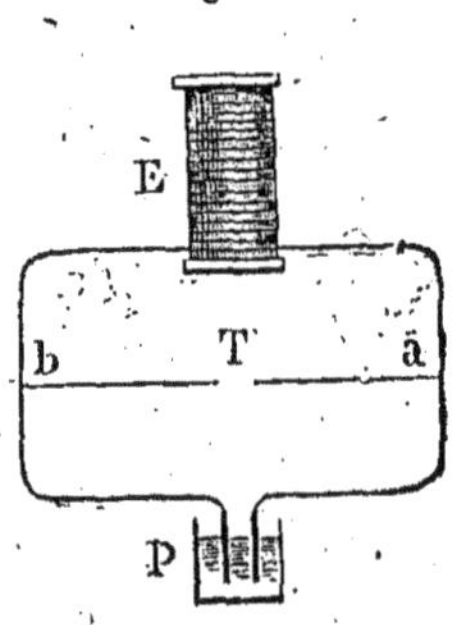

Système de M. Dering. — Le premier système de ce genre a été imaginé en 1855, par M. Dering. Mais il ne peut s'appliquer qu'aux électro-aimants très-résistants; il consiste à faire passer un courant continu à travers l'électro-aimant et à établir entre les deux conducteurs de la pile, en rapport avec cet électro-aimant, une communication métallique très-peu résistante *ab* (fig. 37). On comprend alors que le courant passant de préférence par le conducteur le moins résistant, abandonne en grande partie l'électro-aimant pour suivre cette nouvelle voie, et l'extra-courant rencontrant toujours un circuit fermé pour se développer, ne peut manifester sa présence que très-faiblement sur la dérivation près de la pile.

Ce système, qui a été proposé de nouveau en 1856 par M. Masson, n'est qu'un diminutif de celui que j'avais imaginé en 1853 et dont nous parlerons plus tard.

Système de M. Th. du Moncel. — Bien que par le moyen que nous venons d'indiquer, le courant passe en presque totalité par la dérivation *ab*, une petite partie se dérive néanmoins à travers le circuit *b*E*a*, et contribue à renforcer le magnétisme rémanent, si nuisible dans les réactions mécaniques des électro-aimants. Après y avoir quelque temps réfléchi, j'ai pensé que si on pouvait profiter de la fermeture du circuit en *ab* pour envoyer en ce moment un courant dérivé de sens contraire à travers le circuit *b*E*a*, non-seulement on détruirait l'effet de la portion dérivée du courant qui le sillonne, mais encore le magnétisme rémanent dans les électro-aimants eux-mêmes. Voici comment j'ai disposé dans ce but l'interrupteur précédent :

Au lieu d'un conjoncteur j'en emploie deux, représentés par deux ressorts, malheureusement non désignés sur la figure 38, mais que nous distinguerons en appelant I celui de gauche et F celui de droite, et, en face de ces ressorts, je place deux pièces de cuivre EJ, GK mises en rapport direct avec les pôles de la pile et le circuit EBCG. Enfin, près des pôles de la pile, je fais partir des bifurcations qui unissent le ressort I au pôle +, et le ressort F au pôle —. Avec cette disposition, quand la double excentrique X fait toucher les ressorts I et F contre les pièces EJ et GK, le courant se dérive à travers quatre circuits : 1° l'un qui est complété par l'équerre EJ et le ressort F ; 2° un autre, qui est complété par le ressort I et l'équerre GK ; 3° un autre, qui comprend la dérivation EBCG avec les deux équerres EJ, GK ; 4° enfin, un autre qui correspond à cette même dérivation avec les ressorts I et F et les fils qui les réunissent à la pile. Pour peu qu'on suive la marche de ces courants indiquée par des flèches sur la figure, on pourra s'assurer que deux dérivations égales et de sens contraire tendent alors à passer à travers le circuit EBCG, c'est-à-dire à travers les électro-aimants, qui demeurent alors forcément inertes.

Fig. 38.

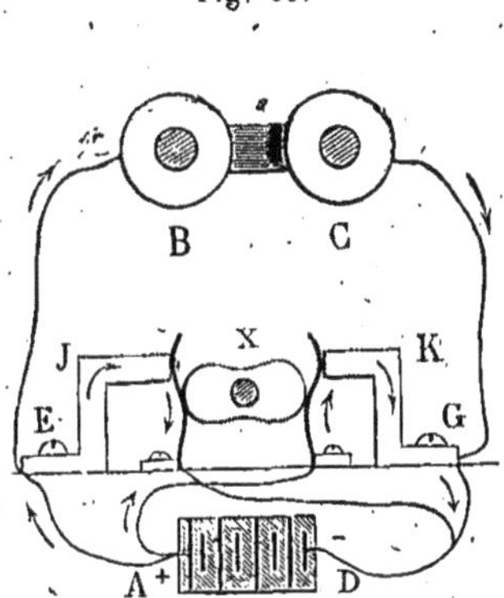

Système de M. Foucault.—Comme avec les systèmes précédents le courant n'est jamais interrompu et qu'il pourrait arriver, avec des électro-aimants de faible résistance et des circuits mal équilibrés, que la désaimantation des électro-aimants ne fût pas complète, M. Foucault a cherché à compléter la solution du problème en faisant en sorte que l'extra-courant fût détruit avant que l'interruption du courant ne fût produite.

Pour cela, il dispose une bascule DC (fig. 39), de manière à correspondre par son centre d'oscillation avec l'un des bouts de l'hélice de l'électro-aimant M, et à pouvoir atteindre, lorsqu'elle se trouve abaissée vers le butoir D, sous l'influence de la pièce T, le ressort A mis en communication avec le fil de l'hélice M du côté de la pile P. Un second ressort B, qui a sa course limitée par le butoir E, appuie d'ailleurs sur le bras D de cette bascule et l'accompagne dans sa course jusqu'à ce que celle-ci ait rencontré le ressort A. Après ce contact, si la pièce T abaisse toujours la bascule, le ressort B cesse de toucher le bras GD, et c'est alors que l'interruption du courant est produite définitivement à travers l'électro-aimant; mais cette interruption n'est faite que sur le circuit de

Fig. 39.

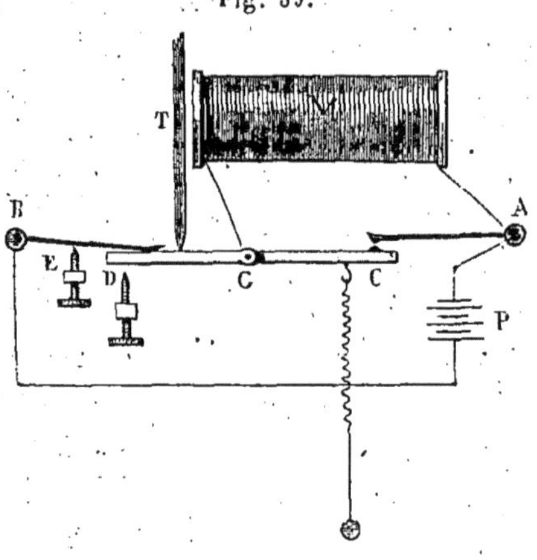

la pile, car le contact de la bascule avec le ressort A a déchargé auparavant l'extra-courant produit au sein de l'électro-aimant M. Ce système a été imaginé en 1861.

Système de M. Dujardin. — Ce système, dont nous représentons fig. 40 le dispositif, a pour effet de permettre à l'extra-courant de se développer en tout temps dans un circuit fermé et en dehors de l'interrupteur. Soit E l'électro-aimant, R une très-forte résistance métallique mise en rapport par un fil *ba* avec les conducteurs allant de la pile à l'électro-aimant. Enfin soit I l'interrupteur. Comme les étincelles de l'extra-courant ne se produisent qu'au moment de la rupture du circuit, il y a lieu de ne se préoccuper ici que de l'effet produit au moment où le circuit ayant été fermé en I se trouve brusquement interrompu. A ce moment se développe dans l'électro-aimant E le courant induit direct qui devrait fournir l'étincelle en I, mais comme il ren-

Fig. 40.

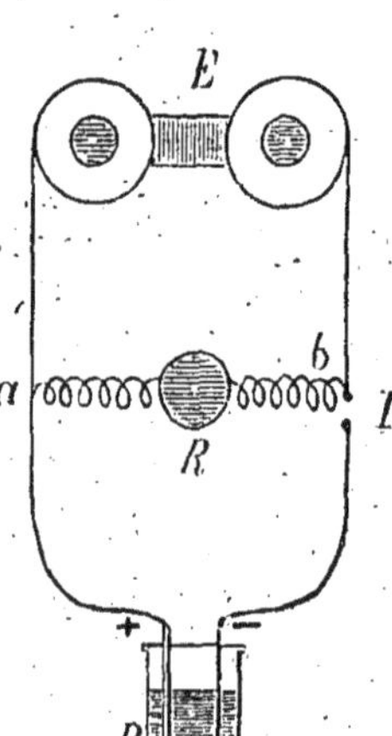

contre précisément en ce point le conducteur métallique *ba*, qui complète le circuit de l'électro-aimant, il passe à travers celui-ci et ne tend pas à traverser avec l'étincelle de la pile la solution de continuité. Pour obtenir un bon résultat de ce système, il faut que la résistance R présente la plus grande résistance possible, avec la moindre longueur possible : la plus grande résistance possible, afin que l'électro-aimant ne perde pas trop de l'intensité du courant qui doit l'animer, par suite de la dérivation *ab* ; la moindre longueur possible, pour éviter que les effets d'induction de cette bobine ne s'ajoutent dans une grande proportion à ceux qu'on veut détruire. C'est un fil très-fin (n° 40) de fer ou de maillechort qui convient le mieux pour cette action.

Ce système a été breveté en février 1864.

Système du R. P. Poidevin. — Un proverbe dit : « Les beaux esprits se rencontrent. » Or on peut l'appliquer au R. P. Poidevin, qui a décrit dans les *Mondes*, en septembre 1866, une disposition d'interrupteur exactement semblable à celle que nous venons d'étudier. Toutefois, il existe entre les deux systèmes une petite différence qui, je dois le dire, toute petite qu'elle est, n'en est pas moins assez importante pour constituer un véritable perfectionnement. En effet, le fil de dérivation *ba* constituant la bobine de résistance R, au lieu d'être recouvert comme dans le système de M. Dujardin est nu, et la bobine est disposée d'après le système de M. Carlier, que nous avons décrit page 43. Il est facile de voir immédiatement les avantages de cette petite modification. D'abord le fil n'étant pas isolé, l'extra-courant développé par cette bobine est notablement amoindri. En second lieu, en raison même de sa nudité il peut fournir au courant de la pile qui doit traverser l'électro-aimant une résistance considérable, alors qu'il n'en offrira pour ainsi dire aucune à l'extra-courant, dont la tension est infiniment supérieure. Dès lors, l'écoulement de cet extra-courant, à partir de l'interrupteur, deviendra beaucoup plus facile et plus prompt, et on ne courra jamais risque qu'une partie ne se dérive avec l'intincelle de la pile.

M. Trouvé a fait usage de ce système dans plusieurs des bijoux électriques qu'il fabrique et en a été fort satisfait ; seulement comme il n'a besoin que de très-petits effets, un simple fil de platine de 2 ou 3 centimètres de longueur sur un quinzième de millimètre de diamètre, lui a suffi pour constituer la dérivation.

4° SYSTÈMES ÉLECTRO-MAGNÉTIQUES POUR AMPLIFIER LE CHAMP DES EFFETS ATTRACTIFS SANS NUIRE A LA FORCE DES ÉLECTRO-AIMANTS.

L'une des plus grandes difficultés que l'on rencontre dans l'application de l'électro-magnétisme comme organe moteur, est la brièveté excessive de la course que peuvent accomplir les pièces qui subissent les effets de l'attraction électro-magnétique ; aussi, depuis longtemps, a-t-on cherché à augmenter, soit par des moyens mécaniques, soit par des moyens physiques, l'amplitude de cette course, et l'on y est plus ou moins arrivé à l'aide de systèmes ingénieux qui, s'ils ne résolvent pas définitivement le problème des électro-moteurs, peuvent toujours être d'un grand secours dans une foule d'autres applications électriques.

La force électro-magnétique décroissant avec les distances auxquelles elle exerce son action, à peu près comme les carrés de ces distances, on a cherché d'abord à profiter de la rapidité de cette décroissance de force pour augmenter l'amplitude du jeu des pièces mises en mouvement ; il suffisait, pour cela, de faire réagir les armatures des électro-aimants sur les pièces destinées à la transformation du mouvement, par l'intermédiaire de leviers plus ou moins longs. Comme l'affaiblissement de la force, causé par l'allongement de ces leviers était beaucoup moindre que l'affaiblissement de l'attraction par suite de l'éloignement de l'armature, il en résultait que cet éloignement pouvait être rendu peu considérable, tout en fournissant un jeu mécanique assez étendu. Toutefois, plusieurs inconvénients, entr'autres la perte de course par suite du jeu des leviers dans leurs articulations, la flexion de ces leviers et l'inégalité de l'action attractive qui atteignait son maximum alors même qu'elle devait cesser spontanément, firent renoncer bientôt à ce système d'amplification de la course des armatures. On chercha alors à faire réagir directement l'attraction sur l'organe mobile, en armant celui-ci de palettes de fer doux et en échelonnant autour de lui un certain nombre d'électro-aimants, de manière que le courant circulant successivement de l'un à l'autre et surprenant les armatures dans des positions très-rapprochées, l'attraction pût s'exercer à petite distance. On fit plus même dans les électro-moteurs, on rendit la roue motrice mobile à l'intérieur d'une circonférence garnie d'électro-aimants, et cette roue, en sautant d'un électro-aimant à l'autre, réagissait elle-même sur une manivelle fixée à l'arbre moteur ; mais ces systèmes avaient encore de nombreux inconvénients qui empêchèrent la réalisation du problème. Ces inconvénients étaient d'abord la trop grande rapidité des interruptions du courant, rapidité qui empêchait les électro-aimants de réagir avec leur maximum de force; en second lieu, la création de courants d'induction très-énergiques qui, en réagissant en sens contraire du courant effectif, affaiblissaient l'action de celui-ci ; enfin les effets du magnétisme rémanent, qui étaient un obstacle considérable à la marche du moteur.

Après ces différentes combinaisons des électro-aimants, on pensa à substituer à leur action les effets dynamiques des courants, particulièrement l'attraction des cylindres de fer à l'intérieur des hélices magnétisantes ; de cette manière, on évitait les effets du magnétisme rémanent et on obtenait une course attractive convenable ; mais le peu d'énergie de cette force fut encore un sujet de déception pour ceux qui appliquèrent les premiers ce système électro-magnétique. Il en fut de même de la force directrice des électro-aimants, par laquelle les armatures, se mouvant tangentiellement à leurs pôles, se trouvent attirées jusqu'à ce que leur ligne médiane coïncide avec la ligne axiale des électro-aimants. On put obtenir, il est vrai, par cette disposition, jusqu'à 14 centimètres de course attractive, mais la force attractive se trouvant réduite, eu égard à l'attraction normale, dans le rapport de 33 à 6, ainsi que je l'ai constaté moi-même par des expériences précises, ce système ne put offrir d'avantages bien réels sur les autres. Ce fut alors que plusieurs physiciens et mécaniciens, entr'autres MM. Froment, Robert Houdin, etc., songèrent à tirer parti de l'accroissement considérable de la force attractive, à mesure que l'armature s'approche de l'électro-aimant, soit pour augmenter la force attractive initiale en la rendant uniforme, soit pour faire fonctionner plusieurs mécanismes amplificateurs de la course de l'armature ; ces systèmes ont été appelés *répartiteurs électriques*.

Répartiteur de M. Robert Houdin. — Dans le répartiteur de M. Robert Houdin, l'armature réagit sur les pièces destinées à être mises en mouvement par l'intermédiaire de deux bascules courbes appuyées l'une sur l'autre, et disposées de manière que leur point de tangence, en se déplaçant par suite de l'abaissement de l'armature, l'action de celle-ci, par rapport à la résistance, puisse s'effectuer sur un bras de levier de plus en plus court et décroissant dans le rapport des carrés des distances successivement parcourues par l'armature. Il en résulte que, au moment où l'armature se trouve la plus éloignée de l'électro-aimant, la force attractive, agissant à l'extrémité d'un long bras de levier, se trouve considérablement augmentée, tandis qu'au moment où l'armature touche le pôle de l'électro-aimant, cette force se trouve considérablement diminuée, par suite de sa réaction sur un bras de levier beaucoup plus court. Or, comme cette répartition de la force s'est effectuée dans le rapport des variations de la force attractive elle-même, on peut, pour une force donnée, exercer une action sur une armature à une distance beaucoup plus grande que dans les dispositions ordinaires.

L'effet du répartiteur électrique de M. Robert Houdin est tel, qu'une armature qui ne pouvait soulever directement une soixantaine de grammes à un centimètre de distance de son électro-aimant, a pu, par son intermédiaire, enlever jusqu'à un kilogramme.

Tel qu'il avait été conçu dans l'origine par M. Robert Houdin, ce système de répartiteur ne présentait pas des courbes en rapport avec l'action électro-magnétique; mais en le soumettant au calcul, j'ai pu facilement déduire la méthode qu'il fallait suivre pour son tracé.

Les éléments qui déterminent la forme des leviers OD, O'D' (fig. 41), dépendent de la distance de l'attraction et de la longueur du bras de le-

Fig. 41.

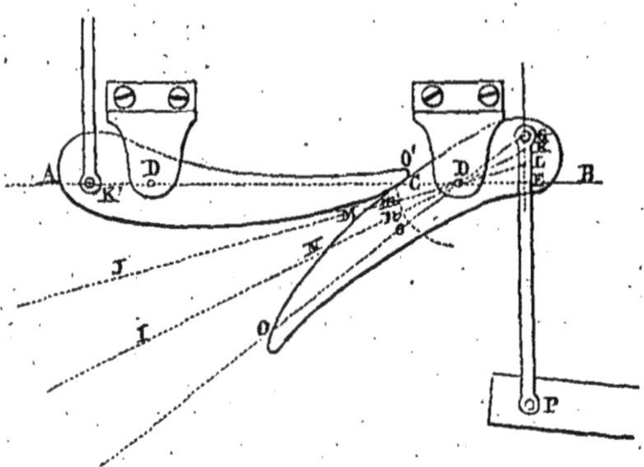

vier DG, auquel est appliquée la puissance. Supposons, par exemple, que cette longueur soit de 12 millimètres, et que la distance de l'attraction soit de 9 millimètres, voici comment je tracerai l'épure de mes courbes.

Sur une droite indéfinie AB je prendrai une distance DE égale à 12 millimètres, et sur une perpendiculaire EG élevée au point E sur AB, je prendrai une longueur EG égale à 9 millimètres, que je diviserai en trois parties égales GK, KL, LE. Des points G, K, L, je mènerai par le centre D les droites GO, KI, LJ.

Du point D comme centre, et avec la longueur DE pour rayon, je décrirai un arc de cercle qui coupera les lignes LJ, KL, OG en trois points m, n et o, et à partir de ces trois points je prendrai sur ces lignes des distances Mm, Nn, Oo égales aux demi-carrés des nombres 3, 6, 9, c'est-à-dire à 4^{mm} 1/2, 18^{mm}, 40^{mm} 1/2. La courbe passant par les points C, M, N et O sera la courbe cherchée.

En effet, découpons les deux leviers l'un sur l'autre, et plaçons-les de manière que le point O' du second levier D'O' vienne toucher le point C du premier levier : lorsque la ligne des centres de ces deux leviers coïncidera avec la ligne AB, les points M, N et O du levier DO, arrivés successivement à la hauteur de la droite AB, rencontreront la courbe du levier D'O' en différents points qui limiteront des bras de leviers respectivement égaux à D'O' — 4^{mm} 1/2, à D'O' — 18^{mm}, enfin à D'O' — 40^{mm} 1/2.

Or, comme le passage des points M, N et O sur la ligne AB correspond aux trois tiers de la distance d'attraction, il s'ensuit que le levier de la puissance, par suite de son abaissement, fait décroître cette force dans le rapport des demi-carrés des distances qu'il parcourt successivement, tandis que l'autre levier, auquel est appliquée la résistance, fait croître celle-ci dans le même rapport. Le résultat final est donc un décroissement de la puissance dans le rapport des carrés des distances parcourues par les leviers. Or, comme la force électro-magnétique appliquée à ces leviers, croît dans le même rapport, on se trouve bien avoir équilibré cette force pendant toute la durée de son action.

Quand on veut faire de ce système mécanique un appareil de précision pour déterminer les lois d'accroissement de la force électro-magnétique dans différentes circonstances d'expérimentation, il importe de bien équilibrer les leviers, afin que le poids inégal de leurs branches n'intervienne pas dans les résultats que l'on obtient.

Répartiteur de M. Froment. — Le répartiteur de M. Froment est fondé sur ce principe de mécanique, que si deux leviers articulés AB, BC (fig. 42), servent d'intermédiaire entre la résistance appliquée au point d'articulation B, et la puissance agissant au point C de manière à redresser le système infléchi ABC, la force qui devra être employée pour ramener le point B en D, devra croître dans un rapport tellement considérable, à mesure que la distance BD diminuera, qu'elle devra se rapprocher de l'infini dans le voisinage du point D. Si on calcule convenablement l'angle d'inflexion des deux leviers AB, BC, on peut donc arriver à obtenir une résistance croissante dans le même rapport que la puissance ; de sorte qu'en adaptant en C l'armature de l'électro-aimant, le problème de la régularisation de la force attractive se trouve ainsi résolu.

D'un autre côté, si l'on considère que le mouvement accompli dans le sens de ADC par l'armature OC représente la somme des deux flèches des arcs décrits par les deux leviers, tandis que le mouvement transmis à la tige EB qui réagit sur les mécanismes à faire mouvoir, représente le sinus de ces arcs, on arrive à conclure que, par ce système de répartiteur, non-seulement on égalise la force attractive, mais encore on amplifie d'autant plus la course des pièces mobiles que les leviers AB, BC sont plus longs. Ce résultat permet par conséquent de rapprocher, *aussi près* qu'on le veut, les armatures des électro-aimants, ce qui est un avantage immense, puisqu'on bénéficie alors de toute la puissance d'action de ceux-ci.

Fig. 42.

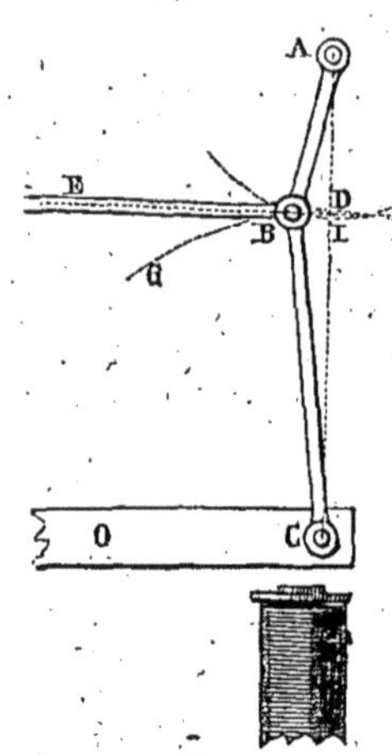

Si l'on rapproche l'un de l'autre les deux répartiteurs que nous venons d'étudier, on reconnaît que leur but final est le même, c'est-à-dire qu'ils permettent d'utiliser l'excès de force de l'attraction électrique à l'amplification de la course des pièces mobiles ; seulement dans l'un, cette amplification résulte du plus grand écartement que l'on peut donner aux pièces qui subissent l'attraction, tandis que dans l'autre elle résulte du système mécanique lui-même.

En renversant les données du problème, ces deux répartiteurs pourraient avoir pour but de renforcer l'action attractive elle-même. En effet, en supposant qu'on ne veuille pas amplifier la course des pièces mobiles, et qu'on maintienne la distance de l'attraction toujours la même, le répartiteur de M. Robert-Houdin aurait pour effet d'augmenter considérablement la force attractive, au moment où l'armature serait la plus éloignée de l'électro-aimant, et le répartiteur de M. Froment, par la grande course qu'il donnerait aux pièces mobiles, permettrait d'employer un levier intermédiaire, qui, en diminuant l'étendue de cette course, renforcerait l'action attractive. Ainsi, ces deux répartiteurs, quoique bien différents dans leurs fonctions comme dans leur principe, peuvent être employés concurremment dans les mêmes circonstances.

Un autre système de répartiteur électrique, combiné de manière à s'adapter aux électro-aimants tubulaires, a été également proposé dans le même but que les deux précédents, par MM. Fabre et Kunemann ; mais les résultats qu'il a fournis ont été moins satisfaisants au point de vue qui nous occupe en ce moment.

Système de M. Roux. — A côté des systèmes que je viens de passer en revue, je ne dois pas oublier de signaler celui que M. Roux a employé dans son électro-moteur et qui a fourni de bons résultats. Ce système, qui est un diminutif du répartiteur de M. Froment et que nous représentons fig. 43, consiste simplement dans une articulation parallélogrammique de l'armature EF, qui, à cet effet, se trouve supportée par deux leviers parallèles AB, CD doublement articulés. Il résulte de cette disposition que cette armature cédant à l'attraction exercée sur elle, se meut parallèlement à elle-même en fournissant une composante perpendiculaire à la force attractive. Or, si l'on adapte à l'armature, suivant cette composante, la bielle destinée à produire l'effet mécanique demandé, la course accomplie par elle sera infiniment plus grande que la distance qui sépare l'électro-aimant de l'armature, puisque celle-ci ne représente que la flèche de l'arc décrit par l'armature, tandis que celle-là représentera l'arc lui-même ; toutefois, comme la distribution magnétique varie dans l'armature par suite du déplacement latéral de celle-ci, la force se trouve un peu amoindrie par cette disposition.

Fig. 43.

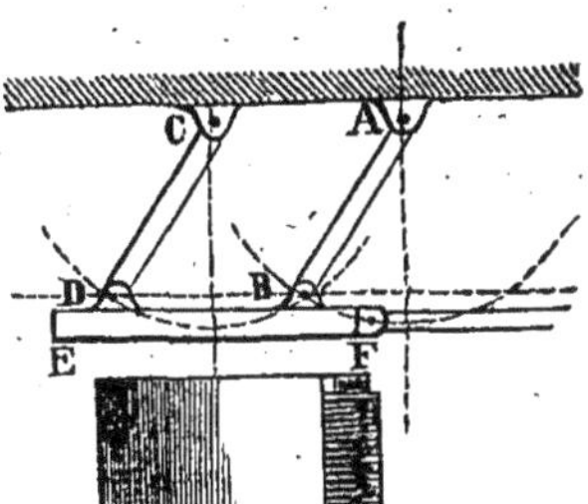

Système de MM. Pellis et Henry. — Le système employé par MM. Pellis et Henry, et imaginé, en 1849, par le Danois Hjorth, quoique bien différent, par sa disposition, du précédent, réalise exactement les mêmes effets. Qu'on imagine les pôles de l'électro-aimant commandant le mouvement, terminés par deux cônes de fer doux enveloppés par deux espèces de cornets de fer à la manière d'une bougie surmontée de son éteignoir, qu'on suppose ces deux cornets reliés ensemble par une traverse de fer doux à laquelle est adaptée la bielle motrice et disposée de manière à se mouvoir vers l'électro-aimant parallèlement à elle-même, et l'on aura une idée du système de MM. Pellis et Henry, système dans lequel l'armature de l'électro-aimant est représentée par les deux cornets de fer réunis magnétiquement. Ce système est représenté fig. 44 ci-contre. Pour en comprendre le jeu et les avantages au point de vue de l'augmentation de la course des pièces mobiles, il suffira de considérer que les cornets, ne pouvant se déplacer que parallèlement aux axes des branches de l'électro-aimant, parcourent dans cette direction un chemin beaucoup plus long que celui qu'ils suivent dans leur rapprochement de la surface conique des pôles de l'électro-aimant qui les attire. En effet, ce chemin représente l'hypoténuse d'un triangle rectangle, dont le plus petit côté est la distance qui sépare la surface interne des cornets de la surface conique des pôles, et dont le plus grand

Fig. 44.

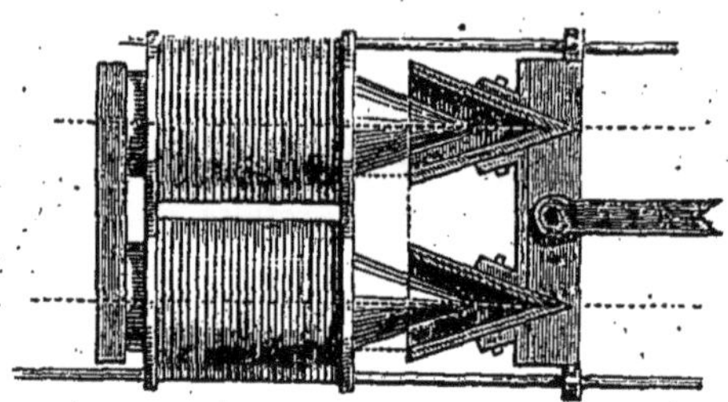

côté est fonction de la longueur des cônes. Il en résulte donc que, plus ces cônes sont allongés, plus la course fournie par les cornets est considérable ; toutefois, comme, par cet allongement, les pôles de l'électro-aimant perdent de leur énergie, et que les composantes qui résultent de la décomposition de la force attractive s'amoindrissent à mesure que l'angle du cône devient plus aigu, il est une limite après laquelle les avantages que l'on pourrait gagner sous le rapport de la course ne compenseraient pas la perte de force qui en serait la conséquence.

On pourrait objecter qu'avec cette disposition la force attractive est prise dans de mauvaises conditions, puisque les pôles ressortent considérablement des bobines magnétisantes et qu'ils agissent par attraction latérale, ce qui diminue la force attractive dans le rapport de 33 à 18 ; mais, en revanche, l'induction polaire s'effectue efficacement sur une bien plus grande surface d'armature que dans les dispositions ordinaires, ce qui est une condition éminemment favorable pour l'attraction à distance. Cet avantage compense-t-il la perte de force que nous avons signalée ? C'est ce que des expériences comparatives peuvent seules décider.

M. Froment, en s'inspirant de l'idée de M. Hjorth, a fait diverses tentatives pour modifier d'une manière avantageuse le système précédent ; mais il n'en a pas obtenu tout le succès qu'il en espérait. Ainsi, au lieu d'employer des pôles coniques qui affaiblissent, comme nous l'avons dit, la force attractive par suite de leur allongement en dehors des hélices, M. Froment a rapproché les uns des autres les pôles de deux électro-aimants en les présentant les uns vis-à-vis des autres, de manière que leur surface pût déterminer les éléments d'un angle dièdre; l'armature en forme de coin, étant introduite entre ces pôles, se trouvait alors entraînée sous l'influence que nous avons analysée à l'instant, et sa course se trouvait, par cela même, étendue.

Système de M. G. Perrin. — Renonçant à amplifier la course des armatures, en raison des difficultés que nous avons signalées, M. Gabriel Perrin a voulu l'obtenir par le fait même d'un allongement et d'un raccourcissement du noyau magnétique lui-même. A cet effet, il compose ce noyau de rondelles de fer d'une épaisseur au moins égale à la moitié de son diamètre et reliées entre elles par des agrafes de cuivre en forme de boutonnières, comme on le voit fig. 45. Ces agrafes sont maintenues par des vis adaptées aux rondelles, et ces vis, grâce à la rainure pratiquée dans les agrafes, ne sont pas un obstacle au rapprochement des disques. Il résulte de cette disposition que si une force est appliquée à soulever le disque supérieur, tous les autres disques suivront et formeront une espèce de chapelet dont les grains, représentés par les disques, seront éloignés les uns des autres de la longueur de la rainure des agrafes, et fourniront, en revenant au contact, une course égale à la somme de tous les espaces qui les séparaient. Or, si l'on considère que, sous l'influence du courant développé dans l'hélice qui enveloppe ce chapelet, ces différents disques constituent de véritables aimants, dont la force est surexcitée par leur action réciproque et les masses magnétiques qui les entourent, on comprendra facilement que chaque fermeture du courant à travers l'hélice, en produisant d'un seul coup le rapprochement de tous ces disques, déterminera une course attractive qui pourra être d'autant plus grande que l'hélice enveloppante sera plus longue et les disques plus nombreux. Dans ce système, il n'y a donc pas, par le fait, d'armature, et ce sont les différentes parties du noyau de l'électro-aimant lui-même qui en jouent le rôle. Seulement, comme il est facile de le comprendre, tous ces petits aimants individuels ne peuvent fournir une force considérable, de sorte que quand ils se trouvent séparés, la somme de leurs actions est loin de représenter la force du noyau ordinaire des électro-aimants.

Fig. 45.

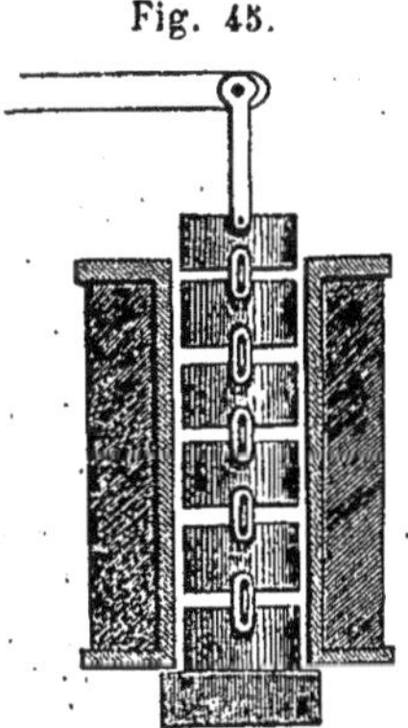

Système de M. Colombet. — Pour obtenir une plus grande

course de l'armature des électro-aimants et faire agir en même temps ceux-ci dans leurs conditions de maximum de force, M. Colombet a eu recours à un moyen analogue à celui que M. Achard a mis à contribution pour son embrayeur électrique dont nous parlerons plus tard, c'est-à-dire à l'action intermédiaire d'un moteur mécanique.

Concevons un cylindre en fer doux placé dans l'intérieur d'une bobine et animé d'un mouvement de rotation sur lui-même au moyen d'un mécanisme d'horlogerie spécial, la bobine d'ailleurs restant fixe; imaginons maintenant, appuyée légèrement sur ce cylindre, une armature arquée, adaptée à la pièce qu'il s'agit de mettre en jeu électriquement. On comprendra facilement que l'appareil pourra être disposé de telle manière que, dans les conditions ordinaires, cette armature pourra ne pas être entraînée; mais aussitôt qu'un courant traversera la bobine, l'aimantation, se produisant sur le noyau de fer, déterminera entre lui et l'armature une adhérence qui forcera cette dernière pièce à tourner avec le cylindre. Or celle-ci pourra, en entraînant un levier, déterminer telle réaction mécanique qu'on voudra, mais qui ne pourra pas excéder la force du mécanisme moteur.

RECHERCHES THÉORIQUES ENTREPRISES SUR LES ÉLECTRO-AIMANTS.

Dans l'historique que nous avons fait des lois des électro-aimants, nous avons dit que M. Muller avait été conduit, par ses expériences, à admettre que la force des électro-aimants n'est proportionnelle à l'intensité du courant que dans certaines conditions, et que les électro-aimants eux-mêmes sont susceptibles d'un maximum d'aimantation. Cette déduction, qui avait été d'abord posée par M. Thomson à la suite de recherches théoriques, a été à diverses époques confirmée par MM. Joule, de Haldat, et Feilitzsch. Mais ce furent les expériences de M. Muller qui fixèrent définitivement l'attention des physiciens sur cette question (1).

A la suite de ses expériences ce physicien fut en effet conduit à représenter les effets produits par les électro-aimants par la formule suivante :

$$It = Ac^{\frac{3}{2}} . \text{tang} \frac{F}{0{,}00005 . c^2} \text{ ou } \frac{F}{0{,}00005 . c^2} = \text{arc tang.} \frac{It}{Ac^{\frac{3}{2}}}$$

(1) Voir le détail des expériences de M. Muller dans le traité de physique de M. Daguin, tome 3, p. 611 (2ᵉ édition) et le Journal l'*Institut*, année 1854, p. 181.

dans laquelle I représente l'intensité du courant, t le nombre des tours de spires, A une constante variant avec le métal employé, mais le plus souvent égale à 220, et F le moment magnétique ou la force de l'électro-aimant.

En supposant que l'intensité électrique n'est pas très-grande, l'arc peut être pris pour sa tangente et l'équation précédente devient :

$$F = 0{,}00005.\ c^2 \frac{It}{Ac^{\frac{3}{2}}} = W.\ It.\ c^{\frac{1}{2}}$$

W étant une constante représentant $\frac{0{,}00005}{A.}$.

Or cette équation montre que, dans ce cas, le moment magnétique F *est proportionnel à l'intensité du courant, au nombre des tours de spires et à la racine carrée du diamètre du barreau.* Mais si l'on admet que l'intensité électrique est infiniment grande, la tang $\frac{It}{Ac^{\frac{3}{2}}}$ devient infiniment grande, et l'arc qui lui correspond est alors égal à 90° ou à $\frac{\pi}{2}$.

Dès lors, la formule précédente devient :

$$F = \frac{\pi}{2}.\ 0{,}00005.\ c^2 \text{ ou } F = kc^2,$$

la quantité k étant une constante représentant $\frac{\pi}{2}.\ 0{,}00005.$

Or l'on voit par cette formule, que dans ce dernier cas, la force de l'électro-aimant *atteint une limite proportionnelle au carré de son diamètre.*

D'un autre côté, on reconnaît que si on développe dans différents barreaux une partie aliquote de leur maximum magnétique absolu en donnant à tous la valeur $\frac{F}{0{,}00005.\ c^2}$, les quantités It, c'est-à-dire *les intensités du courant multipliées par le nombre des tours de spires seront entre elles comme la racine carrée du cube du diamètre des barreaux.*

Pour fixer les idées, supposons qu'une intensité I développe dans un barreau de section 1 une quantité de magnétisme correspondante à la moitié de son maximum absolu et qu'il s'agisse de développer la moitié du maximum d'un autre barreau de section 2 : le courant nécessaire pour produire cet effet, pour un même nombre de tours de spires, devra être égal à $\sqrt{2^3}$, c'est-à-dire 2,83 fois plus intense (voir le journal l'*Institut*, année 1854, p. 184).

Dans un récent travail, M. Cazin a repris cette question et a été conduit à des résultats un peu plus compliqués.

Il commence d'abord par déterminer la formule représentant en unités mécaniques, d'après la méthode de Gauss, le moment magnétique ml d'un aimant, m représentant la quantité de magnétisme concentré en chaque pôle, l la distance des deux pôles.

Cette distance l est déterminée indépendamment du magnétisme terrestre, par la méthode de M. Pouillet (1) qui fait connaître en même temps le rapport $\frac{ml}{H}$, dans lequel H représente la force directrice horizontale exercée par la terre sur l'unité de magnétisme. En faisant osciller l'aimant on peut mesurer mlH, et l'on a ainsi tout ce qu'il faut pour calculer m. Voici maintenant comment M. Cazin expérimente :

S'il s'agit d'un aimant, il le suspend verticalement au bassin d'une balance ordinaire et il l'équilibre, puis il dispose au-dessous un conducteur voltaïque formé d'un fil métallique isolé, enroulé, plusieurs fois sur lui-même, de manière à constituer un anneau. Le plan de cet anneau est horizontal et son centre est sur la verticale de l'aimant ; on fait passer un courant et on mesure en unités de poids la force répulsive exercée sur l'aimant.

Soient :

p le poids nécessaire pour équilibrer cette force ;

I l'intensité du courant ;

t le nombre de tours du conducteur ;

d la distance du milieu du barreau au centre de l'anneau ;

r le rayon moyen de l'anneau ;

m la quantité de magnétisme concentrée à chaque pôle ;

a la moitié de la distance polaire l ;

k un coefficient constant dépendant des unités adoptées.

On a :

$$p = \frac{2tk\omega Im}{r}\left\{\frac{1}{\left[1+\left(\frac{d-a}{r}\right)^2\right]^{\frac{3}{2}}} - \frac{1}{\left[1+\left(\frac{d+a}{r}\right)\right]^{\frac{3}{2}}}\right\}$$

(1) Voir les comptes rendus de l'Académie des sicences, tome 67, p. 853.

et en remplaçant la parenthèse par P fonction de a et de d :

$$p = \frac{2tk\omega ImP}{r}.$$

En opérant de même avec une autre valeur de d, on a une seconde équation :

$$p' = \frac{2tk\omega ImP'}{r}.$$

Si les distances d, d' diffèrent assez peu l'une de l'autre pour que la valeur de a soit sensiblement la même dans les deux cas, on détermine cette valeur à l'aide de l'équation :

$$\frac{p}{p'} = \frac{P}{P'}.$$

Cette équation se résout par tâtonnements. On tire enfin m de l'une des équation précédentes.

S'il s'agit d'un électro-aimant, M. Cazin suspend le conducteur annulaire à sa balance électro-dynamique (voir *Annales de chimie*, tome 1, 1864) et il place l'électro-aimant au-dessous. Alors p désigne l'excès de la force répulsive exercée par l'électro-aimant sur celle que produit la bobine seule ; le calcul est le même (1).

M. Cazin emploie pour unité de force le décigramme à Paris, pour unité de longueur le décimètre, pour unité de magnétisme, celle qui concentrée en un point et agissant sur une égale quantité concentrée en un autre point à la distance de 1 décimètre produit une force de 1 décigramme, pour unité de courant, celle qui décompose 9 milligrammes d'eau en une seconde ou qui dégage un milligramme d'hydrogène dans le même espace de temps. Avec ces unités on a : $\log k = 0{,}2874662$ et on calcule la quantité de magnétisme au moyen de la formule :

$$m = 0{,}0017453 \frac{F}{PI}.$$

La valeur de la quantité P se déduit expérimentalement des valeurs de F observées pour diverses distances de l'électro-aimant.

Or, d'après les valeurs de P obtenues par M. Cazin avec une série de tubes de fer ayant 42 centimètres de longueur, 8 centimètres de diamè-

(1) Dans le cas des électro-aimants, le courant d'intensité I passe à la fois dans la bobine de l'électro-aimant et dans la bobine annulaire suspendue à la balance ; la force répulsive propre au magnétisme temporaire est dès lors désignée.

tre et des épaisseurs croissantes à partir de 1/2 millimètre, lesquels tubes dépassaient la bobine magnétisante de 5 centimètres de chaque côté, il arrive à déduire :

1° Que quand on approche l'électro-aimant d'un corps qui en subit l'action, la distance polaire l du noyau augmente sensiblement.

2° Que cette distance augmente avec l'épaisseur du tube jusqu'à ce que celle-ci ait atteint une certaine valeur qui dans les conditions où il expérimentait était de 5 millimètres.

3° Que pour des tubes de même épaisseur et de diamètres différents, cette distance polaire est sensiblement la même.

4° Que cette distance ne dépend pas de l'intensité du courant.

Voici maintenant les conclusions auxquelles M. Cazin est parvenu relativement aux influences des dimensions de la bobine, de l'intensité du courant et de l'épaisseur des tubes constituant le noyau magnétique :

1° Lorsque le noyau dépasse suffisamment la bobine, la quantité de magnétisme est proportionnelle au nombre t des spires, quel que soit leur diamètre, d'où il résulte $m = t\varphi\ (r.\ cl)$.

2° Les forces F et les quantités de magnétisme m décroissent en progression arithmétique, toutes choses égales d'ailleurs, d'où il résulte $m = t\ (A + Bx)\ \Psi\ (el)$, A et B étant deux constantes.

3° Les forces F, quand on fait varier l'intensité I du courant, ont pour expression :

$$F = PIA' \operatorname{arc\,tang} B'I,$$

la constante A′ dépendant de l'épaisseur et du rayon du tube, la constante B′ ne dépendant que de l'épaisseur. Cette relation montre, comme la formule de Muller, l'existence d'une limite d'aimantation dont le noyau s'approche de plus en plus quand on augmente l'intensité du courant.

4° Quand on ne fait varier que l'épaisseur e des tubes, les résultats observés sont représentés par la formule :

$$F = PA'' e^{\frac{6}{5}}.\operatorname{arc\,tang} \frac{B'}{e^{\frac{6}{5}}};$$

la constante A″ dépendant du rayon du tube et de l'intensité, la constante B″ ne dépendant que de l'intensité.

Ces deux dernières formules réunies conduisent à la relation :

$$F = PID\ e^{\frac{6}{5}}.\operatorname{arc\,tang} \frac{CI}{e^{\frac{6}{5}}},$$

dans laquelle la constante C est indépendante de toutes les variables considérées, tandis que D dépend du rayon du tube et du nombre des spires de la bobine (1).

5° Lorsque le noyau de fer remplit exactement la bobine de l'électro-aimant, la quantité de magnétisme est indépendante des parties du noyau qui sont hors de la bobine, mais comme la distance polaire l varie considérablement avec ces parties, le moment magnétique ml varie aussi avec elles.

6° La formule générale exprimant la quantité de magnétisme appliquée à chaque pôle d'un électro-aimant cylindrique (dont le noyau est un tube dépassant la bobine) en fonction de l'épaisseur e, du rayon r du tube, de l'intensité I du courant et des dimensions de la bobine, peut être établie de la manière suivante :

$$m = At\,(1 - B^r)\,e^{\frac{6}{5}} \text{ arc tang } Cle^{-\frac{6}{5}}$$

t représentant le nombre des spires, A, B et C des constantes dont les valeurs pour le système d'unités adoptées sont log A $= \bar{5},80368$, log B $= \bar{2},83950$, log C $= 1,50114$.

Les calculs dont il est ici question se font à l'aide de ces formules et de la suivante, qui exprime l'action d'un pôle magnétique sur un élément dt, du courant faisant l'angle ω avec la distance ρ de l'élément au pôle :

$$F = 0,97\,\frac{m\,I\,dt\,\sin\omega}{\rho^2}$$

L'avant dernière formule peut s'appliquer aux électro-aimants dont le noyau de fer est plein si on fait $e = r$; de telle sorte que si on a $t = 1$, $e = r$, $I = 1$ on a :

$$m_0 = A\,(1 - B) \text{ arc tang. } C = 3,75.$$

« Telle est, dit M. Cazin, la quantité de magnétisme développée à chaque pôle d'un cylindre plein ayant un rayon d'un décimètre, lorsqu'il est aimanté par un seul tour de fil parcouru par un courant capable de dégager un milligramme d'hydrogène en une seconde. C'est une nou-

(1) En évaluant l'épaisseur e en millimètres, l'arc en secondes et en donnant aux autres unités les valeurs dont il a été question plus haut, on a pour valeurs de ces constantes :

$$\log C = 1,90115,\ \log D = \begin{cases} \bar{2},66186 \text{ avec } r = 40^{mm} \\ \bar{2},53970 \text{ avec } r = 25^{mm}. \end{cases}$$

velle constante du magnétisme, que je propose d'appeler le *magnétisme spécifique absolu du fer.* »

En partant de toutes ces données, M. Cazin a constaté les faits suivants, qui ont leur intérêt :

1° Le magnétisme d'un tube de fer massif ayant même diamètre extérieur, même longueur, même poids qu'un faisceau de fils de fer, est toujours plus grand que celui du faisceau, dans un rapport qui, dans ses expériences, a atteint $\frac{19}{16}$.

2° Le magnétisme du fer déposé électro-chimiquement se comporte d'une manière tout à fait analogue à celle du fer ordinaire laminé.

3° Le pouvoir magnétique du nickel est un huitième de celui du fer, toutes choses égales d'ailleurs (1).

Comme nous l'avons fait observer page 63, il ne peut rien résulter de pratique de lois aussi complexes et qui ne correspondent même pas aux conditions dans lesquelles se trouvent placés ordinairement les électro-aimants employés dans les applications électriques. D'ailleurs, nous ne comprenons guère que l'on veuille invalider des lois simples qui sont des guides fidèles, parce que quelques réactions secondaires en troubleront la vérification minutieuse. Les lois des courants électriques de Ohm sont dans le même cas, par suite des effets secondaires de la polarisation, et pourtant leur application rend tous les jours les plus grands services. En résumé, nous pensons que malgré l'intérêt de ces recherches, on devra toujours considérer comme suffisamment exactes dans la pratique les lois de Jacobi, Dub et Muller, que nous avons exposées au commencement de ce volume.

Pour terminer avec ces considérations théoriques, nous ajouterons que M. Barral a conclu d'expériences nombreuses, qu'on peut représenter le poids maximum P que peut porter un électro-aimant agissant sur une armature placée à une distance x de son extrémité, par la formule empirique :

$$P = \frac{a}{b + c^x}$$

a, b, c étant des constantes dépendantes des dimensions et de la forme de l'électro-aimant et de l'armature.

(1) Voir les trois notes de M. Cazin dans les comptes rendus de l'Académie des sciences, tome LXXII, p. 682 ; tome LXXIV, p. 733 ; tome LXXV, p. 261.

III. AUTRES MOYENS D'OBTENIR DES EFFETS D'ATTRACTION TEMPORAIRE.

Toutes les réactions magnétiques des courants peuvent être, comme nous l'avons déjà vu, utilisées dans un but mécanique ayant pour cause un mouvement d'attraction temporaire. Ainsi, les réactions réciproques des courants sur les aimants pourraient au besoin être substituées à celle des électro-aimants ; mais, comme elles nécessitent une force électrique considérable, comme leur effet est moins énergique, c'est toujours aux électro-aimants qu'on donne la préférence. Pourtant, dans certaines circonstances, on peut employer avec avantage les réactions réciproques des courants parallèles dans les bobines magnétiques, et la réaction des courants sur les aimants persistants dans les cadres galvanométriques infléchis ou rigides. Nous ne nous occuperons que de ces deux systèmes, qui, jusqu'à présent, sont les seuls qui aient été employés dans les applications de l'électricité.

Bobines magnétiques. — Si on fait entrer environ au tiers de la longueur d'une hélice magnétisante ou d'une bobine de cuivre recouverte de cette hélice un cylindre de fer, celui-ci en devenant aimant, se trouve sillonné par un courant magnétique qui est parallèle au courant électrique et qui, de plus, est dirigé dans le même sens que lui, comme le prouve la similitude des pôles de l'hélice et du fer introduit. Les deux courants étant parallèles et leur action étant multipliée par la quantité considérable de spires de l'hélice magnétisante, il s'opère entre les deux courants une attraction qui a pour effet de faire entrer le cylindre de fer doux dans la bobine, jusqu'à ce que ses deux extrémités soient symétriquement placées par rapport à celles de la bobine. C'est cette action qui, dans quelques machines, entr'autres dans un de mes moteurs électriques, a été utilisée comme force attractive ; elle a l'avantage de fournir une grande course à la pièce mobile et de ne pas la soumettre aux caprices du magnétisme rémanent.

C'est quand le cylindre de fer est arrivé vers le milieu de l'hélice magnétisante que la force est la plus grande ; mais on peut l'augmenter aux deux extrémités en y adaptant des rondelles de fer que l'on fixe sur les rondelles de cuivre de la bobine. De cette manière, il se joint à la réaction dynamique des courants celle du cylindre mobile, devenu électro-aimant, sur les rondelles de fer à l'état neutre vers lesquelles il se dirige. En terminant le cylindre, du côté opposé à celui où il doit s'enfoncer dans la bobine magnétique, par un épaulement, on a l'avantage de le faire agir par attraction normale sur la rondelle de fer de ce côté de la bobine, ce qui est un avantage.

C'est dans ces sortes d'appareils électro-magnétiques que les réactions statiques, dont nous avons parlé page 39, doivent être évitées avec le plus de soin, car elles suffiraient à elles seules pour détruire complétement l'effet dynamique exercé. Ainsi, avec une bobine de fer, ou même avec une bobine de cuivre enroulée de fil de fer, la seule réaction statique échangée entre le cylindre mobile et le fer du canon ou le fil, suffit pour paralyser complétement l'effet du courant magnétique créé dans le cylindre, et, par suite, le mouvement de celui-ci.

Pour augmenter la puissance d'attraction de l'hélice magnétisante, MM. Marianini ont proposé de la recouvrir d'une chemise de fer doux. Aucun effet magnétisant n'est à la vérité produit sur cette chemise par l'hélice, mais les courants d'induction qui tendent à s'établir dans celle-ci se trouvent détruits, et le magnétisme du noyau de fer est surexcité; il en résulte naturellement que l'action dynamique se trouve renforcée.

Les lois de l'attraction des cylindres de fer à l'intérieur des hélices magnétisantes ont été particulièrement étudiées par M. L. Saint-Loup, professeur à la Faculé des Sciences de Strasbourg, et ont été l'occasion d'un intéressant mémoire publié par lui en 1870 dans les *Annales scientifiques de l'école normale supérieure*, t. VII. On peut tirer de ces recherches les conclusions suivantes (1).

1° L'attraction d'un courant circulaire de diamètre variable sur un barreau donné diminue à mesure que le diamètre du circuit augmente, et la loi de ce décroissement dépend de la distance à laquelle on considère l'attraction.

2° La distance attractive pour laquelle l'action du circuit, est maximum dépend du diamètre du circuit et elle est d'autant plus grande que ce diamètre est plus petit.

3° La racine carrée de l'attraction exercée par une spirale plane sur un barreau est égale à la somme des racines carrées des actions des spires successives agissant isolément sur le barreau.

4° La différence des racines carrées des actions de deux spirales planes

(1) Dans les expériences faites par M. Saint-Loup, l'intensité du courant dans les spirales, était toujours combinée de manière à être constante.

est égale à la racine carrée de l'action de la spirale qui en est la différence.

5° Lorsque le circuit circulaire constitue une bobine de diamètre variable et de faible hauteur, son action sur un barreau donné dépend de *la distance* à laquelle elle s'exerce, du diamètre de la bobine et de la longueur du barreau. Le plus souvent l'attraction croît d'abord proportionnellement à la distance des centres, c'est-à-dire à la distance du milieu de la bobine au milieu du barreau presque jusqu'au moment où elle atteint son maximum, puis elle décroît très-rapidement d'abord, et ensuite par degrés insensibles ; d'un autre côté, elle augmente avec le diamètre extérieur de la bobine dans un rapport variable suivant la distance à laquelle elle s'exerce, et sa valeur maximum semble tendre vers une constante, à mesure que le barreau s'allonge. Cette valeur maximum se produit d'ailleurs quand l'extrémité du barreau *a dépassé le centre de la bobine d'une longueur sensiblement constante et voisine de 1 centimètre, quelle que soit la longueur du barreau.*

6° Le travail, pour une même intensité de courant, croît à peu près proportionnellement à la longueur du fil ; il augmente également avec la longueur du barreau et semble tendre vers une constante ; on peut donc en conclure pratiquement 1° *qu'il est avantageux d'augmenter autant que possible la longueur du barreau,* 2° *qu'il conviendrait aussi de distribuer sur plusieurs bobines de même hauteur, une même longueur de fil plutôt que de construire avec ce fil une bobine unique.*

7° Si la bobine a une hauteur variable et un diamètre constant, son action sur un barreau donné est continuellement croissante, ainsi que le travail, à mesure que sa longueur augmente ; la distance des centres correspondant au maximum d'action diminue avec cet accroissement de longueur, et le maximum d'effet se produit quand l'extrémité du barreau dépasse celle de la bobine. Toutefois cette dernière déduction n'est plus vraie quand la longueur du barreau est voisine de celle de la bobine ou est plus courte qu'elle. Du reste cette attraction maximum semble tendre vers une constante à mesure que la longueur du barreau augmente.

8° Le travail de l'attraction pour la course totale du barreau *montre la nécessité d'employer des barreaux longs, si l'on veut augmenter le travail, l'intensité du courant restant la même, mais il faut augmenter en même temps la hauteur de la bobine.* Ainsi, deux bobines identiques de faible hauteur agissant sur deux barreaux identiques fournissent un travail plus petit qu'une bobine de hauteur double et de même longueur de fil que l'ensemble des deux premières, agissant sur l'un des barreaux.

9° Lorsque la bobine a une hauteur et un diamètre variables, sa hauteur donnant le travail maximum est indépendante de la longueur du circuit pour un barreau donné, d'où l'on conclut que *la longueur du barreau doit déterminer la hauteur de la bobine, et la longueur du fil dont on dispose doit déterminer le diamètre de la bobine*; nous avons vu d'ailleurs que le barreau doit être pris le plus long possible.

10° Lorsque le diamètre du canon de la bobine est le même que celui du barreau, le travail croît avec le diamètre du barreau jusqu'à une certaine limite après laquelle il décroît, et cette limite n'est pas rigoureusement indépendante du diamètre de la bobine. Mais lorsque le diamètre de ce canon de la bobine n'est pas le même que celui du barreau, l'action attractive augmente avec le diamètre de celui-ci jusqu'à ce qu'il atteigne celui du canon de la bobine. Il est donc très-important que dans les systèmes électro-magnétiques de ce genre, *il y ait aussi peu de jeu que possible entre le barreau et le canon de la bobine.*

11° Pour des bobines semblables en hauteur et en diamètre, mais enroulées de fils de différentes grosseurs, le travail produit par un barreau donné est proportionnel à la longueur du circuit, l'intensité du courant restant constante; d'où l'on conclut *qu'il faut autant que possible construire les bobines avec du gros fil.*

M. Allan, à l'Exposition universelle de Londres de 1862, avait exposé un télégraphe dans lequel le système électro-magnétique du récepteur était constitué par des bobines galvaniques sans noyau de fer. Afin de multiplier la force de ce système, M. Allan l'avait disposé comme nous l'indiquons fig. 46, c'est-à-dire avec quatre bobines intercalées dans quatre évidements pratiqués dans une palette aimantée. Cette palette était aimantée de manière à ce que les branches encadrant ces bobines présentassent des pôles alternativement Nord et Sud. Il en résultait qu'avec des bobines n'ayant pas plus de 2 centimètres de longueur, M. Allan a pu obtenir un télégraphe assez sensible, sans magnétisme rémanent et pouvant par conséquent fonctionner sans réglage.

Fig. 46.

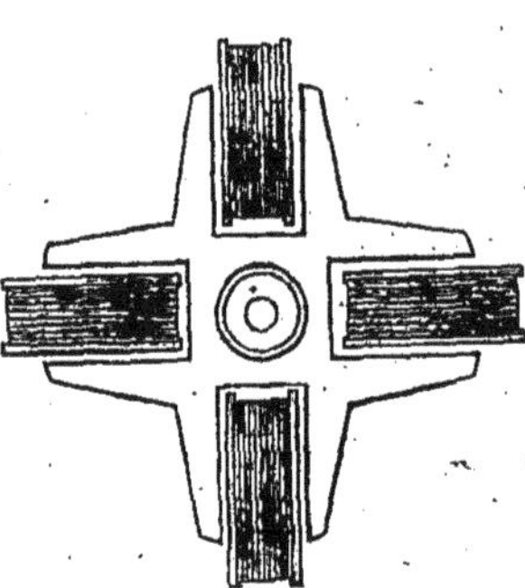

Cadres galvanométriques. — Les télégraphes anglais à aiguilles marchent sous l'influence des réactions d'un multiplicateur ou cadre galvanométrique sur un barreau aimanté, disposé comme l'aiguille d'un galvanomètre ; ce système n'est donc autre chose que le galvanomètre réduit à sa plus simple expression ; seulement, comme il ne s'agit pas alors de constater une quantité excessivement faible d'électricité, mais bien de pouvoir obtenir une indication certaine avec une force électrique très-appréciable, toutes les conditions du problème se sont trouvées réduites à des conditions de force de la part du multiplicateur ; c'est pourquoi on a donné à celui-ci des dimensions considérables, et on l'a fait réagir sur un barreau aimanté au lieu d'une aiguille. De plus, afin que ces réactions fussent nettes et précises, on a fait pivoter le barreau entre deux supports fixés à l'intérieur du cadre galvanométrique. Ordinairement ces appareils galvanométriques sont disposés verticalement pour éviter l'action du magnétisme terrestre dans le sens de la déclinaison, laquelle action serait nuisible au fonctionnement de l'appareil.

Dans plusieurs appareils qu'il a fait construire, M. Bain a donné aux systèmes galvanométriques employés pour déclancher une détente une position précisément inverse. Ainsi, le barreau aimanté, au lieu d'être mobile, est fixe, et c'est le cadre galvanométrique qui s'incline dans un sens ou dans un autre, suivant le sens du courant qui le traverse. A cet effet, il pivote sur deux pointes fixées sur l'aimant fixe, comme on le voit fig. 47.

Pour augmenter la force de ce système, M. Bain a substitué, au simple barreau aimanté des cadres galvanométriques ordinaires, un faisceau

Fig. 47.

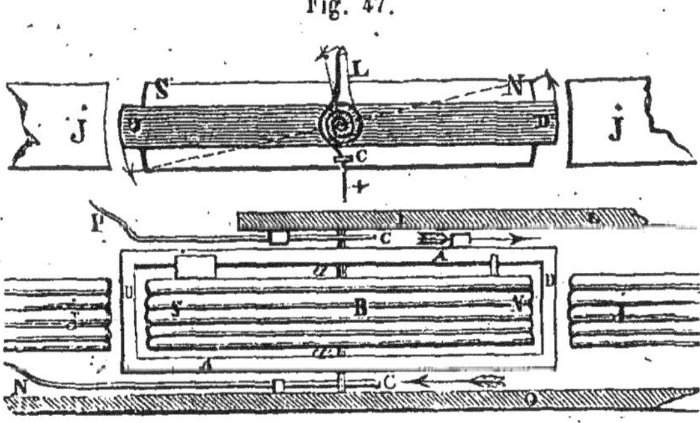

d'aimants NS, dont il a pu renforcer l'action par l'addition de deux autres faisceaux JJ placés dans leur prolongement en dehors du cadre galvanométrique UD.

On conçoit que disposé de cette manière, le cadre galvanométrique est moins lourd à se mouvoir que le système magnétique, et c'est pourquoi M. Bain a ainsi renversé le système galvanométrique ordinaire. Remarquons toutefois, qu'en raison de sa masse, ce système ne peut convenir à des mouvements prompts. Aussi l'inventeur, en l'employant, n'a-t-il voulu, comme je le disais en commençant, qu'obtenir de la force.

IV. ORGANES ÉLECTRO-CHIMIQUES.

Parmi les actions chimiques susceptibles d'être utilisées dans les applications électriques, celles ayant pour résultat la production de traces colorées sous l'influence du passage du courant, ont été particulièrement recherchées et ont fourni les meilleurs résultats.

Les composés chimiques susceptibles de fournir ce genre de réaction sont nombreux et peuvent se diviser en deux catégories : 1° ceux qui, sous l'action électrique, se dédoublent pour former avec le métal des électrodes métalliques qui leur communiquent l'électrisation, des composés fortement colorés ; 2° ceux dont la décomposition suffit pour produire cette coloration. Parmi les corps appartenant à la première catégorie, le cyanoferrure de potassium est celui qui a fourni jusqu'ici les meilleurs résultats, et parmi ceux de la seconde catégorie qui ont le mieux réussi, nous mettrons en première ligne l'azotate de manganèse.

Pour appliquer ces systèmes à la télégraphie électrique, on imprègne des bandes ou feuilles de papier de ces substances, préalablement dissoutes, et après les avoir mises, encore humides, en contact avec une lame métallique inoxydable qui leur communique une électrisation négative, on fait réagir sur elles, soit une aiguille de fer ou de cuivre, soit une aiguille de platine mise en rapport avec le pôle positif de la pile. Voici alors la réaction qui se produit au moment du contact de cette aiguille avec le papier.

Dans le premier système, c'est-à-dire avec le cyanoferrure de potassium, le courant, en traversant la feuille de papier précisément au-dessous de la pointe de fer ou de cuivre qui appuie sur elle, provoque en cet endroit une décomposition du cyanure dans laquelle le cyanogène, se combinant avec le métal de l'aiguille, forme un cyanure double de fer (bleu de Prusse) ou de cuivre, dont la présence se révèle par une trace *bleue* ou *brune*. Comme le cyanure de potassium se décompose avec la plus grande facilité, il arrive que si l'aiguille se déplace, la trace à laquelle elle donne lieu se déplace avec elle et se continue tant que le circuit reste fermé ; mais quand une interruption du courant survient, elle cesse immédiatement, et telle est la promptitude de l'action électrique dans cette réaction électro-chimique, que 1500 signaux ont pu être échangés par ce moyen dans une minute de temps. C'est à M. Bain, mécanicien anglais, qu'on doit cette belle application électro-chimique.

Pour que la transmission électrique à travers une bande ainsi préparée se fasse d'une manière certaine, et que les traces soient nettes et bien colorées, il faut certaines conditions particulières sans lesquelles il est impossible d'obtenir de bons résultats. Il faut d'abord que les feuilles de papier restent trempées très-longtemps dans la solution cyanurée (12 heures au moins) et qu'avant leur emploi elles soient parfaitement essuyées; il faut même qu'elles soient assez desséchées superficiellement pour qu'en les pressant contre du papier buvard, elles ne puissent pas lui communiquer d'humidité. Le peu de réussite des essais d'impression électro-chimique qui ont été faits, a tenu souvent à ce défaut de soin, et cela se comprend aisément, puisque le papier humide superficiellement permet à la matière colorée qui se forme de se délayer et de s'étendre au préjudice, bien entendu, de la netteté des traces fournies. Pour conserver à ces feuilles le degré d'humidité qui leur convient, il faut en supeρposer un certain nombre et ajouter à la solution cyanurée de l'azotate d'ammoniaque, substance énormément hygrométrique, et qui joue en même temps un rôle très-utile dans l'action chimique. Le choix du papier lui-même n'est pas indifférent. Celui qui produit les meilleurs résultats est le papier de chiffon travaillé à la forme et bien collé. Un pareil papier peut rester presque indéfiniment dans l'eau sans devenir plucheux, ce qui est un grand avantage. Enfin, il faut que les pointes métalliques soient assez fines.

Voici du reste les proportions trouvées les plus efficaces par M. Caselli, pour la composition de la solution cyanurée :

Eau distillée	100
Azotate d'ammoniaque	100
Cyano-ferrure de potassium	3
Total	203 parties.

Dans le second système électro-chimique avec l'azotate de manganèse, ce corps, décomposé sous l'influence du courant, laisse libre l'oxyde de manganèse qui est de couleur brune et qui se montre sous l'aiguille de platine, si celle-ci est positive. Il se dégage en même temps sous cette pointe des vapeurs nitreuses.

Une chose assez curieuse dans ces sortes de réactions, c'est que si on superpose, comme nous l'avons indiqué plus haut, plusieurs feuilles de papier préparé, une seule de ces feuilles, c'est-à-dire celle qui est en contact direct avec la pointe métallique, reçoit les marques électro-chimiques ; ce qui prouve que ce n'est qu'au contact des électrodes que le corps décomposé est mis en liberté.

Comme dans le mode de transmission électrique par voie humide l'énergie du courant dépend beaucoup de la largeur des électrodes, on comprend que les bifurcations du courant peuvent s'obtenir facilement ; car alors les pointes de fer en rapport avec le courant constituent, prises collectivement, une électrode de surface plus grande. En revanche les traces sont moins nettes et moins fines.

On a essayé encore d'autres composés chimiques qui ont très-bien réussi. Ainsi M. Cooke a employé pour son télégraphe autographique une solution d'iodure de potassium. Les traces laissées par cette substance sont sans doute un peu fugitives, mais elles s'obtiennent facilement sous une influence électrique assez faible, et quand le papier est bien lavé elles peuvent durer suffisamment longtemps. D'un autre côté, M. d'Arlincourt a employé également avec succès l'acide gallique ; alors les traces sont noires comme de l'encre.

TROISIÈME SECTION

GÉNÉRATEURS MÉCANIQUES DE L'ÉLECTRICITÉ.

CHAPITRE PREMIER

MACHINES D'INDUCTION ÉLECTRO-DYNAMIQUE

I. CONSIDÉRATIONS GÉNÉRALES.

Le dégagement électrique fourni par la pile n'est pas la seule source d'électricité qu'on puisse utiliser dans les applications physiques et mécaniques de l'électricité. Les courants d'induction qui naissent de la réaction des aimants sur des hélices métalliques ou des réactions statiques de l'électricité voltaïque, peuvent, dans certains cas, être employés avec de grands avantages. Les appareils au moyen desquels ces courants sont produits d'une manière continue, devront donc figurer dans cette seconde partie de notre ouvrage, aux mêmes titres que les différentes piles que nous avons précédemment décrites, et ce sera à ce point de vue seulement que nous les étudierons dans ce chapitre. Nous en ferons ressortir plus tard les différentes applications.

Historique de la question.—Lorsqu'un courant voltaïque circule en spirale autour d'un morceau de fer, d'acier ou d'une substance magnétique quelconque, il l'aimante comme nous l'avons vu, et cette aimantation, pour certains corps doués d'une force coercitive non persistante, tels que le fer, disparaît aussitôt que le courant a cessé de circuler dans la spirale métallique qui lui a servi de conducteur. Ce phénomène, constaté pour la première fois par MM. Ampère et Arago, peu de temps après la découverte par Œrsted des réactions exercées par les courants sur l'aiguille aimantée, a été le point de départ de l'électro-magnétisme et de la plupart des applications mécaniques de l'électricité.

En raisonnant d'après le système des réciproques, on aurait pu déduire *à priori* de ce phénomène qu'un aimant persistant, réagissant sur un circuit fermé disposé en spirale, devait déterminer dans ce circuit un courant électrique ; mais ce ne fut que dix ans plus tard, c'est-à-dire vers 1830, que l'illustre physicien anglais Faraday constata le premier ce phénomène et en détermina les différents caractères. Il est résulté, en effet, des expériences nombreuses que ce savant entreprit à ce sujet, que si on enfonce un barreau aimanté à l'intérieur d'une bobine recouverte de fil métallique suffisamment isolé, on provoque dans ce fil un courant très-énergique ; mais, chose assez particulière et que la théorie n'aurait pu faire prévoir, ce courant n'est qu'éphémère, et disparaît aussitôt après avoir pris naissance pour faire place à un autre courant également éphémère qui se manifeste au moment même où l'on retire l'aimant de la bobine. Ce dernier courant est dirigé en sens inverse du premier, et si l'on compare la direction de ces deux courants à celle du courant magnétique qui leur a donné naissance, on reconnaît qu'elle est précisément la même pour le second et inverse pour le premier. De là le nom de courant *direct* donné au courant qui se manifeste secondairement et le nom de courant *inverse* donné au courant qui se manifeste primitivement. Ainsi, par le fait seul qu'on approche ou qu'on éloigne un aimant persistant d'un circuit disposé en spirale, on donne naissance à deux courants contraires qui se manifestent distinctement l'un de l'autre.

Ce principe une fois reconnu, il ne s'agissait plus, pour obtenir une manifestation électrique continue, que de combiner mécaniquement les divers éléments producteurs de ces courants éphémères ou d'*induction*, de manière à les redresser et à les faire se succéder les uns aux autres sans interruption C'est ce que firent plusieurs mécaniciens, entr'autres MM. Clarke, Pixii, Page, Nollet, Dujardin, etc.; et pour cela ils n'eurent qu'à faire tourner devant les pôles d'un aimant persistant en fer à cheval un électro-aimant à deux branches, enroulé d'une assez grande quantité de fil pour permettre à l'action inductive de se développer dans toute son énergie. Avec cette disposition, en effet, l'électro-aimant, en s'approchant des pôles de l'aimant fixe s'aimantait, et en devenant aimant il créait dans le fil qui l'entourait un courant inverse. Au contraire, quand l'électro-aimant s'éloignait, l'aimantation cessait et un courant direct naissait dans le fil. Comme les extrémités du circuit induit, c'est-à-dire du fil de l'électro-aimant, étaient en rapport avec un commutateur à renversement de pôles placé sur l'axe de rotation du système, les deux courants traversaient le circuit toujours dans un même sens. Telles sont les machines magnéto-électriques, dont la disposition du reste, a été variée d'une foule de manières et qui ont donné naissance aux puissantes machines qui, dans ces *derniers temps*, ont étonné les physiciens eux-mêmes.

Après avoir reconnu l'effet *inducteur* des aimants sur les circuits fermés enroulés en hélice, Faraday examina les réactions d'induction des courants voltaïques placés dans les mêmes conditions que les aimants, c'est-à-dire circulant dans un circuit enroulé lui-même en spirale. Il retrouva des effets complétement analogues. Ainsi, au moment où le courant inducteur (le courant circulant dans l'hélice enveloppée) était fermé, un courant induit naissait dans le fil enveloppant et se trouvait dirigé, par rapport au courant inducteur, dans un sens inverse. Au contraire, quand le courant inducteur était interrompu, un deuxième courant dans le même sens que lui se manifestait dans le circuit induit.

Voulant obtenir de cette source d'électricité d'induction des effets électriques continus, plusieurs physiciens, dès l'année 1836, M. Page en Amérique, M. Masson en France, M. Callan en Angleterre, imaginèrent d'appliquer à l'interruption du courant inducteur des dispositifs mécaniques et mêmes automatiques qui permirent d'étudier les effets de ces courants d'une manière suivie. On put acquérir bientôt la certitude que non-seulement des effets physiologiques très-énergiques pouvaient être obtenus de la part de ces courants, mais encore que sous certaines conditions ces courants pouvaient acquérir une tension suffisante pour fournir quelques effets analogues à ceux de l'électricité statique. Ces appareils perfectionnés successivement par MM. Page, Callan, Sturgeon, Gauley, Masson, A. Breguet, Bachhoffner, Clarke, Golding Bird, Nesbitt, Breton, Fizeau, Ruhmkorff, Cecchi, Hearder, Bright, Poggendorff, Foucault, Bently, Ladd, Jean, Ritchie, Gaiffe, etc.; ne tardèrent pas à devenir de puissants générateurs d'électricité de haute tension qui purent remplacer avantageusement les machines électriques, et ces générateurs constituent aujourd'hui la catégorie d'appareils électriques les plus importants et les plus curieux par l'énergie et la diversité de leurs effets.

Nous aurons occasion de revenir plus tard sur l'histoire des différents perfectionnements apportés à ces machines, histoire qui a été traitée d'une manière très-intéressante par M. Page dans une brochure publiée en Amérique en 1867, nous dirons seulement ici, pour nous laver de certains reproches que nous fait le savant américain, que malheureusement en France on ne se préoccupe pas suffisamment de ce qui se fait à l'étranger, que les sources auxquelles on pourrait puiser sont souvent inconnues, et que l'ignorance dans laquelle on est généralement dans notre pays des langues étrangères rend les recherches très-difficiles.

D'après ce rapide aperçu historique, on voit déjà que les machines d'induction peuvent être divisées en deux grandes catégories : 1° celles qui ont pour inducteur un circuit traversé par un courant voltaïque, et dans lesquelles l'action provocatrice peut résulter de l'action du courant lui-même ; 2° celles qui ont pour inducteur un aimant persistant, et qui exigent pour fournir leur effet un mouvement mécanique. Mais en dehors de ces deux catégories d'appareils, il en est une troisième dont les effets ont été récemment étudiés, et qui, tout en appartenant à la deuxième catégorie dont nous venons de parler, présentent cette différence curieuse que les appareils n'ont pas besoin d'aimants permanents pour les stimuler et que l'inducteur constitué par du fer doux devient lui-même aimant et aimant des plus énergiques sous l'influence du courant induit qui est créé. Ce qui est curieux dans ces appareils, c'est que la cause initiale est pour ainsi dire inappréciable ; c'est une légère aimantation communiquée au fer soit par le magnétisme terrestre, soit par une aimantation rémanente, et à mesure que l'appareil fonctionne, la cause initiale et l'effet se développent de plus en plus jusqu'à une limite qui est celle de l'aimantation maximum du fer. Ces curieuses machines, imaginées presque simultanément par MM. Wheatstone et Siemens ont été perfectionnées par M. Ladd et sont aujourd'hui, avec la machine de M. Wylde, fondée un peu sur le même principe, l'expression de la puissance magnéto-électrique la plus énergique par rapport au volume des appareils. Enfin, pour terminer cet historique, nous ajouterons que dans ces derniers temps une nouvelle catégorie de machines magnéto-électriques, fondée sur le magnétisme de rotation et sur une interversion continuelle de polarités successivement développées aux différents points d'un électro-aimant annulaire par un aimant permanent, est venue étendre d'une manière inattendue le champ des investigations sur les machines d'induction, et, d'après les résultats obtenus jusqu'ici, on est en droit d'attendre que cette nouvelle voie ouverte à la science par MM. de Romilly et Gramme sera une source féconde d'applications utiles.

Nous verrons par la suite que les diverses catégories d'appareils d'induction dont nous venons de parler sont susceptibles de se subdiviser elles-mêmes, mais pour qu'on puisse bien comprendre les actions mises en jeu dans ces appareils, il est nécessaire que nous entrions dans quelques détails sur les conditions du développement des courants induits et les lois qui les gouvernent. Ces conditions sont surtout complexes pour les effets qui résultent de l'action des aimants, et pour qu'on puisse aisément s'en rendre compte, j'ai fait construire un petit appareil qui est représenté fig. 48 ci-dessous et qui est excessivement commode pour ce genre d'étude.

Étude des différents modes de génération des courants d'induction magnéto-électriques (1). — Sur une planche-support XY (*fig.* 48) sont fixés à demeure deux systèmes d'électro-aimants droits AB, CD, portant chacun deux bobines séparées par un intervalle d'environ 3 centimètres. Les bobines A et C sont recouvertes de gros fil, les bobines

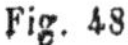
Fig. 48.

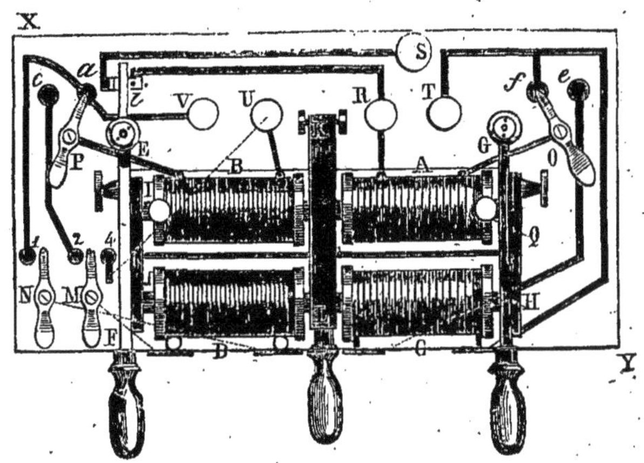

B et D de fil fin (le n° 16). L'électro-aimant CD est fixé sur la planche XY par l'intermédiaire d'une planchette montée à charnières sur le bord de cette planche XY, et peut par conséquent s'abattre complétement en dehors de celle-ci ; de cette manière, il peut être retiré complétement de l'appareil. Les fils des bobines A et C aboutissent à un commutateur O qui, étant tourné sur la goutte métallique *f* ou la goutte *e*, fait circuler le courant (dont les points d'attache sont en R et en T) à travers la bobine A seulement ou à travers les deux à la fois. Les fils des bobines B et D sont disposés d'une autre manière : les extrémités de la bobine B aboutissent, l'une (l'extrémité intérieure) au bouton d'attache U du galvanomètre, l'autre au commutateur P qui peut relier directement cette extrémité avec le second bouton d'attache V ou avec la seconde bobine D, par l'intermédiaire d'un commutateur MN. A cet effet, les extrémités du fil de cette dernière bobine aboutissent, par l'intermédiaire des charnières de la planchette sur laquelle elle est montée, à deux manettes à frottement M et N qui, étant placées convenablement sur les gouttes 1, 2, 4, peuvent relier les bobines

(1) Voir mon mémoire sur les courants induits.

B et D de deux manières, soit en disposant les extrémités de leur fil par rapport au circuit extérieur, comme si ces fils constituaient un seul conducteur de section double; soit en les réunissant l'un au bout de l'autre, de manière à constituer un même circuit induit de longueur double. Dans le premier cas, les bouts homologues des fils sont réunis l'un à l'autre et la disposition est dite en *quantité*. Dans le second cas, le bout de sortie du fil de l'une des bobines est relié au bout d'entrée du fil de l'autre et la disposition est dite *en tension*. On verra plus tard que les lois qui régissent ces deux modes d'accouplement sont les mêmes que pour les piles. Enfin un quatrième commutateur P permet d'isoler complétement la bobine B.

En face des pôles Q, H, I, J des deux électro-aimants se trouvent des armatures de fer doux GH, EF, articulées soit directement, soit par l'intermédiaire d'un levier de cuivre, à des axes pivots G,E, et dont on peut faire varier la masse par l'addition de nouvelles pièces de fer qu'on boulonne dessus. Une troisième armature KL, également articulée, mais dans un sens différent des autres, peut s'appliquer sur le fer des deux électro-aimants dans l'intervalle qui sépare les bobines. Enfin un conjoncteur *i*, composé de deux ressorts verticaux mis en rapport avec le circuit des bobines A et C, est disposé de manière à fermer le courant à travers ces bobines quand l'armature EF est poussée contre les pôles I et J des électro-aimants.

Voici maintenant comment on se sert de cet instrument :

Première expérience. — On isole l'électro-aimant AB de CD en renversant celui-ci, on place le commutateur O sur la goutte *f* et le commutateur P sur la goutte *a* ; puis, après avoir relié le galvanomètre aux bornes U, V, et éloigné toutes les armatures, on ferme le courant voltaïque sur la borne T. Sous l'influence de ce courant, le barreau QI s'aimante et un courant d'induction *de simple aimantation* se manifeste dans un sens inverse à celui du courant magnétique. Il est un peu intense (26 degrés du galvanomètre) (1) aussi bien que celui qui résulte *de la simple désaimantation* , par suite de l'ouverture du courant en T. Il faut alors que les manettes M et N soient dans la position qu'elles ont sur la figure.

Deuxième expérience. — La disposition précédente reste la même ; seulement on approche l'armature GH du pôle Q. Alors au moment de la fermeture du courant voltaïque en T, le courant induit, qui a pris nais-

(1) Pour un élément de Bunsen peu chargé.

sance dans les circonstances précédentes et qui a conservé la même direction, se trouve renforcé (47 degrés du galvanomètre), et cela parce que le barreau QI a eu sa force augmentée par suite de l'action de l'armature GH.

Troisième expérience. — On laisse le courant fermé avec l'appareil disposé comme dans la première expérience, puis on approche brusquement l'armature GH du pôle Q ; un courant de surexcitation prend alors naissance, et on peut en avoir la preuve par le sens de la déviation du galvanomètre, qui est alors la même que dans le cas de l'aimantation du barreau QI. Cette déviation toutefois est assez faible (15 degrés du galvanomètre). En éloignant l'armature, on obtient, bien entendu, un courant en sens inverse du premier.

Quatrième expérience. — L'appareil restant disposé comme dans la troisième expérience, et le courant restant fermé à travers la bobine A, on abaisse l'armature EF ; aussitôt un courant induit de double surexcitation magnétique prend naissance, et ce courant est d'environ 19 degrés du galvanomètre. Si on abaisse à la fois les deux armatures, ce courant atteint 37 degrés.

Cinquième expérience. — Les choses restant comme précédemment, on remplace l'armature EF par une deuxième armature moitié moins longue. Alors le courant induit se trouve diminué de 37 à 17 degrés. Il en aurait été de même si on eût diminué la masse de l'armature GH, puisque, ainsi qu'on l'a vu page 31, la force des électro-aimants augmente avec la masse et surtout avec la surface des substances magnétiques mises en jeu. On peut, du reste, mettre ce fait hors de doute en plaçant la pièce additionnelle de fer de l'armature GH tantôt parallèlement contre cette armature, tantôt perpendiculairement et en croix avec elle ; il faut seulement faire un certain nombre d'expériences. Or en prenant la moyenne des déviations correspondantes à ces deux dispositions de l'armature, on trouve que quand la pièce additionnelle est en croix, c'est-à-dire quand l'armature présente extérieurement une plus grande surface magnétique, le courant produit est plus fort que quand, en conservant la même masse, cette armature est moins développée en surface. La moyenne d'un très-grand nombre d'expériences faites avec un soin particulier m'a donné 51°,8 pour l'armature avec la moindre surface, et 59°,1 pour l'armature avec la plus grande surface.

Sixième expérience. — On laisse les deux armatures GH et EF appuyées contre les pôles Q et I, et on abaisse l'armature KL. Immédiatement un courant de désaimantation de 11 degrés du galvanomètre se manifeste, et ce courant est, bien entendu, inverse à celui qui était résulté du rapprochement des armatures GH et EF. On peut se convaincre, d'ailleurs, de la désaimantation en plaçant l'armature EF à distance suffisante du pôle I, pour ne pas être attirée, l'armature KL étant abaissée. Au moment où on relève cette dernière armature, la première est attirée. Cette désaimantation vient de ce que le magnétisme du barreau se répartit sur trois armatures au lieu de deux.

Septième expérience. — On laisse les armatures GH et EF appuyées sur les pôles Q et I, puis on ferme et on ouvre alternativement le courant voltaïque en T; on obtient alors des courants d'aimantation renforcée qui sont beaucoup plus intenses que ceux jusque-là étudiés (68 degrés du galvanomètre), parce que le magnétisme de l'électro-aimant induisant est doublement surexcité.

Huitième expérience. — On relève l'électro-aimant CD, et on place les commutateurs O et P sur les gouttes *c* et *c*, puis on place la manette M sur la goutte 2, et la manette N sur la goutte 1 ; les deux bobines se trouvent alors réunies en tension, et on obtient des courants de simple aimantation en rapport avec ce système de groupement. La déviation du galvanomètre est environ 40 degrés. On replace ensuite le commutateur P sur la goutte *a*, et la manette M sur la goutte 4, et alors les deux bobines sont réunies en quantité. Les courants que l'on observe fournissent une déviation de 45 degrés.

Neuvième expérience. — On répète la même expérience avec les armatures GH ou EF successivement abaissées sur les pôles Q, H, I, J; on se trouve alors exactement dans les conditions de la machine de Clarke, et l'aiguille du galvanomètre fait dans ce cas deux tours et demi du cadran avec les bobines disposées en quantité, un tour un quart avec les bobines disposées en tension. Cette même expérience peut être répétée avec les deux armatures abaissées successivement.

Dixième expérience. — On laisse le courant fermé à travers les bobines A et C, et on maintient appuyée l'armature GH, tandis qu'on approche et qu'on éloigne l'armature EF des pôles I et J. On se trouve alors exactement dans les conditions de la machine de M. Page ou de M. Dujardin, et les courants peuvent être en quantité ou en tension, suivant la disposition des commutateurs ; l'aiguille du galvanomètre fait encore dans ce cas environ deux tours du cadran avec les bobines en quantité, un tour avec les bobines en tension.

Onzième expérience. — En laissant les deux armatures GH et EF abattues sur les pôles QH, et IJ, et en abaissant l'armature KL, on obtient des courants de désaimantation assez énergiques (35 degrés du galvanomètre).

Douzième expérience. — On place le commutateur O sur la goutte *c*, on maintient le second commutateur sur la goutte *c*, et on place les manettes M et N sur les gouttes 2 et 1, puis on retire l'armature EF pour la remplacer par une armature moitié moins longue ; enfin on éloigne l'armature GH des pôles Q et H, et on fait aboutir, par la borne S, l'un des pôles de la pile (celui en rapport avec la borne R) au conjoncteur *i*, mis en action par le levier EF, au moment où l'armature portée par ce levier s'approche du pôle I. Par cette disposition, on réunit les deux sortes d'inductions, comme cela a lieu dans la machine de M. Gaiffe ; seulement, au lieu de réagir sur de doubles bobines, on agit sur des bobines simples, sans surexcitation secondaire. La déviation est alors de 47 degrés ; elle serait de 11 degrés sans cette combinaison dans un cas, et de 26 degrés dans l'autre. Dans cette réaction, la bobine D joue le rôle de la bobine induite, à la manière de la machine de Clarke, et la bobine B joue le rôle de la bobine placée à demeure sur l'aimant fixe dans la machine de Dujardin ; il suffit donc d'approcher et d'éloigner le levier EF pour obtenir réunies les deux sortes d'inductions. Pour pouvoir apprécier si cette réunion présente plus d'avantages qu'un seul genre d'induction exercé sur un fil de même longueur, il faudrait que la bobine B fût changée et remplacée par une autre ayant une hélice de longueur double.

On peut encore réunir les deux inductions en remplaçant dans l'expérience précédente la petite armature par la grande EF, et en maintenant abaissée l'armature GH ; les déviations du galvanomètre atteignent alors leur maximun, et l'aiguille peut faire jusqu'à *sept tours du cadran*.

Cette dernière expérience permet de constater un fait qui démontre clairement l'existence de la condensation magnétique dont nous avons parlé page 40. Ainsi, si après avoir fait une première fois l'expérience précédente, on cherche à la répéter sans toucher au système électro-magnétique, on trouve *que le courant induit obtenu la première fois est beaucoup plus intense que celui obtenu ultérieurement, et ne peut retrouver sa première énergie qu'après le détachement complet des armatures* GH *et* EF. On constate en même temps qu'au moment où on détache ces armatures, fût-ce même au bout de plusieurs mois, *un cou-*

rant énergique de désaimantation est produit. Ces effets ne peuvent s'expliquer qu'autant qu'on admet une dissimulation des fluides magnétiques aux points de contact des armatures avec les noyaux magnétisés, sorte de condensation qui confisque à son profit une partie du magnétisme libre susceptible de fournir l'induction et qui, étant détruite par l'effet du détachement de l'armature, permet aux fluides condensés de devenir libres à leur tour, en accusant cette mise en liberté par un courant de désaimantation.

Treizième expérience. — On remplace le galvanomètre par un appareil propre à indiquer les tensions électriques ou simplement par des rhéophores métalliques à manettes métalliques que l'on serre entre les deux mains après les avoir un peu mouillées ; les effets physiologiques permettent alors d'apprécier les différences de tension des courants suivant la disposition différente de l'appareil. Or, si l'on compare successivement les commotions produites, d'abord lorsque l'armature GH est abaissée sur le système électro-magnétique double, de manière à constituer avec les barreaux AB, CD et l'armature EF, un électro-aimant fermé, et en second lieu avec le même système sans l'intervention de l'armature GH, c'est-à-dire avec l'électro-aimant ouvert, on reconnaît qu'elles sont à peu près nulles dans le premier cas, alors qu'elles sont énergiques dans le second. On en conclut par conséquent que les courants induits ont plus de tension avec l'électro-aimant ouvert qu'avec l'électro-aimant fermé et cet effet s'explique aisément, si l'on réfléchit qu'en raison de la condensation magnétique, la désaimantation du système magnétique s'effectue moins brusquement et moins complétement dans le premier cas que dans le second. Or nous avons vu, tome I, page **111**, que la tension des courants induits dépend principalement de la rapidité des actions inductrices.

Ce qui est curieux dans cette expérience, c'est que si on compare les effets précédents produits dans les deux cas à ceux qui, dans des conditions semblables, sont indiqués par le galvanomètre, on trouve qu'ils sont diamétralement opposés. Ainsi, l'électro-aimant fermé qui fournit les courants de moindre tension détermine les courants les plus intenses. Cela tient à ce que la désaimantation brusque n'est pas aussi nécessaire au développement de l'intensité des courants induits qu'à celui de leur tension, et comme l'action de l'armature a pour effet de surexciter la force magnétique du système, le courant induit profite de ce renforcement.

Cette expérience a été répétée sous une autre forme par M. Ruhmkorff, qui a constaté que les courants induits, provenant d'un anneau de fer entouré d'une hélice inductrice et d'une hélice induite, fournissent à peine des étincelles lorsqu'il est continu, tandis qu'ils en développent de très-longues quand cet anneau de fer étant coupé, les deux extrémités disjointes se trouvent seulement distantes de quelques millimètres l'une de l'autre (1).

Quatorzième expérience. — On retire des bobines A et B le barreau de fer doux qui s'y trouve fixé par des vis de pression et on le remplace par un barreau aimanté ; on retrouve alors tous les effets que nous avons étudiés, mais cette fois sous l'influence du magnétisme seulement. Ainsi, en entrant l'aimant dans la bobine B, le galvanomètre dévie d'environ 20 degrés ; en maintenant le barreau aimanté à l'intérieur des bobines A et B et laissant l'armature GH appuyée sur le pôle Q du barreau, on obtient une déviation de 5 à 6 degrés lorsqu'on approche l'armature EF du pôle I. Tous ces effets sont sans doute peu intenses, en raison de la faiblesse magnétique du barreau aimanté, mais avec le double système et deux barreaux aimantés, ils sont plus énergiques et presque comparables à ceux que nous avons consignés.

La comparaison des chiffres représentant les différentes déviations galvanométriques dans les expériences citées précédemment, étant très-importante pour déduire des conclusions, nous avons cru devoir les disposer en tableau, en les complétant toutefois par plusieurs indications nouvelles.

Dans ce tableau, la première colonne fournit les indications en rapport avec les effets de l'appareil simple ; la seconde indique les chiffres fournis par l'appareil double, les deux bobines étant disposées en tension ; la troisième donne les indications du même appareil, les bobines étant disposées en quantité. Nous n'avons indiqué qu'un seul chiffre pour représenter les deux courants, c'est celui qui correspond aux courants inverses. Les valeurs que nous donnons sont du reste les moyennes d'un grand nombre d'expériences faites en différents moments, et en procédant dans un ordre différent, afin que les effets dus à l'affaiblissement de la pile ne se retrouvent pas toujours dans le même sens.

Du reste, ces indications sont exprimées en degrés d'un galvanomètre à pivot peu sensible, construit par M. Ruhmkorff pour les usages médicaux. La lettre *t*, qui suit certains chiffres, indique un tour du galvano-

(1) Voir la note de M. Ruhmkorff dans les comptes rendus de l'Académie des sciences, tome 73, p. 922 et ma note sur cette question, tome 73, p. 1002.

mètre ou 360°. Enfin les désignations A, B, C, affectées aux armatures, se rapportent la première A à l'armature GH (fig. 48), la seconde B à l'armature KL, enfin la troisième C à l'armature EF.

COURANTS INDUITS.	Pour une bobine seule.	Pour deux bobines en tension.	Pour deux bobines en quantité.
1° De simple aimantation.	26.25	40. —	44.50
2° De surexcitation par l'armature A	47.50	112.50	133.33
3° De surexcitation par l'armature C	37.50	126.70	156.70
4° De surexcitation par les deux armatures .	68.75	1'-106	2'-314
5° De simple surexcitation par l'armature A, le courant restant fermé à travers l'électro-aimant inducteur	15.75	60. —	70. —
6° De simple surexcitation *id.* par l'armature C.	12. —	76. —	87.50
7° De double surexcitation par l'armature A, l'armature C étant déjà en contact avec l'électro-aimant, et celui-ci étant toujours actif	19.50	295	1'-140
8° De surexcitation par l'armature C, l'armature A étant déjà en contact avec l'électro-aimant	19. —	1'-225	2'-185
9° De surexcitation par les deux armatures abaissées à la fois.	37.50	4'-130	6'-120
10° De surexcitation et d'aimantation réunies à un moment donné.	73.72	6'-92	7'-197
11° D'atténuation avec l'armature B, les armatures A et C étant abaissées	11.6	35. —	35.6
12° D'atténuation *id.*, l'armature A étant seule abaissée	11. —	31. —	41.10
13° D'atténuation *id.*, l'armature C étant seule abaissée.	7.6	nul	nul
14° D'atténuation *id.*, les armatures étant relevées.	7. —	12.1	18.2

Ce tableau nous montre quelques effets assez curieux : ainsi on voit que la surexcitation par l'armature C, qui est un peu moins énergique avec le système simple que la surexcitation par l'armature A, devient au contraire plus considérable que celle-ci avec le système double.

On voit encore que les deux surexcitations, en s'ajoutant, fournissent un courant plus énergique que celui qui devrait correspondre à leurs effets additionnés. En effet, si 26°,25 est l'intensité correspondante à la simple aimantation pour une seule bobine, la force de surexcitation est 47,50 — 26,25 ou 21,25 pour l'armature A, et 37,50 — 26,25 ou 11,25 pour l'armature C ; ce qui fait 32,50 pour les deux forces réunies et, en ajoutant à ces 32,50, les 26,25 de la force due à l'aimantation, on aurait pour représenter la force totale, 58,75. Or la force réelle donnée par l'expérience est 68,75. Il faut donc attribuer ce surplus de force à une réaction secondaire résultant de surexcitations réciproques des deux armatures l'une par rapport à l'autre. En effet, le noyau magnétisé étant déjà surexcité par l'une des armatures, réagit plus énergiquement sur la deuxième armature que s'il était seul, et celle-ci réagissant exactement de la même manière par rapport à la première, provoque entre elle et le noyau une action plus énergique. On remarquera en même temps que les chiffres 21,25 et 11,25, que nous avons attribués aux deux surexcitations par les armatures, ne sont pas ceux qui résultent d'une simple surexcitation, car nous trouvons dans le tableau que ces chiffres sont 15 et 12. Cette différence provient évidemment d'une réaction analogue à celle par laquelle la force d'un électro-aimant est moins grande quand le courant le traverse d'une manière continue que quand il le traverse instantanément. (Voir mon *Étude du magnétisme*, page 113). C'est un effet de force vive.

Les courants d'atténuation dus à l'action de l'armature B présentent des effets assez curieux ; ainsi ils varient peu en intensité, que les deux armatures soient abaissées ou que l'armature A le soit seulement ; mais la différence devient très-grande quand c'est l'armature C qui, par son abaissement, provoque la surexcitation magnétique. Alors les courants d'atténuation deviennent nuls avec le système à deux bobines, et ils sont réduits à 7°,6 avec le système à une bobine ; cela vient sans doute de ce que la surexcitation, dans ce cas, se manifeste sur la partie des des pôles enveloppée par les bobines d'induction, et non sur la partie qui se trouve entre ces bobines et les bobines inductrices.

On devra remarquer encore que les courants dus à la surexcitation par l'armature C (le noyau de fer étant magnétisé d'une manière continue) sont, comparativement à ceux qui résultent de la simple aimantation, infiniment plus énergiques avec le double système qu'avec le système simple. En effet, dans ce dernier cas, et avec la surexcitation de l'armature C, ces courants n'atteignent que 19°, alors que les courants d'aimantation sont de 26°,25, tandis qu'avec le double système, ces derniers courants, n'ayant que 44°, donnent des courants de surexcitation représentés par 2 tours 1/2 du galvanomètre. Dans les deux cas, toutefois, ces courants sont plus énergiques que ceux qui résultent de la surexcitation par l'armature A. Tous ces effets sont la conséquence des conditions différentes dans lesquelles s'opèrent les surexcitations qui peuvent être doubles ou simples.

En faisant varier la grosseur des barreaux magnétisés dans les expériences précédentes, on reconnaît que les effets produits dépendent beaucoup des rapports de dimension entre le barreau induit et le barreau induisant. En effet, plus le noyau induit est petit relativement au noyau induisant, plus la différence entre les courants de simple aimantation et de simple surexcitation est considérable, et elle est toujours à l'avantage des courants de surexcitation quand le noyau induit est le plus petit. Cet effet peut être utilisé dans les machines magnéto-électriques construites sur ce principe.

Conclusions. Il résulte des différents phénomènes que nous venons d'exposer :

1° Qu'en outre des courants résultant de l'aimantation et de la désaimantation des noyaux magnétiques dans les machines d'induction, peuvent exister d'autres courants qu'on peut appeler de *surexcitation* et *d'atténuation*, qui résultent d'un accroissement ou d'un affaiblissement d'énergie communiqué à ces barreaux, ceux-ci étant aimantés ;

2° Que l'addition d'une masse de fer sur l'un ou l'autre des pôles du noyau magnétique d'une bobine d'induction peut fournir des courants de surexcitation ou d'atténuation suivant que, d'après la manière dont l'aimantation est communiquée à ce noyau, cette masse renforce ou affaiblit (en la divisant) la force magnétique de ce pôle ; d'où il résulte que pour une bobine d'induction dont le noyau magnétique est aimanté directement par le courant, l'addition de deux masses de fer aux extrémités polaires est avantageuse, du moins par rapport à la quantité d'électricité développée ;

3° Que, de même que par l'excitation, les aimants peuvent avoir leur force primitive triplée et même quadruplée, de même les courants de surexcitation peuvent être plus énergiques que les courants de simple aimantation ;

4° Que les dispositions qui, en renforçant l'action polaire des noyaux magnétiques des bobines augmentent considérablement l'intensité des courants résultants, peuvent dans certains cas, notamment dans celui des électro-aimants fermés et des bobines annulaires, diminuer considérablement la tension de ces courants, par suite des alternatives des désaimantations qui s'effectuent alors moins rapidement ;

5° Qu'il résulte de cet effet, que quand on veut appliquer les machines magnéto-électriques du système de Clarke à la médecine, c'est-à-dire à produire des effets physiologiques, il vaut mieux que la traverse qui unit les deux noyaux magnétiques soit en cuivre plutôt qu'en fer ;

6° Que dans les systèmes magnéto-électriques où les pièces qui excitent la force polaire des noyaux magnétiques restent appliquées sur ces noyaux, le courant induit, excité primitivement, est beaucoup plus énergique que ceux qui le suivent par suite de la condensation magnétique qui s'effectue au contact de ces pièces avec le noyau, et qui retient sans résultat une partie du magnétisme développé.

Courants induits d'interversion polaire. — Jusqu'à présent, nous ne nous sommes occupé que des effets d'induction produits par l'aimantation ou la désaimantation des noyaux magnétiques dans le sens de leur axe : nous allons maintenant examiner des réactions d'un ordre tout à fait différent, qui résultent de l'action des aimants sur les noyaux magnétiques quand ils se déplacent parallèlement à l'axe de ces derniers et glissent sur les bobines d'induction. Ce genre de phénomène, qui a donné naissance à la machine magnéto-électrique de Gramme, dont nous parlerons plus tard, a été de ma part l'objet de quelques recherches que je vais résumer le plus succinctement possible (voir les comptes rendus de l'Académie des sciences, tome 74, p. 1333).

Pour qu'on puisse se faire une idée bien nette des effets mis en jeu dans ces sortes de réactions, nous devrons nous rappeler ce principe que j'ai démontré il y a une quinzaine d'années (voir mes Etudes du magnétisme, p. 53), et que nous avons déjà exposé page 28, que dans une armature soumise à l'action d'un pôle magnétique, le magnétisme attiré n'occupe qu'un espace hémisphérique très-limité au-dessus du pôle inducteur, que le magnétisme repoussé polarise tout le reste de la masse magnétique, et que le magnétisme attiré, quoiqu'occupant un espace d'autant moins grand que l'intervalle entre l'armature et l'aimant

Fig. 49.

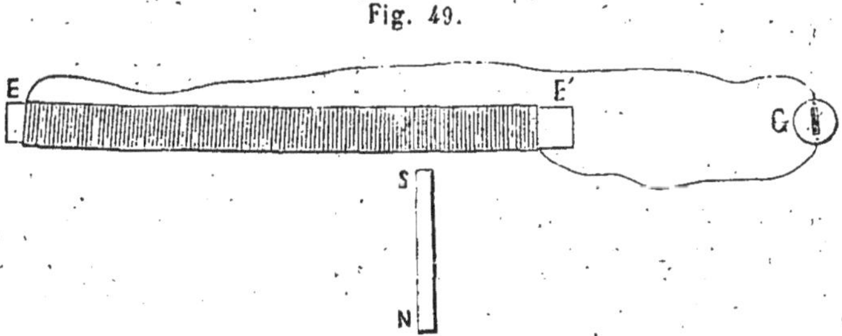

est plus petit, n'en agit pas pour cela moins énergiquement, du moins dans les réactions dynamiques auxquelles son action donne lieu. Cela posé, nous allons examiner ce qui ce passe quand, sur une bobine d'induction disposée sur un noyau de fer un peu long, on fait réagir normalement à son axe le pôle d'un fort aimant, et quand on fait voyager celui-ci d'une extrémité à l'autre de la bobine comme on le voit fig. 49.

On remarquera d'abord que cette action peut donner naissance à trois sortes de courants, 1° à des courants d'aimantation qui se développent au moment où le pôle inducteur de l'aimant approche de l'une ou de l'autre des extrémités opposées de la bobine et qui sont de sens différents à ces deux extrémités ; 2° à des courants induits d'une nature particulière qui résultent de *l'interversion des polarités* magnétiques déterminées dans le noyau magnétique de la bobine et dont le sens varie suivant le sens du mouvement de l'aimant inducteur ; 3° à des courants de désaimantation qui se produisent au moment où le mouvement de l'aimant étant accompli, on enlève celui-ci ; ces courants, comme les courants d'aimantation, ont un sens différent aux deux extrémités de la bobine.

Si pour nous rendre compte de ces divers effets, nous commençons par étudier les courants induits qui résultent du rapprochement ou de l'éloignement de l'aimant inducteur fait normalement à l'axe de la bobine, on reconnaît d'abord que le sens différent que prennent les courants

Fig. 50.

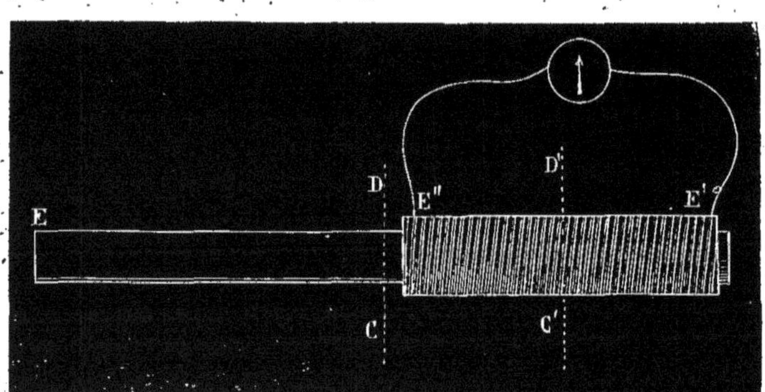

d'aimantation et de désaimantation aux deux extrémités opposées E, E' de la bobine, est la conséquence de la polarité inverse que prend, sous l'influence de l'aimant inducteur, le noyau magnétique E E' ; puis on constate que l'énergie de ces courants *varie suivant le point de la bobine où l'aimant est appliqué* ; ils sont à leur maximum aux extrémités E, E' de la bobine et vont en diminuant jusqu'au point milieu de cette dernière, *où ils deviennent nuls*, si le noyau magnétique dépasse d'une même quantité les deux extrémités de la bobine. Quand ces extrémités sont dépassées inégalement par le noyau magnétique, comme dans la figure 50 ci-dessus, il n'en est plus ainsi : les courants d'aimantation et de désaimantation gagnent en énergie au bout E', mais ils perdent au bout E'', et c'est entre C' D' point milieu de la bobine et E'' que se trouve le point *où ils deviennent nuls* ; or la distance de ce point à l'extrémité E'' dépend des longueurs relatives de la bobine et du noyau magnétique et de la position respective des lignes médianes CD, C'D'.

L'explication de ces différents effets est facile : Quand les extrémités du noyau magnétique sont symétriquement placées par rapport à celles de la bobine, la polarité de nom contraire à celle de l'aimant inducteur constitue au milieu du noyau magnétique une sorte de point conséquent qui rend l'action de ce noyau semblable à celle que pourrait exercer un système magnétique composé de deux aimants réunis bout à bout par leurs pôles de même nom. Dans ce cas, l'effet produit au moment de la naissance et de la disparition de ce système magnétique serait évidemment nul, car les courants induits qui pourraient résulter de l'action de l'un des aimants, ou de l'une moitiés du noyau magnétique dans le cas qui nous occupe, auraient leurs effets neutralisés par ceux que pourrait provoquer l'autre aimant ou l'autre moitié du noyau, lesquels effets seraient de sens contraire. On comprend seulement que pour que cette neutralisation fût complète, il faudrait que les deux aimants fussent exactement de même longueur et de même force ; or cette condition n'est réalisée dans le cas dont nous parlons, que quand la bobine est placée exactement au milieu du noyau magnétique, et que le pôle induisant est appliqué sur la partie moyenne de la bobine. En tout autre point, les parties du noyau des deux côtés du point conséquent n'étant plus égales, l'un des courants induits doit l'emporter sur l'autre et doit manifester sa présence ; c'est précisément ce que l'expérience démontre. Maintenant, quand le noyau magnétique dépasse d'un côté seulement la bobine, la distribution des polarités magnétiques déterminées sur le noyau par le pôle induisant donnant lieu, d'un côté de la bobine, à un seul aimant, de l'autre côté à deux aimants, dont l'un n'est pas utilisé et qui devrait d'ailleurs, d'après ce qu'il a été dit plus haut, agir en sens contraire de l'autre, les courants induits doivent être d'une force bien différente, et naturellement le point où les courants deviennent nuls, doit être plus ou moins porté vers le côté de la bobine qui donne naissance aux courants les plus faibles, et cela d'autant plus que ceux-ci sont plus faibles.

Quand la bobine d'induction est recourbée ainsi que le noyau qui la traverse de manière à constituer un *anneau*, les courants d'aimantation et de désaimantation ne peuvent jamais prendre naissance, parce que dans quelque position que l'on applique l'aimant sur la bobine, la polarité contraire excitée par celui-ci et qui est toujours relativement restreinte, est intermédiaire entre deux polarités de même nom que l'on peut considérer comme égales et symétriques, et par conséquent dans les conditions des deux parties égales du barreau à point conséquent dont il a été question précédemment.

Les courants résultant du déplacement du pôle magnétique inducteur et que nous pourrons appeler *courants d'interversion polaire*, sont complétement indépendants de ceux que nous venons d'étudier et peuvent se produire dans les cas mêmes où ceux-ci sont dans l'impossibilité de se développer, c'est-à-dire dans le cas des bobines annulaires. Ils sont la conséquence de ce que la polarité uniforme et persistante de la périphérie du noyau magnétisé de la bobine, qui est de même signe que le pôle inducteur, se trouve *partiellement et successivement renversée* par la polarité restreinte et contraire directement opposée à l'aimant et qui le suit dans ses mouvements, effet qu'on peut analyser facilement en faisant glisser successivement sur l'un des pôles d'un électro-aimant droit (perpendiculairement à son axe), les deux pôles d'un aimant persistant également droit. Si on fait cette expérience, on reconnait non-seulement qu'il se produit par ce seul fait un courant d'induction plus énergique que les courants d'aimantation et de désaimantation résultant de l'action seule d'un pôle de l'aimant persistant, mais encore que ce courant n'est pas instantané et semble croître d'énergie jusqu'à ce que l'interversion des pôles soit complète. Le sens de ce courant varie suivant le sens du mouvement du barreau aimanté, et si on le compare à celui qui résulte de l'aimantation ou de la désaimantation du noyau électro-magnétique sous l'influence de l'un ou de l'autre des pôles du barreau aimanté, on reconnaît qu'il est exactement de même sens que le courant de désaimantation déterminé par le pôle qui *a agi le premier* ; il est par conséquent de même sens que le courant d'aimantation produit par le second pôle, et comme dans le mouvement accompli par l'aimant, le noyau magnétique de l'électro-aimant se démagnétise pour se réaimanter en sens contraire, les deux courants qui résultent de ces deux réactions consécutives se trouvent être de même sens, et fournissent par conséquent un même courant pendant tout le mouvement de l'aimant. D'un autre côté, le mouvement en sens inverse de l'aimant ayant pour effet de provoquer, en commençant, une démagnétisation en sens contraire de celle opérée dans le premier cas, le courant qui résulte de ce mouvement rétrograde, doit être de sens inverse au premier.

Si on revient maintenant aux effets produits par notre aimant mobile agissant perpendiculairement à l'axe de la bobine d'induction, on pourra comprendre, d'après l'explication précédente, que le déplacement de la polarité magnétique du noyau la plus directement surexcitée par l'aimant inducteur ayant pour effet d'intervertir la polarité contraire de ce noyau en avant et en arrière des points successivement influencés, il devra en résulter que les différentes parties du noyau de la bobine constitueront successivement une série d'aimants à pôles intervertis analogues à celui dont nous avons analysé précédemment les effets, et qui pourront provoquer ces courants de même sens dont nous avons constaté la présence, lesquels courants sont plus énergiques que les simples courants induits et changent de direction suivant que l'aimant inducteur marche de droite à gauche ou de gauche à droite. On s'explique d'ailleurs facilement que ces effets doivent être diamétralement opposés quand le pôle de l'aimant inducteur change de signe.

Si la bobine d'induction est disposée de manière à constituer un anneau, on comprend facilement que l'aimant pouvant alors se mouvoir tout autour de l'hélice d'une manière continue et dans une même direction, et les courants d'aimantation et de désaimantation ne pouvant se produire, ainsi qu'on l'a vu précédemment, il devra en résulter que les courants d'interversion polaire se produiront seuls et devront être continus aussi longtemps que l'aimant tournera autour de la bobine annulaire, ou ce revient au même, aussi longtemps que la bobine annulaire tournera devant l'aimant. Tel est le principe sur lequel est fondée la machine de Gramme.

Il est, toutefois, une réaction assez curieuse que nous ne devrons pas omettre, c'est que les courants d'interversion polaire, dans ces conditions, sont moins énergiques qu'avec une bobine d'induction droite, du moins pour une même longueur d'hélice parcourue par l'aimant inducteur, et cela se conçoit aisément si l'on considère que dans le cas d'une bobine droite, le courant d'interversion polaire, au moment où l'aimant arrive vers l'extrémité du noyau magnétique opposée à son point de départ, se trouve renforcé du courant d'aimantation qui prend alors naissance de ce côté de la bobine et qui se trouve être de même sens. Cette action est tellement sensible que si le mouvement de l'aimant devant la bobine est effectué en deux fois, le courant d'intersection polaire résultant du parcours de l'aimant devant la seconde moitié de la bobine aura une intensité plus de moitié plus grande que celui qui aura été produit lors du parcours de l'aimant devant la première moitié de la bobine; il est vrai qu'au début et à la fin de l'expérience, les courants déterminés par le rapprochement ou l'éloignement de l'aimant inducteur sont alors de sens contraire. C'est évidemment là la raison pour laquelle les courants d'interversion polaire des bobines annulaires sont en somme plus faibles que ceux des bobines droites.

Si au lieu d'une seule bobine placée sur un noyau de fer, on en considère deux parfaitement séparées et disposées de manière que le bout de sortie du fil de l'une soit reliée au bout d'entrée du fil de l'autre, les effets que nous avons constatés se retrouvent exactement et se produisent comme si les deux bobines n'en faisaient qu'une; mais si les bouts des fils de ces bobines sont réunis les uns aux autres d'une manière inverse, aucun courant ne peut se développer, et cela se comprend aisément, puisque dans ces conditions les courants fournis individuellement par les deux bobines sont opposés l'un à l'autre. Toutefois, dans cette dernière condition, on peut obtenir des effets énergiques, si on unit les deux fils de jonction des bobines aux extrémités du circuit extérieur, et pour s'en rendre compte, il suffit de considérer que la disposition du système magnétique se trouve alors dans les conditions de deux piles d'égale énergie dont les pôles de même nom sont reliés l'un à l'autre et qui se trouvent ainsi accouplés en quantité. Le circuit extérieur qui semble alors constituer une sorte de dérivation, se trouve donc par le fait réunir les deux pôles du système électro-magnétique, car ces pôles sont alors représentés par les fils de jonction des bobines, absolument comme dans la fig. 28, page 150, tome I. Cette disposition, habilement appliquée par M. Gramme à sa machine, a résolu de la manière la plus heureuse le problème de la mise en action des aimants en fer à cheval sur les bobines annulaires et établit à elle seule une ligne de démarcation très-tranchée entre son invention et celle de M. de Romilly, qui l'avait précédée.

Courants induits dus au magnétisme en mouvement. — Jusqu'à présent nous n'avons considéré dans les courants induits dus au déplacement de la cause induisante, que l'action produite par le noyau magnétique influencé, mais en outre de cette action, il en est une autre qui ne laisse pas que d'avoir une certaine importance dans les expériences précédentes, en raison des conditions dans lesquelles elle se produit, et qui résulte de l'action des pôles magnétiques sur la masse métallique du fil constituant l'hélice induite. On sait que si on fait tourner un disque métallique au-dessous d'un pôle magnétique disposé normalement à sa surface, il se développe dans ce disque des courants induits continus et multiples dont le sens varie suivant la distance des points successivement influencés au centre de rotation du disque et suivant la direction de son mouvement. Ce phénomène, découvert par Arago en 1824, a été le point de départ d'une foule d'expériences intéressantes qui constituent cette partie de la physique à laquelle on a donné le nom de magnétisme de rotation (1).

Quand ces courants se développent dans une simple plaque, ils sont peu énergiques, parce que pour les recueillir on est obligé d'avoir recours à une dérivation qui est toujours plus résistante que la plaque elle-même ; mais si on suppose cette plaque constituée par une hélice annulaire avec deux polarités magnétiques contraires réagissant de deux côtés opposés sur les différentes spires de l'hélice, l'action inductrice provoquée successivement par le mouvement de l'aimant inducteur, développera sur les différentes spires une série de forces électro-motrices qui s'ajouteront à la manière de celles développées par les différents éléments d'une pile réunis en tension, et il devra en résulter un courant induit d'autant plus énergique qu'il sera continu et dirigé dans le même sens tant que l'aimant tournera dans une même direction. C'est en se fondant sur ce principe que M. de Romilly a construit sa machine d'induction, qui, comme nous le verrons plus tard, n'est en principe autre que celle de Gramme. Ces deux machines, en effet, quoiqu'établies d'après des idées théoriques différentes réunissent les deux sortes d'inductions, et même s'il faut en croire M. Gaugain, cette dernière action que nous venons d'analyser, serait prépondérante dans l'effet général produit.

Pour s'en assurer, M. Gaugain, au lieu d'enrouler l'hélice induite sur la tige de fer dont nous avons parlé page 155, l'a enroulée séparément sur un tube de carton assez libre sur la tige de fer pour pouvoir se mouvoir indépendamment de cette dernière. Or, en faisant mouvoir séparément cette hélice devant le pôle inducteur, les polarités de la tige de

(1) Voir les recherches de MM. Nobili et Antinoni (Annales de physique et de chimie, 3ᵉ série, tome XLVIII, page 426, et tome L, p. 280) et les mémoires de M. Matteucci (même recueil, tome XXXIX et XLIX, 3ᵉ série).

fer influencée ne se trouvaient pas interverties successivement, et pourtant un fort courant d'induction prenait naissance dans l'hélice. Il est vrai que ce courant était beaucoup plus énergique quand la tige et l'hélice se déplaçaient en même temps, ce qui prouvait bien la superposition des deux actions. Cet effet n'a du reste rien qui puisse surprendre, car dans l'expérience de Faraday, dont nous avons parlé page 141, et par laquelle on détermine des courants induits par l'introduction d'un aimant à l'intérieur d'une hélice, l'action produite doit être aussi bien attribuée au magnétisme en mouvement qu'à la création et à la disparition de l'action magnétique, et les courants ne sont instantanés que parce que le mouvement de l'aimant au sein de la bobine ne peut se prolonger dans le même sens pendant un certain temps.

Le magnétisme en mouvement, donne du reste lieu à des effets assez complexes qui résultent des différentes phases de la vitesse du mouvement des pièces réagissant l'une sur l'autre, et sur lesquels nous devons attirer quelques instants l'attention du lecteur pour qu'il puisse faire la part de chacune des actions physiques mises en jeu dans ces sortes de manifestations électriques.

Si on fait tourner entre les pôles d'un fort électro-aimant, un disque de cuivre, il se produira dans ce disque, ainsi que nous l'avons vu précédemment des courants induits continus et par suite une élévation considérable de la température du disque. En même temps, la résistance opposée à la rotation du disque augmentera dans une proportion d'autant plus grande que cette rotation sera elle-même plus grande. On a voulu voir dans ces effets, la transformation du magnétisme en chaleur, et de la chaleur en puissance mécanique. Toutefois, ces effets sont beaucoup plus complexes qu'on ne le croit à première vue, car de ce qu'il se développe dans le disque des courants induits, ceux-ci doivent à leur tour réagir sur le fil et les pôles mêmes de l'électro-aimant, et produire des effets plus ou moins complexes. Voici, en effet, ce qui résulte des expériences de M. Jacobi à cet égard :

1° Le disque en mouvement exerce une influence sur les pôles voisins de l'électro-aimant, et donne lieu à des courants d'induction dans les bobines qui l'entourent.

2° Lorsque la vitesse du mouvement est accélérée, ces courants sont contraires aux courants de la pile qui donne ou qui avait donné à l'électro-aimant son magnétisme.

3° Dès que la vitesse du mouvement devient uniforme, ces courants disparaissent ; ils se renversent et prennent une direction dans le sens du courant de la pile quand la vitesse est retardée.

Des courants d'induction circulent donc dans les bobines de l'électro-aimant, au commencement et à la fin du mouvement du disque, et ils sont opposés en direction et probablement de force égale, ce qui fait que leur présence ne peut être constatée quand on étudie les effets par le travail produit, car l'action développée au commencement du mouvement de rotation est annihilée par celle produite à la fin du mouvement.

Ces effets n'ont du reste, rien que de très-naturel, si on considère qu'un accroissement ou un retard progressif dans la vitesse de rotation d'un disque induit, a pour effet de déterminer des courants dont l'intensité est successivement croissante ou décroissante ; ceux-ci doivent donc se comporter dans leur réaction comme un courant inducteur dont on fait varier l'intensité. Or, aussitôt que cette intensité devient constante, il ne peut plus se développer d'induction (1).

Courants induits provoqués dans un fil mis en rapport avec différentes parties d'un aimant. — Faraday a communiqué en novembre et décembre 1851, à la Société royale de Londres, une série de recherches sur les courants induits, qui naissent dans un fil mis en rapport avec différentes parties d'un aimant, et qu'il rapporte aux actions exercées par les lignes de force magnétique des aimants. Bien que ces courants induits ne puissent être utilisés, comme ils se rattachent à une question que nous avons élucidée avec détails, nous croyons devoir la compléter par un résumé rapide de ce travail.

Pour qu'on puisse saisir la théorie de Faraday, nous devons expliquer d'abord ce qu'il entend par *ligne de force magnétique*. Cette ligne, selon lui, est celle que décrit une très-petite aiguille aimantée, quand on la fait mouvoir dans un champ magnétique suivant l'une ou l'autre direction correspondante à sa longueur, de manière à rester constamment tangente à la ligne de mouvement. Ces sortes de lignes sont indiquées par la limaille de fer qu'on répand près d'un aimant, et suivant Faraday, elles ont une direction déterminée, des propriétés opposées dans cette direction, ou dans les environs, et les forces dans un quelconque de leurs points, sont déterminées pour un aimant donné. Or, il résulte de la présence de ces lignes dans le champ magnétique d'un aimant, que si

(1) Ces effets avaient été observés avant M. Jacobi par M. Violle et par M. J. L. Soret. Voir les *Mondes*, tome 27, p. 277 et 365.

fait tourner autour d'un barreau aimanté un fil conducteur joignant un de ses pôles à son point neutre, c'est-à-dire à son point central, il se développera des courants induits particuliers, qui résulteront de la rencontre successive de ces lignes de force par le fil, et qui représenteront par conséquent l'action produite par le rapprochement ou l'éloignement d'un aimant d'un circuit fermé.

Pour obtenir ce résultat on place, parallèlement l'un à côté de l'autre, deux barreaux magnétiques, présentant d'un même côté des pôles de même nom ; un fil entrant par l'un des pôles poursuit sa marche le long de l'axe de cette disposition magnétique, et quand il est arrivé au centre, il se replie équatorialement en dehors pour regagner le point d'où il était parti, en formant comme une espèce de rectangle dont les extrémités sont mises en rapport avec un galvanomètre, et qui peut, à l'aide d'une certaine disposition, tourner autour de celui des côtés qui correspond à l'axe du système magnétique.

Dans les expériences de Faraday, ce rectangle était composé de trois parties : la partie axiale en était une ; la portion radiale s'étendant du centre à la surface de l'équateur du système, où elle était en rapport avec un anneau de cuivre qui entourait l'aimant, en était une autre ; enfin la portion à partir de cet anneau à l'extérieur de l'aimant et qui achevait le rectangle, constituait la troisième. Chacune de ces parties pouvait tourner, soit séparément, soit conjointement avec les autres. Le contact électrique était complet dans tous les cas, et le fil était isolé de l'aimant. Pour ce genre d'expériences, Faraday a reconnu que les galvanomètres à fil court et gros, étaient les plus sensibles, et les meilleurs à employer.

« Il est facile de voir, dit Faraday, qu'un fil qui touche un barreau magnétique régulier par une de ses extrémités, puis se prolonge dans l'air, jusqu'à ce qu'il le touche de nouveau à l'équateur, coupera dans son mouvement de rotation autour de l'équateur *toutes les lignes de force magnétique* à l'extérieur de l'aimant, et cela ni plus ni moins, quelle que soit sa marche dans l'air ou la distance de ses parties à l'aimant. Or, l'expérience démontre que quand la partie extérieure du rectangle ci-dessus décrit se déplace d'un certain nombre de degrés autour de l'axe de l'aimant, il se développe un courant induit dans une direction donnée, et ce courant, pour un même nombre de degrés de révolution, est de même intensité, que le mouvement soit lent ou rapide, et quelle que soit la distance du fil à l'aimant.

« Si la partie radiale du rectangle est seule tournée, il se produit également un courant induit d'une force exactement semblable à celle du premier, pour un même nombre de degrés de révolution, mais sa direction est inverse, lorsque le sens de la révolution reste le même. En renversant celle-ci, on renverse également la direction du courant dans un cas comme dans l'autre. Dans cette expérience, par exemple, la portion radiale mobile doit être isolée de l'aimant. Quand le fil radial et la partie extérieure du rectangle se meuvent ensemble, aucun courant n'est produit, puisque les deux courants développés isolément par ces deux parties sont égaux et de sens contraire.

« Lorsque la partie axiale du rectangle tourne, il ne se produit aucun effet ; elle n'agit que comme un simple conducteur, et en conséquence, ce fil axial peut être remplacé par l'aimant lui-même, sans que les résultats précédemment énoncés soient changés. Il en est de même, si on enlève les parties radiales et axiales, et que l'aimant puisse servir à la fois de conducteur et de rayon moteur.

« Il résulte de ces différents effets, continue Faraday, que la quantité de force magnétique est une *quantité déterminée et la même*, pour les mêmes lignes de force, quelle que soit la distance à laquelle le point ou le plan sur lequel la force s'exerce est de l'aimant ; elle est encore la même dans deux ou un plus grand nombre de sections des mêmes lignes de force. Il n'y a pas de perte, de destruction, d'évanouissement, ou d'état latent de la puissance magnétique. La convergence ou la divergence des lignes de force n'amène pas de différence dans le degré de leur puissance, pas plus que l'obliquité de l'intersection. Dans un champ égal de force magnétique, l'électricité développée est proportionnelle à la durée du mouvement, à sa vitesse, et au nombre des lignes de force qui sont coupées. »

M. Faraday conclut encore qu'il existe à l'intérieur de l'aimant des lignes de force magnétique aussi bien définies, aussi exactement égales en intensité qu'à l'extérieur, que ces dernières sont la continuation des premières, et que toute ligne de force magnétique, à quelque distance qu'elle puisse s'étendre à partir d'un aimant (et en principe cette distance est infinie) est une *courbe fermée*, qui dans quelques-unes de ses parties, passe à travers l'aimant, conformément avec ce que l'on appelle sa polarité.

Quant aux lois de ces sortes de courants induits, Faraday établit qu'ils sont proportionnels à la masse du fil, et à son pouvoir conducteur (*voir le journal l'Institut, année* 1852, p. 142 et 209).

Dans un récent travail présenté à l'Académie des sciences, le 19 août 1872, M. Trève a repris dans d'autres conditions les expériences de Faraday, et s'est trouvé conduit à des résultats assez intéressants qu'il résume de la manière suivante :

1° Si l'on réunit les deux pôles d'un fort électro-aimant disposé comme celui de Faraday, représenté fig. 18, Pl. I, par un fil métallique dans le circuit duquel est interposé un galvanomètre, l'aiguille de celui-ci est fortement déviée, dès que l'on fait passer le courant à travers l'électro-aimant ; ce courant est direct et instantané. Si l'on ouvre le courant l'aiguille dévie en sens contraire.

2° Si l'on fixe un fil à l'un des pôles d'un aimant permanent et au point neutre un autre fil, ces fils étant réunis par l'intermédiaire d'un galvanomètre, on peut faire naître dans le circuit ainsi complété des courants induits instantanés de sens contraire, quand on approche ou on éloigne des pôles de cet aimant une armature de fer doux. C'est un courant direct qui se manifeste à l'ouverture de l'aimant. Cet effet est beaucoup plus énergique quand on rapproche jusqu'au contact deux aimants en fer à cheval dont les points neutres sont réunis par le fil galvanométrique.

Ces effets se comprennent aisément, d'après les expériences de Faraday, car l'aimantation de l'électro-aimant, par suite du passage du courant voltaïque, qui le traverse et la surexcitation magnétique de l'aimant permanent par l'action de son armature, ayant pour effet de développer à travers l'espace occupé par le fil induit des lignes de force magnétique, ces causes physiques agissent comme si ce fil induit traversait lui-même, par suite d'un mouvement qui lui serait communiqué, des lignes de force magnétique préexistantes.

II. Lois et propriétés des courants induits.

Nous avons vu au chapitre des réactions d'induction p. 114, tome I, que M. Lenz avait heureusement relié les phénomènes de l'induction aux actions électro-dynamiques, en remarquant que le courant induit est contraire à ce qu'il devrait être pour produire entre les deux circuits appelés à réagir l'un sur l'autre un mouvement relatif de même sens que celui qui détermine l'induction. Cette loi est fondamentale et s'applique à tous les cas possibles de l'induction. Mais, en outre de cette loi, il en est plusieurs autres qui se rattachent à l'intensité et à la tension des courants induits développés dont nous allons maintenant nous occuper, comme nous l'avons déjà fait dans la première section de cette 2e partie de notre ouvrage, à l'égard des courants directs de la pile.

Lois générales. — 1° La quantité q d'électricité mise en jeu dans un circuit induit est proportionnelle, toutes choses égales d'ailleurs, à l'intensité I du courant inducteur et aussi à la longueur R du circuit induit, puisque l'induction se produit à la fois et également sur tous les éléments de ce circuit ; par conséquent, si on représente par K une constante dépendant de la distance des deux fils, on peut poser :

$$q = \mathrm{KIR}. \qquad (92)$$

2° Cette quantité d'électricité q est indépendante de la durée t de l'action inductrice et ne varie qu'avec la grandeur de la cause initiale de l'induction, par exemple, si on suppose l'induction produite par le rapprochement ou l'éloignement du circuit induit, des positions initiales et finales de ce circuit par rapport à l'inducteur, mais nullement du temps t qu'il met à passer de l'une à l'autre position. Il en résulte que cette quantité q est la même pour le courant *inverse* et pour le courant *direct*, et peut être mesurée par le produit du temps t par l'intensité moyenne i du courant ; elle a donc pour expression à ce point de vue :

$$q = it. \qquad (93)$$

3° L'intensité i du courant induit, au contraire, varie avec la durée de l'action inductrice et augmente avec la promptitude de la variation de la cause induisante. Il en en résulte que si on fait intervenir le temps t dans la formule $q = \mathrm{KI}$ ou $dq = \mathrm{K}d\mathrm{I}$, on arrive en divisant par dt à l'expression :

$$\frac{dq}{dt} = \mathrm{K}\frac{d\mathrm{I}}{dt} \text{ ou } i = \mathrm{K}\frac{d\mathrm{I}}{dt} = \mathrm{K}f'(t). \qquad (94)$$

Ce qui veut dire en langage ordinaire, que l'intensité du courant induit est représentée par la dérivée de la fonction du temps qui exprime la loi de succession des valeurs de l'intensité du courant induit (1).

4° Quand on fait abstraction de la durée de l'action inductrice, on peut conclure, d'après les recherches de MM. Abria et Felici, 1° que l'intensité du courant d'induction croît proportionnellement au nombre des

(1) Voir le Mémoire de M. Neumann (traduction de M. Bravais), *Journal de mathématiques*, tome XIII. Voir aussi les Mémoires de MM. Abria et Felici sur cette question et le cours de physique autographié de M. Cornu.

éléments agissants du courant inducteur, quelle que soit la section de son fil, section dont l'action de chaque élément est indépendante, et cette action est en raison directe de la quantité d'électricité qui traverse l'élément ; 2° que la résistance totale du circuit étant constante, l'intensité du courant induit est proportionnelle au produit des portions actives des circuits induit et inducteur, c'est-à-dire de celles qui agissent l'une sur l'autre ; 3° que l'action inductrice entre deux éléments varie en raison inverse de la simple distance ; 4° que quand la partie induite reste la même, l'intensité du courant induit varie en raison inverse de la résistance totale du circuit induit. M. Gaugain, qui a vérifié la plupart de ces lois, les a résumées en disant *que l'intensité d'un courant induit est en raison directe de la somme de toutes les forces électro-motrices mises en jeu et en raison inverse de la somme des résistances du circuit.*

5° De ce que deux courants induits contiennent des quantités égales d'électricité, il ne faudrait pas en conclure que leur tension et même leur intensité fussent les mêmes. Bien au contraire, car cette intensité étant fonction du temps, si on a deux quantités it, $i't'$ d'électricité induite égales et que t' soit plus petit que t, il faudra, pour que $it = i't'$, que i' soit plus grand que i. C'est précisément ce qui arrive dans les deux courants induits qui naissent au moment de l'apparition et de la disparition de la cause inductrice. Le courant direct ayant une durée plus courte que le courant inverse, se trouve avoir une intensité plus grande, et comme la résistance du circuit est constante dans les deux cas, cette augmentation d'intensité est, par le fait, le résultat d'une augmentation de tension. Il résulte de cette différence d'action que les courants directs peuvent agir plus vigoureusement à distance que les courants inverses et sont, par conséquent, les plus propres aux applications électriques. M. Hipp a reconnu, en effet, que l'aimantation d'un électro-aimant interposé sur un circuit télégraphique pouvait être *six fois* plus grande avec le courant direct qu'avec le courant inverse.

Quelle est la cause de cette inégalité dans la durée de ces deux courants ?... C'est une question assez complexe. Dans les appareils d'induction électro-magnétiques, elle tient surtout à ce que la désaimantation des noyaux magnétiques s'effectue plus rapidement que l'aimantation, mais l'action des courants induits qui se développent à l'intérieur de l'hélice inductrice elle-même, a une large part dans ce phénomène, comme le démontre d'une manière ingénieuse M. Jamin, dans son *Traité de physique* (tome III, p. 288). Toutefois, il y a des exceptions à cette déduction.

J'en ai signalé une assez curieuse dans mon mémoire sur les courants induits (voir ma Notice de Ruhmkorff, 3e édition, p. 370), mais M. Henry en a étudié beaucoup d'autres, qu'il explique en disant que *la tension des courants inverses dépendant principalement de celle du courant inducteur lui-même*, on peut faire prédominer à volonté le courant inverse ou le courant direct sous le rapport de leur tension respective, en augmentant ou en diminuant le nombre des couples voltaïques fournissant le courant inducteur, ou en faisant varier entre certaines limites la résistance du circuit étrangère à la bobine. Ces effets tiendraient à ce que par suite de l'augmentation de tension du courant inducteur ou de la diminution de la résistance du circuit qu'il parcourt, ce courant s'établirait plus brusquement qu'il ne finirait. Dans ce cas, l'effet électrique l'emporterait sur l'effet magnétique et l'on a vu que la durée de la décharge est quatre fois plus longue que celle de la charge. (Voir le Traité de physique de M. Daguin, tome 3, p. 688 (2e édition.)

6° Puisque la quantité d'électricité contenue dans les courants induits a pour expression d'un côté KIR et d'un autre côté it et que pendant le temps t le courant induit se trouve dans le même cas que celui d'une pile d'un nombre infini d'éléments ayant une force électro-motrice e, l'intensité i de ce courant aura pour expression $\frac{e}{R}$ et en substituant cette valeur à i dans l'équation $KIR = it$, il vient :

$$e = \frac{KIR^2}{t}. \tag{95}$$

Ce qui montre que la force électro-motrice des courants induits, quels qu'ils soient est *proportionnelle à l'intensité du courant inducteur, au carré de la résistance de la bobine induite et en raison inverse du temps pendant lequel il dure.*

D'après M. Felici, la force électro-motrice d'induction e exercée par un élément de courant ds sur un élément d'un circuit fermé ds' est aussi proportionnelle à $ds.ds' \cos \alpha \cos \alpha'$, α et α' représentant les angles que font les deux éléments avec la droite qui joint leurs milieux, d'où il résulte :

$$e = k\frac{ds \cdot ds'}{r} \cdot \cos \alpha \cdot \cos \alpha' \tag{96}$$

la constante k dépendant de l'intensité du courant inducteur et de la résistance du circuit induit.

7° Suivant M. Jamin, la durée t' du courant direct serait indépendante de la résistance R du circuit induit, tandis que la durée t du courant inverse augmenterait avec cette résistance et le nombre des spires de l'hélice. Or il résulte de ce principe que, dans les cas ordinaires, la force électro-motrice du courant direct, non-seulement doit être plus grande que celle du courant inverse, mais encore que le rapport de ces forces augmente avec la longueur du fil induit. C'est pourquoi dans la machine d'induction de Ruhmkorff la différence de tension des deux courants induits est tellement considérable que le courant direct seul peut traverser une solution de continuité pratiquée dans le circuit.

Les autres lois de l'induction peuvent se résumer ainsi :

8° La force électro-motrice qu'un aimant provoque dans une hélice d'induction, est, toutes choses égales d'ailleurs, proportionnelle au nombre de tours de spires de cette hélice (Lenz).

9° La force électro-motrice qu'un aimant provoque dans une hélice d'induction est constante, quel que soit le diamètre de la bobine ; d'où il résulte que les courants induits dans des bobines de différentes grosseurs et sous l'influence d'un même aimant, sont inversement proportionnels à leur diamètre (Lenz).

10° La force électro-motrice provoquée par un aimant dans une hélice d'un nombre donné de tours de spires reste la même, quel que soit le diamètre et la conductibilité du fil.

11° Plus est long le circuit mis en rapport avec les courants induits, plus doit être considérable le nombre des tours de spires des hélices induites pour obtenir le maximum d'effet.

12° Plus les tours de spires des hélices induites sont rapprochés de l'aimant ou du noyau magnétisé et accumulés près de lui, moins il en faudra pour que le courant induit atteigne son maximum.

13° Le maximum d'un courant induit est proportionnel à la force de l'aimant inducteur.

14° Quand l'induction est produite simultanément par plusieurs fils, les intensités des courants induits, mesurées au rhéomètre, sont égales à la somme ou à la différence des courants induits que produirait chacun des fils séparément, suivant que ces courants sont de même sens ou de sens contraire (Wartmann).

15° Les courants induits peuvent, comme ceux des piles, se transformer en courants de tension ou en courants de quantité, non-seulement par le mode de liaison des bobines induites, ainsi qu'on l'a vu précédemment,

p. 145, mais encore par le degré d'isolation du fil, sa grosseur, sa longueur, et la composition du noyau magnétique déterminant l'induction. Avec un fil très-fin, très-long, et isolé avec toutes les précautions qu'on prend pour l'électricité des machines à plateau de verre, M. Ruhmkorff est parvenu à faire produire à une machine d'induction des étincelles de 60 centimètres de longueur, et M. Joseph van Malderem, avec du fil très-gros, réparti convenablement sur plusieurs bobines soumises à l'action d'un certain nombre d'aimants, a pu faire produire à une machine d'induction de moyenne grandeur une magnifique lumière électrique qui ne différait en rien de celle fournie par la pile. Il est même parvenu à faire rougir un fil de fer de $\frac{1}{10}$ de millimètre de diamètre sur une longueur de quatre mètres.

Lois des courants d'induction par rapport au travail produit. — Les courants induits étant constitués par une succession plus ou moins rapide de courants éphémères qui passent tous par une période variable de croissance et une période variable de décroissance, il était à supposer que les formules d'Ohm qui se rapportent aux courants permanents devaient être modifiées dans leur application aux courants induits, et comme les durées de la propagation électrique dans la période variable, pour atteindre l'intensité maximum, sont proportionnelles aux carrés des longueurs des circuits, et que d'un autre côté, les courants induits sont inversement proportionnels aux durées de l'action induisante, il doit en résulter que l'intensité des courants induits, considérée par rapport à la partie du circuit non induite, doit être à peu près inversement proportionnelle au carré de la résistance de ce circuit. Conséquemment, si on applique aux données expérimentales que l'on aura constatées, les formules d'Ohm établies dans l'hypothèse d'une proportionnalité de ces intensités, aux simples longueurs des circuits, les variations de l'intensité que l'on constatera ne pourront répondre à la formule qu'autant qu'on supposera les résistances augmentées dans un rapport plus ou moins grand, et cette augmentation portera sur la résistance du générateur si on en décharge le reste du circuit, comme cela a lieu pour la résistance de la pile par suite des effets de la polarisation. L'expérience démontre en effet cette déduction. Toutefois, d'après les expériences très-intéressantes de MM. Jamin et Roger, cette modification ne serait pas aussi importante qu'on serait porté à le croire, car en jugeant des effets par le travail produit, la formule de Joule que nous avons discutée page 437, tome I, ne serait modifiée dans son application aux courants des machines magnéto-électriques, qu'en ce sens que les diverses bobines devraient être considérées comme présentant une résistance plus grande que leur résistance métallique réelle.

En réunissant en effet en tension, un certain nombre de bobines d'induction (16 bobines) sur six plateaux circulaires montés sur un même arbre, et en soumettant chacun à l'induction d'un système d'aimants particulier, comme dans la disposition des machines magnéto-électriques de la compagnie l'Alliance dont nous parlerons bientôt, MM. Jamin et Roger ont reconnu, après avoir relié ces six plateaux en quantité, que le nombre de calories régénérées dans le circuit extérieur de résistance x était exprimé exactement par la formule de Joule $\frac{E^2 x}{(R + x)^2}$, mais en supposant R représentant une résistance voisine d'un seul des plateaux du générateur, et non celle du générateur entier qui était par le fait $\frac{R}{6}$. Il en résultait que les conditions de maximum du travail correspondaient dans ce cas à l'égalité des résistances x et R, c'est-à-dire supposaient au travail maximum une longueur de circuit plus grande que ne l'aurait comporté un générateur voltaïque de même force électromotrice et de même résistance (1).

D'après les mêmes expériences, il y aurait encore entre les effets des machines magnéto-électriques et ceux de la pile cette grande différence

(1) M. Le Roux, dès l'année 1859, avait été conduit, à la suite d'expériences faites avec la machine magnéto-électrique de la compagnie l'Alliance, à reconnaître cette augmentation de résistance, et il l'attribuait au mouvement d'une portion du circuit (mouvement nécessairement accompagné d'un travail mécanique) *ou à une discontinuité du courant qui devait faire naître une résistance spéciale qu'il appelait résistance dynamique*. Il admettait que la quantité de travail mise en jeu dans l'unité de temps, est toujours en raison inverse (toutes choses égales d'ailleurs) de la somme des résistances dynamiques ou statiques, et doit se partager entre les diverses parties du circuit (chacune prise en bloc, c'est-à-dire avec les corps avoisinants) proportionnellement aux résistances dynamiques et statiques de ces parties. Enfin, suivant ce savant, ces lois pourraient être résumées dans les formules suivantes, R étant la résistance statique r la résistance dynamique d'une partie du circuit :

$$\text{Travail mis en jeu pendant l'unité de temps} = \frac{TO}{\Sigma (R + r)^1}$$

$$\text{Travail relatif à une partie du circuit} = \frac{TO\,(R + r)}{[\Sigma (R + r)]^2}.$$

et pour utiliser autant que possible le travail, il faut que la partie proportionnelle à R soit aussi petite que possible, car elle reste essentiellement dans la machine ; il faut en outre que la fraction extérieure de r soit aussi grande que possible.

au point de vue des formules électriques, que la chaleur C de la pile qui est proportionnelle pour l'unité de temps, ainsi qu'on l'a vu page 221, tome I à la force électro-motrice et au poids du zinc dissous, c'est-à-dire à l'intensité du courant et qui a pour expression $C = \frac{E^2 x}{(R + x)^2}$, ne suivrait pas tout à fait cette loi de proportionnalité avec les machines magnéto-électriques, car cette chaleur C qui, dans les machines magnéto-électriques, est empruntée au moteur au lieu de l'être aux actions chimiques, serait représentée par la relation empirique $\beta + \frac{(x - \alpha) E^2}{(R + x)^2}$, dans laquelle α et β sont des constantes. Elle serait minimum pour $x = o$ c'est-à-dire quand le circuit extérieur est nul, puis elle augmenterait progressivement jusqu'à devenir égale à $\frac{E^2}{4(R + \alpha)} + \beta$ pour $x = R + 2\alpha$; elle décroîtrait ensuite jusqu'à β quand x tendrait vers l'infini, c'est-à-dire avec le circuit ouvert. Or il résulte de cet effet une conséquence curieuse, c'est que si la machine magnéto-électrique est libre dans ses mouvements, la marche de la machine qui, d'après la transformation des forces physiques en fonction les unes des autres doit éprouver une résistance dans son fonctionnement proportionnelle au travail produit, doit retarder progressivement à mesure que la résistance x augmente, jusqu'à ce que celle-ci soit égale à $R + 2\alpha$ pour reprendre ensuite des vitesses croissantes quand le circuit continue à croître. C'est en effet ce que l'expérience a démontré à MM. Jamin et Roger.

La chaleur empruntée au moteur $\beta + \frac{(x - \alpha) E^2}{(R + x)^2}$ reproduisant dans le circuit extérieur une quantité $C = \frac{E^2 x}{(R + x)^2}$, elle doit régénérer, d'après la loi de Joule, dans le circuit intérieur, un nombre de calories représenté par $\frac{E^2 \frac{R}{6}}{(R + x)^2}$, d'où il résulte que la différence entre ces quantités qui est :

$$C'' = \beta - \left(\alpha + \frac{R}{6}\right) E^2 \cdot \frac{1}{(R + x)^2}$$

représente la chaleur inutilement dépensée, et cette chaleur dans les expériences de MM. Jamin et Roger était égale aux deux tiers de celle empruntée au moteur.

Les résultats obtenus par MM. Jamin et Roger sont tellement importants, que nous croyons devoir rapporter les chiffres qu'ils ont obtenus avec la machine dont nous avons parlé, après l'avoir disposée de manière à fournir des accouplements de bobines en tension, en quantité ou en séries.

Calories régénérées dans le circuit disposé en quantité.

RÉSISTANCE x	2 PLATEAUX EN QUANTITÉ		3 PLATEAUX EN QUANTITÉ		4 PLATEAUX EN QUANTITÉ		5 PLATEAUX EN QUANTITÉ		6 PLATEAUX EN QUANTITÉ	
	observées.	calculées d'après la formule.	observées.	calculées d'après la formule.	observées.	calculées d'après la formule.	observées.	calculées d'après la formule.	observées.	calculées d'après la formule.
7,52	1,27	1,56	2,72	3,14	4,75	4,98	6,20	7,01	8,35	8,36
15,04	2,30	2,48	4,55	4,58	6,65	6,77	9,05	8,91	10,85	11,00
22,56	2,86	3,05	5,18	5,24	7,45	7,32	9,57	9,24	10,71	10,99
30,08	3,26	3,37	5,62	5,50	7,35	7,37	9,30	9,02	10,51	10,45
46,40	3,69	3,67	5,66	5,47	7,00	6,91	8,20	8,02	9,05	9,01
69,60	3,81	3,65	5,33	5,02	5,90	6,00	5,76	6,74	7,40	7,32
92,08	3,70	3,41	4,49	4,50	5,09	5,21	5,60	5,81	5,60	6,13

Calories régénérées dans le circuit disposé en séries.

RÉSISTANCE x	PLATEAUX GROUPÉS PAR COUPLES DE DEUX.						PLATEAUX groupés par COUPLES DE 3.		6 PLATEAUX EN TENSION.	
	1 couple.		2 couples.		3 couples.		2 couples.			
	obs.	calc.	obs.	calc.	obs.	calc.	obs.	calc.	obs.	calc.
58	2,25	2,44	6,80	6,67	10,52	10,93	7,27	8,05		
81,2	2,80	2,91	7,50	7,22	11,37	11,00	»	»		
98,6	3,15	3,16	7,75	7,35	10,41	10,83	»	»		
144	3,35	3,51	7,43	7,25	9,80	9,99	11,05	10,98		
173,7	3,98	3,64	7,05	6,99	9,22	9,24	10,93	11,08		
239	3,86	3,69	6,27	6,37	7,90	7,97	10,35	10,88		
303,5	3,63	3,60	6,30	5,76	7,19	6,96	8,93	9,51		
452	3,3	3,25	4,59	4,65	5,26	5,33	7,40	8,63		
612	2,86	2,86	3,87	3,81	4,25	4,23	7,02	7,32	11,32	11,08

On voit, d'après ces tableaux, qu'en prenant pour E^2 et R les valeurs 813,12 et 110, les résultats consignés vérifient les formules de Joule qui sont, pour la disposition en quantité $C = \frac{E^2x}{\left(\frac{R}{n} + x\right)^2}$ et pour la disposition en séries $C = \frac{E^2abx}{\left(\frac{aR}{b} + x\right)^2}$, mais ces nombres sont des constantes propres aux appareils d'induction, et ne sont pas, du moins pour le dernier de ces nombres, l'expression de la résistance exacte du générateur; celle-ci est beaucoup moins considérable, comme nous l'avons déjà dit.

« Il faut, disent MM. Jamin et Roger, admettre que, pour les courants courts et renversés qui se développent dans les bobines d'induction au moment du passage des courants inducteurs, les bobines possèdent une résistance très-supérieure à celle que l'on trouve avec les courants prolongés, à celle en un mot qui entre dans la formule d'Ohm.

« Cette circonstance seule caractérise l'induction, puisque c'est le seul changement qui s'introduise dans les formules ; mais seule elle suffit pour expliquer les effets observés. En effet, si la machine magnéto-électrique n'avait d'autre résistance que celle de ses fils, six plateaux réunis en quantité fourniraient une résistance moindre que six mètres de fil normal de cuivre ; elle fonctionnerait comme une pile thermo-électrique et, n'ayant point de résistance propre, elle ne donnerait ni lumière, ni effets de tension. »

Nous devons dire, toutefois, que cette dernière conclusion de MM. Jamin et Roger est un peu prématurée, car jamais la résistance intérieure d'une pile n'a contribué à sa tension, puisque celle ci dépend uniquement de la force électro-motrice mise en jeu, et que la résistance intérieure de l'électro-moteur n'est qu'une résistance additionnelle qui ne peut contribuer qu'à affaiblir cette tension aussi bien que l'intensité du courant. Mais cette considération n'a rien à faire avec la question que nous traitons.

Comparé à celui d'une pile de Bunsen de 20 éléments, le travail de la machine magnéto-électrique dont nous parlons a conduit MM. Jamin et Roger à reconnaître 1° qu'avec 96 bobines en tension, cette machine équivaut comme force à 226 élements Bunsen, et comme résistance à 655 ; 2° qu'en quantité elle ne vaut plus que 38 éléments avec une résistance de 18.

« En définitive, concluent MM. Jamin et Roger, toutes les fois que des bobines d'induction en nombre quelconque passent aux mêmes intervalles de temps devant des aimants avec une vitesse constante, elles agissent comme des éléments de pile à courant constant. Malgré les interruptions et les inversions du courant, la quantité d'électricité développée est réglée par les lois d'Ohm et les calories régénérées dans le circuit extérieur, par celle de Joule. Ces lois s'appliquent à tous les modes de groupement des bobines. La force électro-motrice E de chaque bobine varie avec la vitesse de l'appareil et avec toutes les circonstances de sa construction ; il en est de même de la résistance R, seulement elle est toujours supérieure à la résistance des fils qui composent les bobines (1).

Lois des courants induits de divers ordres.— Nous avons vu, page 113, tome I, que l'induction électrique ou magnétique s'exerce non-seulement sur des fils plus ou moins longs, mais encore sur des plaques métalliques, et ces courants induits eux-mêmes en réagissant sur les fils des courants inducteurs qui les ont provoqués ou sur d'autres qui pourraient les entourer, créent des courants induits de plusieurs ordres qui sont tous en sens inverse les uns des autres, mais dans des conditions différentes de développement et que nous allons maintenant étudier, d'après le système figuratif qu'en a donné M. Leroux.

« Sur une droite telle que OP (fig. 51), dit M. Leroux, portons à partir du point O des longueurs proportionnelles aux temps écoulés depuis l'instant de la fermeture du circuit, et sur des perpendiculaires à cette droite prenons des longueurs proportionnelles à l'intensité du courant à ces divers instants. Pendant le temps OQ de l'établissement du courant, la loi de son intensité sera représentée par une courbe OIM caractérisée par des ordonnées continuellement croissantes, puis à partir d'un certain point M, l'ordonnée sera constante et la courbe deviendra une parallèle à l'axe des temps, parce qu'à partir de ce moment l'intensité du courant est elle-même constante. Cette courbe est celle que nous avons étudiée, p. 64, tome I.

« Si au bout d'un certain temps OR on vient à rompre le circuit, l'intensité du courant diminue très-rapidement jusqu'à devenir nulle et la courbe retombe sur l'axe des temps. La durée de cette période de cessation est très-courte dans les appareils d'induction, en raison de la dé-

---

(1) Voir les comptes rendus de l'Académie des sciences, tome 66, p. 1100 et 1250 et les *Mondes*, tome 17, p. 444.

magnétisation du faisceau magnétique, qui est plus prompte que l'aimantation, et elle est conséquemment plus courte que la période d'état variable correspondant à l'établissement du courant. Voilà pourquoi on a fait la longueur RP plus courte que OQ (1).

Fig. 51.

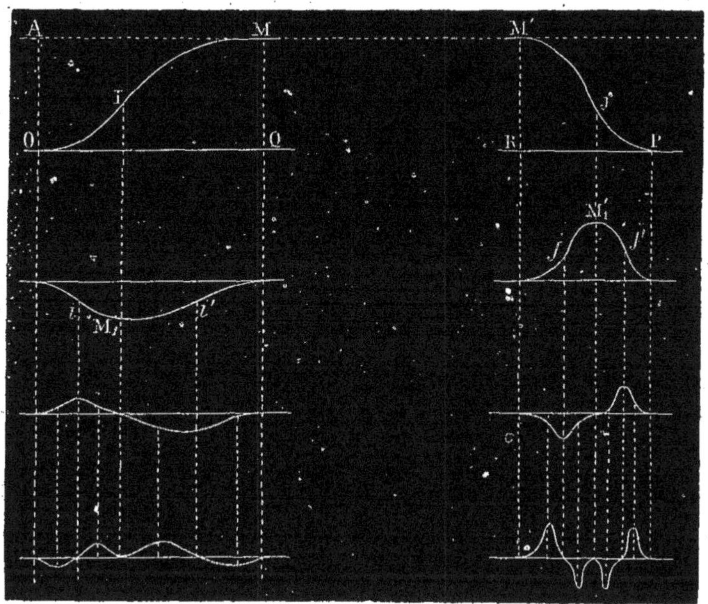

« Dans ces conditions, la courbe d'intensité du courant inducteur est tangente en O à l'axe des temps et en M à la parallèle à cet axe, qui représente la période d'intensité constante. Mais entre ces deux points extrêmes de la courbe, il y aura un point I qui représentera un point d'inflexion, à partir duquel la courbe se relèvera plus brusquement (voir fig. 15, 16, 17, 18, etc., tome I), et pour lequel les tangentes à la courbe à gauche et à droite de ce point présenteront des inclinaisons bien différentes. Ce point se retrouvera en J sur la courbe de décharge, mais avec une plus grande différence encore dans l'inclinaison relative des deux tangentes. Il résulte de là et des relations qui existent entre les courants inducteurs et induits, que les maxima des induits inverses

(1) Avec un courant en ligne droite l'inverse a lieu ainsi qu'on l'a vu, p. 61 tome I, puisque le temps de la décharge est 4 fois plus long que celui de la charge.

et directs qui sont proportionnels aux tangentes trigonométriques de ces inclinaisons, doivent être inégaux et que celui de l'induit direct est le plus grand. Comme d'autre part l'expérience fait connaître que les quantités d'électricité mises en jeu dans les deux induits sont égales et que la durée de l'induit direct est moins grande que celle de l'induit inverse, l'induit direct augmentera et tombera plus rapidement que l'induit inverse. Ces deux induits de premier ordre présenteront donc chacun deux points d'inflexion, le premier en i et i', le second en j et j'.

« L'action des induits de premier ordre agissant comme inducteurs sur un second circuit induit, s'analyserait d'après les mêmes principes et conduirait à cette conclusion, que les induits d'établissement et de cessation se composent chacun de deux parties de sens inverse, les maxima des seconds étant plus saillants que ceux des premiers.

« Chacun des systèmes des courants induits du 3e ordre se compose de quatre parties de sens successivement inverses et ainsi de suite, de telle sorte que chacun des systèmes induits du $n^{ième}$ ordre comporte 2^{n-1} courants alternativement de sens contraire.

« En ce qui concerne les intensités comparatives, il est bien évident qu'elles vont en décroissant, car dans tous les cas, l'intensité décroît considérablement de l'inducteur à l'induit. D'un autre côté, à mesure que l'ordre des induits s'élève, les alternatives d'inversion de sens sont de plus en plus rapides, et c'est à cette circonstance que l'on doit attribuer l'intensité supérieure apparente que peuvent manifester, dans certains cas, par exemple dans les actions physiologiques, les courants induits d'ordre supérieur au premier. »

Un circuit voltaïque enroulé en spirale sur lui-même constitue par le fait, une série de circuits circulaires parallèles, serrés les uns à côté des autres et doit naturellement être le siége de réactions d'induction au moment des fermetures et des interruptions du courant qui le traverse. C'est aux courants induits qui résultent de ces réactions qu'on a donné le nom *d'extra-courants*, et nous avons vu dans la section précédente de notre ouvrage que ces courants jouent un rôle important dans l'action des électro-aimants.

Suivant M. Leroux (1) l'affaiblissement d'intensité du courant voltaïque résultant de l'action des courants inverses, au moment des fermetures du

(1) Voir la thèse remarquable de M. Leroux, sur cette question (Baillère, 1869).

circuit devrait être attribué, non-seulement à l'affaiblissement de la force électro-motrice du courant voltaïque lui-même par la force électro-motrice inverse du courant induit de fermeture, mais encore à cet accroissement de résistance du circuit métallique dont nous avons parlé précédemment page 171, et qui donne à celui-ci une résistance dite *dynamique* qui est supérieure à sa résistance véritable. Par la raison inverse, l'intensité d'un courant voltaïque circulant dans un circuit contourné en hélice est plus grande au moment des interruptions du courant que pendant sa durée d'action, car le courant induit d'ouverture vient s'ajouter au courant voltaïque au moment où il va cesser et relève brusquement la courbe représentant son intensité, précisément au moment où cette courbe commence à s'abaisser, comme on le voit fig. 52.

Si on rapproche cet effet de ceux que nous avons étudiés p. 176, fig. 51 et que l'on suppose la courbe d'intensité du courant inducteur que nous avons considérée régulière dans sa croissance comme dans sa décroissance, représentée avec les inflexions que lui fait subir l'extra-courant, on peut en déduire que les ondulations des courbes d'intensité des courants induits qui en résultent doivent se trouver considérablement amplifiées, ainsi que le montre la fig. 52. Toutefois, comme le fait judicieusement observer M. Le-roux, il faut se prémunir contre une induction erronée de ce raisonnement, qui pourrait faire croire à la possibilité d'augmenter pour ainsi dire indéfiniment l'intensité des induits. Il n'en est rien, car un circuit qui modifie son propre courant d'une manière très-marquée, tend à se rapprocher de l'état d'inaction sur lui-même, lorsqu'il est avoisiné par un conducteur parallèle dans lequel l'effet d'induction peut se manifester au même titre que sur lui-même. On dirait que, comme dans l'action des aimants sur plusieurs armatures, l'effet inducteur se partage entre les circuits induits au détriment des actions échangées individuellement et d'après la facilité que rencontre l'induction dans ces circuits pour s'y développer plus facilement. Or, comme les courants induits se développent d'autant plus facilement qu'ils rencontrent moins de résistance dans leur parcours, il devient facile de comprendre pourquoi l'introduction de tubes métalliques à l'intérieur d'hélices

Fig. 52.

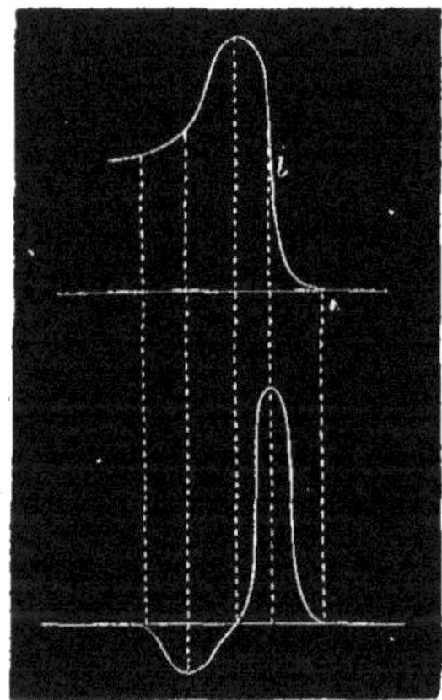

inductrices affaiblit considérablement les courants induits qui se développent extérieurement à ces hélices, et pourquoi ces tubes sont un moyen de graduation pour la force des appareils d'induction employés en médecine.

Ces mêmes effets démontrent que dans les appareils d'induction, on doit éviter autant que possible d'enrouler les spirales inductrices ou induites sur des bobines en cuivre ou en fer, et si on ne peut les éviter pour des raisons de solidité, on devra toujours fendre longitudinalement leur tube, de manière à couper les courants induits qui tendent à s'y développer parallèlement aux spires de l'hélice inductrice. Il en sera de même des rondelles terminales de ces bobines, qui devront être fendues suivant leur rayon.

Suivant M. Th. Romney-Robinson, les hélices inductrices dans les appareils énergiques d'induction voltaïque, doivent être constituées par des faisceaux de fils enroulés parallèlement et mis chacun en communication avec une pile particulière agissant sur un interrupteur isolé. Mais tous ces interrupteurs devraient vibrer ensemble sous une même influence et devraient être réglés de manière à ce que les interruptions et fermetures se fissent au même instant; de cette manière, l'extra-courant se trouve considérablement réduit, et l'hélice induite profite de toute la puissance inductrice de la pile, qui peut être alors d'une grande force comme quantité (1).

Influence de la forme des dimensions et de la composition des noyaux magnétisés sur le développement des courants induits. — Nous avons déjà étudié en partie cette question dans les expériences que nous avons exposées page 145 et dans l'étude que nous avons faite des conditions de force des électro-aimants. Toutefois, l'énergie des courants induits ne dépendant pas seulement de la force de l'aimantation, mais encore de la promptitude des alternatives d'aimantation et de désaimantation, cette question est beaucoup plus complexe qu'on ne le croirait à première vue et les conclusions qu'on peut formuler peuvent être très-différentes.

Nous avons vu, pages 8 et 126, que la force propre des électro-aimants était proportionnelle aux racines carrées des diamètres et des longueurs des noyaux magnétiques : il résulterait de là qu'on aurait avantage, au point de vue de la force, à prendre les noyaux de fer des appareils d'in-

---

(1) Voir le mémoire de M. Th. Romney-Robinson, dans les *Mondes*, tome 13, p. 610.

duction les plus gros et les plus longs possibles ; mais comme les alternatives d'aimantation et de désaimantation sont beaucoup plus lentes à se produire avec de gros noyaux de fer qu'avec des petits, comme d'un autre côté une surface cylindrique métallique permet la formation de courants induits dont le développement se produit comme nous l'avons vu précédemment au préjudice des courants induits eux-mêmes, on a dû rechercher un moyen terme et on a eu recours à des faisceaux magnétiques composés de fils de fer isolés, dont l'adhérence magnétique est un peu diminuée par une peinture au vernis. Ces noyaux ont produit d'excellents effets, surtout pour la tension des courants induits résultants, qui se trouve sensiblement accrue par cette disposition. Toutefois, l'expérience a démontré que sous le rapport de l'intensité, les courants induits gagnaient au contraire à ce que les noyaux magnétiques présentassent une grande surface, et nous verrons bientôt que ce sont les noyaux tubulaires fendus longitudinalement qui ont fourni les meilleurs résultats pour les machines magnéto-électriques de la compagnie l'Alliance.

M. Dove, à l'aide d'un appareil auquel il a donné le nom d'inductomètre différentiel, a démontré qu'alors qu'il fallait 110 petites tiges de fer pour équilibrer l'intensité du courant induit fourni par un cylindre de fer forgé, il n'en fallait plus que 15 pour équilibrer l'action physiologique ou la tension, et que de tous les fers la fonte grise brute est celui qui fournit les effets induits les plus rapprochés de ceux fournis par les faisceaux de fils de fer. Un effet assez curieux à constater, c'est que la tension des courants induits ou l'effet physiologique augmente, si avec ces tubes de fer on emploie des fils de fer, tandis que l'action sur le galvanomètre ne varie pas.

En définitive, la masse du fer augmente la quantité du courant induit en agissant magnétiquement, mais comme elle peut agir par sa conductibilité et servir de véhicule à des courants d'induction créés en son sein, elle diminue la tension du courant induit dans la bobine induite. Or, en divisant cette masse, on annule à peu près complètement ce dernier mode d'action et c'est pourquoi les appareils d'induction gagnent beaucoup pour la tension à avoir des faisceaux de fils de fer.

Les expériences sur la longueur des noyaux magnétiques n'ont pas encore été assez multipliées et assez concluantes pour qu'on ait pu formuler une loi bien nette à leur égard. MM. Poggendorff, Muller et plusieurs autres physiciens ont reconnu cependant que, dans une bobine simple à noyau droit, l'action inductrice est plus forte au milieu du noyau qu'en tout autre point, et c'est pour cette raison qu'ils ont conseillé d'accumuler sur cette partie de la bobine le plus grand nombre de spires possible, ce qui conduit implicitement à donner à ces bobines la forme d'un fuseau. On peut se rendre compte de cet effet en considérant que dans l'action de l'induction, le point milieu du noyau magnétique représente le point d'application de la résultante de toutes les actions dynamiques qui s'exercent et qui conspirent dans un même sens ; or de même que l'aiguille d'un galvanomètre ou un cadre galvanométrique dévie, sous l'influence des actions exercées sur cette résultante, de même que les attractions exercées par les électro-aimants décroissent comme les racines carrées de la distance du point où s'exerce l'attraction au point milieu du noyau magnétique, de même l'induction se concentre au point milieu des noyaux magnétiques. Quant aux longueurs des bobines elles-mêmes, il est manifeste que l'on a avantage à les faire un peu longues pour obtenir de la tension et un peu courtes pour obtenir de la quantité. Ainsi, les bobines d'induction de Ruhmkorff sont plus énergiques quand elles sont longues, en raison sans doute de la plus grande quantité de spires qu'elles peuvent fournir pour une même résistance de fil. D'un autre côté, nous voyons dans les bobines d'induction que M. Siemens adapte à ses appareils magnéto-électriques et dont le noyau magnétique constitue une sorte de cadre galvanométrique, dont la longueur du noyau représente l'épaisseur de ce cadre, que les courants induits développés ont une intensité surprenante pour les dimensions de ces bobines. On peut faire la même observation pour les bobines des machines magnéto-électriques de la compagnie l'Alliance. En définitive, on ne possède encore que des inductions, et aucun calcul de maxima n'a pu donner jusqu'à présent des indications exactes sur ces dimensions.

Influence de la promptitude des alternatives d'aimantation et de désaimantation. — La tension et l'intensité des courants induits, quand ils doivent agir d'une manière continue, dépendent beaucoup de la succession plus ou moins rapide des alternatives d'aimantation et de désaimantation qui leur donnent naissance, et aussi de la disposition des appareils.

D'après la proportionnalité de la tension électrique des courants à $\frac{dI}{dt}$, on serait porté à croire que cette succession devrait être la plus rapide possible, aussi bien pour la tension que pour la quantité ; mais l'inertie magnétique des noyaux de fer complique considérablement les effets produits, et on remarque qu'alors que des interruptions lentes de l'inducteur sont favorables au développement de la tension du courant induit dans les appareils d'induction de Ruhmkorff, une grande vitesse de rotation et par conséquent des alternatives très-rapides d'aimantation et de désaimantation sont nécessaires pour faire produire aux machines magnéto-électriques de la compagnie l'Alliance leur maximum d'effet, aussi bien pour la tension que pour la quantité. M. Ryke, de Leyde, a publié sur ces effets un mémoire intéressant dont on pourra voir une analyse dans ma notice sur l'appareil de Ruhmkorff (3ᵉ édition). En général, on peut dire qu'une succession rapide d'aimantations et de désaimantations est favorable au développement de l'intensité des courants induits, en raison du plus grand nombre d'actions électriques qui se produisent dans un temps donné et qui se superposent dans les machines à courants redressés, mais qu'une succession lente de ces aimantations et désaimantations augmente la tension de ces courants, en permettant aux noyaux magnétiques d'acquérir leur maximum d'aimantation. Conséquemment, si une machine est munie de noyaux de fer qui sont susceptibles de s'aimanter et de se désaimanter rapidement, les actions rapides de l'inducteur seront préférables ; dans le cas contraire, ce seront les actions lentes, de sorte qu'il est impossible d'établir *à priori* à cet égard une loi générale applicable à tous les appareils. Nous avons du reste donné, page 124, tome I, les lois de ces courants interrompus.

Avec les machines magnéto-électriques telles que celles de la compagnie l'Alliance, l'intensité moyenne de la somme de tous les courants induits transmis, augmente avec la vitesse de rotation de la machine, mais dans un rapport moindre que celle-ci ; elle dépend de deux circonstances, à savoir de l'intensité elle-même du courant et du nombre plus ou moins grand des bobines accouplées en tension. Les courbes suivantes (fig. 53) données par M. Leroux (1) peuvent donner à cet égard quelques indications.

On voit que plus le nombre des bobines mises en tension est considérable, moins rapidement leur force électro-motrice croit avec la vitesse. Pour seize bobines en tension, la force électro-motrice croit très-peu rapidement, à partir de 200 tours par minute accomplis par l'axe de ro-

(1) Voir le rapport de M. Leroux sur les machines magnéto-électriques de la compagnie l'Alliance dans le bulletin de la Société d'encouragement, tome 16, p. 757.

tation des plateaux. A 300 tours, elle n'est pas éloignée de son maximum que, très-probablement elle n'atteint que pour une vitesse plus grande encore. La détermination des forces électro-motrices dans ces expériences était obtenue par la méthode d'opposition que nous avons exposée page 163, tome I, seulement au lieu de couples thermo-électriques, on opposait des éléments Bunsen.

Fig. 53.

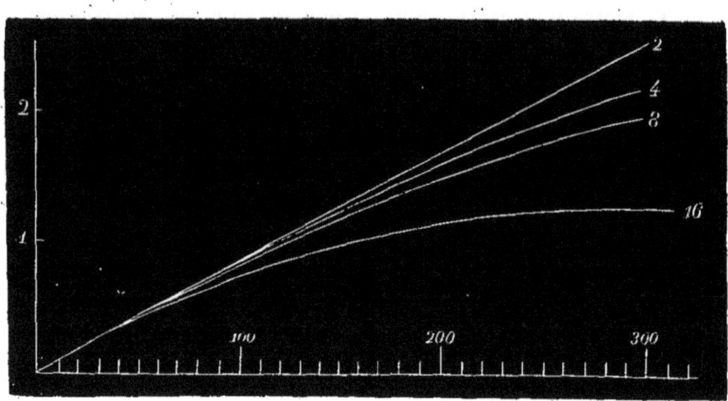

Quand au lieu de rendre le courant très-faible, comme cela avait lieu par le système d'opposition dont nous venons de parler, on laisse prendre à son intensité des valeurs considérables, on trouve que cette intensité croît encore moins rapidement avec la vitesse que les courbes ci-dessus ne l'indiquent.

« Il résulte de tout cela, dit M. Leroux, que les accroissements d'intensité coûtent de plus en plus cher, quand on veut les obtenir par les accroissements de la vitesse ; car si théoriquement chaque tour ne consomme qu'une quantité de travail proportionnelle à l'effet utile qu'il produira finalement, pratiquement chaque tour entraîne la perte d'une certaine quantité de travail afférente aux travaux passifs de toutes sortes. Cependant, dans les applications calorifiques de l'électricité, il importe d'atteindre ces intensités élevées, puisque l'effet utile produit est proportionnel à leurs carrés dans un temps donné, mais dans les applications chimiques, pour lesquelles l'effet est proportionnel à la première puissance de l'intensité, il y a intérêt au point de vue de l'économie de la force motrice à ne pas réaliser de grandes vitesses de la part de la machine. »

Si l'accroissement de vitesse dans les machines magnéto-électriques augmente l'intensité des courants induits qui en résultent, en revanche l'accroissement des courants induits augmente beaucoup la résistance opposée à leur mouvement de rotation. Sans doute les éloignements plus fréquents des pièces qui subissent l'attraction doivent fournir à l'action du moteur une somme de résistance mécanique plus grande, mais il y a encore, dans le fait même du développement du travail électrique produit, une réaction mécanique qui est la conséquence de la transformation des forces physiques en fonction les unes des autres.

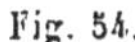

Fig. 54.

Tout le monde connaît la jolie expérience de M. Foucault, qui consiste à faire tourner un disque de cuivre entre les pôles d'un fort électro-aimant, et dont nous représentons fig. 54 le dispositif. Quand l'électro-aimant est inactif, on peut tourner le disque avec telle vitesse qu'il peut convenir; mais aussitôt que l'électro-aimant devient actif, le disque s'échauffe successivement, la résistance opposée à sa rotation augmente considérablement et devient bientôt telle qu'on ne peut plus accroître la vitesse de la machine. Sous l'influence de l'effet calorifique produit, il s'est donc opéré une réaction mécanique en sens inverse de celle qui est communiquée à la machine et dont la mesure doit être l'équivalent de l'action physique qui lui a donné naissance (1). Or une action du même genre doit être évidemment déterminée dans les machines magnéto-électriques à rotation rapide.

Un effet assez curieux des courants induits des machines magnéto-électriques, c'est qu'on peut obtenir de leur part et sans commutateur des courants dans le même sens, en introduisant dans le circuit un voltamètre à eau acidulée ou mieux à solution de bi-chlorure de mercure dans l'eau salée ; mais il importe que la surface de l'électrode soit réglée convenablement, car le liquide, par son échauffement, ayant sa conductibilité très-augmentée, peut diminuer considérablement l'effet du voltamètre, et même dans certains cas l'annihiler complétement. Ce phénomène résulte de la différence de tension des deux courants induits dont l'un, le courant inverse, se trouve affaibli à tel point par le voltamètre qu'il passe très-difficilement et laisse à l'autre une action prépondérante. Un effet du même genre est obtenu avec les courants induits de la machine de Ruhmkorff lorsque le circuit présente une solution de continuité et lorsqu'on fait passer ce courant à travers deux circuits présentant, l'un une solution de continuité un peu grande, l'autre une solution de continuité très-petite ou mieux une solution de continuité occupée par la flamme d'une bougie. Je suis arrivé à obtenir dans l'un des circuits (le dernier) un courant continu résultant des courants inverses, dans l'autre un courant également continu résultant des courants directs. Quant aux courants des machines magnéto-électriques, il résulte des expériences de M. Bouchotte (2) que l'effet utile obtenu avec ce système voltamétrique, auquel il a donné le nom de *dialyseur*, est environ $\frac{50}{135}$ de celui que l'on peut attendre du redressement des courants.

Suivant M. Blaserna, professeur à l'Université de Palerme, le temps écoulé entre la fermeture ou la rupture du courant inducteur et l'apparition du courant d'induction qui en résulte, est inférieur à un cinquante millième de seconde, et ce courant faible à sa naissance croît peu à peu pour diminuer ensuite et s'éteindre dans un intervalle qui varie avec l'intensité du courant induit, mais qui est en moyenne d'un deux centième

(1) Voir les mémoires de M. Jacobi sur ces expériences dans les *Mondes*, tome 26, p. 253, de M. Violle, tome 26, p. 277, de M. Soret, tome 26, p. 365, de M. Favre, (tome 25, p. 760).

(2) Voir le mémoire de M. Bouchotte, dans les *Mondes*, tome 15, page. 591.

de seconde. M. Helmholtz, de son côté, a constaté que si réellement les actions inductrices se transmettent avec une vitesse appréciable, celle-ci doit être plus grande que 314400 mètres à la seconde, et l'écartement plus ou moins grand des deux spirales, qui a été poussé dans ses expériences jusqu'à 136 centimètres, ne modifiait pas les condititions d'apparition du courant induit d'une quantité équivalente à $\frac{1}{231170}$ de seconde (voir le résumé du travail de ce savant dans les *Mondes*, tome 26, p. 103).

Du reste, s'il faut en croire M. Blaserna, le mode de propagation des courants induits serait bien différent de celui des courants continus pendant la période variable. L'intensité électrique développée monterait d'abord lentement, puis rapidement arriverait à un maximum, puis redescendrait à un minimum, pour s'élever ensuite jusqu'à sa valeur normale. Le courant formerait donc ainsi une ou plusieurs oscillations avant d'arriver à sa valeur constante, après environ un centième de seconde; l'amplitude des oscillations diminuerait peu à peu, et les intervalles de temps entre un maximum et le suivant augmenteraient d'une manière très-marquée jusqu'à ce que les oscillations pussent se confondre selon une droite parallèle à la ligne des abscisses. Toutefois, ces oscillations ne surpasseraient pas le double de l'intensité normale et ne seraient jamais négatives. (Voir l'analyse de ce mémoire dans les *Mondes*, tome 22, p. 245).

Quand les courants induits ont une grande tension et peuvent produire des étincelles à distance, *le courant direct seul peut passer à travers la solution de continuité et donne alors lieu dans cette solution de continuité à deux flux électriques qui ont des caractères très-différents.* L'un de ces flux, qui est représenté par un jet de feu d'une blancheur éblouissante, a la tension et toutes les propriétés de l'électricité des machines à plateau de verre ; l'autre qui apparaît sous la forme d'une atmosphère lumineuse enveloppant le trait de feu, a toutes les propriétés de l'électricité de quantité.

Toutefois ce double flux est plutôt apparent que réel et provient de ce qu'une partie de la décharge, en éclatant à distance, ouvre la voie à l'autre partie qui se trouve dès lors conduite à travers l'air échauffé à l'état de courant continu. Les effets auxquels donne lieu cette non-homogénéité de l'étincelle d'induction que j'ai le premier découverte en 1854, sont excessivement variés et curieux et ont été de ma part l'objet de nombreuses recherches. Mais nous n'en parlerons pas davantage, car elles n'intéressent en aucune façon le sujet que nous traitons (1). Nous nous contenterons de dire que, pour leur application à la télégraphie électrique, les courants induits ne doivent pas avoir une très-grande tension, d'abord parce que les lignes ne seraient jamais assez bien isolées pour les conduire sans grande perte, et en second lieu parce que, appliquées sur des câbles sous-marins ou des conduites souterraines, ils compromettraient gravement leur isolation en perforant la couche isolante. Dans ce cas, il vaut mieux transformer cet excès de tension en quantité, et pour cela il ne s'agit que d'employer du fil plus gros pour les bobines induites.

III. MACHINES D'INDUCTION MAGNÉTO-ÉLECTRIQUES.

Pour obtenir avec les courants induits, qui sont instantanés, des effets analogues à ceux des courants continus, il fallait disposer les appareils destinés à les produire de manière à fournir une succession de courants assez rapide pour que les interruptions pussent se trouver dissimulées. Les machines destinées à réaliser cet effet portent le nom de *machines d'induction*.

Ces machines, comme nous l'avons déjà dit, ont été très-variées dans leur disposition et chacune des catégories dans lesquelles on peut les classer peuvent elles-mêmes se subdiviser.

La première se rapportant aux machines magnéto-électriques proprement dites comportera : 1° les machines fondées sur l'aimantation temporaire du fer doux par l'action d'aimants persistants ; 2° les machines fondées sur la surexcitation magnétique d'aimants permanents ; 3° les machines dans lesquelles les deux genres de réactions précédentes se trouvent réunis ; 4° les machines fondées sur le déplacement des polarités magnétiques d'un même système électro-magnétique ; 5° les machines fondées sur un accroissement successif dans l'aimantation d'un système électro-magnétique sous l'influence des effets d'induction produits ; 6° les appareils fondés sur l'induction magnétique du globe terrestre.

La seconde catégorie comprendra tous les appareils d'induction voltaïque depuis l'appareil électro-médical le plus simple jusqu'aux machines de Ruhmkorff, etc.

---

(1) Voir ma Notice sur l'appareil de Ruhmkorff, 5e édition, et mon Mémoire sur la non-homogénéité de l'étincelle d'induction.

1° MACHINES FONDÉES SUR L'AIMANTATION TEMPORAIRE DU FER DOUX.

Machine de Pixii. — M. Pixii, constructeur français, paraît être le premier qui ait construit une machine d'induction fournissant des courants induits prolongés résultant d'aimantations successives communiquées à un barreau de fer doux. Pour obtenir ce résultat, il faisait tourner au-dessous d'un énorme électro-aimant AB (fig. 55) un fort aimant permanent en fer à cheval CD dont les pôles, en s'approchant et en s'éloignant alternativement de ceux de l'électro-aimant, remplissaient le rôle d'un barreau aimanté qu'on aurait enfoncé et retiré de l'hélice induite ;

Fig. 55.

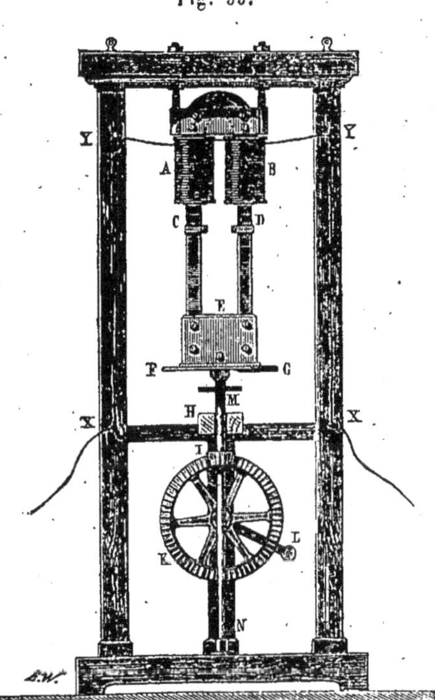

un commutateur H, gouverné par l'axe de rotation MN de l'aimant, permettait en outre de redresser les courants de manière à les fournir toujours dans un même sens. Cette machine, du reste assez volumineuse, fut installée en 1832 à la Sorbonne pour le cours d'Ampère.

Machines de Saxton et de Clarke. — On reconnut bien vite qu'il n'était pas utile de rendre l'électro-aimant aussi massif que le faisait Pixii, tandis qu'il fallait augmenter le plus possible la puissance de l'aimant permanent. Il devenait alors plus commode de laisser le premier fixe et de rendre le second mobile. C'est ce que fit quelques années plus tard l'américain Saxton, qui rendit aussi l'appareil moins encombrant en plaçant l'aimant horizontalement, le laissant fixe, et en faisant mouvoir l'électro-aimant ou les bobines induites autour d'un axe situé sur le même plan que l'aimant.

Fig. 56.

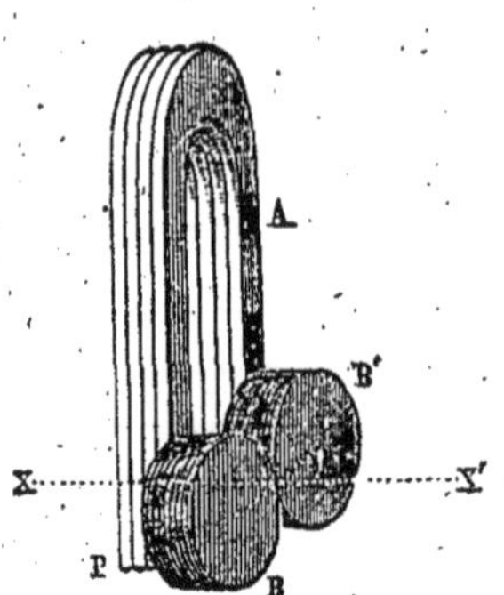

Mais on pouvait aussi placer l'aimant permanent vertical et faire mouvoir l'électro-aimant autour d'un axe horizontal XX' (fig. 56), de façon que les extrémités de celui-ci effectuassent leur révolution dans un plan parallèle aux tranches de l'aimant permanent.

Telle est la disposition réalisée par Clarke et représentée dans la

Fig. 57.

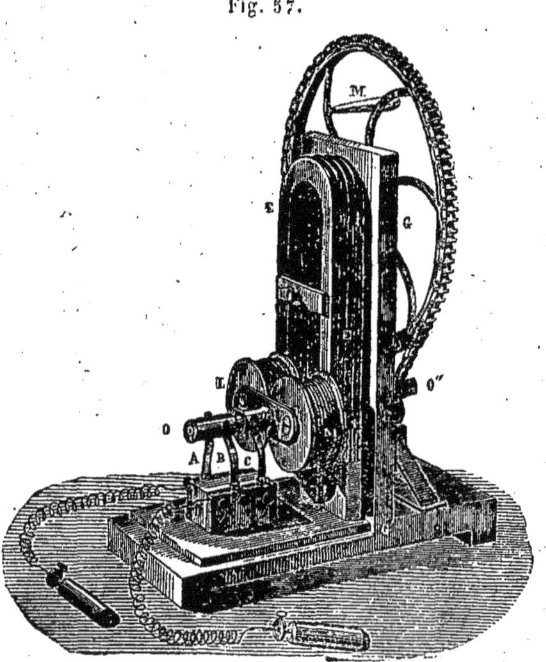

figure 57. L'aimant permanent est en E ; l'axe autour duquel se meut l'é-

lectro-aimant, est représenté en *o o'*. Cet axe porte un pignon sur lequel passe une chaîne à la Vaucanson, entraînée par une grande roue G, que l'on met en mouvement au moyen d'une manivelle M.

L'électro-aimant n'est plus comme dans l'appareil de Pixii, un même morceau de fer doux recourbé en fer à cheval ; ce sont deux bobines distinctes B et B' (fig. 58) dont les noyaux de fer sont réunis d'un côté par une traverse de même matière V, et de l'autre par une traverse d'une matière non-magnétique. Cette disposition est physiquement équivalente à celle d'un électro-aimant formé d'une seule masse de fer recourbée en fer à cheval ; mais elle est plus commode à réaliser et moins encombrante.

Ces appareils fournissent des courants qui sont alternativement de sens contraire : or pour un certain nombre d'applications, il faut de toute nécessité avoir un courant qui soit toujours du même sens, aussi tous ces appareils comportaient-ils un organe spécial auquel on donna le nom de

Fig. 58.

commutateur et quelquefois aussi de *redresseur* ; cependant l'appareil de Clarke était disposé de manière à fonctionner avec ou sans redressement des courants, opération qui n'est pas nécessaire et est même nuisible pour les expériences d'incandescence des métaux, la production de l'étincelle entre deux charbons, etc.

Pour redresser les courants, voici la disposition très-simple employée par Clarke ; un manchon J (fig. 58), formé d'une matière isolante est monté sur l'une des extrémités de l'axe. Deux lames métalliques *o* et *o'*, laissant entre elles deux légers intervalles diamétralement opposés, sont appliquées sur ce manchon ; chacune de ces deux lames communique d'une manière permanente avec une des extrémités du fil des bobines, et deux ressorts *b* et *c* sont constamment appliqués sur ces lames. On voit que par la rotation du système, chacune des deux lames *o* et *o'* vient successivement se mettre en contact avec chacun des deux ressorts. Cela posé, si en un moment donné le sens du courant est tel que l'indique la flèche placée en *b*, et si au moment où ce sens change à l'intérieur des bobines, c'est la lame *o* qui vient en contact avec le ressort *b*, on voit que le courant conservera la même direction dans ce ressort et, par conséquent, dans le circuit extérieur *mpn*.

Machines de MM. Page, Wheatstone, etc. — Les machines magnéto-électriques de Saxton et de Clarke ont été successivement modifiées par MM. Page, Wheatstone et autres, quant à leur forme, au nombre des aimants inducteurs et des bobines induites, au mode d'accouplement des bobines, enfin à la disposition de leur commutateur. Mais le principe est toujours le même que celui du type dont nous venons de faire la description.

La machine de M. Page est double, en ce sens que l'électro-aimant qui doit recevoir l'induction tourne entre les pôles de deux aimants fixes en fer à cheval. En conséquence, cet électro-aimant, au lieu d'avoir ses deux branches réunies par une traverse commune, forme deux aimants droits indépendants l'un de l'autre et montés sur le même axe de rotation. Ce système est de plus enveloppé par un cylindre de cuivre, qui porte une roue pour établir une connexion mécanique avec la source de puissance dont on veut se servir pour maintenir la machine en mouvement.

Le commutateur appelé par l'inventeur *unitrep* est double et monté sur l'axe de rotation aux deux bouts opposés des bobines électro-aimants. Il se compose, comme celui que nous avons déjà décrit, d'une virole d'ivoire sur laquelle sont incrustés, aux deux extrémités d'un même diamètre, deux segments d'argent en rapport avec les extrémités des fils des bobines. Deux frotteurs pour chaque unitrep distribuent ensuite le courant induit à deux boutons spéciaux.

Comme les aimants fixes sont disposés les uns vis-à-vis des autres par leurs pôles opposés, que les bobines ont leur fil enroulé en quantité, et que l'action inductrice est simultanée sur les deux électro-aimants à la fois, le renversement de sens du courant sur les frotteurs s'opère naturellement par le fait seul de la rotation des unitreps qui présentent à ces frotteurs, à chaque demi-révolution, un segment en rapport avec un courant inverse. Les frotteurs et les boutons qui sont en communication avec eux, représentent donc constamment les mêmes pôles et peuvent par conséquent être combinés à la manière des pôles d'une pile pour l'accumulation des effets électriques.

La machine de Wheatstone n'est qu'une complication de la précédente, mais le principe et les détails mécaniques en sont absolument les mêmes, particulièrement les commutateurs. Elle fait réagir à la fois six gros aimants en fer à cheval sur cinq systèmes de doubles bobines montées sur le même axe horizontal. Pour que le courant induit soit tout à fait continu, ces systèmes de bobines sont disposés sur l'axe commun de manière que leur plan présente, pour chacun d'eux, une inclinaison différente. Alors les différentes inductions se succèdent et dissimulent les intermittences. Les aimants fixes sont placés sur leur champ, afin que chaque système d'électro-aimants puisse être influencé à la fois par les quatre pôles des aimants entre lesquels il tourne. Les commutateurs sont placés sur l'axe dans l'intervalle qui sépare chaque système, et les frotteurs aboutissent tous, suivant leur position, à deux bandes métalliques placées en dessus et et en dessous d'une traverse de bois disposée en conséquence. Ces bandes à leur tour correspondent à deux boutons d'attache qui représentent les deux pôles d'une pile galvanique.

En raison de la plus grande force qui est exigée pour la rotation de ce système multiple, la transmission du mouvement de la grande roue à la petite se fait par un engrenage, au lieu de se faire par un système de poulies. Le dessin et la description de cette machine se trouvent dans le traité de télégraphie électrique de M. l'abbé Moigno (2e édition).

Machine magnéto-électrique de la compagnie l'Alliance. — Les effets si considérables qu'on avait obtenus avec les machines magnéto-électriques ne tardèrent pas à faire naître l'idée de les employer comme générateurs économiques d'électricité ; on pensa qu'en les construisant avec de grandes dimensions et en leur appliquant un moteur à vapeur, on pourrait non-seulement réduire considérablement la dépense de la production de l'électricité si coûteuse avec les piles, mais encore qu'on pourrait obtenir par leur intermédiaire des courants beaucoup plus constants et plus réguliers dans leur action.

La première tentative de construction d'une machine magnéto-électrique destinée à la production industrielle de l'électricité, paraît remonter à l'année 1849. Dès cette époque, M. Nollet, professeur de physique à l'École militaire de Bruxelles, se proposa de construire la machine de Clarke sur une grande échelle, en y introduisant les perfectionnements que les progrès récents de la science et son expérience personnelle avaient pu lui suggérer.

Malheureusement la mort vint arrêter ses travaux au moment où il allait lui être donné, non pas de voir réussir son œuvre, car le succès ne devait pas être immédiat, mais de la voir soumise à la sanction de la pratique. Des spéculateurs hardis, aidés de riches et puissants personnages, étaient arrivés en effet à monter une entreprise dont les machines magnéto-électriques de Nollet faisaient la base. Nous ne parlerons pas de l'échafaudage de promesses insensées que ces machines devaient réaliser et qui ont conduit à la constitution de la compagnie *l'Alliance*. M. Nollet était complétement étranger à toutes ces manœuvres, et pour des personnes éclairées ces promesses elles-mêmes auraient dû suffire pour les tenir en garde. Il ne s'agissait en effet rien moins à cette époque que d'extraire le gaz d'éclairage de l'eau à l'aide des courants issus de ces machines ; or l'utopie, pour ne pas dire plus, était évidente. En effet, que fallait-il consommer pour faire fonctionner les machines magnéto-électriques ?... de la houille pour chauffer la machine à vapeur qui mettait celles-ci en mouvement ; donc aux deux extrémités du système, d'une part de la houille, d'autre part du gaz hydrogène provenant de la décomposition de l'eau, et ayant besoin de subir, pour être employé, une préparation particulière, la carburation ; au milieu, une complication considérable d'organes soumis à des pertes de toute espèce. Il est bien évident qu'un tel procédé ne pouvait être aussi économique que celui qui consiste à calciner la houille pour en extraire directement le gaz d'éclairage. Aussi cette entreprise ne tarda-t-elle pas à tomber, et pour utiliser le matériel considérable qui était resté, le conseil de la compagnie, dirigé par M. Berlioz, chercha à lui donner une autre destination. La lumière électrique et les actions galvanoplastiques furent tour à tour données comme but de travail à ces machines ; mais de nombreux perfectionnements étaient encore nécessaires pour satisfaire complétement à ce double point de vue, et ce ne fut qu'au bout de 10 ans, grâce aux efforts persévérants de M. Berlioz, directeur de la compagnie et aux essais nombreux et intelligents de M. Joseph Van Malderen, qui profita habilement des observations des divers physiciens qui, tant en France qu'en Angleterre, eurent occasion de s'occuper des machines magnéto-électriques, que le problème put être résolu de la manière la plus satisfaisante, du moins au point de vue du résultat physique produit.

Comme principe, cet appareil se rapproche beaucoup de celui sur lequel a été établie la machine de Clarke, mais sa disposition mécanique est combinée de telle manière qu'elle permet de multiplier les bobines d'induction et les aimants, de la façon la moins encombrante possible. Les bobines (fig. 59) sont rangées régulièrement au nombre de 16 sur une roue en bronze,

Fig. 59.

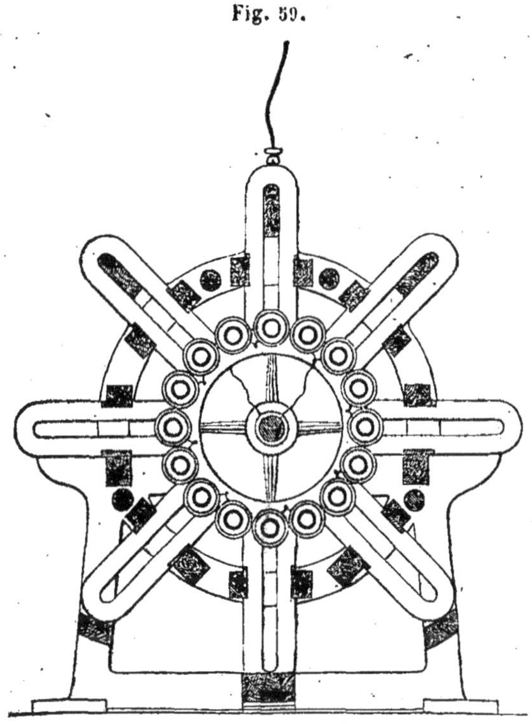

portant des empreintes appropriées, et y sont maintenues par des colliers destinés à les assujettir fortement. Cet ensemble que nous désignerons, pour abréger, par le mot *disque*, tourne entre deux rangées d'aimants en fer à cheval supportés parallèlement au plan du disque par un bâti spécial qui ne présente que du bois au voisinage des aimants ; chaque rangée d'aimants en compte huit présentant seize pôles régulièrement espacés. Il y a donc autant de pôles que de bobines, et quand l'une d'elles se trouve en face d'un pôle, les quinze autres doivent se trouver dans la même position.

On peut multiplier dans une même machine le nombre des disques en les montant sur un même arbre, ainsi que le nombre des rangées d'aimants en les montant sur le même bâti ; on ne dépasse pas généralement le nombre de six disques, car les machines deviendraient trop longues et il serait alors trop difficile de les soustraire aux effets de la flexion de l'arbre et du bâti. Il ne faut pas en effet oublier que les bobines doivent se mouvoir aussi près que possible des pôles des aimants, mais sans les toucher.

La fig. 60 montre la vue d'ensemble d'une machine de quatre disques. Les extrémités des fils des bobines viennent se fixer à des plateaux de

Fig. 60.

bois assujettis sur la roue en bronze, et là on les assemble, soit en tension, soit en quantité, comme les éléments d'une pile hydro-électrique. L'un des pôles du courant total aboutit à l'arbre qui se trouve en communication avec le bâti par l'intermédiaire des coussinets, l'autre pôle aboutit à un manchon concentrique à l'arbre et isolé de lui par du bois ou du caoutchouc durci. Ce manchon, entraîné par l'arbre, roule dans un coussinet qui lui-même est isolé électriquement du bâti. Le courant se recueille donc d'une part sur ce coussinet et de l'autre sur un point quelconque de la partie métallique du bâti.

Nous allons maintenant entrer dans quelques détails sur les éléments eux-mêmes de ces machines.

Aimants. — Les aimants, comme nous l'avons dit, sont en fer à cheval ; ils pèsent environ 20 kilogrammes et sont formés de cinq à six lames d'acier trempé, redressées à la meule et assemblées par des vis ; l'épaisseur de chaque lame est d'environ 1 centimètre. Pour arriver plus économiquement à une grande uniformité d'épaisseur à l'endroit des pôles, on garnit souvent ceux-ci d'une semelle en fer doux assez mince pour ne pas altérer sensiblement les polarités magnétiques. Chaque lame est aimantée par les procédés connus, et le faisceau doit porter environ le triple de son poids ; cette aimantation du reste ne fait que se bonifier par la marche de la machine.

Quand les machines ne fonctionnent pas, il convient comme toujours, pour la conservation de la force des aimants, d'armer ceux-ci d'un contact de fer doux.

Bobines. — Les bobines de la machine en question sont constituées par des tubes de fer fendus longitudinalement pour éviter les courants induits, et portant des rondelles de laiton également fendues, comme on le voit sur la fig. 61. Leur longueur est de 10 centimètres, leur diamètre 4 centimètres ; ce sont les dimensions les plus convenables indiquées par l'expérience.

La longueur et la section du fil des bobines d'induction doivent dépendre, comme on le comprend aisément, des conditions de résistance du circuit extérieur que les courants doivent avoir à vaincre et du genre de travail qu'on demande à ces machines ; toutefois, pour les applications auxquelles on a soumis ces machines, l'expérience a démontré que c'étaient des faisceaux de fils isolés ayant chacun un millimètre de diamètre et une trentaine de mètres de longueur, et réunis au nombre de 8, qui fournissaient les meilleurs ré-

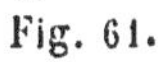
Fig. 61.

sultats. Ces fils sont recouverts d'une enveloppe de coton imprégnée d'une solution de bitume de Judée dans de l'essence de térébenthine ou de la benzine ; cette espèce de vernis a l'avantage de ne pas se gercer facilement et de se sécher extrêmement vite. De plus, il est très-limpide, de sorte qu'il n'augmente pas sensiblement l'épaisseur des différentes couches de spires des hélices.

Commutateur. — Quand les machines magnéto-électriques sont destinées à produire des effets calorifiques, les courants induits n'ont pas besoin d'être redressés, car ces effets sont tout à fait indépendants du sens du courant ; toutefois, à l'époque des premiers essais de ces machines pour la lumière électrique, ce principe physique était peu connu et c'est M. Masson qui conseilla le premier à M. Van Malderen la suppression du commutateur aux machines qu'il utilisait à la lumière électrique. Grâce à ce perfectionnement, ces appareils purent fournir des effets beaucoup plus intenses, car les commutateurs entraînaient toujours des pertes considérables de courant qui se trouvaient ainsi évitées. Toutefois, la régularisation de la lumière électrique devenait alors plus délicate, car si l'effet calorifique n'est pas influencé par les changements de sens du courant, il n'en est pas de même des effets magnétiques et chimiques, et l'action magnétique exercée sur les régulateurs de lumière électrique devenait si minime qu'il a fallu des appareils aussi sensibles que ceux de M. V. Serrin pour résoudre le problème (1).

Dans les conditions d'application à la lumière électrique, le commutateur des machines magnéto-électriques se trouve donc réduit à un simple ressort frotteur qui appuie sur un manchon métallique, isolé de l'arbre et mis en rapport avec l'une des extrémités des fils des bobines. Mais dans les applications à la galvanoplastie le commutateur est plus complexe, et c'est une des parties de l'appareil qui a entraîné le plus de recherches et le plus de difficultés.

Dans l'origine, ce commutateur était composé d'autant d'anneaux cylindriques qu'il y avait de disques, et ces anneaux étaient divisés en huit parties égales correspondant aux huit positions des aimants fixes ; deux frotteurs à ressorts appuyaient sur chacun de ces anneaux, et ces frotteurs étaient terminés par des têtes métalliques engagées dans une rainure circulaire faisant partie du commutateur lui-même, afin qu'ils ne pussent

(1) Voir le rapport de M. Leroux sur les machines magnéto-électriques. Bulletin de la Société d'encouragement, tome 14, p. 699.

dévier de leur position. Cette forme de marteau donnée aux frotteurs avait été nécessitée par l'usure considérable qu'ils subissent par suite du mouvement de rotation de la machine. Aujourd'hui ces frotteurs sont constitués par une lame d'acier divisée en fourche amincie par une de ses extrémités et adaptée à deux pièces métalliques sur lesquelles pivotent deux galets d'assez grand diamètre. Cette forme de fourche a été donnée pour diviser l'étincelle.

La fig. 62 ci-dessous représente une coupe du commutateur proprement dit ; il est constitué par deux roues métalliques juxta-posées et portant chacune 8 dents d'une largeur moindre que l'espace vide interposé entre

Fig. 62.

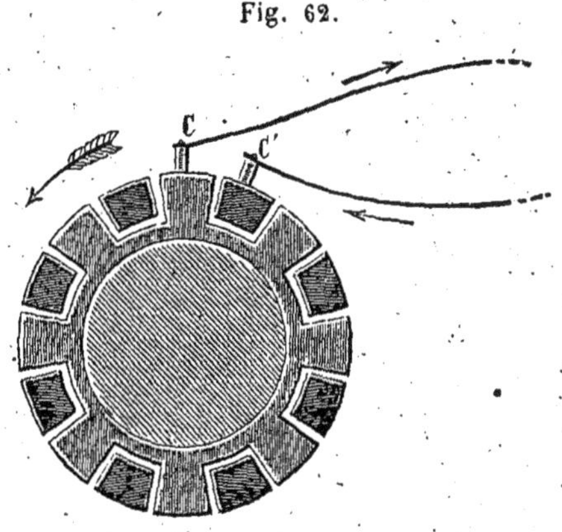

elles ; ces dents se prolongent sur le côté de manière à ce que les deux roues se pénètrent réciproquement, c'est-à-dire que les dents de l'une s'emboitent dans les vides de l'autre en laissant entre elles un petit espace vide servant à leur isolement. Chacune de ces deux roues est en communication permanente avec un des bouts du fil de la chaîne de bobines distribuées sur les disques tournants, et elles sont tellement disposées sur l'arbre de la machine par rapport aux frotteurs, que lorsque les bobines se trouvent directement en présence des pôles des aimants, les marteaux des frotteurs ou les galets commencent à appuyer chacun sur une dent, l'un de ces frotteurs étant moins avancé que l'autre de l'intervalle d'une dent ; par conséquent ces frotteurs quittent leur dent pour se porter sur une autre au même moment, et cela précisément quand les bobines se trouvent en face des pôles opposés des aimants. Mais par ce fait même ils changent alternativement de roue et se trouvent en réalité mis en communication tantôt avec une extrémité du fil, tantôt avec l'autre, et comme ce changement a lieu au moment même où le courant change de sens dans les bobines, il en résulte que dans la portion de circuit dont les frotteurs forment les extrémités, le courant conserve toujours le même sens.

Dépense et travail. Nous avons vu précédemment, page 174, que d'après les expériences de MM. Jamin et Roger, la force électro-motrice du courant issu d'une machine magnéto-électrique à 4 disques, dont les bobines sont disposées en tension et dont la vitesse de rotation est de 200 tours par minute, est équivalente à celle de 226 éléments de Bunsen, et seulement à 38, quand les bobines sont disposées en quantité ; nous avons également vu que dans le premier cas la résistance du générateur était équivalente à celle de 655 éléments Bunsen, et dans le second à 18. Dans la disposition que ces appareils ont reçue pour l'éclairage des phares, la lumière produite par cette machine est équivalente à celle qui serait fournie par 230 *becs* Carcel, et le prix de revient du courant produisant une pareille lumière serait, d'après les calculs de M. Reynaud, inspecteur des phares, 1f,10 par heure (1). Si on compare ce prix à celui du courant d'une pile de Bunsen de même puissance, calculée d'après les bases établies par M. E. Becquerel, on réaliserait en employant ces machines, une économie dans le rapport de 1f,10 à 11f,30, c'est-à-dire de plus du décuple, et le prix de la lumière électrique fournie, comparé à celui de la lumière à l'huile ordinaire (avec lampe Carcel), serait environ sept fois moindre ; toutefois il faudrait se garder de trop généraliser les avantages de ces générateurs électriques. Appliqués à la lumière électrique et dans les cas où il est nécessaire de produire dans un instant donné une grande quantité d'électricité, les courants fournis par ces machines présentent évidemment des avantages considérables, mais si on cherchait à les utiliser pour la télégraphie, comme l'a proposé M. Bouchotte, on ferait évidemment fausse route. Il faudrait d'abord des courants redressés, et

(1) Cette dépense se répartit de la manière suivante :

Intérêts et amortissement du capital dépensé pour l'achat des machines .	0,28
Charbon pour la machine à vapeur.	0,40
Salaire d'un mécanicien	0,35
Graissage des machines et entretien	0,07
	1f,10

On pourra avoir des données complètes sur cette question dans le rapport de M. Leroux (Bulletin de la Société d'encouragement, tome 14, p. 776, et dans le Mémoire de M. Reynaud, sur l'éclairage et le balisage des côtes de France. (Paris, imprimerie impériale, 1864.)

nous avons vu que l'emploi d'un commutateur entraînait des pertes énormes dans le courant produit. Pour qu'on puisse s'en faire une idée, il nous suffira de dire que d'après le rapport de M. Leroux, les moindres irrégularités dans la disposition des contacts des commutateurs, par rapport aux positions relatives des aimants et des bobines, peuvent entraîner des déperditions de courant atteignant jusqu'à un cinquième de l'intensité totale, pour une irrégularité de 2 millimètres, et ces déperditions sont encore considérablement augmentées par la détérioration et l'usure des contacts eux-mêmes par l'étincelle d'interruption qui est énorme. D'un autre côté, la plupart des bureaux télégraphiques ne consomment qu'une très-petite quantité d'électricité et quoique ne travaillant pas continuellement, ils doivent cependant avoir toujours leur courant prêt à agir. Or, si on calcule le prix de revient au bout de l'année du courant d'une machine magnéto-électrique agissant continuellement, on reconnaît qu'intensité pour intensité l'électricité fournie par les machines magnéto-électriques reviendrait à trois fois plus cher qu'avec les piles ordinaires de Daniell dont on se sert le plus communément, et à plus de 12 fois avec les piles à sable de Chutaux, dont nous avons parlé page 361, tome I.

En effet, si on calcule la force des deux sortes de générateurs en partant d'une résistance de circuit extérieur évaluée moyennement à 100 kilomètres, et ce chiffre est bien minime, l'intensité du courant fourni par la machine d'induction à 4 disques sera représentée par :

$$\frac{226 \times 11123}{665 \times 153 + 100,000} = 12,46$$

et d'après la formule (20) de la page 149, tome I, le nombre d'éléments Daniell correspondant à cette intensité pour la même résistance du circuit, aura pour expression :

1° Pour le nombre des éléments en tension,

$$a = \frac{2 \times 12,46 \times 100000}{5973} = 417,2 \text{ soit } 417 \text{ éléments ;}$$

2° Pour le nombre des éléments en quantité,

$$b = \frac{2 \times 12,46 \times 931}{5973} = 3,88 \text{ soit } 4 \text{ éléments ;}$$

3° Pour le nombre total des éléments.

$$n = 417 \times 4 = 1668 \text{ éléments.}$$

Conséquemment, si on estime à 2 fr. le prix d'entretien annuel d'un élément Daniell, ainsi que nous l'avons calculé p. 239, tome I, on arrive à une dépense annuelle de 3336 fr. pour la pile entière fournissant le courant de la machine d'induction. Or, en prenant la machine d'induction dans ses meilleures conditions, c'est-à-dire avec des courants renversés, on trouve que pour une année d'action, c'est-à-dire 8760 heures, la dépense sera 9636 fr. et cette dépense sera encore une fois et demie supérieure à celle de la pile pour un travail de 12 heures par jour, ce qu'on ne peut guère admettre, puisque dans des bureaux assez importants pour comporter l'emploi de ces machines, il existe un travail de nuit, lequel travail exige la présence d'un courant toujours prêt à agir.

D'un autre côté, la télégraphie doit écarter autant que possible les courants de trop grande tension, à cause de l'action fâcheuse qu'ils exercent sur les câbles et des mélanges qui se produisent sur les poteaux chargés de plusieurs fils : or, les courants induits ont, comme on l'a vu, une très-grande tension. Si l'on ajoute encore à ces inconvénients celui qui résulte de la difficulté qu'on éprouve avec les machines magnéto-électriques de modifier à volonté et suivant l'état des lignes, l'intensité électrique dans une proportion déterminée, on comprendra aisément que la télégraphie ne peut faire usage des courants induits que dans les conditions où on les a employés jusqu'ici, c'est-à-dire en disposant les machines de manière à ne fournir les courants qu'au moment de leur emploi, et par le fait même de la marche des appareils télégraphiques. Nous verrons plus tard comment les appareils ont été disposés pour réaliser ce genre d'action, et si nous avons insisté dès maintenant sur cette question, c'est que certaines personnes, peu au courant des questions télégraphiques, en voyant l'énorme économie réalisée par ces machines, se sont étonnées que les administrations télégraphiques se soient montrées récalcitrantes à l'égard de l'introduction de ces machines dans leur service.

Des machines magnéto-électriques de grande dimension ont encore été installées en Angleterre par M. Holmes avec une disposition différant très-peu de celle que nous venons de décrire ; nous n'insisterons pas toutefois sur ces machines qui ne présentent rien de nouveau comme principe.

Machine magnéto-électrique de M. Siémens. — Des différents perfectionnements apportés aux machines magnéto-électriques du système de Clarke, celui qui a fourni les effets les plus considérables sous le plus petit volume, est celui dont nous représentons la disposition (fig. 63) et qui est dû à M. Siémens.

Dans ce système, il n'y a par le fait qu'un seul aimant inducteur et

Fig. 63.

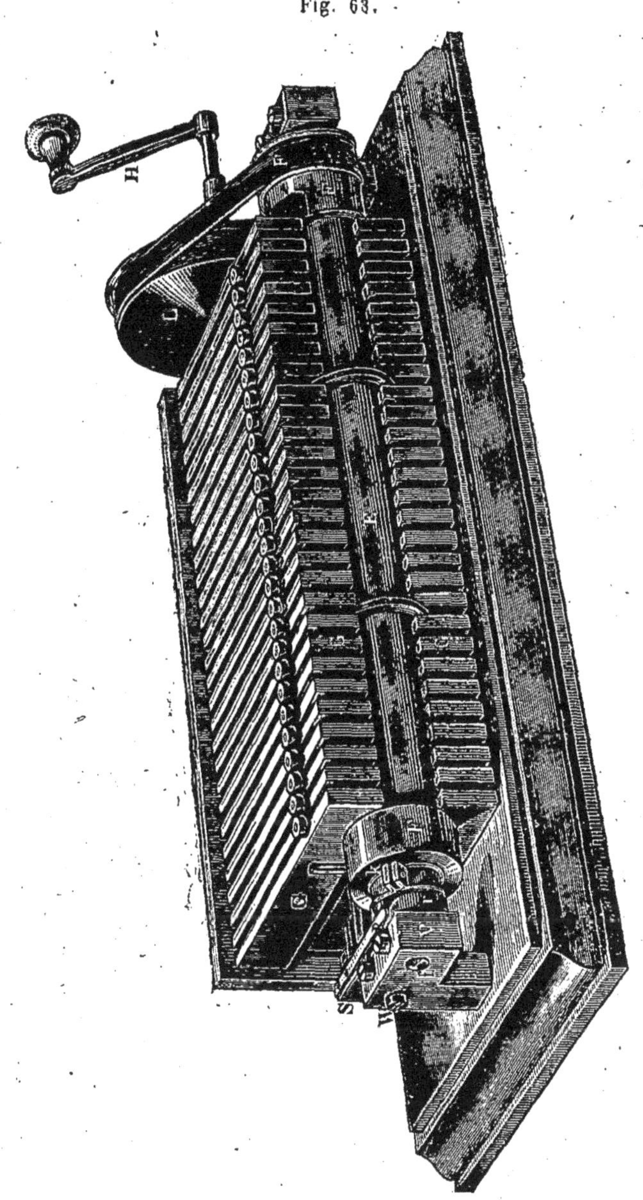

une seule bobine d'induction ; mais cet aimant inducteur disposé d'après le système de ce savant, que nous avons décrit page 60, est d'une puissance énorme ; il est composé de 28 lames séparées les unes des autres et la bobine a une disposition toute particulière qui paraît des plus avantageuses, du moins pour les effets de quantité. Sur la figure 63, cette bobine ne représente qu'un simple cylindre terminé par un interrupteur de courant, ou un commutateur si on veut obtenir des courants redressés, mais par le fait cette bobine se compose d'une sorte de cadre galvanométrique en fer dont l'espace vide représenterait le noyau magnétique et les joues destinées à arrêter le fil les deux pôles ; d'où il résulte que le fil induit est enroulé longitudinalement, c'est-à-dire dans le sens de l'axe du cylindre. La fig. 64 montre du reste la coupe de ce cylindre ; AB est la carcasse de fer dans les pôles sont en A et en B et occupent aux deux extrémités d'un même diamètre toute la longueur des cylindres. La traverse AB représente le noyau magnétique qui a conséquemment la forme d'une lame de la longueur du cylindre, et l'espace vide entre les épaulements des pôles épanouis A et B est occupé par le fil enroulé dont on voit les sections en C et en D. Ces parties sont ensuite recouvertes par des enveloppes à nervures pour éviter les effets de la force centrifuge sur les fils de la bobine qui, étant développés en longueur, pourraient s'écarter du noyau magnétique pendant sa rotation et causer des perturbations. On comprend aisément les avantages de cette disposition : la surface magnétique se trouve de cette manière considérablement développée, et par l'action uniforme des aimants sur toute leur périphérie, elle peut acquérir une polarité magnétique très-considérable. M. Tyndall assure que ces bobines sont beaucoup plus puissantes que les autres.

Fig 64.

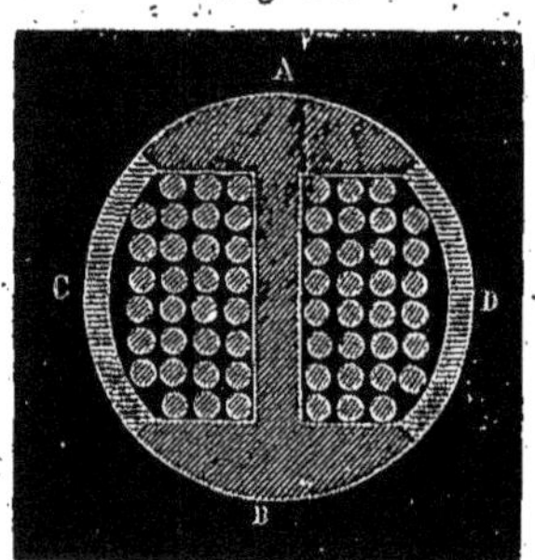

En fractionnant la longueur du cylindre et en composant le noyau magnétique de plusieurs systèmes magnétiques isolés et placés les uns à la suite des autres, de manière à présenter extérieurement leurs pôles selon des génératrices différentes, c'est-à-dire de manière à occuper successivement les diverses parties de la surface cylindrique, on pourrait accoupler les fils enroulés, sur chacun des noyaux, en tension ou en quantité et obtenir comme avec les autres machines, des courants de tension ou de quantité. Cette idée a été réalisée par M. Demoget, de Metz, dans une machine qu'il a fait construire et qui avait 4 de ces bobines fixées suivant deux diamètres perpendiculaires entre eux. Cette machine était influencée par quarante aimants persistants pouvant porter 70 kilogrammes, et les bobines qui avaient 20 centimètres de longueur, étaient enroulées avec un faisceau de trois fils de cuivre de 1 millimètre de diamètre et de 30 mètres de longueur. Avec une vitesse de rotation de 300 à 350 tours par minute, M. Demoget a pu faire rougir un fil de platine de 20 centimètres de longueur sur 8/10 de millimètre de diamètre, a pu fondre des fils de fer de mêmes dimensions et produire par seconde 1/2 centimètre cube de gaz provenant de la décomposition de l'eau. (*Voir les Mondes, tome* 22, *page* 351.)

Machines magnéto-électriques à mouvement alternatif. — On emploie souvent en Angleterre un système de machines magnéto-électriques dans lequel l'éloignement des bobines d'induction des pôles de l'aimant fixe est obtenu à l'aide d'un levier bascule à l'extrémité duquel elles sont montées. C'est l'appareil magnéto-électrique réduit à sa plus simple expression. M. Henley, à Londres, en construisant pour ces sortes de machines des aimants excessivement puissants, est parvenu à leur faire produire des courants assez énergiques pour fournir des étincelles à distance. Un simple coup de poignet appliqué sur le manche de ces appareils suffit pour réaliser les effets que nous venons d'indiquer. M. Henley destine ces appareils à l'explosion des mines ; seulement comme leur prix est infiniment plus élevé que celui de l'appareil de Ruhmkorff, ce dernier sera toujours choisi de préférence.

En disposant, l'un à côté de l'autre, deux aimants droits un peu puissants et adaptant à leurs extrémités devant leurs pôles contraires deux électro-aimants fixés à l'extrémité de leviers articulés, M. Henley est parvenu à faire une machine magnéto-électrique assez puissante pouvant fournir deux courants différents. Ces courants avaient une énergie aussi grande que si les aimants droits eussent constitué un aimant en fer à cheval, et cela se comprend aisément, si l'on considère qu'au moment où dans une pareille machine l'on fait réagir l'un ou l'autre des deux électro-aimants en rapport avec les deux circuits, celui de ces électro-aimants qui n'est pas écarté constitue une traverse magnétique qui fait des deux aimants droits les deux branches d'un aimant en fer à cheval, tandis que l'autre reçoit l'induction. Ce système a été appliqué par M. Henley à la télégraphie électrique.

Dispositions différentes des machines du système Clarke. — On a du reste dans les applications électriques exigeant peu de puissance électrique varié beaucoup la forme et la disposition des appareils d'induction appartenant à la catégorie des machines de Clarke. Tantôt le noyau de fer de la bobine d'induction s'épanouit à ses deux extrémités en forme de croix, et les aimants fixes sont disposés de manière que cette bobine, en pivotant sur son axe, présente successivement à l'action polaire de ces aimants les différentes branches des deux croix de fer, comme on le voit fig. 65. Ce système a été imaginé par M. Lippens, tantôt le système d'induction constitué par un électro-aimant est placé entre les deux branches de l'aimant inducteur, et une roue

Fig. 65.

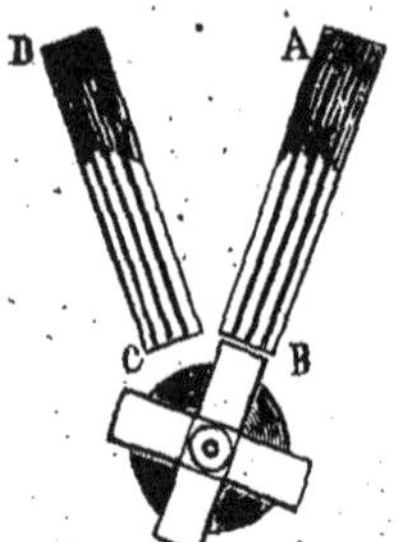

Fig. 66.

Fig. 67.

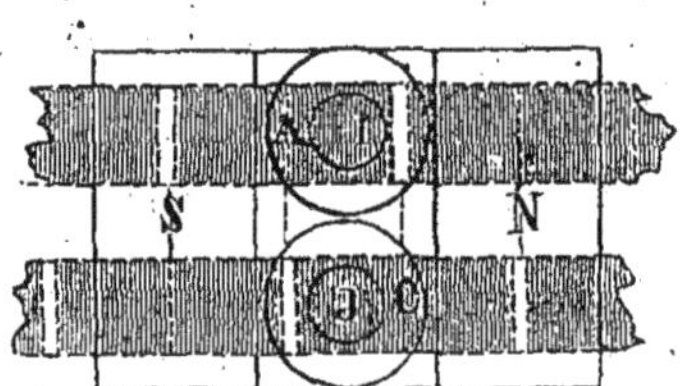

Fig. 68.

portant sur sa circonférence (sur deux rangées), une série d'armatures de fer, établit alternativement une communication magnétique entre les deux noyaux de l'électro-aimant et les pôles de l'aimant, soit avec le pôle nord, soit avec le pôle sud ; de sorte que les courants de désaimantation, au moment où les armatures quittent l'électro-aimant, s'unissent aux courants d'aimantation résultant de l'action des armatures qui suivent. Les figures 66, 67 et 68 montrent deux des dispositions de ce genre appliquées par M. Henley à la télégraphie, l'une avec un mouvement de rotation continu, l'autre avec un mouvement alternatif.

2° MACHINES MAGNÉTO-ÉLECTRIQUES FONDÉES SUR LA SUREXCITATION MAGNÉTIQUE DES AIMAMTS PERMANENTS.

Cette catégorie d'appareils dérive des réactions produites par le passage d'une armature de fer doux devant les pôles d'un aimant persistant muni de bobines d'induction, lequel passage a pour effet, ainsi qu'on l'a vu p. 146, de surexciter l'action magnétique de l'aimant lui-même.

Plusieurs physiciens se disputent la priorité de cette innovation apportée aux machines magnéto-électriques ; mais, d'après les renseignements qui m'ont été donnés, il paraîtrait que ce serait M. Dujardin qui aurait, le premier, opéré la transportation des bobines d'induction de l'armature sur l'aimant fixe, et que ce seraient MM. Page et Breton frères qui auraient construit les premières machines à rotation fondées sur ce principe. Quoi qu'il en soit, ce qui est certain, c'est que cette machine a été, pour MM. Breton frères, l'objet de plusieurs récompenses accordées en 1841, 1849, 1851 et 1855.

Machine magnéto-électrique de MM. Breton frères. — Cette machine se compose principalement d'un aimant en fer à cheval muni, comme nous venons de le dire, sur chacune de ses branches, d'une bobine de bois sur laquelle est enroulée une certaine quantité de fil recouvert de coton. Ces bobines sont fixes, et l'aimant peut, en les traversant, être rapproché plus ou moins de son armature au moyen d'une vis de rappel, ce qui règle la force du courant d'induction. Ainsi établi, l'appareil (comme les machines de Clarke) peut fournir un courant, mais ce courant est faible, et doit, pour être rendu suffisamment énergique par rapport aux effets physiologiques, être interrompu à des intervalles de temps un peu écartés, pour que la charge ait le temps de s'accumuler dans le fil. En conséquence, l'appareil porte sur le pivot de rotation de l'armature un interrupteur sur lequel appuie un frotteur en rapport avec l'une des extrémités du fil d'une des bobines. Ces bobines d'ailleurs sont enroulées dans le même sens, comme les bobines d'un électro-aimant, et sont reliées ensemble par les extrémités homologues de leur fil. Enfin l'extrémité libre du fil de la bobine qui n'est pas reliée au frotteur est en communication avec le coussinet sur lequel tourne le pivot de l'armature. Il résulte de cette disposition qu'en interposant le corps humain dans un circuit en rapport, d'un côté avec le frotteur de l'interrupteur, de l'autre avec le pivot de l'armature, on complète un circuit dérivé dont le courant principal est fermé par l'interrupteur, ce qui revient bien à l'effet produit par le commutateur des chaînes de Pulver-Macher, comme nous l'avons expliqué page 382, tome I.

Comme l'appareil de MM. Breton frères est destiné principalement à la médecine, et que le courant direct seul donne les commotions, l'interrupteur qui a été adopté est un interrupteur éliminateur qui ne fournit de contacts que quand l'armature s'éloigne de l'aimant. Pourtant en substituant à cet interrupteur celui des machines de Clarke, on pourrait faire de cet appareil une machine d'induction à courants continus dans un même sens.

Quant au mécanisme rotateur de l'armature, il consiste comme celui des machines de Clarke, dans deux roues d'inégal diamètre mises en relation de mouvement par une chaîne de Vaucanson ou par un engrenage. Le tout est renfermé dans une boîte dont il ne sort que la manivelle, les deux boutons d'attache pour le circuit, la vis du graduateur et le fer armature que l'on doit toujours placer sur les pôles de l'aimant pour qu'il ne s'affaiblisse pas.

Cet appareil est accompagné de nombreux accessoires pour les applications médicales.

MM. Breton frères ont fait un modèle très-soigné de leur appareil dans lequel l'un des côtés de la boîte est vitré afin de laisser voir le mécanisme intérieur. Dans ce modèle, un commutateur à renversement de pôles a été ajouté, et le bouton qui le fait mouvoir se trouve au milieu de la glace. Une aiguille que ce commutateur porte, indique dans quel sens circule le courant suivant qu'on le tourne à gauche ou à droite.

Machine magnéto-électrique de M. Duchenne de Boulogne. — M. Duchenne, de Boulogne, est celui de tous les médecins qui a le plus appliqué l'électricité à la médecine, et les remarques nombreuses qu'il a été à même de faire dans l'exercice de ses fonctions sur les effets physiologiques de cet élément, l'ont amené à perfectionner successivement les appareils d'induction et à en faire des instruments véritablement médicaux.

Ayant plusieurs fois constaté que les courants d'induction qui naissent dans les plis de l'hélice inductrice des machines électro-magnétiques dont nous allons parler bientôt, exercent physiologiquement un effet tout à fait différent de celui des courants secondaires créés dans l'hélice induite, et ayant reconnu que les premiers ont une action spéciale sur la sensibilité musculaire, tandis que les autres réagissent sur la sensibilité cutanée, M. Duchenne chercha à combiner ses appareils, de manière à développer au même degré ces deux sortes de réactions, afin de pouvoir les utiliser suivant les cas. Pour obtenir cette égalisation de force entre des courants qui, dans les machines ordinaires, sont si différents d'intensité, il pensa qu'il fallait diminuer la grosseur du fil inducteur et en augmenter beaucoup la longueur. De cette manière, il put produire, en effet, des courants presque aussi énergiques dans le fil inducteur que dans le fil induit, mais bien différents, comme je l'ai déjà dit, quant aux effets physiologiques. Il donna le nom de courants de premier ordre aux courants nés dans le fil inducteur, et de courants de second ordre aux courants nés dans le fil induit.

La différence des effets physiologiques des courants de premier et de deuxième ordre ayant été reconnue, M. Duchenne chercha à obtenir des machines magnéto-électriques, ces deux sortes de courants en recouvrant le fil de leurs bobines d'induction d'un second fil beaucoup plus fin. Il pensait que le courant produit dans ces bobines devait être assimilé aux courants de premier ordre ou à *l'extra-courant* des machines électro-magnétiques, et, par conséquent, qu'un fil fin enveloppant ces bobines devait jouer le rôle du fil induit dans ces mêmes machines électro-magnétiques. L'expérience lui démontra que ces conjectures étaient fondées, et c'est ainsi qu'il obtint avec ces appareils deux modes d'électrisation différents.

Après avoir disposé ces appareils d'après ce nouveau principe, M. Duchenne chercha des moyens de graduation pour chacun des deux courants. Les tubes métalliques lui en fournirent le moyen, et en les employant conjointement avec le graduateur imaginé par MM. Breton et un commutateur à interruptions variables, il se trouva en possession, pour les machines magnéto-électriques, de trois modes de graduation différents.

Dans la machine de M. Duchenne, que nous représentons fig. 69, l'aimant au lieu d'être mobile comme dans l'appareil précédent, est fixe, et c'est l'armature et tout son système rotatoire qui sont mobiles. A cet effet les supports de tout ce système sont montés sur une plate-forme à coulisse GF, qui peut être plus ou moins avancée au moyen d'une forte vis de rappel N adaptée sur la tablette fixe. Cette vis porte une aiguille O, et cette aiguille, en parcourant les différentes divisions d'un cercle gradué, peut désigner avec une exactitude rigoureuse la distance qui sépare l'armature de l'aimant fixe.

En temps ordinaire, quand l'armature est collée contre les pôles de l'aimant fixe, un contre-poids *c* adapté à la vis N tend à disjoindre l'armature de l'aimant, afin de surexciter la force magnétique de celui-ci.

L'aimant fixe est composé de deux barreaux fortement aimantés, réunis par une barre de fer, de manière à constituer un aimant en fer à cheval. Il porte, comme dans l'appareil de Breton, les bobines d'induction et, sur ces bobines, que l'on voit en E, E, peuvent glisser les deux cylindres graduateurs en cuivre H, H. Ces tubes, comme nous l'avons dit, peuvent graduer l'intensité des courants induits, particulièrement du courant secondaire, indépendamment de l'approche et de l'éloignement des pôles

Fig. 69.

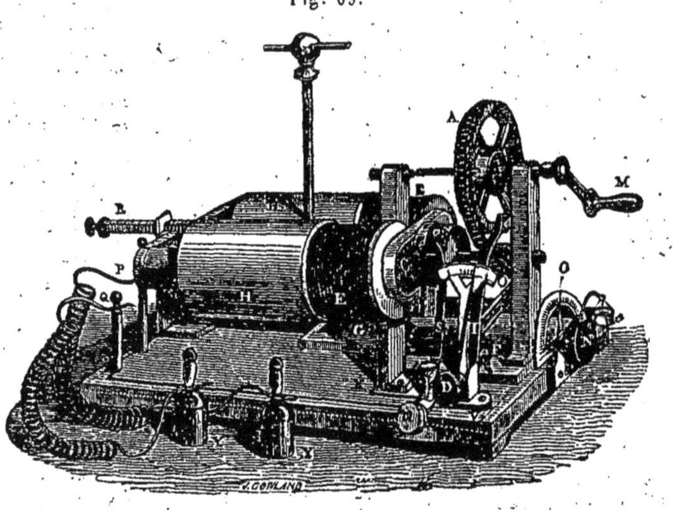

de l'aimant. Il s'échange en effet, entre ces tubes et les courants induits, des réactions qui affaiblissent d'autant plus ces derniers que les cylindres sont plus enfoncés sur les bobines. Or, un guide gradué R qui passe au-dessus du socle de l'aimant, indique les différents degrés d'enfoncement de ces cylindres régulateurs.

L'interrupteur B est fixé, comme dans tous les appareils d'induction, sur l'axe de rotation de l'armature C ; il peut fournir quatre interruptions par rotation, c'est-à-dire une pour chaque courant inverse, et une pour chaque courant direct, ou bien deux seulement sur les courants directs. Pour faire la permutation, il suffit de pousser le frotteur S un peu à droite ou à gauche.

Dans l'application de l'électricité à la médecine, il est souvent important d'électriser par saccades, c'est-à-dire par séries de courants interrompus. Pour obtenir ce résultat, M. Duchenne a adapté à la circonférence de la roue motrice A quatre chevilles, deux courtes et deux longues, sur lesquelles peut frotter, quand il est suffisamment incliné à gauche ou à droite, un ressort I. Lorsque ce ressort est tout à fait incliné vers la droite il ne rencontre aucune des chevilles de la roue motrice ; mais s'il est incliné convenablement il peut être touché deux ou quatre fois par chaque rotation de cette roue, suivant que son inclinaison le met à la portée des chevilles les plus longues ou des chevilles les plus courtes. On est assuré de ces différents degrés d'inclinaison du ressort I par un index O sur lequel se meut sur une aiguille fixée sur le même axe que ce ressort. Le bouton D sert à opérer ce double mouvement. Comme le bâti du système moteur de l'appareil est en rapport métallique avec les hélices induites, et que, pour arriver aux boutons d'attache du circuit, le courant est obligé de passer par le ressort I, il s'ensuit que chaque frottement du ressort I contre les chevilles de la roue motrice a pour effet de transmettre la série de réactions électriques produites par le commutateur pendant la durée de ce frottement.

Pour assurer la continuité métallique du circuit induit, lorsque l'on n'emploie pas ce dernier système d'interrupteur, un ressort F a été adapté à l'axe du frotteur I, de telle manière que quand ce frotteur ne rencontre pas les chevilles de la roue motrice, il touche la plaque qui sert de support au bâti sur lequel est installé le système moteur. Il résulte de cette disposition que les courants induits, au lieu de passer par la roue A et le ressort I, traversent directement l'axe FD et ne subissent alors que les interruptions du commutateur.

Dans la figure que nous avons donnée de cet instrument, les extrémités des deux circuits induits aboutissent à quatre boutons d'attache, dont deux se voient en P et en Q. Mais comme dans la pratique il importe souvent de passer instantanément et alternativement d'un circuit à l'autre, M. Duchenne a adapté à ses nouveaux appareils un commutateur qu'il suffit de tourner dans un sens ou dans l'autre pour transporter, à travers le circuit sur lequel on veut agir, l'un ou l'autre des deux courants induits. Avec ce commutateur, par conséquent, les points d'attache des rhéophores sont invariables.

Machine magnéto-électrique de Wheatstone. — Dans l'application du courant d'induction à la marche de ses télégraphes domestiques à l'intérieur de Londres, M. Wheatstone a eu recours au système de machines magnéto-électriques dont nous parlons en ce moment, mais il a du le modifier pour obtenir des courants régulièrement continus et uniformes. Dans ces sortes de machines, comme du reste dans les machines de Clarke, les courants produits n'atteignant pas immédiatement leur maximum d'intensité, le courant définitif qui résulte du mouvement de rotation de l'armature peut être représenté quant à son intensité par une ligne ondulée qui est bien loin de réaliser les effets des courants continus pour un circuit fréquemment interrompu. M. Wheatstone, pour faire disparaître cet inconvénient, a eu recours à une disposition extrêmement ingénieuse dont nous représentons le dispositif fig. 70 ci-contre et qui a du reste été reproduite dans le système télégraphique de MM. Guyot et Gatget, dont nous aurons occasion de parler par la suite.

Au lieu de placer les bobines d'induction sur les extrémités polaires de l'aimant fixe, il les dispose sur des noyaux de fer adaptés à une semelle de fer recouvrant ces extrémités, et au lieu de n'avoir que deux bobines, il en emploie quatre disposées de manière que les noyaux de fer puissent former les quatre coins d'un carré parfait.

Fig. 70.

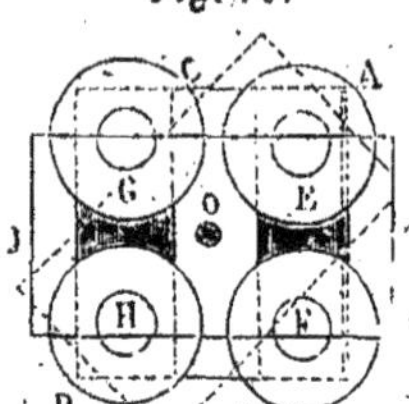

En employant avec ce système une armature large IJ pivotant en O, et ayant soin d'enrouler d'une manière inverse le fil des deux bobines fixées sur un même pôle de l'aimant, il a pu résoudre complétement le problème. Il résulte en effet cette disposition que quand l'armature FIG quitte les noyaux magnétisés E et H pour couvrir les noyaux F et G, les courants de désaimantation produits par les premiers commencent à naître alors que les courants d'aimantation produits par les seconds sont presque à leur maximum, et quand ces derniers sont sur le point d'être annihilés, les premiers sont au contraire à leur maximum. Comme les courants de désaimantation des noyaux E et H sont de même sens que les courants d'aimantation des noyaux F et G en raison de l'enroulement inverse du fil qui les recouvre, ces courants s'additionnent et maintiennent toujours à peu près constante l'intensité du courant effectif destiné à réagir extérieurement.

Machine magnéto-électrique de M. Dujardin. — Cette machine n'est en quelque sorte que le principe de celles que nous venons d'étudier ; tout le système de rotation de l'armature est supprimé et celle-ci en faisant charnière autour des pôles de l'aimant peut être écartée ou rapprochée de celui-ci à l'aide d'un manche.

Cette articulation de l'armature peut se faire de deux manières, dans

Fig. 71.

le sens axial de l'aimant ou dans le sens équatorial. Ce dernier mode a été employé par M. Gloesener pour ses horloges électriques.

Machine magnéto-électrique de L. Breguet. — Cette machine appliquée par M. Breguet à l'explosion des mines, est un appareil exactement semblable, quant au principe, à celui de M. Dujardin, mais il est si bien disposé et si parfaitement exécuté que sous un très-petit volume, il produit des effets surprenants. Nous représentons fig. 71 ci-contre cet intéressant appareil.

Il se compose d'un aimant en fer à cheval NS sur les branches duquel sont montées les bobines d'induction E,E, dont le fil est isolé à la paraffine, et qui sont accouplées en tension. Une armature en fer doux AA est appliquée sur les pôles de l'aimant, et étant fixée à une pièce de cuivre M qui peut tourner autour d'un axe parallèle à la ligne des pôles, elle peut se trouver brusquement écartée de l'aimant quand on applique un coup de poing sur la poignée B, produisant par là un courant de désaimantation très-énergique et rendu plus énergique encore par un dispositif très-ingénieux sur lequel nous devons appeler l'attention du lecteur. Ce dispositif consiste dans un interrupteur de courant constitué par le ressort R et la vis *v* qui réunissent les deux extrémités du fil des bobines, lesquelles sont mises d'ailleurs en rapport avec le circuit extérieur. Le ressort R est porté par le manche de l'armature et a sa tension réglée de manière à maintenir, par son contact avec la vis *v*, le circuit fermé à travers les bobines pendant presque toute la course de l'armature, et ce n'est que vers la fin du mouvement du manche B que ce ressort, en se séparant de la vis *v*, ouvre le circuit des bobines et permet au courant induit de s'élancer à travers le circuit extérieur. De cette manière, le courant induit a le temps de se développer complétement et de recevoir le renforcement dû à la présence de l'extra-courant qui s'est produit pendant la première partie du mouvement.

Un appendice à coulisse X permet d'ailleurs de maintenir l'armature AA appliquée sur les pôles de l'aimant pour qu'un contact inopportun sur la poignée B ne fasse pas partir accidentellement les mines.

Les courants produits par cette machine sont plus énergiques que ceux ordinairement fournis par des appareils aussi petits ; ils sont capables d'enflammer les amorces fulminantes d'Abel qu'on emploie en Angleterre ou celles du Colonel Ebner qu'emploie le génie autrichien, avec une résistance artificielle de circuit de 500 kilomètres et à travers des circuits télégraphiques de 50 kilomètres. Le poids de cet appareil, du moins celui du petit modèle, ne dépasse pas 1 kilogramme et demi et peut être mis dans la poche.

En articulant l'armature AA à une tige correspondante à une excentrique montée sur l'axe d'un moteur, M. Breguet a pu faire de cet appareil une machine d'induction ordinaire très-puissante pour ses petites dimensions.

Cette catégorie d'appareils magnéto-électriques comme celle fondée sur le principe des machines de Clarke, présente une foule de dispositions différentes, suivant les conditions de son application. La fig. 72 ci-dessous représente un de ces systèmes, appliqué par M. Wilde à la télégraphie, et qui consiste dans deux électro-aimants droits NS, NS dont les extrémités polaires sont munies de semelles de fer doux et de noyaux magnétiques sur lesquels sont adaptées les bobines d'induction A,B,C,D. Deux arma-

Fig. 72.

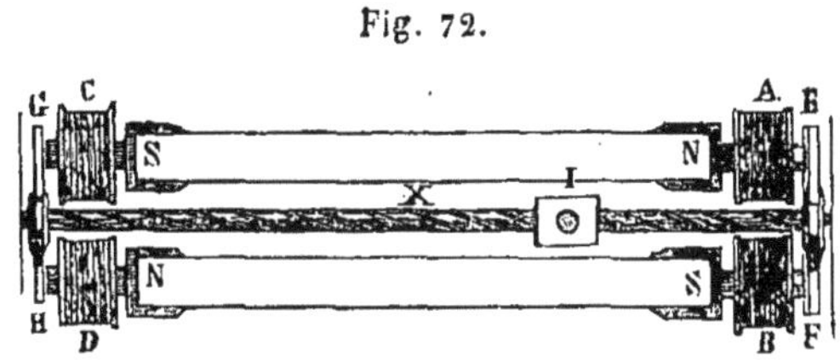

tures à croisillons GH,EF montées aux deux extrémités d'un axe central X mis en mouvement comme dans une drille à l'aide d'un écrou mobile I et d'une vis sans fin à long pas, déterminent par leur rotation le développement des courants induits.

Machines magnéto-électriques à bobines d'induction combinées. — Si l'on considère que le noyau magnétique sur lequel sont placées les bobines d'induction dans la machine de Clarke, joue par rapport à l'aimant fixe le rôle d'une simple armature, tandis qu'il réagit sur le fil qui le recouvre comme un véritable aimant dont le courant magnétique se trouve alternativement surexcité et détruit, on concevra facilement qu'en remplaçant dans les machines que nous venons d'étudier l'armature de fer doux par un électro-aimant de Clarke, on pourra obtenir deux sources d'électricité d'induction au lieu d'une, et au premier abord on pourrait être porté à croire que l'on devrait gagner à cette disposition un grand accroissement dans la force du courant induit résultant. Mais cet accroissement de force est par le fait illusoire, car ainsi qu'on l'a vu page 178, l'effet d'induction se divise sur les deux systèmes de bobines à la manière de la force attractive sur deux armatures, et ce que l'on gagne dans l'un des systèmes de bobines, on le perd partiellement dans l'autre ; toutefois, de même que dans certaines conditions, la somme des forces des deux armatures est plus grande que celle qui résulte d'une seule armature, quand celle-ci n'est pas arrivée à ses conditions de maximum de masse, de même on peut avoir avantage dans certaines conditions de construction des appareils d'induction, à distribuer l'hélice induite sur plusieurs systèmes de bobines, surtout à cause du plus grand rapprochement qui a lieu alors entre les organes qui produisent et reçoivent les effets de l'induction. Aussi les appareils fondés sur ce principe ont-ils donné généralement des effets satisfaisants, moins cependant que n'en attendaient leurs auteurs.

M. Nollet paraît être le premier qui ait eu l'idée de cette combinaison des deux systèmes de machines magnéto-électriques, mais c'est M. Gaiffe, gendre de M. Loiseau, qui les a exécutés jusqu'à présent de la manière la plus satisfaisante. Ce constructeur est parvenu en effet à produire de cette manière des courants induits aussi énergiques que ceux qui résultent d'une machine de Clarke ordinaire, avec un appareil qui est renfermé dans une boite de 7 centimètres de largeur et de hauteur sur 12 centimètres de longueur. L'expérience a démontré que la grosseur de fil la plus convenable pour cet appareil, au point de vue des réactions physiologiques, est le n° 28 pour les bobines de l'armature, et le n° 24 pour les bobines de l'aimant; il est vrai que les premières, au lieu d'être enroulées en sens inverse, comme celles des machines de Clarke, sont enroulées dans le même sens.

Le commutateur, adopté par M. Gaiffe, est celui des machines de Clarke ordinaires combiné à l'interrupteur de l'appareil de MM. Breton frères. Ce commutateur, il est vrai, ne redresse pas les courants, mais comme cet appareil est destiné aux applications électro-médicales, ce redressement n'était pas nécessaire.

3° MACHINES MAGNÉTO-ÉLECTRIQUES FONDÉES SUR LE DÉPLACEMENT DES POLARITÉS MAGNÉTIQUES.

La théorie que nous avons donnée page 154 des courants d'interversion polaire et les considérations que nous avons émises sur les effets du magnétisme en mouvement peuvent rendre compte du principe sur lequel sont fondées les intéressantes machines dont nous allons maintenant parler. Toutefois, quand on veut faire de ces machines des appareils puissants et qu'il s'agit de mettre à contribution plusieurs aimants, la question se complique et devient plus difficile dans sa solution.

Nous avons vu qu'une bobine magnétique en forme d'anneau, tournant devant l'un des pôles d'un aimant inducteur, peut déterminer un courant continu, dont le sens dépend du sens du mouvement et du signe magnétique du pôle qui agit sur elle. Mais comme l'action d'un seul pôle magnétique n'est jamais énergique, et que pour employer des aimants en fer à cheval, on se trouve forcé dans cas de faire réagir leurs pôles aux deux extrémités d'un même diamètre de la bobine d'induction annulaire, il arrivera que l'une des moitiés du noyau magnétique de cette bobine sera polarisée extérieurement nord, et que l'autre moitié sera polarisée sud ; d'où il résultera deux courants de sens opposé dans les deux moitiés opposées de l'hélice annulaire, et qui ne pourront manifester leur présence dans les conditions ordinaires de l'expérience. Toutefois, si cette hélice est divisée en sections, comme on le voit fig. 73, et que les points de jonction de ces sections entre elles se trouvent munis de lames métalliques appuyant successivement sur deux frotteurs F, F' en rapport avec le circuit extérieur, il sera possible de les obtenir, car il devra se produire, si ces frotteurs correspondent aux deux parties de l'anneau où la polarité magnétique du noyau est nulle, un effet analogue à celui que nous avons analysé page 159, et alors des courants induits traverseront

Fig. 73.

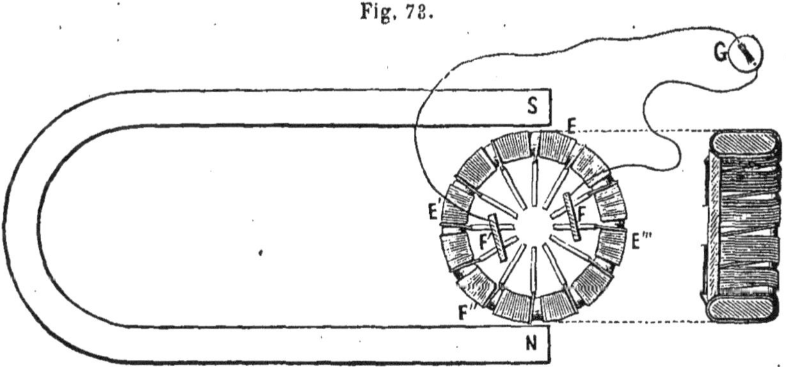

le circuit extérieur, comme si les deux moitiés de l'hélice, au-dessus et au-dessous de la ligne de partage des polarités inverses du noyau magnétique (ligne qui représente par le fait la ligne équatoriale de l'aimant double), constituaient deux générateurs électriques réunis en quantité.

Par suite du même raisonnement, si au lieu d'un électro-aimant double, on veut en faire réagir plusieurs, il suffira de placer autant de séries de flotteurs qu'il y aura d'aimants à agir, en ayant soin de les disposer toujours suivant la ligne équatoriale des aimants. Tel est le principe sur lequel sont fondées les machines que nous allons maintenant étudier ; mais la disposition que nous venons d'analyser a une importance beaucoup plus grande qu'on ne le croirait d'après les simples considérations qui précèdent, car elle permet aux courants dus au mouvement propre du fil de l'hélice devant les pôles magnétiques de s'adjoindre aux courants d'interversion polaire, ce qui n'a pas toujours lieu. Or, comme ces courants, d'après les expériences de M. Gaugain, semblent exercer une action prépondérante (1), la disposition en question devient donc un fait capital qui place ce système d'appareils dans les meilleures conditions possibles.

Pour préciser ces effets, nous considérerons d'abord le cas d'une hélice droite mobile sur un noyau magnétique uniformément polarisé; nous admettrons d'abord que cette hélice est très-courte et qu'elle occupe la région neutre du noyau magnétique. Dans ce cas, le mouvement donné à cette hélice, soit à gauche, soit à droite, pour regagner l'un ou l'autre des deux pôles donnera lieu d'après les lois de Lenz et d'Ampère, à un courant qui aura une même direction, et ce courant sera en sens inverse quand on ramènera l'hélice des pôles vers la région neutre ou au milieu du noyau. Si le noyau présente un point conséquent, ce qui suppose une région neutre à gauche et à droite de ce point, l'hélice précédente partant de la région neutre de gauche pour regagner la région neutre de droite engendrera, d'après la loi précédente, un courant qui sera toujours dans la même direction avant et après son passage sur le point conséquent, puisque le côté de l'hélice qui s'en éloignera est l'*opposé* de celui qui s'en approchera. On aura donc ainsi un courant effectif dû au mouvement seul de l'hélice. Mais il n'en sera plus de même si l'hélice a la même longueur que le noyau magnétique, car si la partie moyenne de cette hélice engendre, par suite de son mouvement, un courant qui sera, je suppose positif, les deux parties extrêmes de l'hélice s'éloignant en même temps de deux pôles qui sont alors de même nom, détermineront un courant de sens contraire qui sera égal en force à celui développé par la partie moyenne de l'hélice; il n'y aura donc pas, dans ce cas, de courant effectif. Toutefois, si le noyau magnétique est annulaire et que deux pôles de

(1) Voir les mémoires de M. Gaugain sur cette question, dans les comptes rendus de l'Académie des siences, tome LXXV, page 138, 627 et 828.

noms contraires se trouvent développés en face l'un de l'autre sur les deux moitiés opposées de sa circonférence, ce qui supposera deux régions neutres situées à 90° de ses pôles, il pourra bien ne pas en être ainsi, surtout si on dispose les communications du fil induit avec le circuit extérieur, de telle manière qu'on ne recueille que les courants créés dans les intervalles séparant ces régions neutres. En effet, supposons que l'hélice annulaire soit divisée en petits tronçons, et que les fils de communication de ces tronçons entre eux puissent toucher alternativement, aux deux régions neutres, deux frotteurs en rapport avec le circuit extérieur : chacun de ces tronçons en parcourant l'espace compris d'une région neutre à l'autre, engendrera, d'après ce que nous avons vu précédemment, un courant qui sera toujours positif pour une moitié de l'anneau et toujours négatif pour l'autre moitié, et comme le circuit extérieur établit dans ce cas une dérivation entre les deux moitiés du circuit induit, les deux courants engendrés par chacune d'elles, quoique dirigés en sens contraire, se trouvent dans le cas de deux piles égales disposées en quantité, et en conséquence les deux courants s'additionnent. Or, c'est précisément ce qui arrive dans la machine de Gramme, et comme ces courants agissent dans le même sens que les courants d'interversion polaire, dont il a été parlé précédemment, l'action de la machine se trouve par cela même considérablement augmentée.

Nous devrons encore ajouter que si on étudie les effets électro-magnétiques qui peuvent résulter de cette forme en anneau du noyau magnétique, on reconnaît immédiatement qu'elle est éminemment favorable ; car un anneau de fer doux ainsi entouré d'une hélice continue, constitue par le fait un électro-aimant fermé, et nous avons vu page 149 que les courants induits qui résultent de ces sortes d'électro-aimants ont une intensité électrique beaucoup plus grande que les électro-aimants ouverts, quoique fournissant une tension infiniment moins grande, et cela, à cause des alternatives de désaimantation qui s'effectuent beaucoup moins brusquement dans les électro-aimants fermés que dans les électro-aimants ouverts. Ce principe explique en même temps pourquoi M. Ruhmkorff n'avait pu obtenir d'étincelles avec ce genre de système magnétique, alors qu'il en obtenait de très-belles en coupant l'anneau et en éloignant de 2 ou 3 millimètres seulement les deux parties disjointes.

Fig. 74.

Du reste, ce système magnétique d'induction avait été déjà employé avec succès en 1862, par M. Allan, qui faisait fonctionner avec les courants induits d'un système électro-magnétique fermé que nous représentons fig. 74 un télégraphe qui figurait à l'exposition de Londres de cette époque.

Machine magnéto-électrique de M. Gramme. — La machine magnéto-électrique de Gramme, dont on a beaucoup parlé en 1871, et que M. Breguet construit très-habilement, réalise les effets que nous venons d'analyser.

Cette machine, que nous représentons en détails fig. 75, se compose dans sa disposition la plus simple d'un aimant NS (fig. 1) entre les pôles duquel tourne, à l'aide d'un système d'engrenages, un électro-aimant annulaire A, enroulé d'une hélice en fil de cuivre isolé d'environ 1 millimètre de diamètre. Cette hélice est divisée pour les petites machines en 40 sections ou éléments, et les points de jonction de ces sections entre elles aboutissent par l'intermédiaire de fils rayonnants R à un manchon de bois placé sur l'axe de rotation du système et occupant tout l'espace vide de l'anneau. Les extrémités de ces fils rayonnants se recourbent à angle droit comme on le voit fig. 2 et 5 et passent à travers le manchon de bois pour venir se ranger circulairement les unes à côté des autres à l'extrémité de celui-ci, comme les dents de côté d'une roue à engrenage perpendiculaire. Deux disques de cuivre rouge F, F disposés de manière à tourner librement sur des supports isolés, et dont l'axe de rotation est repoussé de côté par des ressorts *r*,*r*, fig. 3 et 4 appuient, aux deux extrémités d'un même diamètre du manchon isolant, sur cette espèce de commutateur, et ils avancent assez sur ce commutateur pour que de chaque côté deux ou trois dents soient toujours en contact avec eux. Il en résulte que quand l'anneau est mis en mouvement, ces disques tournent par frottement dans un sens inverse, et leur contact avec le commutateur est toujours assuré par l'action des ressorts *r*,*r*. Ce sont ces disques, dont on peut voir aisément la disposition fig. 3 et 4, qui constituent les frotteurs dont nous avons parlé page 216 et qui servent de collecteurs aux courants induits produits par la machine. Comme ils sont en contact métallique avec les deux boutons d'attache que l'on distingue fig. 2 et 3, on comprend aisément que ceux-ci constituent les pôles du générateur par rapport au circuit extérieur.

« Il est clair, dit M. Niaudet-Breguet, que la puissance de la machine croît avec la puissance de l'aimant et avec les dimensions des deux organes principaux, aimant et électro-aimant ; mais il reste à déterminer le rapport entre la puissance et la grandeur de l'appareil.

Fig. 75.

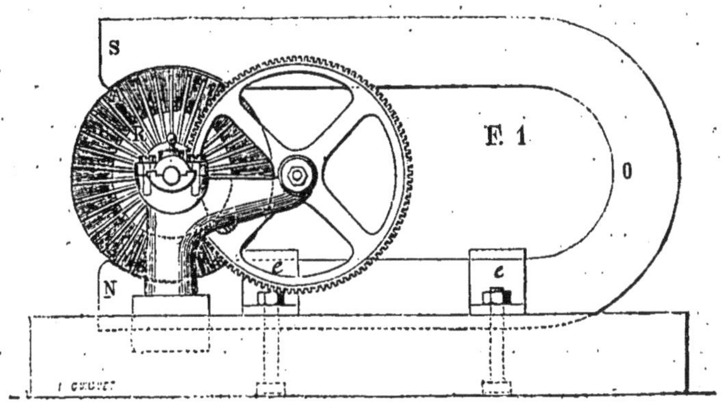

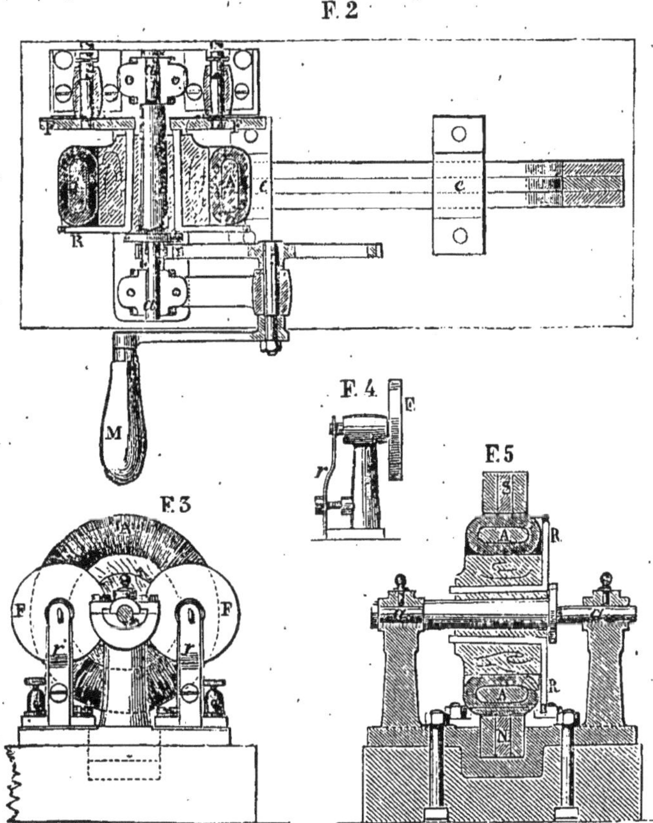

D'un autre côté, la qualité du courant obtenu varie avec le nombre total des spires enroulées sur l'anneau ; avec du plus gros fil on a plus de quantité, avec des spires plus nombreuses on a plus de tension. On peut dès à présent dire que ce que l'on perd en quantité on le gagne en tension pour un même poids de fil enroulé. Il y a pourtant encore bien des études à faire sur ce point.

« La force électro-motrice croît proportionnellement à la vitesse de rotation de l'anneau. Cette loi se vérifie dans les limites des expériences ordinaires, mais il est douteux qu'elle se vérifie pour de très-grandes vitesses. La résistance théorique de la machine est le quart de la résistance totale du fil enroulé sur l'anneau, mais la résistance réelle est moindre parce que chaque frotteur appuie toujours sur plusieurs des pièces R de jonction entre les éléments, et que la résistance des éléments ainsi fermés par le frotteur ne figure pas dans la résistance du circuit. Quoi qu'il en soit, il est évident que cette résistance ne change pas avec la vitesse de rotation. »

La machine dont nous venons de parler peut être disposée pour tel nombre d'aimants qu'il convient, seulement il faut toujours un frotteur entre deux pôles pour la transmission du courant au circuit extérieur et par conséquent autant de frotteurs que de pôles.

La machine que M. Gramme a présentée à l'Académie des sciences en 1871, était animée par deux électro-aimants disposés d'après le système de Ladd, dont nous parlerons plus tard, mais qui jouaient le rôle des aimants fixes dont il a été question précédemment ; par conséquent quatre pôles agissaient sur l'anneau. Elle avait quatre frotteurs dont deux conduisaient la moitié du courant dans les électro-aimants, tandis que les deux autres fournissaient le courant extérieur. Sur chaque branche de ces électro-aimants étaient enroulés 7 kilogr. de fil de cuivre de 3 millimètres de diamètre, et l'anneau était chargé de 200 mètres de fil de deux millimètres pesant environ 7 kilogr.

Cette machine était mise en mouvement par un volant mû à bras d'homme. Elle a pu rougir un fil de fer de 25 centimètres de longueur sur neuf dixièmes de millimètre de diamètre.

Les effets étaient toujours d'autant plus marqués que la vitesse de rotation était plus grande jusqu'à un maximum qui correspondait à 7 ou 800 tours par minute, vitesse que l'on obtenait quand la machine était mise en mouvement par un moteur à vapeur. Ces effets étaient d'ailleurs différents suivant la nature du fil enroulé sur l'anneau ; effets de quantité avec un fil gros et court ; effets de tension avec un fil long et fin.

Les conducteurs rayonnants de la bobine annulaire, de la machine de Gramme et le système de frotteurs tournants destinés à prendre la polarité de ces conducteurs étant une complication délicate, on pourrait, si on ne voulait mettre à contribution que les courants d'interversion polaire, les supprimer complétement en employant deux bobines annulaires montées à une certaine distance l'une de l'autre sur un même axe et tournant à l'intérieur d'un système cylindrique d'aimants droits disposés les uns par rapport aux autres, de manière à présenter d'un même côté des pôles de même nom. Avec cette disposition, chacune des bobines annulaires ne se trouve influencée que par des pôles de même nature, et dès lors les dérivations établies aux points de jonction, des divers éléments héliçoïdaux ne sont plus nécessaires. De plus, on peut avec ce système disposer les extrémités des fils des deux bobines annulaires de manière à ce que leurs courants s'ajoutent en quantité ou en tension dans le circuit extérieur.

Machine magnéto-électrique de M. Worms de Romilly. — La machine de Gramme dont nous venons de faire la description avait été combinée dans l'origine, quant à sa disposition générale, par M. Worms de Romilly, comme le prouve un brevet pris par ce dernier le 3 mars 1866 (1) ; mais quoique semblable en apparence à celle que nous avons décrite précédemment, la machine de M. de Romilly en différait en ce sens que l'hélice induite au lieu d'être enroulée dans un même sens fournissait des sections distinctes communiquant en tension les unes avec les autres et enroulées dans des sens différents sur chaque moitié de l'électro-aimant circulaire, afin que les actions des deux pôles de l'aimant inducteur pussent conspirer dans un même sens. Il employait aussi, pour une raison dont nous parlerons, une lame de tôle mince comme noyau magnétique, et au lieu d'un aimant simple en fer à cheval il en plaçait un second à l'intérieur du système mobile, de manière à renforcer l'action polaire produite extérieurement. La circonférence de fer doux munie de ses hélices d'induction passait donc, aux deux extrémités d'un même diamètre, entre deux pôles nord et deux pôles sud.

D'après la théorie qu'il s'était faite de sa machine, M. de Romilly, supposait que si l'enroulement inverse des deux moitiés de l'hélice induite pouvait redresser à chaque demi révolution de celle-ci les courants

(1) Voir ce brevet dans les *Mondes*, tome 25, p. 465.

induits qui résultaient de la nature différente des pôles inducteurs, en revanche il devait résulter de cet enroulement inverse, après chaque révolution entière du système électro-magnétique, un renversement du sens du courant induit définitif, et pour redresser ce courant dans le circuit extérieur, il le faisait aboutir à un commutateur à renversement de pôles placé sur l'axe de rotation du système.

Comme on le voit, d'après cet exposé, la machine de M. de Romilly ne diffère au fond de celle de M. Gramme, que par les dérivations qui, dans cette dernière, partent des intervalles entre les sections de l'hélice induite, pour fournir sur deux frotteurs adaptés à l'axe de l'appareil le courant développé dans les hélices, lequel courant est neutralisé comme nous l'avons vu dans les hélices elles-mêmes. Cette différence est sans doute peu de chose à première vue, mais quand on étudie la question, on voit qu'elle est capitale et suffisante à elle seule pour faire des deux appareils deux inventions distinctes, car elle montre parfaitement que le principe qui a servi de point de départ aux deux appareils est complément différent.

En effet, le principe sur lequel s'est appuyé M. de Romilly est la création des courants induits sous l'influence du magnétisme agissant sur des lames conductrices mises en mouvement devant les pôles d'un aimant, action physique appartenant à la catégorie de phénomènes désignés en physique sous le nom de *magnétisme de rotation*. M. de Romilly, au commencement de son brevet, s'étend même beaucoup sur ce genre d'action et c'est elle qu'il semble vouloir breveter, du moins dans ses applications aux appareils d'induction, il cherche seulement comment on peut recueillir ces sortes de courants, et comment on peut les renforcer ; c'est alors qu'il est conduit à faire passer devant les pôles de l'aimant une série de fils isolés les uns des autres et communiquant individuellement à un centre commun où viennent se réunir les courants ainsi développés successivement ; puis il se demande si ces fils ne pourraient pas être reliés les uns aux autres, de manière à en accumuler les effets électriques à l'instar des éléments d'une pile.

« Pour arriver à cette fin, dit-il, nous ferons glisser entre les deux pôles de même nom, tous deux nord ou tous deux sud, une plaque de fer doux entourée d'un fil de cuivre bien isolé et embobiné de telle sorte que les spires aplaties sur la plaque de fer doux se présentent perpendiculairement à la ligne imaginaire qui joint les deux pôles et perpendiculairement aussi à la ligne qui indiquerait le sens du glissement de la plaque ; le fer doux prend ainsi la polarité contraire à celle des deux pôles semblables.

« Le passage de la plaque recouverte de fil fera donc naître dans les parties extérieures des spires un courant induit résultant du passage de la plaque entre le pôle nord de l'aimant extérieur (je suppose) et le pôle sud déterminé dans la plaque même par l'influence de celui-ci, et dans les parties intérieures de ces mêmes spires, un courant qui résultera de la réaction de ce même pôle sud et du pôle nord de l'aimant extérieur ; mais comme dans les parties intérieures des spires le sens de l'enroulement du fil est diamétralement opposé à ce qu'il est dans les parties extérieures, les deux courants induits dont nous parlons doivent avoir la même direction. »

Cette théorie, qui comme on l'a vu page 159 a un côté vrai, explique à elle seule pourquoi M. de Romilly s'est trouvé conduit à inverser le sens de l'enroulement du fil dans chaque moitié de son système électro-magnétique mobile, et pourquoi il a employé un commutateur à renversement de pôles pour recueillir les courants résultant de cet arrangement. Or, ces conditions devenaient inutiles en interprétant les effets comme nous l'avons fait pour la machine de Gramme et en supposant que les deux moitiés du système électro-magnétique à partir de la ligne de partage, c'est-à-dire de la ligne équatoriale de l'aimant inducteur, constituaient deux piles égales composées chacune d'autant d'éléments en tension qu'il y avait de sections dans chacune de ces moitiés, lesquelles piles étaient reliées l'une à l'autre par leurs pôles semblables. C'est en effet, en raison de cette interprétation du phénomène qu'on a été conduit, comme on l'a vu, aux dérivations rayonnantes R, qui ont été décrites précédemment, et qui ne sont en aussi grand nombre, que pour que les points de liaison du circuit extérieur avec le circuit des hélices correspondent toujours aux points où les deux séries d'éléments induits en sens contraire se trouvent réunies en nombre égal ; car il ne faut pas perdre de vue que ces éléments changent de signe aussitôt qu'ils ont dépassé la ligne équatoriale.

L'invention de la machine de Gramme a été encore revendiquée par M. A. Pacinotti de Pise, qui prétend avoir décrit un appareil de ce genre dans le tome 19 du journal *Il Nuovo Cimento* (1860).

« Je désirerais, dit-il, dans une réclamation adressée aux *Mondes* (tome 25, p. 606) qu'il fût établi que l'électro-aimant transversal tournant muni de son commutateur et influencé par les pôles d'un électro-aimant fixe, avait été construit par moi dès 1860 ; il produisait un courant induit continu, indiquant à la boussole une assez forte intensité pendant qu'il passait à travers un voltamètre. Ma machine est encore conservée dans le cabinet de physique de l'université de Pise. »

Cette description est tellement obscure, qu'il est difficile de découvrir ce qu'il y a de commun entre les deux inventions. Nous croyons plutôt que M. Pacinotti n'a pas compris l'appareil de M. Gramme.

4° MACHINES MAGNÉTO-ÉLECTRIQUES FONDÉES SUR UN ACCROISSEMENT SUCCESSIF DE FORCE D'UN SYSTÈME ÉLECTRO-MAGNÉTIQUE SOUS L'INFLUENCE DES EFFETS D'INDUCTION PRODUITS PAR LUI.

L'idée première de ces sortes de machines appartient à M. Wilde, de Manchester, qui en partant de ce principe, que le fer doux est susceptible de fournir une aimantation maxima beaucoup plus considérable que l'acier trempé dont sont composés les aimants permanents, on peut, par son intermédiaire et sous l'influence d'un courant issu d'une machine magnéto-électrique ordinaire, provoquer des courants induits d'une énergie plus grande que celle des courants primitifs qui ont excité la première réaction. En disposant donc l'une à côté de l'autre deux machines, l'une magnéto-électrique avec des aimants, l'autre électro-magnétique avec des électro-aimants, et en reliant ces deux machines par un même système de mouvement, on pouvait faire naître en même temps la cause excitatrice, et la cause amplifiante, et on avait une machine qui, sous un plus petit volume que les machines magnéto-électriques ordinaires, pouvait engendrer une plus grande quantité d'électricité. En un mot, on réalisait pour les machines magnéto-électriques le problème résolu par M. de La Rive pour les courants voltaïques dans son condensateur voltaïque que nous avons décrit tome I, p. 395. Tel est le principe sur lequel a été fondée la machine de M. Wilde, dont on a tant parlé, qui est encore si recherchée en Angleterre dans les usines galvanoplastiques et dont l'invention remonte à l'année 1865 (1).

Peu de temps après cette heureuse innovation apportée aux machines magnéto-électriques, M. Wheatstone pensant qu'il pouvait suffir d'une première aimantation très-minime communiquée à un électro-aimant pour augmenter indéfiniment sa force, si on faisait circuler à travers son

---

(1) Voir le mémoire de M. Wilde dans les *Mondes*, tome 11, p. 319 et suiv.

hélice magnétisante le courant induit qui pouvait en résulter, imagina de supprimer dans la machine de Wilde le système magnéto-électrique et de le remplacer par l'action *momentanée* d'une pile très-faible. Cette pile en effet faisant naître une première aimantation dans l'électro-aimant inducteur et y laissant une certaine quantité de magnétisme condensé ou rémanent, fournissait la cause initiale du dégagement électrique appelé à réagir d'une manière plus énergique, et il résultait de ce système un accroissement successif de force de l'électro-aimant inducteur et par suite un renforcement du courant d'induction qui ne pouvait avoir de limite que la saturation maxima de l'électro-aimant et la résistance mécanique opposée au mouvement du moteur. Cette idée longuement développée par M. Wheatstone dans un mémoire lu à la Société royale de Londres le 14 février 1867 (1), ne tarda pas être perfectionnée par MM. Siemens et Ladd, qui imaginèrent, le premier, de supprimer la pile d'amorcement dont M. Wheatstone se servait pour mettre en marche son appareil, admettant que le simple magnétisme rémanent du fer de l'électro-aimant pouvait suffir pour déterminer l'action (2), le second, de séparer les effets d'induction produits, de manière à les confiner dans deux circuits différents, ce qui était d'une extrême importance pour l'application de ces machines. En conséquence, l'induction s'effectuait à la fois sur deux bobines différentes ; l'un des courants produits par l'une de ces bobines était utilisé à renforcer successivement l'énergie de l'électro-aimant inducteur et l'autre courant fournissait le travail. Nous allons maintenant décrire avec détails ces différentes machines. Nous ajouterons seulement que dans toutes ces machines, c'est la bobine d'induction de Siemens que nous avons décrite page 203 qui a été employée.

Machine de Wilde. — Nous ne pouvons mieux faire, pour la description de cette machine, que de résumer celle qu'en a donné M. l'abbé Moigno, dans les *Mondes*, tome 11, p. 629.

Cet appareil se compose, comme nous l'avons dit précédemment, de deux parties séparées et distinctes : d'une machine magnéto-électrique, et d'une machine électro-magnétique, cette dernière pouvant être considérée com-

(1) Voir ce mémoire dans les *Mondes*, tome 13, p. 382-386.

(2) Il paraîtrait que M. Siemens aurait imaginé son appareil en même temps que M. Wheatstone et en aurait donné connaissance à la Société royale de Londres le même jour.

me l'accessoire de la première. La figure 76 représente cette machine.

Seize aimants permanents en forme de fer à cheval sont fixés sur une planche attenante à la culasse de l'électro-aimant inducteur BB, qui

Fig 76.

est à noyaux aplatis, et chacun d'eux, dans la machine adoptée pour les phares d'Écosse, porte 10 kilog., ne pesant lui-même qu'un kilog. 1/2. Entre les pôles de ces aimants se trouve introduite la bobine d'induction de Siemens CC, qu'on retrouve également, mais avec de plus grandes dimensions, entre les pôles du gros électro-aimant inducteur. Elle est disposée comme dans la machine d'induction de Siemens, représentée page 202, mais avec cette différence qu'elle se trouve renfermée dans un cylindre de fer creux auquel on a donné le nom de *cylindre aimant*. Ce cylindre aimant, représenté en coupe fig. 77, est formé de deux segments en fer forgé *c*,*c*, et de deux pièces de laiton *d*,*d* de la même longueur réunies ensemble au sommet et à la base par de petits écrous en fonte de manière à former un cylindre creux de bronze et de fer. Un creux à parois parallèles à l'axe dont on verra plus tard l'usage, a été ménagé dans l'intérieur du cylindre, et deux piliers de fer vissés à l'extrémité des prolongements *g*,*g* des pièces de fer *c*,*c* sont dispo-

Fig. 77.

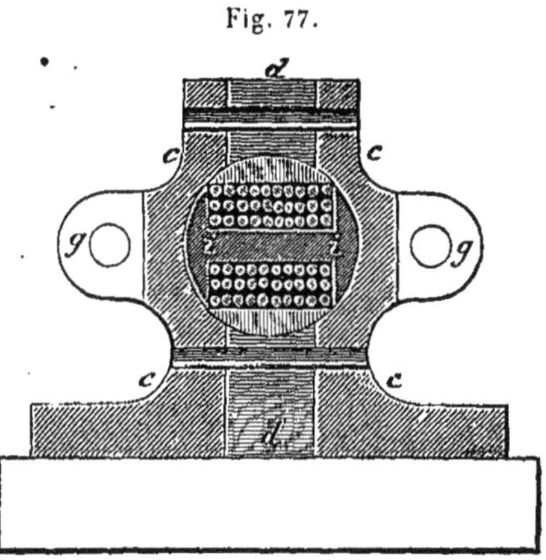

sés de manière à porter deux traverses munies chacune d'un coussinet sur lesquelles pivote la bobine d'induction enfermée dans le cylindre aimant.

La bobine d'induction est enroulée parallèlement à son axe, et son diamètre est inférieur de deux millimètres et demi à celui de l'ouverture cylindrique du cylindre aimant, afin de pouvoir tourner à une très-petite distance des parois intérieures de cette ouverture sans la toucher. Deux disques avec des prolongements concentriques se terminant par deux tourillons sont fixés à l'aide de vis aux deux extrémités de cette bobine, et une poulie servant à mettre cette dernière en mouvement est fixée sur l'axe cylindrique à une de ses extrémités. L'autre extrémité de la bobine qui se montre en avant de la figure 76 porte le commutateur qui est en acier trempé. Cette disposition est exactement la même pour les deux bobines d'induction adaptées aux deux machines, et ces bobines ne diffèrent que par les dimensions et la longueur du fil enroulé qui est de 50 mètres, avec un diamètre de fil de 3 millimètres pour la petite bobine et de 30 mètres avec un diamètre de fil de 6 millimètres pour la grande bobine.

Dans ces deux bobines, l'extrémité intérieure du fil est en bon contact métallique avec elles, et l'extrémité isolée communique d'un autre côté avec la partie isolée du commutateur par une vis de pression. Des bandes en feuille de laiton entourent chaque bobine d'intervalle à intervalle, et cachées au-dessous de la surface du fer dans des rainures creusées pour les recevoir, elles empêchent les circonvolutions du fil isolé de céder à la force centrifuge qui tend à les faire sortir de leur position pendant le mouvement très-rapide de la bobine, qui est d'environ 1500 tours par minute pour la machine magnéto-électrique et de 1700 pour la machine électro-magnétique. Deux ressorts qui frottent sur le prolongement des bobines et qui sont en rapport avec les extrémités du circuit extérieur, complètent le commutateur de ces machines, et distribuent ainsi le courant induit, soit à l'électro-aimant inducteur quand la bobine appartient au système magnéto-électrique, soit au circuit extérieur quand elle fait partie du système électro-magnétique.

Dans la machine que nous décrivons, l'électro-aimant inducteur fig. 76 est formé de deux plaques rectangulaires BB en fer laminé de $0^{m},914$ de longueur 0,660 de largeur et 0,025 d'épaisseur, fixées parallèlement l'une à côté de l'autre sur les pièces de fer C,C qui constituent les deux pièces magnétiques du cylindre aimant. Les extrémités supérieures de ces plaques sont unies par une culasse formée de deux épaisseurs du même fer qui a servi à confectionner les plaques elles-mêmes de l'électro-aimant, et ces deux lames sont séparées l'une de l'autre par un paquet de lames minces de fer doux, ce qui donne à la culasse une épaisseur totale de deux pouces ; de sorte que la hauteur des noyaux magnétiques est égale à leur largeur. Toutes les parties constituantes de l'électro-aimant qui doivent être fixées l'une à l'autre ou au cylindre aimant sont rendues parfaitement planes, de manière à assurer dans la masse tout entière un contact métallique parfait.

Chacune des plaques de fer constituant les noyaux magnétiques de l'électro-aimant est entourée d'un conducteur isolé composé de 7 fils de cuivre n° 10, placés parallèlement l'un à l'autre et réunis par une double enveloppe de ruban ou une tresse de fils. La longueur de ce conducteur sur chacun des noyaux magnétiques est de 500 mètres. Deux des extrémités du faisceau de fils isolés sont réunies ensemble en tension, de manière à former un circuit continu de 1000 mètres de longueur, et les deux autres extrémités viennent aboutir à deux boutons d'attache a, b

placés sur le couronnement en bois de la machine pour communiquer de là à la bobine d'induction de la machine magnéto-électrique.

Le diamètre de l'ouverture intérieure du cylindre aimant est 18 centimètres pour la machine électro-magnétique et sa longueur est d'un mètre.

Les tourillons des deux bobines sont d'ailleurs en rapport avec un appareil graisseur convenable qui alimente incessamment d'huile les surfaces frottantes. Le poids total de la machine complète est un peu moins d'une tonne et demie, soit 1500 kilog.

Voici maintenant quel est le mode d'action de cette machine.

L'électricité dérivée des aimants P par la révolution de la bobine d'induction de la machine magnéto-électrique est transmise par les fils *a,b* à travers les faisceaux de fils du grand électro-aimant de la machine électro-magnétique et fait naître, tant dans les plaques de fer que dans le cylindre aimant de cette machine, une aimantation quelques centaines de fois plus forte que celle des aimants permanents de la première machine, et comme la bobine d'induction de la machine électro-magnétique est en même temps animée d'un mouvement très-rapide, le faisceau de fils qui la compose devient le siége d'un courant électrique devenu réellement énorme et accru dans la même proportion ; or c'est ce courant qui est utilisé à la production de la lumière électrique ou à d'autres effets. La puissance de la machine et la quantité de lumière qu'elle engendre peuvent être augmentées en plaçant des petites masses de fer sur la tête de l'un des cylindres aimants.

Lorsque la machine est en pleine action, il faut pour la maintenir en mouvement, une force d'environ trois chevaux. Le régulateur électrique peut alors brûler des bâtons de charbon ayant au moins 20 millimètres de côté.

La machine de Wilde, comme nous l'avons déjà dit, a été particulièrement appliquée en Angleterre à la galvanoplastie ; elle fonctionne actuellement dans les ateliers de MM. Elkington, Th. Fearn, Grinsell et Bourne, W. Millward, J. Grinsell, A. Millward, Walker, Hall, J. Brook, Mappin Webb, W. Ryland, S. Y. Cowlishaw, J. Dixon, J. Hancook.

D'après les *Mondes* (tome 26, p. 95) un petit moteur à vapeur ou à gaz de la force d'un cheval suffirait pour fournir un courant de même force que celui engendré par une pile de Bunsen de 50 éléments. Le brevet français de cette machine a été acheté par la compagnie l'Alliance.

Machine de Ladd. — Cette machine, dont nous avons exposé précédemment le principe et qui a été une des merveilles de l'Exposition de

1867, avait été présentée par son auteur sous le nom de *machine dynamo-magnétique* ; elle se composait essentiellement de deux plaques de fer doux BB, fig. 78 (longues de 60 centimètres, larges de 30, épaisses de 10 et demi) placées horizontalement, entourées chacune d'une hélice de fil isolé et constituant avec deux systèmes d'induction CC', CC' analogues à ceux de la machine de Wilde et adaptés entre elles à leurs deux extrémités, une sorte d'électro-aimant en fer à cheval à noyaux aplatis, dont la culasse et l'armature étaient représentées alternativement par l'un et l'autre des deux systèmes d'induction. Qu'on suppose l'électro-aimant de la machine de Wilde armé de son système d'induction couché horizontalement, et ayant sa culasse, c'est-à-dire le pont de fer au-dessus duquel est placée la

Fig. 78.

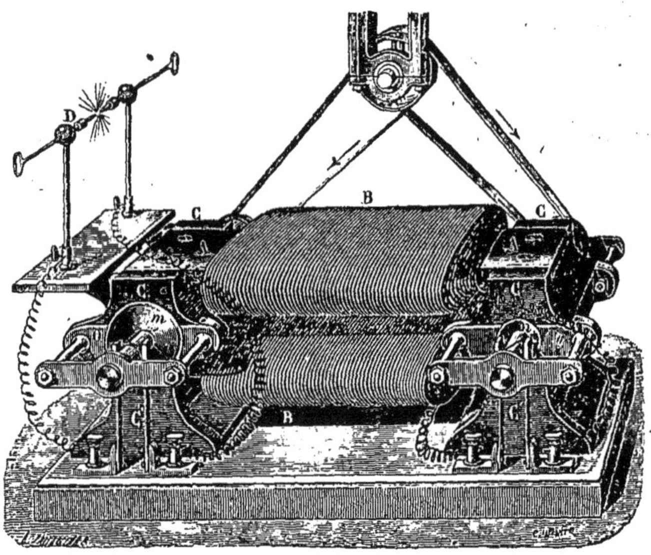

machine magnéto-électrique, remplacé par un système d'induction exactement semblable à celui qui se trouve à la partie inférieure des plaques. Qu'on imagine les noyaux magnétiques de fer doux des deux bobines cylindriques placés dans un sens diamétralement opposé l'un par rapport à l'autre, de manière que l'un provoque un courant alors que l'autre se trouvera réunir magnétiquement les deux extrémités des plaques de fer, et on aura une idée parfaitement nette de la disposition de la machine de Ladd. Quant à son mode de fonctionnement, il est au moins aussi simple : le fil des deux hélices électro-magnétiques est enroulé à la manière des électro-aimants et se trouve mis en rapport par l'intermédiaire de frotteurs et d'un commutateur à inversement de courant placé sur l'axe de l'une des bobines d'induction, avec le fil enroulé sur celle-ci, tandis que le fil de l'autre bobine mis en rapport avec un second commutateur dirige les courant induits redressés sur deux boutons d'attache auxquels viennent aboutir les deux extrémités du circuit extérieur. Il en résulte par conséquent, que quand les bobines sont mises en mouvement, le magnétisme de l'électro-aimant successivement renforcé par les courants de la bobine qui est en communication avec lui finit par devenir très-énergique, et réagit sur la bobine d'induction correspondante au circuit extérieur avec une intensité qui, après avoir passé par une période croissante finit par devenir uniforme pour un mouvement uniforme de rotation de l'appareil et peut d'ailleurs s'augmenter, jusqu'à une certaine limite cependant, presque proportionnellement à la vitesse du moteur.

Nous avons vu que pour fournir la première aimantation de l'électro-aimant BB, M. Wheatstone avait été conduit à l'emploi momentané d'une pile et que M. Siemens avait regardé comme suffisante pour cette action initiale l'effet du magnétisme rémanent des électro-aimants et même celui du magnétisme terrestre. D'après cette observation, il suffirait donc pour déterminer la réaction avec un appareil neuf qui n'aurait pas encore subi d'aimantation, d'orienter les plaques dans le sens du méridien magnétique; toutefois, il vaut mieux exciter une première fois et une fois pour toutes l'aimantation, soit avec le courant d'une pile énergique, soit avec un fort aimant; on passe ainsi de l'inertie absolue à l'énergie statique ou potentielle, le mouvement fait le reste.

Avec la machine qui figurait à l'Exposition de 1867 et dont les dimensions sont si médiocres, le courant transmis extérieurement équivalait à celui de 25 ou 30 éléments de Bunsen ; il pouvait alimenter, d'une manière un peu discontinue, il est vrai, un régulateur de lumière électrique de Foucault de moyen modèle et maintenait incandescent un fil de platine de plus d'un mètre de longueur et d'un demi-millimètre de diamètre.

La machine de Ladd a été disposée de différentes manières par les différents constructeurs. M. Ruhmkorff, qui a fait l'acquisition du brevet français, pris par M. Ladd, en ramène la forme à celle de la machine de Clarke, en n'employant qu'une seule bobine d'induction au lieu de deux. En conséquence, la carcasse de cette bobine est divisée en deux compartiments, dont les noyaux de fer sur lesquels s'enroule le fil induit sont placés rectangulairement l'un par rapport à l'autre. L'un de ces compartiments, celui destiné au renforcement de l'action de l'électro-aimant, est plus petit que l'autre et il est disposé de manière à ce qu'on puisse employer, si on le désire, son courant induit qui se trouve renforcé de l'extra-courant de l'électro-aimant. Les effets fournis par ces petites machines sont réellement très-remarquables.

Dans une disposition analogue adoptée par M. Gaiffe, les bobines d'induction au lieu d'être séparées comme dans l'appareil de Ladd ou dis-

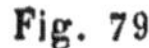

Fig. 79

posées l'une à la suite de l'autre, comme dans celui de Ruhmkorff, sont constituées par deux fils différents enroulés parallèlement et dans le même sens l'un à côté de l'autre, sur le même cadre de fer, comme si la bobine était partagée en deux parties égales suivant l'axe des pôles.

Les avantages de cette disposition, suivant M. Gaiffe, sont d'éviter la perte de place qu'entraîne la séparation de l'armature en deux parties suivant l'axe de rotation, perte qui est assez considérable pour qu'en la supprimant, on puisse augmenter d'un tiers la longueur du fil qui fournit le courant à l'électro-aimant fixe. Des expériences faites avec une machine sur laquelle pouvaient se placer tour à tour la bobine modifiée de Ladd et celle de M. Gaiffe ont montré la supériorité de cette dernière, du moins quant à la quantité d'électricité produite. Nous représentons (fig. 79), la machine de M. Gaiffe. Il paraîtrait toutefois, d'après une réclamation insérée dans les *Mondes* (tome 18, p. 264) que cette disposition de bobine aurait été imaginée avant M. Gaiffe par M. Schellen, de Cologne.

Machine de Siemens. — La figure 80 que nous donnons ci-dessous représente une machine disposée par M. Siemens pour l'explosion des

Fig. 80

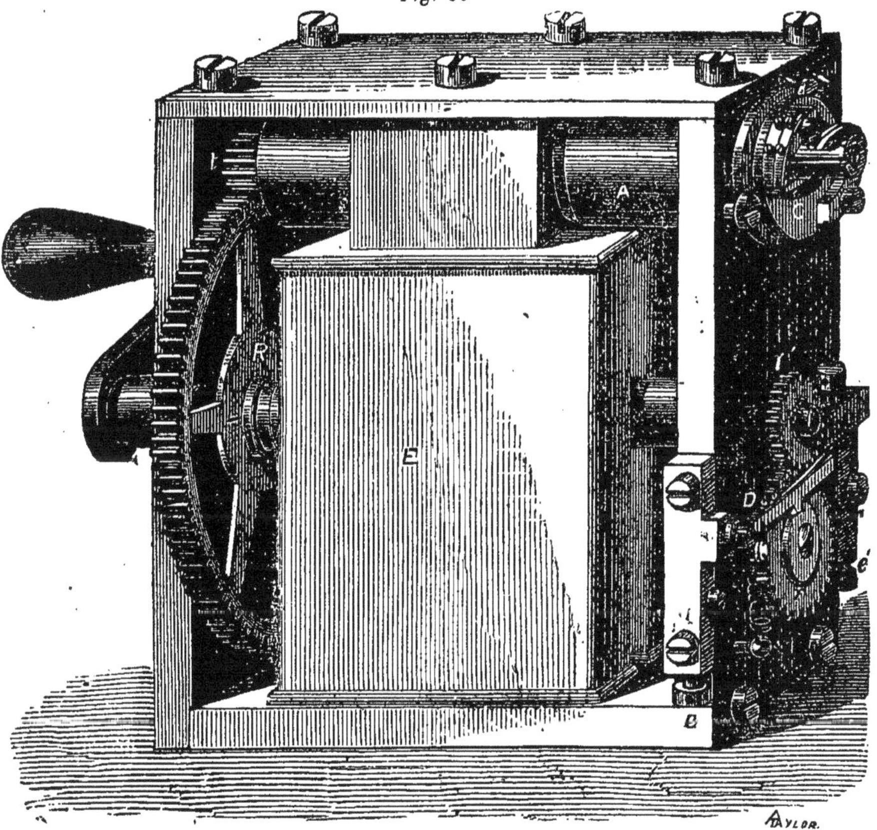

mines; l'électro-aimant est en E, la bobine inductrice en A*t*, le cylindre aimant au-dessus de l'électro-aimant E, le commutateur en C, et afin que le courant qui doit être envoyé extérieurement ne puisse agir que pour un degré suffisant d'énergie de la part de l'électro-aimant E, un conjoncteur de courant D se trouve adapté à l'axe du moteur et n'établit la continuité du circuit que quand une came en limaçon adaptée à la roue r a soulevé la traverse D (munie de son ressort de contact) contre une vis mise en rapport avec le bouton d'attache e'. Dans cet appareil il n'y a donc qu'un seul circuit.

Nous avons dit au commencement de ce chapitre sur ce genre de machines, que la disposition précédente imaginée par M. Siemens avait précédé celle de M. Ladd et que ce dernier avait été conduit à celle qu'il a adoptée par les inconvénients qui pouvaient résulter, dans l'application, de l'utilisation directe du courant appelé à fournir le renforcement de l'électro-aimant : il s'agit de savoir en quoi pouvaient consister ces inconvénients. Pour peu qu'on étudie la question, on ne tarde pas à reconnaître que l'intervention dans le circuit d'une résistance utile qui est toujours plus ou moins considérable, a pour conséquence forcée l'affaiblissement du courant qui la traverse ; or, cet affaiblissement entraîne en même temps une diminution de force de l'électro-aimant inducteur et partant un amoindrissement du courant induit. Il pourrait donc arriver avec cette disposition que, dans certaines conditions, ce que l'on gagnerait en force par l'accroissement d'énergie de l'électro-aimant se trouverait perdu par l'affaiblissement de courant dû à l'intervention de la résistance utile ; c'est précisément ce qui arrive quand on applique ce courant à la formation de l'arc voltaïque pour la lumière électrique. De plus, la force inductrice se trouve alors dépendante des variations que peut subir la résistance du circuit extérieur, variations extrêmement fréquentes dans le cas de la lumière électrique, puisqu'elle est plus ou moins grande suivant le degré d'écartement des charbons. En séparant les deux actions, il n'en est plus ainsi, le courant inducteur est toujours uniforme et partant le courant induit est fourni sous l'influence d'une même force électro-motrice mise en jeu comme dans un générateur voltaïque ; on comprend donc par cette considération, l'importance considérable du perfectionnement apporté par M. Ladd à ces sortes de machines. Toutefois, comme il est des cas où la résistance du circuit extérieur étant invariable peut ne pas être assez grande pour influer beaucoup sur l'action de renforcement produite, on peut avoir avantage alors à prendre le courant induit de renforcement lui-même, car il se trouve augmenté comme nous l'avons déjà dit de l'extra-courant déterminé dans l'hélice de l'électro-aimant, et c'est précisément là le cas de l'application que M. Siemens a faite de ses appareils à l'explosion des mines.

Machine de MM. Lantin et Ch. d'Ivernois. — Cette machine est fondée sur le principe des machines précédentes, mais elle a été disposée de façon à ne nécessiter qu'une faible vitesse de rotation. Dans ce but, l'appareil se compose de deux cylindres concentriques garnis d'électro-aimants dont un est fixe et l'autre mobile. Le premier, qui est à l'intérieur de l'autre, porte quatre électro-aimants inducteurs placés suivant le rayon du cylindre, et en face de ces électro-aimants, tournent montés sur le cylindre extérieur, une autre série de 8 électro-aimants dits induits, qui doivent fournir les courants utilisables et qui jouent, par conséquent, le rôle de bobines d'induction. Il existe quatre systèmes de ces tambours cylindriques dans la machine ; mais les électro-aimants inducteurs de l'un de ces systèmes contiennent quelques petites tiges d'acier qui restant toujours légèrement aimantées, fournissent le magnétisme rémanent nécessaire pour déterminer la première action induisante appelée à exciter le magnétisme dans tous les électro-aimants inducteurs. Cette action est fournie par l'un des quatre cylindres portant les électro-aimants induits ; de sorte qu'il n'y a par le fait d'utilisés que les courants induits fournis par les trois autres cylindres.

Avec une vitesse de rotation de 110 tours à la minute communiquée au cylindre extérieur, on peut obtenir une lumière électrique très-intense que les inventeurs prétendent être égale à celle de 420 becs Carcel et cela sans qu'on ait constaté le moindre échauffement des divers organes de la machine. Elle a l'avantage d'être d'un très-petit volume, mais son commutateur est d'une grande complication, et c'est sans doute à cela qu'il faut attribuer le peu de succès qu'elle a eu dans la pratique.

Machine de M. le Dr J. Le Bœuf. — M. le docteur Le Bœuf, poursuivant le même but que MM. Lantin et d'Ivernois, a songé à employer dans les machines magnéto-électriques construites dans ce système un nombre tel d'électro-aimants inducteurs et induits que leur rapport fût simple et composé de nombres premiers entre eux. Son appareil contient 21 électro-aimants inducteurs et 20 électro-aimants induits. De cette façon, il n'y a jamais qu'un seul électro-aimant induit en conjonction avec un électro-aimant inducteur. Comme tous les autres agissent entre eux dans des sens différents, la résistance à la rotation est considérablement diminuée et, suivant le dire de l'auteur, l'échauffement est nul.

Dans la machine de M. Le Bœuf, qui est à un seul système de cylindre, six électro-aimants induits servent à exciter les électro-aimants inducteurs ; les 14 autres produisent le courant utilisable. Malheureusement, elle nécessite un double commutateur très-compliqué qui doit être construit avec une précision toute mathématique ; aussi cet appareil est-il resté plutôt un appareil scientifique très-intéressant qu'un générateur industriel d'électricité.

5° MACHINES FONDÉES SUR L'ACTION DU MAGNÉTISME TERRESTRE.

Dès l'origine de la découverte des réactions d'induction magnéto-électriques, on reconnut que le magnétisme terrestre, pouvant agir sur une hélice galvanique convenablement disposée à la manière d'un aimant, on pouvait obtenir sous son influence des courants d'induction parfaitement appréciables ; toutefois, ces courants, pour devenir énergiques, demandaient une disposition particulière de la part des appareils, et pour être utilisés pratiquement, il fallait que le moteur employé pour les faire fonctionner pût être utilisé à autre chose ; car, comme on le comprend aisément, ces sortes de courants ne peuvent fournir une certaine quantité d'électricité qu'à la condition de suppléer à la force magnétique par la grandeur de la disposition magnéto-électrique. C'est ce problème qu'a réalisé M. Lamy dans le générateur auquel il a donné son nom.

« On sait, dit M. Lamy, que dans toute machine fixe, il existe une roue en fonte destinée à régulariser le mouvement, véritable réservoir de force qu'on appelle *volant*. A l'état de repos, ce volant est aimanté par l'action du globe ; à l'état de mouvement, il est encore aimanté, mais le magnétisme est distribué d'une autre manière et varie constamment pour une portion donnée de la jante. Si donc on enroule sur une partie de cette jante comme noyau de bobine et perpendiculairement à sa direction un fil de cuivre isolé, on formera une hélice qui pourra être assimilée à la bobine de l'appareil de Clarke, avec cette différence, toutefois, qu'au lieu de tourner devant des aimants artificiels voisins, la bobine du volant tournera devant l'aimant terrestre. En outre, à cause de la grosseur du noyau métallique, on pourra multiplier considérablement la quantité de fil de cuivre avant d'atteindre la limite de l'action inductive, et l'on pourra augmenter par cela même beaucoup la résistance du circuit, par suite la tension du courant produit. Par cette disposition, on profite d'un mouvement nécessaire. Quelques dizaines de kilog. de fil ajoutés au poids d'un volant de quatre à cinq mille kilogrammes ne peuvent être considérés comme opposant une résistance notable ou plutôt comme nuisant à l'effet de la machine, puisqu'un poids considérable est nécessaire à la régularité de sa marche et du travail produit. Cette idée n'est pas restée à l'état de simple conception. Voici l'expérience que j'ai été à même de faire.

« Sur un volant de médiocre grandeur, j'ai monté trois bobines de 27 à 33 centimètres de longueur avec des fils de cuivre ayant pour diamètre le premier $1^{mm},85$; le second de $1^{mm},1$ à $1^{mm},4$; le troisième de $0^{mm},6$ à $0^{mm},62$. Le fil n° 1 avait 600 mètres de longueur, le fil n° 2, 2000 mètres, le fil n° 3, 5450 mètres. Avec le fil n° 2 on a obtenu une faible étincelle, mais d'énergiques commotions par l'extra-courant. La bobine n° 3 seule ou accouplée avec le fil n° 2 a donné des effets de tension comparables à ceux d'une pile de deux éléments de Bunsen ; toutes les dissolutions salines essayées, l'eau de puits, l'eau distillée elle-même parfaitement pure, ont été décomposées en employant pour électrodes des fils de platine. »

IV. MACHINES D'INDUCTION ÉLECTRO-MAGNÉTIQUES.

Historique. — D'après la brochure publiée en Amérique, en 1867 par M. Page et intitulée Histoire de l'Induction (*history of induction*), il paraîtrait que ce serait à ce savant qu'on devrait rapporter les premières recherches importantes faites sur ces sortes d'appareils. Elles auraient été publiées le 12 mai 1836 dans le *Silliman's journal* sous le titre de *Méthode et expériences pour obtenir avec l'appareil du professeur Henry des commotions physiologiques et des étincelles du Calorimotor*, par *C. G. Page (de Salem Massachussets)*. L'appareil décrit dans ce mémoire aurait été muni de graduateurs pour régler à volonté la tension du courant et d'un interrupteur mécanique automatique disposé de manière à arrêter l'étincelle de l'extra-courant de l'inducteur par la superposition d'une couche d'eau ou d'alcool à la couche de mercure sur laquelle se faisaient les interruptions du courant. Cette disposition qui a résolu de nos jours le problème des machines d'induction à courants de haute tension, aurait augmenté considérablement, suivant M. Page, l'intensité du courant induit, et le courant fourni par cet appareil aurait été suffisant pour charger une bouteille de Leyde. Enfin cette communication conclut ainsi : « Nous avons donc dans cet instrument une véritable batterie de laquelle des commotions de tous les degrés peuvent être obtenues, et qui, au cas de l'application du galvanisme à la médecine, doit être beaucoup plus commode que les appareils ordinaires. »

La description de l'appareil de MM. Henry et Page a été publiée à Londres en mai 1837 dans les Annales d'électricité et de magnétisme de Sturgeon, et leur principe était ainsi exposé.

« Pour obtenir de la part d'une pile d'un seul couple ou d'un petit « nombre de couples un courant de haute tension, on doit employer un « circuit additionnel ou secondaire, et ce circuit doit être beaucoup plus « long que le circuit inducteur ou primaire qui conduit le courant de la « batterie. »

Dans les expériences de Henry, on ne se servait que d'un circuit primaire, et dans celles de Faraday, les circuits primaires et secondaires étaient presque d'égale longueur ; il en résultait que le courant induit que ce dernier savant obtenait était moins énergique avec le circuit secondaire qu'avec le circuit primaire, et c'est pour cela qu'il ne parla alors que des effets physiologiques produits par ce dernier courant. Il n'avait d'ailleurs jamais cherché à allonger le circuit secondaire, n'attachant qu'une médiocre confiance à l'application utile de ce genre de courants.

M. Callan, physicien anglais, de Menoth en Irlande, fut un de ceux qui s'occupèrent les premiers et avec le plus de succès des appareils d'induction électro-magnétique en Europe, mais suivant la brochure dont nous avons parlé, ses appareils, quoique supérieurs à ceux de ses compétiteurs en Europe, étaient inférieurs à ceux de M. Page. Quoiqu'il en soit, M. Callan démontra dès l'année 1837, qu'on devait employer du gros fil pour le circuit primaire, et du fil fin pour le circuit secondaire, et il chercha à cette époque à associer ensemble, pour augmenter l'énergie du courant secondaire, une série de bobines à noyaux magnétiques combinées en tension ; il montra même que pour obtenir de cette manière de bons effets, il fallait que les hélices primaires à gros fil ne fussent pas soudées aux hélices secondaires à fil fin, comme il avait habitude de le faire pour les hélices des simples bobines qu'il appliquait principalement aux effets physiologiques. Il avait d'ailleurs essayé à cette même époque plusieurs combinaisons de fils pour les hélices, parmi lesquelles nous citerons la réunion de plusieurs fils en faisceau pour constituer l'hélice primaire. Il attachait surtout une grande importance à la bonne isolation du fil des deux hélices, et dans une communication datée du mois de mai 1837, il assure que pour obtenir des courants induits de grande intensité il faut que l'enveloppe des fils soit recouverte d'une couche de cire d'Espagne, de vernis ou de quelqu'autre *ciment* non conducteur. M. Sturgeon, en reproduisant le travail de M. Callan, alla plus loin encore en disant que les deux hélices devaient être enroulées séparément sur deux bobines disposées de telle manière que la bobine du circuit primaire pût être introduite à l'intérieur de la bobine du circuit secondaire. « Il est curieux, dit M. Page, que d'après ces considérations, « on n'ait pas recherché à cette époque en Europe à développer dans « les courants induits une tension plus grande que celle qui était réclamée pour les effets physiologiques. »

Depuis 1838 jusqu'en 1842, époque à laquelle MM. Masson et Breguet firent leurs expériences bien connues, qui prouvèrent aux physiciens d'Europe que l'électricité voltaïque pouvait être transformée en électricité statique par les effets de l'induction, fait qui avait été reconnu longtemps avant en Amérique, comme nous avons pu le voir par ce qui précède, on ne cessa pas de s'occuper de perfectionner la bobine d'induction électro-magnétique, surtout au point de vue des interrupteurs qui furent très-variés dans leur construction. Tantôt on voit M. Masson qui emploie à cet effet une roue dentée métallique, sur les dents de laquelle appuie le ressort interrupteur ; tantôt M. Clarke emploie une roue en forme de molette d'éperon plongeant dans du mercure ; tantôt M. Nerbitt emploie une roue dentée dont les intervalles de dents sont remplis avec du bois, afin de faire moins de bruit ; tantôt M. Davis fait fonctionner le rhéotome à mercure combiné par M. Page par un mouvement d'horlogerie ; tantôt enfin on fait intervenir des interrupteurs automatiques mis en mouvement par le courant inducteur lui-même, sous l'influence de certaines réactions électro-dynamiques ou électro-magnétiques dont plusieurs ressemblaient beaucoup à celles des trembleurs employés aujourd'hui. La deuxième machine de M. Page dont nous donnons le dessin fig. 81 en est un exemple frappant. Tous ces interrupteurs sont décrits et représentés avec beaucoup de soin dans la seconde partie de la brochure de M. Page.

De 1842 à 1850 on s'occupa peu en Europe des bobines d'induction, mais on en construisit quelques-unes en Amérique, à diverses époques, qui donnaient de longues étincelles et éclairaient des tubes vides d'air d'une longueur considérable. Quelques-unes de ces bobines secondaires, faites avant l'année 1846, avaient des fils de plusieurs miles de longueur, qui donnaient des étincelles de 1/10 à 1/2 pouce de longueur dans l'air. Il est surprenant que tous ces résultats aient été ignorés en France, et que quand en 1851, M. Ruhmkorff montra les effets de sa première machine, on ait été si étonné des étincelles qu'elle produisait. Ces résultats étaient loin pourtant d'approcher de ceux dont nous venons de parler. Quoiqu'il en soit, c'est seulement à partir de cette époque que tous les savants d'Europe commencèrent à s'occuper sérieusement de ces machines, et à étudier avec soin les effets qu'elles produisaient. Ces effets sont si nombreux et si curieux, qu'ils remplissent à eux seuls un volume de 400 pages dans la cinquième édition de l'ouvrage que j'ai publié sur ce sujet.

Pendant quelques années, jusqu'en 1855, on construisit généralement les bobines d'induction électro-magnétiques d'une manière simple, c'est-à-dire avec deux hélices superposées, enroulées par couches successives, dont les spires couraient alternativement de gauche à droite et de droite à gauche à chaque rangée, mais on ne tarda pas à reconnaître bientôt que ce système était insuffisant pour les courants de très-grande tension, attendu que la différence de tension du courant aux extrémités des bobines entre les différentes couches successives, pouvait être assez grande pour rendre l'isolement insuffisant et entraîner la perforation de la couche isolante. D'un autre côté, les réactions contraires de l'extra-courant de l'hélice inductrice nuisaient considérablement au développement des courants secondaires. Sans doute, cet inconvénient était un peu diminué avec la disposition du rhéotome à mercure et alcool de M. Page, mais cette disposition était alors inconnue en France, et ce ne fut que quand M. Fizeau imagina de condenser le courant inducteur en établissant une relation métallique entre les deux parties de l'interrupteur et les deux armatures d'un condensateur de grande surface en taffetas gommé, que l'appareil de Ruhmkorff acquit le pouvoir considérable qui fit sa réputation.

Pour éviter les dangers que pouvait entraîner une tension trop grande du courant induit pour l'isolement des bobines, on eut recours à plusieurs moyens. En 1852, MM. Ed. et Ch. Bright, en Angleterre, imaginèrent de diviser la bobine en plusieurs fragments ou tronçons par des cloisons, de manière à la composer d'une série de bobines courtes, aux extrémités desquelles les différences de tension n'étaient pas assez considérables pour compromettre l'isolement. Cette idée fut de nouveau mise en avant en 1854 par M. Poggendorff, puis par M. Stohrer, l'abbé de La Borde et plusieurs autres, mais elle ne reçut son application en France que quand M. Foucault, voulant associer ensemble plusieurs appareils, se trouva en possession d'un courant assez énergique pour compromettre sérieusement l'isolement de ces appareils. A peu près à cette époque,

M. Jean, simple amateur à Paris, résolut d'une manière toute particulière ce problème d'atteler sans danger une pile puissante à un appareil enroulé à la manière ordinaire, en plongeant celle-ci dans de l'essence de térébenthine ; il put obtenir de cette manière des étincelles de près de 30 centimètres de longueur à une époque où l'on ne parlait en France que d'étincelles de 4 à 5 centimètres. Il est réellement surprenant que les expériences de M. Jean, qui ont pourtant été vues par plusieurs savants, que j'ai moi-même publiées dans ma notice sur l'appareil de Ruhmkorff, dès sa troisième édition, n'aient pas eu plus de retentissement. M. Page lui-même, si soigneux à donner dans sa brochure tous les perfectionnements apportés à ces sortes de machines, surtout, quand ils sont d'origine américaine, s'est bien gardé d'en dire un mot, ainsi que de tous les appareils construits en France, et dont nous aurons occasion de parler plus tard.

Quoiqu'il en soit, si le système de la division des bobines d'induction en tronçons séparés n'avait pas eu un grand succès en Europe au moment où il avait été proposé, il n'en a pas été de même en Amérique, car nous voyons, dès l'année 1857, M. Ritchie, à Boston, combiner un système d'enroulement du fil des bobines secondaires qui lui permettait d'obtenir des étincelles de 6 pouces et même de 10 pouces 1/2, sans compromettre l'isolement de ses appareils. Ce système consistait à enrouler le fil en spirales plates, c'est-à-dire en spires se développant du centre à la circonférence comme une coquille de limaçon et juxtaposées les unes contre les autres ; ces spirales constituaient donc une série de tranches séparées, parfaitement isolées les unes des autres dans le sens perpendiculaire à l'axe de la bobine, et celle-ci se trouvait par le fait divisée en autant de cloisons qu'il y avait d'épaisseurs de spires dans sa longueur. Cette disposition produisit d'excellents effets, car avec les appareils que M. Ritchie envoya en France en 1859 par l'intermédiaire de M. Mac Culoch, des étincelles très-fortes pouvaient être échangées à 35 centimètres d'intervalle entre les deux bouts disjoints du circuit secondaire. Ces résultats étonnèrent beaucoup les savants français à cette époque, car la plupart n'avaient pas vu, ou plutôt n'avaient pas voulu voir les expériences de M. Jean, et M. Ruhmkorff lui-même n'attachait pas alors une grande importance à des effets de tension aussi importants ; mais entraîné par l'enthousiasme public, il chercha à rivaliser avec M. Ritchie et s'appliqua à construire de grands appareils *non pas dans le système de M. Ritchie, comme le déclare M. Page, mais dans le système de*

M. Poggendorff. Il ne tarda pas de cette manière à produire avec ses appareils des étincelles bien supérieures en longueur à celles de l'appareil américain et qui allèrent jusqu'à dépasser 60 centimètres. Nous n'entrerons pas ici dans les détails de construction de ces appareils que nous décrirons plus loin, mais nous devrons à bon droit nous étonner des prétentions américaines et surtout de l'injustice que M. Ritchie et autres ont manifestée envers nous, en nous accusant de parti pris en faveur de M. Ruhmkorff. En effet, nous avons été les premiers à apprécier les résultats curieux de l'appareil de M. Ritchie, nous l'avons décrit dans la 5e édition de notre notice sur l'appareil de Ruhmkorff, avec tous les détails de sa construction, et si cette description n'a pas été publiée plus tôt, c'est que la 4e édition ne faisait que paraître au moment où ces appareils ont été importés en France. D'un autre côté, pourquoi accuser de plagiat et de contre-façon M. Ruhmkorff, lorsqu'il applique à sa bobine un système de construction imaginé par M. Bright ou M. Poggendorff et que M. Page s'évertue lui-même à prouver être différent de celui de M. Ritchie. En vérité, si MM. les Américains brillent par leur esprit d'initiative et leurs idées ingénieuses, on peut dire qu'ils ne brillent pas par la modestie, car la brochure de M. Page, qui est d'ailleurs, comme je l'ai déjà dit fort intéressante, est un long panégyrique dans lequel il attribue tout à l'Amérique et à lui en particulier.

Pour terminer avec cet historique de la question que nous traitons en ce moment, nous dirons qu'il résulterait des recherches de M. Page que ce serait à M. Sturgeon qu'on devrait rapporter la substitution des faisceaux de fils de fer aux noyaux magnétiques des bobines ; cette substitution daterait du mois d'octobre 1837, et dans la communication qu'il publia à cette époque, M. Sturgeon ajoute que des plaques de fer roulées en spirale ou simplement des paquets de plaques de fer laminé pouvaient produire le même effet (1) ; toutefois, ce perfectionnement avait été revendiqué six mois après la date précédente, par M. Bachhoffner. Il paraitrait aussi, d'après M. Page, que l'interrupteur dit à *trembleur*, qu'on emploie généralement dans les appareils d'induction dont nous

(1) Plus tard, en 1837, M. Callan recommanda de construire les noyaux magnétiques des appareils d'induction avec des hélices compactes de fil de fer, et il poussa même l'amour des fils de fer jusqu'à les employer pour les fils des hélices secondaires, prétendant que les courants induits devaient avoir plus d'intensité, en raison de la magnétisation de ces fils : mais ceci est, de l'aveu de M. Page, une erreur.

parlons, aurait été combiné en principe dès l'année 1837, par le professeur Mac Gauley, de Dublin, et qu'il aurait reçu sa forme actuelle, non pas de M. Neef, comme on l'admet généralement, mais de M. Wagner, ami de ce dernier.

Bobines d'induction du professeur Page. — La bobine d'induction du professeur Page consistait dans l'origine en une spirale plate en ruban de cuivre et n'avait pas de noyau magnétique. Bien qu'à cette époque, l'effet avantageux des noyaux magnétiques par rapport à l'accroissement d'énergie des courants induits fût connu, M. Page n'avait pas eu recours à leur action, parce qu'il avait observé que cet effet avantageux n'était réel que quand la spirale était formée avec un fil cylindrique ; il était en effet à peu près insignifiant avec les hélices qu'il employait. Du reste, dans les autres machines qu'il fit construire, et notamment dans celles de 1838 et de 1850, il abandonna les spirales plates et disposa ses bobines à peu près comme elles le sont aujourd'hui.

Dans la machine de 1838, construite pour étudier spécialement les effets statiques des courants secondaires et que nous représentons fig. 81,

Fig. 81.

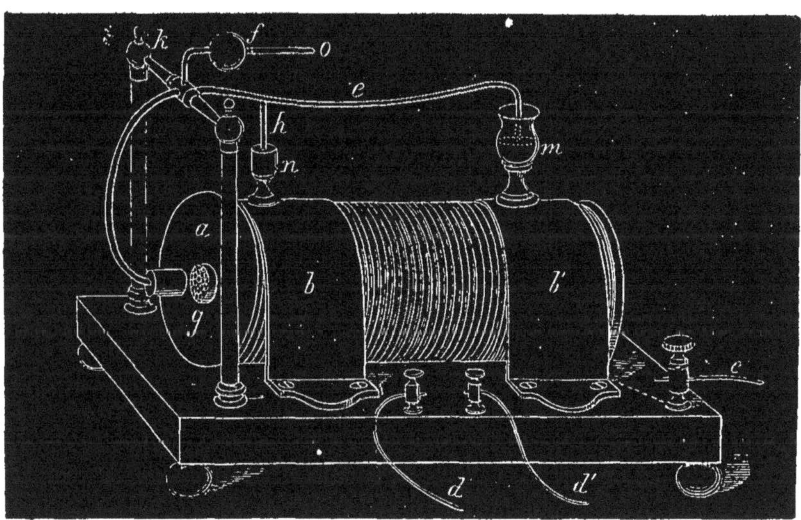

les circuits primaire et secondaire étaient isolés et indépendants l'un de l'autre ; ils étaient entortillés sur un faisceau de fils de fer replié en forme de fer à cheval. L'interrupteur était constitué par une longue tige *e* articulée comme le fléau d'une balance à bras inégaux, portant d'un côté une armature de fer doux *g*, mise en regard de l'un des pôles du faisceau magnétique et plongeant de l'autre côté par l'intermédiaire de deux appendices métalliques dans deux godets de verre *m*, *n* contenant de l'alcool superposé à du mercure. Ces godets étaient mis en rapport avec les deux extrémités du circuit inducteur, et étaient réglés de manière à ce que ce circuit ne fût interrompu qu'au moment ou l'attraction du noyau magnétique sur l'armature était à son maximum, afin d'obtenir une neutralisation plus brusque des forces magnétiques et d'augmenter par cela même la tension du courant secondaire. Pour occuper le moins de place possible, et cependant avoir un champ assez grand pour les oscillations des appendices interrupteurs du courant, la tige articulée *e*était recourbée au-dessus et parallèlement à l'axe de la bobine, et c'était aux deux extrémités de celle-ci qu'étaient fixés les deux godets dont nous avons parlé. Enfin, un petit levier *o* muni d'un contre-poids *f* mobile sur un pas de vis était fixé sur l'axe d'articulation *k* de la tige oscillante et fournissait à l'action électro-magnétique une force antagoniste qui pouvait être réglée en éloignant ou en rapprochant le contre-poids de l'axe d'oscillation. Ce système d'interrupteur, comme on le voit, ressemble beaucoup à celui de M. Foucault, aujourd'hui adopté pour les grands appareils d'induction.

Les fils des deux hélices étaient assez bien isolés pour fournir des effets de tension très-remarquables, que M. Page énumère de la manière suivante :

1° Le courant secondaire était si intense qu'il se fit sentir à travers une table et un plancher, et chargea une bouteille de Leyde avec un seul couple thermo-électrique (bismuth et antimoine) ; la commotion put se faire sentir jusqu'au poignet.

2° Quand une des électrodes était brusquement séparée de l'autre, une étincelle brillante d'un demi-pouce de longueur était obtenue.

3° Quand l'interrupteur était mis en mouvement, on put voir passer l'étincelle, à travers les solutions de continuité, du circuit au Rhéotome, et ces solutions de continuité avaient près de 3/16 de pouce. On put même faire passer des étincelles à travers une solution de continuité des circuits secondaires de 1/16 de pouce sous l'influence d'un élément de Grove, et cette étincelle acquérait une longueur de 4 pouces et demi dans un tube vide.

4° Les commotions produites par le courant étaient pénibles avec les mains sèches et le courant primaire, mais elles devenaient douloureuses avec le courant secondaire, même en ne touchant le circuit que du bout des doigts.

5° La décharge du courant secondaire put faire dévier fortement l'électroscope à feuilles d'or sans l'intermédiaire d'un condensateur ; elle put également fournir à la pointe d'un charbon de bois fixé sur la boule d'une bouteille de Leyde une lumière brillante, et on put obtenir une lumière diffuse d'une étendue d'environ un pouce, quand la décharge se produisait à la surface d'une lame métallique brillante.

6° Enfin on put, avec le courant secondaire, produire une lumière brillante entre deux pointes de charbon de bois, décomposer l'eau et provoquer au sein de ce liquide des décharges crépitantes dans lesquelles les extrémités des deux fils étaient lumineuses, l'une d'une manière continue, l'autre d'une manière intermittente.

L'appareil de M. Page construit en 1850 était établi sur une très-grande échelle et était mis en action par une pile de Grove d'une très-grande puissance. Il nous suffira, pour donner une idée des effets électro-magnétiques mis en jeu dans cet appareil, de dire que l'une des hélices put enlever dans son ouverture centrale et maintenir suspendue sans aucun support une barre de fer pesant 1040 livres. Ces hélices étaient faites avec du fil carré de 1/4 de pouce d'épaisseur en cuivre très-pur, et la batterie voltaïque se composait de 50 à 100 couples de Grove, dont les plaques de platine présentaient 100 pouces carrés de surface immergée. Les expériences faites avec cet appareil ont montré, entr'autres résultats curieux, que le temps nécessaire pour élever le courant à son maximum, variait suivant les circonstances, de 1/6 de seconde à 2 secondes, et que sa neutralisation s'effectuait dans le même temps. Les bobines ayant eu leur circuit fermé après que la batterie voltaïque eût été retirée du circuit, puis ensuite ouvert au bout d'une demi seconde, le courant existait encore dans le circuit. Ces temps d'effets maxima étaient un tiers ou moitié moindres, quand il n'y avait pas de barre de fer dans les hélices.

Avec cet appareil, la longueur de l'étincelle du circuit secondaire était remarquable. Quand le courant pouvait atteindre son maximum, elle mesurait à peu près huit pouces de longueur par la disjonction brusque des extrémités du circuit induit; il est vrai que quand cette disjonction s'effectuait lentement, les étincelles étaient beaucoup plus courtes, mais elles étaient plus larges et se présentaient sous forme de flamme. Une particularité assez curieuse constatée dès cette époque par M. Page et qui devait être découverte plus tard en 1855 par M. Rhyke, c'est que quand le circuit inducteur était interrompu à plusieurs pieds de l'aimant, l'étincelle n'était accompagnée que d'un bruit très-faible ; mais ce bruit augmentait à mesure que le point d'interruption du circuit se rapprochait de l'aimant, et il devenait égal à celui d'un coup de pistolet quand le circuit était interrompu sur le pôle de l'aimant lui-même. Dans ces conditions, l'étincelle s'épanouissait jusqu'à avoir la grandeur de la paume de la main, et elle semblait obéir à la même action rotative ou tangentielle que le conducteur lui-même.

Bobine d'induction de Ruhmkorff. — Nous avons consacré près de 50 pages dans notre notice spéciale sur cet appareil pour décrire avec détails les différentes parties qui le composent, le mode d'action de chacune de ces parties, et les différents perfectionnements qui lui ont été successivement apportés par MM. Cecchi de Florence, Foucault, Poggendorff, l'abbé Laborde, Hearder, Jean, Gaiffe, etc. (1) ; nous passerons en conséquence, légèrement ici sur la description de cet appareil, renvoyant le lecteur que cette question pourrait intéresser à notre notice, qui va être à sa sixième édition. Nous dirons seulement que les modèles varient de forme et de disposition, suivant la tension électrique qu'on leur demande.

Quand on veut obtenir un courant n'ayant qu'une médiocre tension (de 2 à 3 centimètres), mais une intensité assez grande pour développer des effets calorifiques chimiques ou magnétiques, l'appareil se compose d'une bobine de 10 centimètres de diamètre et de 30ᶜ de longueur, montée sur une planche creuse d'acajou et portant son interrupteur à trembleur, qui est alors entièrement métallique, à l'une de ses extrémités, comme on le voit fig. 83 ; le condensateur est alors placé dans la planche d'acajou. Pour une tension un peu plus grande, on substitue à l'interrupteur métallique un interrupteur à mercure, comme on le voit fig. 84, et la planche support est plus épaisse. Enfin, pour obtenir de longues étincelles, la bobine est complétement isolée de l'interrupteur et ses dimensions peuvent varier de 52ᶜ à 60ᶜ sur 20ᶜ, suivant la force des appareils, comme on le voit fig. 84. Dans tous ces appareils, les extrémités du fil induit aboutissent à des boutons d'attache montés sur des colonnes de verre plus ou moins hautes, plus ou moins espacées, et des boutons d'attache spéciaux, outre la communication qu'ils établissent entre le fil primaire

(1) Voir d'autres perfectionnements apportés à ces machines par MM. Apps, Ladd, Miozzi, dans les *Mondes*, tome 13, p. 56 ; tome 17, p. 41 ; tome 27, p. 60.

de la bobine et le condensateur, permettent d'utiliser l'extra-courant du circuit primaire.

A la suite des effets si remarquables produits par ces sortes de bobines, plusieurs constructeurs, et particulièrement M. Gaiffe, se sont imaginés d'en réduire considérablement les dimensions, afin d'en faire des espèces de jouets d'enfant, susceptibles d'illuminer les tubes vides connus sous le nom de tubes de Geissler. Ils y sont parvenus d'une manière remarquable, car avec des bobines dont les dimensions ne dépassent pas 6 cent. en longueur et 27 millim. en diamètre, ils ont pu produire des étincelles de 5 à 6 millim. de longueur à l'air libre et de 25 à 60 centim. dans le vide. Ces étincelles sont à la vérité très-déliées et peu intenses sous le rapport de la quantité, mais bien suffisantes pour remplir le but que leurs auteurs s'étaient proposé. La fig. 82 représente ces petits appareils.

Fig. 82.

Dans les appareils de moyenne force, le corps de la bobine est ordinairement en carton mince et les rebords en verre, ou bien, si les rebords sont en bois, le tout est garni d'une épaisse couche de gomme laque ; le fil primaire, le plus souvent de 2 millimètres de diamètre, est enroulé sur le faisceau de fils de fer composant le noyau magnétique, et ne forme guère plus de deux ou trois couches superposées ; le fil secondaire enroulé sur le tube de carton de la bobine est en fil fin de quatre dixièmes de millimètre de diamètre (c'est le n° 16 du commerce), et ses deux extrémités aboutissent aux colonnes isolées K',L' où se trouvent les boutons d'attache du circuit extérieur. Les extrémités du fil primaire aboutissent en D et D' à des vis de cuivre qui sont en relation, d'une part avec les deux armures du condensateur par les pièces E',E' et le trembleur de l'appareil, d'autre part avec la pile par le commutateur à renversement de pôles T et les boutons d'attache A,A' qui correspondent aux deux pôles de la pile. Les boutons d'attache fixés sur les pièces E'E' servent à recueillir l'extra-courant.

Fig. 83.

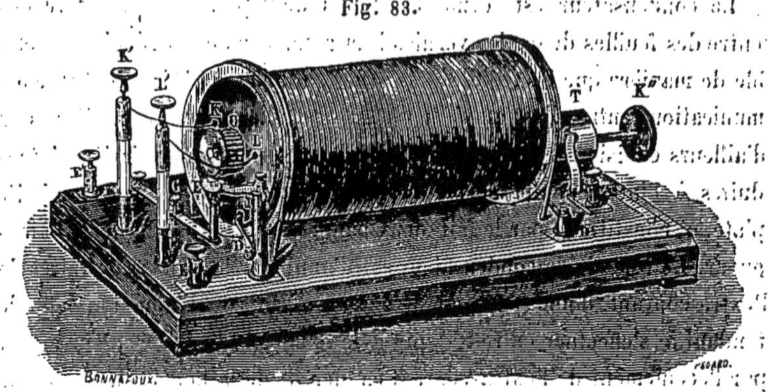

L'interrupteur à trembleur se compose d'abord d'une lame de cuivre en communication avec la pièce E' et terminée par un cylindre de cuivre appelé *enclume*, dont l'extrémité est garnie d'une semelle de platine ; en second lieu d'un levier mobile articulé en I sur le pilier D et terminé en E par une pièce de fer doux, dite *marteau*, qui subit l'attraction du noyau magnétique O et qui appuie sur l'enclume par son propre poids. Une vis G adaptée au ressort de l'enclume permet d'éloigner ou de rapprocher plus ou moins le système du noyau magnétique et par conséquent de régler la vitesse de vibration de l'interrupteur qui, comme celui de l'appareil de M. Page, est automatique.

Le jeu de ce mécanisme est d'ailleurs facile à comprendre : quand le marteau appuie sur l'enclume, le courant de la pile se trouve fermé, le noyau magnétique s'aimante, soulève le marteau et interrompt par ce seul fait le courant qui, n'agissant plus sur le noyau magnétique, abandonne le marteau à son propre poids. Celui-ci revient alors en contact avec l'enclume, d'où résulte une nouvelle attraction, et ainsi de suite.

Le commutateur T est composé d'un cylindre d'ivoire sur lequel sont appliquées parallèlement à son axe deux lames de cuivre mises séparément en rapport, par des vis, avec deux tourillons métalliques sur lesquels il pivote ; les équerres métalliques qui servent de support à ces tourillons sont en rapport par des boutons d'attache avec les deux pôles de la pile, et deux frotteurs mis en relation métallique avec les deux extrémités du fil primaire de la bobine, l'un directement par la lame AD', l'autre par l'intermédiaire de l'interrupteur, peuvent mettre ces deux extrémités du fil en rapport avec les pôles de la pile dans un sens ou dans le sens diamétralement opposé, suivant qu'on tourne à gauche ou à droite le bouton K''.

Le condensateur est formé de feuilles de papier d'étain intercalées entre des feuilles de papier vernies à la gomme laque et réunies ensemble de manière que les feuilles paires, ou d'un même côté, soient en communication entre elles aussi bien que les feuilles impaires ; elles sont d'ailleurs choisies de dimensions convenables pour pouvoir être introduites à l'intérieur du socle, qui forme à cet effet comme une boîte plate, et constituent par le fait deux bandes isolées de 12 pieds de longueur. Le rôle de ce condensateur est d'annihiler les effets contraires de l'extra-courant, d'une part par le détournement de l'induction latérale tendant à s'effectuer entre les spires de l'hélice inductrice, d'autre part par l'écoulement de l'extra-courant en dehors de la bobine ou même par son épanouissement sur une très-grande surface conductrice, enfin par l'action du courant de retour déterminé par l'électricité accumulée dans le condensateur et qui, traversant le fil primaire en sens contraire de celui de la pile, démagnétise plus promptement le faisceau magnétique aux moments des interruptions du courant inducteur, ce qui par conséquent augmente l'énergie des courants directs. Nous avons longuement discuté toutes ces actions dans notre notice sur l'appareil de Ruhmkorff, et nous y renvoyons le lecteur pour plus amples informations.

Depuis la découverte par M. Carlier des électro-aimants à fil nu et après que j'ai eu signalé à M. Ruhmkorff les avantages que l'on pouvait retirer de ces sortes d'électro-aimants au point de vue des effets de l'extra-courant qui s'y trouve pour ainsi dire neutralisé (1), ainsi qu'on l'a vu page 43, M. Ruhmkorff a construit quelques-unes de ses hélices primaires avec du fil non isolé. Voici ce qu'il dit à cet égard dans une note insérée au tome 27, page 65 des *Mondes*.

« Je me suis servi d'un faisceau de fils de fer, je l'ai recouvert d'une carte et j'ai enroulé dessus du fil de cuivre rouge nu et bien décapé de 2 millimètres de diamètre en ne serrant pas trop les spires. Je fis passer

(1) C'est moi qui ai découvert le premier cette propriété des électro-aimants à fil nu.

le courant d'une pile de Bunsen de 12 éléments : la force de l'aimantation était telle que je pus soulever par l'un des pôles un poids de 10 kilog. En rompant le circuit, l'étincelle obtenue était à peu près ce qu'elle est avec la pile. J'ôtai ensuite ce fil nu et le remplaçai par un autre de même grosseur, mais fortement couvert de soie enduite de gomme-laque et bien séchée : le nombre de spires étant le même, l'aimantation fut égale et je soulevai le même poids ; mais en interrompant le courant, l'étincelle était beaucoup plus grosse et entourée d'une auréole. »

Le grand modèle de la machine de Ruhmkorff, que nous représentons fig. 84, offre en somme la même disposition extérieure que le précédent, moins l'interrupteur qui est, comme nous l'avons dit, isolé, mais l'arrangement intérieur est différent, et établi d'après les indications de M. Poggendorff. La bobine présente en effet dans sa longueur, qui est de 52 centimètres, 80 cloisons isolées, et chacun de ces compartiments est occupé dans son épaisseur par 4 ou 5 spires ; l'hélice induite est d'ailleurs isolée de l'hélice inductrice par un tube de verre très-épais et se trouve constituée par un fil de 1/10 de millimètre de diamètre sur 100 000 mètres de longueur. Les différents compartiments et les différentes rangées de spires sont du reste isolées avec du papier vernis à la résine. Le condensateur est formé de 100 lames d'étain d'une longueur de 50 centimètres sur 25 de largeur, isolées l'une de l'autre par des feuilles de papier enduites de résine et réunies de manière à former deux armures de plus de 12 mètres carrés chacune.

L'interrupteur de cet appareil, appelé *interrupteur de Foucault*, mais qui n'est en définitive autre que celui de M. Page, est représenté dans notre figure à côté de l'appareil. Il se compose essentiellement d'une espèce de fléau de balance porté par une lame de ressort et susceptible d'être élevé ou abaissé par une crémaillère à pignon ; l'une des extrémités de ce fléau porte deux tiges de platine qui en temps ordinaire plongent dans un amalgame de platine recouvert d'alcool contenu dans deux godets, et l'autre extrémité est munie d'une armature placée en face d'un électro-aimant animé par le courant d'une pile particulière ; enfin une tige armée d'une boule mobile à vis de pression est fixée au milieu du fléau et dans le prolongement du ressort qui le porte de manière à régler la vitesse d'oscillation du système. Deux commutateurs semblables à celui que nous avons décrit précédemment, page 249, complètent l'appareil qui est relié avec la bobine par des fils de communication, comme on le voit dans la figure 84.

Pour mettre l'appareil en fonction, on relie la pile du circuit inducteur aux fils E et F, et on met la pile spéciale de l'électro-aimant de l'interrupteur en rapport avec les fils C et D. Quand les deux commutateurs sont tournés, l'un des godets, celui qui est le plus rapproché de l'axe

Fig. 84.

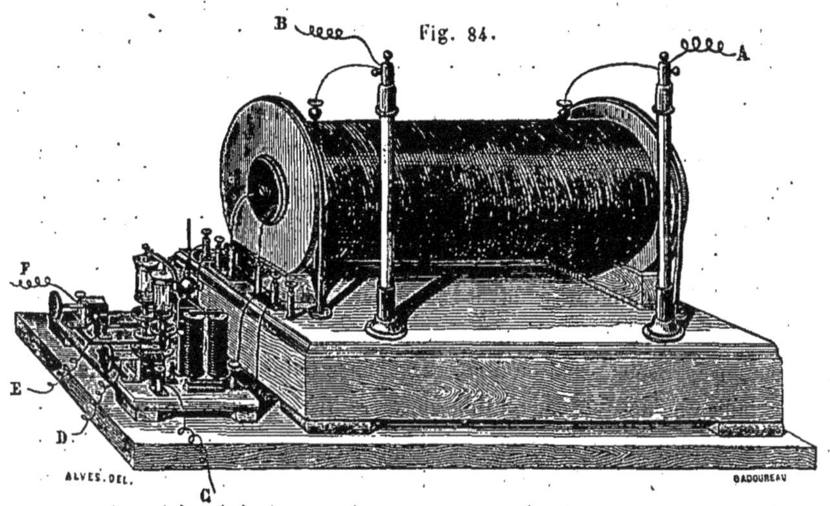

d'oscillation, sert aux interruptions du courant de l'électro-aimant de l'interrupteur par une disposition de circuit analogue à celle que nous avons décrite précédemment, et l'autre godet sert aux interruptions du circuit inducteur. L'alcool qui surmonte la couche de mercure constituant une sorte de conducteur secondaire très-imparfait entre les deux extrémités interrompues du circuit primaire, écoule en partie l'extra-courant produit dans ce circuit, et tout en empêchant la détérioration et l'oxydation des pièces de contact de l'interrupteur par l'affaiblissement de l'étincelle, il réalise un effet analogue à celui du condensateur, ainsi que l'a démontré M. Poggendorff (voir ma notice, page 17). C'est évidemment en raison de cette action que M. Page a constaté une augmentation marquée dans la tension des courants induits, quand il employait son interrupteur à mercure et alcool qu'il appelait *spark-arresting* (arrêteur d'étincelles).

La pile qui fait fonctionner le grand modèle que nous venons de décrire est une pile de Bunsen de six éléments, disposés comme celle que nous avons décrite, tome I, p. 303.

Bobines d'induction de M. Ritchie de Boston. — Dans l'historique que nous avons fait en commençant des appareils d'induction, nous avons indiqué le principe de la machine de Ritchie et la part qui revenait à cet ingénieur-constructeur dans les bobines d'induction fournissant de l'électricité de haute tension. Nous allons maintenant décrire la grande machine qu'il a construite récemment pour le professeur M. Morton, président de l'Institut technologique de Stevens, et qui a pu fournir des étincelles de 53 centimètres de longueur sous l'influence d'une pile de 3 éléments à bichromate de potasse.

Cette bobine, que nous représentons fig. 85, a un mètre vingt centimètres de longueur, contient 52 kilogrammes de fil et pèse seulement 112 kilog.

La bobine se compose de deux parties disposées de manière à pouvoir être réunies ou séparées à volonté, afin de fournir des courants plus ou moins

Fig. 85.

énergiques. Le noyau de fer se compose d'un faisceau de fils de fer ayant chacun 1 millimètre de diamètre et empaquetés sans être isolés les uns des autres dans des morceaux de soie et de drap imprégnés d'huile pour les préserver de toute détérioration. Le fil primaire est long de 60 mètres et a un diamètre de 5 millimètres. Le fil secondaire a 71200 mètres et un diamètre de près de deux dixièmes de millimètre, soit $0^{mm},18$; il est en cuivre très-pur et recouvert de soie blanche ; il est enroulé d'après le système que nous avons décrit, page 242, en séries d'hélices distinctes dont l'épaisseur comprend le fil et son enveloppe isolante, à laquelle on ajoute des couches de papier imbibé de paraffine interposées régulièrement.

L'isolement entre les fils primaire et secondaire s'effectue par des tubes de verre et des enveloppes en caoutchouc vulcanisé appliquées de manière à offrir leur plus grande résistance, sur les points où se développe la plus grande tension, et on a eu soin de s'assurer par expérience que cette résistance surpasse au moins de 50 pour 100 celle qui serait vaincue pour des étincelles de 53 centimètres.

Le condensateur contient environ 30 décimètres carrés de feuilles d'étain isolées avec de la soie huilée dont 9^{dc},30 sont en connexion permanente avec le circuit primaire, et 3 boutons d'attache font entrer respectivement dans le circuit des surfaces de 9^{dc},30, 7^{dc},00 et 4^{dc},40 selon la volonté de l'opérateur.

L'interrupteur du courant dans cet appareil est le mécanisme automatique et à manivelle adopté par M. Ritchie pour tous ses grands appareils ; il est isolé de la bobine et fonctionne comme celui du grand modèle de Ruhmkorff sous l'influence d'une pile spéciale et d'un électro-aimant particulier. Cette partie de l'appareil se distingue en avant sur la fig. 85. Enfin l'excitateur du courant se trouve placé lui-même à la partie supérieure de la bobine et doit être évidemment établi sur une pièce en matière isolante, sans doute en caoutchouc durci.

La hauteur totale de l'appareil jusqu'à la base supérieure est de 47 centimètres, la longueur totale de la base, 1 mètre, la hauteur de cette base 12^{c},7, sa largeur 33 centimètres, et la longueur de chacune des deux sections de la bobine, 33 centimètres. Enfin le diamètre extérieur de cette bobine est 22^{c},8

La pile qui excite cet appareil a été construite par M. Chester. C'est une pile à bichromate de potasse de 3 éléments, disposée à la manière des piles de Wollaston à manivelle et dont la surface des électrodes polaires immergées est d'environ 5 décimètres carrés (soit 20 centimètres sur 25).

Bobines d'induction appliquées aux usages électro-médicaux. — On a construit dans les différents pays une infinité de modèles de bobines d'induction de force modérée pour les applications électro-médicales, mais qui ne varient guère entre eux que par leurs dimensions, les piles qui les mettent en action et les graduateurs des courants électriques dont ils sont munis. Ne pouvant décrire tous ces appareils, nous parlerons seulement de ceux de MM. Breton frères, qui ont été les premiers employés en France, de ceux du docteur Duchenne de Boulogne, qui sont les plus étudiés sous le rapport des effets physiologiques, de ceux de MM. Gaiffe, Ruhmkorff, Trouvé, qui sont les plus pratiques en raison de leurs petites dimensions. Nous renverrons le lecteur pour les autres appareils et en particulier pour ceux de MM. Tripier, Morin, Charrière, Dubois Reymond, etc., etc., à la savante thèse de M. Le Roux.

Appareil d'induction de MM. Breton frères. — Comme interrupteur du courant inducteur, MM. Breton frères ont eu l'idée d'employer un tourniquet électro-magnétique, obligé pour tourner de produire lui-même la rupture successive du courant. En partant de ce principe, ils ont disposé, à portée d'un électro-aimant droit horizontal, un axe vertical portant un interrupteur et quatre morceaux de fer disposés en croix. L'interrupteur était tellement organisé que quand chaque morceau de fer s'approchait du fer de l'électro-aimant, le courant était fermé, tandis qu'il était ouvert au moment du passage des branches du tourniquet devant l'électro-aimant, et un peu au delà. Pour chaque révolution du tourniquet il y avait donc quatre interruptions de courant. Or, comme ces tourniquets font moyennement 400 tours par minute, on obtenait ainsi 1600 vibrations par minute, profitables au courant d'induction.

Le fil d'induction était enroulé sur une bobine spéciale très-mince, qui pouvait être enfoncée sur l'électro-aimant droit de l'appareil, de manière à recouvrir complétement ou en partie le fil de cet électro aimant devenu alors fil inducteur. Quand cette bobine d'induction le recouvrait entièrement, le courant induit était à son maximum, mais il diminuait rapidement d'énergie à mesure qu'on retirait la bobine et qu'on laissait ainsi moins de fil exposé à l'induction directe du courant.

Appareil Volta-féradique de M. Duchenne. — Nous avons déjà vu, p. 207, que la découverte qu'il avait faite des réactions différentes, exercées par les courants de premier et de deuxième ordre, avait conduit M. Duchenne à augmenter considérablement la longueur du fil inducteur des appareils d'induction, et à en diminuer la grosseur. Le fil inducteur de ses appareils n'a en effet guère plus de 1 millimètre 1/2 de section. Mais, étant parvenu par cette disposition à augmenter la puissance des courants de premier ordre, il lui fallait trouver un moyen de régler l'énergie de ce courant, comme il avait réglé la force du courant de deuxième ordre. Pour y parvenir, il imagina d'interposer entre le faisceau magnétique introduit à l'intérieur de l'hélice inductrice et cette hélice elle-même, un tube de cuivre qu'il pouvait, par une disposition particulière, enfoncer plus ou moins. Ce tube, il est vrai, devait réagir sur les deux courants induits à la fois, mais en raison de sa plus grande proximité du du courant de premier ordre, il devait affecter ce dernier d'une manière plus particulière. C'est en effet ce que l'expérience lui démontra. Par suite du même raisonnement, il conserva, comme graduateur du courant de deuxième ordre, le second tube dont il avait déjà muni les bobines d'induction de son appareil magnéto-électrique.

La figure 86 ci-dessous représente l'appareil Volta-féradique de M. Duchenne tel qu'il l'a perfectionné en dernier lieu. On voit en E la bobine d'induction munie de son fil, en F le cylindre graduateur du courant de deuxième ordre, et en G le tube graduateur du courant de premier ordre. L'interrupteur est placé verticalement sur le côté latéral de l'appareil ; il

Fig. 86.

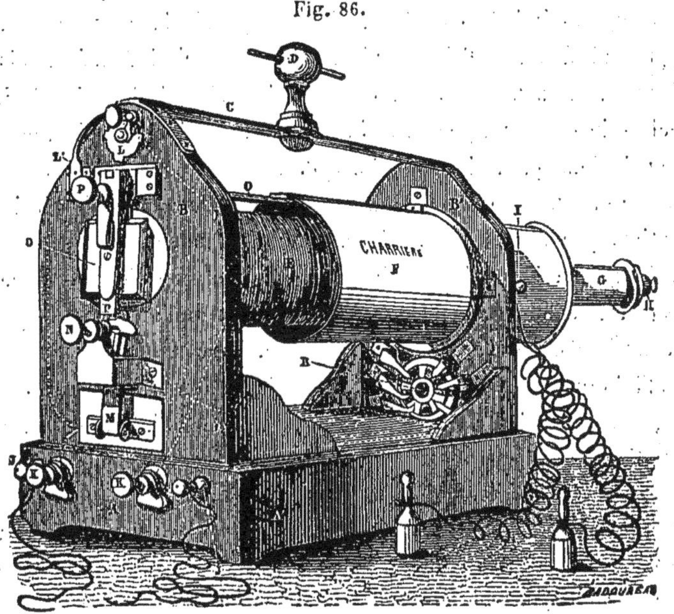

a été également modifié par M. Duchenne, afin de pouvoir être réglé facilement depuis les interruptions les plus lentes jusqu'aux interruptions les plus multipliées. Il se compose d'une plaque carrée de fer doux O suspendue à une charnière, et réagissant par un butoir d'ivoire P sur une lame de ressort flexible M en rapport avec l'une des extrémités de l'hélice inductrice. Une vis butoir N, en communication avec la pile, est, en temps ordinaire, en contact avec le ressort, et par suite de ce contact le courant est fermé à travers l'appareil. La plaque de fer se trouve alors attirée par le faisceau magnétique qui est placé devant elle, et le butoir P, en séparant le ressort de la vis N, interrompt le courant qui est rétabli l'instant d'après, par suite de l'inertie survenue dans le faisceau magnétique. C'est, comme on le voit, un interrupteur de Neef dans lequel le courant, au lieu de passer par l'armature et son butoir d'arrêt, passe dans un rhéotome spécial, afin de laisser libre le règlement de l'écart de cette armature, règlement qui s'opère à l'aide du bouton P.

L'interrupteur à roue dentée L que l'on voit au-dessus du rhéotome est destiné à des électrisations saccadées dans lesquelles le courant ne doit être interrompu qu'à des intervalles éloignés. M. Duchenne croit que les interruptions ainsi produites étant plus nettes, les effets d'induction sont plus énergiques.

Comme l'appareil magnéto-électrique de M. Duchenne, l'appareil volta-féradique est muni d'un commutateur qui transmet dans un même circuit, soit le courant de premier ordre, soit le courant de deuxième ordre. Ce commutateur se voit sur la figure précédente au-dessous de la bobine d'induction. Dans la figure 87, qui représente le côté caché de l'appareil de la fig. 86, ce commutateur est en G.

On le tourne au moyen du bouton G, et l'aiguille qu'il porte indique, par sa position, sur un index, de quel côté on doit tourner pour faire réagir le courant de premier ou de second ordre.

Sur cette dernière figure les deux tubes sont entièrement enfoncés dans

Fig. 87.

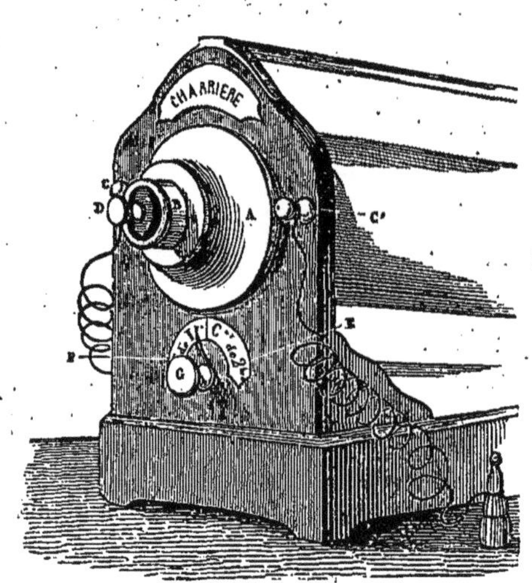

l'appareil, mais on peut en distinguer les extrémités en A et en B; le bout du faisceau magnétique de fer doux se voit en D.

La figure 88 représente le premier appareil volta-féradique de M. Duchenne, monté sur sa boîte d'ustensiles et recouvert de son enveloppe. A l'extrémité gauche de cette boîte on distingue un tube IK muni d'une tige B*d*. C'est un graduateur liquide destiné à affaiblir les courants induits dans un rapport plus grand que les graduateurs tubulaires. Ce graduateur néanmoins ne réagit d'une manière bien marquée que sur les courants de premier ordre. Les autres, malgré la longueur de la colonne d'eau distillée interposée entre l'extrémité de la tige dF et la douille I qui termine le tube, sont à peine affaiblis.

Dans cet appareil, l'interrupteur de Neef est en AS, l'interrup-

Fig. 88.

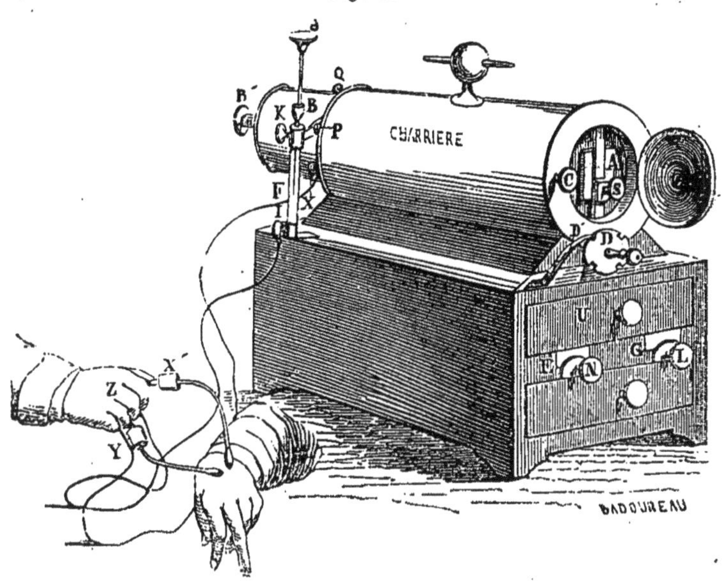

teur à roue dentée en D. La boule qui le surmonte, et qui se voit aussi dans les autres appareils, ne sert que de poignée pour le rendre plus facilement transportable.

Appareils d'induction de M. Gaiffe. — Cet appareil est le premier appareil électro-médical d'un transport facile qui ait été construit.

Les dimensions de la bobine ne dépassent pas 54 millimètres en longueur

Fig. 89.

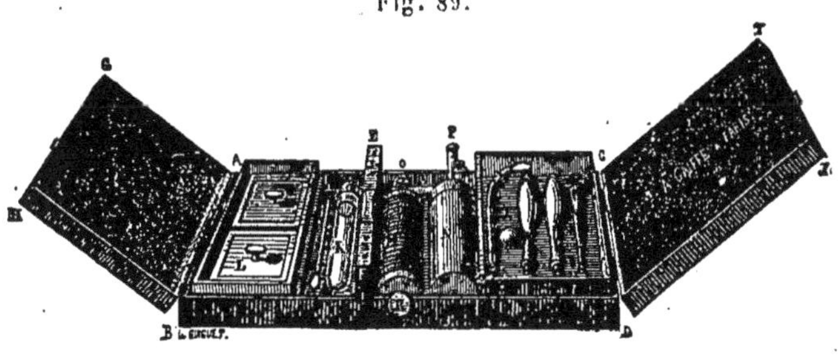

et 22 en diamètre, et pourtant les effets qu'elle produit sont excessivement énergiques avec la pile également microscopique au bisulfate de mercure que nous avons décrite, page 268, tome I. Le fil qui constitue l'hélice inductrice n'a guère qu'un demi-millimètre de diamètre, et sa longueur n'est que de 20 mètres. Mais en revanche, le fil induit, qui est du n° 32 (1 dixième 1/2 de millimètre) a 150 mètres de longueur. Le noyau de fer est constitué lui-même par un faisceau de fils de fer chacun de la grosseur d'un crin.

Cet appareil, que nous représentons ci-contre (fig. 89), fournit, comme la plupart des appareils électro-médicaux, les deux courants appelés par M. Duchenne courants de premier et de second ordre, et qui ne sont

Fig. 90.

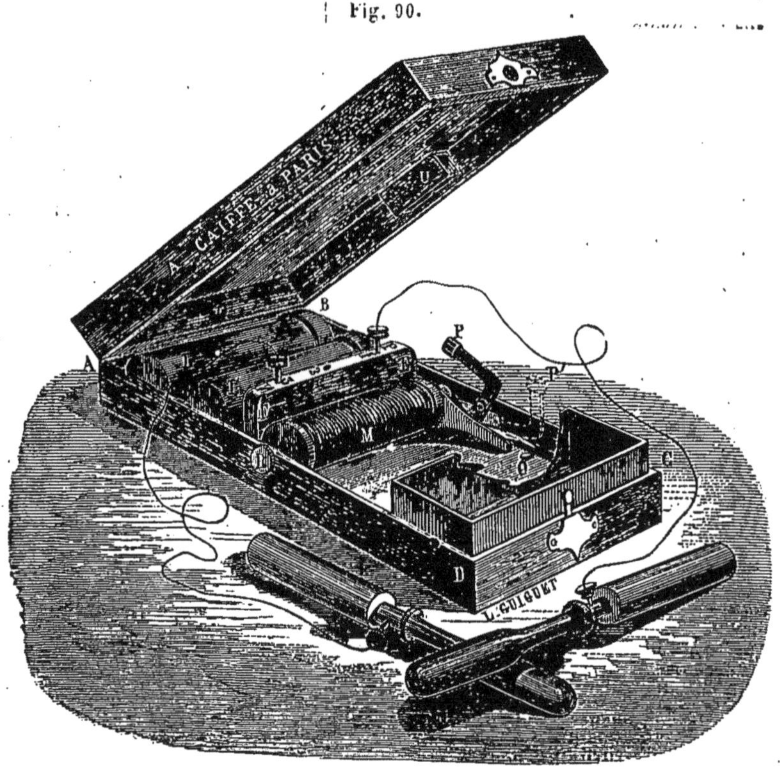

autres que l'extra-courant et le courant induit ; mais comme les premiers appareils américains, il additionne en outre les deux courants, et, chose assez particulière, cette réunion des deux courants donne les effets les plus énergiques. Indépendamment des intermittences rapides fournies par le marteau trembleur, il donne aussi des intermittences espacées, à l'aide d'un levier sur lequel l'opérateur appuie le doigt chaque fois qu'il veut produire une secousse. L'appareil se règle d'ailleurs avec un cylindre de cuivre qu'on enfonce plus ou moins sur le noyau de fils de fer, comme dans les appareils de M. Duchenne. La figure 89 montre du reste le dispositif de l'appareil, qui est si bien entendu, qu'il ne pèse en tout que 500 ou 600 grammes.

La disposition à clôture hermétique qu'il avait donnée à la pile à chlorure d'argent de M. Warren de la Rue, lui ayant permis de réduire encore l'espace dans l'appareil précédent, M. Gaiffe a été conduit au modèle que nous représentons page 259, fig. 90. L'appareil est contenu tout entier dans la boîte ABCD qu'une traverse saillante partage en deux parties ; le premier compartiment renferme deux des éléments que nous avons décrits page 279, tome I, et qui par suite d'un perfectionnement nouveau fonctionnent sans liquide. Cet effet est dû à l'interposition entre les deux électrodes d'un petit coussin de feuilles de papier buvard imprégnées une fois pour toutes d'une solution de chlorure de zinc. Ces éléments sont serrés entre les parois de la boîte par des ressorts qui servent à établir les communications. Le second compartiment renferme la bobine M avec ses accessoires. A un bout de la bobine se trouve le bouton R du tube graduateur, à l'autre le trembleur auquel M. Gaiffe a apporté une heureuse modification. Au lieu de faire le réglage par une vis qui, maniée par des mains inexpérimentées venait souvent forcer le ressort, il le réalise par l'intermédiaire d'un levier coudé P pouvant s'abaisser jusqu'en P′ ; dans cette dernière position, ce levier sert de pédale pour la production des interruptions espacées lorsqu'on vient avec le doigt le faire porter momentanément sur la petite vis O.

Trousse électro-médicale de M. Trouvé. — La trousse électro-médicale de M. Trouvé, que nous représentons fig. 91, est un appareil d'induction voltaïque complet qui, avec tous les accessoires nécessaires pour son application à la médecine, peut être contenu dans une trousse dont les dimensions ne dépassent pas celles des trousses ordinaires des chirurgiens.

Cet appareil contient d'abord une pile à fermeture hermétique du modèle que nous avons décrit, page 269, tome I ; en second lieu, une petite bobine d'induction qui peut fournir suivant les cas, quatre courants induits de différente nature, partie d'extra-courant, l'extra-courant complet, le courant induit, l'extra-courant et le courant induits réunis ; chacun de ces courants peut avoir sa tension modifiée par un tube graduateur comme dans les appareils ordinaires, ou par l'interrupteur du courant inducteur, dont la disposition est nouvelle et dans des conditions excellentes sous le rapport du réglage de la vitesse de sa vibration.

Généralement la pièce mobile de ce genre d'interrupteur, appelée vul-

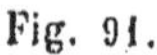
Fig. 91.

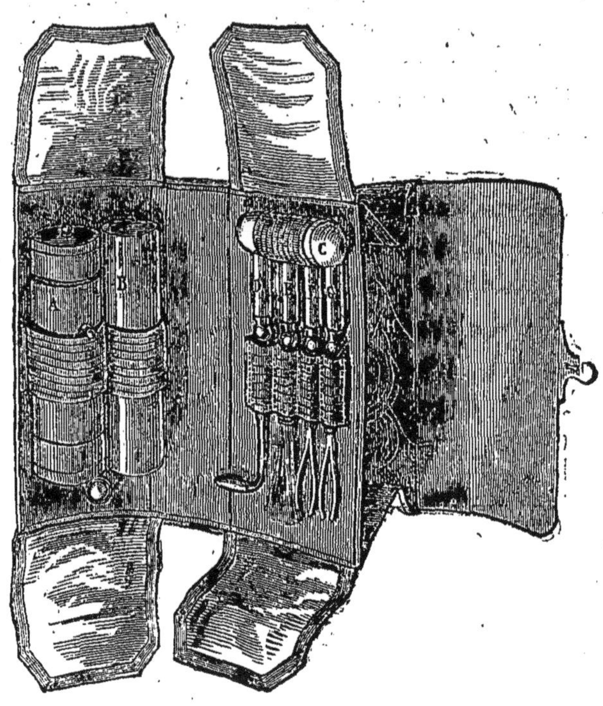

gairement trembleur, est rapprochée plus ou moins du faisceau magnétique de la bobine qui doit l'attirer à l'aide d'une vis de rappel qui sert en même temps de contact. Or, avec un pareil système, non-seulement les points de contact de l'interrupteur subissent une oxydation prompte et énergique qui résulte de la permanence de l'étincelle en un même point, mais encore le réglage de la vibration, dépendant uniquement du rapprochement plus ou moins grand de l'armature, ne peut s'effectuer que dans des limites relativement restreintes et dans des conditions peu susceptibles de détermination. M. Trouvé, dans son nouvel interrupteur, a évité de la

Fig. 92.

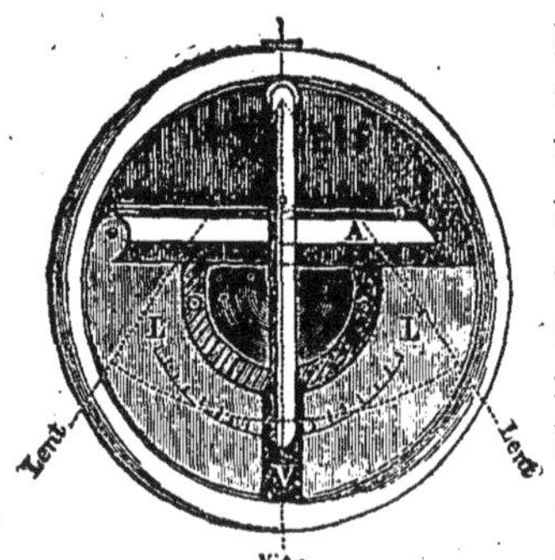

manière la plus simple ces deux inconvénients en faisant réagir directement sur le ressort de la lame vibrante A, fig. 92, un lévier articulé V, disposé de manière à opérer, dans sa situation normale à la lame, le plus grand rapprochement des pièces magnétiques. Dans ces conditions, non-seulement la vitesse de vibration est réglée par l'écartement plus ou moins grand de ces pièces magnétiques qui suit l'inclinaison du levier V, mais encore par le ressort du trembleur lui-même dont les vibrations, comme celles d'une corde de violon, se trouvent accélérées ou retardées par la position du levier qui appuie sur lui, et comme il résulte du déplacement de ce levier que les points de contact varient plus ou moins, l'oxydation produite par l'étincelle de l'extra-courant, se trouve diminuée ou du moins répartie sur plusieurs points.

CHAPITRE II.

MACHINES ÉLECTRIQUES A FROTTEMENT ET PAR INFLUENCE.

L'électricité fournie par les machines électriques à frottement n'a été jusqu'à présent guère utilisée. Cela tient à ce que ses réactions magnétiques étant à peu près nulles, et ses réactions chimiques étant très-complexes, elle ne présente, dans la plupart des applications qu'on pourrait en faire, aucun avantage sur les piles. Néanmoins, comme les machines électriques ont reçu dans ces derniers temps de notables perfectionnements, nous croyons qu'il sera intéressant d'en dire quelques mots à la fin de ce chapitre sur les générateurs mécaniques d'électricité, car elles aussi sont des générateurs électriques.

Tout le monde connaît les machines électriques à plateau de verre. La forme généralement adoptée aujourd'hui est celle qui a été proposée par Ramsden; les conducteurs et les coussins ont reçu, il est vrai depuis, quelques modifications, mais la disposition générale des différentes parties est restée à peu près la même.

Une machine électrique se compose : 1° d'un plateau de verre serré entre quatre coussins ; 2° de conducteurs métalliques isolés sur des pieds de verre ; 3° de deux mâchoires métalliques armées de pointes et placées à l'extrémité des conducteurs, de manière à emboîter de deux côtés opposés le plateau de verre.

Dans ces machines, la cause initiale du dégagement électrique est le frottement exercé sur le plateau de verre par les coussins ; mais l'électricité qui charge les conducteurs résulte de la décomposition des fluides de ces conducteurs, par l'influence de l'électricité dégagée sur le plateau de verre. Effectivement, cette influence ayant pour effet d'attirer vers les mâchoires l'électricité de nom contraire à celle développée sur le plateau de verre, et de repousser l'électricité de même nom, la première, trouvant par les pointes dont sont armées les mâchoires, une issue facile pour se dégager, vient se combiner à l'électricité du plateau de verre, et remet celui-ci à son état naturel ; la seconde électricité, au contraire (celle qui est repoussée), charge alors à elle seule les conducteurs, et cette charge est d'autant plus grande que la soustraction du fluide attiré par le plateau de verre a été plus considérable.

Pour qu'une machine électrique puisse bien fonctionner, en supposant même qu'elle soit dans une atmosphère sèche, il faut qu'elle réunisse plusieurs conditions : il faut 1° que la glace du plateau soit peu alcaline pour qu'elle attire le moins possible l'humidité, et, sous ce rapport, les verres anciens sont préférables aux verres nouveaux, à moins qu'on ne les ait fabriqués spécialement ; 2° il faut que les frottoirs soient disposés convenablement ; 3° que les conducteurs soient bien isolés. Dans sa notice sur la photométrie électrique, M. Masson donne tous les renseignements possibles sur la manière de réaliser le plus avantageusement ces conditions. Nous ne pouvons mieux faire que de renvoyer le lecteur à cet important travail, inséré dans les *Annales de physique et de chimie*, de l'année 1847.

Quand l'atmosphère est humide, les machines électriques ne donnent pas d'électricité. Pour les mettre alors en état d'en produire, il faut disposer autour d'elles plusieurs réchauds, afin de dessécher les couches d'air qui les entourent ; il faut aussi laver leur plateau avec de l'alcool ou de l'éther. Toutefois, ces précautions ne sont pas toujours suffisantes.

Les machines électriques ordinaires ne fournissent que de l'électricité vitrée ; l'électricité résineuse, qui est soutirée par les coussins, s'écoule dans le sol par les montants en bois qui supportent ces coussins. Plusieurs constructeurs, entr'autres MM. Nairne et Van Marum, se sont imaginé de recueillir, sur des conducteurs spéciaux, cette électricité perdue et ils ont obtenu ainsi des machines électriques fournissant à la fois les deux électricités. Pour résoudre ce problème, il leur a suffi de monter les coussins de leurs machines sur des supports isolants, et de faire communiquer ceux-ci à des conducteurs isolés semblables d'ailleurs à ceux des machines ordinaires.

Les plus grandes machines électriques qu'on ait construites jusqu'ici sont celles du musée de Harlem, de l'Institut polytechnique de Londres et du Conservatoire de Paris.

La première peut fournir des étincelles d'un mètre, et la seconde a pu fondre un fil métallique sur une longueur de 21 pieds. Cette dernière machine a présenté un phénomène réellement extraordinaire. En opérant la décharge à travers un tube de 12 pieds, dans lequel le vide avait été fait, l'étincelle de cette machine s'est présentée sous la forme d'une boule de feu animée d'un faible mouvement de transport.

On a cherché à différentes reprises de remplacer le plateau de verre, dans les machines électriques, par des corps moins hygrométriques, moins chers et moins cassants. Pour cela on a eu successivement recours au papier, à la gutta-percha, au caoutchouc durci et au soufre rouge. Toutes ces machines ont fourni le résultat qu'on en attendait ; mais, malgré leur meilleur marché, elles n'ont pas encore été généralement adoptées. M. Croisant, à Laval et M. J. Thore sont ceux qui ont le mieux réussi pour les machines électriques en papier. D'un autre côté, MM. Fabre et Kunemann ont assuré que leurs machines en caoutchouc durci sont excellentes. Quant aux machines en gutta-percha, elles ont été à peu près abandonnées, en raison de la facile détérioration de cette substance par l'effet du frottement. Dans une machine de ce genre qui figurait à l'exposition de Londres de 1851, c'était une courroie de gutta-percha enroulée sur deux poulies qui remplaçait le plateau de verre des machines ordinaires.

Depuis 1850, quelques perfectionnements importants ont été apportés aux machines électriques, d'abord par M. Steiner, qui transforma complétement les coussins de la machine de Ramsden, mais surtout par MM. Winter et Hempel, qui donnèrent à la machine une disposition toute nouvelle et tout à fait favorable au développement d'une grande puissance électrique.

Jusqu'en 1850, les coussins des machines de Ramsden étaient bourrés de crin, recouverts en peau et frottés avec de l'or mussif. Cette disposition n'avait pas été étudiée et le hazard seul l'avait indiquée. A l'époque dont nous parlons, M. Steiner ayant remarqué que le mauvais état des machines dépendait le plus souvent des coussins, étudia davantage la question et fut conduit à former les coussins avec des planchettes à ressort recouvertes alternativement de bandes de flanelles et d'étain et présentant au plateau une surface de soie enduite d'un amalgame d'étain, de zinc et de bismuth (1). En assurant d'une manière plus parfaite qu'on ne l'avait fait jusque-là la communication de ces coussins avec le sol et en fixant davantage le mouvement de rotation du plateau, il put donner aux machines de Ramsden, une supériorité bien marquée sur les autres.

Malgré ces perfectionnements, on reprochait toujours à la machine de

(1) Voir mon rapport à la Société d'encouragement, tome X, p. 9 (1863).

Ramsden la multiplicité des supports de ses conducteurs, qui occasionnaient beaucoup de pertes à la terre, le peu de stabilité de l'axe de rotation du plateau qui était trop court et qui étant métallique pouvait entraîner des secousses pour les personnes chargées du soin de le tourner quand le dégagement électrique était abondant. M. Winter proposa, pour prévenir ces inconvénients, de monter le plateau sur un axe en verre et de le faire frotter par un seul coussin isolé, communiquant par un fil recouvert de gutta-percha, avec des boules de bois isolées sur un pied de verre. Dans ce système deux anneaux également en bois et placés de chaque côté du disque à une distance de 3 centimètres, sont garnis de clinquant et présentent à celui-ci les pointes nécessaires pour remettre le plateau à l'état naturel ; ces anneaux sont portés par un pied en verre. Enfin, un troisième pied en verre placé en arrière de l'axe soutient un grand anneau également en bois, qui peut être mis en communication avec les boules et les anneaux portés par les deux autres pieds, au moyen de tiges de bois terminées par des boules. Ces boules peuvent d'ailleurs communiquer au sol par des chaînes métalliques à l'aide de crochets qu'elles portent. Les tiges de bois et les anneaux sont garnis intérieurement de fil de cuivre et à leur surface d'un vernis conducteur ou d'une feuille d'étain. Une machine de ce genre, qui figurait à l'Exposition de 1867, et dont le plateau avait 95 centimètres de diamètre, donnait des étincelles de 52 centimètres.

Le modèle qui a fourni jusqu'ici les meilleurs résultats, est celui de M. Hempel, qui ressemble un peu au précédent, quant au principe de la machine, mais qui semble être dans de meilleures conditions de construction. Dans cette machine, les conducteurs métalliques servant de collecteurs à l'électricité dégagée, sont réduits à une grosse boule métallique isolée sur un pied de verre très élevé qui porte deux anneaux de bois recouverts de clinquant découpé en pointes. Ces anneaux jouent le rôle des peignes métalliques des machines ordinaires, et en conséquence le plateau de la machine tourne dans l'intervalle qui les sépare ; le système des frotteurs réduit à deux coussins est placé isolément du côté opposé au conducteur, et est monté comme lui sur une boule métallique isolée sur un pied de verre. Une garniture de taffetas soutenue par une tige recourbée est fixée sur ces coussins et enveloppe la partie électrisée du plateau de verre, afin d'éviter les déperditions par l'air humide, et les coussins eux-mêmes sont recouverts d'un amalgame particulier, doué d'une grande action électrique. Enfin l'axe de rotation du plateau est en verre et assez long pour que celui-ci tourne toujours sans déviation dans un même plan. On peut voir les dessins de ces machines dans les *Études sur l'Exposition de* 1867, de M. Lacroix, tome VI.

Les machines de Holtz dont nous allons parler à l'instant ont provoqué de leur côté plusieurs perfectionnements des machines électriques dont nous croyons devoir encore dire quelques mots. Le principal, dû à M. Kundt, est décrit dans les *Mondes*, tome 19, p. 340, de la manière suivante :

« Un disque en verre mis en rotation avec une certaine vitesse est frotté sur un côté par un coussin couvert d'amalgame ; vis-à-vis l'autre face non frottée, sont deux peignes, l'un en face le coussin sur un diamètre horizontal, l'autre à 180°. Ces deux peignes sont réunis à deux conducteurs mobiles, et le frotteur est isolé. Il est muni d'un morceau de soie qui ne doit pas recouvrir tout à fait le quart du plateau. L'axe du disque et les supports isolants doivent être en verre mauvais conducteur. Si on établit sur les deux conducteurs, comme dans la machine Holtz, une double bouteille condensatrice, les effets sont grandement augmentés. »

M. L. Brunelli, dans une note insérée dans les *Mondes*, tome 28, p. 299, décrit de son côté une machine fondée d'après des considérations analogues à celles qui ont guidé M. Kundt, et dont le principal organe est un plateau de verre poli d'un côté et dépoli de l'autre côté. Ce plateau est frotté du côté poli avec des coussinets ordinaires et de l'autre côté avec des coussinets en peau de chat, de manière à faire naître sur les deux faces les deux électricités contraires, et à former du plateau lui-même une sorte de condensateur agissant sur les conducteurs à la manière du plateau tournant de la machine de Holtz. Nous n'insistons pas toutefois sur cette machine, qui ne paraît pas avoir été encore exécutée.

Pour terminer avec les machines électriques à frottement, je signalerai un petit appareil construit dernièrement avec habileté par MM. Humblot et Loiseau et qui fournit des effets très-importants eu égard à ses petites dimensions. Cette petite machine électrique consiste essentiellement dans un cylindre de caoutchouc durci monté sur un axe de rotation, et à l'intérieur duquel sont fixées, suivant les génératrices du cylindre, un certain nombre de lames métalliques parallèles dont l'une des extrémités communique, extérieurement à la surface du cylindre, avec une série de contacts métalliques disposés parallèlement aux circonférences des deux bases. Un frotteur communiquant à un conducteur isolé sur un pied de verre appuie alternativement, quand la machine est en mouvement, sur ces différents contacts et un large frottoir en peau placé en sens opposé de ce conducteur électrise la surface externe du cylindre. Sous l'influence de l'électricité développée par ce frottement, les lames de l'intérieur du cylindre s'électrisent, laissant écouler en terre, par l'intermédiaire d'un second frotteur qui appuie sur les contacts dont nous avons parlé, l'électricité repoussée, et chargent directement, par l'autre frotteur, le conducteur isolé qui fournit la décharge.

Électrophore. — Il existe un appareil électrique très-simple, appelé électrophore, que l'on peut employer quand on a besoin d'avoir à sa disposition une faible source d'électricité. Cet appareil se compose d'un gâteau de résine et d'un plateau conducteur d'un diamètre un peu moindre. Ce plateau est muni d'un manche isolant qui sert à le poser et à le relever. Les deux pièces de l'appareil étant bien séchées, on électrise le gâteau en le battant avec une peau de chat ; à mesure qu'on approche le plateau, ses électricités sont décomposées par influence, le fluide vitré est attiré sur la face inférieure et le fluide résineux repoussé sur la face supérieure ; au contact le maximum d'effet est produit, mais comme la couche d'air qui reste entre les deux surfaces suffit pour empêcher presque complétement la communication électrique, et qu'en relevant le plateau on le retrouverait à peu près à l'état naturel, il faut, avant de le relever, le toucher avec le doigt ; on voit alors jaillir une étincelle et cette étincelle provient du fluide repoussé qui s'écoule ; l'autre fluide est retenu par influence. Dans ces conditions, quand on relève le plateau par l'extrémité de son manche isolant, l'électricité vitrée redevient libre et donne à son tour une étincelle non moins vive que la première.

Puisque le gâteau de résine n'a exercé qu'une action par influence, il a conservé son fluide résineux et l'on peut, pendant des heures entières, poser le plateau et le relever toujours chargé d'électricité vitrée. L'électrophore devient ainsi une source d'électricité qui donne sans rien perdre ; au reste, quand elle s'affaiblit, quelques coups de peau de chat lui rendent sa force.

MACHINES D'INFLUENCE ÉLECTRO-STATIQUE.

Les machines d'influence électro-statique dont les physiciens se sont beaucoup préoccupés dans ces derniers temps, surtout depuis que M. Holtz, en 1865, en a fait un système de générateur d'électricité statique fort commode et fort énergique, ne sont pas d'une date aussi récente qu'on le croirait à première vue ; elles ne sont qu'une extension des doubleurs et multiplicateurs électro-statiques combinés à la fin du siècle dernier, par MM. Read, Benett, Darwin, Cavallo et Nicholson, et qui avaient pour but de multiplier et de rendre appréciable des quantités très-petites d'électricité. Toutefois, il paraîtrait que c'est à M. Goodman, de Birmingham et Tœpler, de Riga, qu'on devrait rapporter les premières recherches importantes à ce sujet, et l'on voyait, à l'Exposition de 1867, des machines établies par ce dernier savant qui étaient, nous a-t-on assuré, d'une puissance considérable.

Quand une invention fait sensation dans le public, il ne manque jamais d'inventeurs pour la perfectionner, c'est ainsi que cette machine s'est trouvée modifiée dès l'année 1866, par M. Piche, simple amateur, qui en a fait un simple électrophore à rotation, disposition qui, étant copiée quelques mois plus tard par M. Bertsch, est passée, au grand scandale des amis de la vérité, au nom de ce dernier. Un peu plus tard, M. Carré combinant à cette machine la machine électrique à frottement, l'a rendue encore plus puissante, et, sans s'en douter, s'est trouvé réaliser, dans des conditions infiniment meilleures, il est vrai, l'idée des machines électrophoriques de M. Girarbon, que nous avons décrites dans la seconde édition de notre *Exposé des applications de l'électricité* (tome I, p. 400). Nous devons dire toutefois, que de toutes ces machines, c'est encore celle de M. Holtz qui est la plus prisée, et c'est en conséquence sur elle que nous concentrerons tous les détails qui se rapportent à ce système de générateurs électriques.

Machine de Holtz. — La machine de Holtz se compose essentiellement de deux disques de verre, A et B, fig. 93, l'un de verre à vitre A (de 45 centimètres environ de diamètre pour le moyen modèle) supporté verticalement par quatre roulettes en caoutchouc tenues par des tiges de verre, l'autre mobile au moyen d'un axe d'acier et de poulies commandées par des cordons et une manivelle. Celui-ci est en verre à glace très-mince et éloigné du disque fixe de 3 millimètres environ. Il peut faire 12 à 15 tours par seconde, et comme il y a fort peu de frottement, il suffit de la moindre force pour mettre la roue en mouvement. Lors même qu'on ne tient plus la manivelle, elle tourne encore pendant 8 ou 10 secondes. Le disque en verre fixe, porte à son centre un trou circulaire qui donne passage à l'axe de rotation du second plateau et vers les bords, aux extrémités d'un même diamètre, deux ouvertures ou fenêtres F,F′ assez larges, dont un des côtés est garni d'une armature en fort papier p,p'. Cette armature est munie d'une ou de plusieurs languettes saillantes L,L' en carton, taillées en pointe à leur extrémité et qui avancent jusqu'au milieu de la fenêtre ; elle se trouve elle-même appliquée sur le verre avec des largeurs différentes,

Fig. 93.

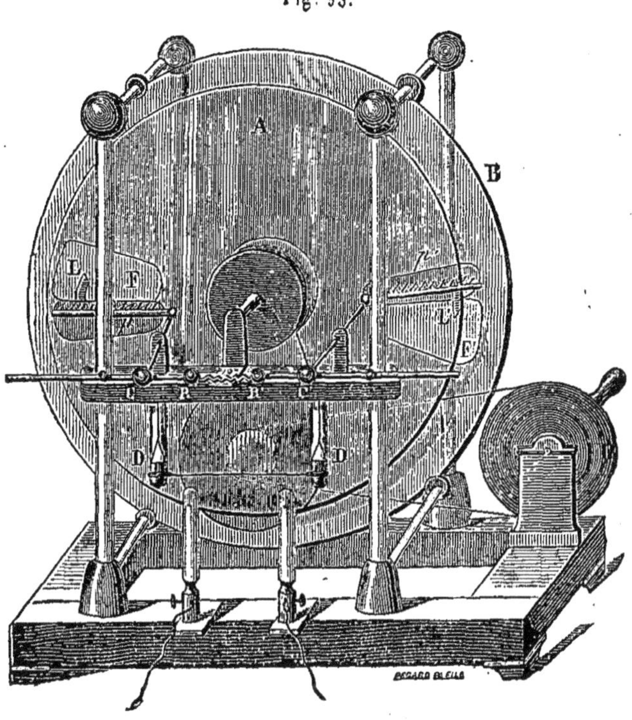

5 centimètres à l'extérieur et la moitié seulement à l'intérieur (1). Devant ces deux armures, viennent aboutir deux conducteurs métalliques C,C' isolés sur la monture de bois qui les porte, et terminés devant le plateau par des peignes analogues à ceux des machines ordinaires. Enfin un excitateur composé de deux tiges métalliques R,R' adaptées à ces deux conducteurs et articulées sur les boules qui terminent ces derniers à leur extrémité libre, permet d'exciter la décharge à telle distance que l'on

---

(1) D'après M. Morton, secrétaire de l'institut de Francklin, les armures des fenêtres de la machine de Holtz, doivent être établies dans certaines conditions pour que l'effet de cette machine soit durable ; il faut, suivant lui, que le papier qui le compose soit légèrement verni et aussi parfaitement que possible sur les bords. « Dans ces conditions seulement, dit M. Morton, les papiers agissent comme des bouteilles de Leyde, le papier faisant fonction de revêtement intérieur, la matière isolante tenant lieu du verre, et le courant constant de l'air qui se meut entre les feuilles

veut, et cette opération s'effectue de la manière la plus simple, même pendant que l'appareil fonctionne, à l'aide de manches de verre qui terminent les deux tiges R,R'.

Pour faire fonctionner la machine de Holtz, on doit préalablement l'amorcer, c'est-à-dire donner à l'une des armures une petite quantité d'électricité. Pour cela on rapproche d'abord, jusqu'au contact, les deux boules de l'excitateur ou on les met simplement en rapport avec le sol, puis après avoir électrisé une lame d'ébonite en la frottant avec une peau de chat ou du drap bien sec, on la met en contact avec l'armure d'une des fenêtres. On imprime alors au disque mobile un mouvement de rotation de sens contraire à la direction des languettes des armures, et aussitôt que l'on voit des aigrettes lumineuses apparaître sur les dents des peignes, on écarte l'une de l'autre les boules de l'excitateur ; on voit alors un torrent d'étincelles jaillir entre les deux boules et déterminer un courant continu dont la direction est constante, chacun des conducteurs se chargeant d'électricité de même nom que celle de l'armure la plus voisine, et qui dure tout le temps qu'on tourne la machine.

La figure 94 représente l'appareil simple tel que nous venons de le décrire, mais dans la figure 93, on retrouve plusieurs dispositifs, accessoires sur lesquels nous allons maintenant appeler l'attention. Ces dispositifs sont d'une part deux condensateurs cylindriques D,D' dont l'armature intérieure communique avec les conducteurs C,C' et dont l'armature extérieure est reliée par un fil métallique DD' ; en second lieu, deux boutons d'attache à tête allongée et arrondie, sur lesquels on appuie les boules terminales de l'excitateur quand on veut obtenir un courant continu transmissible à un circuit fermé. L'interposition de ces condensateurs augmente considérablement l'énergie de la décharge, en lui ajoutant celle qui résulte de la

---

jouant le rôle d'un revêtement extérieur communiquant avec le sol, soutirant constamment une espèce d'électricité et fournissant l'autre espèce. Dans ces conditions, la charge sur le papier continue de s'accumuler sans autre limite que la résistance de la matière isolante.»

M. Morton était arrivé à cette conclusion à la suite d'un accident survenu à la machine qu'il expérimentait et qu'il a pu remettre en état en vernissant à la gomme laque sur une bande étroite les bords des armures. Suivant lui, si la surface du papier n'est pas bien isolée, il s'opère sur toute son étendue une diffusion d'électricité qui ne détruit pas il est vrai toute la charge, mais qui agit comme un épanchement après qu'on est arrivé à un certain degré de tension. Cette diffusion s'opère en outre tout à fait contre les peignes de cuivre et produit une augmentation correspondante dans la quantité d'électricité continue que ceux-ci déchargent sur le plateau tournant. Si cette diffusion se produit sur les bords du papier, elle ne correspond plus à l'action des peignes et ne compense pas, par conséquent, la perte qu'elle cause (voir les *Mondes*, tome XIII, p. 390).

condensation des fluides. Ces appareils sont formés de deux éprouvettes de verre épais garnies intérieurement d'une feuille d'étain, au contact de laquelle arrive l'extrémité d'un crochet métallique qui sert à les suspendre aux conducteurs de la machine ; à l'extérieur elles sont recouvertes d'une

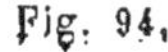

Fig. 94.

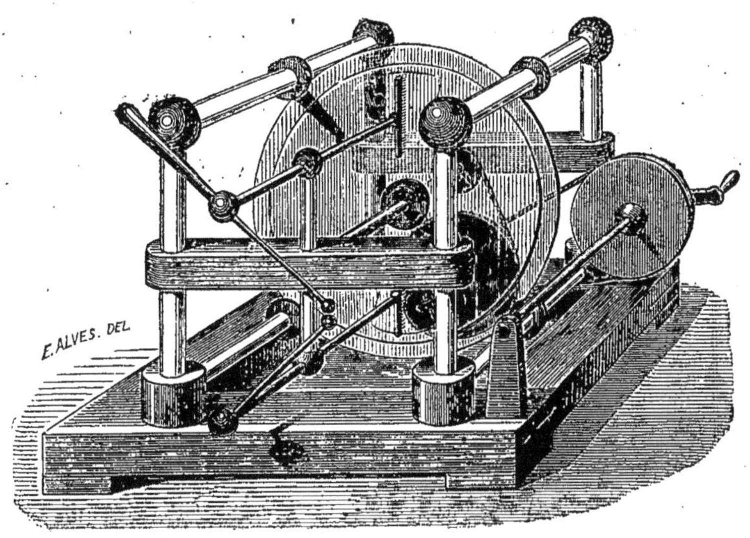

feuille d'étain qui ne s'étend qu'au cinquième de leur hauteur, et ce sont ces feuilles d'étain qui sont réunies l'une à l'autre par un fil ou une tige de cuivre. Le modèle représenté fig. 93 est celui de M. Luizard.

Le disque mobile de l'appareil exposé par M. Ruhmkorff, en 1867, avait 55 centimètres de diamètre, il était monté sur un axe en verre, et le plateau fixe avait 60 centimètres. Ces deux disques étaient vernis à la gomme laque, ainsi que les armures de carton. Pour combattre les mauvais effets de l'humidité de l'air qui diminue beaucoup le dégagement électrique dans ces sortes de machines, on a conseillé de verser sur la table de l'huile de pétrole, dont la vapeur en se condensant sur les pièces de la machine, empêche l'influence de la vapeur d'eau.

On a émis plusieurs théories pour expliquer les effets produits par la machine de Holtz, car celle qu'en a donnée l'auteur dans l'origine était loin de satisfaire les physiciens; mais l'explication la plus généralement adoptée est celle de Riess, que nous allons résumer. Suivant M. Riess, l'armure primitivement électrisée négativement que nous appellerons L, doit agir par influence et à travers le disque mobile sur le peigne qui lui correspond, en décomposant comme cela a lieu dans la machine électrique ordinaire, le fluide neutre des conducteurs C,C′ qui se trouvent alors reliés l'un à l'autre; il en résulte que le fluide positif de ces conducteurs se trouve attiré sur le plateau mobile en face de L, et que le fluide négatif, repoussé du côté opposé, s'écoule par le peigne p', sur la partie du plateau mobile qui est précisément en face de l'armature L′. Cette électricité négative, réagissant à son tour sur cette armature L′ la charge par influence, et cette charge s'accumulant à la suite d'une série d'actions successives du même genre, jusqu'à ce que la partie du disque électrisé positivement arrive à la hauteur de l'armature L′, devient bientôt assez grande pour être une source induisante, agissant en sens inverse de l'action primitive. Alors la moitié supérieure du plateau mobile se trouve électrisée négativement, l'autre partie positivement, et quand par suite du mouvement de rotation de la machine, ces différentes parties électrisées viennent présenter successivement aux peignes métalliques des fluides contraires à ceux qui sont excités par les armatures, il se produit une série de neutralisations successives et partielles, qui rendent libres sur les conducteurs des charges permanentes d'électricités contraires, lesquelles déterminent une décharge continue et avec étincelles, quand les deux conducteurs sont séparés l'un de l'autre. De plus, comme les parties du plateau qui se présentent successivement devant les armures sont électrisées en sens inverse de celles-ci, ces armures ont leur tension électrique sans cesse entretenue et sans cesse augmentée par l'action même de la machine, et cette augmentation qui, théoriquement parlant, devrait être indéfinie, dépend de l'état électrique du plateau fixe.

Quel est le rôle des fenêtres du plateau fixe ?... Cette question n'est pas encore bien éclaircie, ces vides paraissent pourtant avoir pour effet de permettre l'écoulement des fluides repoussés dans les armures et qui doivent s'échapper par les languettes pointues qui les terminent. Ces fenêtres n'ont pas besoin d'être grandes, car M. Poggendorff les a remplacées sans inconvénient par de simples trous placés devant les pointes des languettes, et qu'il obstruait même avec du liége pour réunir les deux parties de l'armature, le corps et le peigne (1). Toujours est-il que ces

(1) D'après M. Ruhmkorff, les fenêtres auraient l'avantage de permettre à l'air de se renouveler autour des armatures et de chasser l'ozone qui s'y forme et qui altère le vernis des plateaux ; il croit d'ailleurs cette disposition très-efficace et ne compte nullement la changer.

organes qui, avec leurs armatures et les conducteurs correspondants, constituent ce que M. Holtz appelle les éléments de sa machine, fournissent une quantité d'électricité sensiblement proportionnelle à leur nombre. Aussi a-t-on fait des machines de ce genre à 4 éléments renfermant 4 fenêtres, 4 armures et 4 conducteurs ; ces 4 derniers sont alors réunis deux par deux. Toutefois, la distance explosible des étincelles est moindre avec cette disposition qu'avec celle que nous avons décrite en premier lieu.

Dans une disposition qu'il a adoptée récemment, M. Holtz a supprimé les fenêtres et les armatures du plateau fixe de sa machine, et l'a composée de deux plateaux d'égal diamètre, tournant en sens inverse l'un de l'autre dans un plan horizontal. Deux conducteurs munis de peignes métalliques sont placés au-dessus du disque supérieur, aux extrémités d'un même diamètre, et deux autres dans les mêmes conditions se trouvent au-dessous du disque inférieur, suivant un diamètre perpendiculaire au premier. Ces peignes sont réunis deux à deux, un peigne supérieur avec un peigne inférieur. Pour amorcer la machine, il suffit de placer sur le plateau supérieur, au-dessus d'un des peignes inférieurs, une plaque d'ébonite électrisée, et de faire tourner rapidement les plateaux ; au bout de quelques secondes on peut la retirer, car on obtient alors les décompositions électriques nécessaires à la production continue des étincelles.

La machine de Holtz a été perfectionnée en Amérique par MM. Chester et Ritchie, qui sur les indications de M. Morton ont substitué au disque fixe portant les éléments ou fenêtres, un système composé de lames séparées *et mobiles*, portant chacune un de ces éléments et susceptibles d'être retirées et remplacées lorsque leur fonctionnement devient défectueux. Ces appareils ingénieusement disposés sont représentés et décrits dans les *Mondes*, tome 15, p. 489. M. Bertsch, qui s'est posé on ne sait trop pourquoi en oracle des machines de ce genre, condamne, il est vrai, ces dispositions et prétend que quand les machines de Holtz cessent de bien fonctionner, il suffit de passer sur les surfaces isolantes un tampon de papier Joseph avec quelques gouttes d'essence de térébenthine, d'huile de napthe ou de pétrole ou même de benzine pour leur rendre toute leur énergie. (Voir les *Mondes*, tome 15, p. 660).

D'un autre côté, nous voyons M. le Dr P-J. Kaiser de Leyde, prétendre que les machines de Holtz livrées au commerce ne sont que des demi-machines, attendu que si on donne à la machine un deuxième disque mobile et des conducteurs doubles, on obtient une quantité double d'électricité, avec une tension qui augmente encore davantage. On peut trouver dans le tome 20 des *Mondes*, p. 665, la description détaillée de la machine de Holtz ainsi modifiée par M. Kaiser et que nous représentons du reste fig. 95 ; nous ajouterons seulement que comparée à une machine ordinaire construite par M. Ruhmkorff, M. Kaiser a constaté que la sienne, toutes choses égales d'ailleurs, produisait une quantité d'électricité presque triple, c'est-à-dire dans le rapport de 2,75 à 1. Mais quand sa machine était réduite

Fig. 95.

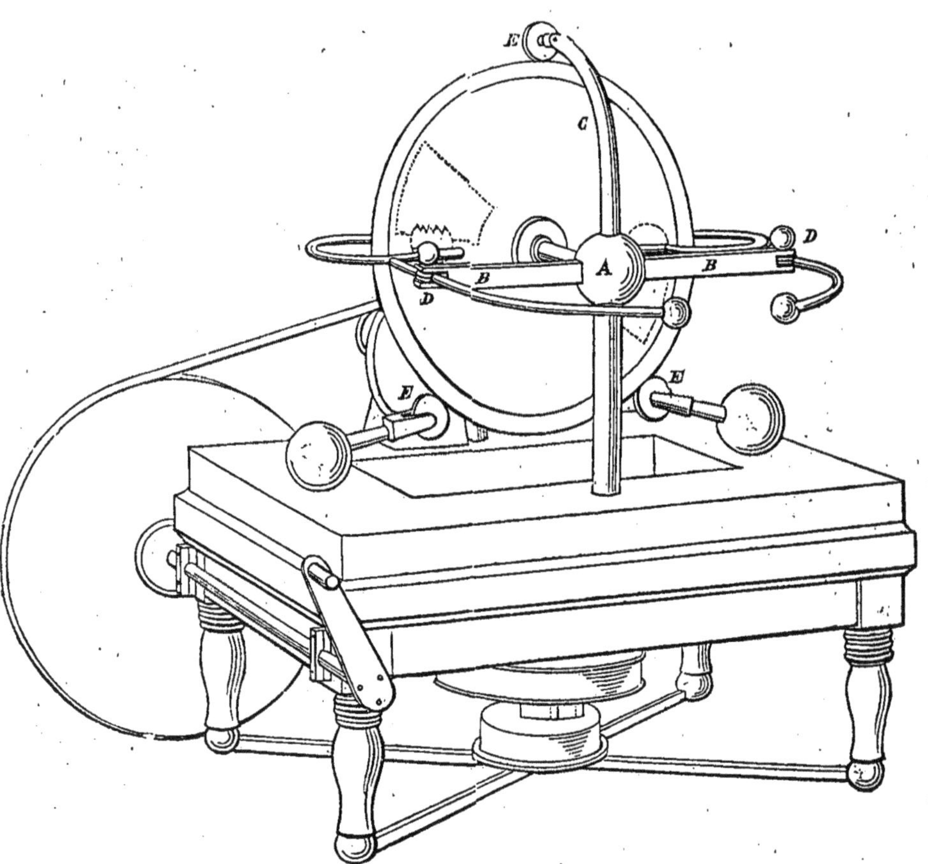

à un disque et n'avait que des conducteurs simples, cette quantité d'électricité était considérablement réduite et le rapport des quantités d'électricité fournies avec les deux dispositions était comme 2,12 est à 1 (voir encore les *Mondes*, tome 21, p. 256).

D'autres perfectionnements ont encore été apportés à la machine de

Holtz par les R. P. Provenzali et Secchi, l'abbé de La Borde et M. Bouchotte ; ce qui est curieux, c'est que tous ces perfectionnements donnent, suivant leurs auteurs, les plus magnifiques résultats et cependant M. Rhumkorff et les autres constructeurs s'en tiennent toujours à la disposition primitive. Quoi qu'il en soit, voici en quoi consiste la disposition nouvelle du R. P. Provenzali, dont les résultats avantageux ont été constatés par le R. P. Secchi. Le disque fixe est supprimé et les deux armatures de papier avec leurs pointes sont collées sur deux petites lames de verre un peu plus grandes que les armatures et supportées par des colonnes de verre. Le disque tournant est fait de verre à vitre ordinaire et verni, du côté seulement des armatures, avec de la cire à cacheter ordinaire. La face qui regarde les pointes est sans aucun vernis. « Cette machine, aussi simple que facile à exécuter, dit le R. P. Secchi, donne des étincelles doubles de celles des machines de Holtz et de Bertsch, mais ce qui est le plus étonnant, c'est qu'elle garde la charge plusieurs jours de suite. En appliquant deux de ces armatures à une machine à coussinets, entre ces coussinets et le disque, on double la longueur de l'étincelle. » De son côté, l'abbé de La Borde remplace les pointes en papier des armatures par des fils métalliques isolés qui contournent le plateau mobile et viennent présenter leur pointe au-devant de celui-ci ; de cette manière, au lieu de dissimuler seulement une partie de l'électricité développée sur la face opposée, on la neutralise directement et on charge ainsi l'armature. « Cette disposition, dit l'abbé de La Borde, a plusieurs avantages : elle permet de rapprocher les deux plateaux, de faire aux pointes tous les changements exigés pour les expériences et de les mettre plus près de la surface chargée, puisqu'elle n'en sont plus séparées que par l'épaisseur du plateau mobile. Cette dernière circonstance facilite la mise en train de la machine.» (Voir les *Mondes*, tome 23, p. 775.)

La disposition de M. Bouchotte consiste à coller sur le plateau fixe une bandelette de papier d'étain allant, en contournant le verre, du corps du condensateur à ses dents situées du côté du disque tournant et placées comme d'habitude vis-à-vis du peigne. De cette manière, on peut supprimer les fenêtres du plateau fixe, ce qui est, selon lui, un grand avantage, non-seulement par la plus grande simplicité de construction qui en résulte pour la machine, mais en ce que cette disposition permet la création d'un grand nombre de pôles sur le plateau fixe et d'obtenir ainsi une augmentation de la quantité d'électricité développée.

A l'exposition universelle de Paris de 1867, les machines de Holtz figuraient en grand nombre dans les expositions des différents pays. Nous empruntons à un article très-intéressant de M. Garnault sur les instruments de précision à l'Exposition universelle de 1867 (1), les quelques renseignements qui suivent.

« Dans la section prussienne, dit-il, on voyait plusieurs machines de Holtz, exposées par M. Schultz, de Berlin, dont l'une avait un plateau horizontal. M. Borchardt exposait aussi deux machines analogues mais à 4 éléments et une troisième d'une construction assez singulière. Elle se composait de deux plataux de verre horizontaux, sans ouverture, placés très-près l'un de l'autre et tournant en sens contraire. Quatre peignes étaient disposés à 90° l'un de l'autre, trois servant pour le disque supérieur, un pour le disque inférieur. Deux peignes voisins étaient réunis pour former un pôle, les deux autres formaient l'autre pôle. On amorçait cette machine comme celle de Holtz, mais son action était plus faible et assez énigmatique. M. Borchardt exposait enfin une quatrième machine en caoutchouc durci de forme cylindrique, fondée aussi sur le principe de l'influence. Dans ces machines, les deux plateaux de l'appareil de Holtz étaient remplacés par deux cylindres de caoutchouc durci, dont l'un portait deux orifices et deux armatures. On électrisait le petit cylindre avec un morceau de caoutchouc frotté et on le mettait en place dans le grand. Le cylindre extérieur avait 2 décimètres de longueur et près de 15 centimètres de diamètre, et deux peignes recueillaient l'électricité, comme dans la machine à plateaux de verre, mais ici le dégagement était assez faible. »

Machine de M. Topler de Riga. — « Dans les machines précédentes, dit M. Garnault, on soumet à l'induction électro-statique un corps mauvais conducteur, parce que l'action se localise ; mais on peut aussi construire des machines dans lesquelles le corps soumis à l'influence soit bon conducteur ; c'estce qu'a fait M. Topler, professeur à l'Ecole polytechnique de Riga.

« La machine de Topler est basée sur l'induction électrique comme celle de Holtz, mais plus qu'elle encore elle rend manifeste la transformation du mouvement en électricité ; car bien qu'on puisse, comme dans la machine de Holtz, amorcer avec une faible source électrique, on verra

(1) Voir les Études sur l'Exposition de 1867 de M. E. Lacroix, tome 6, p. 351.

plus loin que cette opération n'est pas nécessaire. Son principe est comme celui des appareils précédents l'augmentation progressive de l'électricité. Elle se compose essentiellement d'un disque de verre porté par un axe également en verre, auquel on peut donner une vitesse de 15 à 18 tours par seconde au moyen de poulies de différents diamètres et de cordons. Sur la face postérieure de ce disque sont collées deux feuilles d'étain formant deux grands segments qui se replient et se collent sur la face antérieure où elles forment deux bandes semi-circulaires sur lesquelles peuvent frotter deux ressorts légers portés par deux conducteurs isolés. Derrière ce disque est un plateau qui pourrait être entièrement métallique, mais qui, pour empêcher des décharges latérales, est constitué par un plateau de verre garni d'étain sur sa face postérieure, et la face postérieure du disque mobile est vernie pour la même raison. Ce plateau a la même forme et les mêmes dimensions que les segments d'étain et se trouve fixé en regard de la moitié inférieure du disque tournant à l'aide de supports isolants qui le maintiennent à telle distance que l'on veut du disque, distance qui est habituellement de cinq millimètres.

« Les conducteurs isolés peuvent être mis en rapport, pour les décharges, par des tiges dont on règle à volonté la distance et qui constituent une sorte d'excitateur.

« Pour se servir de la machine telle que nous venons de la décrire, il faut non-seulement l'amorcer un instant comme celle de Holtz, mais encore par un contact prolongé avec une source d'électricité, comme par exemple avec le pôle négatif d'une pile sèche de Zamboni. Toutefois, on peut éviter ce contact prolongé en réunissant sur le même axe deux appareils dont l'un doit fournir à l'autre les quantités d'électricité qu'il s'agit d'accumuler. Par cette disposition, il n'est plus même nécessaire d'amorcer la machine. Quand on a tourné pendant cinq ou six minutes le plateau de l'appareil régénérateur, il prend de lui-même de l'électricité. M. Topler pense qu'on peut attribuer cette électrisation au frottement soit de l'air ou des ressorts, peut-être même à la différence d'action électrique des deux métaux, argent et étain, qui entrent dans la construction de l'appareil.

« Cette machine fournit des étincelles moins longues que celles de Holtz, mais la quantité d'électricité mise en mouvement est à peu près la même. Avec un appareil double dont les disques avaient 36 centimètres et 24 centimètres, qui étaient à 6 millimètres des plateaux et faisaient 15 à 18 tours par seconde, on chargeait en une demi-seconde une bouteille de

Leyde, dont la garniture avait une surface de 10 décimètres carrés. Avec un plus grand nombre de disques tournants, M. Topler pense que les effets auraient été notablement augmentés. Une machine de ce genre à 12 disques avait du reste été exposée par M. Wesselhoft, de Riga. »

Les effets électriques produits dans cette machine sont plus faciles à analyser que dans la machine de Holtz, et M. Garnault les étudie longuement dans son travail. Nous nous contenterons de dire ici que sous l'influence de l'électricité négative, je suppose, communiquée au plateau métallique fixe par la source, l'un des segments d'étain, celui qui se trouve en ce moment placé directement en face du plateau métallique, s'électrise positivement et l'électricité négative repoussée est transmise à celui des deux conducteurs isolés dont le ressort frotteur appuie sur le segment ainsi influencé. Quand la rotation du disque amène ce segment sous le second frotteur, le conducteur en rapport avec celui-ci se charge à son tour d'électricité positive, de sorte que l'on obtient sur les deux branches de l'excitateur terminant ces deux conducteurs les deux électricités opposées. Au moment où le second segment arrive devant le plateau métallique inducteur, le même effet se reproduisant, une nouvelle charge d'électricité négative et positive se trouve transmise aux deux conducteurs, et ces charges en s'accumulant ainsi successivement acquièrent bientôt une tension suffisante pour fournir une décharge à distance entre les deux branches de l'excitateur.

Machines de MM. Piche et Bertsch. — Peu de temps après l'apparition de la machine de Holtz, M. Albert Piche, jeune amateur, écrivait à M. de Parville en décembre 1865, la lettre suivante:

« Le générateur de Holtz vient de me faire imaginer un électrophore à rotation que je crois aussi simple que nouveau et qui dans tous les cas est à la portée de tout le monde. Un seul disque en fort papier de 30 centimètres de diamètre est monté sur un arbre de matière isolante, un tube de verre par exemple, que l'on fait tourner entre des supports convenables à l'aide d'une manivelle et de deux poulies reliées par une courroie sans fin. En avant du disque sont installés deux collecteurs à pointes métalliques, symétriquement placés par rapport au centre. Ces tiges métalliques en cuivre, perpendiculaires d'abord au plan du disque, se recourbent ensuite verticalement l'une vers le haut et l'autre vers le bas, de manière à se rapprocher, et se terminent par des boules dont on peut à volonté régler l'écartement ; telle est toute la machine.

« Pour charger l'appareil, on prend une feuille de papier bien séchée au feu et brossée, et on la dispose à la hauteur de l'un des collecteurs sur la face opposée du disque. Si maintenant on imprime un mouvement de rotation au disque, on voit jaillir entre les deux boules un jet lumineux. Les étincelles sont continues avec dégagement d'ozone.

Fig. 96.

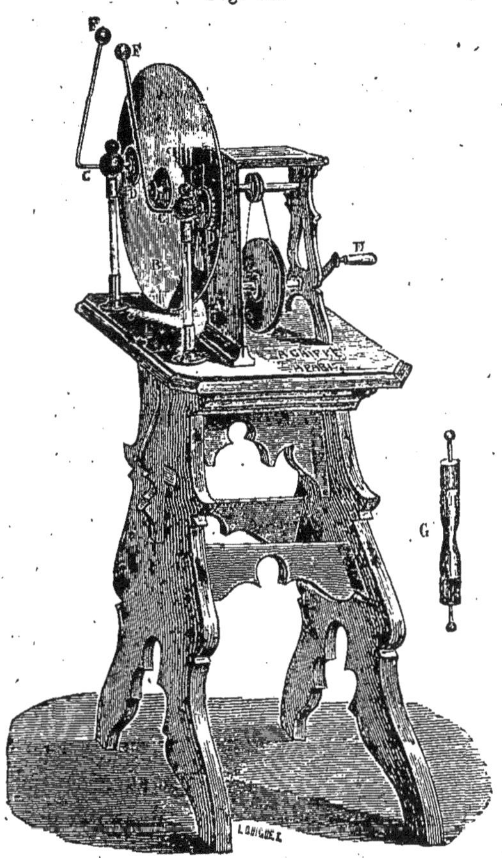

« En recouvrant le disque de papier de gomme laque et en plaçant en face du second collecteur une autre feuille de papier chargée d'électricité contraire à la première, le phénomène prend plus d'intensité et dure plus longtemps. On obtient avec cet appareil rudimentaire des étincelles qui atteignent cinq centimètres de longueur quand l'expérience est bien conduite. Si l'on fait communiquer les deux boules avec les armatures d'une bouteille de Leyde, on la charge rapidement, et si on recourbe la tige de cuivre de manière que la bouteille se décharge elle-même, on obtient jusqu'à quarante décharges sans rebrosser la feuille de papier. »

En exécutant cette machine dans des conditions convenables, on arrive à l'appareil que nous représentons fig. 96 et qui n'est autre en définitive que l'appareil de M. Bertsch, dont on a fait tant de bruit. On peut voir par là jusqu'à quel point le public est injuste pour les véritables inventeurs, combien peu il se rend compte du principe des inventions qui en constitue pourtant la partie capitale et combien la forme l'emporte toujours sur le fond dans notre malheureux pays.

Dans la machine que nous représentons fig. 96 et qui est construite par M. Gaiffe, le plateau tournant est un disque de verre verni ou mieux un disque de caoutchouc durci B, tournant autour de son centre sur un arbre isolant au moyen d'un système de poulies et de la manivelle E. En avant de ce plateau et suivant le diamètre horizontal se trouvent deux peignes métalliques D,D′ isolés l'un de l'autre et en rapport avec les deux tiges métalliques F,F′ constituant l'excitateur. Enfin, en arrière du plateau, mais en face du peigne D′ qui est en communication avec le sol, est placée la plaque A de caoutchouc durci préalablement électrisée par frottement qui constitue le corps inducteur; voici alors l'effet électrique qui se produit sous l'influence de cette plaque A : l'électricité neutre du conducteur C est décomposée, l'électricité négative est repoussée en F, l'électricité positive vient charger la portion du plateau B qui est en regard du peigne D′, et cette électricité transportée par la rotation du plateau devant le peigne D provoque de la part du second conducteur une décomposition des fluides neutres qui a pour effet de neutraliser, d'une part la charge primitive du plateau B, de l'autre de charger ce second conducteur d'électricité positive. Les mêmes effets se reproduisant à chaque tour du plateau B, les charges successivement fournies s'accumulent sur les deux conducteurs et peuvent fournir une décharge continue entre les deux boules F,F′.

Il existe comme on le voit une très-grande analogie entre cette machine et celle de Holtz, mais il est une différence essentielle qui établit entre elles une ligne de démarcation très-marquée. Dans la machine de Holtz, la charge se maintient constante sur les armatures tant que le plateau mobile tourne, tandis que dans celle de Piche, l'action inductrice diminue à mesure que l'électrisation du disque inducteur s'affaiblit par suite de la déperdition de la charge à travers l'air humide.

Près d'une année après l'invention de l'appareil de M. Piche, M. Bertsch présenta à l'Académie des sciences une machine qui a été décrite dans les comptes rendus de l'Académie des sciences du 5 novembre

1866 et qu'il regardait comme une simplification de la machine de Holtz. Il prétendait par ce moyen dissiper les doutes sur l'origine de l'électricité développée par ces sortes de machines et démontrer ainsi qu'on ne pourrait plus désormais invoquer le rôle d'une lame d'air interposée dans la production des phénomènes. La figure 97 ci-contre montre la disposition qu'il donna à cette machine et on peut voir en la comparant à celle qui précède que les deux appareils étaient exactement semblables. Comme, dans les machines de Topler et de Piche, la décharge augmente d'intensité lorsqu'on fait communiquer le conducteur primitivement influencé

Fig. 97.

avec le sol et surtout quand on interpose entre les deux conducteurs un condensateur K, comme on le voit sur la figure 97 et comme nous l'avons déjà indiqué pour la machine de Holtz. Ce condensateur, dans l'appareil Bertsch, est composé de deux éprouvettes de verre épais, mastiquées l'une à l'autre par leurs bouts fermés. A chaque extrémité est un crochet de cuivre en contact, dans chaque éprouvette, avec une feuille d'étain intérieure. Extérieurement une feuille d'étain unique entoure les deux éprouvettes ; d'où il résulte que celles-ci ne sont autre chose que deux petites bouteilles de Leyde en contact par leur armature extérieure, se chargeant d'électricités contraires avec les conducteurs a et b et se déchargeant en même temps qu'eux en renforçant ainsi l'étincelle.

M. Bertsch augmente aussi la puissance de sa machine en plaçant à côté du secteur électrisé E un second secteur identique et même deux, après les avoir électrisés dans le même sens que le premier. Le pouvoir induisant croissant, la tension augmente avec lui. Avec la machine ainsi disposée et un disque de 50 centimètres, on obtient des étincelles de 10 à 15 centimètres ayant une tension suffisante pour percer une lame de verre de 8 à 10 millimètres d'épaisseur ; on charge en 30 ou 40 secondes une forte batterie de 2 mètres de surface, mais le pouvoir induisant des secteurs s'affaiblit rapidement et il faut les frictionner souvent.

Au moment où M. Bertsch a présenté sa machine à l'Institut, sa communication fut l'objet d'une réclamation de priorité de la part de M. de Parville, au nom de M. Piche et d'une série de répliques de part et d'autres(1) qui ont montré que M. Bertsch était au fond peu familiarisé avec les phénomènes électriques. Au fait, il n'y avait d'autre différence entre sa machine et celle de M. Piche que la nature de la matière isolante, qui était du caoutchouc durci dans celle de M. Bertsch ; mais ce dernier ne pouvait même pas se flatter de cette substitution, car à l'exposition de Londres de 1862, bon nombre de machines électriques du système ordinaire étaient faites avec des plateaux de cette nature ; et quand, dans une de ses réponses à M. de Parville, il prétendait que M. Piche ne pouvait avoir en vue le même objet que lui, puisque celui-ci employait pour son disque tournant un corps à peu près *conducteur*, il ignorait bien certainement lui, M. Bertsch, que pendant longtemps on avait fait des machines électriques en papier dans lesquelles la charge électrique était parfaitement localisée.

Quoi qu'il en soit, plusieurs personnes, entre autres MM. Laborde, et Bourdellès, ont cherché à perfectionner cette machine, et nous voyons dans les *Mondes*, tome 15, p. 576 et 660, tome 16, p. 92, un échange de communications entre M. Bertsch et l'abbé Bourdellès, desquelles il ressort qu'on peut entretenir l'électrisation du secteur inducteur par l'addition d'un secteur métallique réuni métalliquement au conducteur primitivement influencé ; mais comme cette addition nécessiterait l'isolation complète de ce conducteur de la terre, on rendrait la décharge partielle du

(1) Voir les *Mondes*, tome 12, p. 480-492-539-662.

plateau à la fois plus lente et moins complète. « Or, dit M. Bertsch, ce que le courant gagnerait alors en durée, il le perdrait en quantité dans l'unité de temps. » Cette idée, du reste, n'était pas nouvelle et appartenait comme on l'a vu à M. Topler; mais, d'après les *Mondes*, t. 15, p. 661, M. de Parville l'aurait perfectionnée dans l'électrophore multiplicateur qu'il avait présenté à l'Académie des sciences.

Le perfectionnement apporté à cette machine, par M. l'abbé Laborde, consiste à placer à côté du plateau tournant de l'appareil précédent, un disque de verre sur lequel on colle une feuille d'étain un peu moins grande et que l'on revêt sur les bords d'un vernis à la gomme laque. Ce disque est placé vis-à-vis des pointes du conducteur positif, de l'autre côté du plateau tournant, et il est soutenu dans cette position par un support isolant. Sur la feuille d'étain placée en dehors, sont fixés deux fils métalliques qui s'avancent et se recourbent en pointe vis-à-vis du plateau. Ces pointes, dites auxiliaires, reçoivent l'électricité positive et la transmettent au disque qui agit par influence; trop rapprochées l'une de l'autre, elles se nuisent, trop éloignées, elles ne reçoivent pas toute l'électricité du plateau : voilà pourquoi il faut se servir de deux fils métalliques que l'on peut éloigner ou rapprocher jusqu'à ce que l'on ait obtenu le maximum d'effet. Dans ce système, le mouvement doit être dirigé des pointes auxiliaires au disque qui les soutient.

« On trouvera peut-être extraordinaire, dit M. Laborde, que l'électricité ainsi transmise au disque produise plus d'effet que lorsqu'elle arrive directement sur le plateau d'où elle agit de plus près sur les pointes du conducteur : mais, on remarquera que dans ce second cas l'électricité positive est simplement neutralisée sur le plateau qui arrive de cette manière à l'état naturel vers l'autre conducteur ; tandis que dans le premier cas, non-seulement l'électricité positive repoussée par le disque est neutralisée sur le plateau, mais celui-ci garde en outre l'électricité négative qui vient ajouter son effet à celui du secteur électrisé négativement. C'est l'application de ce principe : *reporter sans cesse l'effet sur la cause, afin d'augmenter indéfiniment l'un et l'autre*, principe qui a conduit aux machines de Wilde et de Ladd. »

Machine Carré. — On a vu précédemment que les machines de Piche, de Bertsch, etc., perdaient de leur énergie par l'affaiblissement successif de la tension électrique sur le secteur électrisé, ou autrement dit, par la déperdition de l'électricité sur l'électrophore proprement dit. M. Carré, en 1868, a eu l'idée d'entretenir cette électrisation par un frottement continuel communiqué au secteur lui-même pendant toute la durée du fonctionnement de la machine, et il s'est trouvé conduit à combiner la machine ordinaire à la machine Piche décrite précédemment. Toutefois, M. Carré comme M. Bertsch avait été devancé dans cette invention, non-seulement par M. Demoget, qui a fait en janvier 1869, une réclamation à l'Académie des sciences à ce sujet, mais encore par M. Girarbon qui, dès l'année 1854, avait combiné des machines électrophoriques à rotation continue, dans lesquelles les gâteaux de résine appelés à réagir par influence sur les disques métalliques constituant les armures de ces électrophores, étaient sans cesse électrisés par des frottoirs en peau de chat (1).

Dans l'appareil Carré, que nous représentons fig. 98 ci-contre, le pla-

Fig. 98.

teau inducteur qui constitue la machine électrique proprement dite et qui

(1) Voici comment je décrivais cet appareil dans la 2e édition de mon Exposé des applications de l'électricité, tome I, p. 401. « Dans ce système, les doubles gâteaux de résine ou de caoutchouc durci sont placés verticalement les uns à côté des autres comme les auges d'une pile ; ils peuvent même être taillés circulairement pour donner plus d'élégance à l'appareil.

« Les plaques métalliques en rapport avec chacun de ces couples de résine, et constituant chacune un plateau circulaire composé de deux demi-cercles de cuivre, isolés l'un de l'autre, sont fixées sur un même axe de rotation, et disposées de maest sans cesse électrisé par son passage entre deux coussins, est disposé à la partie inférieure de la machine, et l'électrophore à rotation est monté au-dessus, de manière à ce que ces deux plateaux se recouvrent mutuellement des trois quarts aux deux cinquièmes de leur rayon. Le disque inducteur n'ayant pas besoin de tourner avec une grande vitesse, est monté sur l'axe de la manivelle, mais le disque de l'appareil électrophorique recevant son mouvement par l'intermédiaire d'un cordon croisé et d'une poulie d'assez grand diamètre montée sur l'axe de rotation du premier disque, peut tourner beaucoup plus vite. Les peignes et les conducteurs qui reçoivent les charges sont d'ailleurs disposés comme dans les appareils que nous avons précédemment décrits, et le fonctionnement de la machine s'effectue absolument de la même manière.

De toutes les machines d'influence électro-statique, celle de M. Carré est certainement la plus puissante, mais elle est d'un plus grand volume que les autres et plus fatiguante à faire manœuvrer. M. Demoget a du reste combiné cette machine de différentes manières et nous renvoyons le lecteur que cette question intéresse, au tome 19 des *Mondes*, p. 358.

Effets physiques des machines d'influence électrique. — D'après M. Kohlrausch, l'effet de la machine de Holtz est constant, bien que l'état hygrométrique de l'air change et que la longueur des étincelles varie ; les quantités d'électricité produites sont indépendantes de la distance entre les peignes et le plateau tournant, et l'intensité du courant est sensiblement proportionnelle à la vitesse de rotation. Comparé

---

nière à pouvoir circuler librement au milieu de ces couples résineux. Pour qu'elles soient suffisamment isolées, les deux demi-cercles de cuivre qui les composent sont reliés l'un à l'autre par deux traverses en matière isolante, et ces traverses elles-mêmes sont portées par une traverse de bois fixée sur l'axe de rotation du système.

» Cette traverse de bois se trouve placée dans l'intervalle de séparation des deux lames circulaires, et c'est sur elle qu'est adaptée la peau de chat ; enfin, deux fils métalliques soudés aux lames circulaires aboutissent, à une très-petite distance de l'axe de rotation, à deux tiges métalliques horizontales terminées par des boules qui vont d'un bout de l'appareil à l'autre, parallèlement à l'axe de rotation. C'est sur ces deux tiges que s'accumulent les différentes charges électriques fournies par les différents éléments. Mais à cause de leur mouvement excentrique, qui empêcherait de recueillir d'une manière facile l'électricité, ces tiges aboutissent à deux anneaux isolés fixés sur l'axe de rotation du moteur. Des frotteurs isolés, appuyant sur ces anneaux, se trouvent alors en rapport constant avec la source électrique, et constituent en quelque sorte les pôles de cette espèce de pile d'électricité statique.

» En disposant les intervalles séparant les plaques circulaires de chaque élément, de manière à être en retrait les unes sur les autres, on peut rendre le dégagement électrique tout à fait continu. »

à celui d'une machine ordinaire, on trouve que pour une même vitesse de rotation, ce courant est les 10/3 de celui de la machine ordinaire, bien que les plateaux des deux machines expérimentées fussent dans le rapport de 2 à 3 (celui de la machine de Holtz étant 40 centimètres, alors que celui de la machine électrique était 60 centimètres). Toutefois, le courant maximum que peut donner cette machine nécessiterait 40 heures pour fournir un centimètre cube de gaz par la décomposition de l'eau à laquelle il donnerait lieu, ou en d'autres termes, ne décomposerait par seconde que trois millièmes et demi de milligramme d'eau. Il faut en conclure que ces courants ne pourront jamais être substitués aux courants galvaniques, toutes les fois qu'il s'agira d'obtenir des effets proportionnels à l'intensité du courant ; mais il n'en sera pas de même pour les effets proportionnels aux carrés des intensités du courant, comme les effets calorifiques et physiologiques qui sont produits par des courants interrompus et qui dépendent de la rapidité du changement qui se produit dans le courant. On pourra, du reste, voir un travail sur les effets physiologiques de la machine de Holtz, par M. Schwanda, dans les *Mondes*, tome 18, p. 227.

On a aussi cherché à déterminer à l'aide des machines de Holtz l'équivalent mécanique de l'électricité et M. H. Gossin, à Laflèche, a fait sur ce sujet des expériences assez intéressantes dont voici les résultats :

Si la machine donne 10 tours par minute, par exemple, le travail à dépenser est insignifiant. En faisant croître le rendement en électricité, on voit le travail dépensé croître dans une proportion beaucoup plus rapide, de sorte que la perte du moteur est due surtout à d'autres causes qu'à la transformation en électricité. Parmi ces causes, on peut en reconnaître deux avec les machines à plateau de caoutchouc, d'abord la flexion de ces disques, qui est telle qu'on ne peut arriver à dépasser une certaine limite de charge, le disque attiré par le secteur venant frotter contre ce dernier ; en second lieu, l'attraction du fluide négatif du secteur sur le positif du disque, qui engendre une résistance au mouvement analogue à celle qu'on rencontre dans l'expérience de Foucault, dont nous avons parlé p. 184. Il en résulte une légère élévation de température du plateau de la machine que l'on peut aisément constater avec les piles thermo-électriques.

M. Bouchotte, de Metz, a fait également sur le travail produit par les machines de Holtz, des recherches desquelles il résulte : 1° que la quantité d'étincelles ou d'électricité produite est proportionnelle à la vitesse de rotation de la machine jusqu'à une limite non encore dépassée de 622 tours par minute ; 2°.que le travail résistant créé par le plateau est en raison directe de la quantité d'électricité produite. Lorsque la machine est en marche, quelle que soit sa vitesse depuis 0 jusqu'à 622 tours, si l'on vient à débrayer la poulie motrice, le plateau conserve sa position d'équilibre jusqu'à l'instant de la suspension absolue du mouvement et il se renverse alors brusquement. « Cette constance des conditions d'équilibre avec toutes les vitesses, met pleinement en évidence, dit M. Bouchotte, la permanence des actions réciproques des deux plateaux. » Voir les mémoires de M. Bouchotte dans les *Mondes*; tome 22, p. 302, tome 23, p. 86).

AUTRES GÉNÉRATEURS MÉCANIQUES DE L'ÉLECTRICITÉ.

Pour terminer avec les générateurs mécaniques de l'électricité, il ne nous reste plus qu'à parler de la machine hydro-électrique d'Armstrong et de l'électricité engendrée par les courroies servant aux transmissions de mouvement dans les machines.

Machine d'Armstrong. — Cette machine, découverte en 1850 par M. Armstrong, mécanicien anglais et que nous représentons fig. 99, est fondée sur le frottement exercé par un jet de vapeur s'échappant à travers des orifices disposés d'une certaine manière. Elle se compose en conséquence d'une chaudière à vapeur montée sur des pieds isolants en verre, d'une boîte réfrigérante D, de deux ou trois becs d'échappement C et d'un conducteur isolé, muni d'un peigne métallique B que l'on place à une petite distance des becs d'échappement en face des jets de vapeur.

Quand la vapeur a acquis une pression de sept à huit atmosphères, on ouvre le robinet d'échappement ; alors elle se dégage avec violence, se condense en partie dans la boîte réfrigérante, et le mélange de vapeur et de gouttelettes d'eau détermine dans les becs qui terminent les tubes un frottement énergique, qui dégage beaucoup d'électricité. L'un des fluides se transmet à la chaudière elle-même, l'autre à la vapeur, et c'est précisément ce dernier que reçoit le conducteur isolé ; celui-ci devient ainsi le vrai conducteur de la machine.

Plus les becs offrent de résistance à la sortie de la vapeur, plus le frottement est considérable et plus par conséquent l'effet électrique est développé. Pour cela, on dispose dans le trajet de la vapeur une lame verticale de buis qu'elle est obligée de contourner pour s'échapper.

La machine d'Armstrong, construite dans de grandes dimensions, a pu développer des quantités énormes d'électricité. Celle que possède l'institution polytechnique de Londres, qui a 2 mètres de longueur et qui

Fig. 99.

donne 46 jets de vapeur, peut produire des étincelles de 60 centimètres de longueur qui partent d'une manière continue.

Courroies électrogènes. — MM. Ch. Loir et Joulin ont fait sur l'électricité dégagée par les courroies de transmission de mouvement dans les machines, des recherches très-intéressantes qui ont été l'objet de deux longs mémoires insérés dans les *Annales télégraphiques*, tome 6, page 281, et tome 7, page 359. Cette électricité, qui est de nature statique, provient du léger glissement que produisent certaines courroies, quand après avoir eu leur tension primitive légèrement diminuée, elles sont soumises, tout en tournant, à un léger mouvement de glissement sur la poulie motrice. Dans ces conditions, la poulie en fonte qui est généralement en bonne communication avec le sol est chargée d'électricité positive qui s'écoule ainsi en terre, et la courroie prend l'électricité négative qui peut acquérir une tension suffisante pour fournir des aigrettes et des étincelles ayant jusqu'à 25 centimètres de longueur.

Les courroies en cuir sec du système de M. Paliard sont les plus favorables pour ce genre de dégagement électrique, parce que la matière qui les compose, et qui est un cuir de bœuf très-sec et choisi, est naturellement un peu isolante. Les courroies noires en cuir gras ou en cuir blanc de cheval (dit cuir de Hongrie), sont tout à fait impropres à cet usage, précisément parce qu'elles sont relativement conductrices ; on peut se convaincre de la vérité de cette assertion en frottant avec de la plombagine ou même en peignant en noir des courroies fournissant un dégagement électrique. Aussitôt que la courroie est devenue conductrice, aucun dégagement électrique n'est produit.

Plus la vitesse de rotation communiquée à la courroie est considérable, plus le dégagement électrique est énergique. Une vitesse de 2 mètres par seconde paraît être une vitesse *minima*, qu'on peut lui donner pour fournir des résultats appréciables.

Quand une courroie électrogène est nouvellement placée sur la poulie qui lui transmet le mouvement, elle ne développe pas d'électricité. Ce n'est qu'au bout d'un certain temps, souvent après deux mois, que les effets électriques commencent à se manifester, et chose curieuse, après quelque temps de service, ces effets électriques finissent par disparaître pour ne plus se reproduire. Ces effets tiennent précisément de ce que quand une courroie est neuve, elle est serrée fortement sur les poulies et leur surface interne n'étant pas polie, aucun glissement n'est produit à la surface de celles-ci ; il n'y a donc pas friction moléculaire entre les deux pièces en contact, et par conséquent aucun dégagement électrique ne peut être produit. Quand par suite de leur travail la tension des courroies est un peu diminuée et le glissement rendu plus facile, cette friction s'effectue et il doit se produire un dégagement électrique comme dans les machines électriques à courroies de gutta-percha. Toutefois, ce dégagement doit finir par disparaître, car les courroies en frottant continuellement sur des poulies en fonte se recouvrent successivement d'une crasse métallique qui est conductrice, et se trouvent dès lors placées dans les conditions des courroies conductrices.

M. Joulin, toutefois, n'admet pas comme M. Loir que le frottement soit la cause unique du développement électrique dans ces sortes de générateurs: suivant lui, on devrait surtout l'attribuer à la destruction d'adhérences entre les molécules de la courroie et celles de la poulie, phénomène qui se rapporte aux effets électriques dégagés par la pression et qui ont été étudiés par M. Becquerel.

QUATRIÈME SECTION.

INSTRUMENTS D'EXPÉRIMENTATION.

Les instruments d'expérimentation susceptibles d'être employés dans les applications de l'électricité peuvent être divisés en quatre classes :

1° Les appareils pour la mesure de l'intensité des courants électriques;

2° Les appareils pour la mesure de la résistance des conducteurs;

3° Les appareils pour la mesure des tensions électriques ;

4° Les appareils pour la mesure des effets calorifiques de l'électricité.

Nous allons passer successivement en revue ces diverses classes d'appareils, ne nous arrêtant bien entendu qu'à ceux qui sont d'un usage journalier.

I.

APPAREILS POUR LES MESURES DES INTENSITÉS DES COURANTS ÉLECTRIQUES.

L'intensité d'un courant électrique peut être mesurée par sa réaction sur l'aiguille aimantée mais sous certaines conditions, et pour qu'on puisse bien les définir, il est essentiel que cette réaction soit analysée mathématiquement.

L'intensité des courants est une grandeur comme toutes les autres; elle devient double, triple ou quadruple, etc., si l'on fait passer à la fois dans le même conducteur deux, trois, quatre, etc., courants égaux. En général, deux courants sont dans le rapport de m à n s'ils sont formés par la superposition, le premier de m, le second de n courants égaux qui leur servent de commune mesure, et en prenant celle-ci pour unité, ils sont exprimés par les nombres m et n. Cela posé, quand on fait passer un courant d'intensité I dans un galvanomètre, il dévie l'aiguille d'un angle α, et quand celle-ci est dans cette position, il agit sur elle suivant un couple qui fait équilibre à l'action terrestre. Or le moment de ce couple est proportionnel : 1° au moment magnétique M de chaque aiguille ; 2° à l'intensité I du courant ; 3° à une fonction complexe de la distance des pôles à tous les éléments du courant, fonction qui dépend de toutes les circonstances de construction de l'instrument (1), mais qui, pour un appareil donné, ne varie qu'avec la déviation α, puisque c'est la seule cause qui fasse changer la position des pôles par rapport au courant. En la représentant par $f(\alpha)$, le moment C du couple exercé par le courant sera donc :

$$C = IM f(\alpha).$$

Si ensuite on fait circuler dans le même galvanomètre un autre courant d'intensité I', la déviation deviendra α', et l'on aura :

$$C' = I' M f(\alpha')$$

par suite,

$$\frac{I}{I'} = \frac{C}{C'} \frac{f(\alpha')}{f(\alpha)};$$

ce qui montre que le rapport des intensités des deux courants ne sera pas égal à celui des couples de la déviation et, *a fortiori*, ne sera pas représenté par le rapport des déviations observées. Mais si l'on opère dans des conditions telles que l'aiguille conserve toujours à peu près la même position par rapport au courant, $f(\alpha)$ sera égale à $f(\alpha')$ et le rapport des intensités pourra alors devenir égal à celui des couples C et C' ; ce sont ces conditions qu'on a réalisées dans certains appareils galvanométriques auxquels on a donné le nom général de *rhéomètres*.

Nous diviserons donc les appareils destinés à révéler l'énergie des courants électriques en deux catégories principales : 1° les galvanomètres proprement dits dont les indications n'étant pas proportionnelles aux intensités des courants, ne peuvent servir qu'à en constater la présence et à donner une simple idée de leur énergie ; 2° les rhéomètres qui comprennent : 1° les boussoles des sinus et des tangentes, lesquelles réalisent les conditions exposées précédemment ; 2° les galvanomètres à miroir, dont les indications peuvent être regardées comme proportionnelles aux intensités en raison de la petitesse des dimensions de l'aiguille galvanométrique et de son déplacement infiniment petit ; 3° les balances magné-

(1) Pour qu'on puisse se faire une idée juste de ces influences, il suffira de se rappeler :

1° Que l'effet général d'un conducteur droit, d'une longueur indéfinie sur un élément magnétique, est inversement proportionnel à leur distance perpendiculaire (Biot et Savart) ;

2° Qu'un élément magnétique placé dans l'axe d'un courant circulaire, est attiré ou repoussé du centre avec une force proportionnelle à la surface totale du conducteur circulaire et en raison inverse de la troisième puissance de la distance de l'élément magnétique à la périphérie du conducteur (Wéber).

tiques qui permettent de peser en quelque sorte l'intensité du courant, mais dont les indications ont encore besoin d'une correction mathématique quand on veut les appliquer d'une manière rigoureuse.

GALVANOMÈTRES.

Les galvanomètres ont été imaginés comme on le sait, peu de temps après la découverte d'Œrsted, par Schweiger qui, voulant multiplier l'action produite par le courant sur l'aiguille aimantée, imagina de faire accomplir au fil du circuit plusieurs circonvolutions autour de l'aiguille en l'enroulant sur une espèce de cadre au centre duquel pivotait l'aiguille. Comme chaque tour de ce circuit ainsi enroulé successivement avait pour effet d'augmenter la déviation de l'aiguille, on donna longtemps à cet instrument le nom de *multiplicateur*.

Fig. 100.

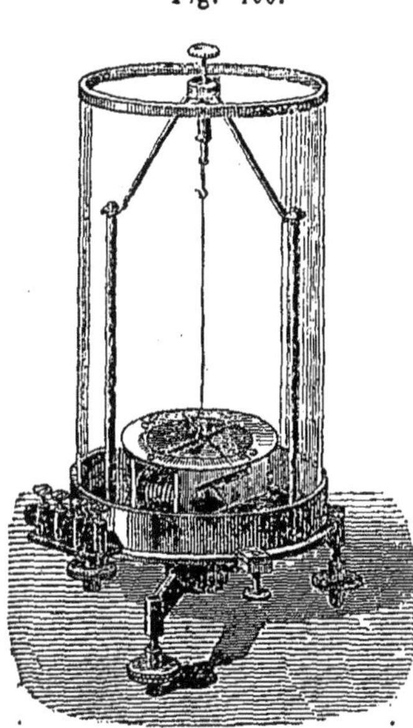

D'après le raisonnement qui avait servi de base à la découverte du galvanomètre, on pouvait conclure que plus le nombre des tours de spires de l'hélice d'un galvanomètre est considérable, plus doit être grande sa sensibilité : toutefois, ce principe n'est vrai que jusqu'à une certaine limite qui dépend de la résistance du circuit, étrangère au galvanomètre, et nous verrons bientôt quelles sont les conditions de ce maximum de sensibilité. Pour le moment nous ferons seulement observer que le magnétisme terrestre agissant sur l'aiguille aimantée avec une certaine force, on ne pouvait obtenir du système de Schweiger une très-grande sensibilité, car il fallait toujours que le courant électrique eût une force suffisante pour vaincre cette force antagoniste. Pour remédier à cet inconvénient, Nobili eut l'idée de substituer à la simple aiguille aimantée, un système dit *astatique*, composé de deux aiguilles placées parallèlement l'une au-dessus de l'autre sur le même axe, et disposées de manière à présenter des pôles inverses d'un même côté. En combinant ce système de façon à ce que l'une des aiguilles fût au-dessus de l'hélice galvanométrique, l'autre au milieu du cadre, l'action du courant sur le système devenait double, et comme on pouvait, par le système astatique des aiguilles, rendre aussi peu sensible que possible l'action du magnétisme terrestre, la moindre trace de courants électriques pouvait dès lors, être accusée par l'appareil. Nous disons aussi peu sensible que possible, car physiquement parlant, il est impossible d'obtenir deux aiguilles aimantées complétement identiques ; conséquemment l'une des deux a toujours une action prépondérante, mais cette action prépondérante est même nécessaire pour ramener au zéro le galvanomètre quand aucun courant ne circule à travers l'appareil.

Les galvanomètres ont eu des formes très-variées ; ordinairement ils ont celle que nous représentons fig. 100. Une cage de verre les défend contre les influences des mouvements de l'air, et un fil de cocon de ver à soie sert de support au système astatique. Des vis calantes permettent de placer l'appareil de niveau, et le système peut se mouvoir autour d'un axe central, pour orienter exactement les aiguilles dans le plan du méridien magnétique ; quelquefois même un système d'engrenages placé sous l'appareil permet d'effectuer cette orientation sans aucune secousse. Enfin, dans certains appareils combinés par M. Peclet, une troisième aiguille mobile dans le sens vertical autour d'un cadran particulier également vertical et disposé dans le plan du système astatique, donne la possibilité de graduer à volonté la sensibilité de ce système.

Quand on ne demande pas aux galvanomètres une grande sensibilité, on peut disposer les aiguilles aimantées ou même le système astatique sur un pivot, et renfermer le tout dans une boîte comme on le voit dans le galvanomètre de poche, représenté fig. 101, lequel a été construit avec une grande habileté par M. Ruhmkorff.

Le système de Nobili paraissait réaliser de la manière la plus complète le problème de la plus grande sensibilité à donner aux galvanomètres : pourtant ce système n'a pas été jugé suffisant dans beaucoup de cas, et pour augmenter encore cette sensibilité, plusieurs physiciens, entr'autres MM. Weber et Thomson, ont imaginé de fixer sur le système magnétique lui-même, un petit miroir qui, en réfléchissant à distance un rayon lumineux projeté sur lui, pouvait accuser d'une manière sensible un déplacement pour ainsi dire invisible du système magnétique. Nous verrons plus tard que cette disposition a été d'un grand secours pour les appareils destinés aux transmissions télégraphiques sur les câbles sous-marins de très-grande longueur, et par le fait c'est le meilleur système à employer dans une foule de cas, car étant généralement disposés pour fournir des déviations extrêmement petites, on peut admettre que les valeurs que l'on déduit des projections lumineuses sur l'écran et qui doivent être proportionnelles aux tangentes du double de l'angle de déviation, sont, dans ce cas, proportionnelles à l'intensité des courants qui les produisent.

Fig. 101.

Conditions de maximum de la résistance des galvanomètres. — L'action des différentes spires d'un galvanomètre sur l'aiguille aimantée s'effectuant d'une manière analogue à celle qui se produit dans les électro-aimants entre les hélices magnétisantes et les noyaux de fer qu'elles recouvrent, il était à supposer que les conditions de maximum qui relient la résistance de ces hélices à celle du circuit extérieur devaient se retrouver dans l'action exercée par les galvanomètres. C'est en effet ce que l'expérience a démontré, et c'est pourquoi les galvanomètres destinés aux courants des piles thermo-électriques métalliques doivent toujours être en gros fil. Mais dans les conclusions qui ont été formulées à l'égard de ces conditions du maximun on a, je crois, commis la même erreur que pour les électro-aimants, car on admet généralement que la résistance galvanométrique doit être égale à la résistance du circuit extérieur.

Si nous considérons que d'après les lois qui ont été établies sur l'action exercée par une hélice galvanométrique sur l'aiguille aimantée, le moment magnétique de celle-ci croît proportionnellement à l'intensité du courant et au nombre des tours de spires de l'hélice, on arrive à conclure que si l'on représente par F ce moment magnétique, par t le nombre de spires et par I l'intensité du courant, on aura $F = I t$; or, si on remplace I et t par leurs valeurs tirées des conditions de l'expérience, on arrive à une expression susceptible de maximum, mais dont les conditions varient suivant les valeurs qu'on admet pour t et I.

Si on suppose la résistance H du fil de l'hélice du multiplicateur proportionnelle au nombre des tours de spires de cette hélice, ce qui supposerait à ce fil pour chaque rangée de spires un accroissement de diamètre presque proportionnel à leur nombre, ces conditions de maximum sont faciles à déterminer, soit en assimilant l'action des tours de spires à celle des éléments d'une pile et en cherchant à déterminer les conditions du maximun d'après le système de groupement de ces tours de spires le plus favorable pour correspondre à la résistance extérieure du circuit, ainsi que nous l'avons indiqué, p. 145, tome I, soit en considérant, comme l'a fait M. Schwendler, le nombre des tours t représenté par le rapport de l'espace C occupé par l'hélice à la section s du fil, rapport qui a pour expression $\frac{C}{s}$, et en supposant la résistance H de ce fil égale à $\frac{Ct}{s}$ c'est-à-dire à l'espace C multiplié par le nombre des tours de spires et divisé par la section du fil; ce qui suppose par conséquent cette distance proportionnelle au nombre des tours de spires et en raison inverse de la section du fil.

Dans ce dernier cas, il résulterait de la combinaison des deux valeurs de t et de H que t aurait pour expression $\sqrt{H}$, et comme l'intensité du courant a d'ailleurs pour valeur $\frac{E}{R+H}$, le moment magnétique de l'aiguille serait :

$$F = E \frac{\sqrt{H}}{R+H}$$

expression qui est susceptible d'un maximum et dont les conditions répondent à $R = H$.

Mais en réalité la valeur de t est loin d'avoir pour expression $\sqrt{H}$, et si nous rétablissons la formule précédente avec les véritables quantités qui doivent y entrer, comme nous l'avons vu page 15, on a en désignant par d la distance séparant les deux moitiés circulaires de l'hélice galvanométrique, et par a, b, c, g, les autres valeurs avec l'interprétation qui lui a été assignée page 11 :

$$t = \frac{ab}{g^2}, \qquad H = \frac{ab}{g^2}\left[(a + c)\pi + 2d\right].$$

Conséquemment le moment magnétique de l'aiguille sera :

$$F = \frac{Eab}{g^2 R + ab\left[(a + c)\pi + 2d\right]};$$

et les conditions de maximum de cette formule conduisent à la relation $R = \frac{\pi ba^2}{g^2}$ qui montre que la résistance du fil du galvanomètre doit être plus grande que celle du circuit extérieur d'une quantité représentée par $ab\,(\pi c + 2d)$.

En prenant pour variable dans l'expression précédente la quantité g au lieu de la quantité a, on pourrait, comme nous l'avons vu p. 15, déduire des conditions de maximum qui conduiraient à avoir $R = H$, mais ces conditions ne répondraient pas au véritable maximum ainsi que cela a été dit, page 16 (1).

Du reste l'effet d'un courant circulaire sur une aiguille magnétique paraît plus compliquée que ne l'admet M. Schwendler, car d'après M. Weber cet effet sur un élément magnétique aurait pour expression :

$$J = \frac{2\pi g \gamma y^2}{(x^2 + y^2)^{\frac{3}{2}}}$$

(1) On peut s'en assurer facilement en supposant le cadre galvanométrique représenté par une simple bobine et en prenant les moments magnétiques de l'aiguille avec les deux longueurs du fil de l'hélice correspondantes aux deux conditions de maximum. Ces moments, en représentant c par $2r$, seront

avec $H = R$: $F = \frac{Eab}{2\pi ba\,(a + 2r)}$, et avec $H = R\,\frac{a + 2r}{a}$: $F = \frac{Ea'b}{2\pi ba'\,(a' + r)}$

ce qui conduit à :

$$\frac{F'}{F} = \frac{a + 2r}{a' + r};$$

x représentant la distance de l'élément magnétique au point central du courant circulaire, y le diamètre de celui-ci, g l'intensité du courant, μ l'intensité magnétique de l'élément qui est dévié et J la force avec laquelle la déviation se produit.

D'après les lois établies par M. Thomson on peut donner aux galvanomètres une sensibilité maxima pour une longueur minima de fil, en enroulant celui-ci de manière que la courbe représentant la section transversale de la bobine ait pour expression :

$$x^2 = \left(\frac{y}{a}\right)^{\frac{2}{3}} - y^2,$$

x étant l'abscisse à partir du point zéro passant à travers l'aimant, y les ordonnées et a une constante. (*Voir le formulaire de M. Clark, p. 90*).

Moyens de mesurer directement la résistance d'un galvanomètre. — Pour obtenir la résistance d'un galvanomètre sans l'intervention d'un autre appareil du même genre, il suffit d'introduire le galvanomètre dans un circuit de résistance connue R (Ohms) traversé par le courant d'un élément constant E, et d'établir entre les deux bouts de son fil une dérivation s disposée de manière à ce que le galvanomètre fournisse une déviation convenable. On note cette déviation et on lui substitue une autre s' parfaitement connue ; puis on fait varier la résistance R jusqu'à ce que la déviation primitive soit de nouveau obtenue. Si cette résistance devient R′, celle du galvanomètre exprimée par g a pour valeur :

$$g = \frac{(R' - R)\, ss'}{Rs' - R's} \ldots \text{Ohms}.$$

Dans les galvanomètres sensibles on doit apporter dans l'annotation des déviations une correction que nécessite souvent la résistance de l'air sur l'aiguille du galvanomètre. Cette correction, suivant M. Clark, est obtenue de la manière suivante : l'expérimentateur, après avoir noté la

---

et comme alors $\frac{\pi b a\,(a + 2r)}{g^2} = \frac{\pi b a'^2}{g^2}$, on en déduit $a' = \sqrt{a\,(a + 2r)}$ et par suite

$$\frac{F'}{F} = \frac{a + 2r}{\sqrt{a^2 + 2ar} + r}.$$

Comme $a + 2r$ peut être mis sous la forme $\sqrt{a^2 + 2ar + r^2} + r$, on reconnaît immédiatement que F′ est plus grand que F dans le rapport de :

$$\frac{\sqrt{a^2 + 2ar + r^2} + r}{\sqrt{a^2 + 2ar} + r}.$$

déviation, doit continuer à observer l'appareil et noter le point que l'aiguille atteint au moment de son prochain retour, la correction qui incombe à l'action de l'air est un quart de la différence entre les deux lectures et doit naturellement être ajoutée à la déviation constatée.

Moyens de mesurer les intensités avec les galvanomètres. — Les galvanomètres ne peuvent, comme nous l'avons déjà dit, indiquer par leur déviation l'intensité d'un courant, mais ils peuvent servir à déterminer les valeurs relatives de deux intensités que l'on veut comparer, si l'on s'arrange de manière à faire fournir dans les deux cas à cet instrument une même déviation, soit en interposant dans le circuit une résistance plus ou moins grande, soit par l'intermédiaire d'une dérivation de résistance variable que l'on interpose entre les deux bouts du fil du galvanomètre.

Quand le galvanomètre n'est pas astatique et qu'il n'est muni que d'une simple aiguille, on peut obtenir encore la valeur des intensités électriques en partant de la méthode simple des oscillations de l'aiguille. On commence par placer le cadre galvanométrique à angle droit sur le méridien magnétique de l'aiguille, et on compte le nombre m d'oscillations que celle-ci fournit en une minute sous l'influence seule du magnétisme terrestre ; puis on fait circuler un courant électrique d'intensité connue c à travers l'hélice galvanométrique et on compte de nouveau le nombre d'oscillations N qu'accomplit l'aiguille en une minute sous l'influence du courant c. Comme l'intensité de l'action horizontale du magnétisme terrestre est proportionnelle à m^2, la force du courant c sera représentée par $\frac{N^2 - m^2}{m^2}$, en fonction des unités du magnétisme terrestre ; dès lors on se trouve avoir un terme de comparaison pour l'appréciation de la valeur de tout autre courant. Ainsi un courant d'intensité inconnue c' sous l'influence duquel l'aiguille accomplira n oscillations, aura pour expression $\frac{n^2 - m^2}{m^2}$, et les deux formules étant exprimées en fonction des mêmes unités, le rapport des valeurs déterminées donnera celui des intensités du courant.

Dispositions galvanométriques diverses. — On a, comme nous l'avons déjà dit en commençant, donné aux galvanomètres différentes dispositions suivant les conditions de leur application, mais quand on demande à ces appareils une grande sensibilité, ces dispositions se rapprochent toujours de celle que nous avons représentée fig. 100. Toutefois, il est des circonstances, particulièrement dans les applications usuelles que l'on peut faire des courants électriques, où les indications galvanométriques doivent être fournies dans un plan vertical, afin de pouvoir être aperçues de loin, et facilement. Dans ces cas, comme l'appareil

Fig. 102.

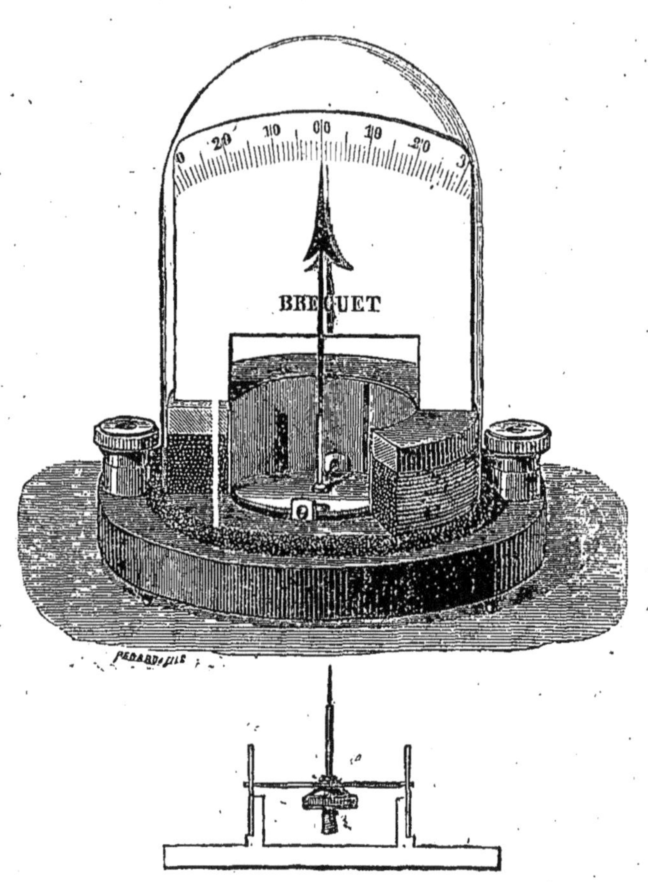

Fig. 103.

n'exige pas une très-grande sensibilité, on a pu monter l'aiguille aimantée sur pivots et lui adapter une aiguille indicatrice mobile devant un cadran vertical. La fig. 102 représente un appareil de ce genre disposé par M. Breguet. Le cadre galvanométrique que l'on a coupé en deux sur la figure, afin de montrer le dispositif magnétique du système, est alors couché à plat sur son support, et l'aiguille aimantée elle-même remplacée par un barreau plat et large est articulée sur deux pointes de vis et rappelée dans la situation horizontale par un léger contre-poids, comme on le voit, fig. 103. L'aiguille indicatrice est fixée perpendiculairement sur ce barreau, et quand le courant passe dans le galvanomètre, elle se trouve inclinée à gauche ou à droite suivant que le courant passe dans un sens ou dans l'autre. Il est facile de comprendre que cette disposition peut être variée à l'infini, et les appareils construits par MM. Ruhmkorff, Digney et autres dans le même but, ont tous une forme différente. Nous devrons cependant appeler l'attention sur celui de M. Bourbonze, qui diffère peu de celui de M. Breguet, comme principe, mais qui est d'une très-grande sensibilité. Nous en parlerons avec détails à la fin de ce chapitre.

On a cherché aussi à projeter sur un écran devant un auditoire nombreux les déviations galvanométriques, au moyen d'appareils à réflexion dont la fig. 104 indique le dispositif. Le galvanomètre est renfermé à l'intérieur d'une double boîte présentant deux ouvertures circulaires, et le cadran divisé devant lequel se meut l'aiguille indicatrice fixée perpendiculairement sur l'aiguille aimantée, est transparent. Ce cadran occupe le compartiment de droite de la boîte et le multiplicateur, le compartiment de gauche. On aperçoit sur la figure à travers les deux petites lucarnes qui sont ménagées sur le côté de l'appareil le fil de suspension de l'aiguille aimantée et l'extrémité de l'aiguille indicatrice. Le compartiment où se trouve cette dernière est muni, au-dessous du cadran transparent, d'un miroir réflecteur disposé à 45 de grés et au-dessus d'un système lenticulaire qui amplifie considérablement les dimensions de l'aiguille indicatrice et les divisions du cadran. Enfin, un second miroir réflecteur surmonte ce système lenticulaire et se trouve disposé de telle sorte que quand un faisceau de rayons lumineux projetés horizontalement à travers l'ouverture inférieure de la boîte se trouve réfléchi verticalement par le premier miroir, il le réfléchit à son tour sous l'angle qui convient pour le projeter sur l'écran avec l'image amplifiée de l'aiguille indicatrice et des divisions du cadran.

Fig. 104.

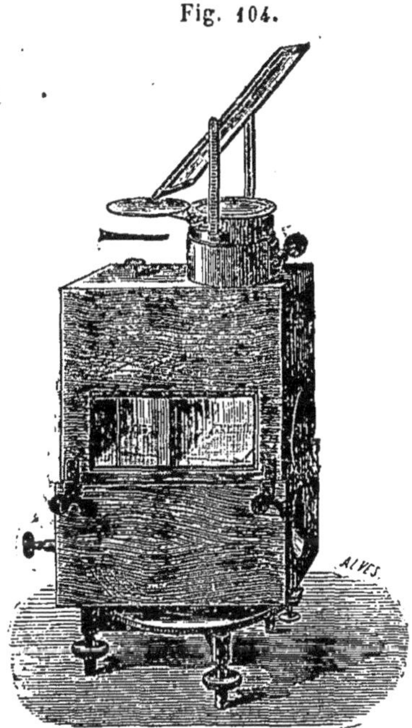

On a cherché aussi à disposer des appareils galvanométriques, de manière à fournir des indications comparatives appréciables pour des courants d'intensité très-différente, par l'éloignement plus ou moins grand du multiplicateur de l'aiguille aimantée. La figure 105 représente un appareil de ce genre construit par MM. Fabre et Kunemann.

Sur une planche QNOP se trouvent fixées deux coulisses de cuivre

Fig. 105.

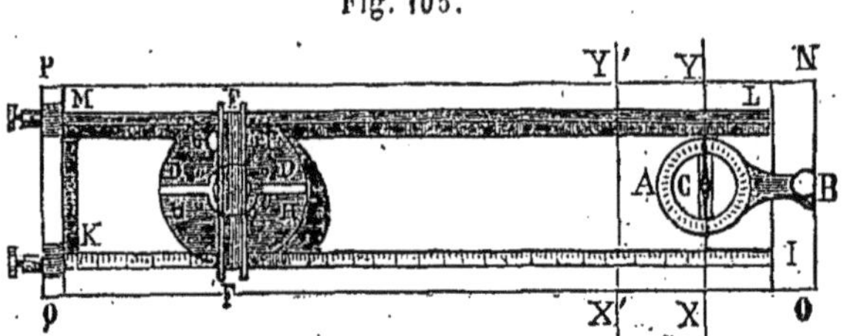

LM,IK aboutissant à deux boutons d'attache que l'on met en rapport avec le courant qu'il s'agit de mesurer. L'une de ces coulisses porte latéralement une règle métrique divisée en millimètres à partir de la ligne XY, et dans ces coulisses elles-mêmes se meut une traverse portant un système galvanométrique monté sur un disque DDHH. Ce disque est composé de deux parties métalliques DD,HH isolées l'une de l'autre, mais communiquant par frottement avec les deux coulisses LM,IK et les deux extrémités du fil du multiplicateur FF ; toutefois, elles peuvent être réunies au moyen d'un bouton commutateur *b* et alors le courant au lieu de passer par le fil du multiplicateur se trouve transmis directement de LM en IK. Quant au multiplicateur il consiste dans un cadre galvanométrique FF sur lequel se trouvent enroulés deux ou trois fils de diamètre moyen et de faible longueur que l'on peut réunir bout à bout ou en faisceau à l'aide d'un commutateur T. Tout ce système d'ailleurs peut pivoter sur son centre et se présenter droit ou incliné par rapport aux coulisses LM,IK. Enfin, un support d'aiguille aimantée s'élève en AB sur une colonne B et se trouve disposé de manière que le multiplicateur étant poussé jusqu'en XY, l'aiguille C se trouve à l'intérieur du cadre FF comme dans un galvanomètre ordinaire. Cette aiguille, du reste, se meut autour d'un cadran divisé A qui joue le rôle des cadrans ordinaires des galvanomètres, bien que sa position, eu égard au multiplicateur, soit différente. Un petit aimant artificiel placé d'une manière fixe au-dessous du support AB assure à l'aiguille une position constante suivant la ligne XY.

Voici maintenant comment on se sert de cet appareil :

On fait passer le plus faible des courants que l'on a à mesurer et qui sera pris, je suppose, pour unité de comparaison, à travers le multiplicateur, et cela en le mettant en rapport avec les boutons d'attache M et K ; on dispose le fil du multiplicateur de manière qu'à une faible distance de la ligne XY, par exemple, en X′ Y′ l'aiguille aimantée C dévie d'une quantité appréciable, par exemple de 10 à 20 degrés ; on note la distance X′ Y′ fournie par la règle graduée, et on fait passer à travers le multiplicateur le courant le plus fort, l'aiguille dévie alors beaucoup plus, mais en éloignant le multiplicateur suffisamment de XY, il arrive un moment où la déviation de cette aiguille se trouve la même que primitivement ; on note alors de nouveau la distance du multiplicateur, et le rapport des deux distances observées donne une indication approchée des forces des courants. Je dis approchée, car dans ces conditions l'action exercée par le multiplicateur n'est pas exactement proportionnelle à la distance. D'après MM. Fabre et Kunemann, il paraîtrait que l'inclinaison du plan du multiplicateur par rapport à la ligne XY serait sans influence sur les indications galvanométriques, car ces indications correspondraient toujours à celles fournies par les distances du centre du multiplicateur à cette ligne.

Dans l'appareil dont nous parlons, le maximum de sensibilité pour un groupement donné des fils correspond à la coïncidence de l'axe du multiplicateur avec l'aiguille et son minimum à la position du multiplicateur à l'extrémité de la planche et alors que les deux demi-disques DD, HH sont réunis ; car dans ces conditions, le courant passe presqu'entièrement de DD en HH. Nous croyons, toutefois, que le système à dérivations des Anglais dont nous avons parlé, page 446, tome I, est de beaucoup préférable pour approprier la sensibilité des galvanomètres à des intensités électriques très-différentes, car on peut connaître de cette manière dans quelle proportion on réduit ou on augmente cette sensibilité.

Galvanomètres à dérivations *(Schunt)*. — La disposition des galvanomètres à dérivations est excessivement simple ; on établit à l'intérieur d'une boîte les bobines de résistance qui doivent fournir les différents types de sensibilité que l'on désire donner au galvanomètre et que l'on calcule d'après la formule $s = \frac{G}{n-1}$, dont il a été question page 448, tome I, et on fait aboutir les extrémités du fil de chacune d'elles à un commutateur à bouchons fixé au-dessus de la boîte et disposé comme dans la fig. 106 ; ce commutateur consiste dans une série de plaques métalliques a, b, c, d, fixées sur une même ligne droite et dont les deux dernières portent deux boutons d'attache X et Y à deux trous pour les deux extrémités du fil du galvanomètre et les deux rhéophores de la pile. Les extrémités du fil de chacune des bobines de résistance

Fig. 106.

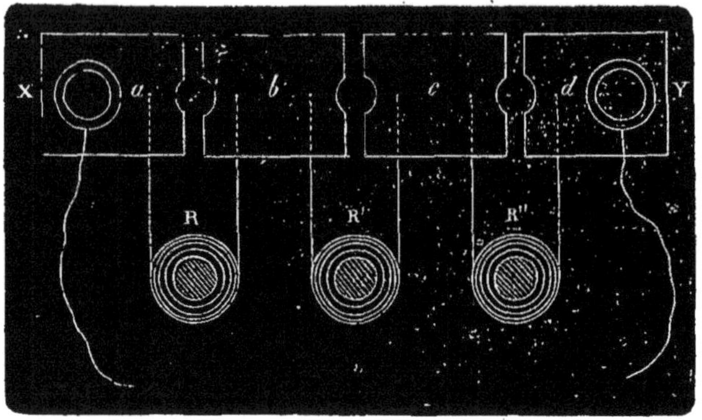

R,R',R'', sont reliées chacune avec deux plaques consécutives, et ces plaques elles-mêmes portent vis-à-vis l'une de l'autre une échancrure qui permet l'introduction d'une cheville métallique tubulaire ou bouchon (1) qui établit une communication métallique entre elles. Avec cette disposition, on comprend aisément que si toutes ces plaques sont réunies entre elles au moyen des bouchons dont nous venons de parler, aucun courant appréciable ne passera à travers les bobines de résistance, mais si on retire l'un ou l'autre de ces bouchons, la continuité métallique de X en Y ne pourra être établie que par la bobine de résistance qui correspondra aux plaques désunies. On pourra donc de cette manière introduire dans la dérivation, telle ou telle des bobines ou même plusieurs d'entre elles selon la convenance de l'expérimentateur. Cette disposition est celle qui a été adoptée en Angleterre et qu'on retrouve dans tous les appareils de résistance construits dans ce pays par MM. W. Siemens, Eliott, Warden, etc., et depuis peu en France, par MM. Digney et Breguet. La figure 107 peut en donner une idée très-nette.

La boite qui enveloppe les bobines n'est utile que pour les protéger, et en même temps pour les mettre dans un état de sécheresse convenable

(1) Cette cheville est disposée comme celle d'un violon, seulement la partie qui doit entrer dans les trous est formée d'un tube de cuivre fendu longitudinalement en deux endroits, afin de lui donner plus d'élasticité et de le rendre susceptible d'emboîter plus exactement les trous.

quand on fait des observations très-délicates ; elle permet aussi de les maintenir à une température donnée.

Fig. 107.

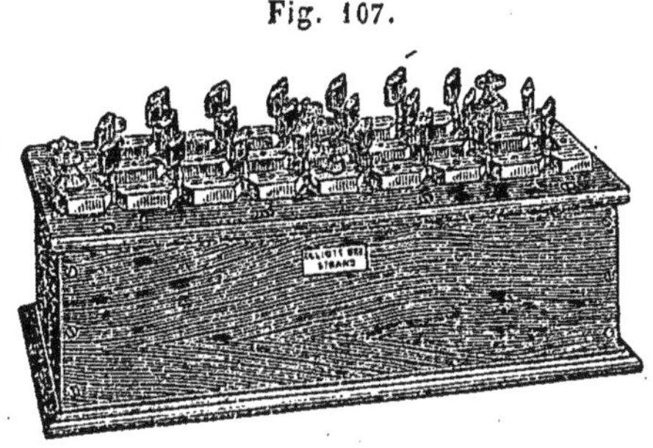

Considérations sur l'usage des galvanomètres. — Il est facile, comme on le comprend aisément, de déterminer le sens du courant qui affecte un galvanomètre, quand on sait le sens dans lequel le fil est enroulé sur son cadre, et qu'on connait la position des pôles de l'une des aiguilles magnétiques. Il suffit pour cela de supposer, comme l'a conseillé Ampère, un personnage couché sur le dos, dans le circuit, et de considérer si le pôle sud de l'aiguille aimantée, dévie à sa gauche ou à sa droite. Si ce pôle est dévié à sa gauche, le courant doit lui entrer par les pieds et lui ressortir par la tête, si le contraire a lieu, le courant est dirigé dans un sens inverse. Mais il est plus court et plus commode d'obtenir cette détermination par une expérience directe, en faisant communiquer l'une des extrémités du fil de l'instrument avec une petite lame de zinc, et l'autre avec une petite lame de cuivre ou de platine ; on plonge ces deux lames dans de l'eau, puis on note le sens dans lequel dévie l'aiguille supérieure, en se rappelant que le courant qui opère cette déviation va du cuivre au zinc à travers le fil du galvanomètre ; telle sera également la direction de tout courant qui opérera une déviation dans le même sens, tandis que tout courant qui en opérera une en sens contraire, aura une direction opposée.

Une précaution très-importante que l'on doit prendre à l'égard de tous les galvanomètres en général, c'est de ne pas agir sur eux avec un courant trop fort pour l'instrument, car l'action d'un semblable courant risque de modifier le magnétisme des aiguilles, soit en en diminuant l'intensité, soit même en le renversant. On altère ainsi beaucoup la sensibilité du galvanomètre, et on risque plus tard de faire erreur, soit sur la force, soit sur le sens des courants qu'on veut apprécier. Il est donc important d'avoir à sa disposition un certain nombre de galvanomètres de divers degrés de sensibilité, afin de se servir de l'un ou de l'autre, suivant les cas.

Malgré cette précaution, il arrive encore que l'axe magnétique de l'aiguille du galvanomètre se trouve quelque peu dérangé par l'action d'un courant électrique, même très-faible, quand cette action est trop longtemps prolongée. C'est pourquoi, il est essentiel de ne pas maintenir longtemps un galvanomètre en action.

Il est encore d'autres causes d'irrégularités dans les indications du galvanomètre qui tiennent à des réactions échangées entre le cuivre du fil galvanométrique et les aiguilles aimantées. Ces réactions tendent à créer pour le système astatique deux positions d'équilibre à gauche et à droite du zéro du cadran qui empêche souvent l'aiguille indicatrice de se maintenir au point de repère. Mais, en employant dans la construction de ces instruments des métaux très-purs, on peut éviter en partie ce défaut.

Pour détruire complétement l'effet des réactions échangées entre le cuivre et le système astatique des galvanomètres, réactions que nous venons de signaler, et rendre le système astatique lui-même plus sensible, M. Dubois Reymond place dans le voisinage du zéro de la division du cadran de son galvanomètre, un fragment aimanté d'aiguille à coudre, long de 1mm 1/2 seulement, et diminue le magnétisme de la plus forte des deux aiguilles du système astatique, jusqu'à ce que ce système se place perpendiculairement au plan du méridien magnétique, position dans laquelle l'instrument acquiert son maximum de sensibilité. Comme le petit fragment d'aiguille à coudre ne réagit que quand l'aiguille indicatrice est très-près du zéro, il ne fait que compenser l'effet des causes perturbatrices, sans troubler la sensibilité de l'appareil au delà des points où cette compensation n'est plus nécessaire.

BOUSSOLES DES SINUS.

Les déviations fournies par l'aiguille des galvanomètres ne sont pas comme nous l'avons vu précédemment proportionnelles aux angles de déviation ; pour obtenir directement de ce genre d'appareils des indications dont on puisse facilement déduire des valeurs d'intensités, il a fallu leur donner une disposition toute particulière, et cette disposition est connue sous le nom de *boussole des sinus*.

La boussole des sinus combinée en 1824 par M. de la Rive, a été variée suivant les conditions de son application. Pour les expériences de cabinet et avec des courants énergiques, sa disposition la plus usitée est celle de M. Pouillet, que nous représentons fig. 109. Pour les expériences télégraphiques et avec des circuits résistants, le meilleur système est celui de M. Breguet, que nous représentons fig. 110, et dont le mérite est apprécié chaque jour davantage. Enfin la disposition représentée, fig. 111, est celle qui a été adoptée pour les postes télégraphiques, mais elle ne peut donner que des résultats très-approximatifs.

Avant de décrire ces différents appareils, nous devons indiquer sur quel principe mathématique ils sont fondés.

Lorsqu'un système galvanométrique est orienté de manière à ce que l'axe de l'aiguille aimantée corresponde exactement à la résultante des spires de l'hélice galvanométrique, si on vient à faire passer un courant à travers l'hélice, l'aiguille est déviée plus ou moins jusqu'à ce que l'action exercée par le magnétisme terrestre équilibre celle exercée par le courant; dans ces conditions, la force exercée sur l'aiguille ne variant pas proportionnellement à l'angle de déviation parce que les positions de l'aiguille et du courant sont différentes pour chaque angle, l'arc limite assigné à la déviation par l'action magnétique terrestre ne peut mesurer la force du courant; mais si l'appareil est disposé de manière à ce que l'hélice galvanométrique en pivotant sur son centre suive l'aiguille aimantée dans sa déviation, le courant restant toujours dans une même situation par rapport à l'aiguille, pourra avoir son intensité calculée d'après l'angle décrit par l'hélice, car il pourra exister entre la résistance et la puissance au moment ou l'équilibre sera établi, c'est-à-dire au moment ou l'aiguille ne tendra plus à s'écarter de l'axe de l'hélice galvanométrique, une relation mécanique d'où l'on pourra déduire la valeur de la puissance, c'est-à-dire de l'intensité du courant. Or cette valeur sera précisément représentée *par le sinus de l'arc décrit par l'hélice galvanométrique,* pour passer d'une position d'équilibre à l'autre.

En effet, soit M'OM, fig. 108, la direction du méridien magnétique, N'ON la position d'équilibre de l'aiguille aimantée correspondante à la direction finale du courant; l'action de la terre sur l'aiguille sera celle d'un couple NT, N'T' dont les composantes seront parallèles au méridien magnétique et d'une valeur constante en raison de la grandeur du globe terrestre, mais le couple NT, N'T' agissant angulairement aux extrémités N, N' d'un levier basculant se décompose et fournit 4 composantes NA, N'A', NB, N'B' dont les deux premières étant sans action, puisqu'elles sont égales et opposées, laissent les deux autres NB, N'B' représenter l'action effective du magnétisme terrestre ; or ces deux composantes ayant pour valeur NT, $\times$ sin BTN et N''T' $\times$ sin B'T'N' ou NT $\times$ sin NOM et N''T' $\times$ sin N'OM', on en conclut que la force qui tend à ramener l'aiguille aimantée dans le plan du méridien magnétique et à laquelle fait équilibre

Fig. 108.

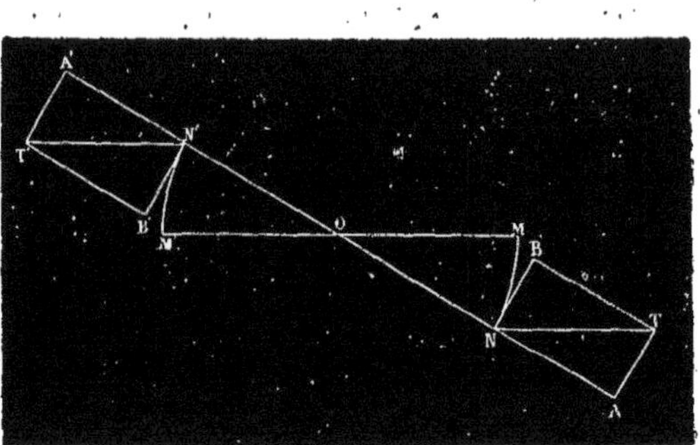

l'action du courant, est proportionnelle au sinus de l'angle de déviation NOM puisque NT, N''T', sont des valeurs constantes, et que N'OM' = NOM.

D'un autre côté, si l'on considère qu'en représentant par $2\,l$ la longueur de l'aiguille aimantée, l'équation NB = NT sin. MON peut être transformée en :

$$2l\text{NB} = 2l\text{NT sin. NOM}.$$

dans laquelle le second membre représente le moment magnétique M de l'aiguille et le premier membre le moment magnétique C du couple produit par l'action du courant, on arrive à l'équation C = M sin. NOM, et comme $C = IM\,f(\alpha)$ ainsi qu'on l'a vu, page 293, et que dans le cas qui nous occupe, α est nul puisque l'aiguille reste dans l'axe du courant ; on a en définitive M sin. NOM = IM $f(o)$ de laquelle on tire :

$$I = \frac{1}{f(o)} \text{ sin. NOM}.$$

Ce qui veut dire que l'intensité du courant est indépendante du moment magnétique et qu'elle est proportionnelle non-seulement au sinus de l'arc décrit par le courant, mais à un facteur $\frac{1}{f(\alpha)}$ variable d'un appareil à l'autre et qui constitue la constante dont nous avons parlé p. 168, tome I, constante dont on peut déterminer la valeur par les moyens que nous avons indiqués. Il en résulte que certaines boussoles pourront être plus sensibles que d'autres et pourront donner des chiffres plus élevés, mais toutes donneront le même nombre pour exprimer le *rapport* de deux courants.

Pour appliquer ce principe aux appareils rhéométriques il ne s'agissait donc que de disposer leur cadre galvanométrique sur un plateau mobile, d'adapter à ce plateau un repère correspondant à la ligne axiale de l'hélice galvanométrique, et de faire pivoter ce système sur un cerle gradué de manière à ce que l'index pût indiquer les arcs de déplacement du système.

Boussole des sinus de M. Pouillet. — Cette boussole, que nous représentons fig. 109 ci-dessous, se compose : 1° d'un cercle métallique GH creusé sur sa circonférence d'une gorge assez profonde et coupé à sa partie inférieure par une bande d'ivoire afin de pouvoir servir au besoin de conducteur simple quand on enroule dans sa gorge plusieurs tours de fil isolé ; 2° d'une aiguille aimantée posée sur un pivot au milieu d'un cercle ED et qui reçoit l'influence du multiplicateur ; 3° d'un cercle divisé AB maintenu dans une position parfaitement horizontale et dont l'alidade mobile C porte le multiplicateur et son système magnétique. Des vis calantes permettent de placer convenablement l'appareil pour que l'aiguille aimantée ne soit pas gênée dans ses mouvements.

Quand on fait usage de cet instrument, le cercle GH doit être placé dans le plan du méridien magnétique ; alors l'appareil est à zéro et l'aiguille aimantée se trouve dans le plan même du cercle GH. Mais aussitôt que l'on fait passer le courant, soit à travers le cercle de cuivre, soit à travers le fil qui s'y trouve enroulé, on déplace le système GH en le faisant tourner dans le sens de la déviation de l'aiguille jusqu'à ce que celle-ci revienne au zéro, c'est-à-dire dans le plan du cercle GH. Ce mouvement s'exécute au moyen de l'alidade C et d'un petit mécanisme à vis de rappel qui fait avancer ou reculer cette alidade quand le système est assez près de sa position d'équilibre pour que les mouvements à exécuter soient très-petits ; un vernier adapté à l'alidade et souvent même une lunette montée sur ce vernier permettent

Fig. 109.

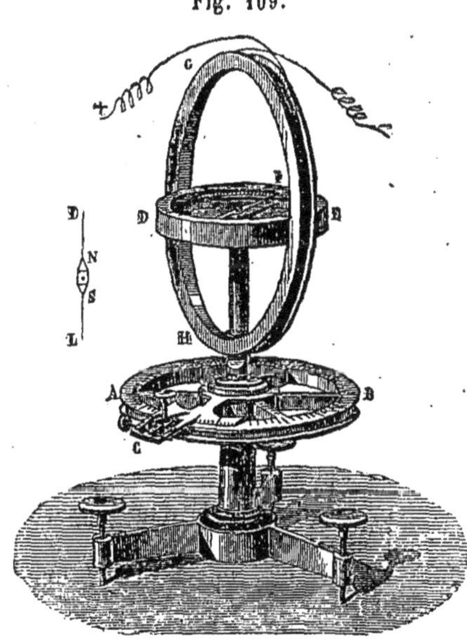

de lire non-seulement les divisions de l'arc en degrés mais encore les minutes. Une autre lunette montée sur le cercle DE permet également de voir si l'aiguille aimantée ou plutôt une aiguille de cuivre adaptée perpendiculairement à cette aiguille est arrivée au zéro. Dans ces conditions, l'intensité du courant est donnée par le sinus naturel de l'angle mesuré sur le cercle AB par le mouvement de l'alidade C.

On comprend facilement que la sensibilité de l'appareil dépendant surtout du nombre de circonvolutions du fil conducteur sur le cercle GH, on peut obtenir par l'enroulement de plusieurs fils susceptibles d'être joints ensemble ou disjoints, des instruments applicables à des intensités de courant assez différentes.

Boussole des sinus de M. Breguet. — La boussole des sinus que nous venons de décrire, malgré le multiplicateur qu'elle porte, ne peut jamais être employée que pour la mesure de courants relativement assez intenses, tels que ceux qui sont employés dans les expériences auxquelles se livrent généralement les physiciens. Mais quand ces courants

Fig. 110.

sont très-faibles, ou qu'ils se trouvent amoindris par leur passage à travers de fortes résistances, comme cela a lieu sur les lignes télégraphiques, cet appareil ne peut être d'aucun secours, et pour le rendre alors applicable, il est nécessaire de lui adapter un multiplicateur galvanométrique ; c'est précisément ce qu'a fait M. Breguet dans la boussole qu'il a imaginée et que nous représentons fig. 110.

Cette boussole n'est rien autre chose qu'un simple multiplicateur C, fixé sur un cercle gradué horizontal OO et dont l'aiguille est suspendue à un fil de cocon. Cette aiguille porte placée en croix sur elle une longue tige d'aluminium ou de verre dont une des extrémités *i* oscille entre deux pointes placées sur un petit support en ivoire *x* muni d'une ligne de repère. Le cercle horizontal lui-même peut au moyen d'un engrenage et d'une manivelle M placée en dehors de l'appareil, tourner autour de son axe et se mouvoir devant un vernier fixe K sur lequel on peut lire facilement les arcs décrits par la boussole. Enfin une lunette munie d'un réticule permet d'apprécier exactement quand la tige *i* de l'aiguille est à zéro, et le tout est recouvert d'une cage en verre, qu'il n'est pas besoin de retirer pour faire les expériences.

On comprend facilement les nombreux avantages de cette disposition. D'abord le mouvement du cercle peut se produire facilement et sans secousse sur un arc très-étendu, et cela pendant qu'on a l'œil à la lunette. D'un autre côté, celle-ci permet d'apprécier avec un très-grand degré de précision, la position d'équilibre de l'aiguille ; enfin l'agitation de l'air dans le voisinage de l'instrument ne peut exercer aucune influence fâcheuse sur les indications, grâce à la cage de verre qui recouvre le tout. Le multiplicateur peut d'ailleurs être multiple et être disposé pour plusieurs degrés de sensibilité de l'appareil ; il peut même être combiné de manière à servir de galvanomètre différentiel.

Nous avons vu, page 168, tome I, le moyen de déterminer les constantes de ce genre d'appareils, tant pour des appareils différents que pour les multiplicateurs différents d'un même appareil.

Boussole des sinus des postes télégraphiques. La boussole des sinus des postes télégraphiques que nous représentons fig. 111 ci-contre n'est qu'un diminutif de celle que nous venons de décrire. Elle a d'ailleurs la même disposition, sauf que l'aiguille aimantée oscille sur un pivot et que le cercle DD au lieu de tourner par l'intermédiaire d'un engrenage, est mis en mouvement à la main à l'aide d'une petite poignée. Ces boussoles ont ordinairement vingt-quatre tours de fil enroulés sur leur multiplicateur.

BOUSSOLES DES TANGENTES.

La boussole des sinus ne peut pas toujours être employée, car en faisant tourner le cadre sur lequel est enroulé le multiplicateur avec l'aiguille, on la repousse de plus en plus et, si le courant possède une grande

Fig. 111.

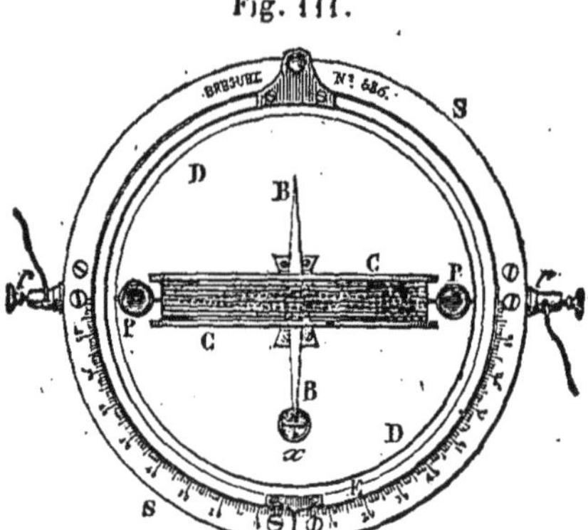

intensité, l'action du magnétisme terrestre n'est plus suffisante pour l'équilibrer; il devient alors impossible de faire coïncider l'axe de l'aiguille avec l'axe du multiplicateur. Dans ce cas, la boussole des tangentes peut être d'un grand secours.

Ce genre d'appareils est fondé sur cette considération, que si un courant circulaire de grand diamètre réagit sur une aiguille aimantée très-courte, l'action produite sur l'aiguille reste sensiblement la même, quelle que soit la direction de l'aiguille; alors l'intensité du courant devient proportionnelle à la tangente de l'angle de déviation.

En effet, représentons fig. 112 l'action exercée par le courant sur le

Fig. 112.

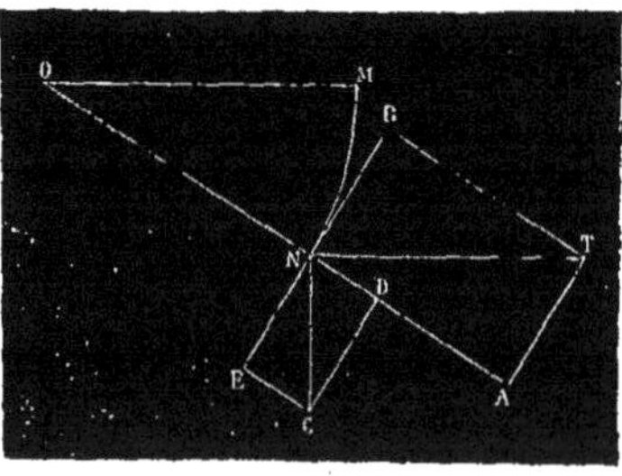

pôle nord N de l'aiguille par la ligne Ne perpendiculaire au méridien magnétique, et la force du magnétisme terrestre par NT; ces deux forces agissant angulairement sur l'aiguille se décomposeront, et il n'y aura d'effectives sur les mouvements de cette aiguille que les composantes NE et NB, la première ayant pour effet de pousser l'aiguille de N en E, la seconde de la retenir et de la rappeler vers M. Quand l'aiguille sera dans sa position d'équilibre, ces deux composantes seront donc égales. Or, comme NE = NC cos ENC ou NC cos. NOM et que d'autre part NB = NT sin. BTN ou NT sin. NOM, on en déduit :

$$\text{NC cos. MON} = \text{NT sin MON} ;$$

d'où

$$\text{NC} = \frac{\text{NT sin.MON}}{\text{cos. MON}} = \text{NT tang. MON}.$$

Toutefois cette relation n'est rigoureusement vraie que pour des angles assez peu considérables pour que les relations de position de l'aiguille et du cadre soient sensiblement les mêmes, car en appliquant à la formule NC = NT tang. MON les mêmes considérations qu'à celle de la boussole des sinus on arrive à l'équation :

$$\text{I} = \frac{1}{f(\alpha)} \text{ tang } \alpha.$$

et pour que I fût représenté par tang α il faudrait que $\frac{1}{f(\alpha)}$ fût constant, ce qui est loin d'avoir lieu, même dans les conditions que nous avons admises, quand les angles représentent des valeurs considérables. Dans ce cas il faut apporter à la formule une correction qui, d'après M. Despretz la transformerait en :

$$\text{I} = (1 + 3\,\theta^2) \text{ tang } \alpha - \frac{15\,\theta^2}{8} \text{ sin. } 2\,\alpha ;$$

I étant l'intensité du courant, α la déviation de l'aiguille, θ le rapport entre la demi-distance des pôles de l'aiguille et le rayon du cercle du multiplicateur.

D'après M. Latimer Clark, la force du courant estimée en mesures absolues aurait pour expression, pour une déviation α de l'aiguille de la boussole des tangentes galvanométrique :

$$\text{I} = 1{,}764\,\frac{r^2}{l} \text{ tang. } \alpha :$$

1,764 représentant la valeur de la composante horizontale du magnétisme terrestre, r le rayon de la spirale galvanique, l la longueur de son fil, tous deux exprimés en mesures métriques. Quand l'hélice d'un galvanomètre à tangentes contient n tours de spires, son diamètre étant d mètres, le courant produisant la déviation α a pour expression :

$$\text{I} = 0{,}5615 \text{ tang. } \alpha\,\frac{d}{n} \;\ldots\ldots\ \text{unités absolues de courant.}$$

S'il faut en croire M. Blaserna, le principe de la boussole des tangentes n'est applicable sans correction que de 0 à 25°; avec la correction de M. Despretz il peut fournir des indications suffisamment exactes jusqu'à 50°, mais au delà il faut avoir recours à une graduation empirique.

D'après ce qui précède, on voit que les indications fournies par la boussole des tangentes ne peuvent jamais être par elles-mêmes qu'approximatives, et que pour les obtenir, sans correction, aussi exactes que possible, il faut arriver à rendre le facteur $\frac{1}{f(\alpha)}$ le plus constant possible; or, on peut y arriver de plusieurs manières, soit en employant un cadre galvanométrique très grand (33 centimètres au moins), et une aiguille aimantée très-petite (3 centimètres au plus), soit en employant un galvanomètre sensible, une aiguille excessivement petite et des déviations pour ainsi dire microscopiques. Dans ce cas, les tangentes des arcs décrits peuvent être considérées comme égales aux arcs eux-mêmes. Des appareils ont été exécutés d'après ces deux ordres d'idées et constituent ce que l'on appelle les boussoles des tangentes de Pouillet et de Gaugain, et les galvanomètres à miroir de Weber et de Thomson.

Boussoles des tangentes de M. Pouillet et de M. Gaugain. — La boussole des tangentes de M. Pouillet fait ordinairement partie de la boussole des sinus du même savant que nous avons représentée fig. 109 et que nous reproduisons fig. 113. A cet effet, la boussole circulaire ED, qui pourrait consister en un simple support si l'appareil ne devait servir que de boussole des sinus, est munie d'un cercle divisé sur lequel on peut lire celui des degrés et celle de ses subdivisions qui correspondent à l'angle de déviation, à l'aide d'une lunette grossissante.

Fig. 113.

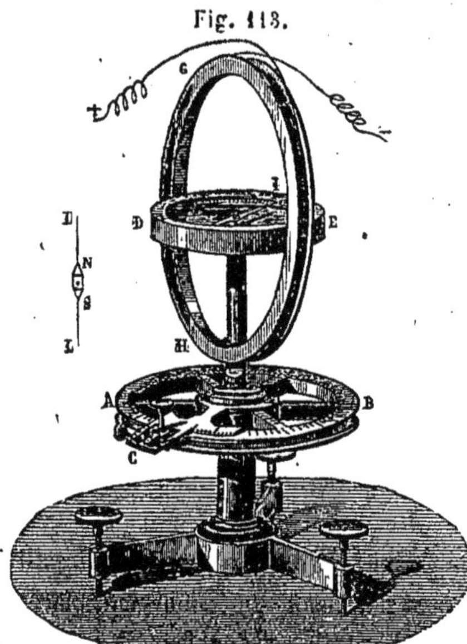

En raison de l'exiguité de l'aiguille aimantée dans ces instruments, il devient nécessaire de placer à ses deux extrémités des petits fils de cuivre L, L qui amplifient ses mouvements et servent d'index sur le cercle divisé de la boussole.

On a cherché à remédier aux inconvénients que présente l'emploi de la boussole des tangentes proprement dite par certains dispositifs, dont le plus remarquable est celui qui a été imaginé par M. Gaugain.

Dans cette boussole, représentée fig. 114, et admirablement construite par M. Ruhmkorff, le cercle galvanométrique qui est de là dimension des appareils précédents est de forme conique, c'est-à-dire est constitué par une sorte de tronc de cône dont la base est fixée dans un plan vertical et dont la surface est recouverte par le fil du multiplicateur. L'aiguille aimantée est fixée excentriquement au plan de ce cadre à une distance égale au quart du diamètre de la circonférence correspondante à sa base (à partir de cette base elle-même), et son centre d'oscillation constitue le sommet du tronc de cône sur lequel le fil est enroulé. Dans ces conditions, les intensités du courant sont sensiblement proportionnelles aux tangentes des arcs de déviation, et l'on peut alors employer des aiguilles de plus grandes dimensions, ce qui rend les observations plus faciles et plus précises. M. Jacobi, dans un long mémoire publié en 1857 à Saint-Pétersbourg et commenté depuis par M. Blavier dans les *Annales télégraphiques* de 1860 (voir tome III, p. 256), entre dans de longs détails sur la théorie de cet appareil qui avait été déjà élucidée par MM. Bravais et Joulin (voir les *Annales télégraphiques*, tome 4, p. 565), et précise la limite de l'erreur que l'on peut commettre en prenant pour les intensités des courants les tangentes des angles de déviation fournis par cet instrument. Mais cette erreur est plutôt théorique que réelle, car en admettant pour le cadre multiplicateur un rayon de 15 centimètres, elle ne dépasserait pas dans un champ de 0 à 60° deux centièmes.

Fig. 114.

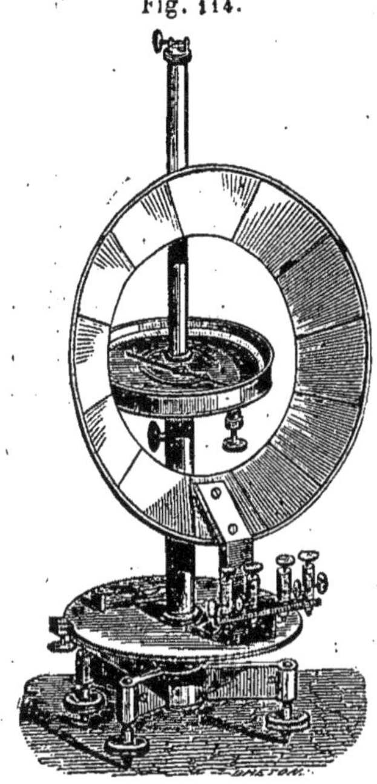

Du reste, M. Jacobi a perfectionné lui-même cet appareil en plaçant l'aiguille entre deux cercles exactement pareils et symétriquement placés par rapport à elle. De cette manière, la boussole est double et plus exacte dans ses indications.

GALVANOMÈTRES ET RHÉOMÈTRES A RÉFLEXION.

Galvanomètre de M. Weber. — Cet appareil, dont la disposition a été variée par M. Ruhmkorff, est fondée sur des déviations tellement petites de l'aiguille aimantée, que pour les observer, il ne faut rien moins qu'un système à réflexion lumineuse. Dans cet instrument, que nous représentons fig. 115, l'aiguille des galvanomètres ordinaires est remplacée par un barreau situé au centre du cadre multiplicateur qui est fort large ; il est accroché solidement à un miroir vertical qui partage ses mouvements, et celui-ci est soutenu par un fil de soie écrue enroulé sur un treuil. En face de cet appareil se trouve une lunette de théodolite, au support de laquelle est adaptée une règle divisée, et cette lunette, que nous représentons fig. 116, est braquée de manière que les divisions de la règle puissent s'apercevoir réfléchies par le miroir. Le déplacement de l'image de ces divisions par rapport à un réticule placé dans la lunette permet de déterminer avec une grande exactitude la déviation du barreau d'après la méthode de Gauss. Les fils du multiplicateur sont fractionnés en trois longueurs afin d'opérer avec des sensibilités différentes, et le cadre est constitué lui-même par une masse considérable de cuivre qui a la propriété, comme on l'a vu, d'arrêter presque instantanément les oscillations du barreau et de les ramener à une immobilité complète.

Fig. 115.

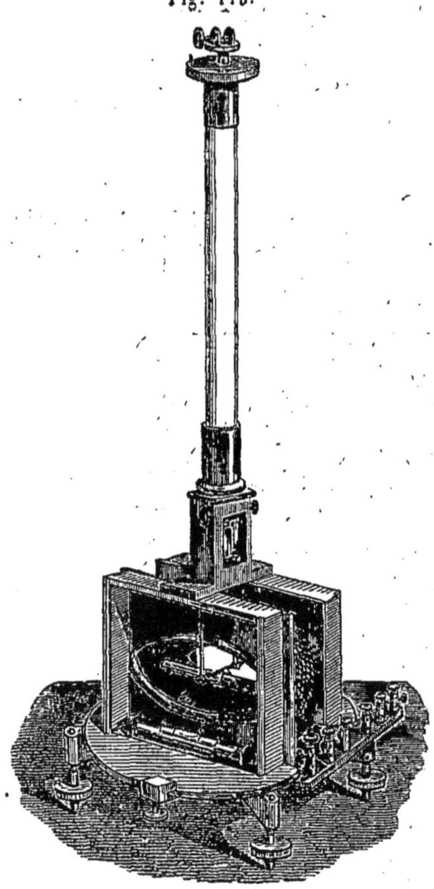

La détermination des déviations du barreau aimanté d'après les indications fournies par l'appareil précédent est facile. On commence d'abord, quand l'appareil est au repos et orienté dans le plan du méridien

Fig. 116.

magnétique, par établir le théodolite L, fig. 117, et la règle divisée BD qu'il porte à une distance AL du miroir égale à environ 5 ou 6 mètres, et on le

Fig. 117.

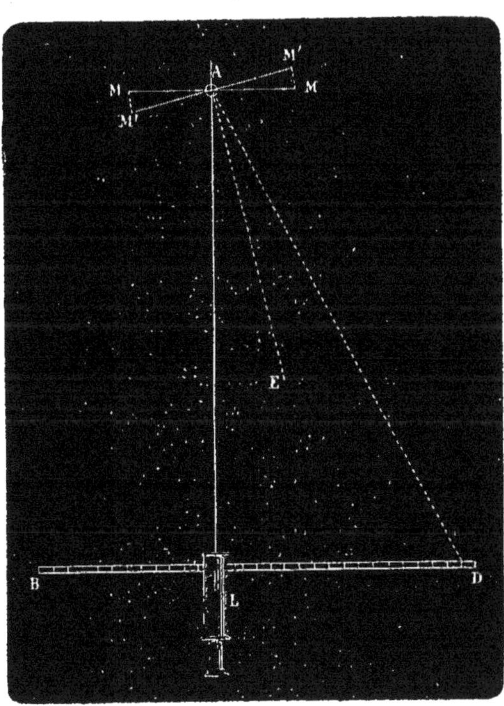

dispose de manière à ce que le point milieu de la règle placé dans l'axe de la lunette du théodolite coïncide avec le réticule de celle-ci ; dans ces conditions, la surface du miroir placée dans le plan MM est parallèle à la règle BD et perpendiculaire à la ligne AL. Admettons maintenant qu'un

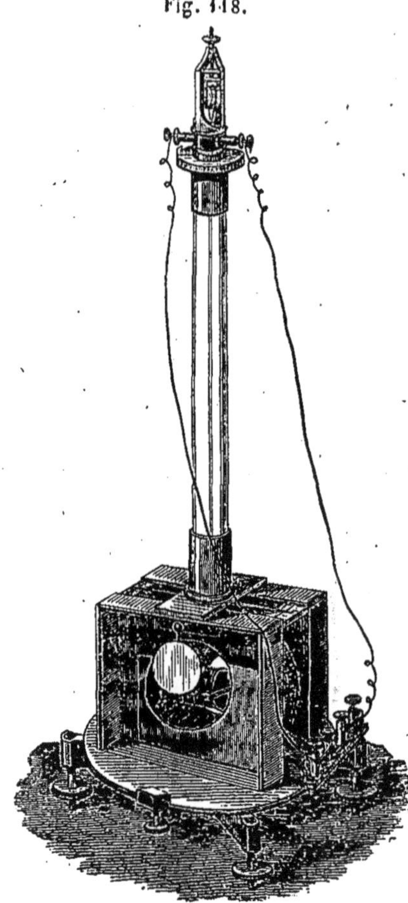
Fig. 118.

courant passe à travers le galvanomètre et que le miroir prenne une position M'M', l'image de la division de la règle réfléchie par lui et qui coïncidera avec le réticule de la lunette sera celle du point de la règle qui étant joint au centre du miroir déterminera un angle d'incidence DAE égal à celui de réflexion LAE; mais comme ces deux angles sont respectivement égaux à l'angle de déviation du barreau MAM' que nous désignerons par α, on peut dire que l'angle DAL déterminé par les lignes joignant les deux points de la règle successivement réfléchis sur le réticule de la lunette sera égale à 2α.

Or si l'on considère maintenant le triangle ALD, on peut établir entre l'angle LAD et les deux côtés AL et LD qui sont connus une relation qui peut donner immédiatement la valeur de α, car on a :

$$\text{Tang } 2\,\alpha \times \text{LA} = \text{LD} \quad \text{d'où tang. } 2\,\alpha = \frac{\text{LD}}{\text{LA}}.$$

La règle étant subdivisée en fractions déterminées de l'unité de mesure servant à l'évaluation de la distance LA, laquelle distance peut être mesurée une fois pour toutes, le calcul devient très-simple. Il est facile de comprendre que ce procédé de mesure atteint une sensibilité d'autant plus grande que la règle est plus finement divisée et que LA est plus grand.

M. Weber a imaginé encore un système du même genre sans aiguille aimantée, fondé sur les réactions réciproques des solénoïdes auquel il a donné le nom de *dynamomètre électrique*. Mais cet appareil n'ayant guère d'application pratique, nous n'en dirons que quelques mots. En somme, cet appareil, que nous représentons fig. 118, et qui a été également construit par M. Ruhmkorff, n'est autre chose que le galvanomètre précédent dans lequel le barreau aimanté se trouve remplacé par une hélice dynamique. Les fils qui servent à la suspension de cette hélice lui transmettent le courant au sortir du multiplicateur et peuvent servir encore à mesurer la force avec laquelle les deux solénoïdes réagissent l'un sur l'autre, car ils portent à l'extrémité d'une traverse horizontale sur laquelle est accrochée l'hélice dynamique un miroir dont le déplacement angulaire est mesuré de la même manière que dans le système galvanométrique précédent. Inutile de dire que dans cet appareil comme dans le précédent les ouvertures de la cage galvanométrique sont fermées avec des glaces pour éviter l'influence des mouvements de l'air. C'est à l'aide de cet instrument que M. Weber a pu démontrer : 1° que la force électrodynamique produite par l'action réciproque de deux fils conducteurs qui transmettent des courants d'égale intensité est proportionnelle au carré de cette intensité : 2° que les lois qui régissent les actions électro-dynamiques sont les mêmes que celles qui régissent les actions magnétiques à distance, principes admis par Ampère, mais qui n'avaient pas été prouvés d'une manière définitive par l'expérience avant M. Weber.

Galvanomètres de M. Thomson (1). — Le galvanomètre Thomson est une modification du galvanomètre à réflexion de Weber, mais il diffère de ce dernier par plusieurs points importants. L'appareil de Weber convient très-bien à un certain genre d'expériences, mais quand on a besoin d'une grande sensibilité, la masse et le poids de son système mobile sont beaucoup trop considérables ; en outre, la grande distance qui sépare le galvanomètre de la lunette, près de laquelle doit se tenir l'expérimentateur nécessite une certaine longueur de fil de communication, et ces fils peuvent nuire à la précision des résultats dans des observations très-délicates. De plus, le réglage est difficile, l'appareil est très-encombrant et d'un prix très-élevé.

Sir W. Thomson a considérablement perfectionné cet appareil en donnant au miroir et au barreau aimanté des dimensions microscopiques. Tel qu'il est construit par la maison Elliott frères de Londres, le poids du miroir et du barreau aimanté n'atteint pas un décigramme. La lunette

---

(1) Nous devons à l'obligeance de M. F. Michel la description qui suit des différents galvanomètres Thomson.

de Weber a été supprimée, et au lieu de lire par réflexion sur le miroir lui-même les divisions de l'échelle, sir W. Thomson envoie sur ce miroir un pinceau de lumière qui, étant réfléchi par lui, se trouve projeté sur

Fig. 119.

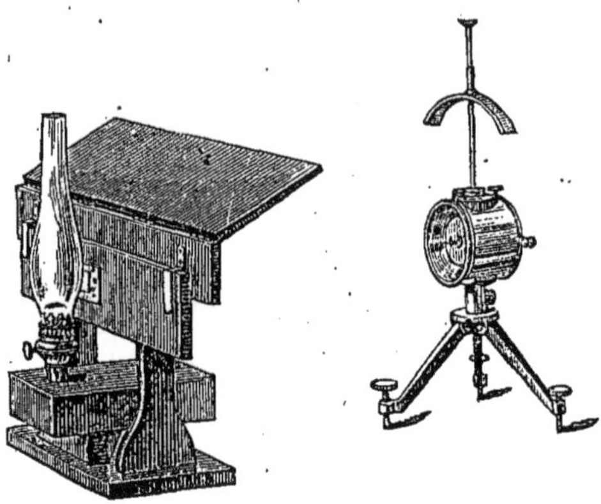

l'échelle divisée; on n'a donc qu'à observer la marche sur cette échelle de ce pinceau de lumière réfléchie pour constater l'intensité du courant qui traverse l'appareil.

Dans cet appareil, que nous représentons fig. 119, le système magnétique se compose d'un petit barreau d'acier arrondi formé d'un petit fragment de ressort de montre: sa longueur est de 8 millimètres; il est fixé au dos d'un miroir de même diamètre en verre étamé. Ce système est suspendu au moyen d'un fil de cocon très-ténu à l'intérieur et au centre d'un cadre cylindrique qui entre à frottement dans une bobine sur laquelle est enroulé le fil isolé qui forme le multiplicateur. Cette bobine porte en avant du miroir une ouverture circulaire fermée par une glace, et en face de cette ouverture se trouve, à quelque distance, une lentille bi-convexe destinée à faire converger sur le miroir le pinceau lumineux émis par une lampe (à gaz ou pétrole mais donnant une très-vive lumière). La lampe est, comme le montre la figure, cachée derrière un écran opaque qui porte une ouverture assez étroite par laquelle passent les rayons de lumière. Le pinceau lumineux, après avoir été réfracté par la lentille est ensuite réfléchi par le miroir sur une échelle en papier blanc, portant des divisions noires également espacées. Cette échelle, que l'on distingue fig. 120, est placée en avant de l'écran au-dessus de l'ouverture donnant passage au pinceau de lumière.

Au-dessus de la cage métallique qui contient le cadre du galvanomètre se trouve une tige métallique portant un aimant courbe qui peut glis-

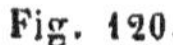

ser à frottement le long de cette tige ; cette dernière, au moyen d'une roue dentée et d'une vis tangente, peut tourner sur elle-même dans le plan vertical, en entraînant l'aimant dans son mouvement de rotation. Le but de cet aimant est de soustraire le barreau de l'appareil à la force directrice du magnétisme terrestre. En l'élevant ou l'abaissant sur la tige qui le porte, on finit par trouver par tâtonnements une position qui satisfait à cette condition.

Lorsqu'un courant parcourt le fil du galvanomètre, le barreau aimanté et le miroir qui lui est fixé sont déviés à droite ou à gauche suivant le sens de ce courant ; le pinceau lumineux réfléchi sur l'échelle reproduit ces moindres déviations en les amplifiant considérablement, et comme il suffit d'une déviation très-minime du barreau pour que le pinceau de lumière réfléchie parcourt l'échelle entière, on peut considérer l'intensité des courants mesurés par cet appareil comme sensiblement proportionnelle aux tangentes des angles de déviation du barreau aimanté et par suite au nombre des divisions de l'échelle comprises entre la projection lumineuse et le point de départ de la graduation qui correspond à une déviation nulle du miroir ; ces nombres mesurent, il est vrai, les tangentes du double de l'arc de déviation de celui-ci, mais avec des déviations aussi petites que celles qui sont produites dans cet instrument, le déplacement des projections lumineuses sur la règle s'effectue dans un rapport bien voisin de celui des tangentes des arcs simples.

La fig. 121 représente le galvanomètre Thomson construit par M. Ruhmkorff.

M. C. F. Varley a modifié le galvanomètre Thomson en remplaçant le miroir plan et la lentille convergente par une petite lentille bi-convexe argentée sur l'une de ses faces. De cette manière, il réunit dans le même organe les deux dispositifs lumineux, et la légéreté de ce système est telle, que son poids en y comprenant celui du barreau aimanté ne dépasse pas un décigramme. Les courbures de ce petit miroir lenticulaire ont été calculées de manière que la lumière qui doit fournir le faisceau lumineux ne soit distante que de 1 pied et demi du centre de ce miroir, et que la règle écran sur laquelle se trouvent projetées les images lumineuses en soit éloignée de 8 pieds. Cette disposition permet d'amplifier considérablement la déviation des rayons projetés et de rendre par cela même l'appareil plus sensible encore. Dans ces conditions, les appareils doivent être placés dans une chambre obscure et la lampe doit être recouverte par un cylindre ne laissant filtrer la lumière que par une fente assez étroite ouverte à la hauteur de la flamme et disposée de manière à n'en laisser passer que la partie lumineuse qui est tranquille. Ce dispositif du reste, avait été déjà appliqué aux appareils Thomson en usage sur le câble transatlantique par M. Willoughby-Smith, et la fig. 122 peut en donner une idée suffisante. La seule différence entre ce dispositif et celui de M. Varley est que la petite lentille mobile que l'on voit en avant de la fente sur la figure 122 n'existe pas dans le système de M. Varley. Nous reviendrons du reste sur ces appareils au chapitre de la télégraphie sous-marine.

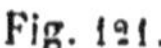
Fig. 121.

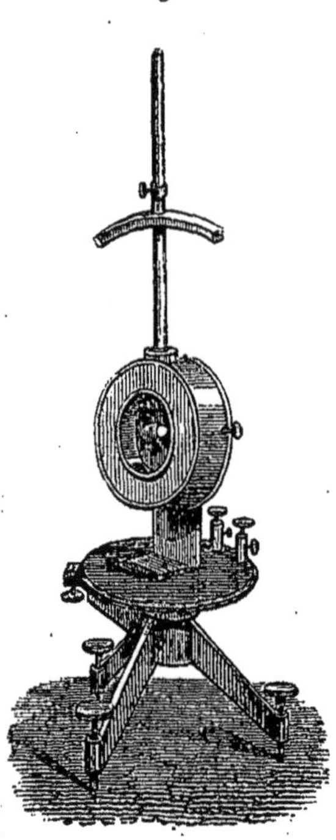

Quand on veut faire avec le galvanomètre Thomson des expériences d'une grande précision, il est nécessaire de le soustraire aux causes perturbatrices qui peuvent résulter de mouvements insolites ou de trépidations produites dans la chambre d'expérimentation ; on a recours pour

Fig. 122.

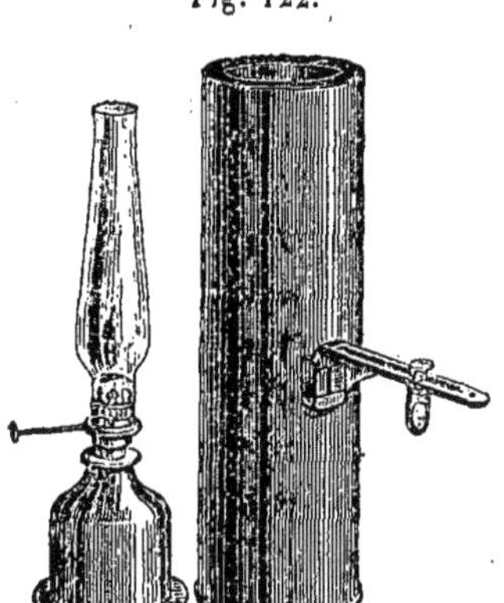

cela à un système modérateur que nous représentons, fig. 123 et qui consiste à adapter au miroir une petite tige terminée par une lame très-mince qui plonge dans un liquide, soit de l'eau soit de l'huile. De cette manière, toutes les causes de déviations passagères et accidentelles se trouvent amorties. Nous avons vu, page 498, tome I, un cas d'application de ce système

Fig. 123.

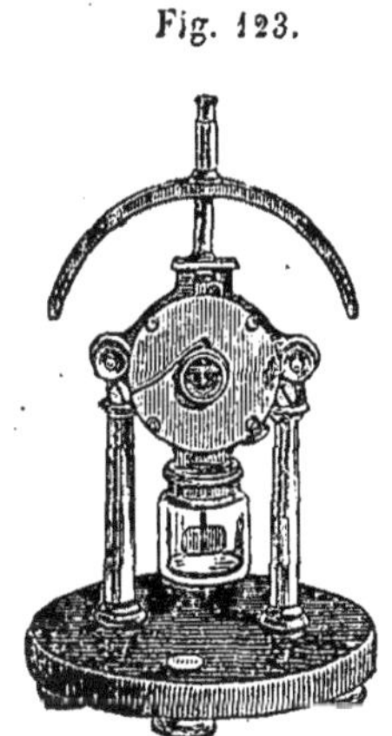

Galvanomètres astatiques. — M. Thomson a encore construit des galvanomètres à réflexion astatiques qui sont d'une sensibilité encore plus grande que ceux dont nous venons de parler. Ces appareils contiennent deux cadres ou multiplicateurs distincts qui entourent les deux barreaux, fixés à une tige très-légère en aluminium. Dans ce cas, l'aimant courbe placé au-dessus de l'appareil n'a d'autre but que de ramener le pinceau lumineux et par conséquent les barreaux de l'appareil dans la position correspondante au zéro de l'échelle, lorsque le courant a cessé de passer dans l'appareil. Ces galvanomètres, en même temps *qu'astatiques* sont *différentiels.*

La figure 124 représente le galvanomètre astatique de Thomson. Les cadres multiplicateurs qui ne sont que de simples bobines, dont le canon est en cuivre diamagnétique, se voient en NS, NS ; ils présentent supérieurement dans le sens de leur longueur, deux ouvertures par lesquelles on introduit le système magnétique astatique. Le fil qui entoure ces bobines est en alliage d'argent, et son isolement qui est en soie est encore assuré par une immersion dans un bain chaud de paraffine. Le miroir est fixé sur l'aimant supérieur, mais le tout est tellement mince et délicat qu'il ne pèse pas plus de 20 milligrammes.

Fig. 124.

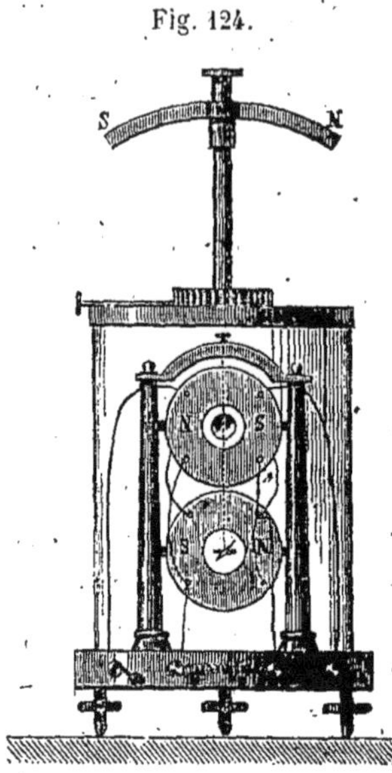

Perpendiculairement et dans l'axe horizontal de la bobine inférieure, sont fixées deux lames de mica disposées de manière à présenter une certaine résistance à l'air lorsqu'une déviation se produit, afin d'en amortir le premier l'effet.

Comme cet appareil doit être le plus immobile possible, une roue dentée adaptée à la tige de l'aimant courbe NS, au-dessus de la cage de l'appareil, permet, au moyen d'une vis tangente, de tourner sans secousse le système astatique et de l'orienter convenablement, c'est-à-dire perpendiculairement à l'axe du méridien magnétique. Avec le galvanomètre astatique de Thomson, la lampe qui envoie sur le miroir le rayon lumineux destiné à être réfléchi, doit être distante de 75 centimètres de l'appareil. C'est la distance qui correspond au foyer du miroir qui dans ce cas est concave. L'image lumineuse réfléchie est par ce moyen beaucoup plus nette et mieux arrêtée sur l'échelle.

Galvanomètre marin. — Tel que nous venons de le décrire, le galvanomètre Thomson ne pourrait pas être employé à la mer ; voici comment on a dû le modifier pour en faire le galvanomètre marin représenté fig. 125.

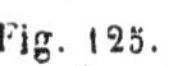
Fig. 125.

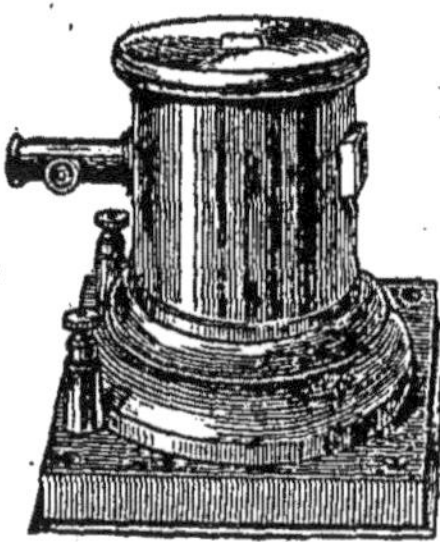

Le petit barreau aimanté, et le miroir auquel il adhère sont collés à la gomme laque sur un simple fil de cocon, dont les deux extrémités sont fixées à un cadre métallique entrant à frottement dans la bobine qui porte le multiplicateur. Le fil de cocon doit passer par le centre de gravité du système de façon que si, par suite du roulis ou du tangage du navire l'appareil est incliné dans une position oblique quelconque par rapport à la verticale, l'image du pinceau lumineux réfléchi ne se meuve pas sur l'échelle divisée. Une double disposition soustrait l'appareil aux effets du magnétisme terrestre. Il est, en effet, contenu dans une forte boîte de fer doux contenant elle-même un faible aimant en fer à cheval dont l'action sur le barreau mobile de l'appareil est beaucoup plus intense que celle du magnétisme terrestre.

Cet appareil permet de faire en mer, et par tous les temps, toutes sortes d'observations avec la plus grande précision ; aussi, son emploi est-il universel et indispensable sur les navires pour les essais des câbles sous-marins pendant leur pose ou leur réparation.

BALANCES RHÉOMÉTRIQUES.

Balance électro-magnétique de M. Becquerel. — Cette balance qui permet de peser en quelque sorte l'intensité des courants électriques et que nous représentons fig. 126 est fondée sur les effets d'attraction des aimants à l'intérieur des hélices électro-magnétiques. Elle consiste essentiellement dans une balance de précision excessivement sensible dont les plateaux portent accrochés au-dessous d'eux, deux petits barreaux aimantés les plus semblables possibles, non-seulement en poids et en dimensions, mais aussi en force magnétique ; ces barreaux plongent librement à l'intérieur de deux bobines disposées verticalement au-dessous d'eux et sur lesquelles est enroulée une grande quantité de fil. Ces hélices elles-mêmes sont réunies métalliquement et disposées de telle manière que le courant qui les traverse attire d'un côté l'un des barreaux alors qu'il repousse de l'autre côté le second barreau, afin que les deux actions étant conspirantes dans un même sens l'appareil soit plus sensible.

Avec cette disposition, on comprend facilement que si on place sur les plateaux un poids suffisant pour faire équilibre à la force attractive, il sera facile de mesurer cette force, car l'action électrique s'exerçant toujours dans les mêmes conditions, le rapport des poids pourra donner celui des intensités électriques. Toutefois, M. Jacobi croit que cette déduction n'est pas rigoureusement exacte, en ce sens que les forces répulsives n'agissant pas de la même manière que les forces attractives, les conditions d'équilibre stable n'existent plus dans la balance. Pour remédier à cet inconvénient, M. Jacobi propose de n'employer qu'une seule des deux actions, la répulsion, en plaçant l'une des hélices au-dessus, l'autre au-dessous des barreaux aimantés ; par suite de cette disposition cette dernière hélice se trouve alors traversée par la tige qui soutient suspendu le barreau aimanté au fléau de la balance ; encore faut-il qu'une correction soit apportée aux intensités ainsi mesurées par la balance. Cette correc-

Fig. 126.

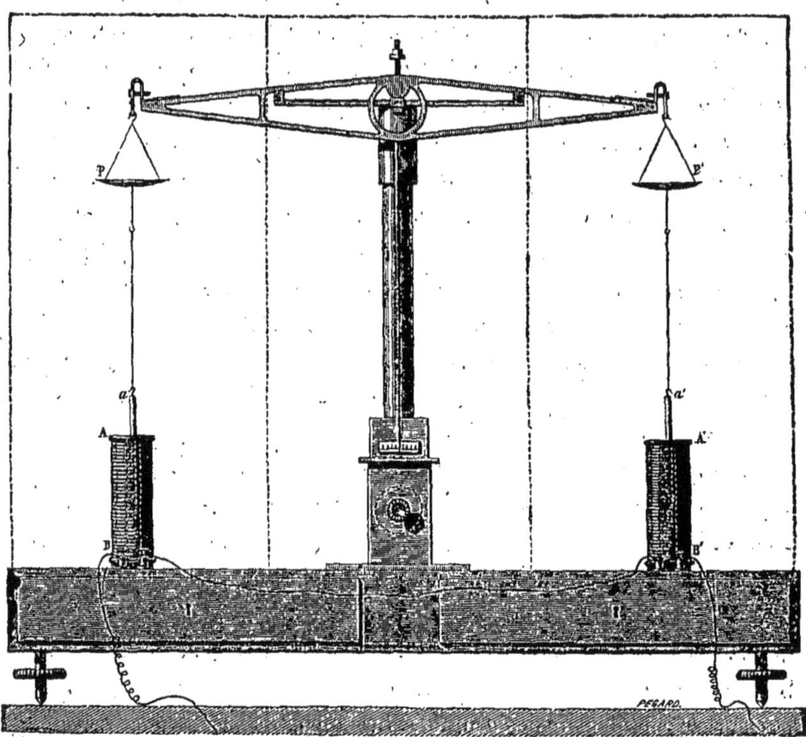

tion, dont d'autres travaux du même savant ont démontré la nécessité, est la conséquence de la loi des carrés de la force du courant.

Si I représente l'intensité du courant variable, I' l'intensité du même courant mesurée par la balance, on devrait avoir, suivant M. Jacobi, entre ces deux quantités la relation :

$$I' = I - y\,I^2.$$

dans laquelle y représente une constante équivalente dans l'appareil de M. Jacobi à 0,00004228 ; or de cette équation on tire :

$$I = \frac{1}{2y}\left(1 - \sqrt{1 - 4I'y}\right) ; \qquad (97)$$

Multiplicateur à hélices de M. Becquerel. — En donnant une autre position aux hélices et aux barreaux, on transforme la balance précédente en un multiplicateur d'une grande sensibilité. Au lieu de placer les hélices dans le sens vertical, on les met horizontalement et l'on substitue deux aiguilles aimantées aux deux barreaux ; ces deux aiguilles sont fixées chacune perpendiculairement à l'une des extrémités d'une tige très-mince de métal que l'on suspend horizontalement par son milieu à un simple fil de cocon pour donner une grande sensibilité à l'appareil.

Les pôles des deux aiguilles étant placés inversement, on peut disposer le système de manière à ne lui laisser qu'une force directrice extrêmement faible, condition indispensable pour que l'appareil soit très-sensible. Dans leur position d'équilibre, les deux aiguilles auxquelles on donne la courbure de l'arc de la circonférence décrite par l'extrémité de la tige, pénètrent chacune jusqu'à leur point de jonction avec la tige horizontale dans l'intérieur des hélices. Le courant doit être dirigé de telle manière que l'action qu'il exerce sur chaque aiguille chasse celle-ci sur son hélice ; l'attraction se trouve ainsi doublée.

Les deux hélices sont d'abord montées sur des supports qui peuvent se régler, de sorte qu'on a toutes les facultés pour les bien cintrer par rapport aux aiguilles.

Le cercle divisé sur lequel sont fournies les indications en rapport avec la force répulsive exercée sur les aiguilles est placé dans le prolongement de la traverse qui les supporte, de sorte que c'est une pointe portée par cette traverse elle-même qui sert d'indicateur.

Balance de torsion galvanométrique. — En équilibrant la force électrique par la torsion d'un fil qui en subit les effets comme dans la balance de Coulomb pour l'électricité statique, on peut aussi peser en quelque sorte l'intensité des courants. Les appareils basés sur ce principe se composent d'un multiplicateur dans lequel on substitue un fil de torsion d'argent ou de laiton non recuit au fil de soie auquel est suspendue l'aiguille aimantée, et l'on s'assure, par les indications d'un cercle gradué disposé à cet effet, de combien de degrés il faut tordre le fil métallique pour ramener toujours l'aiguille au zéro de la division du cercle du multiplicateur ou à sa position première. L'angle de torsion donnera donc immédiatement une quantité proportionnelle à l'intensité du courant électrique et pourra lui servir de mesure.

RHÉOMÈTRES VOLTAMÉTRIQUES.

Si l'on considère que la quantité de métal déposé dans un voltamètre est proportionnelle à l'intensité du courant transmis, on comprend qu'en partant d'une unité comme celle de l'association britannique, il devient facile d'employer les appareils à décompositions chimiques comme rhéomètres. L'avantage de cette combinaison est facile à saisir, si l'on considère que les effets chimiques pouvant s'accumuler avec le temps, certaines réactions qui pourraient ne pas être appréciables avec les rhéomètres ordinaires se manifesteraient immanquablement avec les procédés électro-chimiques, et pourraient être d'autant mieux accusées que le courant aurait exercé plus longtemps son action. Voici un exemple où ce système a été employé avec un avantage bien marqué.

Par les temps secs, il est très-difficile, comme on le sait, de constater avec des boussoles, sur une ligne télégraphique de peu d'étendue, les dérivations de courant par les poteaux : avec les voltamètres, cela devient très-possible. Ainsi, M. Marié Davy, ayant placé aux deux extrémités d'un même fil, allant de Paris à Saint-Cloud, deux voltamètres sensibles, il a pu s'assurer, après huit jours d'un courant continu et par un temps toujours beau, que le voltamètre de Paris avait déposé plus de métal que le voltamètre de Saint-Cloud, dans la proportion de 4,325 à 4,147, c'est-à-dire dans le rapport de 1,043 à 1. Or, cette différence ne pouvait provenir que des pertes du courant par les dérivations, pertes qui avaient rendu ce courant un peu plus énergique à la station où était la pile, et un peu moins intense à l'autre station. Maintenant, il est facile de voir que cette différence (4,325 — 4,147), qui est 0,178, représente l'intensité du courant passant par les dérivations ; car, d'après les formules des courants dérivés, la première intensité 4,325 étant représentée par une formule de la forme $\frac{nE(a+b)}{nR(a+b)+ab}$, et la seconde par $\frac{nEa}{nR(a+b)+ab}$, la différence de ces deux valeurs est $\frac{nRb}{nR(a+b)+ab}$, expression qui est précisément celle du courant passant par les dérivations. Ainsi, la perte due aux dérivations par un temps sec est, d'après l'expérience de M. Marié Davy, représentée par $\frac{0,178}{4,325}$, ou par la vingt-cinquième partie environ du courant transmis. Ce chiffre est un peu considérable, mais la ligne de Paris à Saint-Cloud est une ligne déjà ancienne, et par conséquent moins bien isolée que les lignes nouvelles ; et il faut d'ailleurs ne pas perdre de vue que les chiffres précédents sont le résultat d'un travail de jour et de nuit ; or, on sait que les dérivations pendant la nuit sont toujours assez considérables, à cause de la rosée qui se dépose sur les supports.

Pour terminer avec ces sortes d'appareils d'expérimentation, je rappelle, rai qu'on a employé avec succès, pour la mesure approximative de l'intensité des courants alternativement renversés des grandes machines magnéto-électriques, les effets calorifiques produits par des fils de fer de petit diamètre. Quand il s'agissait de mesurer cette intensité sous le rapport de la tension du courant, on cherchait sur quelle longueur les fils pouvaient être rougis au rouge sombre ; quand il s'agissait au contraire de mesurer cette intensité sous le rapport de la quantité, on cherchait en quel nombre ces fils pouvaient être rougis sur une longueur donnée.

CONSTANTES DES GALVANOMÈTRES.

Nous avons déjà indiqué tome I, page 168, deux méthodes pour obtenir les constantes d'une boussole des sinus par rapport à une autre boussole prise comme type de comparaison ; nous allons maintenant examiner celles qui sont adoptées en Angleterre pour les galvanomètres en général et qui ont l'avantage d'être reliées au système coordonné des mesures électriques.

D'après M. Clark, le type de sensibilité d'un galvanomètre (*figure of mérite*) est fourni par la résistance R_1, qui étant interposée dans le circuit de ce galvanomètre et sous l'influence d'un élément Daniell, donne une déviation de un degré de l'arc.

Dans un circuit affecté par une dérivation s établie entre les deux bouts du fil G d'un galvanomètre, la valeur de R_1, pour une déviation de d degrés est donnée par la formule :

$$R_1 = d\,\frac{G+s}{s}\cdot\left(\frac{Gs}{G+s}+r+R\right)\ldots\text{ ohms.} \qquad (98)$$

qui dérive de l'équation :

$$d = \frac{Es}{(R+r)(G+s)+Gs} \qquad (99)$$

dans laquelle $E = 1$, et $R + r$ exprime la résistance extérieure du circuit plus la résistance de la pile. Si d est donné en divisions de l'échelle du galvanomètre à miroir, et que l représente la distance correspondante de l'échelle au miroir estimée en fonction de la même unité de mesure que d, on aura d'après ce que l'on a vu, page 319.

$$\frac{d}{l} = \text{tang.}\,2a$$

et a étant déterminé de cette manière, la valeur de R_1, devient :

$$R_1 = a\,\frac{G+s}{s}\left(\frac{Gs}{G+s}+R+r\right)\ldots\text{ Ohms.} \qquad (100)$$

Les galvanomètres à miroir peuvent d'ailleurs être comparés entre eux à l'aide des résistances R, R′ nécessaires pour produire respectivement, avec un élément Daniell, une déviation égale à une division de l'échelle.

Les formules qui précèdent permettent en même temps de connaître la valeur de la déviation constante D correspondante au courant d'un élément Daniell produisant une résistance de 1 mégohm, car elle a pour expression, le type de déviation R_1 divisé par un mégohm, c'est-à-dire :

$$d. \frac{G+s}{s}\left(R+r+\frac{Gs}{G+s}\right)10^{-6} \ldots \text{ divisions,}$$

et comme on a l'habitude d'établir une résistance totale de circuit $R+r$ (y compris les dérivations) de manière à représenter 10000 ohms, la valeur de D se trouve dans ce cas réduite à :

$$D = d. \frac{G+s}{s} \cdot \frac{1}{100} \ldots\ldots \text{ divisions.}$$

Enfin si la dérivation s a un pouvoir multiplicateur de 100 avec $\left(R+r+\frac{Gs}{G+s}\right) = 10000$ ohms, la constante D devient égale à d,

car alors, $\frac{G+s}{s} = \frac{G+\frac{G}{100-1}}{\frac{G}{100-1}} = 100$, et la valeur de D est :

$$D = d \frac{100.10000}{1000000} = d$$

Détermination de la résistance R_1, qui, avec une batterie donnée, produit l'unité de déviation. — Deux méthodes combinées par M. Hockin ont été proposées pour résoudre ce problème : l'une est dite *indirecte*, l'autre *directe*.

Fig. 127.

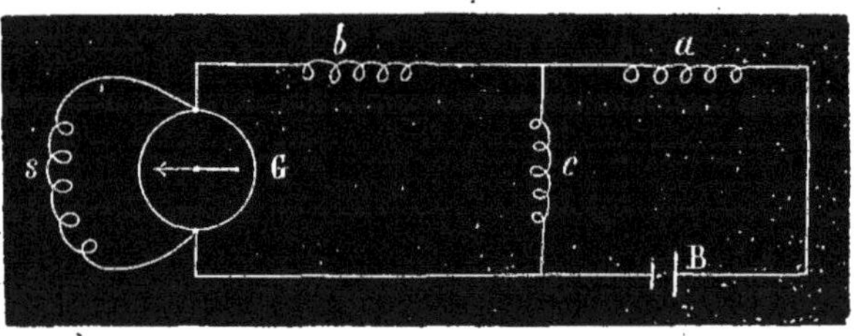

La première met à contribution trois résistances a, b et c, disposées par rapport au circuit du galvanomètre G muni de son appareil de dérivation s, comme l'indique la figure 127, dans laquelle B représente la batterie. La dérivation s est égale en résistance à $\frac{1}{999}$ de l'hélice du galvanomètre, et la résistance c représente 1000 ohms. Comme on le

Fig. 128.

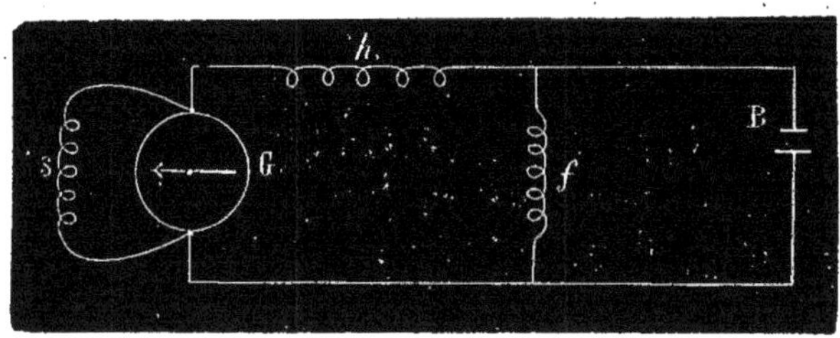

comprend aisément d'après la figure, le courant de la batterie se bifurque deux fois, mais en disposant convenablement les résistances a et b, on peut obtenir sur le galvanomètre une déviation donnée d. Cette opération étant effectuée, on fait varier les 3 résistances a, b, c, de manière à avoir pour ces résistances des valeurs différentes a_1, b_1, c_1, mais toujours susceptibles de fournir la déviation galvanométrique d, et dans ces conditions :

$$R_1 = 0{,}001 d \left\{ (a_1 - a) \frac{(b + c + 0{,}001 G)(b_1 + c_1 0{,}001 G)}{(b - b_1) \cdot c} - c \right\} \ldots \text{megohms.} \quad (101)$$

La seconde méthode ne met à contribution que deux résistances h et f fig. 128, mais elle exige que la résistanee de la batterie B soit calculée.

On commence d'abord, avant d'introduire la dérivation f, par disposer la résistance variable h de manière à fournir sur le galvanomètre une déviation convenable, puis on établit la dérivation f et on fait varier la résistance h jusqu'à ce que la déviation premièrement constatée soit de nouveau obtenue ; cette résistance h est alors devenue h_1. Or, dans ces conditions, la résistance de la batterie est fournie par l'équation :

$$B = f \frac{h - h_1}{G + h_1}. \quad (102)$$

Une déviation directe d étant obtenue avec une résistance K introduite dans le circuit, la valeur de R_1 est :

$$R_1 = 0{,}001 d \, (K + B + G) \ldots \text{ megohms.} \quad (103)$$

On a encore proposé, pour obtenir cette valeur de R_1, une autre méthode fondée sur une simple dérivation du circuit. Avec cette méthode, le galvanomètre est réuni à la batterie par une forte résistance (d'environ 10000 ohms), et on règle la dérivation s de manière à ce que le galvanomètre fournisse une déviation convenable d; alors si la résistance de la batterie est r ohms, on a :

$$R_1 = \frac{d}{10^6} \left\{ G + (R + r) \frac{G + s}{r} \right\} \dots \text{ megohms.} \quad (104)$$

Cette résistance r pourra d'ailleurs être estimée d'une manière assez exacte pour ne pas entrainer d'erreur pratique. Or, si on réduit R de manière à constituer avec $\left(r + \frac{Gs}{G + s}\right)$ une résistance totale du circuit égale à 10000 ohms, on aura alors :

$$R_1 = d \frac{G + s}{s} \cdot \frac{1}{100} \dots \text{ megohms ;}$$

et si $s = \frac{G}{99}$ ou $\frac{G + s}{s} = 100$, ce qui a lieu généralement dans la pratique, $R_1 = d$ ainsi qu'on l'a vu, page 331.

Détermination, en unités de l'Association Britannique, de l'intensité C du courant nécessaire pour fournir l'unité de déviation dans des conditions de circuit déterminées. — Cette détermination est fournie par la formule (n° 99) que l'on peut mettre sous cette forme, en désignant par a la fonction de la déviation obtenue (*divisions*, *sinus*, *ou tangentes*).

$$C = \frac{Es}{a \left\{ G(R + r + s) + s(R + r) \right\}} = \left\{ \text{le courant qui produit l'unité de déviation,} \right. \quad (105)$$

et la fonction de toute autre déviation du galvanomètre multipliée par cette constante, sera l'expression de la force du courant qui produit la déviation, en unités de courant du système coordonné des mesures électriques.

Il est bon en employant cette constante de faire en sorte que la résistance totale du circuit soit égale à 10000 ohms ou que :

$$R + r + \frac{Gs}{G + s} = 10000 \text{ Ohms,}$$

et que le pouvoir multiplicateur de la dérivation, c'est-à-dire $\frac{G + s}{s}$, soit égal à 100, car dans ce cas la constante C se réduit à :

$$C = \frac{E}{a} 10^{-6}.$$

Exemple. Avec une boussole des sinus de Dubois et un élément Daniell on obtient avec $s = \frac{1}{99}$ de G une déviation de 26° dont le sinus est 0,438 :

on a alors :

$$C = \frac{0,9268}{0,438} \times 10^{-6} = 2,116 \times 10^{-6} = 0,000002116.$$

Par conséquent, avec cette boussole des sinus, toute déviation multipliée par 0,000002116, donnera la force du courant passant dans son hélice en unités de l'association britannique. Donc, si 100 éléments Daniell mis en communication avec un knot de câble recouvert de gutta-percha donnent une déviation de 11°, le courant I aura pour valeur :

$$I = \sin 11^{\circ} \times 2,116 \times 10^{-6} = 0,404 \times 10^{-6} \ldots . \text{(BA. unit.)};$$

et comme d'après les formules de Ohm $I = \frac{E}{R}$ on a :

$$E = 100 \times 0,9268 = 92,68 \text{ volts},$$

$$R = \frac{92,68}{0,404 \times 10^{-6}} = 229 \times 10^{6} \text{ Ohms ou } 229 \text{ megohms}.$$

II. APPAREILS POUR LES MESURES DES RÉSISTANCES.

Les appareils pour la mesure des résistances comportent toujours deux instruments, l'un qui a pour mission de faire varier dans des limites plus ou moins étendues l'unité de résistance ou ses multiples et qu'on désigne généralement sous le nom de *rhéostat*; l'autre qui constate les effets que ces variations de résistance produisent sur l'intensité d'un courant qui les traverse et qui joue en quelque sorte le rôle de balance.

Les deux meilleures méthodes pour mesurer les résistances sont comme nous l'avons déjà dit, celle dite du pont de Wheatstone dont nous avons indiqué le principe, page 448, tome I, et celle du galvanomètre différentiel qui est basée sur une double action exercée en sens inverse par un même courant agissant sur une aiguille aimantée à travers deux multiplicateurs, mis en rapport avec deux circuits différents. Nous étudierons séparément ces deux méthodes, mais auparavant nous devrons entrer dans quelque détails sur le *Rhéostat* qui est un appareil commun aux deux systèmes.

RHÉOSTATS.

Le rhéostat en lui-même devrait être un appareil susceptible de mesurer à lui seul toutes sortes de résistances, mais comme sa construction pourrait devenir difficile dans les cas de grandes résistances à mesurer, on le divise généralement en deux appareils, l'un auquel on a donné le nom *d'appareil de résistances* qui contient une série de bobines étalonnées représentant des multiples de l'unité de résistance plus ou moins éloignés les uns des autres, l'autre, le rhéostat proprement dit qui donne les fractions plus ou moins grandes de l'unité. Cet appareil imaginé par Wheatstone et modifié depuis par plusieurs physiciens entr'autres, par MM. Jacobi, Gouncelle, Becquerel, sous le nom *d'agomètre*, n'est pas, nous devons le dire dès à présent, un instrument parfait, car sa construction même entraîne bien des causes d'inexactitude dans les mesures, et c'est pour cette raison que les électriciens anglais ont donné la préférence à des appareils de résistance étalonnés avec le plus grand soin, et fournissant des sous-multiples de l'unité assez rapprochés les uns des autres pour que la différence entre deux bobines consécutives n'entraîne pas des différences par trop notables dans les indications galvanométriques; d'ailleurs, au moyen de la formule n° (60), p. 480, tome I, ils pouvaient compenser l'erreur qui en serait résultée.

Fig. 129.

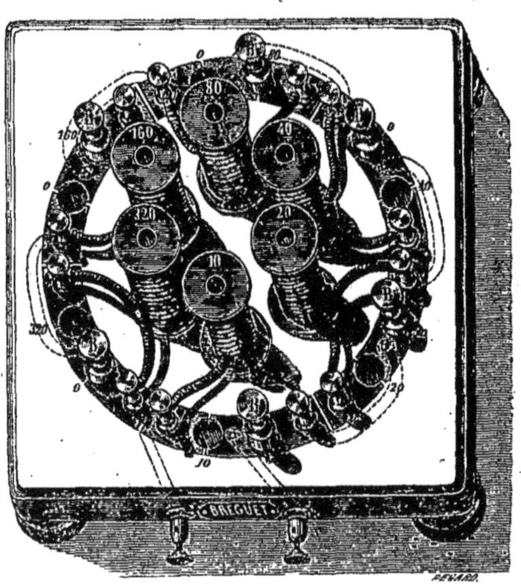

Ce système qui a nécessité, pour les constructeurs, des ateliers spéciaux et qui entraîne des soins extrêmes, est évidemment le plus exact, mais il est aussi le plus dispendieux, et pour obtenir un jeu de bobines suffisant pour les expériences sur les câbles sous-marins, il faut dépenser au moins 1200 fr. Jusqu'à présent ce sont MM. Siemens et Eliott qui ont eu le monopole de ces sortes d'appareils, et il faut le dire aussi, ils n'ont rien négligé pour en faire des appareils tout à fait de précision.

Les appareils de résistances construits en Allemagne et en Angleterre sont disposés dans des boîtes comme l'indique la figure 107, et les bobines communiquent à des commutateurs à bouchons placés à la partie supérieure ainsi que nous l'avons exposé, page 305. Les bouchons sont des tubes de cuivre fendus, terminés par une partie plate en bois d'ébène ou en caoutchouc durci, et pour que leur contact avec les lames du commutateur soit parfait, le trou pratiqué dans la planche au-dessous des échancrures des lames est plus grand que l'ouverture constituée par elles. Pour mettre les bobines de résistance à l'abri de l'humidité et des chocs, on les vernit à la gomme laque et on met du chlorure de calcium à l'intérieur de la boîte. En France, les appareils de résistances ordinaires consistent dans de simples bobines qu'on range soit circulairement, comme dans la fig. 129, soit en ligne droite sur une planchette, et les extrémités de leur fil correspondent à un commutateur dont la disposition a été très-variée. Celle qui a été adoptée le plus souvent par M. Breguet est celle que nous représentons fig. 130 ci-dessous.

Ce commutateur se compose de trois séries de plaques carrées a, a', a'', *etc.*, b, b', b'', *etc.*, c, c' c'', *etc.*, dont les côtés opposés l'un à l'autres portent des échancrures pour l'introduction des bouchons métalliques. Les plaques a, a', etc., portent les bobines et sont en communica-

Fig. 130.

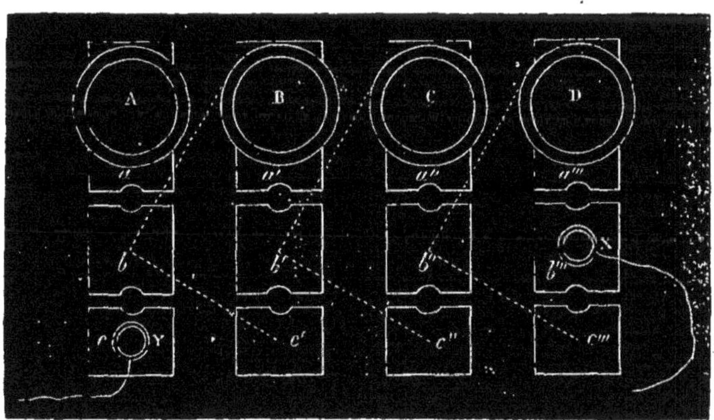

tion avec l'une des extrémités de leur fil ; l'autre extrémité de ce fil correspond, par des liaisons métalliques au-dessous de la planchette, aux plaques du milieu b, b' b'', etc., qui sont elles-mêmes en communication avec les plaques c, c', c'', comme l'indiquent les lignes pointillées de la figure ; les deux plaques c et b''' portent les boutons d'attache X et Y du circuit. Avec cette disposition, il est facile de comprendre que quand on veut mettre dans le circuit l'une ou l'autre des bobines A, B, C, D, etc., il suffit de placer un bouchon entre les plaques des séries a et b qui correspondent à cette bobine, et de réunir par des bouchons toutes les autres plaques, de la série b à la série c. Quand on veut introduire toutes les bobines dans le circuit, tous les bouchons doivent relier les deux premières séries de plaques ; quand au contraire on veut avoir le circuit direct, tous ces bouchons doivent réunir les plaques du milieu avec les plaques inférieures.

Rhéostat de Wheatstone. — Le rhéostat ou appareil pour la mesure des résistances complémentaires qui ne peuvent être fournies par les appareils décrits précédemment, a été imaginé par M. Wheatstone en 1840. Il se compose essentiellement de deux cylindres B et L, fig. 131, l'un métallique, l'autre en bois, en verre ou en caoutchouc durci exactement de même diamètre, sur lesquels peut s'enrouler et se dérouler alternativement un fil de laiton assez fin et de résistance préalablement connue. Pour que les spires que forme le fil en s'enroulant sur le cylindre de bois B soient bien séparées les unes des autres, ce cylindre est creusé dans toute sa longueur d'une fine rainure héliçoïdale qui forme comme un pas de vis autour de lui. Un compteur placé à l'extrémité de l'instrument au bout de ces cylindres ou une règle graduée nm, permet de compter non-seulement le nombre de tours accomplis par le cylindre depuis le point de départ du fil, mais encore les fractions de tours ; enfin, l'appareil est disposé de manière que quand on tourne l'un des cylindres, l'autre tourne en même temps et cela de manière à laisser défiler le fil d'un côté à mesure qu'il s'enroule de l'autre côté. Avec cette disposition, il est facile de comprendre que la résistance du fil étant nulle lorsqu'il se trouve enroulé sur le cylindre métallique, il n'y aura que la partie qui sera enroulée sur le cylindre de bois et celle comprise entre les deux points de tangence du fil sur les deux cylindres qui sera appréciable, et comme elle peut diminuer ou augmenter dans un rapport connu qui est donné par le nombre de tours ou fractions de tours qu'on lit sur le compteur, il est facile de déduire la valeur de la résistance à laquelle le rhéostat fait équilibre.

Pour qu'un rhéostat soit dans de bonnes conditions, il faut que le fil de résistance se maintienne toujours, tendu entre les deux cylindres ; mais c'est là précisément où est la difficulté et ce qui rend cet appareil

Fig. 131.

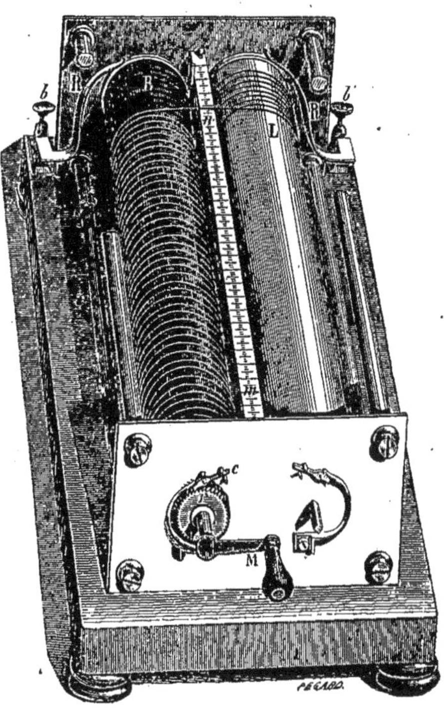

peu précis. En effet, si on emploie pour dérouler le fil d'un cylindre et d'enrouler sur l'autre un pignon d'engrenage comme l'avait fait M. Wheatstone dans l'origine, il suffira de la moindre inégalité dans l'ajustement des cylindres et dans leur calibrage pour empêcher cette tension du fil ; d'un autre côté, si on fait tourner un des cylindres sous l'influence de l'autre par la traction du fil qui s'y trouve enroulé, on ne peut plus employer de fil fin et le fil lui-même subit un étirement qui change sans cesse ses conditions de conductibilité. Pour éviter les inconvénients du système à engrenages de Wheatstone, on a bien, il est vrai, cherché à obtenir la tension du fil par l'action d'un barillet adapté à l'axe de l'un des cylindres et ayant pour effet de le faire tourner indépendamment du mouvement de l'axe lorsque la tension du fil n'était pas suffisante, mais ce système n'a pas encore fourni des résultats bien satisfaisants, et le système le plus pratique aujourd'hui est encore celui de M. Breguet à traction du fil que nous avons représenté fig. 131.

Dans cet appareil il n'y a pas de roues d'engrenage, et la manivelle M se porte de l'axe d'un cylindre sur l'autre suivant qu'on doit faire tourner le cylindre B ou le cylindre L. Seulement, afin qu'on ne tourne pas dans un mauvais sens, la manivelle est munie d'un rochet qui s'engage dans un cliquet *c*. Deux ressorts R, R′ en rapport avec le circuit par les boutons d'attache *b*,*b*′ et appuyant sur deux bagues de cuivre auxquelles sont soudées les extrémités du fil de résistance, établissent les liaisons électriques nécessaires.

Ordinairement le fil des grands rhéostats de M. Breguet représente une résistance de 15 à 16 kilomètres de fil télégraphique, et chaque tour équivaut à environ 58 mètres, mais ils doivent évidemment être étalonnés au moment où l'on s'en sert, car les contacts sont généralement si imparfaits et si irréguliers que l'on ne peut apporter trop de soin à la vérification de cette mesure. Pour obtenir un meilleur contact entre les extrémités du fil et les boutons d'attache *b*,*b*′, j'ai placé à l'extrémité des axes des cylindres du côté de la manivelle, deux disques en fer plongeant dans des godets également en fer remplis de mercure. Ce système m'a donné de très-bons résultats et il a été habilement appliqué par M. Breguet au rhéostat de l'administration des lignes télégraphiques. Avec cette disposition, les ressorts R,R′ ne servent plus que de frein aux cylindres et ils doivent être très-souvent huilés pour ne pas gripper.

Dans les rhéostats perfectionnés, le fil de résistance pousse, un peu avant son entier déroulement, un butoir qui arrête les cylindres au moment où le fil arrive à son point de départ. On évite ainsi les ruptures de ce fil, qui sont d'autant plus préjudiciables, que chaque fil nouveau doit être préalablement étalonné.

Rhéostat de M. Jacobi. — Afin d'éviter dans le rhéostat de Wheatstone les inconvénients que nous avons signalés, M. Jacobi a réduit l'appareil à un simple cylindre en verre muni d'une rainure en hélice dans laquelle se trouve fixé à demeure le fil de résistance ; et pour prendre sur ce cylindre telle longueur de ce fil nécessaire pour équilibrer les résistances qu'on peut avoir à mesurer, il fait appuyer sur ce fil un ressort ou un galet porté par un levier à ressort. Ce levier est lui-même adapté sur un écrou mobile qui avance en même temps qu'on fait tourner le cylindre, de telle manière que le galet peut suivre dans sa rainure le fil de résistance d'un bout à l'autre du cylindre tout en restant fortement appuyé sur lui.

Agomètre de M. Jacobi. (1) — Les indications du rhéostat, même modifié, ainsi que nous venons de le dire, ne paraissant pas à M. Jacobi réunir des conditions de précision suffisantes, ce savant pensa le premier à mettre le mercure à contribution pour la construction de cet instrument, et c'est ainsi qu'il fut conduit à l'appareil auquel il donna le nom d'*agomètre*. Cet appareil se compose essentiellement de deux tubes verticaux en fonte remplis de mercure et d'un écrou mobile muni de deux fils de platine, lesquels en plongeant plus ou moins dans le métal liquide, peuvent fournir une résistance plus ou moins grande. Pour mesurer cette résistance, l'écrou, guidé par une règle en cuivre et mis en mouvement par une vis sans fin que l'on tourne à l'aide d'une manivelle, est disposé de manière à se mouvoir devant une échelle graduée en millimètres; il porte lui-même un vernier, de sorte qu'il est possible d'apprécier des résistances représentées par des fractions de millimètre. Les communications électriques, avec les tubes de fonte sont établies par deux fils de platine adaptés d'une manière fixe au bâti de l'appareil ; deux vis de pression soudées à ces fils servent de point d'attache aux conducteurs du circuit.

Comme les fils de platine plongeant dans le mercure ne peuvent avoir une grande longueur, M. Jacobi dispose, l'un à côté de l'autre, deux appareils exactement semblables, et il peut de cette manière doubler la résistance susceptible d'être développée par chacun d'eux.

Au moyen de cet appareil, il a pu construire des bobines de résistance d'une exactitude parfaite, dont la résistance totale était équivalente à 42 kilomètres de fil de platine d'un millimètre de diamètre, ou à 18,500 des unités de résistance introduites par lui, ce qui représente deux cents kilomètres de fil télégraphique environ. Une question importante restait à examiner : c'était celle de savoir si l'usage des étalons de résistance et le temps ne finissaient pas par altérer leur conductibilité. M. Jacobi a en-

---

(1) L'invention du rhéostat peut aussi bien être attribuée à M. Jacobi qu'à M. Wheatstone ; car au moment même où ce dernier savant produisait son instrument, M. Jacobi arrivait de Russie avec les dessins d'un appareil très-analogue qu'il avait fait confectionner, mais qu'il n'avait pas, il est vrai, encore publié, parce qu'il se proposait de lui apporter d'importants perfectionnements. Effectivement, quelques années plus tard, il fit connaître un nouvel instrument rhéométrique auquel il donna le nom d'*agomètre*, et publia à cette occasion, en 1848, un mémoire très-important, intitulé : *Galvanische und electro-magnetische Versuche. Fünfte Reihe. Zweite Abtheilung : das Quecksilber, Voltagometer* (*Mémoires de l'Académie de Saint-Pétersbourg*).

trepris, à cet égard, cinq séries d'expériences de vérification, à cinq époques différentes, 1846, 1847, 1848, et 1858, et il a pu s'assurer que les variations de cette conductibilité avaient toujours été à peu près insignifiantes.

« Les indications de l'agomètre, dit M. Jacobi, sont plus que suffisantes dans la pratique, car les erreurs qu'elles pourraient présenter rentrent dans les limites admises pour les instruments de précision. Si un jour les besoins de la science réclament une plus grande exactitude à donner aux mesures de ce genre, elle ne pourra être obtenue : 1° qu'en opérant toujours à la même température et avec une intensité de courant dont on serait convenu d'avance, une fois pour toutes ; 2° qu'en donnant aux multiplicateurs la plus grande sensibilité ; 3° qu'en se rendant tout à fait indépendant des variations du magnétisme terrestre ; 4° enfin, qu'en employant des moyens d'observation analogues à ceux introduits, par MM. Gauss et Weber.

« N'ayant pas été en mesure de réaliser toutes ces conditions, il s'est trouvé que les observations faites sur les bobines les moins résistantes de l'agomètre ne s'accordent entre elles que jusqu'à la troisième décimale, tandis que la cinquième décimale peut être garantie dans la mesure des résistances mille fois plus grandes. »

Agomètre de M. Gounelle. — La disposition de l'agomètre de M. Jacobi ne permettant pas d'obtenir l'évaluation d'une grande résistance, M. Gounelle a cherché à combiner sur le même principe un appareil qui pût réunir aux avantages de l'appareil précédent ceux du rhéostat de Wheatstone, et il y est arrivé au moyen de la disposition suivante : BE, CD, fig. 132, sont deux fils de platine de très-petit diamètre, tendus horizontalement sur une longueur de 2 mètres environ et soutenus en C, D, E, B, par des colonnes isolantes. A est une petite caisse hermétiquement fermée, mobile sur une règle divisée en millimètres, et remplie de

Fig. 132.

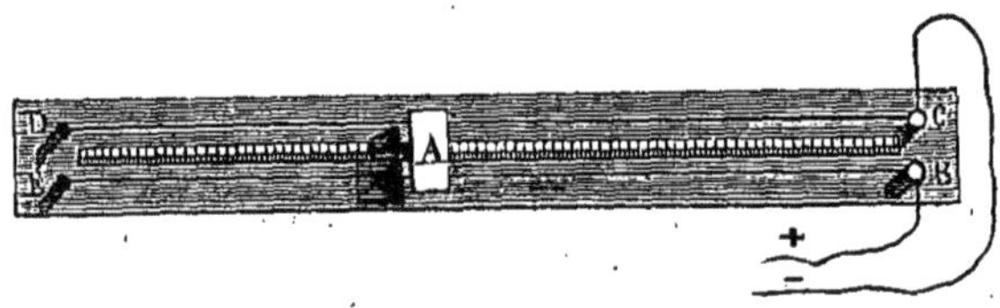

mercure. Cette petite boîte est percée de quatre trous capillaires à travers lesquelles passent les deux fils de platine ; de telle sorte que si les pôles d'une pile sont mis en rapport avec les extrémités B et C des fils BE, CD, il devient facile, en promenant la boîte A sur la règle, d'augmenter ou de diminuer la résistance du circuit. Or, comme par des expériences préalables on peut savoir quelle augmentation de résistance de ce circuit correspond à un millimètre, il suffit de lire le numéro de la division devant lequel est arrêtée la boite, pour connaître la résistance développée. Un vernier à lunette adapté à cette boite permet d'ailleurs d'estimer, à un vingtième près, les fractions de millimètre.

On a objecté contre ce système, que les fils en passant à travers le mercure se recouvrent de petites bulles de ce métal, ce qui change les conditions de résistance des fils, et que le ménisque du mercure, aux trous capillaires, variant d'amplitude suivant les mouvements de la boite dans un sens ou dans l'autre, change la position des points de clôture du circuit par rapport au vernier; mais ces inconvénients, avec un peu de soin, peuvent être évités. En effet, on peut, avant chaque opération, secouer un peu la boite A, et les fils peuvent d'ailleurs être facilement essuyés au moment de l'expérience; on obtient du moins de cette manière un contact parfait entre les deux fils.

Agomètre de M. Ed. Becquerel. — Pour éviter les inconvénients des agomètres précédents, M. Ed. Becquerel a pris le mercure lui-même pour servir de mesure de résistance. Pour cela, il a disposé l'agomètre de la manière suivante :

AB (fig. 133), est un tube choisi avec soin, bien calibré et divisé sur verre en parties d'égale longueur; celui employé par lui avait un diamètre de $1^{\text{mill}},9025$. Ce tube est maintenu horizontalement sur un support, et son extrémité B est libre. L'extrémité A pénètre dans un vase ED par une ouverture latérale A. Un tube de caoutchouc et deux supports H et G, dont on peut faire varier la hauteur, permettent d'atteindre ce but. Le vase ED, qui a une capacité de 80 à 100 centimètres cubes, est rempli de

Fig. 133.

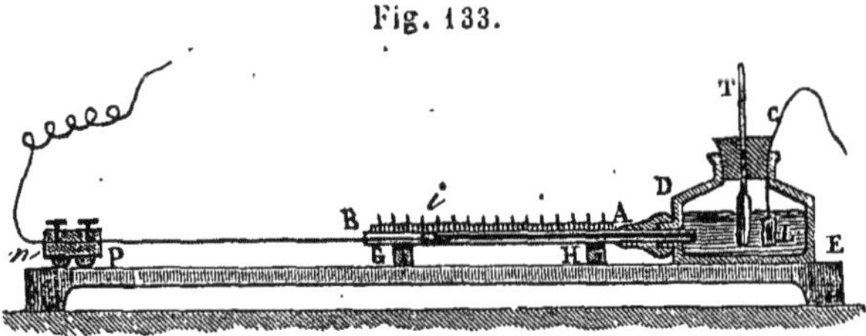

mercure distillé jusqu'à une hauteur telle que la pression exercée par ce liquide puisse le forcer à pénétrer dans le tube. En vertu de cette pression, le mercure s'écoulerait en B si cette extrémité restait libre ; mais pour éviter cet écoulement, un fil de cuivre de 1 millimètre de diamètre entouré de soie écrue et tiré droit est introduit dans le tube. Un petit chariot P maintient ce fil horizontal, et l'extrémité *i*, par laquelle celui-ci pénètre dans le tube, porte un petit tampon de fils de coton enroulés autour du fil de cuivre (qui a été corrodé légèrement afin de maintenir le coton lors du frottement). Il en résulte que B peut fonctionner comme piston dans l'intérieur du tube calibré et divisé, mais à frottement très-doux. Une longueur de 1/2 à 1/4 de millimètre de fil de cuivre dépasse le tampon de coton et est amalgamé. Par ce moyen, en faisant pénétrer avec la main le fil dans le tube ou en le retirant, et cela en accompagnant le mouvement d'un léger soulèvement du support EP dans un sens ou dans l'autre, on fait varier la longueur de la colonne de mercure engagée dans le tube. Comme le mercure ne mouille pas le verre ni le coton, l'action capillaire s'oppose au passage du mercure entre l'extrémité *i* du tube et le verre. Du reste, il faut éviter qu'il y ait excès de pression de la part du mercure dans le vase ED ; si une petite bulle de mercure passait du côté B, on devrait retirer le fil et recommencer l'expérience. En opérant avec précaution, ce petit rhéostat à mercure a permis à M. Ed. Becquerel de faire varier la colonne de mercure AB dans des limites parfaitement déterminées, et il a pu se servir du mercure comme on se sert d'un fil métallique.

« Quand on veut faire usage de cet appareil, dit M. Becquerel, une lame de platine ou de cuivre L plonge dans le mercure du vase et est mise en relation avec une des extrémités de l'un des circuits ; l'autre extrémité de ce circuit est mise en rapport avec le fil *n*, recouvert de soie. Le passage de l'électricité se fait de ce fil dans le mercure par l'intermédiaire de la pointe *i* amalgamée, et, quand on opère on a soin de faire plonger cette pointe en totalité dans le mercure, en faisant en sorte que l'extrémité de la colonne mercurielle soit toujours en contact avec la dernière couche de coton. La division marquée sur le verre (qui est divisé en millimètres) suffit pour donner la longueur de la colonne de mercure de l'appareil. Quant à sa température, elle est donnée par un thermomètre T, qui plonge dans le vase ED. On voit que cet appareil, d'un emploi simple, donne non-seulement le rapport des résistances à la conductibilité des fils, mais encore permet de les rapporter à la résistance du mercure distillé à une température déterminée. »

Pour de très-grandes résistances, M. Ed. Becquerel a disposé un appareil sur un principe analogue, mais en employant comme liquide mesureur une solution concentrée de sulfate de cuivre ; il prend à cet effet un tube divisé en dixièmes de millimètre, dans lequel peut plonger verticalement, soutenu par un guide à frottement, un fil fin de platine recouvert de gutta-percha. Ce fil peut être abaissé plus ou moins, et la longueur de la colonne liquide comprise entre l'extrémité de ce fil et une pointe de platine placée à la partie inférieure du tube donne la résistance qu'il s'agit de déterminer.

Rhéostat de M. l'abbé Caselli. — Il arrive souvent dans beaucoup d'applications électriques où le rhéostat est employé, que les courants induits qui naissent au sein des bobines de résistance et qui se déchargent après la cessation du courant voltaïque sont très-nuisibles à la réaction que l'on cherche à obtenir; il devient alors essentiel d'avoir des appareils de résistance sans bobines présentant un dispositif susceptible de fournir l'estimation de fractions assez minimes de l'unité de résistance qu'on a adoptée. M. Caselli a résolu de la manière la plus simple et la plus ingénieuse ce problème, en intercalant dans un tissu façonné tout exprès le fil de résistance composant chaque bobine.

Supposons en effet que sur un métier à tisser on dispose des fils de chaîne en coton sur une largeur en rapport avec celle de la boîte qui doit renfermer ces différents tissus de résistance, et imaginons que les fils de trame soient un fil métallique et un fil de coton ; on comprendra facilement que ces deux fils se replieront en zigzags sur eux-mêmes en alternant, de telle sorte que deux portions contiguës du fil métallique se trouveront, toujours séparées par un fil de coton et les fils de chaîne maintiendront en la complétant cette disposition. On obtient donc ainsi un tissu semi-métallique dans lequel le fil métallique est isolé dans toute sa longueur et dont les replis ne peuvent être nuisibles, puisque les courants induits qui pourraient naître sur les plis pairs se trouvent détruits par ceux qui se développent sur les plis impairs. Pour compléter cet isolement, on peut même tremper ce tissu dans une dissolution de gomme laque et de bitume fondu, et alors il devient possible de replier le tissu sur lui-même et d'obtenir ainsi, sous un très-petit volume, des résistances considérables.

Inutile de dire que chaque bande de tissu représentant une résistance déterminée, il faut autant de ces bandes qu'il y a de bobines dans le rhéostat ; mais pour obtenir des fractions de résistance il suffit, dans la bande la plus petite, de souder un fil à chaque retour du fil sur lui-même (d'un côté seulement). Ces différents fils aboutissant à de petites plaques iétalliques disposées autour d'un commutateur circulaire placé à la parie supérieure de la boîte, délimitent sur la bande des longueurs de réistance déterminées qui varient suivant le numéro d'ordre des plaques u commutateur. D'autres plaques, placées à la suite des précédentes et iunies d'un signe propre à les faire distinguer, communiquent avec les ifférentes bandes, de telle sorte qu'avec un commutateur seul on peut btenir toutes les évaluations de résistances possibles avec un degré d'aproximation suffisant pour la plupart des applications électriques.

M. Caselli indique encore un autre moyen pour obtenir, sans le secours u tisseur, le réseau métallique dont nous avons parlé ; ce moyen consiste piquer sur une planche deux rangées parallèles de petits clous et de eplier autour de ces clous le fil recouvert de soie qui doit fournir la ésistance ; quand toute la longueur du fil se trouve ainsi développée, on rend une feuille de papier fort que l'on recouvre de bitume fondu avec e la résine, et on l'applique sur le réseau des fils ; on arrache ensuite les lous et on applique une seconde feuille bitumée sur la seconde surface e ce réseau; puis quand tout est séché on achève l'isolement en plongeant la bande entière dans du bitume fondu.

BALANCES RHÉOSTATIQUES.

Nous appelons *balances rhéostatiques*, les appareils ou combinaisons 'appareils rhéométriques qui, étant associés avec le rhéostat, établissent ntre les résistances étalonnées et les résistances à mesurer un état d'éuilibre qui permet de déduire des unes la valeur des autres. Les deux ppareils qui résolvent le mieux ce problème, sont comme nous l'avons éjà dit, le *Pont de Wheatstone et le galvanomètre différentiel.*

Pont de Wheatstone. — A proprement parler, cet appareil, dont

Fig. 134

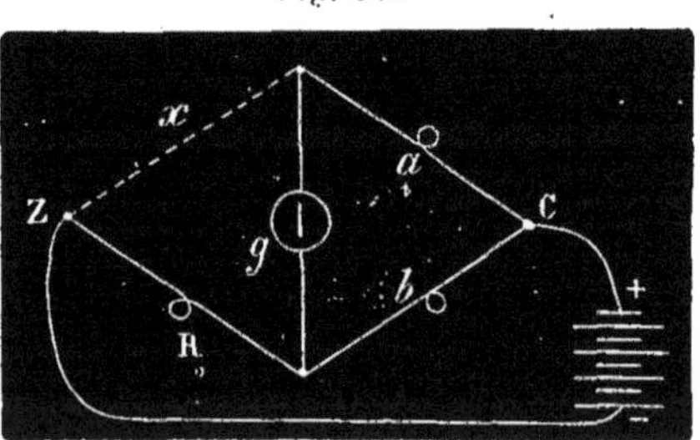

ous avons indiqué le principe, p. 448, tome I, se compose, 1° de deux ux de bobines de résistances représentant les deux côtés fixes du losange

$a\,b\,R\,x$ fig. 134 ; 2° d'un troisième jeu de bobines représentant le côté R de résistance variable et qui doit être accompagné d'un rhéostat, si l'appareil de résistances ne fournit pas de fractions très-petites de l'unité ; 3° enfin d'un galvanomètre, réunissant un plus ou moins grand nombre de tours de spires, suivant les conditions de résistance du circuit sur lequel on opère. Les deux premiers jeux de bobines de résistances que nous désignerons sous le nom de a et b doivent être mis en relation par une de leurs extrémités avec un des pôles de la pile, et par les deux autres extrémités avec les deux bouts du fil du galvanomètre auxquels aboutissent d'autre part la résistance à mesurer et le 3e jeu de bobines muni de son rhéostat. Les deux bouts libres de ces deux dernières résistances correspondent d'ailleurs au second pôle et achèvent ainsi le losange $ab\,R\,x$. Plus la résistance à mesurer x est grande, plus doivent être considérables les résistances a et b, et on s'arrange de manière à ce que toutes les résistances soient à peu près équivalentes.

Dans la disposition adoptée par M. Wheatstone, les deux côtés a et b aboutissant au pôle positif de la pile, étaient des quantités connues égales et constantes dans une même expérience, et la résistance inconnue se déduisait de la résistance variable R, de telle sorte que quand le galvanomètre g était à zéro, l'on avait $a = b$, $R = x$:

Quand il ne s'agit que de petites résistances, et surtout de résistances dans lesquelles les charges électriques n'exigent pas un certain temps pour atteindre leur maximum de force, ce système est très-suffisant ; mais il n'en est plus de même quand on veut, par ce procédé, mesurer les résistances des câbles sous-marins. Alors les variations de la résistance R, en modifiant les conditions de résistance de la dérivation $CbRZ$ changent les conditions de distribution du courant à travers les deux circuits dérivés, et, comme il faut un temps assez long pour que la charge puisse être complétement effectuée et répartie entre les deux circuits, il devient très-difficile de savoir exactement le moment où la résistance R représente la quantité inconnue x.

Pont de Thomson. — Pour obvier à cet inconvénient, M. Thomson rend constante la dérivation $CbRZ$ et ne fait varier que le point d'attache de la dérivation du galvanomètre g en le portant du côté de b ou du côté de R, jusqu'à ce que le galvanomètre se tienne à zéro.

Alors, pour déterminer la valeur de la résistance x, il ne s'agit que de déterminer la résistance b et la résistance R ; mais comme celle-ci est fonction de la première, il n'y a par le fait qu'une inconnue a à déterminer.

Dans ce cas, on a :

$$x = \frac{Ra}{b}. \tag{104}$$

Voici la disposition pratique de ce système :

Les résistances des branches a et b du losange (fig. 134) sont, représentées par une série de bobines de résistance ab (fig. 135) qui se ter-

Fig. 135

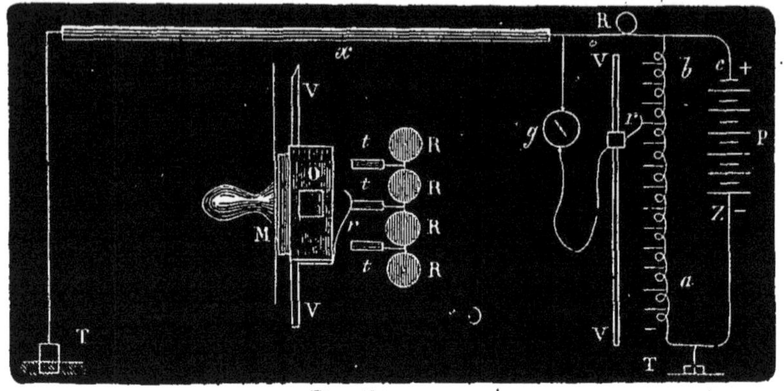

Fig. 136.

minent chacune par un contact métallique, et ces contacts, placés les uns à la suite des autres sur une même ligne droite, peuvent être rencontrés par une lame de ressort r mobile sur un guide VV et en rapport direct avec le galvanomètre g (1). Celui-ci communique d'ailleurs avec la résistance x, et le pôle négatif de la pile ainsi que le bout libre du câble sont en rapport avec le sol. Cette disposition par le fait, revient à celle que nous avons représentée (fig. 134), puisque la terre, en raison de son peu de résistance, peut être considérée comme le point de jonction entre a et x.

---

(1) La figure 136 donne une idée de la disposition de ce système conjoncteur ; r est la lame du ressort qui appuie sur les contacts t, t, t. des bobines de résistance R, R, R., Ce ressort est adapté à un manchon M mobile sur le guide en cuivre VV et disposé de manière à fournir un contact métallique à frottement sur ce guide. Ce guide correspond lui-même métalliquement avec le galvanomètre g. Enfin une petite ouverture carrée O placée en face du contact touché, permet de lire la résistance de la série des bobines en ce point, laquelle résistance est inscrite sur l'appareil dans deux sens différents à partir des deux extrémités de la série.

Il ne s'agit donc, pour faire l'expérience et connaître les valeurs de a et de b, d'où dépend la valeur x, que de faire glisser le ressort r (fig. 135) sur les différents contacts des bobines de la série ab, jusqu'à ce que le galvanomètre arrive à zéro, et de lire sur l'index désignant les résistances des différentes bobines de la série, celle de ces résistances qui correspond au contact touché par le ressort r. Comme les indications sont doubles et inscrites dans un sens inverse, il devient ainsi facile de connaître immédiatement et sans calculs les valeurs de a et de b.

Dans le pont de Thomson, la résistance totale $a + b$ est égale à 100 000 ohms ou à 10 000 kilomètres de fil de fer de 4 millimètres de diamètre, et le nombre des bobines interposées est de 100, ce qui suppose à chacune une résistance de 100 kilomètres.

Pont de MM. Thomson et Varley. — Il est facile de comprendre que des résistances aussi espacées entre elles que celles dont nous venons de parler ne sont pas suffisantes pour la pratique, et qu'il était nécessaire d'adapter à l'appareil un système qui pût fournir les sous-divisions de 100 kilomètres. C'est ce que M. Varley a obtenu en ajoutant au système décrit précédemment une seconde série de résistances $a'b'$ (fig. 137) et en prenant pour la première série 101 bobines au lieu de 100.

Le frotteur r qui appuie sur les contacts de ces bobines, au lieu d'être

Fig. 137

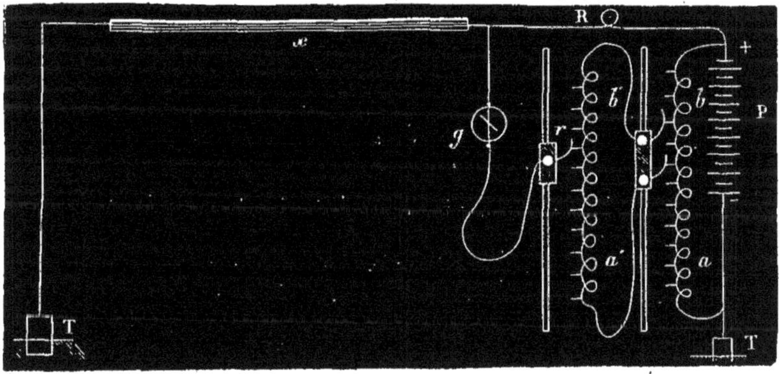

simple comme dans la fig. 135, est double et disposé de manière à laisser isolées, entre les deux contacts touchés, deux bobines de résistances, qui se trouvent alors combinées dans la série ab avec la série entière des résistances $a'b'$, laquelle représente la même valeur. Comme celle-ci est composée de 100 bobines n'ayant chacune qu'une résistance de 2 kilomètres ou 2000 mètres, il devient facile, au moyen d'un ressort de contact r mobile sur un guide, comme dans le premier cas, de déterminer, sur la nouvelle échelle, celle des bobines qui correspond à la résistance cherchée, que l'on obtient ainsi à moins de 1 kilomètre d'approximation.

En effet, la dérivation établie entre la première série ab et la deuxième $a'b'$ diminue, par le fait, de moitié la résistance des deux bobines intercalées entre les deux contacts touchés, c'est-à-dire la résistance de 100 kilomètres. Les deux échelles réunies ne représentent donc pas, en réalité, pour la partie $a + b$ du losange $ab\text{R}x$ (fig. 135), une résistance plus grande que celle du pont de Thomson ; mais l'action du courant sur le galvanomètre, au lieu de ne pouvoir être étudiée que sur 100 combinaisons de dérivations du circuit du galvanomètre, peut l'être sur 100 $\times$ 100, c'est-à-dire 10000.

C'est ce système de balance rhéostatique qui a été employé pour la mesure de la résistance du câble transatlantique pendant son immersion. Toutefois, comme la déduction de la résistance x avec cet appareil exige un petit calcul, puisque dans ce cas on a :

$$x = \frac{\text{R}a}{b},$$

il était à désirer, pour la promptitude des opérations, que l'instrument

Fig. 138

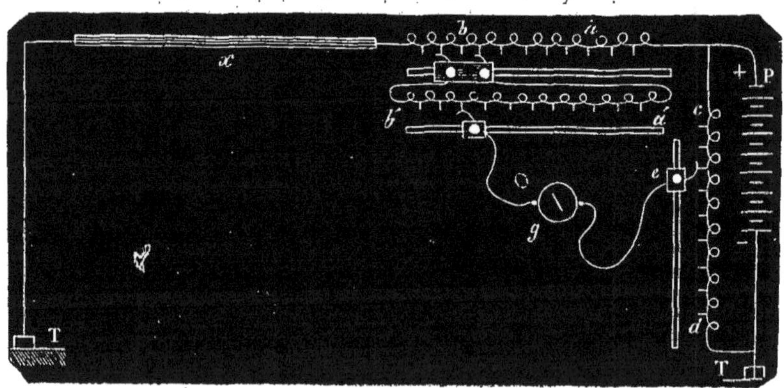

pût fournir lui-même la détermination de cette résistance sans aucun calcul.

M. Varley y est parvenu au moyen du dispositif représenté fig. 138.

Pont de Varley. — Dans ce nouveau système, la résistance R du pont de MM. Varley et Thomson est remplacée par le système *ab*, *a'b'* (fig. 138) dont nous avons parlé précédemment, et une troisième série *cd* de bobines de résistances devant lesquelles glisse un ressort *e* en rapport avec le galvanomètre *g*, représente, comme dans le pont de Thomson, la résistance $a + b$. De cette manière, on peut régler, comme on le désire, la sensibilité de l'appareil, et cela dans des conditions connues qui peuvent fournir, pour une même série d'expériences, une constante représentant le rapport $\frac{a}{b}$ de l'équation :

$$x = \frac{Ra}{b}.$$

Pour plus de clarté, dans les déductions qui vont suivre, nous repré-

Fig. 139

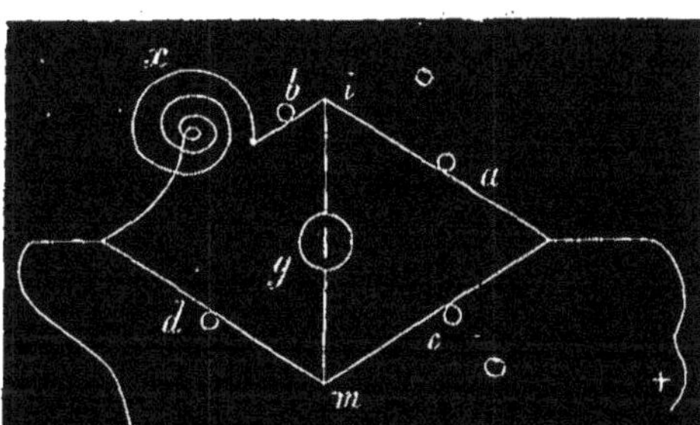

tons (fig. 139) le dispositif théorique du nouveau pont réduit à ses éléments simples.

Dans cette figure, quand le galvanomètre arrive à zéro à la suite du déplacement du point de dérivation *i* du circuit de ce galvanomètre, et pour une position donnée de l'autre point *m* de dérivation du même circuit sur *cd*, on a :

$$a : c :: b + x : d ;$$

d'où

$$b + x = a\frac{d}{c} \text{ et } x = a\frac{d}{c} - b.$$

Or le rapport $\frac{d}{c}$ peut être donné immédiatement par la place occupée par le ressort *e* (fig. 138) sur l'échelle *cd*.

Dans l'appareil de M. Varley, les bobines de résistances de la série *cd* sont disposées comme ci-dessous et au nombre de 14 :

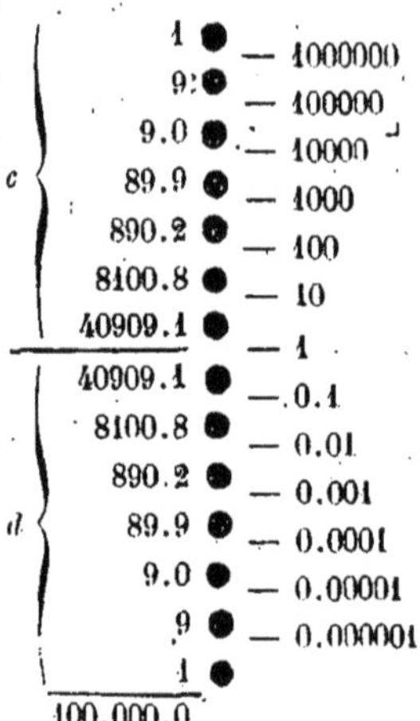

Leur résistance totale est égale à 100 000 ohms ou, si l'ont veut, à 10.000 kilomètres de fil télégraphique de 4 millimètres. Elles présentent, comme on le voit, deux périodes symétriques, l'une croissante de bas en haut, l'autre décroissante, et constituent ainsi les deux côtés *c* et *d* du losange *abcd*, fig. 139.

Quand la dérivation du galvanomètre correspond au milieu de ces deux séries, c'est-à-dire au contact n° 1, le côté *c* est égal au côté *d* et ces deux côtés ont chacun une résistance de 50 000 ohms ; en conséquence, le rapport $\frac{d}{c}$ est égal à 1. Quand cette dérivation correspond au contact 10, le côté *c* n'a plus qu'une résistance de 9090,9, et le côté *d* a eu sa résistance portée à 90909,1 ; en conséquence, le rapport $\frac{d}{c}$ est égal à 10. Il en aurait été de même si la dérivation eût été placée sur le contact 1000 ; dans ce cas, le côté *c* n'aurait eu qu'une résistance de 99,9, tandis que *d* l'aurait de 99900,1 ; de sorte que le rapport $\frac{d}{c}$ serait devenu 1000. En reportant la dérivation sur les contacts de la période du dessous, on trouverait que sur le contact 0,001 le côté *d* a une résistance de 99,9 alors que le côté *c* a une résistance de 99900,1 ; ce qui donne, pour le rapport $\frac{d}{c}$ 0,001.

On voit donc que par cette disposition, les numéros inscrits sur les contacts indiquent eux-mêmes et sans calculs les rapports $\frac{d}{c}$, et que l'opération pour trouver les valeurs des résistances x, consiste uniquement à lire sur les échelles ab, $a'b'$, qui sont numérotées dans deux sens opposés, les valeurs de a et de b, d'ajouter à la valeur de a le nombre de zéros indiqué sur le contact touché de l'échelle cd et de retrancher de cette valeur ainsi multipliée celle de b.

« Quand on a à faire, dit M. Varley, des calculs toutes les trois minutes, comme cela arrive lors de l'immersion des câbles, et cela pendant des jours entiers, c'est un travail pénible que de faire des multiplications et des divisions, même dans des conditions aussi simples que celles de la formule

$$x = \frac{Ra}{b}. »$$

On comprend maintenant qu'avec cette disposition il est facile de rendre l'appareil apte à mesurer de très-grandes résistances comme de très-petites, car il suffit de porter successivement le frotteur de l'échelle cd sur les contacts de l'échelle ascendante de 1 à 1 000 000 pour augmenter dans telle proportion qu'on le désire son aptitude à mesurer de très-grandes résistances, puisqu'alors le rapport $\frac{d}{c}$ qui multiplie a augmente de 1 à 1 000 000; de même on peut diminuer dans la même proportion cette aptitude en portant successivement le frotteur dans la période descendante de 1 à 0,000 001, car alors le rapport $\frac{d}{c}$ au lieu d'être un multiple de 10, comme dans le premier cas, devient une fraction décimale de 10 en 10 fois plus petite.

Quand on veut mesurer des résistances plus petites que a, il faut naturellement que c soit plus grand que d; alors on néglige le terme b, car dans ce cas le câble à mesurer (du moins l'âme du câble) est si court, que le trouble provenant de l'induction et de la charge rend l'observation assez incertaine et assez difficile pour que l'intervention de cette quantité ne puisse être appréciée.

Comme on le voit, cet appareil est extrêmement utile et ingénieux, et il devra faire partie à l'avenir du matériel de toutes les administrations télégraphiques.

Nous avons indiqué, page 477, tome I, la manière pratique d'employer le pont de Wheatstone et les formules qui donnent avec ce système la valeur de la résistance inconnue : 1° quand, n'employant pas de rhéostat proprement dit, mais simplement des jeux de bobines de résistance, cette résistance inconnue est comprise entre celles de deux bobines consécutives ; 2° quand expérimentant alternativement avec des courants positifs et des courants négatifs, les indications fournies sont différentes ; nous n'insisterons pas en conséquence davantage sur cette question, nous dirons seulement quelques mots de la méthode dont on déduit d'une manière courante, en Angleterre, les valeurs des résistances des fils de cuivre employés dans la construction des câbles sous-marins.

On donne à l'une des résistances fixes *a* et *b* du losange une résistance constante de 2029 mégohms ; ce chiffre représente la valeur d'un knot de câble en yards. L'autre branche *b* est composée avec des bobines de résistance, de manière à ce que leur résistance totale représente autant d'ohms qu'il y a de yards dans la longueur du fil. La branche *c* du losange sera représentée par l'appareil rhéostatique destiné à équilibrer la balance et le côté *d* sera représenté par la résistance inconnue. D'après les formules du pont de Wheatstone, on aura :

$$\frac{a}{b} = \frac{c}{d} \text{ ou } \frac{c}{d} = \frac{2029}{l}; \quad \text{d'où } c = d\,\frac{2029}{l},$$

équation qui donne immédiatement la résistance du fil de cuivre en ohms par knot.

Cette méthode est très-commode lorsque la résistance des conducteurs est toujours mesurée à une même température, comme cela a lieu avec les différentes longueurs de fil qui doivent entrer dans la construction d'un câble avant l'opération du recouvrement, car elle peut épargner beaucoup de temps pour les vérifications. Dans ce cas, les bobines de résistances constituant le système rhéostatique *c* doivent être échelonnées depuis 0,01 à 50 ohms.

GALVANOMÈTRES DIFFÉRENTIELS.

En principe, rien n'est plus simple que la construction d'un galvanomètre différentiel, mais en pratique, rien n'est plus difficile et plus délicat quand on veut en faire un appareil de précision. Il s'agit, en effet, de composer un multiplicateur de deux hélices exactement semblables en résistance, en position, et exerçant sur l'aiguille des actions exactement symétriques. Si un instrument de ce genre était construit dans ces conditions, on comprend aisément qu'un même courant passant en sens opposé à travers les deux hélices, les deux effets se neutraliseraient complétement et l'aiguille resterait à zéro ; mais, en réalité, cette neutralisation complète ne s'obtient jamais avec des galvanomètres sensibles, et on est obligé d'employer, pour compenser les différences, d'introduire des résistances additionnelles qui ôtent à l'instrument toute sa précision, car on ferait porter sans cela sur la résistance du circuit les conséquences d'une action qui peut provenir de toute autre cause ; aussi plusieurs physiciens, entr'autres M. Siemens, aiment-ils mieux employer des galvanomètres dont les hélices sont complétement différentes, mais dont les conditions sont nettement déterminées, quitte à compliquer un peu les calculs pour en déduire les indications. Nous avons vu, page 482, tome I, un exemple de ce genre d'application du galvanomètre différentiel.

Pour déterminer les résistances avec le galvanomètre différentiel, il suffit d'introduire dans le circuit de l'un des multiplicateurs la résistance à mesurer, d'introduire dans l'autre circuit le rhéostat avec des bobines de résistance, s'il y a lieu, et de développer sur ce système rhéostatique la résistance capable de ramener l'aiguille du galvanomètre à zéro. Cette résistance représente précisément alors celle qui est inconnue et qui a été introduite dans le premier circuit.

Quand les deux hélices sont d'inégale résistance, on est obligé d'effectuer deux opérations au lieu d'une, c'est-à-dire de mesurer la résistance R' qui fait équilibre à une résistance connue W. Alors si g représente la résistance d'un des multiplicateurs, g' la résistance du second, R la résistance correspondante à la résistance inconnue x, on a :

$$x = g' + W\frac{g + R}{g + R'} - g'.$$

Si la résistance inconnue est tellement considérable qu'on soit obligé pour obtenir une intensité appréciable à travers le galvanomètre g, d'employer une pile très-forte, on pourra, pour ne pas mettre à contribution une résistance R par trop considérable, se servir d'une pile plus faible pour le circuit g', et en combinant l'expérience comme il a été dit page 182, tome I, on aura pour valeur de x :

$$x = \frac{W + g}{R' + g'} \cdot \frac{E}{E'} (R + g).$$

Les galvanomètres différentiels ont été employés pour la première fois par M. Becquerel, mais leur construction a été souvent modifiée ; le plus souvent, en Angleterre, on leur adapte des dérivations pour faire varier à volonté leur sensibilité, et ces dérivations appliquées à chacun des multiplicateurs sont établies d'après le système dont nous avons parlé, page 446, tome I, ce qui permet de faire de l'appareil un système à multiplicateurs égaux ou un système à multiplicateurs inégaux. Dans ce cas, les formules précédentes doivent être modifiées, ainsi que nous l'avons dit, page 483, tome I. On peut consulter avec fruit, pour l'usage pratique de ces sortes d'appareils, le traité de la mesure électrique de M. Latimer Clark (voir la tradution française publiée par l'administration des lignes télégraphiques, p. 33 et suiv.). La figure 140 représente le dispositif de l'appareil de M. Clark, tel qu'il a été établi par M. Warden, de Londres ; il est ainsi décrit par son auteur.

Fig. 140.

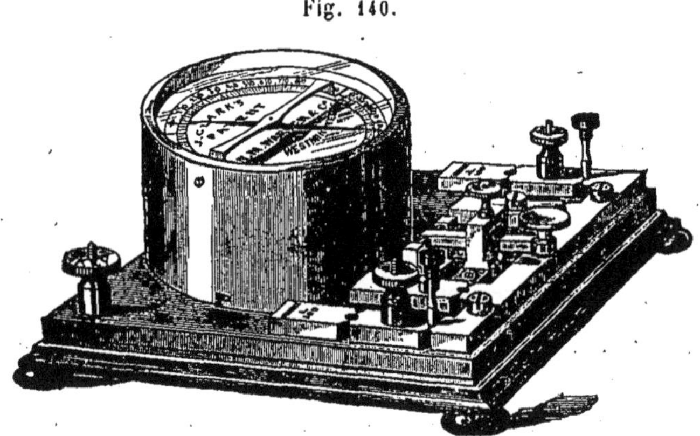

« La propriété particulière de cet appareil consiste dans l'addition de bobines de dérivation, ou de circuits dérivés à chaque moitié du galvanomètre. Ces bobines sont marquées sur l'instrument *Schunt* $\frac{1}{100}$ et sont formées de fils courts ayant une résistance strictement égale au $\frac{1}{99}$ de celle de l'un des circuits, et lorsqu'on l'introduit dans l'un d'eux, $\frac{99}{100}$ du courant passent par la dérivation, tandis qu'il n'en circule que $\frac{1}{100}$ à travers le galvanomètre. On peut introduire à volonté ces bobines dans l'un des circuits ou dans les deux à la fois. L'instrument est en outre muni d'une série de bobines de résistances variant de 1 à 10 000 ohms. »

M. Varley a disposé aussi le galvanomètre différentiel d'une façon fort commode pour mesurer les résistances des lignes télégraphiques, quand une rupture de fil ou un défaut se manifeste. Au moyen de cet appareil, les calculs sont pour ainsi dire faits en même temps que l'observation, car ils se trouvent réduits à une opération d'une simplicité extrême, c'est-à-dire à une simple division. Cet intéressant appareil sur lequel M. Varley donne des instructions détaillées dans une brochure spéciale intitulée : *Instructions for the use of C. F. Varley's universal testing apparatus*, comporte un galvanomètre différentiel à manivelle pour l'orientation de l'aiguille aimantée, deux bobines de résistances, deux interrupteurs, un appareil de dérivations et un système de combinaison de résistances, qui permet, par l'inclinaison d'une aiguille à gauche ou à droite de la verticale, d'établir les résistances voulues pour fournir le dénominateur et le numérateur de l'expression, la position verticale correspondant à la résistance de la ligne éprouvée (*ordinary resistance testing*). Cet appareil étant trop spécial pour le sujet que nous traitons en ce moment, nous renvoyons le lecteur au travail de M. Varley pour plus amples informations.

Le galvanomètre différentiel peut fournir directement la résistance intérieure des piles quand on dispose le circuit d'après une méthode imaginée par M. Poggendorff, méthode que j'ai souvent mise à contribution. Pour cela, on fait passer à travers deux éléments égaux de la pile que l'on veut étudier et qui sont réunis d'un côté par leurs pôles positifs ou leurs pôles négatifs, le courant d'un troisième couple qui peut être différent des autres n'agissant que comme électro-moteur ; puis on fait ensuite partir des pôles de ce troisième élément, deux fils qui aboutissent aux deux multiplicateurs du galvanomètre et qui complètent avec les deux éléments de pile réunis et un rhéostat, *deux circuits dérivés* dont la résistance peut être équilibrée au moyen du rhéostat, ce dont on est prévenu par le galvanomètre différentiel. Si les fils constituant les deux dérivations ont la même résistance, il est clair que celle qui sera développée sur le rhéostat indiquera le double de la résistance de la pile que l'on étudie, car les deux éléments étant opposés, la force électro-motrice est annulée et la résistance introduite dans le circuit dérivé où ils sont interposés n'est autre que celle des deux éléments réunis. Comme ces deux couples ne sont jamais parfaitement égaux et qu'ils peuvent donner une différence de courants x, on recommence l'expérience en les changeant de place. Si t et t' sont les résistances indiquées par le rhéostat dans les deux expériences consécutives et r la résistance de chaque couple, on aura successivement $2r + x = t$, $2r - x = t'$;

$$\text{d'où } r = \frac{1}{4}(t' + t).$$

Par cette méthode, j'ai pu reconnaître la variation apparente de la résistance de la pile quand la résistance extérieure augmente ; il m'a suffi, pour cela d'introduire des longueurs égales de fil dans les deux circuits du galvanomètre différentiel. Avec deux couples de Daniell, j'ai trouvé en ajoutant successivement à ces circuits 12 et 24 kilomètres de résistance additionnelle les nombres 504^m, 672^m, 725^m, pour représenter les résistances de la pile en longueur du fil du rhéostat. Un couple de Bunsen a donné les nombres 46^m et 158^m avec 0 et 12 kilomètres de résistance additionnelle.

Il est toutefois une précaution essentielle à prendre quand on veut obtenir des nombres comparables pour des piles de nature différente, c'est de n'effectuer les observations qu'après un temps donné de fermeture de courant, lequel temps doit être exactement le même pour toutes les observations. Il arrive en effet, avec ce système de mesure, que les deux éléments réunis constituent sous l'influence du courant qui les traverse, un électrolyse dont les lames polaires sont les électrodes ; conséquemment les résistances observées sont entachées de l'accroissement de résistance, qui contrebalance la force électro-motrice de polarisation, qui augmente avec le temps et diminue avec la résistance du circuit ; conséquemment, il importe d'observer cette résistance après un même temps de circulation du courant et avec les mêmes résistances de circuit, si l'on veut avoir des chiffres comparables ; encore arrive-t-il que pour les piles à deux liquides qui ont un liquide dépolarisateur, les résultats obtenus sont à leur désavantage comparativement aux piles à un liquide. En effet, prenons la pile de Daniell comme exemple : le courant de cette pile en traversant les liquides qui la constituent polarise peu les électrodes, l'hydrogène étant absorbé par la réduction du sulfate, mais quand le courant d'un troisième élément traverse deux éléments accouplés dont les pôles positifs sont réunis, l'un des zincs constitue une électrode négative, et comme celle-ci plonge dans une solution non dépolarisatrice, elle donne lieu à une force électro-motrice de polarisation qu'il faut annuler au moyen d'un accroissement de résistance qui est imputé à la résistance de la pile, bien qu'elle n'ait pas changé ; dans les piles à un liquide, il n'en est pas ainsi, car les effets sont symétriques aux deux électrodes par rapport à un courant étranger qui les traverse.

Il arrive souvent que les multiplicateurs des galvanomètres différentiels n'agissent pas exactement de la même manière sur l'aiguille aimantée de l'instrument et alors celui-ci se trouve dans le cas d'une balance mal équilibrée. Dans ce cas, le système de mesure le plus simple est celui qui se rattache à la méthode dite de la double pesée. On commence par introduire dans le circuit d'un des multiplicateurs une résistance quelconque R qui doit être stable et un peu supérieure à celle que l'on veut mesurer. Celle-ci, que nous appellerons x, est introduite dans le circuit du second multiplicateur, et on équilibre les deux résistances avec le rhéostat intercalé dans le circuit de la résistance x ; on a alors $t + x = R$. La résistance cherchée x est ensuite retirée et on équilibre de nouveau la résistance R avec le rhéostat ou des bobines de résistance, ce qui donne $R = t'$; donc $x = t' - t$.

En général, il faut proportionner la force de la pile à la résistance que l'on a à mesurer, sans quoi on affollerait l'aiguille du galvanomètre avec un courant trop fort, et on n'aurait plus une sensibilité suffisante avec un courant trop peu énergique. Le rhéostat ordinaire est du reste, comme je l'ai déjà dit, un instrument très-défectueux et en l'employant, on commet des erreurs très-grandes ; il vaut mieux employer des jeux de bobines parfaitement étalonnées, comme celles que vend M. Siemens ; malheureusement le prix en est très-élevé et c'est ce qui fait que beaucoup de mesures de résistances, surtout celles qui sont faites en France, sont très-fautives.

III. APPAREILS POUR LA MESURE DES TENSIONS ÉLECTRIQUES.

Les appareils pour la mesure des tensions électriques appelés généralement électromètres peuvent être divisés en deux classes principales : les *électroscopes* ou appareils pour constater simplement la présence de l'électricité de tension sur les corps et les *électromètres*, destinés à la mesurer.

ÉLECTROSCOPES.

Les électroscopes sont spécialement employés pour révéler la présence de faibles quantités d'électricité et en constater la nature. Ils sont tous fondés sur la répulsion qui s'exerce entre deux corps chargés d'une même électricité. Les plus simples sont les électroscopes à boules de sureau et à feuilles d'or. L'électroscope à balles de sureau, se compose d'une cloche de verre à fond métallique dans laquelle sont suspendus deux pendules à fils conducteurs qui communiquent avec une boule surmontant la cloche. Celle-ci est vernie jusqu'à une certaine distance de la boule pour empêcher les pertes d'électricité.

Lorsqu'on présente un corps électrisé à une certaine distance au-dessus de l'électroscope, les balles divergent; elles sont électrisées par influence. En effet, elles retombent à l'état naturel aussitôt qu'on éloigne le corps.

Pour charger l'électroscope, on pose le doigt sur le bouton en même temps que l'on approche le corps électrisé : alors le fluide repoussé s'écoule dans le sol, tandis que le fluide attiré est retenu sur le bouton, et les balles restent en repos. On ôte le doigt, les balles restent encore immobiles, mais à mesure qu'on éloigne le corps électrisé, on les voit diverger de plus en plus, parce que le fluide attiré, devenant libre peu à peu, se répand sur les fils et sur les balles qui se repoussent l'une l'autre. Cette fois, elles divergent par le fluide attiré, c'est-à-dire par le fluide contraire au fluide du corps électrisé qui a exercé son influence. Si l'on approche, en effet, le corps électrisé, les balles se rapprochent, puis elles se remettent en repos ; mais si on l'approche davantage, elles divergent de nouveau. Cette nouvelle divergence est alors produite par de l'électricité de nom contraire, parce que le corps exerçant une influence prépondérante décompose une portion des fluides naturels plus grande que la première fois, et maintenant il faut bien que le fluide repoussé arrive aux balles, c'est-à-dire aux points les plus éloignés.

Un électroscope chargé d'une électricité connue et en état de divergence, est l'instrument le plus délicat et le plus commode pour reconnaître l'espèce d'électricité que possède un corps. En effet, si ce corps augmente la divergence, il possède la même électricité que l'électroscope ; s'il la diminue, il peut posséder une électricité contraire ; mais cela n'est pas sûr, car un corps conducteur pris à l'état naturel exercerait une action semblable ; ses fluides étant décomposés par l'électroscope, le fluide attiré attire à son tour celui de l'électroscope et l'appelle dans le bouton, ce qui diminue la divergence. C'est pourquoi il est bon d'avoir l'un près de l'autre deux électroscopes, l'un qui a été chargé d'électricité vitrée, avec un bâton de résine, l'autre chargé d'électricité résineuse, avec un tube de verre.

Pour éviter cette double opération, MM. Fabre et Kunemann ont imaginé un petit appareil très-simple qui est d'une telle sensibilité qu'on peut l'impressionner avec une source électrique, même très-faible, à plus d'un mètre de distance. Ce petit appareil consiste dans une petite feuille de gutta-percha très-mince (du genre de celle qu'on emploie pour remplacer le papier de Chine dans les impressions lithographiques) que l'on suspend à un support quelconque, et que l'on électrise avant l'expérience, en la frottant légèrement avec le doigt. Cette feuille se trouvant ainsi électrisée résineusement, est attirée ou repoussée, suivant qu'on lui présente un corps électrisé positivement ou négativement.

L'électroscope à feuilles d'or, réagit comme l'électroscope à balles de sureau ; seulement il est beaucoup plus sensible, parce qu'une très-faible charge suffit pour donner aux feuilles d'or une grande divergence. Les deux tiges métalliques que l'on voit souvent dans la cloche et qui constituent des déchargeurs, produisent un double effet : elles favorisent la divergence résultant de faibles charges, et elles empêchent que les feuilles d'or, repoussées trop loin, n'aillent se coller au verre de la cloche.

On peut augmenter la sensibilité des électroscopes à feuilles d'or en adaptant à la tige qui supporte les feuilles d'or un condensateur. Ce condensateur est monté sur une douille qui, au lieu de reposer immédiatement sur la cloche de l'électroscope, doit être fixée à une tige de cuivre passant dans un tube de verre recouvert de plusieurs couches de vernis à la gomme laque. C'est ce tube de verre qui est solidement fixé à la cloche. Le condensateur lui-même se compose de deux plateaux métalliques recouverts d'une légère couche de vernis à la gomme laque ; l'un de ces plateaux, le supérieur, est mobile, et à cet effet il est muni d'un manche isolant.

Pour charger le condensateur, on met en place le plateau supérieur ; on le fait communiquer avec la source électrique, tandis que le plateau inférieur est mis en communication avec le sol ; alors l'électricité de la source, après s'être répandue dans le plateau supérieur, agit par influence au travers de la double couche de vernis, décompose les électricités naturelles du plateau inférieur, attire celle de nom contraire et repousse dans le sol celle de même nom. Il suffit d'un instant pour que la charge soit complète. Cela fait, on supprime d'abord la communication avec le sol, ensuite la communication avec la source ; puis on enlève le plateau supérieur et l'on reconnaît la présence de l'électricité par la divergence des feuilles d'or. Quant à son espèce, elle se détermine en présentant de loin un tube de verre électrisé ou un bâton de résine, de manière à augmenter ou à diminuer la divergence.

M. Gaugain a rendu l'électroscope à condensateur beaucoup plus sensible en employant successivement deux condensateurs, l'un de grande dimension, qui est indépendant, l'autre plus petit, qui est fixé à l'instrument. Après avoir électrisé le premier de ces condensateurs avec la source électrique que l'on veut étudier, on sépare les deux plateaux qui les composent et l'on se sert de l'un d'eux pour électriser le condensateur de l'instrument. La charge électrique se trouve alors presque doublée, puisqu'elle a été déjà surexcitée par la première condensation.

Bohnemberger, disposant autrement l'électroscope condensateur dont nous venons de parler, est parvenu à lui donner une sensibilité encore plus grande. Cette disposition consiste à n'employer qu'une feuille d'or et à faire usage de piles sèches qui, comme on l'a vu, sont toujours chargées d'une faible quantité d'électricité. Ces piles sèches sont placées sous la cloche de l'appareil dans une position verticale, les pôles contraires, c'est-à-dire les extrémités chargées d'électricités contraires, en regard; elles peuvent se rapprocher ou s'éloigner de la feuille d'or à l'aide de deux écrous fixés sous le plateau. Aussitôt que la feuille d'or a reçu, par le moyen indiqué précédemment, sa charge électrique, elle est attirée par le pôle de la pile sèche qui possède l'électricité contraire, et repoussée par l'autre; ces deux actions s'ajoutent, et cette feuille est alors d'autant plus attirée que la somme d'action est plus considérable.

En général, il ne faut employer, pour les électroscopes condensateurs, que des plateaux en métal *doré* ou en verre recouvert de feuilles d'or; sans cette précaution, les réactions chimiques qui ont lieu entre les doigts humides et les métaux altérables, peuvent induire en erreur.

ÉLECTROMÈTRES.

Les électromètres ne sont pas seulement comme les électroscopes, des appareils propres à révéler la présence de l'électricité sur les corps, mais ils doivent encore indiquer, par des mesures comparatives, la quantité d'électricité qui s'y trouve développée. Or, comme les différentes charges d'électricité peuvent varier dans de très-grandes proportions, on a dû combiner différemment ces instruments, de manière à ce qu'ils pussent mesurer de très-fortes charges ou des quantités très-minimes d'électricité. En conséquence, les électromètres peuvent être divisés en deux classes : les électromètres sensibles et les électromètres à fortes charges.

Les électromètres sensibles, ne sont en général, autre chose que des électroscopes gradués à l'aide de tables destinées à comparer les intensités électriques. Aussi, la plupart des électroscopes que nous venons de décrire, l'électroscope à feuilles d'or, celui à balles de sureau, gradués au moyen de tables de comparaison, permettent-ils d'atteindre ce but. Le procédé de graduation le plus simple, suivant MM. Becquerel, consiste à avoir deux appareils identiques; on électrise l'un des deux, de manière à produire, par exemple, une déviation de 20 degrés ; l'autre appareil étant à l'état naturel, on met en contact les deux armatures ; comme ils sont identiques, l'électricité se répartit également sur chacun d'eux ; la déviation diminue et devient, par exemple, 8°. On conclut de là que, si la charge qui donnait 20° est représentée par 1, celle qui correspond à 8° est représentée par 1/2. On peut continuer ainsi à dédoubler l'électricité, et, en s'y prenant à plusieurs reprises, avec des intensités électriques différentes, on forme une table dans laquelle les déviations de la partie mobile de l'appareil sont en regard des intensités électriques correspondantes.

Balance de torsion de Coulomb. — La balance de torsion dont Coulomb s'est servi pour déterminer les lois des attractions et des répulsions électriques, est un électromètre d'une grande précision, dont on peut même faire varier la sensibilité, suivant la force de torsion du fil employé, pourvu toutefois qu'on ne dépasse pas la limite d'élasticité du fil.

Cet appareil se compose d'une aiguille de gomme laque, terminée, d'un côté, par un disque de clinquant et suspendue à un fil d'argent, après avoir été parfaitement équilibrée. Ce fil d'argent très-fin est enroulé sur un treuil, adapté à l'extrémité d'une colonne de verre, qui surmonte la cage où est placée l'aiguille. Cette colonne de verre, d'ailleurs, complétement analogue à celle qui est représentée fig. 115, est munie, à sa partie supérieure, d'un cercle gradué sur lequel peut se mouvoir un index à Vernier, porté par le support du treuil sur lequel est enroulé le fil d'argent. Par ce moyen, on peut déterminer avec précision les différentes positions de ce treuil.

A l'intérieur de la cage de verre descend, à portée du disque de clinquant, une tige de verre terminée par une petite boule métallique. C'est cette boule qui se trouve mise en communication avec la source électrique dont on veut mesurer l'intensité. Enfin, la cage de verre, elle-même, dans laquelle est renfermé l'appareil, porte, collée sur sa surface cylindrique, une échelle divisée.

L'emploi de la balance de Coulomb repose sur ce principe, que la force de torsion est exactement proportionnelle à l'angle de torsion. Il en résulte que la force électrique qui sera équilibrée par la torsion croissante d'un fil, pourra être mesurée par l'angle de torsion de ce fil. Si donc on électrise la boule fixe placée à l'intérieur de la cage, alors que le disque de clinquant sera en contact avec elle, la répulsion qui s'exercera entre ces deux corps, chargés d'une même électricité, aura pour effet de faire décrire au disque de l'aiguille un certain arc de cercle qui représentera la valeur de la répulsion électrique, puisque cet arc correspond à l'angle dont le fil a dû être tordu pour équilibrer cette force répulsive. Toutefois, comme cette torsion du fil ne serait pas alors assez considérable pour que la loi dont nous avons parlé fût applicable, et comme d'ailleurs les indications fournies par l'échelle collée sur la cage de verre ne seraient pas rigoureuses, il est essentiel de faire la contre-partie de l'expérience, c'est-à-dire de tourner le treuil sur lui-même, jusqu'à ce que le disque repoussé soit revenu au contact de la sphère fixe ; alors l'arc décrit par l'index du treuil indique la force réelle de la torsion correspondante à la force électrique, et par suite la valeur de cette force elle-même. C'est par ce moyen que Coulomb est parvenu à démontrer que les répulsions, comme les attractions électriques, sont en raison inverse des carrés des distances.

Quand on emploie la balance de Coulomb pour la vérification des lois des attractions et répulsions électriques, il est indispensable que les deux corps qui subissent les effets de l'électrisation soient de même forme et de mêmes dimensions, afin que les charges électriques soient sensiblement égales ; sans cela il y aurait des effets d'influence qui pourraient masquer la loi générale.

Balance bi-filaire de M. Harris. — M. Harris, pour remédier à l'inconvénient de l'emploi, dans la balance de torsion, d'un fil de métal dont l'élasticité n'est jamais parfaite, a construit un appareil, nommé balance bi-filaire, à cause de deux fils de suspension dont on fait usage au lieu d'un seul. La forme extérieure de l'appareil est à peu près la même que celle de la balance de torsion, mais la force de réaction de l'instrument ne provient plus d'aucun principe d'élasticité, mais bien de l'action de la pesanteur.

En effet, lorsqu'une aiguille horizontale est suspendue à deux fils de soie non tordus, placés parallèlement l'un à l'autre à égale distance d'un axe imaginaire (qui représenterait le fil de suspension, si on n'en employait qu'un), elle est dans sa position d'équilibre, quand elle est horizontale dans le plan vertical passant par les deux fils ; mais si on tourne l'aiguille, les lignes de suspension dévient de la verticale, et leur distance de l'axe imaginaire devient moindre. L'on a ainsi une force de réaction provenant du poids de l'aiguille qui tend à rappeler, suivant la verticale, les deux fils écartés. D'après cela, si l'on fait osciller l'aiguille, et qu'on observe les effets produits, on peut déterminer, au moyen des formules relatives aux corps oscillants, la nature de la force qui produit les oscillations.

Electromètre de Peltier. — L'électromètre de Peltier est un des instruments les plus sensibles que l'on puisse employer dans les expériences, et en raison de cette qualité, il est choisi de préférence pour les observations électriques atmosphériques. Depuis longtemps il est mis en usage dans plusieurs observatoires météorologiques, particulièrement à l'observatoire de Bruxelles.

Dans cet électromètre, la force antagoniste à la répulsion électrique est l'action magnétique d'un très-petit barreau aimanté; par conséquent elle peut être rendue aussi faible qu'on peut le désirer, et comme elle croît et décroît avec l'angle d'écartement du méridien magnétique dans un rapport connu, il est facile d'obtenir avec cet appareil des mesures comparatives. La fig. 140 ci-dessous représente un électromètre de ce genre, construit par M. Eliott.

Dans cet appareil, la boule de cuivre à laquelle est communiquée la charge électrique est plus ou moins grande, suivant les conditions de son application, et pour les expériences météorologiques elle doit avoir au moins un décimètre de diamètre; elle surmonte une tige de même métal terminée à sa partie inférieure par une boule plus petite ou un disque, ayant 3 centimètres de diamètre environ. De cette dernière boule, isolée de la cage de verre par un bourrelet de gomme laque, descend une tige de cuivre, qui se bifurque et forme une espèce d'anneau. Au centre de cet anneau se trouve, portée sur une pointe, une petite aiguille en cuivre très-mobile qui forme la partie essentielle de l'instrument. Quand l'électromètre est dans son état naturel, cette aiguille mobile est ramenée dans la direction du méridien magnétique par une aiguille aimantée beaucoup plus petite, qui lui est parallèle et qui se trouve attachée au-dessus de sa chape. Une tige horizontale en cuivre terminée par des boules et plus forte que l'aiguille mobile, est adaptée au-dessous de l'anneau et fait partie du système fixe, qui est convenablement isolé sur la tablette de bois servant de support à l'appareil; en sorte que tout l'appareil se trouve isolé et ne peut transmettre en aucune façon son électricité ni à la cage de verre, ni à la tablette. Cet isolement doit être établi avec le

Fig. 140.

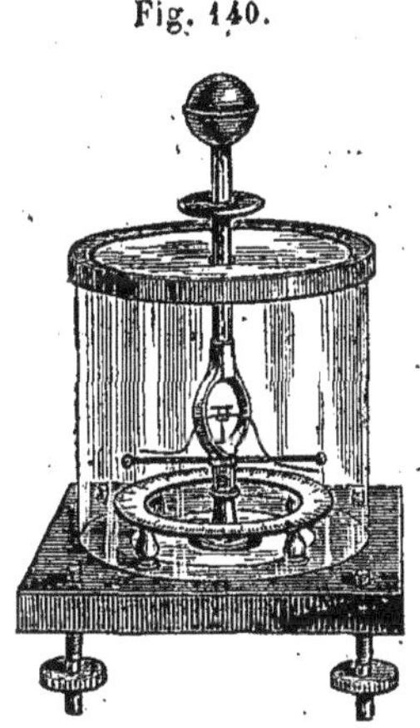

plus grand soin. La tablette est portée elle-même sur trois pieds ou vis qui permettent de la rendre horizontale (1).

Pour mettre l'instrument en expérience, il faut le placer de manière que la tige fixe soit dans la direction du méridien magnétique, déterminé par les actions simultanées du globe et des ferrailles qui sont dans les environs. Dans cette position, l'aiguille mobile dirigée par sa petite aiguille aimantée, vient se placer parallèlement à cette tige. Si maintenant on tient au-dessus de la grosse boule un corps électrisé vitreusement ou positivement, il décompose par influence l'électricité de cette boule et de tout le système métallique qui communique avec elle. A la partie supérieure de la boule, l'électricité négative est condensée par l'électricité positive qui se trouve en sa présence; tandis que, dans la partie inférieure de l'instrument, l'électricité positive libre fait diverger la petite aiguille de la position qu'elle avait d'abord, et son angle d'écartement avec la tige fixe sera d'autant plus grand que l'électricité libre sera plus considérable. L'angle d'écartement se lit au moyen de deux cercles gradués, dont l'un est fixé sur la tablette, ainsi que nous l'avons vu, et l'autre sur le disque supérieur de la cage de verre. Ces deux cadrans se contrôlent et empêchent la parallaxe dans les lectures.

Si, pendant que la boule est influencée par l'électricité extérieure, on touche le disque qui est au-dessous, on enlèvera l'électricité libre de la partie inférieure de l'instrument, que nous supposons ici positive, et l'aiguille mobile se replacera dans le méridien magnétique. Qu'on retire, aussitôt après, le corps qui agissait par influence et paralysait l'électricité négative au sommet de la boule, cette électricité redeviendra libre, et la petite aiguille mobile qui s'était replacée parallèlement à la tige horizontale va diverger de nouveau.

On remarquera que l'échelle de l'électromètre de Peltier étant divisée également, les degrés ne sont pas comparables entre eux, mais il est facile de dresser une table pour apprécier leur valeur relative par rapport à la quantité d'électricité qu'ils représentent. M. Quetelet a publié à cet égard des instructions assez détaillées que nous avons publiées dans notre seconde édition, mais qui n'ont pas assez d'importance pour les applications électriques pour que nous les reproduisions de nouveau.

---

(1) MM. Eliott frères, de Londres, isolent le système au moyen d'une composition résineuse qui permet à l'appareil, s'il est bien desséché, de rester chargé pendant un temps considérable ; leurs appareils au bout de 24 heures n'ont perdu que la moitié de leur charge initiale.

Electromètre de Melloni. — M. Melloni a, en 1854, fait construire un électromètre d'une sensibilité extrême, qu'il a décrit lui-même de la manière suivante, dans une note envoyée à ce sujet à l'Académie des sciences, en décembre 1854.

« On sait qu'un conducteur à l'état naturel, dit M. Melloni, rapproché d'un autre conducteur électrisé, dissimule une portion de cet état électrique, et, rendant peu à peu au fluide dissimulé sa tension positive à mesure que le fluide sensible s'en va par suite de la dispersion, prolonge la durée de la charge électrique. On sait, d'autre part, que cet effet dérive de l'électricité contraire développée par induction dans la partie la plus voisine du corps induit, et que l'électricité homologue à celle du corps inducteur apparaît dans les portions les plus éloignées, où elle se répand en proportion d'autant plus grande que les rayons de courbure sont moindres.

« Une heureuse combinaison de ces trois données m'a fait concevoir la possibilité de construire un électroscope éminemment sensible et capable de se maintenir électrisé dans l'un ou l'autre sens beaucoup plus longtemps que tous les appareils connus du même genre. L'effet a parfaitement répondu à mon attente. »

L'électromètre de Melloni consiste essentiellement dans deux espèces de gobelets métalliques renversés l'un dans l'autre et disposés de manière que l'un, le plus petit, se trouve suspendu à l'intérieur de l'autre, mais sans le toucher. Ce petit gobelet est soutenu par un long fil de cocon et peut au moyen d'un treuil être haussé ou abaissé à volonté. Il porte normalement au fil de suspension un fil de cuivre très-mince comme l'aiguille de l'électromètre de Peltier, et ce fil étant placé parallèlement au-dessus des deux appendices filiformes soudés en ligne droite sur les bords du gobelet inférieur, peut, comme dans ce dernier électromètre, être repoussé et se mouvoir angulairement. Ce gobelet inférieur communique en effet avec une boule métallique placée de côté, à une petite distance de l'appareil, à la partie supérieure d'un tube de verre, et c'est cette boule qui reçoit la charge électrique. Cette disposition est par le fait, comme on le voit, celle de l'électromètre de Peltier retournée, avec addition de deux surfaces métalliques qui jouent le rôle des deux armures d'un condensateur cylindrique. Un cadran divisé, disposé sur des colonnes au-dessous de l'aiguille mobile, indique l'amplitude des arcs de répulsion décrits par cette aiguille.

L'effet produit dans cet appareil est facile à analyser, car les deux gobelets renversés l'un dans l'autre se chargeant à la manière d'une bouteille de Leyde et, présentant chacun en deux points de leur surface deux parties métalliques très-effilées, les charges repoussées acquièrent en ces points une tension supérieure à celle qu'elles ont sur les surfaces cylindriques et peuvent fournir une action plus énergique. De plus, les charges dissimulées se retenant respectivement par influence, maintiennent la charge électrique de l'électromètre beaucoup plus longtemps que dans les autres systèmes de ce genre.

Pour ramener l'aiguille mobile dans la position qu'elle doit avoir par rapport aux appendices filiformes qui sont fixes, on peut employer le système du barreau aimanté de M. Peltier, mais M. Melloni préfère avoir recours à la force de torsion du fil de suspension qu'il compose de plusieurs brins simplement collés et non tordus; il prétend que l'appareil acquiert par ce moyen beaucoup plus de sensibilité.

Électromètres de M. W. Thomson (1). — L'électromètre à cadrans de Sir William Thomson se compose d'une aiguille G (fig. 141), en tôle d'aluminium découpée en forme de 8, et suspendue dans une position horizontale, à un fil vertical destiné à subir les effets de la torsion. Cette aiguille est maintenue chargée à un potentiel constant et reste en équilibre comme le montre la figure, entre deux paires de conducteurs en forme de cadrans qui l'enveloppent complétement. Ces deux paires de secteurs réunis ressemblent à une boîte métallique cylindrique qui aurait été coupée en 4 parties égales suivant deux diamètres perpendiculaires. La boîte cylindrique se compose donc de 4 secteurs A,B,A',B', isolés les uns des autres, mais rapprochés à très-petite distance et réunis 2 à 2 par des communications métalliques, comme le montre la figure.

Fig. 141.

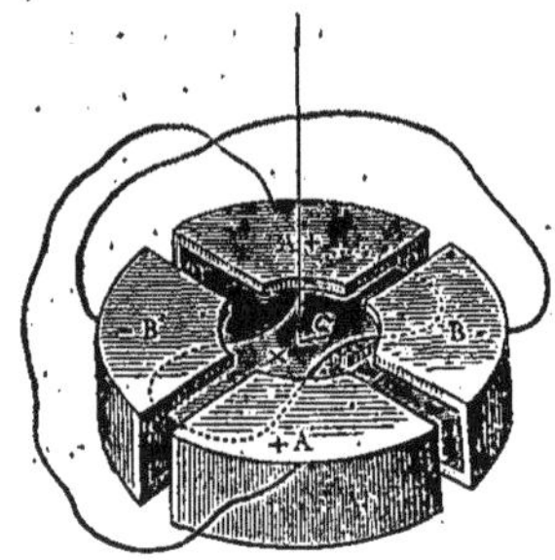

L'aiguille d'aluminium G est suspendue au milieu de la boîte AB,A'B', et la torsion du fil qui la porte est réglée de telle sorte que la ligne médiane de cette aiguille, dans sa position d'équilibre, soit parallèle à l'un des diamètres de section de la boîte métallique. On maintient cette aiguille à une charge électrique constante en la mettant en rapport avec

(1) La description des différents électromètres de M. Thomson a été faite par M. R. Francisque Michel.

un condensateur très-bien isolé, qui fait partie de l'appareil et dont on charge l'armure intérieure au moyen d'un petit électrophore, l'autre armure étant à la terre (1).

Dans cette position de l'aiguille G, si les quatre secteurs A,B,A',B', ont des charges égales ou nulles, ils exerceront sur l'aiguille des effets dont la résultante sera nulle. Mais si leurs charges deviennent dyssimétriques, l'aiguille ne restera plus dans sa position d'équilibre. Les secteurs communiquant 2 à 2 et en croix, chaque paire développera sur l'aiguille un couple répulsif et on voit, à la simple inspection de la figure, que chaque couple tendra à faire tourner l'aiguille dans le même sens, de sorte que les effets s'additionneront.

Le fil de torsion a une rigidité suffisante pour que l'angle de déviation de l'aiguille étant par cela même très-petit, on puisse supposer, sans erreur sensible, comme dans la boussole des tangentes, que la distance réciproque des secteurs aux divers points de l'aiguille n'a pas changé. Si l'on admet que la capacité électrique des secteurs est constante, et que la variation du potentiel est proportionnelle à la variation de la quantité d'électricité qu'ils contiennent, on pourra conclure, d'après la loi de Coulomb, que l'action produite sur l'aiguille G par chacun des couples de cadrans sera proportionnelle au produit de la charge de l'aiguille par la différence des potentiels des secteurs. Les déviations étant proportionnelles aux couples résultant de l'action totale, la différence des potentiels se trouve ainsi mesurée directement. Toutefois, comme ces déviations sont très-petites, il est nécessaire de les amplifier, au moyen d'un système à réflexion identique à celui employé par Sir William Thomson pour son galvanomètre.

MM. Elliott construisent, sous la direction de l'inventeur, et sur ce principe, trois modèles différents d'appareils que nous représentons fig. 142, 143 et 144.

L'appareil (fig. 142) comprend une petite bouteille de Leyde placée dans le haut de l'instrument : son armature intérieure est en communication avec l'aiguille, l'autre armature est en rapport avec la terre. On charge l'armature intérieure avec un électrophore, en ayant soin de mettre en commu-

(1) L'intervention du condensateur dans l'électromètre appartient à Melloni. En effet, les deux tasses ou cylindres métalliques renversées l'une dans l'autre et dont nous avons parlé, page 366 ne sont autre chose qu'un condensateur, et le but de ce condensateur est le même dans les deux cas.

(Th. Du M.)

nication momentanée les quatre cadrans, qui sont, du reste, isolés sur des supports en ébonite ; cette opération a pour but de leur donner une tension électrique égale. Les deux paires de secteurs étant en communication avec des boutons d'attache, on rompt la communication momentanée que l'on avait établie entre elles, et on y attache les deux conducteurs dont on veut mesurer la différence de tension ou des potentiels. L'appareil ainsi construit est d'une grande simplicité, et d'une sensibilité suffisante pour mesurer avec exactitude la tension d'un élément Daniell. On met alors chaque pôle de la pile en communication avec chaque paire de cadrans. Il convient aussi parfaitement pour mesurer la perte de charge dans les câbles. Dans ce dernier cas, on attache le câble à l'un des boutons communiquant à l'une des paires de secteurs, l'autre paire étant mise à la terre dont on considère la tension ou le potentiel comme nulle.

Fig 142.

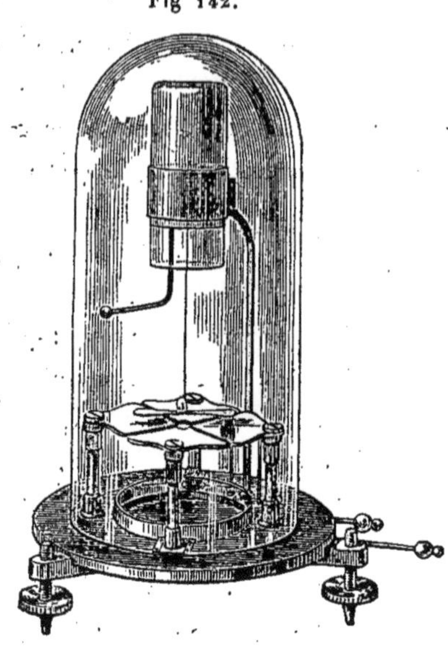

L'appareil (fig. 143) donne une idée de l'électromètre complet dont il est le diminutif, et qui est beaucoup plus sensible et beaucoup plus parfait que le précédent. Sa sensibilité est telle que, d'après Sir William

Fig. 143.

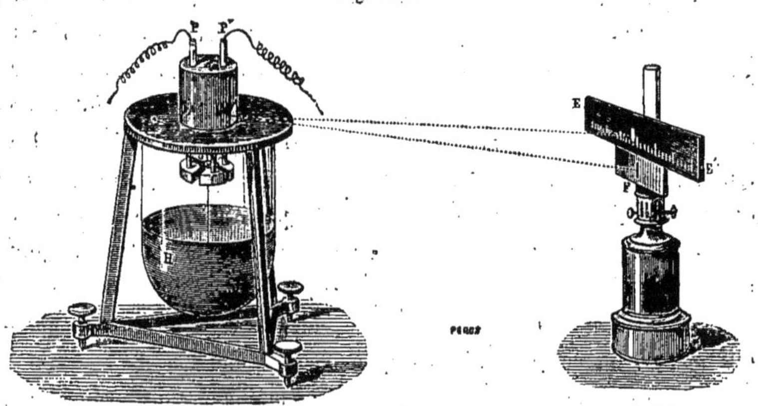

Thomson, il permet de mesurer des tensions égales à $\frac{1}{500}$ de celle d'un élément Daniell.

Les 4 secteurs formant la boîte métallique, et l'aiguille d'aluminium sont placés à l'intérieur d'une cloche en flint-glass R renversée, et pleine d'acide sulfurique ; celui-ci joue ici le rôle de dessiccateur, en même temps, que celui d'armature intérieure du condensateur de l'appareil ; la cloche en est le diélectrique, et des feuilles d'étain collées à l'extérieur, et mises d'ailleurs en rapport avec la terre, en forment l'armature extérieure.

Au-dessous de l'aiguille en 8, se trouve un fil de platine très-ténu qui descend jusque dans l'acide sulfurique ; ce fil est en communication métallique avec l'aiguille, et, par suite, cette dernière se trouve toujours chargée au même potentiel que l'armature intérieure du condensateur.

La platine en ébonite qui couvre l'ouverture de cette cloche porte une boîte métallique appelée *lanterne* de l'appareil, qui est destinée à protéger le miroir et le fil de cocon, et au travers de laquelle passent, soigneusement isolés, les rhéophores P et P′ de l'appareil qui aboutissent aux deux paires de cadrans.

Enfin, une lampe éclaire une fente F, munie d'un réticule à fil vertical, dont l'image conjuguée vient se peindre sur l'échelle divisée E E′.

Cet électromètre, vu sa grande sensibilité, permet d'opérer avec des charges tellement faibles du condensateur qu'il est possible de négliger les pertes par l'air, les pointes, les supports, etc. En outre, sa sensibilité qui est variable, est en raison directe de la charge de l'aiguille. Ainsi construit, l'instrument, avec une cloche en flint-glass pur, ne perd en 24 heures que 1/2 pour cent de sa charge ; néanmoins, pour avoir plus de précision dans ses observations, Sir W. Thomson, dans un autre modèle, a muni son appareil d'un *restaurateur* (replenisher) ou mieux d'un *régleur* de charge de l'aiguille, lequel n'est qu'une petite machine d'influence électro-statique de construction particulière, et d'un *indicateur de charge*, destiné à ramener le condensateur à un potentiel toujours uniforme, et à fournir par ce moyen, des résultats comparables dans les diverses expériences. Voici, du reste, une description assez complète qui pourra donner une idée de ce nouveau modèle.

Cet appareil (fig. 144) qui, en principe, a la plus grande analogie avec celui que nous venons de décrire, se compose d'une cloche renversée en flint-glass, pleine au tiers d'acide sulfurique monohydraté. Cette cloche constitue une véritable bouteille de Leyde, et, à cet effet, elle est recouverte extérieurement de bandes de papier métallique en communication avec la terre pour former l'armure extérieure ; l'armure intérieure est constituée par l'acide sulfurique, dans lequel vient plonger un fil de platine très-ténu qui lui-même est en communication métallique avec l'aiguille d'aluminium suspendue au milieu de la boîte formée par les cadrans. C'est comme on le voit jusqu'ici la même disposition que l'appareil précédent.

Fig. 144.

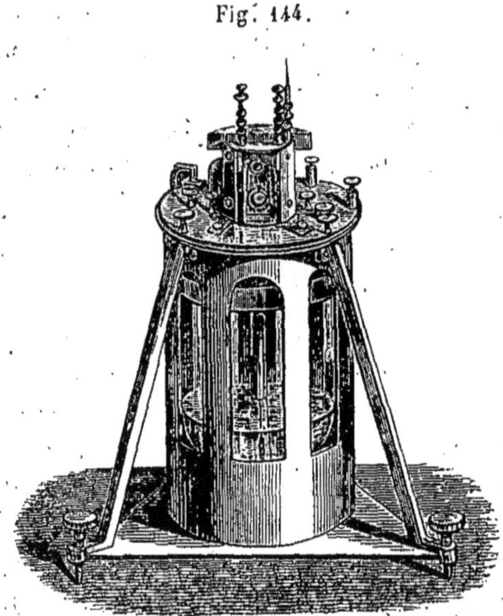

Comme dans l'électromètre simple, l'aiguille d'aluminium est fixée à un petit cylindre très-léger en même métal suspendu verticalement par un fil de cocon. A cette tige, et un peu au-dessus de l'aiguille, se trouve fixé le miroir destiné à réfléchir sur l'échelle le pinceau lumineux émis par la lampe. Derrière ce miroir se trouve placé un petit barreau aimanté semblable à celui qui se trouve dans le galvanomètre du même savant, et que nous avons déjà décrit page 321 ; ce petit aimant est dirigé par un fort aimant en fer à cheval, placé convenablement à l'extérieur de l'appareil. Ce système magnétique a pour effet de maintenir le pinceau réfléchi sur le zéro de l'échelle lorsque l'appareil est au repos, c'est-à-dire lorsque les quatre cadrans sont à un même potentiel. Dans cet état, le système mobile de l'instrument doit être orienté de telle façon que l'aiguille d'aluminium soit dans une position parfaitement symétrique par rapport aux cadrans.

Une tige de platine, isolée de toutes les autres parties de l'appareil, peut plonger à volonté dans l'acide sulfurique de la jarre, et sert à charger l'armure intérieure et par suite le condensateur à un potentiel quelconque, au moyen d'un électrophore qui accompagne chaque appareil.

Quoique l'intérieur de l'appareil soit parfaitement desséché par l'acide sulfurique, l'aiguille perd cependant, à la longue, une partie de sa charge : cette perte varie suivant le genre de verre dont est formée la jarre, et de tous les échantillons de verre essayés par sir W. Thomson, les verres verts, connus en France sous le nom de verres de Bohême sont ceux qui lui ont donné les pires résultats. Tous les appareils fabriqués à Glasgow sous sa direction sont faits en flint-glass. En essayant les cloches en verre de Bohême comparativement à celles en flint-glass de Glasgow, sir W. Thomson a trouvé que les premières perdaient, en proportion centésimale, plus de charge en une heure que les secondes en un mois.

Pour faire des observations très-exactes, par exemple pour mesurer les constantes des piles, il est nécessaire que l'aiguille d'aluminium soit toujours chargée à un même potentiel : Or pour obtenir ce résultat, sir W. Thomson a adapté, comme nous l'avons dit, à son appareil un *restaurateur* (*replenisher*) combiné avec un *indicateur de charge*.

Le restaurateur, ou, plus à proprement parler, le régleur de charge, n'est autre chose qu'une petite machine d'influence électro-statique analogue à une machine de Holtz, mais de dimensions pour ainsi dire microscopiques. Cette machine peut tourner dans les deux sens, mais produit alors des effets contraires. Tournée de gauche à droite, elle augmente la différence des tensions entre les deux armures du condensateur ; tournée de droite à gauche, elle la diminue ; en outre, par 1/2 tour, elle l'augmente ou la diminue dans une proportion centésimale connue ; elle peut même l'augmenter à tel point que les deux fluides peuvent se neutraliser par une décharge disruptive sous forme d'étincelles.

Quant à l'indicateur de charge, ce n'est autre chose qu'un électromètre de la 3e classe, d'après la classification de sir W. Thomson, c'est-à-dire un électromètre à attraction, mais de construction très-simplifiée. Il se compose d'un petit disque en aluminium, très-léger, muni d'un petit levier terminé en forme de fourchette ; entre les branches de cette fourchette se trouve tendu un petit fil de cocon très-ténu, qui sert de réticule et se meut en même temps que le levier à fourchette, en face d'un petit cadran en émail blanc, portant des divisions en noir. Suivant que la charge du condensateur de l'appareil est plus ou moins grande, le disque de l'indicateur de charge est plus ou moins attiré, et ses mouvements sont indiqués par le réticule ; une loupe placée sur l'appareil permet d'en suivre les moindres mouvements. Lorsque la bouteille de Leyde a une charge normale, le réticule se trouve en face de deux repères noirs qui figurent sur le cadran ; lorsque, par suite d'une cause quelconque la charge du condensateur a diminué ou augmenté, le levier muni du réticule se déplace, et si on faisait une expérience dans un pareil état de choses, les résultats obtenus ne concorderaient pas avec ceux obtenus précédemment ; on doit alors, dans ce cas, régler la charge de la bouteille de Leyde au moyen du régleur de charge, en le tournant à droite ou à gauche, jusqu'à ce que le réticule soit revenu au repère. En règle générale on peut établir que, pour que deux expériences quelconques donnent des résultats comparables, il est indispensable que, dans les deux cas, la charge de l'aiguille soit identique, et, par suite, que l'indicateur de charge reste toujours dans une position invariable.

De tous les électromètres connus, celui que nous venons de décrire est le plus exact et le plus sensible. Il est tellement délicat que l'on peut opérer avec des charges très-faibles du condensateur, et alors on peut négliger les pertes par les supports, les pointes et l'air. Sa sensibilité est directement proportionnelle à la charge de l'aiguille, et elle est telle que l'on peut mesurer, comme nous l'avons dit, des différences de potentiels égales à $\frac{1}{500}$ de la différence de tension qui existe entre les deux pôles d'un élément Daniell. Cet appareil a, du reste, remplacé dans la pratique tous les autres électromètres, et il est exclusivement et universellement adopté pour les expériences sur les câbles sous-marins (1).

M. Thomson a encore combiné d'autres électromètres désignés sous les noms de : électromètre à grande portée, électromètre transportable et électromètre étalon à ressort. Ces appareils sont des balances qui permettent d'évaluer l'attraction de deux plaques métalliques isolées, chargées à des potentiels différents. Comme ils ne sont pas employés dans la pratique, nous renverrons le lecteur à la notice sur ces électromètres insérée dans le rapport de l'Association britannique pour l'avancement des sciences, session de Dundee, 1867.

L'électromètre permet, comme on l'a vu dans notre premier volume, de mesurer la résistance et la capacité électro-statique de l'enveloppe isolante des câbles et même la force électro-motrice des piles. Dernièrement, M. E. Branly a même proposé de mesurer à l'aide de cet instrument l'intensité des courants sur les circuits ordinaires en partant de la formule d'Ohm $I = c \frac{a - b}{r}$, a et b représentant les tensions extrêmes aux deux extrémités du circuit (voir les comptes rendus de l'Académie

(1) Voir pour plus de détails le rapport de l'Association britannique, pour l'avancement des sciences, année 1868, p. 489.

des sciences, tome LXXV, p. 431). Cet instrument, qui n'avait guère été employé jusqu'ici que pour la mesure de l'électricité atmosphérique, devient donc par suite de ces nouvelles applications un appareil usuel sur lequel il était urgent de nous étendre un peu.

Électromètre de Lane.— L'électromètre de Lane sert à d'autres usages que les appareils précédents. Il permet de communiquer une charge déterminée à un corps conducteur. Il consiste dans une bouteille de Leyde isolée sur un plateau, et dont la garniture intérieure communique avec une boule. Une autre boule de même dimension que la précédente et placée à l'extrémité d'une tige de cuivre en croix sur une colonne de métal, communique avec la garniture extérieure. Cette dernière boule, par l'intermédiaire de la tige qui la supporte, peut être mise en contact ou à une distance déterminée de la première. En chargeant la bouteille comme à l'ordinaire, il éclate entre les deux boules de l'appareil une série d'étincelles dont le nombre indique le degré de charge que l'on communique au corps conducteur que l'on électrise. On peut encore apprécier cette charge au moyen d'une seule étincelle, en estimant la distance des deux boules au moment où elle éclate.

IV. APPAREILS POUR LA MESURE DES EFFETS CALORIFIQUES DES COURANTS.

Thermo-électromètre de M. Riess. — M. Riess a imaginé pour mesurer les quantités de chaleur développées dans un circuit un appareil excessivement ingénieux que nous représentons fig. 145 et auquel il a donné le nom de *Thermo-électromètre*. Cet appareil se compose d'un thermomètre à air ABCD sur lequel réagit une spirale très-fine de platine EF mise en rapport avec le circuit au moyen des boutons d'attache I et J. Ce thermomètre peut être rendu plus ou moins sensible par l'inclinaison plus ou moins grande de son support, inclinaison que l'on assure au moyen d'une vis de pression et de l'arc GH. Le liquide destiné à servir d'indicateur est versé par le tube CD. C'est ordinairement de l'acide sulfurique coloré étendu d'alcool. Il forme un bouchon mobile que l'air de la boule déplace en se dilatant. Cette boule, comme on le voit sur la figure, porte trois tubulures sur lesquelles sont fixés les boutons d'attache I,J, et un bouchon métallique K destiné à renouveler l'air dans le thermomètre.

Quand le courant ou la décharge électrique échauffe le fil EF, le bouchon liquide est refoulé dans le tube BCD, et si celui-ci porte une graduation convenable, il peut indiquer la température cédée à l'air du ballon par le fil. L'échauffement de celui-ci se déduit ensuite d'une formule reliée aux lois de la chaleur.

Fig. 145.

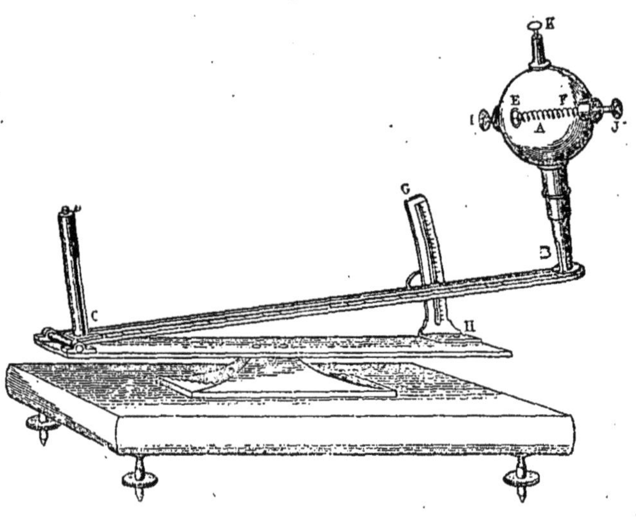

Soit t la température primitive du fil, T cette température sous l'influence de l'action électrique, MN l'inclinaison du thermomètre et α un facteur dépendant de la sensibilité du thermomètre ; soient enfin p, p_1, k, k_1, les poids et les chaleurs du fil et de l'air : on aura pour expression de l'échauffement du fil $T - t'$ que nous appellerons θ :

$$\theta = \frac{p_1 k_1}{pk} \alpha \,(\mathrm{MN}),$$

expression qu'on peut prendre pour $\frac{\mathrm{MN}}{pk}$, quand les causes de variation restent les mêmes et qu'on estime les valeurs en fonction d'une unité arbitraire mais constante (voir le *traité de physique* de Jamin, 1re édition, tome III, p. 166).

Thermo-rhéomètre de M. Jamin. — Cet instrument est un thermomètre à eau. Le réservoir est un long tube vertical de verre mince, prolongé au sommet par une tige divisée qui se recourbe du haut en bas et aboutit à un godet où l'on peut mettre de l'eau pour remplir l'instrument. La partie inférieure de ce réservoir est enchassée dans une cuvette de mercure disposée comme celle du baromètre de Fortin. On peut soulever ou abaisserle mercure d'une certaine quantité qu'on mesure sur une échelle, ce qui diminue ou augmente la quantité d'eau du réservoir, et si l'on vient à élever la température de celle-ci sans échauffer le mercure, on voit marcher l'extrémité de la colonne dans la tige. La sensibilité du thermomètre varie avec la hauteur du mercure, suivant une loi simple qui se déduit du calcul ou de l'observation. Un fil de platine très-fin est tendu dans le réservoir du sommet à la cuvette ; ses extrémités soudées dans le verre se mettent en communication avec les pôles d'une pile et il transmet le courant sans résistance à travers le mercure en lui opposant une résistance x à travers l'eau ; il se développe alors une quantité de chaleur qui n'affecte que l'eau du thermomètre, qui n'échauffe point le métal et qui ne peut se transmettre à lui de haut en bas, à cause du peu de conductibilité du liquide. Or voici les résultats qu'on obtient avec cet instrument.

1° En faisant monter ou descendre le mercure, on fait varier à volonté la longueur et la résistance x du fil de platine.

2° On peut mesurer la chaleur développée par le passage d'un courant. Elle est égale à $p\ (t' - t)$, produit du poids de l'eau par l'augmentation de température. Le poids étant sxd, l'augmentation de température se mesure par la variation des volumes ou le nombre n de divisions dont le thermomètre a marché, divisé par le volume sx et par le coefficient de dilatation r ; donc $p\,(t - t) = \frac{sxd}{sxK}\ n = \frac{d}{K}\ n$, ce qui veut dire que la chaleur cédée, abstraction faite des corrections négligées ici, peut se mesurer par le nombre n de divisions dont marche le thermomètre, nombre indépendant de la hauteur du mercure. On ne pouvait arriver à un résultat plus simple. La mesure de n se fait avec les précautions usitées dans la calorimètrie.

3° Cette chaleur n étant proportionnelle au produit de la résistance x qui est connue par le carré de l'intensité, on a donc $i = \sqrt{\frac{n}{x}}$ et l'instrument peut servir de galvanomètre ; il est d'autant plus sensible que le rapport des sections de la tige et des réservoirs est plus petit : c'est donc un thermo-rhéomètre.

4° En remplaçant i par sa valeur, on a $\frac{E^2 x}{(R + x)^2} = n$, et en prenant deux mesures de n avec des valeurs différentes de x, on pourra calculer

E et R, c'est-à-dire mesurer sans le secours d'aucun autre instrument que le thermo-rhéomètre, la force électro-motrice et la résistance d'une pile.

Tout ce que nous venons de dire s'applique aux courants d'induction, comme aux courants des piles. Si les premiers ont été peu étudiés jusqu'à présent, c'est qu'ils sont alternativement contraires, qu'il est impossible de les séparer rigoureusement et qu'en général leurs effets se détruisent. Seul l'effet calorifique est indépendant du sens des courants, il est indifférent à leurs interruptions, et la somme des chaleurs observées par le thermo-rhéomètre est finalement proportionnelle au carré de la quantité d'électricité mise en circulation. En résumé, le thermo-rhéomètre est à la fois et à lui seul un rhéostat, un galvanomètre et un mesureur des forces électro-motrices; c'est surtout le seul de ces divers instruments qui puisse être appliqué aux courants d'induction aussi aisément qu'aux courants ordinaires. L'expérience a réalisé toutes ces prévisions. Avec quelques éléments de pile, les appareils ordinaires de l'induction et un trembleur, on produit des effets nets et considérables.

Thermo-rhéomètre de M. Marié Davy. — « Les boussoles, malgré tous leurs avantages, dit M. Marié Davy, ne peuvent cependant non plus que les voltamètres, suffire à toutes les exigences de l'expérimentation. Elles sont inapplicables en particulier lorsqu'il s'agit d'étudier les courants intermittents alternativement de sens contraire. Dans ce cas, je fais usage d'un thermomètre métallique dont les indications sont, autant que possible, indépendantes des variations de la température et de la pression.

« Ce thermomètre se compose d'un miroir très-léger, supporté par trois fils de platine tirés du même bout. Deux de ces fils, situés dans un plan vertical parallèle à celui du miroir, s'enroulent à leur partie supérieure sur deux boutons de cuivre à l'aide desquels ils peuvent être introduits dans le circuit. Le troisième fil, situé à 5 millimètres en arrière du plan des deux autres, sert à maintenir la verticalité du miroir en lui fournissant un troisième appui. En avant du miroir se trouve une lunette horizontale munie d'une règle divisée verticale.

« Les trois fils se dilatant de la même manière, le miroir reste parallèle à lui-même, quelle que soit la température extérieure ; mais dès qu'un courant continu ou intermittent traverse les deux fils antérieurs, ce miroir s'incline d'une quantité proportionnelle au carré de l'intensité du courant moyen. L'équilibre est très-rapidement atteint et a lieu lorsqu'il y a égalité dans la chaleur perdue par les fils.

« Ce thermomètre électrique est extrêmement sensible et peut fournir des indications très-précises. Il se gradue par comparaison avec une boussole, et comme cette comparaison peut se faire à tout instant et avec une grande rapidité, les deux appareils se servent mutuellement de contrôle. »

APPENDICES.

Galvanomètre balance de M. Bourbouze. — Ce galvanomètre, dont nous avons déjà parlé, page 302, ayant été l'objet d'un rapport spécial à la Société d'encouragement et d'une étude théorique très-intéressante de la part de M. Lissajous, (1) nous avons cru devoir donner à la fin de ce chapitre quelques renseignements détaillés sur sa disposition.

Cet appareil, que nous représentons pl. II, a ses principaux organes disposés d'une manière analogue à ceux du galvanomètre de M. Breguet, mais il renferme en plus des éléments de réglage qui permettent d'en faire un instrument de précision. Dans cet appareil, le cadre galvanométrique CCCC qui est très-grand est aplati, et monté sur un pied AA à vis calcantes BBB qui, en se prolongeant à l'intérieur du cadre galvanométrique, constitue le support d'un fléau de balance. Ce fléau de balance HH muni de couteaux est formé par le barreau aimanté lui-même et porte fixée perpendiculairement à son centre, une longue aiguille indicatrice en aluminium IK, dont le support K taraudé en vis, porte deux petites masses métalliques, et ces masses étant haussées ou abaissées plus ou moins déplacent la hauteur du centre de gravité. Sur ses côtés ce même support est muni de deux petites tiges J,J également taraudées, sur lesquelles courent deux autres petites masses qui permettent de parfaitement équilibrer le fléau dans des conditions données. Enfin le système entier peut être placé à telle hauteur qu'il convient, à l'intérieur du cadre galvanométrique, au moyen d'une vis à pignon G et d'une crémaillère fixée sur la tige FF du support de la balance qui entre à l'intérieur du pied AA. A l'aide de cette disposition on arrive:

1° A rendre le barreau horizontal, en opposant à l'action directrice de la terre le mouvement du poids du barreau, transporté à une distance convenable de l'axe de suspension.

(1) Voir le Bulletin de la Société d'encouragement, tome 19, 2° série. page 673.

2° A régler la sensibilité de l'appareil, en amenant aussi près que possible de l'axe de suspension la résultante générale des forces qui agissent sur le système, et dont une partie, celle qui provient de la pesanteur, est à la disposition de l'opérateur.

Sans entrer dans la théorie mathématique que M. Lissajous a donnée de cet intéressant instrument, nous dirons qu'il résulte des formules qu'il a posées :

1° Que le fléau de balance étant horizontalement en équilibre dans un azimut quelconque par rapport au méridien magnétique, est en équilibre horizontalement dans tous les azimuts sans exception.

2° Que la sensibilité de l'appareil exprimée par μ, étant variable avec l'azimut, on peut au moyen des petites masses K déplacer le centre de gravité de façon à rendre dans un azimut quelconque $\mu > o$, $\mu = o$ ou $\mu < o$.

Si μ est plus grand que o, l'équilibre est stable.

Si μ est plus petit que o l'équilibre est instable.

Si μ est égal à o l'équilibre est indifférent et l'aiguille devient rigoureusement astatique. Il est donc possible de donner au galvanomètre autant de sensibilié que l'on veut.

Inutile de dire que l'aiguille IK se meut devant un cadran divisé en degrés et fixé à la colonne F. Le limbe gradué est en verre dépoli, ce qui permet, en mettant une lumière derrière, de faire apercevoir de loin dans un amphithéâtre les expériences qu'on veut faire le soir ; les boutons d'attache E, E, E, E servent à faire communiquer les fils du galvanomètre avec les rhéophores de la source électrique.

Pour se servir de l'instrument, on assure la verticalité de la colonne A à l'aide des vis calantes B, puis après avoir tourné le bouton G jusqu'à ce que le fléau arrive à la partie supérieure de la bobine, on ramène l'aiguille au zéro du cadran en réglant la position du centre de gravité du barreau. On fait ensuite passer le courant dans l'un ou l'autre des deux circuits, ou à la fois dans tous les deux, pour augmenter l'intensité de l'action, et on replace le système équilibré dans le cadre galvanométrique à la hauteur qui convient à l'intensité du courant. L'aiguille prend alors un mouvement très-lent et éprouve un déplacement considérable sous l'influence des courants qui traversent le galvanomètre, même quand ils sont très-faibles.

Galvanomètre enregistreur. — Il peut arriver, comme par exemple pour l'étude des courants accidentels sur les lignes télégraphiques, que l'on ait à enregistrer d'une manière continue les indications d'un galvanomètre sensible, et dans ces conditions il est de toute nécessité que l'enregistration s'effectue sans l'établissement d'aucun contact avec l'aiguille indicatrice ; j'ai imaginé dans ce but un appareil fondé sur l'action de la lumière qui réalise parfaitement ce problème et qui a une certaine analogie avec les systèmes enregistreurs de M. Brooks.

Dans cet appareil, l'aiguille indicatrice reliée au système astatique du galvanomètre, au lieu d'être placée au-dessus du multiplicateur, est disposée au-dessous, et se meut horizontalement à l'intérieur d'une boîte plate qui porte inférieurement une rainure de 2 ou 3 millimètres de largeur, découpée circulairement sur l'étendue d'une demi-circonférence ; le centre de cette rainure correspond à l'axe de suspension de l'aiguille et joue en quelque sorte le rôle du limbe d'un galvanomètre que l'aiguille indicatrice coupe en tel ou tel point, suivant l'amplitude de sa déviation. Naturellement cette aiguille au temps normal doit couper par le milieu la rainure. A l'intérieur de la boîte plate dont nous venons de parler et au-dessus de l'aiguille, passe une bande de papier photographique sensibilisé qui se déplace longitudinalement d'un demi-centimètre tous les quarts d'heure. Au moment de ce déplacemeut, une petite trappe à coulisse placée au-dessous de la rainure circulaire se trouve retirée sous l'influence même du mouvement d'horlogerie qui fait avancer la bande de papier, et laisse cette rainure exposée pendant 20 ou 30 secondes à l'action d'une lumière assez vive qui se trouve réfléchie et projetée à l'aide d'un miroir sur le papier photographique et à travers la rainure circulaire.

Il en résulte une trace circulaire blanche qui représente l'image de la rainure et qui n'est interrompue que par un trait noir correspondant à l'ombre projetée par l'aiguille. Or il est facile de voir par la position de ce trait sur la trace blanche circulaire le degré de la déviation, que l'on peut préciser d'ailleurs au moyen d'un rapporteur. Naturellement l'appareil est placé dans une pièce obscure et il y a autant d'images de la fente circulaire que de mouvements accomplis par la bande de papier, c'est-à-dire 96 quand les indications s'effectuent tous les quarts d'heure, ce qui est bien suffisant. On peut d'ailleurs conserver l'aiguille indicatrice et le cercle divisé du galvanomètre qui n'ont rien de commun avec le système enregistreur, puisque celui-ci est placé au-dessous de l'appareil.

CINQUIÈME SECTION.

DES CIRCUITS ÉLECTRIQUES ET DE LEUR ORGANISATION.

La question de l'organisation des circuits électriques, bien que très-simple en apparence, est une des plus compliquées et des plus délicates qui puissent se présenter dans les applications électriques. De la bonne organisation de ces circuits dépend en effet la réussite de ces applications, et si bon nombre d'inventions ingénieuses et utiles se sont trouvées abandonnées, la principale cause en a été le plus souvent dans la mauvaise installation des communications électriques, ou dans le défaut de soin qu'on a apporté à leur entretien. Nous croyons donc devoir insister longuement sur cette question, bien qu'elle se rapporte en grande partie à la télégraphie électrique proprement dite, car dans toutes les applications électriques il faut nécessairement un circuit, et comme ce circuit peut être aussi bien exposé à l'air que mis à couvert, il importe qu'on ait sur cette question des données nettes et précises. Nous lui consacrerons donc la cinquième et dernière partie de notre *Technologie électrique* qui terminera ainsi notre second volume.

Dans un premier chapitre, nous étudierons l'organisation des circuits imparfaitement isolés, comprenant les circuits simples dans les intérieurs et les circuits aériens avec toutes les questions qui s'y rattachent. Dans un second, nous nous occuperons des circuits parfaitement isolés et de tout ce qui se rapporte à la construction, à l'immersion et à l'exploitation des câbles sous-marins. Enfin, dans un troisième chapitre, nous discuterons les questions se rattachant aux courants accidentels qui se développent sur les circuits aériens et sous-marins, et aux moyens d'en conjurer les effets plus ou moins préjudiciables.

CHAPITRE PREMIER.

CIRCUITS IMPARFAITEMENT ISOLÉS

I. — CIRCUITS SIMPLES DANS LES INTÉRIEURS.

Fils de communication. — Les lois que nous avons exposées dans notre premier volume peuvent donner des indications suffisamment nettes sur les meilleures conditions de l'installation d'un circuit, surtout quand ce circuit doit fournir des dérivations, mais le premier soin qu'on doit prendre quand on installe un circuit simple, c'est de le disposer de manière à éviter le plus possible des dérivations accidentelles qui ne font qu'affaiblir sans profit l'intensité électrique et qui entraînent le plus souvent la rupture des fils quand elles se font à travers un corps humide. Cette rupture, dans ce cas, provient d'une action électrolytique qui s'effectue lentement mais sûrement, et pour s'en rendre compte il suffit de considérer que le point de contact avec le corps humide a pour effet de constituer en électrode soluble une partie de la surface de contact, qui alors se creuse successivement et finit par couper le fil, laissant une des extrémités disjointes aigüe comme une aiguille. Cet effet se produit toujours sur les fils en contact avec des murs humides, et alors même qu'ils seraient isolés avec une couche de coton ou de soie, car celle-ci se recouvre toujours d'humidité, et agit dès lors comme un liquide. Cette action est encore considérablement augmentée quand le corps humide contient des sels hygrométriques ou rongeurs, comme le chlorure de chaux ou le salpêtre, etc. On la retrouve même quand le corps en contact quoique sec est susceptible de donner naissance à des sels déliquescents. C'est ce qui arrive avec des clous de fer qui, étant enfoncés dans un mur, concentrent souvent en se rouillant une certaine quantité d'eau provenant de l'humidité de l'air. Ces effets montrent déjà qu'on doit éviter autant que possible de mettre des fils métalliques, même recouverts, en contact avec des clous de fer et surtout avec des murs humides.

Le degré d'isolation qu'on doit donner à un circuit dépend naturellement de la tension électrique du courant qui doit le traverser. Si ce courant a une tension considérable comme les courants induits des machines de Holtz et de Ruhmkorff, il est bien certain que l'on devra prendre pour l'isolation du circuit, les mêmes précautions que pour les conducteurs propres de ces appareils ; mais pour l'électricité voltaïque dont on a à faire le plus fréquent usage dans les applications électriques, une isolation aussi parfaite n'est pas nécessaire, et dans la majeure partie des cas le bois peut fournir un isolement suffisant. Cependant il ne faudrait pas trop exagérer ce principe, car si les surfaces métalliques de contact sont un peu grandes, le bois devient lui-même insuffisant, surtout s'il est en communication directe avec le sol ou même avec un corps légèrement humide en contact avec lui. Voici à ce sujet quelques expériences qui ont un certain intérêt.

En mettant un galvanomètre très-sensible en communication avec deux plaques de zinc, l'une enfouie dans le sol, l'autre simplement posée sur un pavé de pierre très-légèrement humide faisant partie d'un dallage de trottoir, j'ai pu obtenir une déviation de 75° indiquant la présence d'un courant différentiel allant à travers le circuit extérieur de la plaque enterrée à la plaque posée sur le pavé ; il est vrai que cette déviation s'est trouvée réduite à 50° sous l'influence des rayons solaires qui, comme la chaleur, tendent à donner aux lames métalliques qui en subissent l'effet, une polarité positive ; mais cette déviation est revenue à 80° quand l'ombre a été projetée de nouveau sur cette plaque. Or en plaçant sur le pavé en question une forte planche en bois de sapin sec, la déviation, et qui plus est les variations de cette déviation sous l'influence solaire, se sont maintenues et se sont produites dans le même sens, seulement à un degré moindre. Ainsi au lieu de 75° et 80° à l'ombre, la déviation s'est trouvée réduite à 15° et 18°, et elle est devenue de 13° au lieu de 50° sous l'influence des rayons solaires. Quand le sol n'est pas intermédiaire dans le circuit, la conductibilité du bois est beaucoup moins apparente. Ainsi, par exemple, si on prend deux lames de platine et qu'on les applique en deux points opposés d'une table de chêne située même à un premier étage, il se produira presque toujours un courant à travers le galvanomètre sensible dont nous avons parlé sous la seule influence d'une pile de Chutaux de 8 éléments, dont un pôle communiquera à l'un des bouts du galvanomètre, et l'autre pôle à la lame de platine non en contact avec cet instrument; mais ce courant résultera en plus grande partie du défaut d'isolement de la pile et de ses conducteurs, qui quoi qu'on fasse ne peuvent être jamais complétement isolés, car en enlevant la communication de celle-ci avec la lame de platine et laissant un seul pôle agir sur le galvanomètre, la déviation subsistera et le courant ne s'affaiblira que d'une manière peu sensible. Ainsi dans les expériences que j'ai entreprises à cet égard, le courant avec le circuit complet étant de + 16°, n'est tombé qu'à + 12° quand le pôle négatif s'est trouvé seul à agir directement, et il a pu atteindre + 14° quand une bonne communication a été établie entre la terre et le pôle positif retiré du circuit. En intervertissant la position des pôles de la pile, les déviations avec le circuit complet et le circuit incomplet ont été moindres (— 11° et — 8°), mais avec les mêmes différences relatives, et quand le pôle retiré du circuit a été mis en bonne communication avec le sol, la déviation a été la même dans un cas comme dans l'autre, c'est-à-dire — 14°, ce qui démontre bien la prédominance du défaut d'isolement dans l'action produite. Ces effets n'ont d'ailleurs rien qui puisse surprendre, si l'on considère que dans le cas en question, la pile n'étant pas isolée du sol, le circuit, à défaut de communication directe d'un pôle à l'autre de la pile, se trouve complété par le sol, les murs de la maison, les planchers et la masse de bois de la table. D'un autre côté, l'inégal isolement de la pile à ses deux pôles doit nécessairement entraîner un courant d'intensité différente, quand le pôle qui est en rapport avec le galvanomètre est le mieux ou le moins bien isolé, car la résistance intermédiaire entre le galvanomètre et la pile se trouve différente dans les deux cas ; or cet inégal isolement peut se produire quand les communications électriques sont plus nombreuses à un pôle qu'à l'autre, et c'est précisément le cas des expériences précédentes ; aussi voyons-nous que quand les conditions des communications à la terre se sont trouvées les mêmes par suite d'un bon contact à la terre, les deux courants d'abord très-différents d'intensité sont devenus égaux quoique de signes contraires.

D'après les chiffres que nous avons donnés dans le chapitre V de notre premier volume, on peut voir que tous les corps, même ceux regardés comme isolants, sont par le fait plus ou moins conducteurs et il n'y a que l'air sec qui soit à peu près isolant. Si on tient compte de ces chiffres pour les différentes substances, et si on considère que cette conductibilité relative varie à peu près comme les racines carrés des surfaces de contact, ainsi que cela peut se déduire des lois de Kirschoff, on peut apprécier facilement le degré d'isolation que l'on doit donner à un circuit et même le disposer dans des conditions convenables pour une source électrique donnée. Toutefois, dans la plupart des applications électriques, des fils recouverts de coton ou de soie peuvent suffir dans les endroits secs et lorsqu'ils ne doivent être en contact qu'avec du bois; mais dès que ces fils doivent traverser des murs ou s'appliquer contre des parois humides, comme cela a lieu dans des caves et certains rez-de-chaussées humides, ils doivent être recouverts de gutta-percha ou de caoutchouc. On fabrique aujourd'hui de ces fils d'un diamètre assez petit pour ne pas être trop apparents dans les appartements et qui sont de plus recouverts de coton pour empêcher que la gutta-percha ne se gerce sous l'influence de la lumière. Le numéro qui convient le mieux pour ce genre de communications est le n° 4, qui a 22 dixièmes de millimètre de diamètre total et dont le conducteur à 9 dixièmes de millimètre.

Pour obtenir de bonnes communications intérieures qui soient solides et durables, il est essentiel qu'on évite le plus possible d'entortiller les fils sur des pointes métalliques, comme on a eu longtemps l'habitude de le faire. Il faut au contraire que les fils soient libres sur des pitons vitrifiés, ou tout au moins sur des pitons en métal non oxydable, absolument comme s'ils devaient servir à des tirages de sonnettes ordinaires; il faut éloigner le plus possible les uns des autres ces pitons de suspension, et avancer assez ceux-ci en dehors des murs pour que les fils ne touchent pas. Enfin il faut protéger les fils, même ceux recouverts de gutta-percha dans leur passage à travers les murs, en les faisant passer à travers des tubes de plomb, de zinc ou de cuivre d'un diamètre assez grand pour qu'ils ne soient pas serrés les uns contre les autres. De cette manière, la trempe électrique qui se produit toujours dans les fils parcourus par des courants et qui les rend excessivement cassants quand ils ont subi une certaine torsion ou un certain étirement, se trouve en partie évitée, et si une rupture se produit, il devient facile d'en reconnaître immédiatement la position, car il suffit de tirer sur le fil pour en faire tomber les bouts disjoints.

Quand le fil doit être arrêté dans le voisinage des appareils, des interrupteurs du courant, ou même de la pile, il faut avoir soin de munir les pointes d'attache de petites poulies ou bobines en bois sur lesquelles on lui fait faire quelques tours avant de l'attacher. Enfin, si dans certains retours brusques, le fil touche quelque angle saillant en pierre ou en plâtre, on devra interposer entre deux un morceau de gutta-percha, ou de caoutchouc.

Il faut autant que possible éviter les croisements de fils et les ranger le plus régulièrement possible quand il y en a plusieurs. Dans ce cas, il devient plus simple de disposer des planchettes en chêne pour les recevoir et d'assurer d'une manière fixe leur position en les introduisant dans des rainures faites exprès dans cette planche. Je le répète, on ne saurait apporter trop de soin à la bonne installation des conducteurs, car une foule de très-bonnes applications électriques ont échoué par suite de la négligence apportée à cette installation.

On a essayé pour les fils plusieurs systèmes d'isolement, mais c'est toujours à la gutta-percha qu'on a donné la préférence. Cependant pour une isolation moins parfaite, quelques-uns de ces systèmes peuvent présenter de réels avantages, non-seulement en raison de leur prix, qui est beaucoup moins élevé, mais surtout parce qu'ils ne se gercent pas à l'air, comme la gutta-percha, et se conservent par conséquent plus longtemps. Parmi ces systèmes nous citerons ceux de M. Machabée, dont plusieurs échantillons ont été exposés en 1867, de M. Billorgé, et de M. Largefeuille. La composition de l'isolant de M. Machabée ne nous ayant pas été donnée, nous ne pouvons que constater les résultats des expériences que ce fabricant a faites devant nous à l'Exposition de 1867. Pour nous prouver la bonté de l'isolement de son fil, il prenait deux fils de même grosseur et de même longueur, l'un recouvert de gutta-percha, l'autre de l'isolant en question, et après les avoir disposés en plans d'épreuve, c'est-à-dire après avoir hermétiquement fermé l'un des bouts et développé l'autre de manière à former un anneau métallique, il les soumettait à l'action d'une machine électrique, en ayant soin de tourner le plateau d'un nombre donné de tours. En essayant la tension électrique communiquée à ces fils sur un électroscope, il montrait que celui de ces fils qui était isolé avec la nouvelle substance conservait sa tension électrique plus longtemps que l'autre, et que cette tension elle-même était plus forte. Les fils ainsi isolés seraient très-flexibles, suivant M. Machabée, et ne se fendilleraient pas à l'air ; ils coûteraient 25 0/0 meilleur marché que ceux isolés avec de la gutta-percha. Les fils de M. Billorgé sont composés de faisceaux de fils de cuivre enveloppés de trois couches de fils de coton tordu enroulées dans des sens différents et imprégnées de glu-marine. La première et la dernière de ces couches sont constituées par des faisceaux de 6 fils cordés de la grosseur des fils usités pour les ouvrages au crochet ; ces fils se trouvent juxtaposés les uns contre les autres et enroulés à plat au moyen d'une machine; la couche intermédiaire est composée de brins de fil plus fins, qui sont au nombre de 12. Ces conducteurs résistent très-bien à l'air humide, à la pluie, et au soleil, mais la glu-marine finit à la longue par s'user à l'air, et ne suffit pas pour protéger les fils à l'intérieur des murs. Néanmoins, j'ai obtenu de bons résultats de cette disposition et je suis étonné que M. Billorgé n'ait pas donné plus de suite à cette fabrication. Les fils de M. Largefeuille sont recouverts d'une forte enveloppe de coton imprégnée à chaud d'un mélange isolant composé avec les substances suivantes : verre porphirisé, bitume de Judée, cire vierge, poix blanche dite de Bourgogne, poix noire et suif de mouton. Ces fils ainsi préparés sont dans de très-bonnes conditions, non-seulement au point de vue de l'isolation, mais encore sous le rapport de la protection qui leur est donnée contre les causes de détérioration que nous avons signalées.

Il existe encore une foule d'autres préparations isolantes qui ont été proposées pour les conducteurs électriques, mais comme elles se rattachent plus ou moins à celles qui ont été employées pour les câbles sous-marins, nous renverrons le lecteur à ce chapitre, qui sera traité avec tous les détails qu'il comporte. Nous dirons seulement que tous ces perfectionnements n'ont pas été généralement appliqués dans la pratique et qu'on s'en est tenu jusqu'ici, pour les conducteurs d'appartements, aux fils simplement recouverts de coton ayant quelquefois une première enveloppe imbibée d'une substance graisseuse, et aux fils recouverts de gutta-percha avec enveloppe de coton.

Pour terminer avec les conducteurs simples d'appartements, je dirai que toutes les fois qu'on a à greffer sur un conducteur des fils appartenant à des circuits dérivés ou quand on a à joindre des fils les uns aux autres, il ne faut jamais manquer de les souder à l'étain. Sans doute en mettant bien à nu le métal au point d'attache, on peut rendre bonne la communication, mais les points de contact peuvent s'oxyder. Enfin, il ne faut pas perdre de vue que la plus mauvaise des soudures vaut mieux que le meilleur des contacts. Il faut aussi prendre le soin, après que les soudures ont été faites, de recouvrir la partie soudée, soit de coton, soit, ce qui vaut mieux, de gutta-percha ou de cire molle ; on évite ainsi bien des causes de dérangements et de contacts à la terre.

Nous ne parlerons pas des communications à fils extensibles et à fils flexibles, c'est une question de passementerie qui est facile à résoudre, et qui, du reste, a été résolue d'une manière plus ou moins heureuse par la plupart des fabricants de fils électriques ; nous dirons seulement que pour les fils extensibles, ce sont les boudins de bretelles renfermés dans des tubes de caoutchouc qui ont fourni les meilleurs résultats et que, pour les conducteurs flexibles, les tresses de fils de cuivre sont encore ce qu'il y a de mieux, bien qu'on ait imaginé plusieurs systèmes de fils en textile métallisé qui, au dire de leurs inventeurs seraient bien préférables. Ce qui est certain, c'est que la résistance de ces derniers fils est très-considérable, et ils ne sont même guère améliorés par l'introduction de bandes de clinquant dans la passementerie. Ces fils n'ont du reste que des applications très-limitées, et ce n'est guère que comme cordons de sonnettes et comme conducteurs d'appareils électro-médicaux qu'on les trouve employés.

Communications à la terre. — On a vu dans notre premier volume que la résistance du sol est indépendante de la distance à laquelle les plaques de communication sont placées l'une de l'autre, et qu'elle décroît à peu près en raison inverse de la racine carrée de leur surface de contact. On peut donc en conclure que plus ces plaques seront grandes moins la résistance du sol sera considérable. Toutefois, comme cette résistance, même dans les meilleures conditions, représente encore une résistance de près de 4000 mètres de fil télégraphique, on ne devra employer le sol comme complément d'un circuit que lorsque ce circuit dépassera 4 ou 5 kilomètres.

Dans ces conditions, le meilleur système de communication à la terre est fourni par les conduites de fonte qui dans les villes distribuent l'eau ou le gaz dans les différents quartiers. Il suffit alors de mettre en communication les appareils avec un des tuyaux de gaz ou d'eau qui se trouvent dans presque toutes les maisons. Toutefois, comme il existe des cas où ce moyen ne peut être employé, on peut avoir recours soit à des plaques que l'on enterre et que l'on soude aux fils de terre des appareils, soit simplement à ces fils eux-mêmes qu'on prend un peu longs et qu'on pelotonne à leur extrémité libre, de manière à faire un paquet qu'on immerge dans un puits ou un cours d'eau.

Dans les terrains secs et pierreux où l'on n'a pas d'eau à sa disposition, les communications à la terre ne laissent pas que d'être difficiles. Il faut alors procéder d'une manière analogue à celle que l'on emploie pour l'enterrement des conducteurs des paratonnerres. Le moyen qui m'a le mieux réussi a été de faire sous l'égout d'un toit un puisard assez profond, de le remplir un peu de sable, et de plonger dans ce sable la lame de zinc, de cuivre ou de tôle devant servir de plaque de communication, en ayant soin de l'entourer immédiatement d'une certaine quantité de poussier de charbon. En remplissant ensuite le trou avec du sable perméable, on permet à l'eau, en temps de pluie, de pénétrer jusqu'à la plaque et d'augmenter ainsi la conductibilité du sol autour d'elle.

Quand une nappe d'eau se trouve interposée entre deux plaques de terre qui s'y trouvent immergées, les transmissions électriques quoique s'effectuant d'après les lois de Kirschoff, que nous avons résumées page 33, tome I, c'est-à-dire, comme si la terre jouait le rôle d'absorbant autour de ces deux plaques, peuvent cependant donner lieu, dans certaines conditions, à des effets qui sembleraient se rapporter à une conductibilité directe exercée par le liquide d'une plaque à l'autre et indépendamment de la conductibilité de masse. Ces effets d'ailleurs n'ont rien qui soit en désaccord avec la théorie de Kirschoff, car si l'on imagine au sein d'une masse conductrice indéfinie un conducteur de forme définie interposé entre les deux plaques plongées dans ce milieu, il pourra se faire que ce conducteur ayant une meilleure conductibilité, dérive directement la plus grande partie du courant, et agisse par conséquent dans des conditions analogues à celles d'un conducteur ordinaire. Toutefois, son action ne pourra être distincte de celle du conducteur indéfini que tant que sa conductibilité individuelle sera supérieure à celle de la masse entière ; quand elle lui deviendra égale ou inférieure, la résistance deviendra constante et sera indépendante, comme on l'a vu, de la distance à laquelle les plaques sont distantes l'une de l'autre. Or, une rivière dans laquelle les deux plaques de terre d'un circuit sont immergées est précisément dans ce cas ; le milieu conducteur indéfini est le globe terrestre, et ce conducteur de forme définie interposé entre elles est précisément la rivière. Conséquemment, tant que la conductibilité propre de cette rivière entre les deux plaques sera plus grande que la conductibilité de la masse entière du globe terrestre, la dérivation directe du courant à travers le liquide se produira, et ce ne sera que quand la distance des plaques sera suffisamment grande pour ne plus fournir une dérivation de moindre résistance, que la conductibilité directe du liquide cessera. Or, il était intéressant de savoir jusqu'à quelle distance d'écartement des plaques cette conductibilité directe du liquide pouvait se manifester.

M. Trève a fait à cet égard quelques expériences intéressantes qui, quoique mal interprétées par lui, peuvent donner cependant quelques indications.

Imaginons immergées en 4 points opposés A,B,C,D, d'une nappe d'eau, quatre lames métalliques éloignées l'une de l'autre, dans le sen normal, de 4 mètres et réunies deux par deux par un fil conducteur. Supposons qu'on lance de la station A sur la station B, qui est en face, le courant d'un seul élément de Daniell, et que ce courant marque 10° sur un galvanomètre, puis envoyons de la station C vers D un autre courant provenant d'une autre pile de Daniell de 2, 3, 4, éléments: Ce dernier courant, en admettant la conduction directe par le liquide, non-seulement ira de D en C à travers la nappe d'eau, mais se dérivera en partie par la plaque A, s'ajoutera au courant envoyé de cette station et retournera par la plaque B à la plaque C; le galvanomètre placé sur le fil AB indiquera alors 40°, 50° et 60°.

Admettons maintenant que les plaques A et B, C et D, au lieu d'être éloignées de 4 mètres l'une de l'autre, soient éloignées de 5, de 6 et enfin de 6 mètres et demi, on verra immédiatement le second courant s'accuser de moins en moins sur le galvanomètre *et s'évanouir complétement* à la distance de 6m,50. On peut donc conclure que pour la force électrique employée et la grandeur des plaques dont on avait fait usage, la conductibilité directe du liquide avait cessé de se manifester à une distance de six mètres et demi. C'est comme on le voit une action bien minime, mais comme elle résultait elle-même d'une dérivation, on peut admettre que l'effet direct aurait pu se prolonger à une distance à peu près double, soit de 13 à 14 mètres. Ainsi, passé une quinzaine de mètres, c'est l'action de la conductibilité de masse qui devient prédominante, même dans les conditions les plus favorables. On peut conclure d'après cela qu'il n'est pas nécessaire de se donner beaucoup de peine pour rechercher des cours d'eau pour les plaques de terre.

Bien que les formules de Kirschoff puissent donner quelques indications sur la grandeur des plaques de terre propres à fournir un effet électrique donné, j'ai voulu la préciser directement, du moins pour les applications les plus usuelles, pour les sonneries électriques par exemple; j'ai en conséquence pris une sonnerie de ce genre avec une pile de Daniell de 8 éléments, et après avoir enroulé sur deux cylindres de bois du fil de fer galvanisé mis en rapport avec le circuit de ma sonnerie, j'ai immergé en deux points différents d'un étang mes deux cylindres; j'ai reconnu qu'il fallait au moins une longueur de 34 mètres de fil immergé pour mettre en marche ma sonnerie, ce qui correspondait à une surface de 9 décimètres carrés, mais comme on le comprend aisément, ce chiffre variait suivant la tension de la pile.

Dans ces expériences, j'ai pu reconnaître aisément le double rôle exercé par les liquides dans les transmissions électriques de ce genre. Ainsi, quand après avoir rapproché mes deux cylindres l'un de l'autre et les avoir immergés de la quantité nécessaire pour mettre ma sonnerie en marche, je venais à les éloigner, j'affaiblissais beaucoup son mouvement et j'étais obligé d'augmenter l'étendue des surfaces métalliques immergées; mais cet accroissement n'était nécessaire que jusqu'à une certaine limite d'éloignement des cylindres, après laquelle l'intensité électrique semblait rester constante. Or, cet éloignement était d'environ une dizaine de mètres.

Parmi les bons modes de liaison d'un circuit à la terre, je citerai encore les rails des chemins de fer. Malgré le bois sur lequel ces rails sont posés, ils ont avec le sol tant de points de contacts qu'ils constituent de très-bonnes plaques de communication. Cette propriété a été mise à contribution pour les télégraphes portatifs des chemins de fer.

Comme les plaques de terre doivent servir en même temps à l'écoulement des charges d'électricité atmosphérique qui se développent souvent sur les circuits, il est essentiel que les communications métalliques avec ces circuits soient établies par des conducteurs présentant le plus de surface possible, et alors il vaut mieux employer à cet usage des lames d'une certaine largeur. On a vu en effet, page 69, tome 1, que les fortes décharges électriques exigent de la part des conducteurs, pour s'écouler, plutôt de la surface que de la masse, et en prenant des lames métalliques, on rend beaucoup plus efficace la protection que la décharge directe à la terre peut donner aux appareils.

Commutateurs de circuits. — Dans une installation télégraphique bien entendue, comme du reste dans toute autre installation se rapportant à des applications électriques appelées à fournir des effets continus ou des indications multipliées, il est important d'avoir des dispositifs à demeure, qui puissent permettre sans aucun dérangement dans les communications électriques établies, de mettre tel ou tel appareil en communication avec tel ou tel circuit, qui puissent faire agir la pile sur tel ou tel de ces circuits avec tel ou tel nombre d'éléments qui peut convenir, enfin qui puissent grouper ces éléments de telle ou telle manière, suivant les besoins de l'expérience ; ce sont ces appareils qui vont présentement nous occuper.

Commutateurs à manettes. — Le plus simple de ces commutateurs, que nous représentons fig. 146, n'est par le fait qu'un interrupteur de circuit à ressort que l'on manœuvre au moyen d'un manche ou manette. Il est formé d'un disque en bois dans lequel sont encastrées des pièces métalliques A, B, C, D, munies de trous et de vis pour la fixation des fils qui doivent communiquer avec le flotteur, et d'une lame métallique recourbée K, terminée par un petit manche de bois M, qui en tournant autour d'un pivot peut être mise successivement en rapport avec les différentes lames dont nous avons parlé. Cette lame ressort sert alors d'intermédiaire au fil qui doit être successivement réuni aux autres et qui communique avec elle, soit par le pied du pivot sur lequel elle tourne, soit par une borne adaptée à la partie supérieure de ce même pivot, soit par un frotteur ou tout autre moyen du même genre. Dans ce système de commutateur, les pièces de contact s'appellent vulgairement *gouttes de suif*.

Fig. 146.

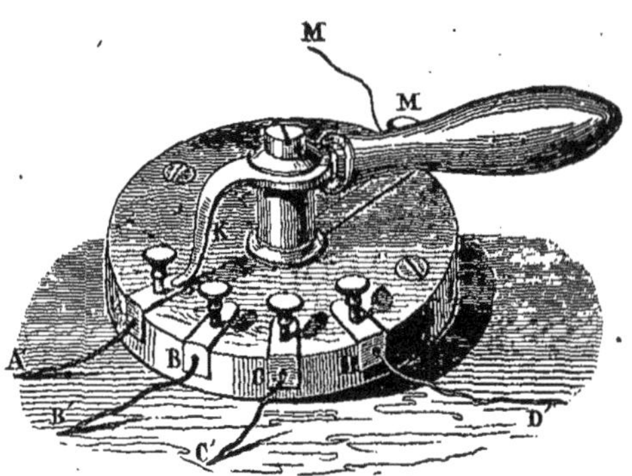

Quelquefois, deux ou plusieurs manettes sont reliées ensemble par une tige de jonction pour opérer des interruptions et des fermetures simultanées.

Pour assurer de meilleurs contacts de la part de ces sortes de commutateurs, M. Bernon, au lieu d'une simple lame de ressort, emploie une pièce rigide terminée du côté opposé au contact par un talon. Cette pièce peut être serrée sur les gouttes de suif, par un écrou à oreilles, et un fort ressort boudin placé au-dessous de cette espèce de valet, le soulève aussitôt qu'on desserre l'écrou, ce qui permet de le placer aisément sur tel ou tel des contacts qu'il convient.

Commutateur à bouchons. — Ce système de commutateur aujourd'hui le plus employé, particulièrement en Allemagne et en Angleterre, est celui que nous avons déjà décrit page 305, pour les appareils de résistance. Il se compose de petites lames métalliques fixées les unes à côté des autres, sur une planche, comme on le voit fig. 147, et ces lames sont échancrées sur un de leurs côtés de manière à former d'une lame à l'autre un trou circulaire dans lequel on peut introduire un bouchon métallique. Naturellement la planche est percée au-dessous de ces échancrures et le bouchon métallique est composé d'un tube de laiton fendu longitudinalement en deux points pour fournir l'élasticité convenable à l'établissement d'un bon contact.

Fig. 147.

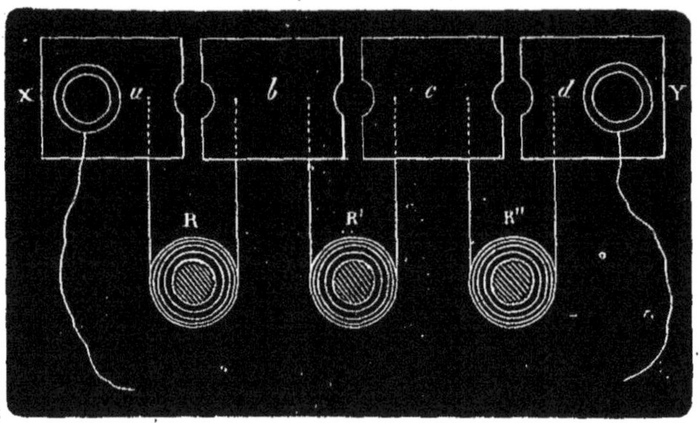

Quand ce commutateur doit relier un même fil à plusieurs circuits, comme dans le cas du commutateur à manettes décrit précédemment, il se compose d'une rangée de plaques placées les unes à côté des autres, comme dans la figure 147 ci-dessus et d'une plaque unique fixée parallèlement devant les plaques de cette rangée, de manière à occuper la même

Fig. 148.

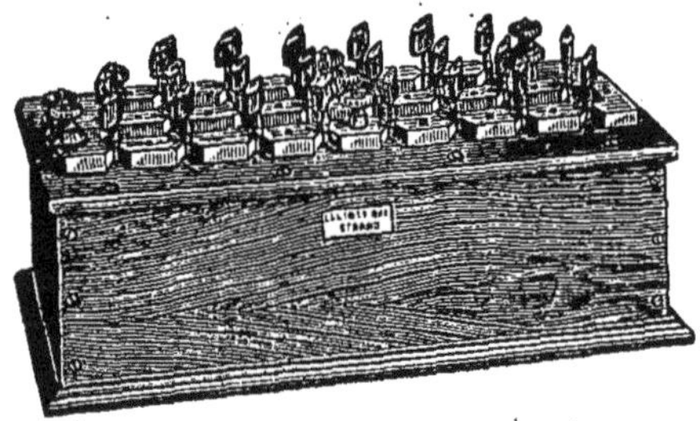

longueur qu'elles ; les échancrures pour les bouchons sont alors pratiquées sur les côtés des petites plaques qui regardent la plaque unique, de sorte que celle-ci possède autant d'échancrures qu'il y a de plaques au-dessus d'elle. On comprend aisément qu'en mettant le bouchon dans telle ou telle échancrure, on établit la communication avec tel ou tel circuit.

Dans les commutateurs anglais, ces lames métalliques ont les coins abattus pour diminuer les chances de contacts accidentels et en même temps pour rendre facile le nettoyage des intervalles vides entre les plaques. De plus, elles sont assez épaisses pour que le bouchon ne vacille pas une fois posé; c'est une précaution à laquelle on ne prend pas assez de garde dans les appareils construits en France. Nous représentons (fig. 148), le dispositif de ce système de commutateur, qui est excellent quand il est bien construit, mais qui laisse bien à désirer quand les bouchons n'emboitent pas exactement les trous et n'y entrent pas à frottement gras.

Commutateur suisse. — Lorsque les combinaisons des fils entre

Fig. 149.

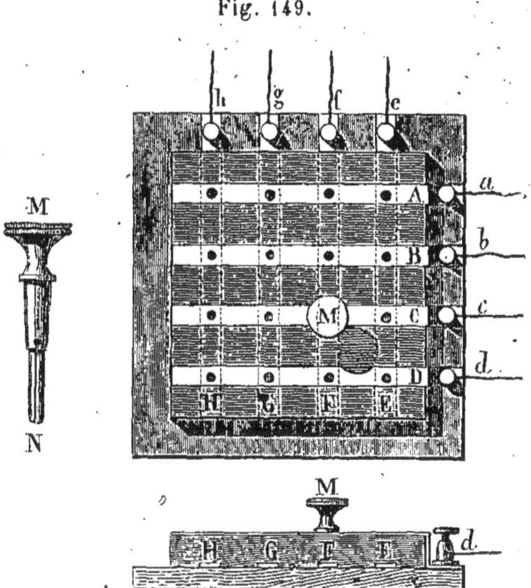

eux doivent être très-multipliées, on emploie avec avantage ce genre de commutateur que nous représentons fig. 149, et qui se compose d'une planche de bois, sur les deux faces de laquelle sont incrustées à angle droit, les unes par rapport aux autres, plusieurs lames métalliques percées de trous A, B, C, D, E, F, G, H. Ces trous, placés aux points qui correspondent au croisement des lames, sont disposés de manière qu'en traversant la planche, une cheville de cuivre M qui s'y trouverait introduite pourrait réunir les lames supérieures et les lames inférieures. Ces lames se terminent d'ailleurs sur les côtés de la planche par des boutons d'attache auxquels on fixe les différents fils *a*, *b*, *c*, *d*, *e*, *f*, *g*, *h* qui doivent être réunis. La cheville de cuivre elle-même, appelée à établir ainsi les contacts, a une forme particulière : elle est munie d'une large tête plate M, afin qu'on puisse l'appuyer fortement avec le pouce, et se trouve fendue en N dans une partie de sa longueur, afin de former ressort et d'assurer davantage les contacts. Avec plusieurs chevilles de ce genre, on peut établir de cette manière plusieurs systèmes de communications, ce qui est un grand avantage.

La réunion intime des lames inférieures aux lames supérieures n'étant pas facile à vérifier avec le système précédent, on a cherché à placer sur un même côté de la planche les deux systèmes de lames, de manière à en former un commutateur à bouchons à lames croisées. Dans la disposition qui a le mieux réussi, les lames horizontales sont assez épaisses pour être entaillées et permettre aux lames verticales de s'y incruster en les croisant. Celles-ci se trouvent d'ailleurs isolées par des lames d'ivoire qui les maintiennent d'un côté solidement fixées contre les parties saillantes des premières, et c'est sur le côté opposé que sont pratiqués les trous où l'on adapte les chevilles. Grâce à cet agencement, les lames verticales ne sont pas susceptibles d'être refoulées par les diverses chevilles que l'on enfonce, et l'on n'a pas à craindre que l'une d'elles, étant un peu plus enfoncée que les autres, rende moins sûrs les contacts opérés par ces dernières.

Mais de toutes ces dispositions, la meilleure est celle que M. Froment a adaptée aux appareils de M. Hughes. C'est en définitive la même que celle du commutateur suisse, mais la bonté des contacts est assurée par un pas de vis adapté aux trous des lames inférieures et par un système de chevilles à vis et à épaulement qui relie les deux lames à la manière d'un écrou ; la figure 150 ci-contre représente cette disposition.

Fig. 150.

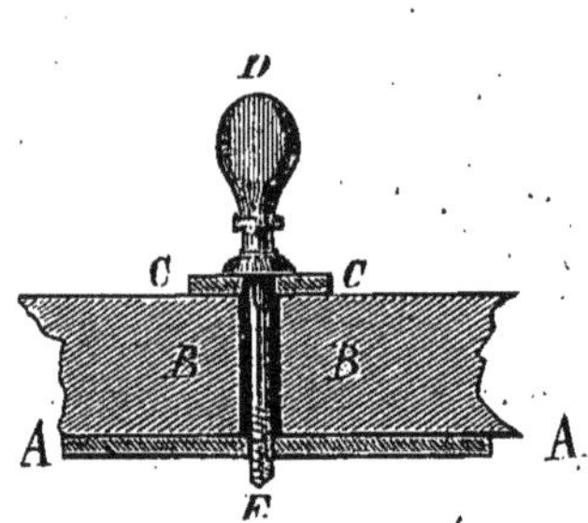

AA est la coupe longitudinale d'une des lames inférieures au-dessous de la planche BB, CC la coupe transversale d'une des lames supérieures placées en croix au-dessus des autres, et DE la cheville qui est vissée en E.

Commutateur complexe de M. Liais. — M. Liais a organisé dans le système précédent pour l'Observatoire de Paris, un commutateur vraiment très-ingénieux et fort commode, surtout quand on a à opérer sur un grand nombre de circuits avec une pile d'un très-grand nombre d'éléments, dont il faut faire varier souvent la force. L'appareil est disposé pour 20 circuits : mais pour éviter les complications dans les figures 151 et 152 qui le représentent, nous ne l'avons établi que pour 8 circuits.

Sur les deux côtés de la porte en chêne d'une armoire sont appliquées d'un côté (côté A) huit séries de lames de cuivre parallèles disposées comme on le voit fig. 151 ; de l'autre côté (côté B), 3 séries seulement (voir fig. 152.)

Les séries A et E, fig. 151, correspondent à tous les pôles négatifs des piles partielles (de plusieurs éléments chacune) qui composent la pile générale. Les lames de la série A se recourbent à angle droit pour constituer la série G, et la série F est formée des lames de la série E repliées en sens opposé de celles de la série A pour un motif que nous expliquerons plus tard.

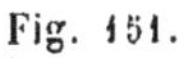

Fig. 151.

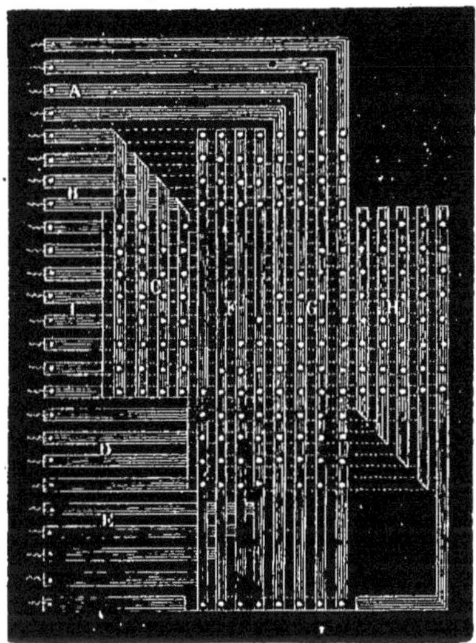

Les lames des séries B et D appartiennent aux fils de ligne ; celles de la série B se replient pour former la série C, et traversent la porte pour déterminer par derrière une série particulière, tandis que celles de la série D traversent immédiatement cette même porte pour reparaître à droite de la série G et constituer en se repliant la série H.

Les lames de la série I correspondent aux pôles positifs des piles partielles et traversent la porte pour former du côté opposé une grande série M, fig. 152. La lame T correspond à la communication avec la terre.

Du côté B de la porte, la série M est donc formée par tous les fils positifs des piles, et les séries N et O se composent de tous les fils de lignes. C'est de ce côté qu'on fait les combinaisons, et cela au moyen de fiches, comme dans les commutateurs suisses.

Comme toutes ces séries sont appliquées les unes sur les autres, il en résulte que toutes les lames dont nous avons parlé se croisent à angle droit, et c'est à leur point d'intersection que sont pratiqués les trous que l'on distingue sur les deux figures.

Pour plus de facilité dans le maniement de cet appareil, les numéros d'ordre correspondant aux numéros des piles partielles sont marqués sur deux des côtés de la série M, savoir : de *a* en *b* et de *c* en *d*; tous les chiffres horizontaux de *a* en *b* correspondent aux lames négatives, tandis que les chiffres verticaux de *c* en *d* désignent les lames en rapport avec les pôles positifs. Les deux séries N et O, figure 151, qui se continuent en Q derrière la planche portent également des numéros, comme on le voit sur la figure 152, et ces numéros désignent les numéros d'ordre des fils des circuits sur lesquels on a à opérer.

Avec cette disposition du commutateur, on va voir que rien n'est plus facile que d'effectuer toutes les combinaisons imaginables soit de piles, soit de fils. En effet, supposons que l'on veuille réunir en tension les piles nos 8, 6, 5, et 4, ce qui fournira un total de 20 éléments, et que l'on doive faire agir cette pile ainsi composée sur un circuit constitué par les fils 8 et 3, de manière que le pôle positif soit en rapport avec le fil n° 3 : on commencera par faire communiquer la pile n° 3 avec le pôle positif de la pile n° 8. Pour cela, nous chercherons d'abord, dans les colonnes de trous correspondantes un fil n° 3, celui de ces trous qui appartient à la lame positive de la pile n° 8, laquelle lame nous est indiquée par les chiffres de la colonne *cd*; nous voyons que c'est précisément le trou *e*. Nous mettons dans ce trou une fiche, et nous avons ainsi une première communication établie avec le circuit. Il s'agit maintenant de réunir ensemble les quatre piles. Pour cela, nous réunirons d'abord le pôle négatif de la pile n° 8 au pôle positif de la pile n° 6; le trou correspondant à cette liaison s'obtiendra immédiatement en cherchant dans la colonne *cd* la lame n° 6, et en voyant en quel point la colonne de trous correspondante au chiffre 8 (suivant la ligne *ab*) coupe la lame n° 6 ; nous voyons que c'est le trou *f*. Nous mettons de nouveau une fiche dans ce trou et nous avons ainsi une nouvelle liaison. En répétant la même opération

Fig. 152.

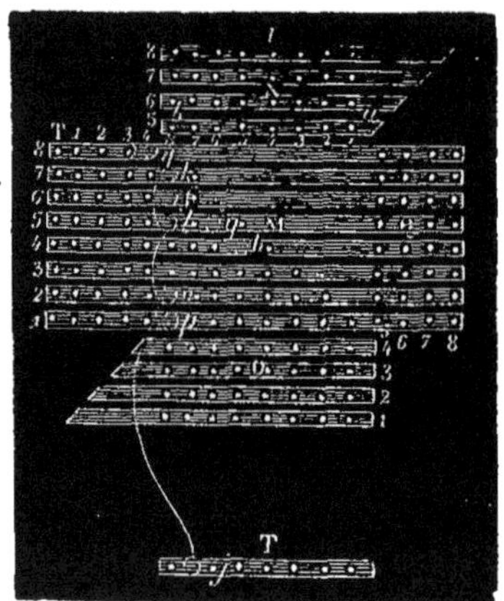

pour la réunion du pôle négatif de la pile n° 6 avec le pôle positif de la pile n° 5 et du pôle négatif de cette dernière pile avec le pôle positif de la pile n° 4, nous arrivons successivement à mettre des fiches dans les trous *g* et *h*, et nous avons ainsi notre pile composée. Il ne reste plus que le pôle négatif de cette pile à mettre en communication avec le fil n° 8, ce qui sera facile, puisqu'il suffira de chercher dans celles des deux séries O et N, en rapport avec les lames négatives, le trou correspondant à la colonne verticale du n° 4 (de *b* en *a*) et à la colonne horizontale numérotée 8. Nous voyons que c'est le trou *i*, et le problème se trouve résolu.

Supposons maintenant qu'on veuille réunir les piles nos 5, 7, 2, 1 en quantité, et qu'on veuille faire agir cette pile sur un circuit complété par la terre, la plaque terrestre devant être positive et passant à travers le fil n° 4.

On commencera par réunir tous les pôles positifs ensemble, et on les fera communiquer à la terre, puis on rassemblera les pôles négatifs que l'on joindra au fil n° 4. Pour cela, il faudra avoir recours à des fiches particulières qui seront plus courtes que les autres et réunies ensemble par un conducteur extensible. On placera quatre de ces fiches dans les trous *k*, *l*, *o*, *p*, et une cinquième dans le trou *j* qui correspond à la colonne de terre T, et après en avoir fait autant de l'autre côté du commutateur à l'égard des pôles négatifs, on fait aboutir la série au trou *q* correspondant au fil n° 4. Comme on le voit, ce système de commutateur est excessivement commode et ne prend aucune place, puisqu'il peut servir de porte à l'armoire où sont placées les différentes piles partielles. Ces piles, d'ailleurs, peuvent avoir un nombre variable d'éléments, afin de permettre par leurs combinaisons la formation d'une pile totale d'un nombre d'éléments déterminé. Ainsi, on pourra former une pile de 35 éléments, en réunissant ensemble 8 piles ayant l'une 5 éléments, une autre 6, une autre 5, une autre 3, une autre 2, une autre 4, une autre 6, et une autre 4.

On a varié de mille manières différentes la forme des commutateurs et tous les jours on présente des modèles nouveaux, mais jusqu'à présent on s'en est tenu à ceux dont nous avons parlé et nous ne voyons guère, en effet, les avantages qu'on retirerait d'une plus grande complication ; nous n'en parlerons donc pas davantage, préférant employer nos pages à des sujets plus importants.

II. — CIRCUITS AÉRIENS.

Nous n'entrerons pas ici dans de grands détails sur les circuits aériens, qui sont spécialement affectés aux services télégraphiques. Cette question a été habilement traitée, avec tous les développements qu'elle comporte, par M. Blavier, dans son Traité de télégraphie, et elle est trop spéciale pour un ouvrage aussi général que celui que nous publions aujourd'hui ; nous n'insisterons seulement que sur la question des isolateurs de ces sortes de lignes et sur les effets accidentels qui s'y manifestent par suite de réactions physiques extérieures, parce que cette double question intéresse toutes les applications électriques.

D'après M. Jacobi, il paraîtrait que ce serait au baron Schilling, de Saint-Pétersbourg, qu'il faudrait rapporter la première idée de la construction des lignes télégraphiques aériennes telles qu'elles sont établies aujourd'hui.

« Sa Majesté l'Empereur de Russie, dit M. Jacobi, ayant examiné avec le plus haut intérêt le télégraphe électrique que M. Schilling avait établi en 1834 à l'amirauté de Saint-Pétersbourg, exprima le désir d'avoir une communication électro-télégraphique entre Saint-Pétersbourg et Péterhoff. De tous les hauts dignitaires qui l'entouraient alors, Sa Majesté fut le seul qui entrevit l'avenir de ce que les autres ne considéraient que comme un jouet.

« Comme c'est l'usage, une Commission fut nommée *ad hoc*, à laquelle Schilling soumit ses idées sur l'exécution de ce projet. Avec une certaine naïveté qui tenait alors de l'ignorance complète dans laquelle on était encore sur l'effet de l'isolation des conducteurs télégraphiques, Schilling crut suffisant de prendre un fil de cuivre seulement recouvert de soie vernie et entrelacé dans un câble bien goudronné, pour avoir un conduit sous-marin qu'il pensait placer au fond du golfe. Mais, pressentant les difficultés d'une telle entreprise, il *proposa de placer plutôt son conducteur sur des perches plantées sur le chemin de Péterhoff*. Cette sage proposition ne fut reçue de la part de la Commission qu'avec des huées décourageantes. Un des membres de la Commission lui dit même en ma présence : « Votre proposition est une folie, vos fils dans l'air sont vraiment *ridicules*. » Aujourd'hui *cette folie* a pris des dimensions gigantesques, les réseaux de ces fils ridicules couvrent presque entièrement notre globe. Il y a bien des personnes qui n'ont aucune idée du développement progressif des choses, qu'elles imaginent venues au monde comme Minerve toute cuirassée du cerveau de Jupiter ; pour elles il suffit que les choses existent ; elles ne tiennent aucun compte de leur passé, elles n'ont aucune foi dans leur avenir. »

Malgré la défiance avec laquelle on a accueilli dès leur naissance les lignes aériennes, elles n'ont pas tardé néanmoins à se répandre, d'abord comme lignes provisoires ou d'essai, ensuite comme lignes définitives. Quand on eut reconnu que les sujets d'inquiétudes qu'on avait conçus n'étaient pas fondés, on étudia alors sérieusement la question au point de vue pratique, et la pose d'une ligne télégraphique devint une question d'art du ressort de l'ingénieur, ayant ses règles et ses principes.

Une ligne télégraphique aérienne se compose de trois parties essentielles : 1° du *conducteur télégraphique* ; 2° des *poteaux souteneurs des fils* ; 3° des *isolateurs*.

Des conducteurs. — Dans l'origine, on employait pour fils conducteurs des lignes télégraphiques des fils de cuivre, que l'on prenait d'assez petit diamètre pour ne pas charger les poteaux destinés à les soutenir, et qui étaient alors de petite dimension. Mais on n'a pas tardé à les abandonner à cause de l'allongement démesuré qu'ils gardaient à la suite de rétractions causées par les froids, de leur amincissement rapide et d'une espèce de trempe particulière qu'ils prenaient sous l'influence électrique et de l'humidité, et qui les rendait excessivement cassants. On leur susbtitua alors des fils de fer ; mais, comme pour rendre ces fils suffisamment conducteurs il fallait les prendre d'un diamètre beaucoup plus gros, on a dû en conséquence augmenter les dimensions des poteaux et disposer ceux-ci de manière à ce qu'ils pussent résister aux pressions plus considérables exercées sur eux.

Le fil de fer de 4 millimètres de diamètre fut d'abord adopté, et pendant longtemps les lignes françaises furent ainsi installées. Mais, par suite de la multiplicité des fils sur les poteaux, multiplicité qui pouvait compromettre la solidité de ces derniers, on dut revenir à un numéro de fil plus fin, et, pour le rendre plus maniable et plus conducteur, on le fit recuire ; les poteaux purent être alors éloignés davantage les uns des autres et les fils moins tendus. On obtint ainsi comme avantage, au point de vue physique, une diminution dans le nombre des pertes produites le long de la ligne. En revanche, les lignes devinrent moins solides, plus résistantes, relativement à la transmission électrique, et dans des conditions infiniment moins bonnes sous le rapport de la vitesse de la propagation électrique ; car, ainsi qu'on l'a vu page 52, tome I, les durées de la propagation croissent à mesure que les diamètres des fils diminuent, dans une progression excessivement rapide et qui se trouve exagérée encore par suite de l'intervention des électro-aimants des appareils télégraphiques. Il paraît toutefois que ces inconvénients l'ont emporté sur les avantages qu'on prévoyait ; car l'administration, après dix-huit mois d'essais, en est revenue au fil de 4 millimètres, et même au fil de 5 millimètres sur les grandes lignes, ne conservant les fils de 3 millimètres que pour les traversées des villes et les jonctions. Ainsi, en France, comme du reste en Angleterre, on emploie aujourd'hui pour les lignes télégraphiques trois échantillons de fil de fer ; mais, quels qu'ils soient, on a jugé indispensable pour leur conservation de les galvaniser, c'est-à-dire d'appliquer à leur surface une couche de zinc. Cette couverture offre effectivement de grands avantages en rendant le fer électro-positif, et par conséquent, incapable de s'oxyder devant le zinc (1) ; mais elle peut se trouver malheureusement altérée dans certaines circonstances, notamment par la fumée émanant du charbon de terre. Dans ce cas, l'humidité accélère beaucoup sa destruction, car elle constitue alors entre le fer et le zinc, comme l'a fait observer M. Loir, un système électrolytique.

L'un des avantages du fer dans son application aux lignes télégraphiques est de pouvoir s'allonger et revenir, à raison de son élasticité, à sa longueur primitive, quand la force qui a produit cet allongement ne dépasse pas sa limite d'élasticité. C'est une propriété que ne possède pas le cuivre, et c'est une des raisons qui ont contribué au rejet de ce dernier métal.

---

(1) La galvanisation des fils de fer imaginée par M. Sorel s'effectue le plus généralement en les plongeant dans un bain de zinc fondu après les avoir décapés par une immersion dans de l'acide chlorhydrique. Après cette opération, on les fait passer à la filière pour augmenter l'ahdérence de la couche de zinc. Il faut 2 kilog. de zinc par kilomètre de fil de fer de 4 millimètres.

On peut apprécier l'épaisseur de la couche de zinc en lui faisant subir une série d'immersions successives dans une solution de sulfate de cuivre. Il se dépose en effet à sa surface à chaque immersion une couche noire de cuivre qui étant successivement enlevée permet à l'acide sulfurique du sulfate d'attaquer le zinc. Quand la couche de zinc est enlevée et que le fer est mis à nu, le dépôt devient d'un rouge brillant, et on reconnaît, par le nombre d'immersions qu'a subies la couche de zinc avant de fournir le dernier dépôt, le degré d'épaisseur de cette couche. On exige en France que le fer galvanisé puisse supporter, sans fournir de dépôt rouge, quatre immersions, d'une minute chacune dans une solution de sulfate de cuivre faite avec cinq fois son poids d'eau.

Le poids de 1 kilomètre de fer de 4 millimètres est de 100 kilogrammes, et pour qu'il soit d'une bonne qualité, il doit résister à une tension de 480 kilogrammes. Le poids du fil de fer de 3 millimètres est de 60 kilogrammes par kilomètre et doit résister à une tension de 370 kilogrammes. Nous devons toutefois prémunir le lecteur contre la précision mathématique qu'il pourrait accorder aux diamètres des fils dont nous venons de parler ; par le fait, ces fils en raison de leur étirement à la filière et du galvanisage, n'ont jamais le diamètre qu'on leur suppose. Ainsi, le fil de 4 millimètres a un diamètre moyen de 4^{mm},25 et le fil de 3 millimètres un diamètre de 2^{mm},947. Le rapport des sections de ces deux fils est donc 2,08 au lieu de 1,77, et par conséquent la résistance du kilomètre de fil de 3 millimètres étant 1, celle du fil de 4 millimètres est 0,48. C'est à peu près le rapport que donne la comparaison directe des résistances mesurées de 1 kilomètre de fil télégraphique de 3 millimètres et de un kilomètre du fil de 4 millimètres représenté par dix unités Siemens. En effet, 1000 mètres de fil de 3 millimètres étant équivalents à 2112 mètres du fil de 4 millimètres basé sur ce système d'unités, on obtient pour rapport des résistances entre ces deux fils 0,473, ce qui montre que le fil de 4 millimètres est à peu près moitié moins résistant que le fil de 3 millimètres.

On a cherché, à diverses époques, à mieux isoler les fils télégraphiques, soit en les recouvrant d'enveloppes imperméables et isolantes, soit en les recouvrant de plusieurs couches de peinture ; mais comme ces fils doivent être suspendus, et que, précisément aux points de suspension, par lesquels se font principalement les pertes, cette enveloppe doit être infailliblement détruite en raison des frottements qui s'y trouvent exercés, on n'a pas donné suite à cette idée.

Poteaux souteneurs des fils. — Les poteaux télégraphiques que tout le monde connaît, et qui accompagnent aujourd'hui en France toutes nos principales voies de communication, sont généralement constitués par des brins de sapin et injectés d'une substance conservatrice d'après le procédé Boucherie. Ces poteaux sont de trois longueurs différentes pour être appropriés suivant les besoins. Sur les lignes d'un ou de deux fils, ce sont les poteaux de six mètres qui sont employés ; pour les lignes de trois, quatre et cinq fils, on prend des poteaux de 7^{m},50, et pour les croisements de lignes, les traversées de chemins, de ville ou de village, on a recours à des poteaux d'une longueur moyenne de 10 mètres.

Les poteaux de 6 mètres ont généralement 12 centimètres de diamètre à 1 mètre au-dessus de la base, 8 centimètres au sommet ; ceux de 8 mètres, 18 centimètres à la base et 10 centimètres au sommet; enfin ceux de 10 mètres, 22 centimètres à la base, 10 centimètres au sommet. Ces dimensions peuvent paraître un peu fortes relativement au poids, comparativement faible, que ces poteaux doivent soutenir ; mais il faut remarquer que leur diamètre doit être tel, qu'ils puissent résister à l'action du vent, aux oscillations des fils, et à une foule de causes accidentelles qui mettent leur solidité à l'épreuve.

Les poteaux télégraphiques n'étaient éloignés les uns des autres, dans l'origine (pour le fil de 4 millimètres), que de 50 mètres en moyenne sur un parcours rectiligne ; mais on a reconnu qu'on pouvait pousser sans inconvénient cet espacement à 75 mètres. Avec des poteaux plus élevés que ceux dont nous avons parlé, ou à travers des ravins espacés, les portées des fils télégraphiques peuvent sans inconvénients dépasser de beaucoup ces limites. En revanche, dans les courbes, elles doivent être plus restreintes.

Généralement les poteaux s'altèrent à partir du sommet, parce que c'est lui qui se trouve le plus exposé aux variations atmosphériques et qui reçoit la pluie dans le sens des fibres du bois. Pour éviter cet inconvénient, on recouvre souvent ce sommet d'une ardoise ou d'une petite planchette en bois ou bien on le taille en pyramide, en ayant soin de le recouvrir de peinture.

Quand le procédé Boucherie est bien appliqué, cette altération du bois est grandement diminuée ; car le sulfate de cuivre injecté doit se substituer complétement à la séve, précipiter les autres substances solubles que contient le bois, et même se combiner en partie avec la matière du bois, de manière à minéraliser en quelque sorte celui-ci. Mais il arrive rarement qu'on puisse obtenir ce résultat, et pour connaître la bonne qualité d'une injection, il faut procéder de la manière suivante: on scie un morceau du poteau, et après avoir soumis la sciure qui en résulte à plusieurs lavages successifs on recherche la quantité de sulfate que l'eau a enlevée. Une analyse chimique, faite sur la sciure elle-même, montre ensuite la véritable quantité qui s'est incorporée au bois (1). Tous les

(1) Quand on ne veut avoir qu'une idée approximative de la quantité de sulfate infiltrée dans le bois, on peut employer un système beaucoup plus simple. Il suffit, en effet, pour cela de promener sur les différentes parties de la section du bois un pinceau trempé dans une solution de cyanoferrure de potassium ; il se forme alors

bois, et même les différentes parties d'un même poteau n'absorbent pas également le sulfate de cuivre. En général, la partie centrale ou le cœur du poteau en est plus ou moins dépourvue et la base en contient moins que le sommet. Pour qu'un bois soit injecté convenablement, il faut qu'il ait absorbé le sulfate de cuivre dans la proportion de $5^{k},50$ par mètre cube.

Le procédé d'injection du sulfate de cuivre s'opère de deux manières différentes : par filtration ou capillarité, ou sous l'influence d'une pression extérieure. Dans le premier cas, le bois doit être coupé au moment du mouvement ascendant de la séve et soumis encore vert à l'injection ; dans l'autre cas, au contraire, il doit être parfaitement sec. Ce dernier procédé, employé dans les chantiers d'Ivry, est dit *à vase clos*. Le premier n'est autre que celui de Boucherie dans toute sa simplicité. En principe, le procédé à vase clos consiste à introduire le poteau dans un long tube de fonte rempli jusqu'à une certaine hauteur de la solution saturée de sulfate, à faire d'abord le vide dans ce tube au moyen de la vapeur pour faire évacuer tous les gaz contenus dans les bois et à fournir ensuite une pression hydraulique considérable à l'aide d'un système de pompe foulante analogue à la presse hydraulique. Ce procédé, d'abord imaginé par M. Bréant, a été perfectionné, ou du moins disposé d'une manière différente par M. Bethell, en Angleterre, MM. Legé et Fleury-Péronnet, au Mans (1).

Avec le procédé Boucherie, les poteaux sont rangés les uns à côté des autres sur un chantier et maintenus inclinés de manière à présenter leur sommet contre terre et leur base à un mètre au-dessus du sol ; des couvercles de bois de chêne et des rondelles de caoutchouc appliquées contre la base fraichement sciée de ces poteaux, laissent passer seulement un petit ajutage correspondant à l'aubier des poteaux, et sur lequel s'emmanchent des tubes de caoutchouc destinés à le relier avec le tube de distribution de la solution de sulfate de cuivre. Ce tube est en plomb et correspond à un réservoir rempli de ce liquide placé à 7 ou 8 mètres de hauteur. Une pompe foulante, correspondante à divers tonneaux dans

---

sous l'influence du sel de cuivre des taches d'un brun très-caractérisé, qui sont d'autant plus foncées que le sulfate de cuivre est en plus grande quantité dans les parties du bois ainsi humectées.

(1) *Voir* un article intéressant de M. Gauthier-Villars sur ce sujet dans les *Annales télégraphiques*, t. II, p. 257.

lesquels la solution est préparée, permet d'entretenir toujours ce réservoir convenablement rempli. Le liquide, ainsi soumis à la base des poteaux à une pression de 7 à 8 mètres, pénètre avec une grande force dans le bois, et l'on voit, au moment même où l'on établit la communication avec le réservoir, la séve sortir par l'autre extrémité. L'injection d'un poteau télégraphique de 8 mètres dure en moyenne trois jours par ce procédé.

Les poteaux une fois préparés ainsi que nous venons de le dire doivent être complétement séchés avant d'être employés, sans cela une partie des liquides injectés s'écoulerait en terre et entraînerait le sel.

D'après M. Varley, les poteaux en bois injecté ne seraient dans de bonnes conditions de conservation, qu'autant qu'ils ne seraient pas en contact avec du fer ou certaines substances pouvant former des sulfates de fer. Ce sel, suivant M. Varley, détruirait promptement les poteaux, et, pour en éviter la formation, il serait nécessaire de galvaniser toutes les pièces de fer qui doivent toucher ces poteaux. Par la même raison, on doit apporter la plus scrupuleuse attention à la pureté du sulfate de cuivre qu'on emploie, et qui contient souvent du sulfate de fer.

D'un autre côté, M. Blerzy prétend que, quand les poteaux doivent être enterrés dans de la maçonnerie, on doit éviter d'employer de la chaux pour les mortiers, attendu que, sous l'influence des eaux pluviales, il se forme du sulfate de chaux aux dépens du sulfate de cuivre, et les matières albumineuses du bois devenant libres, entrent en fermentation, ce qui entraîne forcément la pourriture du bois. Il croit, en conséquence, que l'on ne doit employer pour ces maçonneries que des ciments ou des mortiers hydrauliqnes dans lesquels la chaux forme avec les silicates un composé inaltérable à l'humidité.

On a proposé, et même on a commencé à mettre en pratique dans certains pays des poteaux en fer, ou moitié bois et moitié fer. Ces poteaux ont généralement la forme de trépieds et auraient, au dire de certains ingénieurs, de très-grands avantages, d'abord celui de la durée, en second lieu celui de rendre les mélanges sur les lignes moins fréquents et moins préjudiciables, enfin celui de neutraliser les réactions atmosphériques. Le modèle le moins cher et le mieux combiné, est celui qu'a proposé M. Desgoffe et que cet habile ingénieur construit aujourd'hui d'une manière courante. Il consiste dans un assemblage de deux lames de fer, laminées cylindriquement et disposées l'une contre l'autre, de manière à constituer un cylindre légèrement conique ayant à peu près la forme d'un poteau ordinaire. Afin de pouvoir être solidement fixées l'une contre l'autre, ces lames hemi-cylindriques ont leurs bords rabattus, de manière à former, de chaque côté, deux languettes qui peuvent s'adapter aisément l'une contre l'autre et être solidement boulonnées ; c'est sur ces languettes que sont fixées, à l'aide des boulons de jonction eux-mêmes, les tiges des isolateurs, qui font de cette manière partie intégrante du poteau. L'expérience a démontré que, pour ce genre de poteaux, on pouvait se contenter de les enterrer simplement comme des poteaux ordinaires. De cette manière, les frais d'installation sont considérablement réduits.

D'après les expériences de M. Varley, l'effet utile des communications directes à la terre par les poteaux est tellement manifeste, que sur toutes les lignes à poteaux de bois qu'il a installées, cet habile ingénieur a établi d'un bout à l'autre de chaque poteau, un fil métallique enterré dans le sol et relié par des fils spéciaux aux supports des isolateurs, comme on le voit fig. 153. Ce fil en même temps se termine supérieurement par une pointe qui forme paratonnerre. Suivant M. Varley, il y aurait par suite de cette disposition une diminution de 3 0/0 dans l'isolation, mais cette perte serait plus que compensée par la suppression des mélanges, qui, dans les conditions ordinaires, entraînent une perte de 18 0/0. Or, ces résultats sont obtenus directement avec les poteaux en fer. On remarquera que, dans le système anglais, les isolateurs ne sont pas fixés sur le poteau comme dans le système français et la plupart des systèmes usités sur le continent. Le poteau, en effet, porte, comme on le voit fig. 153, des traverses horizontales en bois *ee*, *cd*, et c'est sur ces traverses que sont fixées verticalement les tiges des isolateurs qui sont alors droites. Afin de ne pas trop diminuer l'isolation, M. Varley n'établit la liaison des isolateurs avec le fil de terre des poteaux, que par l'intermédiaire des croisillons de bois, qui portent à cet effet une ligature assez large *f*, *g*, *h*, *i*, réunie par un fil au fil de terre.

Fig. 153.

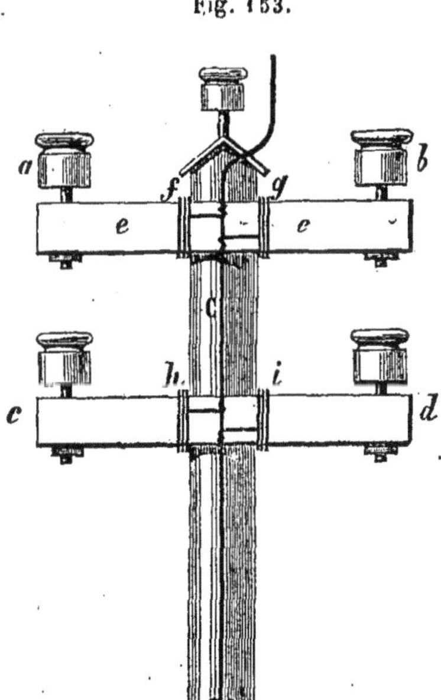

Dans les villes et dans les villages, il n'est pas toujours possible de planter des poteaux, dont l'effet est d'ailleurs disgracieux : on fixe alors les fils à d'autres supports dont la forme est variable selon l'état des lieux, et qui portent le nom de *potelets*.

Lorsque la ligne doit passer devant des croisées, on pose les appareils de suspension contre des consoles formées de deux tiges en fer scellées dans la pierre à la chaux ou au soufre, à $0^m,25$ de profondeur ; une double volute en fer ou en fonte, munie d'un petit bras à scellement, est placée au-dessous de la tige inférieure. Le *potelet* tient par des écrous aux deux grandes tiges, dont l'écartement dépend du nombre de fils à placer. Toutes les fois que les fils ne sont pas dans le même plan vertical des deux côtés de la console, on doit la soutenir par un arc-boutant pour l'empêcher de se déverser.

Quand il n'est pas nécessaire d'éloigner les fils des bâtiments, on fixe simplement, par de forts boulons en fer, une planchette contre le mur sur lequel on veut avoir un point d'appui.

Pour faire passer les fils au-dessus des maisons, on applique contre une des façades un potelet retenu par deux brides et qui dépasse le toit de la longueur convenable.

Enfin, dans certains cas, on est obligé d'employer des colonnes en fonte dont la hauteur est la même que celle des poteaux. Ces colonnes n'offrent pas une grande résistance dans le sens perpendiculaire à leur longueur, et lorsque les fils ne sont pas en ligne droite, il est nécessaire de les maintenir par des fils ou des tiges de fer.

Des isolateurs. — Au premier abord, quand on considère qu'une planche de bois sur laquelle on applique des conducteurs métalliques peut, avec des courants voltaïques, servir d'isolateur à ces conducteurs, on pourrait croire qu'il suffirait, pour isoler convenablement le fil d'une ligne télégraphique, de placer des crochets de fer sur les poteaux en bois et de suspendre le fil sur ces crochets ; mais, pour peu qu'on réfléchisse sur cette question, on ne tarde pas à reconnaître qu'un pareil isolement serait détestable ; car, d'un côté, le bois qui est, il est vrai, à peu près isolant pour l'électricité sans tension lorsque la surface de contact des conducteurs est très-minime, peut acquérir comme on l'a vu page 382, une certaine conductibilité quand cette surface est suffisamment grande, et ce serait précisément le cas des lignes télégraphiques ainsi construites. En effet, en admettant que les crochets fussent enfoncés seulement de 8 centimètres dans le bois, la surface de contact du fer avec les poteaux serait de près de 3 mètres carrés ($2^{m},56$) pour une ligne de 100 kilomètres. D'un autre côté, la solution de sulfate de cuivre, en augmentant la conductibilité du bois, rendrait la déperdition encore plus grande. Mais la principale cause de non-réussite d'une ligne ainsi disposée serait la couche humide qui, en temps de pluie ou de brouillard, se dépose toujours sur les poteaux et constituerait alors entre le fil télégraphique et le sol un conducteur non interrompu.

Si on se rappelle que pour qu'une ligne de 400 kilomètres de longueur soit dans l'impossibilité de transmettre l'intensité électrique nécessaire pour le fonctionnement des appareils (la pile fût-elle composée d'un nombre infini d'éléments), il suffit que chaque dérivation soit inférieure à 83000 kilomètres, ainsi que cela résulte de la formule des courants dérivés que nous avons posée page 156 tome I, on comprendra facilement qu'il ne faudra pas un temps bien humide pour fournir, avec la disposition précédente, cette résistance minima d'isolation, puisque la résistance d'un filet d'eau saturée de sulfate de cuivre ayant 1 millimètre de section sur une longueur égale à celle d'un poteau télégraphique serait à elle seule de 220000 kilomètres. Le problème à résoudre dans l'isolation des lignes télégraphiques était donc de trouver un système de support isolateur qui fût séparé du poteau destiné à le soutenir par une substance très-isolante et pût fournir en même temps une solution de continuité suffisante entre le fil et la couche humide déposée sur le poteau. Ce problème a été résolu de différentes manières.

La plus simple consiste dans une cloche en porcelaine munie de deux oreilles et portant un crochet de fer scellé au soufre ou au plâtre à son intérieur. Deux trous pratiqués dans les deux oreilles permettent, au moyen de fortes vis en fer galvanisé, de fixer ce support sur le poteau. Avec ce système, le pied du crochet ne peut jamais être mouillé par la pluie, et les vapeurs ne peuvent s'y condenser que dans une faible proportion ; il y a donc dès lors discontinuité dans le conducteur humide dont nous avons parlé. D'un autre côté, la porcelaine, se trouvant interposée entre le bois et le fil, empêche toute communication électrique entre la ligne et les potaux.

On aurait pu croire que le problème ainsi résolu devait satisfaire aux conditions d'isolation exigées sur les lignes télégraphiques, mais l'expérience a démontré qu'il était loin d'en être ainsi ; et les transmissions sont devenues si mauvaises sur des lignes ainsi isolées qu'on a dû procéder à des recherches expérimentales toutes particulières pour reconnaître à quelles causes devaient être rapportés ces mauvais résultats. Les premières recherches sur cette question ont été entreprises par M. Varley. En 1862 ce savant m'ayant communiqué les conclusions auxquelles il avait été conduit, je fis un rapport à l'administration des lignes télégraphiques françaises pour l'engager à changer son système d'isolateur, mais ce ne fut que longtemps après, en 1867, que cette question fut mise à l'ordre du jour et que la commission de perfectionnement du matériel télégraphique fut chargée officiellement du soin de faire un rapport motivé à cet égard. Or ce rapport qui a nécessité près d'une année d'expériences de la part d'un des membres les plus distingués de la commission, M. Gaugain, a pu fournir des renseignements précieux sur les conditions de bonne construction de ces organes si essentiels des lignes (1).

Les conclusions auxquelles l'expérience avait conduit M. Varley étaient :

1° Que les isolateurs devaient être construits de manière à ce que la résistance de la couche conductrice déposée sur leurs parois fût la plus grande possible entre le point de suspension du fil et le poteau ; or cette condition ne pouvait être remplie qu'à la condition de placer le crochet de suspension ou la tige portant l'isolateur dans une première cloche, abritée elle-même par une seconde ou même par une troisième.

2° Que la matière composant ces isolateurs *étant plus ou moins conductrice suivant sa nature et son degré de cuisson*, il importait de construire ces isolateurs en deux parties, quitte à les réunir ensemble par un scellement fait avec une matière très-isolante (2).

En 1862, toutes les lignes télégraphiques de la compagnie anglaise internationale avaient leurs isolateurs construits d'après ces principes. Quelque temps après, les lignes prussiennes et les lignes russes furent disposées d'une manière analogue sous ce rapport, et nous fûmes les seuls avec la Suisse à conserver les isolateurs à simple cloche, sous prétexte que le nettoyage en était plus facile et qu'ils étaient moins susceptibles d'être envahis par les toiles d'araignées. Aussi, les recherches comparatives faites par M. Gaugain commencèrent-elles d'abord par constater *que nos isolateurs étaient les plus mauvais de tous ceux employés en Europe.*

Il s'agissait maintenant d'examiner les causes de cette infériorité et M. Gaugain se reportant aux expériences de M. Varley que je lui avais indiquées, divisa ses recherches en deux parties, les unes se rapportant

---

(1) Voir le *journal des télégraphes*, année 1869.

(2) Voir mon Traité de télégraphie électrique, p. 227. Paris, Gauthier-Villars et Blavier, Traité de télégraphie. 2 vol. 20 fr. Paris, E. Lacroix.

à la conductibilité de la matière à laquelle il donna le nom de *conductibilité de masse*, les autres se rapportant à la conductibilité de la couche conductrice déposée sur les parois, à laquelle il donna le nom de *conductibilité superficielle*.

La conductibilité de masse, d'après les expériences de M. Gaugain, peut tenir à la plus ou moins bonne cuisson de la matière isolante et même à sa nature, mais dépend surtout des fissures qui peuvent s'y trouver déterminées, soit par l'effet de la cuisson, soit par une action ultérieure résultant du scellement des supports. Avec des scellements au soufre, il arrive fréquemment, en effet, que des fissures se produisent après un certain temps de service.

L'état des surfaces des isolateurs contribue aussi beaucoup à cette conductibilité de masse ; on comprend aisément que si ces surfaces sont recouvertes d'un émail isolant, l'isolation sera plus parfaite que si elles ne le sont pas, puisque cet émail à lui seul peut faire disparaître les défauts de la matière. Toutefois, comme l'émail dont on recouvre la porcelaine n'est pas toujours parfaitement isolant, et celui des porcelaines bavaroises est de ce nombre, on ne doit pas toujours se fier à lui et on ne peut le regarder que comme une condition complémentaire.

D'un autre côté, le mode de scellement peut contribuer beaucoup à l'isolation, en plaçant, entre le support métallique et la matière de l'isolateur, une couche qui étant parfaitement isolante pourrait encore augmenter l'isolation de l'appareil ; malheureusement les scellements faits avec des matières parfaitement isolantes, et le soufre est en première ligne, produisent comme on l'a vu des effets de détérioration désastreux ; c'est ce qui fait que, malgré les avantages qu'on pouvait en obtenir, on a préféré s'en tenir à un scellement à l'étoupe goudronnée. Dans ces conditions, comme on le comprend aisément, l'intérieur de la cavité de scellement *doit se trouver émaillé* et sillonné par un pas de vis, afin de maintenir solidement l'étoupe.

La conductibilité de masse dans certains isolateurs de l'ancien modèle français a été reconnue par M. Gaugain équivalente à 2600 kilomètres de résistance (estimée en fil télégraphique de 4 millimètres). On peut juger, par là, quelle perturbation un si mauvais isolement pourrait jeter dans les transmissions électriques s'il se produisait à tous les isolateurs. Heureusement avec les nouveaux modèles et les soins qu'on prend maintenant pour en vérifier la qualité avant de les employer, les pertes, sous le rapport de la conductibilité de masse, sont à peu près nulles.

La conductibilité superficielle à l'air libre est tellement variable, même avec des isolateurs neufs, qu'en l'espace de quelques minutes elle peut passer du simple au décuple sans qu'on puisse se rendre un compte parfaitement net des causes qui interviennent. Dans un espace clos saturé d'humidité elle devient plus susceptible d'être mesurée, et M. Gaugain a reconnu qu'elle variait encore d'un isolateur à l'autre dans une proportion de 1 à 2 et même de 1 à 3, et que ces variations tenaient souvent à l'état plus ou moins propre et plus ou moins hygrométrique des surfaces de ces isolateurs ; mais il a reconnu que l'isolement était toujours supérieur avec les isolateurs à double cloche, et cela d'autant plus, que les cloches étaient plus profondes. D'après les expériences qu'il a faites avec des isolateurs de même provenance, il a pu arriver à conclure qu'un isolateur à double cloche, présentait généralement une résistance double d'un isolateur à simple cloche de même profondeur, et cette résistance était 5 fois plus grande que celle des anciens isolateurs en forme de champignon représentés fig. 155. Mais cette proportion peut être encore plus grande en plein air, car dans ce cas les isolateurs à double cloche mettent à acquérir leur maximum de conductibilité un temps beaucoup plus long que les isolateurs en forme de champignon ; la différence d'isolation entre ces deux systèmes d'isolateurs, à un moment donné, peut atteindre le rapport de 1 à 10.

Fig. 154.

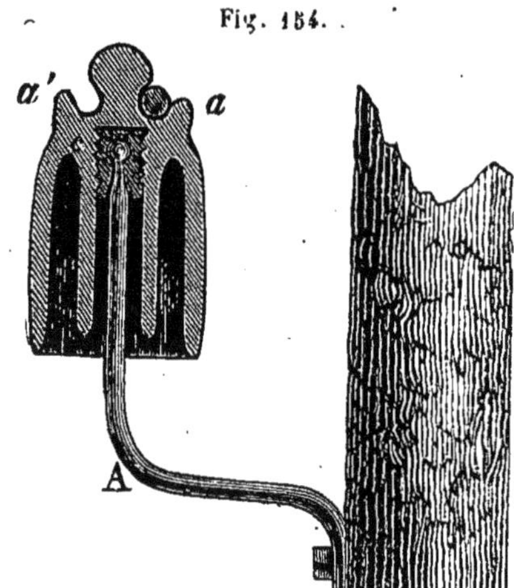

La figure 154 représente la coupe de l'isolateur aujourd'hui adopté sur les lignes télégraphiques françaises, à la suite des études comparatives faites sur les isolateurs envoyés des différentes parties de l'Europe ; c'est à peu près le même modèle que celui adopté par M. Varley et que ceux employés en Prusse, en Russie et en Danemarck, et les expériences qui en ont été faites jusqu'à présent sur nos lignes paraissent être très-satisfaisantes. Les deux petites oreilles a et a' servent à soutenir et à arrêter les fils qui passent dans l'espace annulaire compris entre elles et la tête de l'isolateur.

Il nous reste maintenant à parler de la manière dont les isolateurs doivent être adaptés aux poteaux : la question est encore assez complexe et elle a été résolue de diverses manières dans les différents pays. Or, voici ce que dit à cet égard le rapport de la commission de perfectionnement.

« Il y a cent manières différentes d'installer les isolateurs télégraphiques ; mais, en laissant de côté les détails, on peut distinguer deux dispositions générales. Dans l'une, l'isolateur est fixé au poteau par la partie extérieure ; le fil de ligne qui reste libre de se mouvoir dans le sens de sa longueur, est soutenu par un crochet scellé dans l'intérieur de la cloche. Les isolateurs belges et les isolateurs à oreilles que l'on emploie le plus habituellement en France sont installés de cette manière. Dans l'autre disposition, l'isolateur est supporté par une console qui est scellée dans l'intérieur de la cloche, et le fil de ligne est attaché extérieurement sur la tête de l'isolateur. Cette disposition est celle de l'isolateur-arrêt français et de la plupart des isolateurs étrangers.

« Les deux systèmes qui viennent d'être indiqués ont chacun leurs partisans, et la commission n'a point à décider lequel des deux mérite la préférence : elle a dû seulement examiner ce qu'il y aurait à faire dans le cas de l'une ou de l'autre disposition.

« Si l'on adopte l'isolateur à crochet fixé par sa partie supérieure, la commission croit qu'il conviendra de l'attacher au poteau par le moyen d'un collier de fer analogue à celui dont on fait usage sur les lignes belges, en disposant ce collier de manière à éloigner l'isolateur du poteau autant qu'il sera possible. La commission est d'avis que l'on doit renoncer complétement aux oreilles en porcelaine qui servent aujourd'hui à fixer les isolateurs Français. D'après les renseignements recueillis, ces oreilles sont fréquemment brisées et bien certainement elles le seraient plus souvent encore, si l'on substituait à la calotte sphérique du modèle actuel une cloche cylindrique et profonde.

« Quant au mode de scellement du crochet, le scellement au plâtre que l'on emploie depuis longtemps paraît devoir être conservé ; il est douteux que le scellement au chanvre dont il sera question tout à l'heure, puisse être appliqué aux isolateurs à crochet.

« Maintenant, si l'on adopte la seconde des dispositions indiquées, deux points restent à fixer : la forme du support et le mode de scellement.

« Toutes les formes de support employées jusqu'à ce jour peuvent être rapportées à trois types, dont la figure 155 représente les principaux : la console B,C, en forme d'S dont on se sert en France pour l'isolateur-arrêt; la console A en forme d'U dont on fait usage en Prusse et en Russie, et la console à douille employée en Angleterre et que nous avons représentée fig. 153. Les deux premiers supports dont on vient de parler sont formés chacun d'une seule pièce fixée par une de ses extrémités à l'isolateur et par l'autre au poteau; le support anglais est composé de deux parties, d'une console en bois fixée au poteau et d'une tige droite scellée dans la cavité intérieure de l'isolateur ; cette tige s'implante à simple frottement dans la douille de la console où elle est fixée au moyen d'un écrou.

Fig. 155.

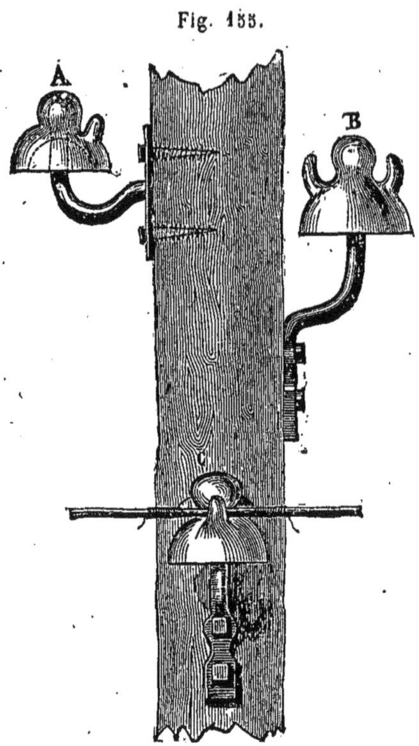

« L'expérience seule peut décider laquelle de ces formes mérite la préférence, mais la commission a été frappée des facilités qu'offre le support à douille pour le remplacement des isolateurs accidentellement brisés, et croit qu'il serait intéressant de le mettre à l'essai.

« Si l'on s'en tient à la console en forme d'S dont on se sert actuellement pour l'isolateur-arrêt, il sera nécessaire de lui donner une plus grande longueur et un plus fort diamètre pour l'approprier au nouvel isolateur dont nous recommandons l'adoption. »

Pendant longtemps, l'administration des lignes télégraphiques françaises a employé différents modèles d'isolateurs pour être appliqués, suivant les différents cas qui peuvent se présenter, dans la construction des lignes, et afin de régulariser la tension des fils, on adaptait à quelques-uns d'entre eux des systèmes de tendeurs mécaniques à roues à rochet. Aujourd'hui on n'emploie plus guère qu'un seul modèle, celui que nous avons représenté fig. 154, et pour suppléer aux tendeurs, on fixe le fil de distance en distance (tous les 500 mètres) sur les isolateurs, à l'aide de petites ligatures faites en fil fin.

L'expérience a du reste montré que cette suppression des tendeurs avait considérablement amélioré les lignes, et cela se comprend aisément, si l'on réfléchit, qu'en raison de leur masse, ces tendeurs ne pouvaient jamais être convenablement isolés, et comme le fil était coupé des deux côtés du tendeur, la continuité métallique de la ligne n'était établie que par l'intermédiaire de simples contacts toujours très-imparfaits, malgré les ligatures qu'on s'était vu forcé d'établir entre les deux bouts disjoints du fil; ils étaient d'ailleurs d'un prix élevé et surchargeaient inutilement les poteaux. En Amérique, ou les isolateurs sont à crochet, les fils sont arrêtés à chaque isolateur au moyen d'un dispositif simple et ingénieux que nous représentons fig. 156. Dans ce système, le crochet sortant de la cloche a la forme d'une ancre, et en faisant passer le fil entre les deux branches de cette ancre et la tige, comme on le voit dans la figure, le fil est obligé de se recourber brusquement dans des sens contraires, et le frottement qui en résulte, joint à la tension de la ligne, suffit pour arrêter celle-ci à chaque support.

Fig. 156.

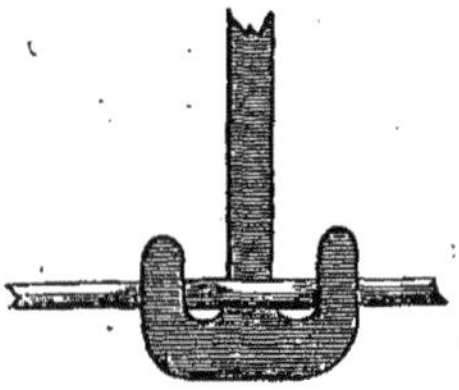

Pour arrêter les fils d'une manière invariable, on emploie quelquefois des poulies en porcelaine, que l'on fixe à plat sur le poteau par une forte vis en fer galvanisé. On enroule plusieurs fois le fil autour de la portion évidée en le serrant fortement et en tordant l'extrémité libre sur la partie tendue.

On avait, dans un temps, pour augmenter la résistance électrique des isolateurs à crochet, émaillé les crochets de fer qu'ils portaient ; mais l'expérience a montré que l'usure des fils et du crochet lui-même était beaucoup plus grande avec cette disposition, parce que l'émail se réduisant en poudre sous l'influence du frottement du fil, formait comme une espèce de poudre d'émeri qui rendait l'action détériorante du frottement beaucoup plus complète. Aussi, ce système a été immédiatement abandonné.

Nous devrons encore, pour en finir avec les isolateurs à double cloche, signaler quelques dispositions d'isolateurs dans lesquels la cloche extérieure est métallique. En Hollande et en Danemark on en voit quelques exemples, et M. Brooks, en Amérique, en avait combiné un modèle cylindrique de petite dimension qui devait, selon lui, fournir de très-grands avantages ; mais la commission de perfectionnement du matériel télégraphique français, après un examen sérieux, n'a pas été de cet avis et en est resté au modèle que nous avons décrit. Il est certain que si cette disposition est plus solide et évite les inconvénients de la casse, elle entraîne un isolement moins parfait et exige des substances de scellement plus isolantes et plus chères.

CONSTRUCTION DES LIGNES AÉRIENNES.

Tracé. — Le tracé des lignes télégraphiques doit être aussi direct que possible. La ligne droite satisfait mieux que toute autre aux conditions de stabilité et d'économie qu'il faut remplir.

« Le tracé, dit M. Blerzy, comporte trois opérations distinctes : l'étude de la direction générale de la ligne, la détermination des points forcés que la nature des lieux indique comme emplacements naturels de quelques poteaux, et enfin le piquetage dans l'intervalle de ces points.

« L'étude générale faite sur le terrain et avec l'aide d'une carte à grande échelle (par exemple, pour la France, la carte d'état-major à l'échelle de $\frac{1}{80.000}$), a pour objet l'examen de la route à suivre, s'il en existe plusieurs entre les villes à réunir, et du régime des eaux dans les pays à traverser. La crue des rivières, l'inondation des prairies, ou simplement même l'abondance des eaux dans les fossés, peuvent rendre défectueuse en hiver une ligne tracée pendant la belle saison. Toutes les autres difficultés que présente la nature des terrains peuvent être aisément surmontées. En pays de montagnes, on a souvent intérêt à abandonner complétement les routes, car elles sont sinueuses et longues par rapport à la distance à parcourir. Dans ce cas, il est bon de s'en tenir à une distance suffisante pour ne pas être exposé à les traverser fréquemment ; mais dans les parcours à travers champs, une troisième condition vient s'ajouter à celles de solidité et d'économie, c'est la facilité de surveillance que l'on ne doit jamais oublier. S'il n'est pas indispensable que le surveillant puisse toujours circuler au pied des fils, il est utile, au moins, qu'il puisse aisément, et surtout à toute époque de l'année, arriver au pied de chaque support.

« Après avoir examiné le terrain sous ces divers aspects, le constructeur peut procéder à la détermination des points forcés. Ce sont les bornes kilométriques sur les routes kilométrées et les chemins de fer ; les traverses des chemins transversaux près desquelles il est bon de placer un poteau pour augmenter l'exhaussement du fil ; les courbes des routes, car leur rayon étant généralement très-faible, il faut répartir l'angle sur deux ou trois poteaux convenablement consolidés et dont la position est déterminée sous la condition que l'effort est réparti uniformément entre chacun d'eux. On place des jalons en ces derniers points, et le reste du piquetage est relativement très-facile. On peut de cette manière évaluer approximativement, sans travaux ultérieurs, le nombre de poteaux nécessaires pour la construction d'une ligne et faire un devis en connaissance de cause.

« Le piquetage entre les points déjà déterminés peut être fait au moment même de la plantation. L'espacement normal des poteaux varie suivant le nombre des fils de la ligne, qui doit être déterminé à l'avance, et l'on doit se rapprocher de cet espacement normal autant que le permettent la disposition des lieux et la distance à franchir entre deux points de repère consécutifs. Si le tracé, dans ces intervalles, est rectiligne, il faut rester dans la limite de l'écartement tangentiel dont il sera question plus loin, et chercher à répartir également la courbe entre les divers poteaux. De plus longs détails seraient superflus. Il suffira de rappeler qu'un tracé est nécessairement mauvais s'il présente des angles brusques et si plusieurs supports consécutifs sont à une faible distance les uns des autres. »

Plantation des poteaux. — La plantation des poteaux est une opération assez délicate et pour laquelle il faut une certaine habitude ; il faut que le trou soit le plus petit possible, afin que la terre présente une certaine résistance, et pour cela on est obligé de le faire étroit et allongé ; il faut, en un mot, qu'il n'ait que la grandeur nécessaire pour qu'un homme puisse manœuvrer ses outils. Enfin, on doit disposer le trou de manière que sa moindre largeur soit dans le sens où s'opère la traction, et avoir soin de fouler fortement la terre autour du poteau à mesure qu'on l'enterre. Les poteaux de 6 mètres et de $6^{m},50$ doivent être plantés, comme on l'a vu, à une profondeur de 2 mètres. Toutefois, quand ils doivent être enterrés dans un terrain pierreux ou dans un rocher, une profondeur de 50 à 60 centimètres peut suffire, mais alors ils doivent être scellés au plâtre ou au ciment. Il en est de même quand on les plante au milieu d'un massif de maçonnerie.

Tension des fils. — Avant d'examiner la manière dont il convient de tendre les fils sur les lignes télégraphiques, il est indispensable que nous donnions quelques détails sur les effets que la tension produit sur eux.

Tout le monde sait que quand un fil est tendu entre deux points fixes, il ne reste pas en ligne droite, son poids lui fait décrire une courbe, et cette courbe est désignée en mécanique sous le nom de *chaînette.*

Sans nous occuper de l'équation de cette courbe ni des calculs théoriques qui en résultent, calculs qu'on pourra trouver dans le traité de télégraphie de M. Blavier, nous dirons qu'il existe entre la tension T exercée sur le fil pour le tendre, la distance a des points d'appui et la longueur f de la flèche de la courbe décrite par le fil, flèche qui, pour des poteaux de même hauteur plantés sur un même plan horizontal, est représentée par la distance entre le point le plus bas de la courbe et l'horizontale passant par les points d'appui, il existe, dis-je, la relation suivante :

$$f = \frac{a^2 p}{8T}, \qquad (107)$$

dans laquelle p représente le poids de l'unité de longueur du fil. Cette relation permet de calculer les valeurs de a, de T et de f en fonction les unes des autres et elle montre de plus :

1° Que pour un fil de section et de nature déterminées, *la flèche est à peu près proportionnelle au carré de la distance des points d'appui, et en raison inverse de la tension exercée sur le fil.*

2° Que quand deux fils de même nature et de diamètre différent sont suspendus aux mêmes appuis, la flèche est la même, si la tension pour les deux fils est proportionnelle à la section, car ils décrivent alors la même chaînette.

3° Que si l'on admet que la résistance d'un fil à la rupture est proportionnelle à sa section, deux fils de même nature peuvent toujours être tendus de manière à avoir la même flèche, sans qu'il y ait plus de chances de rupture pour l'un que pour l'autre.

Il existe bien encore une formule pour exprimer la longueur absolue L du fil entre les points d'appui en fonction des quantités a et f, mais cette formule que nous donnons page 420 n'est guère appliquée, car cette longueur absolue ne dépasse que de très-peu la distance a entre les poteaux dans les cas ordinaires des lignes. Voici en effet, les chiffres qui la représentent pour un fil de 4 millimètres soumis à une tension de 80 kilogrammes.

Pour une portée de	50m	longueur réelle	50m.006
—	100	—	100m.05
—	200	—	200m.50
—	400	—	404m.10
—	600	—	614m.00

La tension d'un fil disposé en chainette n'est pas exactement la même en tous les points de la courbe ; le point où elle est la plus faible est à la partie la plus basse de la courbe, et elle augmente successivement depuis cet endroit jusqu'aux points d'appui. C'est donc aux environs de ces derniers points que le fil a le plus de chances de se rompre, et c'est sur cette tension qu'il faut compter pour ne pas dépasser la limite de la résistance du fil.

Pour connaître cette tension limite, il faut partir de ce principe, que *la tension en un point quelconque de la courbe décrite par un fil, est égale à la tension qu'il possède au point le plus bas, plus le poids d'une longueur de fil de même nature égale à la différence de niveau entre les deux points.* Conséquemment, la tension du fil à ses points d'appui sera égale à la tension au point le plus bas de la courbe augmentée du poids d'une longueur de fil égale à la flèche. Or le poids du fil par mètre étant de 0k,10 pour le fil de 4 millimètres, de 0k,056 pour le fil de 3 millimètres et 0k,156 pour le fil de 5 millimètres, il devient facile, par les longueurs des flèches, de connaître la valeur des tensions aux points d'appui et par suite celle des tensions maxima, quand on sait à quel poids correspond la rupture des différents fils. Comme on admet généralement pour la résistance du fer 40 kilog. par millimètre carré, soit 480 kilog. pour le fil de 4 millimètres et 280 kilog. pour le fil de 3 millimètres, on peut en conclure, d'après la formule $f = \frac{a^2 p}{8T}$, que pour un intervalle de 80 mètres par exemple entre ses points d'appui, un fil de 4 millimètres romprait sous l'effort de la tension qui lui serait donnée pour fournir une flèche de 0m,166, car la tension aux points d'appui deviendrait alors égale à 480 kilog. + 16 grammes.

Ordinairement les tensions exercées sur les fils télégraphiques ne dépasssent guère, avec le fil de 4 millimètres, 70, 80 ou 90 kilogrammes, suivant la température à laquelle on opère, et avec le fil de 3 millimètres, 40, 50 et 60 kilog. Avec ces tensions, la flèche de la courbe décrite par ces fils a les longueurs suivantes :

1° Avec le fil de 4 millimètres,

Pour un écartement, entre les poteaux.	Avec une tension de 70 kilog.	de 80 kilog.	de 90 kilog.
de 50 mètres. . . .	0m,44	0m,39	0m,34
de 75 »	1 ,00	0 ,88	0 ,79
de 100 »	1 ,80	1 ,56	1 ,38
de 200 »	7 ,10	6 ,20	5 ,50
de 300 »	16 ,00	14 ,00	12 ,50
de 1000 »	186 ,00	161 ,00	142 ,00

2° Avec le fil de 3 millimètres :

Pour un écartement, entre les poteaux.	Avec une tension de 40 kilog.	de 50 kilog.	de 60 kilog.
de 50 mètres. . . .	0,46	0,37	0,30
de 75 »	1,05	0,84	0,70
de 100 »	1,87	1,50	1,24
de 200 »	7,50	6,00	5,00
de 300 »	17,00	13,00	10,60
de 1000 »	204,00	154,00	127,00

Mais ces chiffres ne se rapportent aux tensions que nous avons indiquées que dans la partie basse de la courbe, et, dans les parties voisines des points d'attache, les tensions se trouvent augmentées, comme nous l'avons vu, du poids d'une longueur de fil correspondante aux flèches. Cette augmentation, il est vrai, ne change pas sensiblement les valeurs que nous leur avons assignées tant que la distance d'écartement des poteaux ne dépasse par 150 mètres, mais, avec des écartements beaucoup plus grands, il deviendrait nécessaire d'en tenir compte pour ne pas s'exposer à dépasser la tension limite dont nous avons parlé. Ainsi, dans les grandes portées, quand le fil traverse une vallée profonde, ou réunit deux édifices élevés, si on voulait diminuer la flèche dans une proportion plus grande que nous ne l'avons indiqué, on pourrait courir risque de dépasser les limites de la ténacité du fer près des supports, et surtout lorsque la ligne viendrait à se raccourcir sous l'influence du froid. En effet, en partant d'une flèche de 26 mètres au lieu d'une de 186 mètres, on arriverait à dépasser d'environ 7 kil. la tension limite de 480 kilog. pour un écartement de 1000 mètres entre les points d'appui. Or avec la tension de 70 kilog. supposée appliquée au point le plus bas de la courbe dans ces conditions d'écartement des points d'appui, la tension serait seulement, avec la flèche de 186 mètres : $70^k + 186 \times 0^k,10$, c'est-à-dire 88 kilog. dans le voisinage de ces points (1).

---

(1) En Angleterre, on emploie pour la tension des fils d'autres formules, basées sur ces données, que la distance a entre les isolateurs doit être en moyenne de 240 pieds anglais, soit 73 mètres environ, et que la flèche f de la courbure du fil doit être égale à un soixantième de la longueur a, soit 0,006 a. Avec ces coefficients, la longueur véritable du fil L est donnée par l'équation :

$$L = a\left(1 + \frac{8}{3} \cdot \frac{f^2}{a^2}\right) \ldots \text{ pieds anglais.} \qquad (108)$$

D'un autre côté, si on représente par d le diamètre du fil en pouces, par σ le poids d'une barre de fer d'un pied de longueur et d'un pouce carré de section, la composante verticale P qui agit sur chaque isolateur, ou si l'on veut le poids du fil sur chaque isolateur, a pour expression :

$$P = \frac{L d^2 \pi \sigma}{4}, \qquad (109)$$

qui deviendra, en faisant $\sigma = 3,38$ (livres) :

$$P = 2,65\, L\, d^2 \ldots \text{ livres.}$$

Enfin, la tension maxima T aux points de suspension et suivant la direction du fil est :

$$T = \frac{P}{2} \cdot \frac{1}{\sin \alpha} = \frac{L d^2 \pi \sigma}{8} \cdot \frac{\sqrt{a^2 + 16 f^2}}{4f}. \qquad (110)$$

α désignant l'angle du fil avec l'horizontale.

Comme f est toujours très-petit par rapport à a, on peut négliger cette quantité devant cette dernière élevée au carré, et en supposant $L = a$, ce qui peut être fait sans grand inconvénient, ainsi qu'on l'a vu page 417, l'équation précédente, avec les constantes numériques qui ont été données, devient :

$$\text{Tension maxima} = 0,33 \cdot \frac{a^2 d^2}{f} \ldots \text{ livres, ou } \cdot \frac{a^2 w}{374 f} \ldots \text{ livres;}$$

w représentant le poids en *hundred weight* d'un mile légal de fil de fer.

Voici du reste, d'après M. Culley, les tensions correspondantes aux différentes flèches d'un fil suspendu par ses deux bouts.

Flèche en pouces.	Fil ordinaire du n° 8 tendu sur une longueur de 88 yards.	Fil n° 8 tendu sur une longueur de 110 yards.	Fil n° 11 tendu sur une longueur de 110 yards.	Fil n° 11 tendu sur une longueur de 88 yards.
24	313 livres	429 livres	266 livres	224 livres
23	326	448	280	235
22	340	467	291	246
21	359	486	302	257
20	377	504	313	268
19	397	532	324	280
18	418	560	336	294
17	448	588	355	308
16	477	616	374	322
15	510		392	336
14	543		420	355
13	583		448	374
12	624		476	392
11	690		504	420
10	756			448
9	841			476
8	926			504
7	1018			

Le numéro 8 de la jauge anglaise correspond à notre fil de 4 millimètres et son véritable diamètre est $4^{mm},191$. Le n° 11, qui représente notre fil de 3 millimètres a $3^{mm},048$.

En raison des variations de longueur que les changements de température font éprouver aux fils (1), il est nécessaire de préciser la température à laquelle la tension limite doit être appliquée, et encore faut-il faire entrer en ligne de compte ce fait, que quand la distance entre les poteaux est petite, le raccourcissement du fil par suite de l'abaissement de la température diminue la flèche dans une proportion plus grande que quand elle est considérable, et rend par conséquent l'augmentation de tension plus sensible. Quand on opère à une température de 20 degrés, les tensions maxima ne doivent pas dépasser les 70 kilogrammes dont il a été question pour le fil de 4^{mm}, et 40 kil. pour le fil de 3^{mm}. A 10 ou 11 degrés, qui est la température moyenne d'une grande partie de la France, les tensions maxima doivent être de 80 kil. et 50 kil., et, pour les températures froides, de 90 kil. et 60 kil. En résumé, pour avoir une sécurité complète, il faudrait, d'après M. Blavier, faire en sorte que la tension ne puisse jamais dépasser, même accidentellement, 9 à 10 kilogrammes par millimètre carré de surface, ce qui donne pour le fil de 4 millimètres 120 kilog. Or pour que cette tension ne puisse être atteinte par les plus grands froids, la tension à la température ordinaire de 12 degrés ne doit pas dépasser :

50 kilogrammes	pour une portée de	20^{m}
64 kil.	id.	40
74 kil.	id.	60
85 kil.	id.	100

Quand les points d'appuis d'un fil télégraphique sont situés à différentes hauteurs, la formule que nous avons donnée n'est plus applicable, et l'expression algébrique qui relie entre elles les différentes quantités dont on doit tenir compte, a la forme suivante :

$$x = \frac{a^2 - 20\,\mathrm{T}\,b}{2a}, \qquad (111)$$

a représentant comme précédemment la distance horizontale des points d'appuis, b la différence de hauteur des points, T la tension du fil exprimée

(1) Le coefficient de dilatation du fer est $\frac{1}{81200}$ ou 0.00001235, et son coefficient d'élasticité est 0.0000043 par mètre et par kilog. Il en résulte que, si une portée de 50 mètres de fil de 4 millimètres passe de 10° à 0°, elle se raccourcira de 6 millimètres, et si l'excès de tension qui résulte de ce raccourcissement est de 20 kilog., l'élasticité pourra lui permettre un allongement de 0.0043 millimètres.

en kilogrammes, x la distance horizontale du point le plus bas de la courbe à l'appui le moins élevé.

Or la flèche, dans ces conditions, est, par rapport à l'appui le moins élevé, égale à celle qui serait fournie par un fil soumis à la même tension, et dont les points d'appui seraient situés à la même hauteur, mais à une distance l'un de l'autre égale $2\,x$.

Cette formule est établie dans l'hypothèse que le fil a un diamètre de 4 millimètres, mais il est facile de comprendre que, pour une autre grosseur de fil, le coefficient numérique peut seul changer. Cette question n'a, du reste, qu'une importance secondaire.

Quand les portées sont inégales, ce qui arrive souvent par suite de circonstances locales, il arrive quelquefois que les poteaux se trouvent inclinés de côté, même quand les fils ne sont pas arrêtés sur eux ; cela vient de ce que l'angle sous lequel ces fils se présentent aux points de suspension est différent et change les conditions du glissement des fils sur leurs supports, quand par suite de variations très-grandes dans la température les fils viennent à s'allonger ou à se raccourcir. Or, comme on le comprend aisément, le glissement étant d'autant plus facile que l'angle avec l'horizon est moins prononcé, il en résulte qu'un allongement du fil sous l'influence d'une élevation de la température fait glisser le fil du côté de la grande portée, et qu'un raccourcissement, ne le faisant pas revenir facilement, le poteau reste incliné du côté de la petite portée ; c'est pourquoi il vaut mieux dans ce cas arrêter les fils aux extrémités des grandes portées.

La pression exercée sur les supports, et par suite sur les poteaux, varie suivant la tension des fils à droite et à gauche du poteau, suivant l'angle qu'ils font entre eux aux points d'appui, suivant la hauteur du poteau à laquelle la pression s'exerce, enfin, suivant le nombre et la nature des fils.

Naturellement un poteau qui formera tête de ligne, subira s'il n'est soutenu par des haubans, une pression considérable sous l'effort des fils tendus, mais les poteaux intermédiaires ne supporteront les effets fâcheux de la pression que dans le cas où les fils situés à gauche ou à droite feront un angle entre eux. Dans le cas où la ligne est droite, ils n'ont d'autre pression à supporter, en dehors des causes d'inégale tension des fils, que celle de leur poids, qui tend à les enfoncer en terre, ce qui n'est pas un inconvénient.

Quand les fils font entre eux un angle dont les isolateurs occupent le sommet, l'effort supporté par le poteau est d'autant plus grand, pour une même tension de fil, que cet angle est plus aigu, et la résistante R de la tension commune f exercée sur les deux fils a pour expression :

$$R = \frac{\sin a}{\sin \frac{a}{2}} \times f_0 \qquad (112)$$

dans laquelle a représente l'angle des deux fils

Il est donc important, dans le cas où les fils font entre eux un angle aigu, d'employer des poteaux très-forts et des isolateurs solidement établis. Nous allons voir à l'instant qu'il faut même quelquefois employer des doubles poteaux s'arquebouṫant ou des soutiens particuliers, quand la ligne se compose de plusieurs fils.

D'après M. Blavier, les *agles limites* que peuvent faire les fils des deux côtés des points d'appuis sont, pour les poteaux ordinaires en sapin et avec une tension de 100 kilogrammes appliquée aux fils supposés distants les uns des autres de 30 centimètres :

Pour	Poteaux de 10 mètres plantés à 2^m de profondeur	Poteaux de 8 mètres plantés à $1^m,50$ de profondeur	Poteaux de 6 mètres plantés à $1^m,50$ de profondeur
2 fils	159°	164°	173°
4 fils	168°	171°	176°
6 fils	172°	174°	177°
8 fils	174°	175°	178°

D'après les expériences et les calculs de M. Trottin, un poteau de 6 mètres, enterré à une profondeur de $1^m,50$, ne doit pas être soumis à une force supérieure à $26^k,35$, appliquée horizontalement à son sommet ; un poteau de $7^m,50$, enterré de la même manière, ne doit pas supporter une force supérieure à $39^k,58$, appliquée également horizontalement à son sommet ; enfin un poteau de $9^m,50$, enterré à une profondeur de 2 mètres, ne doit pas supporter une force supérieure à 47 kilogrammes, appliquée horizontalement à son sommet.

Quand on veut accroître la force de résistance des poteaux, soit pour la traction des fils, soit pour leur soutien dans les angles, on emploie le système des *haubans*, des *poteaux jumelés* ou des *poteaux à contre-fiches*.

Les haubans sont des fils de fer ou des cordes de fer fortement tendus qu'on fixe d'un côté au poteau et de l'autre à un bâtiment voisin. A défaut de point d'appui, on enfonce en terre un fort piquet et on y attache l'extrémité du hauban. L'effet des haubans est de tirer le poteau en sens contraire des fils avec une force égale à la somme de leurs tensions, et, pour que cet effet soit le plus efficace, il faut que le point d'application du hauban sur le poteau soit le plus haut possible.

Les poteaux jumelés sont deux poteaux accouplés, inclinés légèrement l'un sur l'autre et réunis par des brides et des boulons. Deux poteaux ainsi accouplés offrent, dans la direction de l'accouplement, une résistance égale à cinq fois environ celle que présenterait chacun d'eux pris séparément.

Les poteaux à contre-fiches sont des poteaux soutenus dans le sens opposé à la traction exercée sur eux par des pièces de bois placées en arc-boutants et mortaisées dans le poteau lui-même. Quoique très-solides, ces sortes de poteaux sont peu employées à cause du disgracieux effet qu'ils produisent.

L'action d'un fil sur un poteau est d'autant plus grande qu'il est plus élevé, il y a donc avantage au point de vue de la solidité des lignes, quand des fils de diamètres différents doivent être fixés aux mêmes appuis, à placer au sommet ceux dont le diamètre est le plus faible. Cependant des considérations d'un ordre supérieur peuvent entraîner des positions inverses, car il est bien certain que les gros fils, desservant les lignes les plus longues et les plus chargées de dépêches, doivent occuper le sommet des poteaux afin d'être affectés par moins de causes perturbatrices. Les fils omnibus, c'est-à-dire les fils s'arrêtant à chaque station, devront au contraire occuper la partie inférieure.

Pour mesurer la tension des fils, on peut employer plusieurs systèmes, soit en mesurant la flèche de la courbe décrite par le fil au moyen d'un petit niveau qu'on fait glisser le long du poteau et à l'aide duquel on peut rapporter sur ce poteau la hauteur du point le plus bas de la courbe, soit en appliquant, entre le tendeur et le fil tiré, un dynamomètre, qui indique directement le poids correspondant à la traction.

Sur des lignes sinueuses décrivant des courbes plus ou moins régulières, les poteaux étant soumis à une traction angulaire qui tend à les renverser, leur distance n'est pas indifférente et doit être calculée d'après les angles limites que nous avons assignés précédemment. En supposant que les poteaux forment une courbe régulière de rayon déterminé, on peut en déduire l'écartement maximum qu'ils doivent avoir d'après le rayon de la courbe. Des considérations géométriques conduisent en effet à la formule suivante :

$$x = \frac{R}{f} \times r, \qquad (113)$$

dans laquelle x représente la distance les poteaux, r le rayon de la courbe, f la force qui agit sur le poteau dans chaque direction et qui est égale au produit de la tension des fils par leur nombre, enfin R la résistance du poteau, en supposant la force qui agit sur lui unique et appliquée au même point que la résistance des divers fils. Cette résistance a été donnée pour les différents poteaux page 21, tome 2 du traité de M. Blavier.

Les nombres suivants sont admis en France pour une ligne ayant 4 fils et construite sur des terrains de nature ordinaire, avec des poteaux de force moyenne :

Rayons supérieurs à 2000^m. .		Distance des poteaux . . .	de 80^m à 60^m
»	de 2000 à 1500. .	»	de 60 à 55
»	de 1500 à 1000. .	»	de 55 à 45
»	de 1000 à 800. .	»	de 45 à 40
»	de 800 à 600. .	»	de 40 à 35
»	de 600 à 400. .	»	de 35 à 30
»	de 400 à 250. .	»	de 30 à 25
»	de 250 à 100. .	»	de 25 à 20

Dans les calculs préalables que l'on doit faire pour l'installation d'une ligne, il faut tenir compte aussi des circonstances accidentelles qui peuvent augmenter considérablement la tension des fils sur leurs supports, et au nombre des accidents de ce genre les plus à craindre, il faut mettre en première ligne le givre ou la neige qui peut s'y accumuler. C'est ordinairement dans les contrées découvertes que ces effets se produisent le plus souvent. Le long des routes abritées il n'en est pas ainsi, et c'est une considération qui doit entrer en ligne de compte dans le tracé d'une ligne. Dans certains pays, en effet, les fils se trouvent recouverts d'un manchon de glace ou de neige qui peut presque décupler leur poids, et on peut comprendre que dans de pareilles conditions les fils s'allongent démesurément. Souvent même, dépassant la limite de leur élasticité, non-seulement ils ne reviennent plus à leur limite première, mais ils deviennent dans des conditions de ténacité telles, qu'ils peuvent se rompre extrêmement facilement. C'est surtout à ce point de vue que le givre et la neige sont dangereux, car sous le rapport de la conductibilité, les fils ne perdent pas à cette action ; l'eau glacée est en effet un très-bon isolant et les métaux ont, comme on le sait, leur conductibilité améliorée par le froid. Le directeur des lignes télégraphiques russes m'a, en effet, souvent affirmé que les lignes de Sibérie étaient excellentes pendant l'hiver.

Quant à l'action du vent, sauf certains tourbillons ou tornados qu'on rencontre heureusement rarement, elle est à peu près insignifiante même sur les lignes à plusieurs fils, parce qu'ils se déplacent parallèlement ; cependant, si les fils renferment quelques pailles, ils peuvent quelquefois se rompre sous l'influence de l'agitation qui leur est donnée.

Nous ne parlerons pas des accidents qui peuvent être causés par la malveillance. Ces accidents, avec les progrès de la civilisation et l'habitude que les populations ont maintenant de voir les fils télégraphiques, sont très-rares, et il n'y a qu'en temps de guerre ou de crises politiques, qu'on a à les déplorer.

Pose des fils. — Lorsque les poteaux sont plantés d'après le tracé qui a été arrêté par l'ingénieur, on procède à l'installation des isolateurs. La position de ces isolateurs dépend de l'écartement des poteaux, du degré de tension qui doit être donné au fil, du nombre de ces fils et de la hauteur des poteaux. Pour l'écartement moyen de 75 mètres entre les poteaux, la flèche de la courbe décrite par le fil sous la tension limite étant 1 mètre, il faut que les isolateurs les plus rapprochés du sol soient à une hauteur d'au moins 4 mètres, si l'on veut obtenir au-dessous du fil un espace libre de 3 mètres, distance qu'on peut regarder comme minima. Avec un écartement plus considérable des poteaux, ces isolateurs doivent être élevés encore plus haut ; de sorte qu'on peut considérer $4^m,50$ comme la hauteur réglementaire des isolateurs inférieurs des lignes télégraphiques ordinaires. Ces isolateurs inférieurs étant placés, la position des autres dépend du nombre des fils à soutenir ; mais dans tous les cas, ils ne peuvent jamais être à une distance plus petite les uns des autres, sur chaque côté du poteau, que 30 centimètres, et on choisit les poteaux en conséquence.

Comme la pose des isolateurs est plus facile à faire quand le poteau est couché que quand il est debout, certains ingénieurs font poser les isolateurs sur les poteaux avant de les planter. Il est vrai, qu'avec ce système on casse quelquefois plusieurs de ces isolateurs, mais le dégât, suivant les ingénieurs dont nous parlons, serait bien plus que compensé par l'économie de main-d'œuvre ; la plupart du temps néanmoins, on fixe les isolateurs après que les poteaux sont plantés.

Les isolateurs une fois placés, la pose des fils se fait de la manière suivante : un premier ouvrier déroule les bottes de fil, soit en faisant rouler les bottes sur le sol, soit en laissant défiler un certain nombre de spires tantôt d'un côté tantôt de l'autre pour éviter l'entortillement ; il existe même à cet effet une brouette à déroulement dont malheureusement on ne fait pas un assez fréquent usage. Un second ouvrier étale convenablement le fil et opère la jonction des bouts.

Cette jonction a été effectuée en France de plusieurs manières, tantôt en torsades cordées, tantôt en torsades disjointes et de sens contraire, tantôt à l'aide de ligatures en fil fin contre lesquelles les bouts des fils recourbés en crochet viennent s'arquebouter; mais le système qui a le mieux réussi, qui est en même temps le plus simple et le plus expéditif, est le système à manchon de fer combiné par M. Baron. Il est aujourd'hui uniquement employé sur les lignes françaises et tend à se généralisr de plus en plus. Il consiste dans un petit manchon de fer de 3 à 4 $\frac{1}{2}$ centimètres de longueur, aplati plus ou moins suivant le diamètre des fils et assez large intérieurement pour contenir deux fils placés parallèlement l'un contre l'autre. Comme les fils employés aujourd'hui en France ont 3 diamètres différents (3^{mm}, 4^{mm}, 5^{mm}), on a trois modèles de ces manchons. Sur l'une des faces aplaties de cette espèce d'enveloppe se trouve pratiquée une large entaille ovale qui sert à l'introduction de la soudure, comme nous allons le voir à l'instant, et les deux extrémités du manchon présentent en deux points opposés placés dans le prolongement de chaque fil une petite échancrure *a*, *b* dans laquelle est logée l'extrémité recourbée de ce fil qui forme ainsi une sorte de crochet enclanché. Ce crochet doit être peu saillant, afin de ne pas être accroché lui-même en dépassant la surface du manchon. On comprend facilement qu'avec cette disposition, les deux bouts de fils introduits dans le manchon se trouvent butés l'un par l'autre et maintenus dans une position invariable par les échancrures dans lesquelles sont engagées leurs extrémités recourbées, et comme ils sont soudés fortement l'un à l'autre, ils ne peuvent sortir de ces échancrures et leur contact est aussi parfait que possible ; naturellement, ces manchons sont étamés pour se prêter à la soudure et en même temps pour préserver le fer de la rouille.

Fig. 157.

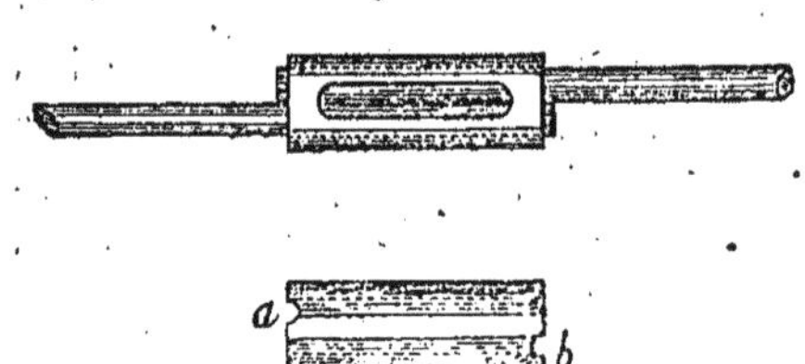

La soudure des fils dans ces manchons est rendue facile au moyen d'un réchaud portatif disposé *ad hoc* et qui chauffe en quelques instants le manchon entier et les fils qui s'y trouvent introduits ; il suffit alors de placer dans la cavité du manchon quelques grains de soudure d'étain pour que l'union des deux fils soit faite dans les meilleures conditions possibles. Il faut, bien entendu, que les bouts de fils aient été non-seulement préalablement décapés à l'esprit de sel, mais encore soigneusement lavés, afin que les fils ne soient pas ultérieurement attaqués par l'acide.

Ce système, je dois le dire par respect pour la vérité, n'est qu'un diminutif de celui qui avait été proposé quelques années avant, par MM. de Bourcy, Banville et Signe. Dans ce dernier système, les fils étaient réunis également par un manchon de fer, et les bouts des fils étaient recourbés en crochet aux deux extrémités de ce manchon ; mais ces crochets, au lieu de buter contre les bords du manchon, appuyaient sur deux coins en fer qui serraient d'autant plus la jointure que la traction exercée sur les fils était plus grande, ce qui dispensait de soudure.

Lorsqu'on a composé une assez grande longueur de fil pour correspondre à l'intervalle séparant deux poteaux où doivent être fixés les fils, c'est-à-dire environ un kilomètre, on procède à la pose du premier de ces fils, et pour cela, après avoir arrêté son extrémité libre sur le support d'arrêt qui termine la ligne, et avoir assujetti solidement ce dernier pour résister à la traction du fil, on passe successivement le fil sur les arrêts des isolateurs, le laissant pendre dans l'intervalle des poteaux ; puis quand on est arrivé au poteau sur lequel il doit être fixé, et qu'on choisit de préférence dans le voisinage de quelqu'arbre un peu fort, on fixe à cet arbre l'une des cordes d'un moufle, et on assujettit l'autre partie du moufle au fil lui-même par l'intermédiaire d'une mâchoire à tendre. C'est une espèce d'étau dont la mâchoire présente une certaine étendue et porte longitudinalement une petite rainure dans laquelle est engagée une tige de fer qui continue un des côtés de cette mâchoire.

Fig. 158.

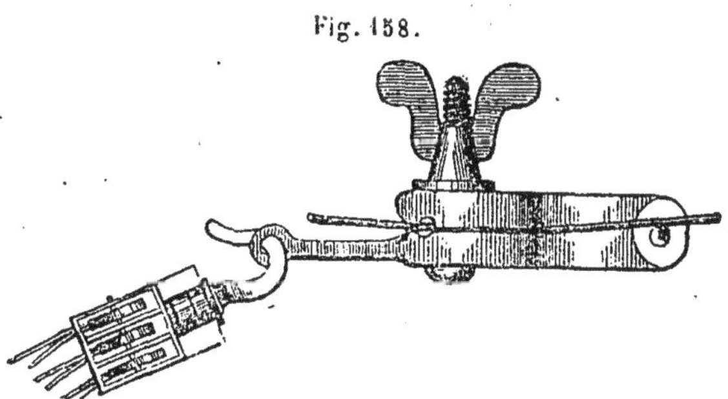

Cette tige se termine par un anneau, et c'est à cet anneau qu'est fixée la corde de la seconde partie du moufle, comme on le voit fig. 158.

On sait quelle puissance de traction possède le moufle ; aussi la tension du fil avec ce système est-elle bien vite opérée, et quand on la juge suffisante d'après la flèche de courbure du fil, on arrête celui-ci au moyen de ligatures entortillées autour de la tête de l'isolateur. On a seulement soin, avant de desserrer le moufle, de fixer au moyen d'une corde la sommité du poteau à l'arbre sur lequel on a pris le point d'appui, pour empêcher le déversement du poteau sous l'effort de la traction exercée par le fil dans la partie venant d'être posée. Ce n'est que quand une seconde traction en sens opposé a été faite pour la continuation de la pose, qu'on enlève cette corde de soutien.

Si on ne trouve pas d'arbre dans le voisinage du poteau où doit se faire un arrêt, on enfonce en terre de forts piquets, et on les relie au poteau par des haubans, après y avoir fixé le moufle. Un atelier de 5 hommes peut poser de 6 à 7 kilomètres de fil par jour.

Quand les lignes doivent avoir plusieurs fils, on s'arrange de manière à placer alternativement des deux côtés des poteaux les isolateurs ; de cette manière on peut écarter davantage les fils les uns des autres, et on diminue les chances de mélange. Toutefois, lorsque la ligne se recourbe sous un angle aigu, il est préférable de les placer d'un même côté, pour qu'en cas de descellement des cloches des isolateurs, le fil correspondant se trouve arrêté contre le poteau et n'embarrasse pas les autres fils. Avec les forts isolateurs que l'on a maintenant, cet accident est du reste beaucoup moins à craindre qu'avec le système de supports à crochets.

Quand une ligne doit traverser un souterrain, un tunnel, des caves ou des lieux humides, les fils qui la composent doivent être remplacés, en ces endroits, par des fils recouverts de gutta-percha et introduits dans des tuyaux de plomb ou de fonte. Nous verrons bientôt que cette précaution est nécessaire en raison de la facilité avec laquelle la gutta-percha s'altère à l'air, à la suite des alternatives de sécheresse et d'humidité. On doit du reste éviter autant que possible de faire passer les fils par des souterrains, car on rencontre toujours là des causes d'accidents et de détérioration, quelque soin qu'on prenne pour leur conservation.

Le système d'arrêt des fils sans tendeurs, outre les avantages que nous avons signalés, en présente un qui ne laisse pas que d'avoir une certaine importance, c'est celui de permettre le redressement facile des poteaux d'arrêt quand ils sont soumis à des tractions inégales de chaque côté. Il suffit en effet, dans ce cas, de retirer la ligature, et de la rétablir une fois le poteau redressé. Avec le système à tendeurs, il fallait d'abord saisir le fil des deux côtés du tendeur avec deux mâchoires à tendre réunies par un câble, dégager les extrémités du fil du tendeur et les y assujettir de nouveau, une fois le poteau redressé, ce qui était une véritable opération.

Systèmes pour empêcher les bruits produits sur les fils télégraphiques. — Il arrive souvent, surtout quand une ligne télégraphique est exposée au vent et établie sur un terrain pierreux, que les fils déterminent des bruits très-accentués, quelquefois même assez intenses pour devenir intolérables dans le voisinage des points où ils se produisent. Ces bruits viennent de *vibrations longitudinales* communiquées aux fils, soit par le vent quand il souffle dans une direction à peu près parallèle à leur longueur et presque tangente à leur surface, soit par une action physique ou mécanique ayant pour effet de provoquer un mouvement de glissement du fil sur les isolateurs. Ce mouvement de glissement est toujours produit sur les poteaux qui séparent des portées de fils très-inégales, à la suite de variations brusques de température, ou même sous l'influence du vent agissant normalement à la direction des fils, et comme ces vibrations s'ajoutent et se renforcent, elles finissent par produire un bourdonnement qui sur certaines routes ferait croire à des roulements de tambours.

On a cherché depuis longtemps à faire disparaître cet inconvénient, et les moyens qui ont le mieux réussi sont ceux qui ont été imaginés par MM. Lissajous et Mahon. Suivant M. Froment, qui en a fait l'essai, le système de M. Lissajous aurait fourni les plus heureux résultats. Ce système consiste dans l'emploi de deux tasseaux en bois de 1 à 2 mètres de longueur, serrés contre le fil dans le voisinage des poteaux à l'aide d'une série de vis. Cette disposition aurait pour effet d'entraver la propagation des vibrations longitudinales et d'empêcher par cela même la production des sons.

Le système de M. Mahon consiste à remplacer aux points d'attache le fil de fer par un câble en fils de cuivre rouge enfermé dans une gaîne de caoutchouc. Pour amortir davantage la transmission des vibrations, l'extrémité du fil de fer est elle-même enveloppée de caoutchouc et de plus complétement séparée du fil de cuivre par une sorte de poulie en bois recouverte de peau. La communication métallique nécessaire au passage du courant électrique est assurée au moyen de deux petits fils de cuivre recouverts de gutta-percha, qui relient le fil de fer au câble de cuivre. Enfin les ligatures de ce petit fil sont recouvertes elles-mêmes de caoutchouc. On voit par là que les vibrations, pour se transmettre du fil de fer au poteau qui le supporte doivent traverser une première couche de caoutchouc, la poulie de bois recouverte de peau, une deuxième couche de caoutchouc, le câble de cuivre et une troisième couche de caoutchouc. On conçoit d'après cela qu'elles doivent être considérablement amorties et qu'en donnant aux diverses parties de ce système des dimensions convenables, on puisse parvenir à éteindre le bruit des fils.

Les moyens qu'on emploie ordinairement pour résoudre ce problème consistent : 1° à détendre le fil sur le point de la ligne où l'on veut éteindre le bruit ; 2° à séparer entièrement les fils des points sur lesquels ils sont fixés par une substance peu vibrante, comme le caoutchouc ou la gutta-percha ; 3° à employer des supports à sourdine ; ce sont des isolateurs ordinaires dont les trous destinés au passage des vis de scellement sont garnies d'un manchon ou de rondelles de caoutchouc.

Prix de revient d'une ligne télégraphique. — M. Blavier, dans son traité de télégraphie, établit comme il suit le prix moyen de la construction d'un kilomètre de ligne télégraphique dont les poteaux sont de 8 mètres, injectés au sulfate de cuivre et éloignés les uns des autres de 80 mètres :

1° Poteaux plantés. (14 avec transport moyen de 20 à 30 kilom. à 10f,25 l'un)		143f,50
2° Pour le fil de 4 millim. posé (100 kil. de fil de fer à 0f,65)	65f,00	
13 isolateurs arrêts (fig. 155)	22,10	
1 tendeur avec ses vis	6,00	108,10
Transport, main-d'œuvre, soudures.... environ	15,00	
Total		251f,60

Il est vrai que dans ce compte figure le prix d'un tendeur qui n'est plus employé, mais en revanche les isolateurs à double cloche sont plus chers, de sorte qu'il peut y avoir compensation. En définitive, on peut admettre comme prix moyen du kilomètre de fil télégraphique de 4 millimètres 250 francs ; mais ce prix peut être abaissé à 172f40 avec des poteaux moins élevés, avec du fil de 3 millimètres et des isolateurs à cloches qui ne reviennent qu'à 0,30 centimes l'un.

DÉRANGEMENTS SUR LES LIGNES TÉLÉGRAPHIQUES DUS A DES CIRCONSTANCES ACCIDENTELLES.

Il arrive souvent sur les lignes télégraphiques que les fils se brisent ou se touchent entre eux, et dès lors les communications deviennent impossibles : pour y remédier, il importe de savoir d'abord quelle est la nature de l'accident survenu, en second lieu en quel point de la ligne cet accident s'est produit. Les formules d'Ohm et les appareils rhéostatiques permettent de répondre à ces deux questions, mais il est facile de comprendre, sans plus ample information, que l'on devra toujours connaître préalablement aux différentes stations la résistance effective de la ligne, du moins dans l'intervalle qui les sépare. Ce sont des recherches qui doivent être faites fréquemment, surtout sur les lignes susceptibles d'être enfumées, car on a vu p. 28, tome I, que leur isolement varie considérablement avec le temps. Nous avons indiqué déjà les moyens de mesurer cette résistance, et ces moyens ne présentent d'ailleurs rien de difficile avec un système rhéostatique bien étalonné. Quant à la recherche des dérangements, elle est assez complexe ; elle exige certains calculs et constitue une des questions les plus importantes de la télégraphie électrique. Aussi cette question a-t-elle été traitée avec beaucoup de soin dans la plupart des traités de télégraphie électrique, notamment dans celui de M. Blavier, dans le traité de la mesure électrique de M. Latimer Clark (voir l'édition française, pages 44, 81), enfin dans mon traité de télégraphie, p. 120, 573), etc., etc. Comme elle est très-spéciale, nous aurions pu la passer sous silence dans l'ouvrage que nous publions aujourd'hui, mais la plupart des applications électriques exigeant l'intervention d'un circuit plus ou moins long, nous avons cru devoir indiquer au moins les méthodes et les formules les plus employées dans les différents cas qui peuvent se présenter, et, pour leur donner un caractère de nouveauté, nous résumons ici celles qui ont été indiquées par les électriciens anglais ; nous les résumons, comme toujours, d'après le formulaire électrique de M. Latimer Clark.

Quand une ligne est dérangée accidentellement en un endroit quelconque, les perturbations qui en résultent pour les transmissions peuvent dériver de quatre causes différentes, qui peuvent être formulées ainsi qu'il suit :

1° Ou le fil de ligne est en contact avec un fil de ligne voisin, et alors le courant se divise entre les deux lignes en perdant naturellement sa force sur chacune d'elles ;

2° Ou la ligne est brisée et en communication complète, ou à peu près, avec la terre à l'endroit du défaut.

3° Ou la ligne n'est pas brisée, mais se trouve en communication avec la terre dans une proportion à peu près suffisante pour rendre les signaux imperceptibles.

4° Ou bien la ligne est rompue sans être en communication avec la terre.

Ce dernier cas est rare, car généralement les fils télégraphiques, quand ils sont brisés, traînent à terre ou sont accrochés sur d'autres fils ; quand ce cas se produit, la rupture de la ligne vient le plus souvent d'une solution de continuité dans les communications électriques à l'intérieur des bureaux, principalement aux parafoudres.

Le troisième cas se relie un peu au premier et au second, et les calculs qui s'y rapportent doivent être à peu près les mêmes ; de sorte que nous n'aurons guère à examiner que les deux premiers cas.

1er *Cas.* — *Contact entre deux fils de ligne.* — La figure 159 ci-dessous indique le dispositif des appareils pour déterminer dans ce cas le lieu du contact.

Fig. 159.

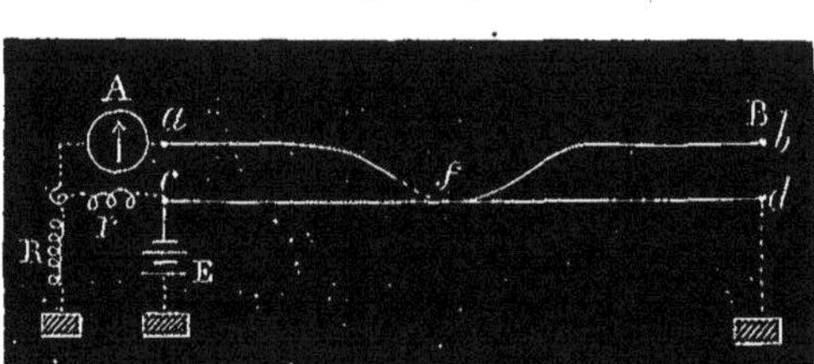

« Pour reconnaître le contact *f* entre deux fils de ligne *ab*, *cd* réunissant une station A à une autre B, dit M. Clark, isolons d'abord le bout le plus éloigné *b* de la ligne supérieure et établissons une communication entre le bout *d* du fil inférieur et la terre.

« Mettons à la station A le point de départ *c* du fil *cd* en rapport avec une pile E, mise déjà en communication avec le sol, et interposons entre le point de départ du fil *ab* et la terre un galvanomètre et un appareil rhéostatique R. Enfin, réunissons cet appareil rhéostatique au point *c* par l'intermédiaire d'une résistance connue *r* estimée en Ohms. On forme ainsi un pont de Wheatstone dont les côtés sont *r* et *cf*, R et *fd*, les premiers communiquant avec le pôle + de la pile, les deux autres avec le pôle — par l'intermédiaire du sol, et dont les points d'attache du galvanomètre sont en *f* et au point de jonction de R et de *r*. Quand l'équilibre de la balance sera établi on aura donc entre les résistances qui composent ce circuit multiple la relation :

$$\frac{cf}{fd} = \frac{r}{R}$$

qui donne, quand la longueur cd est bien déterminée,

$$cf = cd \times \frac{r}{R + r}. \qquad (114)$$

Pour localiser le contact entre deux fils, M. Schwendler indique la méthode suivante :

1° Isolez les bouts les plus éloignés et mesurez la résistance des deux fils réunis par le contact accidentel, ce qui donnera R Ohms.

2° Réunissez les bouts les plus éloignés et mesurez la résistance comme précédemment, ce qui donnera r Ohms.

La distance x du point de contact à la station où l'on fait l'expérience sera donnée par l'équation :

$$x = \frac{r - \sqrt{(Lm + L'm' - r)(R - r)}}{m + m'} \text{..... miles légaux}$$

dans laquelle L représente la longueur en miles légaux d'une des lignes, L' la longueur de l'autre ligne, m la résistance en Ohms par mile de la première ligne, m' la résistance également par mile de l'autre ligne (1).

Quand les fils ont la même longueur et le même diamètre, cette équation se réduit à :

$$x = \frac{r - \sqrt{(2\,L\,m - r)\,(R - r)}}{2\,m.} \text{..... miles}$$

et avec deux mesures R et r égales, à :

$$x = \frac{R}{m + m'} \text{..... miles,}$$

si les fils sont d'un diamètre différent, et à

---

(1) Cette formule dérive des deux équations :

$$R = x\,(m + m') + \alpha\,;\ \text{et}\ r = x\,(m + m') + \frac{[Lm + L'm' - x\,(m + m')]\,\alpha}{Lm + L'm' - x\,(m + m') + \alpha}$$

dans lesquelles α représente la résistance inconnue du point de contact f, où se fait la dérivation dans la seconde partie du circuit. En tirant de la première équation la valeur de α et la substituant dans l'autre, il vient :

$$x^2 - \frac{2rx}{m + m'} + \frac{rR - (Lm + L'm')\,(R - r)}{(m + m')^2} = o\,;$$

d'où :

$$x = \frac{r}{m + m'} - \sqrt{\frac{r^2 + (Lm + L'm')\,(R - r) - Rr}{(m + m')^2}} \ \text{ou}\ x = \frac{r - \sqrt{(Lm + L'm' - r)(R - r)}}{m + m'}.$$

$$x = \frac{R}{2m} \text{ ..... miles,}$$

s'ils sont d'un même diamètre.

D'après M. Culley, quand le contact entre les deux fils est sans résistance, la moitié de la résistance du circuit formé par les deux fils ainsi réunis divisée par la résistance connue du fil par mile indique la distance de la faute. Mais quand le contact est imparfait, il vaut mieux employer l'un des fils entre la station et la faute comme conducteur seul et isoler son bout le plus éloigné, en rapportant les mesures au 2e fil. Si les deux fils sont A et B, on isolera le bout le plus éloigné de A et on réunira son bout le plus rapproché au pôle négatif de la pile. Le pôle positif de celle-ci sera en relation avec un galvanomètre différentiel, dont les deux multiplicateurs correspondront d'autre part l'un au bout le plus rapproché de B, l'autre à la terre, et le bout le plus éloigné de B, sera également en communication avec la terre.

Si l'aiguille du galvanomètre est immobile, la faute est vers le milieu de la ligne. Dans le cas contraire, on ajoutera au circuit de l'un des multiplicateurs du galvanomètre une résistance additionnelle, jusqu'à ce que l'équilibre soit établi, c'est-à-dire jusqu'à ce que l'aiguille reste à zéro. Alors si R Ohms représente cette résistance additionnelle et L Ohms la résistance primitive de B, la résistance r du fil entre la faute et la station qui correspondra au circuit de la résistance R, sera :

$$r = \frac{L - R}{2} \text{ ... Ohms,} \qquad (116)$$

et la distance D de la faute

$$D = \frac{L - R}{2r_1} \text{.... miles,} \qquad (117)$$

r_1 étant la résistance moyenne, en Ohms, d'un mile de fil.

2e *cas. — Contact entre un fil et la terre.* — Quand le contact d'un fil à la terre est très-bon, la résistance de la partie de ce fil entre la station et la faute indique la distance à laquelle ce contact a lieu. Mais quand ce contact présente une grande résistance, ce qui est le cas ordinaire, sa distance peut être déterminée à l'aide d'un second fil par une méthode dite de Murray, qui consiste à constituer avec ces deux fils un pont de Wheatstone, dont les côtés en contact avec le pôle positif de la pile sont deux résistances rhéostatiques adaptées aux deux extrémités des fils de ligne, à la station d'épreuve, et dont les autres côtés, en contact avec le pôle négatif, sont représentés par les fils de ligne eux-mêmes, qui se trouvent réunis métalliquement à leurs extrémités les plus éloignées. Le galvanomètre se trouve alors interposé entre les deux extrémités opposées de ces fils, et la communication du pont avec le pôle négatif est établie par le contact avec le sol. Dans ces conditions, si L représente la résistance primitive de la ligne fautive, L' celle du bon fil, R et R' les valeurs des résistances rhéostatiques destinées à équilibrer la balance, la résistance x de la ligne fautive jusqu'à la faute sera représentée par :

$$x = R.\frac{L + L'}{R + R'}. \tag{118}$$

En effet admettons que x' exprime la distance de la faute à la station opposée à celle ou on expérimente, et que cette faute appartienne à la ligne L, les branches du pont seront : d'un côté du galvanomètre $R' + L' + x'$, de l'autre ; $R + L - x'$, et, quand l'équilibre de la balance sera établi, on aura :

$$R' : R :: L' + x' : L - x'$$

ou

$$R' + R : R :: L' + x' + L - x' : L - x'$$

d'où

$$L - x' \text{ ou } x = R.\frac{L + L'}{R + R'}.$$

Quand on n'a pas à sa disposition un second fil de ligne, la distance de la faute ne peut se calculer qu'en mesurant la résistance du fil fautif, d'abord isolé à son extrémité, puis mis ensuite en communication avec la terre. La résistance primitive de la ligne étant connue, on peut déduire la résistance inconnue au moyen de formules dont nous parlerons plus tard au sujet des fautes sur les câbles sous-marins.

Pour corriger la résistance d'une ligne, M. Schwendler donne plusieurs formules qui peuvent avoir leur utilité.

Soient R la résistance mesurée de l'isolation de la ligne ;

r la résistance mesurée du fil (sans relais au bout éloigné) ;

r' la résistance mesurée du fil (avec relais) ;

la résistance corrigée L de la ligne aura pour expression :

$$L = 2 (R - \sqrt{R (R - r)}) ; \tag{119}$$

la résistance corrigée R' de l'isolation sera :

$$R' = \sqrt{R (R - r)}, \tag{120}$$

et la résistance du relais r'' à la station éloignée :

$$r'' = \frac{R (r' - r)}{R - r'}. \tag{121}$$

Quand une ligne est constituée par deux fils de différents diamètres, mais d'une même conductibilité, la résistance moyenne r par mile de cette ligne pour l'un des diamètres sera représentée par la formule :

$$r = \frac{d'^2}{ld'^2 + l'd^2} . R ; \qquad (122)$$

et pour l'autre diamètre

$$r' = \frac{d^2}{ld'^2 + l'd^2} . R. \qquad (123)$$

d, d' désignant les diamètres des deux fils, l, l' leur longueur, R la résistance totale mesurée.

Caractères des dérangements. — Pour qu'on puisse apprécier les dérangements et leur appliquer, suivant les cas, les formules qui précèdent, il faut qu'on connaisse leurs *caractères distinctifs*, et c'est cette question dont nous allons maintenant nous occuper.

Caractère des dérangements dus à un défaut de conductibilité. — Tout défaut de conductibilité, en augmentant la résistance du circuit, affaiblit l'intensité du courant et se traduit par une diminution de la déviation de l'aiguille aimantée dans le galvanomètre ou la boussole des sinus. Cette déviation peut même être nulle, si la conductibilité du circuit l'est devenue par suite de la rupture d'un fil ou de l'interposition d'une substance non conductrice entre les deux pièces métalliques appelées, par un simple contact, à continuer le circuit.

Le caractère général des dérangements de cette nature, est donc *l'immobilité ou la faible déviation de l'aiguille aimantée.*

Toutefois, cet effet peut être dénaturé par les circonstances accessoires du dérangement. Ainsi, dans le cas d'une rupture sur la ligne, si l'extrémité du fil la plus rapprochée du poste où l'on observe repose sur un sol humide, le courant continuera à se faire jour, et les indications obtenues à la boussole par l'envoi d'un courant pourront accuser souvent une intensité électrique plus forte qu'avant la rupture du fil. Mais si l'on cherche ensuite à recevoir le courant du poste correspondant, cette nouvelle expérience pourra éclairer tout à fait la première, car si on ne reçoit alors aucune trace de courant, on aura lieu de penser qu'il existe réellement une solution de continuité.

La rupture d'un fil offrira de même le caractère d'un mélange, si le fil rompu vient à en toucher un autre ; mais on pourra le reconnaître par l'isolement de ce dernier à ses deux extrémités.

Lorsque la boussole accuse, par l'affaiblissement de ses déviations, un défaut de conductibilité, elle ne fournit par là aucun renseignement sur le lieu des dérangements. Mais si l'on fait établir successivement en divers points du circuit des communications momentanées avec la terre, la boussole déviera fortement tant que cette communication sera en deçà du point défectueux, faiblement dès qu'on l'aura dépassé. On peut de la sorte circonscrire le dérangement entre deux limites aussi rapprochées qu'on le voudra.

Caractères des dérangements dus à un défaut d'isolement — Tout défaut d'isolement, toute dérivation du courant, affaiblit la partie utile de ce courant, c'est-à-dire celle qui parvient jusqu'à l'appareil du poste destinataire. Mais en ouvrant un nouveau chemin à l'écoulement électrique, cette dérivation en facilite, comme nous l'avons vu page 154, tome I, le développement, et l'intensité du courant, diminuée dans la branche mère au delà du point de dérivation, est augmentée dans la partie comprise entre la pile et ce point.

Donc, *le caractère général des dérangements de cette nature, est une augmentation dans la déviation du galvanomètre ou de la boussole au poste qui envoie son courant.*

Sûr une ligne télégraphique, l'isolement n'étant jamais parfait, l'intensité du courant près de la pile du poste expéditeur est toujours plus forte qu'elle ne devrait l'être en ne considérant que la résistance du circuit lui-même ; mais connaissant, par les indications ordinaires du galvanomètre, les déviations qui correspondent à l'état d'isolation de la ligne par les temps secs et les temps humides, il devient facile de reconnaître les pertes ou les défauts d'isolation dus à des circonstances anormales.

Caractères des dérangements dus au contact des fils entre eux. — Les désordres dus au contact de deux fils sont immédiatement *caractérisés par les phénomènes qui en résultent dans les postes; le courant envoyé par un fil revient par un autre et on en est averti par la marche simultanée et concordante de deux appareils interposés sur ces deux fils.* Dans ce cas, l'intervention de la boussole n'est pas nécessaire pour éclairer sur la nature du dérangement, mais elle peut donner des renseignements utiles (ainsi qu'on l'a vu page 433) sur le point de la ligne où il se trouve.

Marche à suivre dans la recherche des dérangements. — Les instructions de l'administration des lignes télégraphiques sur la marche à suivre dans la recherche des dérangements commencent ainsi :

« Une observation générale doit prendre place en tête de ces instructions; elle est relative à la disposition fâcheuse où sont très-souvent les employés des stations *d'attribuer tout d'abord à l'état des lignes les difficultés qu'ils rencontrent dans leur travail.* Lorsqu'un dérangement se produit, il faut, avant d'envoyer à sa recherche extérieurement, vérifier avec soin si la cause n'en est pas dans l'intérieur des stations, et ne faire partir le surveillant chargé de l'entretien des lignes qu'après avoir acquis la certitude que tout est en ordre dans le poste de la résidence, et s'être assuré qu'il en est de même dans les stations correspondantes. »

Nous ne saurions trop insister sur cette observation, car le plus souvent les dérangements sont produits à l'intérieur des postes, et l'imputation qui est faite à la ligne de ces dérangements n'est quelquefois qu'un prétexte pour déguiser la paresse ou la négligence des employés.

Lorsqu'un poste A, correspondant avec un poste B, se trouve arrêté dans son travail, il arrive de trois choses l'une : ou A reçoit bien sans pouvoir se faire entendre de B, ou A transmet facilement à B sans recevoir de lui, ou enfin ni A ni B ne peuvent recevoir l'un de l'autre, du moins par le fil en dérangement.

Dans les deux premiers cas, on doit présumer généralement que l'état de la ligne n'est pas altéré, car toute cause de dérangement agissant sur le circuit commun aux deux courants, devrait influer sur l'un comme sur l'autre. Toutefois, une forte perte, dans le voisinage de l'un ou l'autre des deux postes, pourrait avoir pour résultat d'affaiblir dans une plus grande proportion le courant reçu que le courant envoyé, par la raison que les dérivations ont un effet plus nuisible à l'extrémité d'une ligne qu'au commencement, ainsi qu'on l'a vu page 157, tome I.

Dans le troisième cas, il est parfaitement démontré que le dérangement est sur la ligne.

On pourra voir les détails de la méthode à suivre pour la recherche des dérangements dans ces différents cas, dans notre Traité de télégraphie électrique, p. 577.

TRANSMISSSION ÉLECTRIQUE SUR LES CIRCUITS AÉRIENS.

Nous avons vu, au sujet de la propagation électrique dans sa période variable et dans sa période permanente, comment la mauvaise isolation des lignes aériennes pouvait faire varier les lois si simples déduites de la théorie d'Ohm : nous allons voir maintenant les conséquences qui peuvent en résulter par rapport aux transmissions.

Une transmission électrique suppose, comme on le comprend aisément, une succession de fermetures et d'interruptions de courant, et elle est d'autant plus rapide que cette succession alternative peut s'effectuer dans le moindre espace de temps. Si la propagation électrique était instantanée, il est certain que cette vitesse de transmission n'aurait pour limite que celle de l'appareil destiné à effectuer les fermetures et ouvertures du circuit, mais, d'après ce que l'on a vu, il est loin d'en être ainsi puisque, d'un côté, les durées de la propagation sont à peu près proportionnelles aux carrés des longueurs des lignes et à leur coefficient de charge, et que, d'un autre côté, les décharges mettent à s'effectuer un temps au moins quatre fois plus long que les charges. Si nous joignons à ces causes celles qui résultent 1° des réactions d'induction produites au sein des appareils destinés à transformer en effet utile l'action du courant, 2° de l'inertie des pièces qui en subissent l'effet tant sous le rapport physique que sous le rapport mécanique, toutes causes qui contribuent à retarder l'effet maximum que les émissions électriques sont susceptibles de fournir, on arrive à conclure que *la vitesse de transmission* est très-limitée et dépend essentiellement du degré d'énergie qu'on demande à l'action du courant. Si ce degré d'énergie comporte les 9/10 de l'intensité maxima,

Fig. 160.

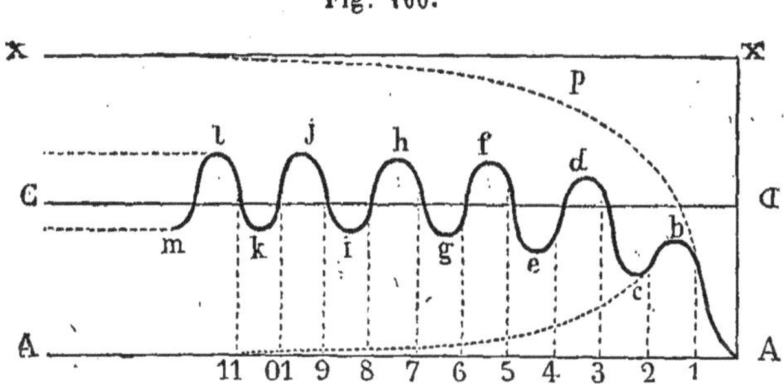

il est évident que le temps des transmissions sur une ligne un peu longue pourra être considérable, quand bien même on établirait des communications à la terre des deux côtés de la ligne. Si ce degré d'énergie correspond à une force très-minime, il pourra être beaucoup plus court, surtout si on emploie le système à condensateur de M. Varley. Toutefois, nous devons le dire dès à présent, ce minimum de force électrique, avec les appareils dont on dispose actuellement sur les lignes aériennes, ne peut suffire, et d'ailleurs ces lignes ne sont pas assez bien isolées pour se prêter à l'intervention d'un condensateur; c'est donc sous l'influence d'une force électrique intermédiaire entre ce minimum et les 9/10 du maximum, que les appareils fonctionnent généralement, et dans ces conditions, il arrive, comme l'a démontré M. Fleemming Jenkin, que les transmissions ne s'effectuent le plus souvent que sous l'influence de renforcements et d'affaiblissements alternatifs d'une première charge ; de telle sorte que les courbes de charge et de décharge, dans des transmissions successives égales, se présentent sous la forme de la figure 160 ci-contre.

Au moment où l'on établit la communication avec la pile, l'électricité se répand dans le fil et arrive à l'extrémité du conducteur où l'intensité suit une marche ascendante représentée par la courbe A*b*PX, semblable à celle de la fig. 15, page 64, tome I.

Au bout de l'instant 1, l'intensité est *b*A: si à ce moment on interrompt la communication avec la pile et qu'on l'établisse avec la terre, le courant continue à augmenter d'intensité pendant un instant, en raison de la charge du fil, puis l'accroissement s'arrête à une limite *b*, et la décroissance commence en suivant une courbe *bc*A, qui représente la partie inférieure de la courbe de décharge dont il a été parlé page 64, tome I.

Si après un intervalle de temps égal à 2, on rétablit la communication avec la pile, le courant décroît encore un instant, atteint un minimum *c*, puis augmente en suivant la courbe *cd* ; mais cette courbe est moins rapide que pendant la première émission de courant, parce qu'elle commence plus haut. Toutefois, au bout d'un intervalle de temps 3 égal au premier 1, elle atteint un point *d* plus élevé que *b*, ayant commencé en *c* au lieu de partir de A.

A l'instant représenté par 3, si on rétablit la communication avec la terre, l'intensité décroît de nouveau, puis augmente après l'instant 4, et ainsi de suite. On a donc pour représenter l'intensité du courant, à chaque moment, une courbe sinueuse A*bcdefghi*, etc., dont les sommets s'élèvent peu à peu et arrivent bientôt à une hauteur fixe telle, qu'ils se trouvent à égale distance de la ligne médiane DC, dont la hauteur AD au-dessus de la ligne des abscisses représente la moitié de l'intensité définitive AX.

Ainsi le courant n'est jamais interrompu complétement dans un circuit télégraphique, et les sinuosités de la courbe des intensités sont d'autant plus étendues que les émissions successives de courants sont plus distancées, et si elles étaient excessivement rapprochées après une première charge, la courbe sinueuse pourrait arriver à se confondre avec la ligne DC.

Comme un appareil électro-magnétique disposé sur un circuit ne peut fonctionner que si l'intensité du courant dans ses oscillations dépasse deux limites, l'une produisant l'attraction de l'armature, l'autre une désaimantation suffisante pour rendre prépondérante la force antagoniste, il faut que l'écart des fluctuations du courant, c'est-à-dire la différence de hauteur des sommets supérieurs et inférieurs de la courbe sinueuse de la figure précédente, soit supérieure à la différence des deux intensités limites que nous venons de reconnaître et qui sont en rapport avec le degré de sensibilité de l'appareil. Or, ces écarts supérieurs des intensités du courant peuvent être obtenus de deux manières, soit par l'accroissement de la force électro-motrice de la pile, soit par la prolongation des fermetures et des interruptions du courant. Toutefois, le calcul et l'expérience montrent que le premier de ces moyens ne peut être efficace que jusqu'à une certaine limite, et l'autre moyen, pour être avantageux, doit être appliqué d'une manière raisonnée et variable suivant les cas, car les durées des fermetures et des interruptions du courant sont *solidaires* les unes des autres. Ainsi, il est bien certain que si les conditions de la transmission exigent que les fermetures du courant soient plus longues, la charge de la ligne sera plus grande, et pour abaisser suffisamment cette charge pour la formation des signaux, il faudra que les interruptions du circuit soient plus longues ; de même, si cette interruption du circuit doit être prolongée, le fil se déchargera davantage, et il faudra pour produire le signal suivant, un temps plus long que si l'interruption eût été courte.

Pour diminuer le temps des interruptions du courant, on peut employer, comme nous l'avons déjà dit, le système d'une double communication à la terre qui offre aux deux bouts de la ligne une double décharge, et pour cela, il suffit que l'interrupteur du courant au poste d'expédition établisse immédiatement, après chaque fermeture du courant, un contact à la terre. Cette communication est établie de fait dans la pratique, puisque, comme nous le verrons plus tard, les récepteurs télégraphiques sont mis en communication avec la ligne par l'intermédiaire des manipulateurs et qu'ils sont toujours eux-mêmes en communication avec le sol ; mais comme le récepteur offre une grande résistance, une communication directe du manipulateur au sol est préférable. On peut encore y arriver en établissant une dérivation permanente très-résistante aux deux extrémités de la ligne avant leur jonction avec les manipulateurs, et l'effet est encore plus complet quand on affaiblit la charge préexistante, en faisant précéder le courant appelé à déterminer le signal d'un courant contraire de faible intensité et de faible durée ; on devra toutefois ne pas perdre de vue que ces alternatives de charges et de décharges exigeant plus de temps que des variations d'intensité dans une charge préexistante, il vaut mieux n'employer les systèmes dont nous venons de parler que comme moyens plus prompts de faire varier cette charge et d'arriver au système de transmission par affaiblissement de tension dont il a été question, tome I, page 74 (1).

Pour qu'on puisse se faire une idée de la vitesse des émissions de courant avec ces différents systèmes, nous allons rapporter les résultats des expériences faites par M. Guillemin pour déterminer la vitesse de transmission des dépêches avec l'appareil Morse du système Digny. Nous rappellerons que, pratiquement, un mot se compose moyennement de 5 lettres et une lettre de trois émissions de courant dont une longue. Or, voici les conclusions pratiques auxquelles il est parvenu :

1° Par un beau temps et avec un bon isolement du fil, la transmission sur une ligne de 570 kilomètres de longueur ne peut guère fournir plus de 36 mots par minute lorsque le fil n'est pas déchargé.

2° Lorsque le fil est continuellement déchargé, le nombre des mots transmis peut atteindre de 60 à 75.

3° En employant pendant la décharge du fil un faible courant de sens contraire à celui qui effectue la transmission, le nombre de mots transmis par minute peut atteindre à peu près 100.

On voit, d'après ces indications, que l'action exercée par la charge de la ligne, indépendamment de l'action électro-magnétique, est considérable, puisqu'en en faisant varier les conditions, et en les rendant les meilleures possibles par des décharges faites aux deux bouts de la ligne et même par l'envoi d'un faible courant de sens contraire, on a pu augmenter la vitesse de transmission, ou si l'on veut diminuer les durées de fermeture du circuit, dans le rapport de 36 à 100.

M. Fleemming Jenkin, de son côté, assure que la vitesse de transmission ne peut pas dépasser 20 mots par minute, dans les meilleures conditions, sur un circuit de 2000 kilomètres. Suivant lui la durée de la propagation sur une ligne aérienne peut être représentée par la formule :

$$\frac{kcl^2}{\pi^2} \log^e \left(\frac{4}{3}\right), \qquad (124)$$

dans laquelle k est la résistance d'une longueur de fil conducteur égale à l'unité exprimée en mesure électro-statique absolue, c la capacité électro-

(1) L'étude des transmissions électriques à ce point de vue a été longuement traitée par M. Flemming Jenkin ; on peut en trouver une traduction fort bien faite dans l'ouvrage de M. Blavier, tome II, p. 338 et 362. Paris, 1827. E. Lacroix, éditeur.

statique ou le coefficient de charge par unité de longueur dans le même système de mesure, l la longueur totale du fil. La quantité k est connue pour tous les métaux ordinaires, et d'après les calculs de M. Jenkin, la valeur de c par pied de fil ordinaire de 4 millimètres (celui des lignes télégraphiques n° 8 de la jauge anglaise) serait de 0,14 à 0,22.

Ces différentes considérations répondent d'avance à certaines prétentions d'inventeurs qui croient que la question de transmission des courants n'est qu'une question de vitesse des appareils transmetteurs : *fiat lux.*

Quoiqu'il en soit, la vitesse de transmission avec les appareils actuels est suffisante pour que les émissions de courants à travers une ligne aérienne de 9000 kilomètres (celle de Boston à San-Francisco, aller et retour), puissent acquérir en soixante-quatorze centièmes de seconde, une intensité suffisante pour la production de signaux télégraphiques. D'après les données expérimentales de M. Guillemin, le courant dans ces conditions n'aurait atteint qu'environ le quart de son intensité maxima, soit $\frac{1}{3,62}$ de cette intensité, car pour qu'elle fût maxima, il aurait fallu une durée de 2″68. Du reste, les appareils peuvent marcher avec une fraction encore plus minime de cette intensité maxima, et on en a une preuve dans les communications à travers les câbles transatlantiques.

Nous avons déjà traité, page 49, la question des durées de fermeture du circuit nécessaires pour le fonctionnement des appareils télégraphiques suivant la longueur des lignes et la force de la pile. Les expériences que j'avais entreprises à cet égard n'avaient été faites, il est vrai, que sur des circuits dans lesquels j'interposais des résistances factices, et il était à supposer que des expériences faites en grand sur des lignes télégraphiques devaient conduire à des chiffres un peu différents. M. Hughes a entrepris ce travail, mais comme il a employé dans ses expériences son appareil télégraphique qui est très-sensible, les chiffres obtenus par lui ne sont pas ceux qu'il faut considérer comme généralement applicables aux appareils; quoiqu'il en soit, voici les résultats auxquels il est parvenu.

1° Sur une ligne de 500 kilomètres en fil de fer de 4 millimètres de diamètre et dans de bonnes conditions d'isolement, le temps qui s'écoule entre le contact avec la pile, à une extrémité de la ligne, et le mouvement de l'armature à l'autre extrémité, est d'environ de 2 à 3 millièmes de seconde, et ce temps varie à peu près proportionnellement à la longueur de la ligne. Il peut être d'environ 0'',006 à 0'',007 sur une ligne de 1000 kilomètres.

2° Sur une ligne sous-marine, avec un conducteur de 1mm,6 de diamètre, et une enveloppe de gutta-percha de 2mm,4 d'épaisseur, le temps nécessaire à la production d'un signal, toujours avec l'appareil de M. Hughes, est :

Pour une longueur de	121 kilomètres. .		0'',025
—	—	242	0'',045
—	—	363	0'',080
—	—	484	0'',115
—	—	605	0'',140
—	—	726	0'',160

3° Sur les lignes un peu longues et surtout sur les lignes sous-marines, la durée de contact nécessaire à la production d'un signal peut être inférieure au temps employé par le courant à produire son effet à l'extrémité de la ligne ; ainsi d'après M. Hughes, la durée d'émission qui, avec son appareil, produit le signal au bout de 0'',160 sur une ligne de 726 kilomètres, peut n'être que de 0'',021.

Avec les électro-aimants ordinaires qui sont beaucoup moins sensibles, les durées de transmission du courant doivent être naturellement beaucoup plus longues, et suivant M. Blavier, ces durées, pour une ligne aérienne de 500 kilomètres et avec une pile de 70 à 80 éléments, devraient être estimées moyennement à un centième de seconde ; elles augmenteraient plus rapidement que la simple longueur de la ligne, et pourraient atteindre 3 centièmes de seconde sur une ligne de 1000 kilomètres. Quant à cette durée sur les lignes sous-marines, il semblerait résulter des expériences de M. Witehouse, qu'elle pourrait être estimée à :

0'',14	pour une longueur de	233	kilomètres :
0'', 34	—	398	—
0'', 79	—	796	—

Les durées de contact nécessaires pour la production des signaux sont également beaucoup plus longues avec les électro-aimants ordinaires qu'avec les électro-aimants de M. Hughes, et peuvent être estimées moyennement, sur un circuit sous-marin de 726 kilomètres avec un relais ordinaire, de 0'',10 à 0'',15 et avec un galvanomètre à 0'',3.

Les chiffres que nous venons de donner sont un peu inférieurs à ceux de nos expériences rapportées page 50, mais il faut considérer que ces expériences ont été faites avec des bobines de résistance, et par conséquent dans des conditions qui devaient augmenter les valeurs des durées d'émission. D'un autre côté, nous avons fait remarquer, page 51, que ces durées *diminuaient sous l'influence des dérivations* avec les circuits résistants : or une ligne télégraphique est précisément dans ce cas.

Quant à la différence qui existe entre la durée de contact nécessaire à la production d'un signal et le temps employé par le courant pour transmettre son action aux appareils, elle tient au temps perdu dans le jeu des organes mécaniques de l'appareil et à la force d'inertie des pièces mobiles, force qui doit être vaincue avant que le signal ne se produise.

CABLES AÉRIENS.

Les principales causes qui rendent la construction des lignes souterraines si difficile étant, comme nous le verrons plus tard, les infiltrations et les décompositions chimiques, on a recherché s'il n'y aurait pas moyen de suspendre en l'air le câble renfermant les fils au lieu de l'enterrer. Dans ce cas, le problème à résoudre est différent de celui des câbles souterrains. Il faut qu'il soit le plus léger possible, que les matières isolantes du câble soient très-flexibles, qu'elles ne puissent se gercer à l'air, et que la résistance des fils soit assez grande pour soutenir, en temps de neige comme par le vent, le poids du câble et résister à la traction exercée sur lui. Un système de ce genre est installé à Londres depuis longtemps par M. Wheatstone, et il fonctionne jusqu'à présent de la manière la plus satisfaisante ; le câble contient 50 fils de cuivre isolés avec du coton imprégné de gomme laque et d'une matière analogue à celle dont les cordonniers se servent pour cirer leurs fils, et le tout muni d'une double couverture isolante forme un fil dont le diamètre n'excède pas 12 millimètres. Ce câble est soutenu, de distance en distance, par deux fils de fer, lesquels sont supportés eux-mêmes par des espèces de potelets en fer en forme de trépied placés sur les toits des maisons, il parcourt de cette manière les différents quartiers de Londres, et aux points où il se bifurque, les fils aboutissent à une boite en fonte garnie de matière isolante où ils se trouvent fixés au moyen de fortes vis. Pour les faire communiquer les uns avec les autres suivant les besoins, il ne s'agit que de réunir convenablement ces vis à l'aide d'une ligature métallique.

M. de Verdon a aussi proposé, dans le même but, un système de câble dont la partie centrale serait occupée par un fil de fer de 7 millimètres de diamètre, lequel serait entouré de 8 conducteurs composés chacun de 3 fils de cuivre tordus ensemble et isolés par des couches successives de gutta-percha, le tout étant enveloppé de cordelettes et de rubans enduits de goudron et peints à trois couches. Ce câble serait soutenu sur des poteaux à l'aide de haubans en fil de fer qui s'arc-bouteraient en deux points au delà des points de suspension, dans l'intervalle des poteaux.

Il est évident que la question mérite d'être étudiée et expérimentée; car, si un système du genre de ceux que nous venons de décrire donnait de bons résultats sur des lignes un peu longues, bien des inconvénients des lignes aériennes actuelles n'existeraient pas, et l'entretien serait plus facile.

CHAPITRE II.

CIRCUITS COMPLÉTEMENT ISOLÉS.

CABLES SOUS-MARINS.

Historique de la question. — C'est à M. Wheatstone que revient l'honneur d'avoir conçu le premier l'idée des transmissions télégraphiques par des câbles sous-marins. Dès l'année 1840, en effet, non-seulement il présenta, devant le comité de la Chambre des communes chargé des chemins de fer, un projet ayant pour but de relier télégraphiquement Douvres et Calais par un câble sous-marin, mais il indiqua encore tous les moyens d'exécution qui devaient être mis en œuvre pour réaliser ce projet et même la manière de construire le câble. Son système, sauf l'emploi de la gutta-percha, dont les propriétés isolantes n'étaient pas encore connues, était même très-analogue à ceux que l'on a suivis depuis.

Toutefois, le projet de M. Wheatstone ne put être réalisé, car à cette époque la télégraphie électrique ne faisait que prendre naissance, et l'on ne se préoccupait en Angleterre que d'établir des réseaux télégraphiques aériens entre les grands centres de commerce et d'industrie. La question n'était pas assez mûre pour qu'on songeât à franchir les mers, et ce ne fut qu'en 1849 que ce projet, après avoir été repris par M. Brett, commença à recevoir son exécution. Après une tentative infructueuse, M. Brett parvint néanmoins à le mener à bonne fin en 1851, et c'est ainsi que cet habile ingénieur eut la gloire d'avoir posé la première pierre de la télégraphie sous-marine.

C'est toujours en procédant du petit au grand que les découvertes importantes finissent par réaliser les immenses résultats qu'elles sont appelées à fournir, résultats auxquels on refuserait d'ajouter foi s'ils étaient annoncés tout d'abord sans avoir l'appui de l'expérience. Quand le câble de Douvre à Calais fut posé, on s'occupa d'en établir un plus long, de Douvres à Ostende, puis un autre, de Suffolk à la Haye. Les nécessités de la guerre de Crimée firent entreprendre celui de Varna à Balaclava ; puis on chercha à établir celui de France en Algérie. Dès l'origine, on avait bien parlé de relier télégraphiquement l'Europe à l'Amérique, mais ce projet parut tellement gigantesque, que personne ne pouvait croire à sa réalisation. Peu à peu, à mesure que les lignes sous-marines se sont multipliées, on s'est familiarisé avec cette idée, on ne la traita plus de rêve fantastique, et il se forma bientôt une compagnie puissante qui commença les études, et qui, après avoir reconnu la possibilité de la solution matérielle du problème, commanda définitivement le câble. On connaît le résultat, d'abord merveilleux, puis ensuite désastreux de cette gigantesque entreprise. C'est un des exemples les plus frappants des déceptions humaines, et la suite qui lui a été donnée, peut donner une idée de la persévérance incroyable du caractère anglais, car après trois échecs successifs éprouvés en 1857, 1858 et 1865, il put se former encore une compagnie en 1866, qui vit enfin ses efforts couronnés de succès. Cette fois, la solution du problème fut complète, et grâce aux dispositions ingénieuses prises par MM. Thomson et Varley, ingénieurs de la compagnie, l'entreprise eut des résultats tellement avantageux, que les frais d'installation et de construction purent être payés en trois ans. Un pareil résultat était bien fait pour exciter les convoitises ; aussi ne tardèrent-elles pas à se faire jour, car une compagnie française se forma bientôt pour immerger un nouveau câble transatlantique, et plus heureuse que ses devancières, elle put sans aucun encombre arriver à une réussite complète au bout d'une année. Aujourd'hui, c'est-à-dire en 1873, l'Europe se trouve reliée à l'Amérique par trois câbles, et jusqu'à présent, aucuns signes précurseurs de détérioration ne s'y sont encore montrés. Si cela continue, on pourra admettre que les câbles des mers profondes sont dans des conditions de longévité bien meilleures que les câbles des mers peu profondes.

A l'époque de la construction du premier câble transatlantique, la télégraphie sous-marine était à l'ordre du jour et les plans les plus gigantesques avaient été conçus ; il ne s'agissait rien moins que de relier l'Australie, les Indes, la Chine et le côté ouest de l'Amérique à l'Europe, et de former ainsi un réseau télégraphique, enveloppant les différentes parties du monde. De ces différents projets, celui reliant l'Europe aux Indes a été seul exécuté ; mais les résultats ne furent guère plus heureux dans l'origine que ceux du câble transatlantique, car, en moins d'un an, la plupart des câbles primitivement immergés entre Suez et Kurachée furent mis hors de service sur une longueur de 5630 kilomètres. Aujourd'hui ces câbles ont été en partie rétablis, et on s'occupe du câble Australien. Que ne verrons-nous pas encore!....

Après les gigantesques entreprises dont nous venons de parler, il nous semble inutile d'énumérer les différentes lignes sous-marines qui ont été établies : nous pouvons dire d'une manière générale que la plupart des pays du monde séparés par des mers intérieures se trouvent tous aujourd'hui reliés par des câbles sous-marins. La France seule était restée longtemps en arrière, et il faut en convenir, elle avait bien ses raisons pour cela, car les deux câbles qui avaient été successivement immergés entre ses côtes méridionales et l'Algérie avaient été mis hors de service au bout de quelques mois : or le gouvernement français n'avait pas trouvé sans doute assez d'avantages pour tenter une nouvelle entreprise, car de l'année 1862 à l'année 1871, les deux pays sont restés sans liaison télégraphique directe. En 1870, cependant, la compagnie du télégraphe transatlantique français ayant proposé d'installer elle-même un nouveau câble, cette concession lui fut accordée, et en 1871 une ligne allant de Marseille à Alger et à Malte fut installée. Elle fonctionne aujourd'hui d'un manière satisfaisante, et rien ne fait présumer que les accidents qui étaient survenus à la suite de l'installation des premières lignes, se renouvellent pour cette dernière.

I. CONSTRUCTION DES CABLES SOUS-MARINS.

Un câble sous-marin se compose de trois parties : d'un conducteur, d'une enveloppe isolante et d'une enveloppe protectrice. Nous allons étudier successivement dans quelles conditions doivent se présenter ces différentes parties pour fournir les résultats les plus avantageux.

1° **Du conducteur.** — Le conducteur des câbles sous-marins, que l'on désigne ordinairement, et non sans raison, sous le nom *d'âme du câble*, a été l'objet d'études nombreuses et d'expériences réitérées. Quand on réfléchit que la plus petite interruption dans sa continuité métallique, interruption dont il est même difficile de préciser la place, peut entraîner des dépenses énormes, et même souvent la perte d'un câble, on comprend quel intérêt devait s'attacher à sa disposition dans les meilleures conditions possibles. Pour arriver à ce résultat, il fallait que le système fût combiné de manière : 1° à être garanti le plus possible contre les causes de ruptures ; 2° à ne pas compromettre l'enveloppe isolante ; 3° à provoquer le moins possible certaines réactions extérieures ayant pour effet d'entraver la propagation électrique. Ces différentes conditions ont été réalisées dans les *cordes ou torons de fils de cuivre*, qui constituent actuellement l'âme des câbles sous-marins. On comprend, en effet, qu'avec un pareil système, si un défaut existe dans le cuivre et entraîne la rupture d'un des fils, il en existe toujours d'autres à côté pour maintenir la continuité métallique dont nous avons parlé. D'un autre côté, le cuivre pur étant l'un des métaux les plus conducteurs, l'âme du câble peut avoir alors un diamètre assez réduit pour ne pas provoquer d'une manière trop fâcheuse les réactions d'induction dont nous avons parlé p. 464, tome 1. Cette dernière condition n'étant pas généralement comprise, plusieurs personnes, des ingénieurs même, étrangers au service télégraphique, ont commis à cet égard de graves erreurs, qui pourraient même être qualifiées sévèrement, depuis qu'elles ont été jetées comme un blâme à l'adresse des télégraphistes.

Si les conducteurs en toron ont des avantages marqués sur les conducteurs à fil unique, ils ont cependant certains inconvénients, celui par exemple d'entraîner quelquefois, lorsqu'un des fils du faisceau vient à se rompre, la perforation de l'enveloppe isolante ; or, cette perforation est d'autant plus nuisible dans ce cas, qu'en raison des vides existant entre les différents fils, l'eau une fois introduite peut pénétrer à travers tout le câble comme dans un tube et augmente ainsi considérablement les pertes du courant. On a proposé, pour remédier à cet inconvénient, plusieurs moyens : d'abord d'appliquer sur le fil central de la corde une couche de substance isolante pâteuse comme le *chartterton's compound*, sur laquelle seraient placés les premiers fils extérieurs pendant la torsion, et qui, en filtrant à travers les interstices, constituerait, avec la première enveloppe isolante, un tout solide ; en second lieu, de réunir les différents fils de la corde avec de la soudure ; enfin, d'isoler séparément les différents fils du faisceau et de les abouter en des points différents. Dans ce dernier cas, si l'un d'eux en se rompant perçait l'enveloppe isolante, on pourrait augmenter considérablement la résistance du défaut en dissolvant les bouts du fil cassé au moyen de forts courants positifs envoyés à travers le câble.

Un autre inconvénient résulte encore de la disposition en toron, c'est d'augmenter, sans avantages pour la conductibilité, le diamètre du fil, et par suite l'induction ; néanmoins ces inconvénients n'ont pas été jugés suffisants pour faire abandonner cette disposition, du moins pour les câbles importants, car la plupart des longs câbles sont construits de cette manière. Du reste, l'expérience a démontré que les conducteurs à un seul fil pèchent toujours par les joints et par le défaut d'homogénéité du métal, lequel, présentant des parties dures et des parties molles, est sujet à se rompre ou à subir un étirement inégal. Cet étirement même est susceptible parfois de provoquer la déchirure de l'enveloppe isolante, par suite du retrait inégal des deux corps juxtaposés.

Les conducteurs des câbles sous-marins se composent donc généralement de cordelettes de fils de cuivre disposées en torons, et le nombre des fils composant cette cordelette est de sept, dont un est central. Quelquefois cependant on les compose de plusieurs cordelettes également tordues en torons, mais cette disposition ne peut être appliquée que sur les câbles courts. MM. Daft, Varley, Newal, Boggets ont encore proposé à ce système quelques améliorations qui sont décrites dans le traité de télégraphie sous-marine de M. Ternant, page 8, mais nous ne voyons pas qu'on les ait généralement adoptées.

Quant au choix du cuivre pour la confection des âmes des câbles, on ne saurait y prendre assez d'attention, car sa qualité peut faire varier la conductibilité du câble dans des proportions considérables. Ainsi, certains cuivres, comme ceux de Rio-Tinto, peuvent ne pas être plus conducteurs que le fer. Cela dépend surtout de la quantité d'oxyde de cuivre qui entre dans leur composition et qui peut diminuer leur conductibilité jusqu'à 28 pour 100.

Nous avons donné, tome 1, pages 35, 36 et 452, les valeurs numériques représentant la conductibilité des différents cuivres entre eux et par rapport aux autres métaux : nous ajouterons seulement que d'après le Dr Mathiessen, on pourrait purifier les cuivres mauvais conduteurs en les faisant fondre et en injectant au milieu de la masse en fusion, un jet de gaz hydrogène. Il estime que cette opération ne coûterait pas plus de 12f,50 par mile de câble de dimensions ordinaires.

D'après M. Latimer Clark, le poids spécifique du bon fil de cuivre est environ 8,899, celui du pied cube 550 livres anglaises (voir tome 1, pour les rapports des mesures anglaises avec les mesures françaises). Ce poids par mile nautique de câble a pour expression : $\frac{d^2}{55}\ldots$ livres, (d étant le diamètre du fil en milièmes de pouce) lorsque le fil est massif, et $\frac{d^2}{70,4}\ldots$ livres, quand le fil est constitué par une cordelette enroulée en torons.

Le diamètre d'un conducteur en cuivre pesant w livres par mile nautique est donné par la formule $7,4\sqrt{w}\ldots$ mils, lorsque le fil est massif et par $8,4\sqrt{w}\ldots$ mils, lorsqu'il est en corde.

La résistance d'un mile nautique de cuivre pur pesant 1 livre est :

à 32° fahr 1091,22 ohms.
à 60° — 1155,48 —
à 75° — 1192,43 —

d'où il résulte que la résistance par mile nautique d'un fil de cuivre pur, soit massif, soit en corde, a pour expression $\frac{1192,43}{w}$ ohms à 75° fahr, ou $\frac{65306}{d^2}$ ohms à 75° fahr, quand le diamètre d est donné et que le fil est massif, ou $\frac{83964}{d^2}$ ohms à 75° fahr. quand le fil est en corde.

En définitive, la résistance par knot du conducteur d'un câble est égale à 120,000 divisé par le produit du taux pour cent de la conductibilité du cuivre multiplié par son poids par knot. Or cette condutibilité, pouvant être pratiquement représentée par :

$$C_t = C_0 (1 - 0,003765 t + 0,00000834 t^2),$$

sa résistance augmente d'environ 0,38 pour cent pour chaque dégré centigrade d'accroissement de sa température.

Pour déterminer le poids w du cuivre (en livres par knot) nécessaire pour fournir une vitesse donnée de travail sur un câble de longueur également donnée, on a les formules suivantes :

1° Quand le travail doit être obtenu avec un galvanomètre à miroir et que la couverture isolante du câble est de la gutta-percha :

$$w = \frac{sl^2}{log (1,05 \sqrt{1 + 6,8 a})\, 600000} \text{ ... livres par knot;}$$

2° Quand le travail doit être obtenu avec l'appareil Morse et le même isolement du câble :

$$w = \frac{sl^2}{log (1,05 \sqrt{(1 + 6,8 a)})\, 36500} \text{ ... livres par knot;}$$

3° Quand le travail doit être fourni par le galvanomètre à miroir avec un isolement en caoutchouc de Hooper.

$$w = \frac{sl^2}{log (1,05 \sqrt{1 + 5,7 a})\, 810000} \text{ ... livres par knot;}$$

4° Quand le travail doit être fourni par un appareil Morse avec le même isolement du câble :

$$w = \frac{sl^2}{log (0,95 \sqrt{1 + 5,7 a})\, 49000} \text{ ... livres par knot;}$$

équations dans lesquelles s représente la vitesse de travail en mots par minute, l la longueur en knots, et a le rapport qui doit exister entre le poids de la matière isolante et celui de la cordelette de cuivre du conducteur.

M. Latimer Clark, pages 106, 108, 109, 110, 111, 112, de son formulaire, donne des tables pour le calcul de la résistance des conducteurs de cuivre à différentes températures, suivant les différents diamètres et qui indiquent en même temps les longueurs de fil correspondantes ; on y trouve aussi les longueurs correspondantes à l'unité de poids ; ces tables sont d'un usage très-commode dans la pratique.

D'après le Dr Matthiessen, la conductibilité des différents cuivres du commerce pourrait être estimée de la manière suivante, celle du cuivre pur étant 100 :

1°	Cuivre natif du lac supérieur, non fondu. . .		98,8 à 15°,5
2°	—	— fondu	92,6 à 15 ,0
3°	—	de Burra-Burra	88,7 à 14 ,0
4°	—	le mieux choisi	81,3 à 14 ,2
5°	—	brillant	72,2 à 15 ,7
6°	—	corriace	71,0 à 17 ,3
7°	—	de Demidoff	59,3 à 12 ,7
8°	—	de Rio-Tinto	14,2 à 14 ,8

La force d'extension d'un fil de cuivre est donnée par certains auteurs comme atteignant 4200 kilog. par centimètre carré de section ; mais le cuivre employé dans les câbles étant plutôt chosi pour ses qualités électriques que pour ses qualités mécaniques, ne supporte seulement que de 2350 à 2750 kilog. par centimètre carré. Le cuivre s'étendant de 10 à 15 pour cent à la traction, il est rare que sa force entière soit utilisée. Cette élasticité est une propriété très-précieuse qui empêche l'interruption complète des communications jusqu'à ce que la partie extérieure et résistante du câble soit entièrement rompue. Un toron de fils de cuivre d'un knot de longueur pesant 1 kilog. supporterait sans se rompre 1500 grammes, et ne s'allongerait nullement sous un effort de 750 grammes ; un toron du poids de 150 kilog par mile supporte 225 kilog. sans se rompre, et s'allonge de 1 pour cent sous l'effort de 150 kilog. ; il ne s'allonge pas du tout sous un poids de 112 kilog et demi.

Le diamètre des fils conducteurs des câbles varie généralement de 147 à 87 mils (millièmes de pouce) c'est-à-dire de $3^{mill},73$ à $2^{mill},21$; on en a fait pourtant de 4 millimètres ; ceux des câbles transatlantiques sont de $3^{mill},7$. Leur pouvoir conducteur est le plus souvent les 94 centièmes de celui du cuivre pur et le prix de ce métal, dans ces conditions, est de 3 fr. environ par kilog.

On ne saurait apporter trop de précautions pour les soudures : non-seulement elles doivent être faites en appliquant exactement les unes sur les autres, au moyen d'une ligature, les extrémités des fils taillées en biseau, mais elles doivent encore être recouvertes d'une enveloppe de fils fins enroulés en hélice et soudés par leurs extrémités sur les conducteurs, des deux côtés de la soudure. Il résulte de cette disposition, que si la soudure venait à manquer, la continuité métallique ne serait pas interrompue, puisque les fils de cette enveloppe se dérouleraient sans difficulté.

2° **De l'enveloppe isolante.** Les conditions essentielles que doivent présenter les isolateurs des câbles sous-marins pour fournir des résultats avantageux sont : la ductilité, l'imperméabilité, l'inaltérabilité, un pouvoir isolant très-marqué, et certaines qualités en rapport avec les réactions d'induction qui s'opèrent au sein des lignes sous-marines, et dont nous avons déjà eu occasion de parler. On avait cru longtemps que le caoutchouc et la gutta-percha les possédaient toutes ; mais les nombreux cas d'insuccès qui sont survenus ont fini par démontrer qu'il était loin d'en être ainsi, et que le problème était beaucoup plus difficile qu'on ne le pensait. On s'est mis alors à rechercher non-seulement les moyens de perfectionner ces matières, mais encore de les combiner avec certains autres corps pour en augmenter les propriétés isolatrices. On y est arrivé jusqu'à un certain point, car les enveloppes de gutta-percha et de caoutchouc qui recouvrent aujourd'hui les câbles sont infiniment supérieures à celles qui ont été fabriquées dans l'origine, et certains composés tels que ceux de Chatterton, de Wray, de Hughes, de Godefroy, etc., habilement adaptés à ces enveloppes les ont rendues encore plus parfaites. Bien que les perfectionnements les plus importants apportés à ces enveloppes soient dus aux efforts persévérants des anglais, M. Rattier, en France, est arrivé sous ce rapport à des résultats excellents, et nous sommes heureux d'avoir à enregistrer ce fait, car les particuliers en France ont si peu d'esprit d'initiative pour les choses nouvelles, qu'on ne saurait trop encourager les personnes qui, comme M. Rattier, ont dépensé beaucoup de temps et d'argent pour une industrie qui ne pouvait être profitable qu'à l'État. Nous allons étudier maintenant les différents composés dont nous venons de parler, en exposer les propriétés, et donner les valeurs numériques qui s'y rapportent.

Gutta-percha. — L'introduction de la gutta-percha en Europe comme matière commerciale, est de date récente, elle est due au docteur Montgommery, chirurgien résident de Singapoore, qui en étudia le premier les qualités particulières et notamment la faculté que cette matière possède de se ramollir et de pouvoir se convertir en masse pâteuse dans l'eau bouillante. Prévoyant les applications importantes qui pourraient naître de l'emploi de cette substance, le d[r] Montgommery s'enquit des lieux où on se la procurait et en envoya en 1844 des échantillons à Londres où bientôt il se forma une compagnie pour l'exploitation de ce produit nouveau. On peut dire qu'il contribua beaucoup au développement de la télégraphie sous-marine.

La gutta-percha est fournie par un grand arbre de la famille des Sapotacées, *l'isomandra percha*, qui croît abondamment dans la presqu'île de Malacca et dans les îles de l'Asie, surtout à Sumatra, où il acquiert une hauteur de 20 à 25 mètres. Cette matière est comme le caoutchouc, une espèce de gomme résineuse que l'on extrait de l'arbre au moyen de fortes incisions pratiquées dans l'écorce. Telle qu'elle est fournie par les naturels du pays, elle est mêlée à de la terre, à des débris d'écorce et de feuillages, qui en rendraient l'emploi impossible si on ne la purifiait pas. Mais cette purification s'obtient aisément en la divisant en copeaux à l'aide d'un coupe-racine et en les immergeant dans de l'eau bouillante; les débris ligneux s'imbibant d'eau ne tardent pas à tomber au fond de la chaudière ainsi que toutes les matières terreuses, tandis que la gutta-percha surnage. On l'enlève à l'aide de cuillers et on lui fait subir de nouvelles préparations qui, tout en achevant sa purification, lui donnent des propriétés particulières de ténacité, de ductilité et d'imperméabilité, très-précieuses dans les applications que l'on peut en faire aux arts et à l'industrie.

Au point de vue chimique, la gutta-percha a la même composition que le caoutchouc, mais elle n'en a pas l'élasticité; à 100° elle est très-facile à pétrir et à mouler, très-souple à prendre des empreintes qu'elle garde après le refroidissement.

La densité ou la pesanteur spécifique de la gutta-percha, est, suivant M. Latimer Clark, entre 0,9693 et 0,981. Le pied cube pèse de 60,56 à 61,32 livres, et un mile nautique pèse environ 2036 livres.

La gutta-percha peut s'allonger d'une manière permanente, sous la pression de 6 *hundred Weight* par pouce carré (1).

---

(1) *L'hundred Weight* représente un poids de 112 livres.

Le poids de la gutta-percha par knot est d'une livre pour une section circulaire de 491 millièmes de pouce, et pour un cylindre solide, $\frac{d^2}{491}$... *livres ;* ce qui donne pour le poids d'une enveloppe de cette matière par knot, $\frac{D^2 - d^2}{491}$... *livres*, D représentant le diamètre total estimé en mils (millièmes de pouce) et d le diamètre du fil de cuivre.

Le diamètre extérieur d'une enveloppe de gutta-percha a pour expression :

$$\sqrt{70{,}4\, w + 491 W} \ldots \text{mils},$$

w etant le poids en livres par mile nautique du toron de fils de cuivre, W celui de la gutta-percha. Avec un conducteur massif, cette expression devient :

$$\sqrt{55 w + 491 W} \ldots \text{mils}.$$

Nous avons donné, page 470, tome I, les différents coefficients se rapportant aux valeurs électriques de la gutta-percha, nous n'y reviendrons pas en conséquence en ce moment, nous dirons seulement :

1° Que la résistance du pied cube $= 12{,}8 \times 10^6$ megohms à 75° Fahr.

2° Que sa capacité électro-statique $= 11{,}3 \times 10^{-6}$ microfarads.

3° Que la résistance du cube knot $= 2100$ megohms à 75° Fahr.

4° que sa capacité électro-statique $= 0{,}0687$ microfarads.

La gutta-percha perfectionnée, préparée par M. Willoughby-Smith, a des valeurs un peu différentes :

Sa pesanteur spécifique est, il est vrai, a peu près la même que celle de la gutta-percha ordinaire, mais sa résistance mécanique est environ de 12 0/0 plus grande que celle de cette dernière.

Sa capacité électro-statique (F) a pour expression :

$$F = \frac{0{,}15163}{\log \frac{D}{d}} \ldots \text{microfarads},$$

elle est par conséquent moins grande que celle de la gutta-percha ordinaire, et, comparée à celle du caoutchouc d'Hooper, elle est dans le rapport de 100 à 98 environ.

Sa résistance (R) par knot est donnée par la formule :

$$R = 350 \log \frac{D}{d} \ldots \text{megohms}$$

après une minute d'électrification.

A 75° Fahr, cette résistance, après cette première minute, est plus petite que celle de la gutta-percha ordinaire, dans le rapport 67 à 100, c'est-à-dire de trente pour cent. A une température t°, et en partant d'une résistance connue (R_{24}) à 24° centigrades, elle a pour expression :

$$logR = logR_{24} + (0{,}06447 - 0{,}00017t)\,(24 - t)$$

M. Clark donne du reste pages 125, 126, 127 de son formulaire, les tables des valeurs se rapportant à cette espèce de gutta-percha.

La gutta-percha a une force d'extension assez considérable ; elle supporte environ 245 kilog. par centimètre carré. Cependant, en raison de sa grande élasticité, elle n'ajoute qu'environ un tiers de sa force de résistance, à celle du conducteur. Cette addition est approximativement de 20 pour cent pour les fils fins et de 30, 40, et même 50 pour cent pour les fils plus gros. Elle s'étend de 50 à 60 pour cent et même plus, sans se rompre, mais elle cède presque toujours en même temps que le cuivre intérieur. Cette substance supporte parfaitement le nouage, la compression sans s'altérer sensiblement et on la perce facilement avec une pointe ou un instrument tranchant. Un fil de gutta-percha bien fabriqué, n'éprouve pas de diminution sensible dans son isolement par suite du nouage ou de la torsion, et si après une de ces opérations, on coupe la gutta-percha, pour examiner le fil de cuivre, on peut s'assurer qu'il n'est nullement décentré par cette action mécanique.

La gutta-percha devient plastique à environ 37° centigrades et ne devrait jamais être soumise à une température supérieure à 32 degrés après la fabrication, car le conducteur peut se trouver alors décentré et quelquefois même mis à nu ; c'est pourquoi il faut prendre des précautions très-grandes dans le transport et l'immersion des câbles dans les pays chauds. La plupart des accidents survenus aux premiers câbles des mers des Indes ont eu pour cause ce ramollissement, et c'est pourquoi on a employé depuis, pour plusieurs d'entre eux, le caoutchouc.

La gutta-percha pure peut rester sans s'altérer pendant plusieurs mois à l'air, pourvu qu'elle soit à l'abri de la lumière et ne soit pas soumise à une température trop élevée. Elle peut subsister pendant plusieurs années sous l'eau en bon état, mais les alternatives d'humidité et de sécheresse la détruisent rapidement, surtout quand elle exposée à la lumière solaire. Sous le rapport de sa conservation, il y a des différences très-grandes entre les différents échantillons que l'on rencontre dans le commerce, bien que cette substance soit simple dans sa composition, et ces différences tiennent non-seulement au soin plus ou moins grand que mettent les Indiens dans la dessiccation des produits qu'ils récoltent, mais encore à l'espèce de plante, à son âge, et même à l'époque de la récolte de son jus. Souvent aussi on vend pour de la gutta-percha des substances qui n'en sont pas. A Sumatra même, on reconnaît six qualités différentes de cette matière, dont la meilleure est celle provenant de l'Isomandra gutta, puis viennent après et par ordre de mérite, celles que l'on recueille du Pomags, du Poeli, de l'Okkar Ugarib, du Baganrin et et du Doeriaum, noms du pays, qui sont sans doute inconnus pour la plupart aux botanistes (1).

Bien que réputées imperméables, toutes les substances gommeuses de la nature du caoutchouc et de la gutta-percha absorbent l'eau, mais cette faculté absorbante est très-peu considérable avec cette dernière, et la pression énorme que les câbles éprouvent au fond de la mer la diminue encore dans une assez grande proportion, en rapetissant les pores qui existent toujours dans ces sortes de matières. Dans tous les cas, cette absorption est d'autant plus grande que la température est plus élevée et que l'eau est moins dense. L'épaisseur de la couche isolante modifie aussi l'absorption dans une proportion plus grande que ne semblerait devoir le comporter l'augmentation de sa surface. Ainsi, quand la couche est épaisse, cette absorption paraît s'arrêter brusquement à un point qui est rapidement dépassé lorsque la couche est mince ; la conductibilité des matières isolantes ne paraît pas, du reste, sensiblement affectée par cette absorption.

Le prix de la gutta-percha varie souvent, il est en moyenne pour la matière manufacturée, de 850 francs les 100 kilog.

La fabrication des fils télégraphiques recouverts de gutta-percha exige une installation et des machines toutes particulières. La pâte une fois préparée est placée dans des cylindres chauffés à la vapeur et munis de pistons dans le genre de ceux des machines à faire les drains ; ils aboutissent à une matrice de forme conique à travers laquelle la marche graduelle du piston force la gutta-percha de passer, en se moulant sur le fil de cuivre qu'elle rencontre. Ce fil enduit déjà d'un composé fluide appelé *Chatterton's compound*, est maintenu à un degré de chaleur convenable par une série de becs de gaz disposés sur son parcours.

La première gaine de gutta-percha une fois appliquée sur le fil se

(1) Voir le manuel de M. Ternant page 29. Lacroix, éditeur, 54, rue des Saints-Pères, Paris.

trouve, à la sortie du moule, en contact avec de l'eau maintenue constamment froide dans de longs augets, que le fil doit parcourir avant d'arriver aux bobines sur lesquelles on l'enroule.

Plusieurs couches sont successivement appliquées sur le fil, jusqu'à ce qu'on ait obtenu l'épaisseur voulue, et chaque gaine est d'ailleurs soudée à celle qui la précède par un enduit de chatterton. Ordinairement elles sont au nombre de quatre.

Caoutchouc. — Le caoutchouc que les Anglais appellent *india-rubber* est comme la gutta-percha le produit du suc d'un arbre appartenant à la famille des Euphorbiacées, que l'on rencontre surtout en Guyane et au Brésil. On incise à cet effet l'écorce du tronc et des principales branches, et il s'en écoule un suc blanc et visqueux que l'on fait dessécher par couches successives dans des moules de différentes formes et qui constitue, une fois solidifié, ce corps noirâtre, quelquefois jaunâtre, que l'on désigne vulgairement sous le nom de *gomme élastique*.

Dans cet état, le caoutchouc est loin d'être pur, il contient en proportion très-notable des substances albumineuses et azotées dont il faut le débarrasser par des procédés chimiques, et quand on y est parvenu, il se présente sous la forme d'une masse molle, flexible, extrêmement élastique, d'une pesanteur spécifique de 0,925, et qui n'augmente pas d'une manière notable par une forte pression. Le froid le rend dur et difficile à manier, mais la chaleur lui rend bientôt son élasticité première ; il entre en fusion à une température de 120 degrés et prend alors la consistance du goudron qu'il conserve, même après son refroidissement, ce qui empêche de l'employer aussi facilement que la gutta-percha dans les applications électriques. Il en a été parlé pour la première fois en France, en 1736, par la Condamine. Sa formule est C^8H^7.

Le caoutchouc a été allié à plusieurs corps, suivant les besoins de son application, et l'un de ses principaux composés est celui connu sous le nom d'*ébonite* ou de *caoutchouc durci*. Combiné à de l'oxyde de zinc, à du soufre et à du sulfure de plomb, il constitue ce qu'on appelle le caoutchouc d'Hooper, qui est le meilleur que l'on puisse employer pour la construction des câbles sous-marins, mais sous certaines conditions d'arrangement dont nous parlerons à l'instant.

Suivant M. Latimer Clark, la pesanteur spécifique du caoutchouc de Hooper serait environ 1,176, et un pied cube de cette substance pèserait 73,44 livres.

Le poids de ce composé par knot est une livre pour une section circulaire de 401 mils ; il peut être exprimé, pour les câbles, par la formule : $\frac{D^2 - d^2}{401}$... livres, D étant le diamètre extérieur, d celui du conducteur.

Le diamètre extérieur a du reste pour expression $\sqrt{70,4w + 401\,W}$; W étant le poids du composé de Hooper en livres par knot, w celui du conducteur de cuivre à l'état de cordelette.

Nous avons donné, page 471, tome I, les différents coefficients numériques se rapportant aux valeurs électriques du caoutchouc de Hooper, nous n'y reviendrons pas en conséquence en ce moment, nous dirons seulement :

1° Que la résistance du pied cube $= 249 \times 10^6$ megohms à 75° fahr. ;

2° Que sa capacité électro-statique $= 8,92 \times 10^{-6}$ microfarads ;

3° Que la résistance du cube knot $= 40950$ megohms à 75° fahr. ;

4° Que sa capacité électro-statique $= 0,0543$ microfarads.

M. Clark donne, du reste, les tables se rapportant à ce composé, pages 130, 131, 132 et 133 de son formulaire.

Le caoutchouc a, comme on l'a vu, une conductibilité beaucoup moins grande que la gutta-percha et une capacité électro-statique également moins considérable : il devrait être en conséquence préféré, mais certains inconvénients qu'il présentait avant la modification que lui a apportée M. Hooper, inconvénients dont nous parlerons, le fit longtemps rejeter. Suivant le rapport de la commission anglaise des câbles sous-marins, le caoutchouc destiné aux câbles doit être pur, c'est-à-dire constitué uniquement avec la gomme vierge du Para ; il doit être employé en lanières étroites soudées l'une à l'autre par leurs bords fraîchement coupés (à l'abri du contact de l'air), et le tout, après avoir été passé dans l'eau chaude, doit être enveloppé de caoutchouc vulcanisé et soumis à une haute température pour assurer l'union des surfaces. Le caoutchouc mastiqué, suivant la commission, brûle et s'oxyde lentement au simple contact de l'air et même dans l'obscurité ; mais à la lumière et surtout lorsqu'il est exposé à l'air et à la chaleur solaire, l'oxydation s'étend avec une fatale rapidité. Cette substance ainsi oxydée présente l'apparence d'une gomme épaisse et se sépare promptement du fil.

En France, on admet généralement que le cuivre dont est formé le conducteur des fils ainsi isolés réagit sur le caoutchouc comme réducteur, et que c'est surtout à cette cause qu'il faut rapporter le phénomène de déliquescence dont il a été question précédemment, et, comme preuve à l'appui, on montre que le ramollissement du caoutchouc commence toujours par le centre, c'est-à-dire par la partie en contact avec le cuivre. Les défenseurs du caoutchouc prétendent qu'avec la gomme vierge de Para cet effet n'existe pas, et qu'il ne se montre d'ailleurs que vers les extrémités des fils quand le cuivre et la substance isolante sont simultanément en présence de l'air. Quoi qu'il en soit, ce défaut peut être facilement annihilé en mettant entre le fil de cuivre et l'enveloppe de caoutchouc une couche de chatterton, ou mieux en étamant le fil de cuivre lui-même, comme l'a fait M. Hooper dans ses câbles.

L'absorption de l'eau par le caoutchouc est beaucoup plus grande qu'avec la gutta-percha. D'après les expériences de M. Siemens, cette absorption pour le caoutchouc pur peut atteindre 25 pour cent, pour le caoutchouc vulcanisé 10 pour cent et seulement 1,5 pour la gutta-percha, de leur poids respectif. Ces quantités se réduisent à 3,0, 2,9 et 1 pour cent, respectivement, dans l'eau salée. Dans les essais faits par ce savant, l'absorption fut continue pendant 300 jours et elle était 8 fois plus grande pour le caoutchouc à 50° centigrades qu'à 5°.

Le caoutchouc a du reste été appliqué sur les conducteurs de diverses manières par MM. Siemens, Silver, Hall et Wells, et par M. Hooper. Le procédé de M. Siemens consiste à coller longitudinalement autour du fil de cuivre, deux lanières de cette substance dont les bords sont fraîchement coupés et appliqués l'un contre l'autre à l'abri du contact de l'air au moyen d'une machine. Avec le procédé de Silver, ces lanières sont enroulées en spirale autour du fil et soudées entre elles à chaud. Le procédé de M. Hooper est le plus compliqué, mais aussi le plus parfait. Dans son système, les fils du toron conducteur sont soigneusement étamés, puis recouverts des bandes spiralisées ordinaires ; cette première couche composée de deux zones appliquées inversement, est formée de caoutchouc naturel. Sur ces deux couches on applique, encore en bandes spiralisées, ce que M. Hooper appelle le *séparateur* ; c'est un mélange de caoutchouc et d'oxyde de zinc dans la proportion de 25 0/0, mélange intime qui s'opère par un procédé analogue à celui de la mastication.

En dehors, et sur le séparateur, on applique deux lanières longitudinales de caoutchouc, contenant 6 0/0 de soufre environ, et environ 10 0/0 de sulfure de plomb, que l'on a convenablement trituré et réduit en feuilles. L'application de ces bandes sur le fil ne se fait pas spiralement : les deux lanières de caoutchouc sont posées à plat au-dessus et au-dessous du fil, et sont entraînées au travers de roues à gorges qui les appliquent sur le fil, tout en découpant les bavures des joints longitudinaux qui en résultent, dans toute sa longueur. Le fil ainsi formé est immédiatement emprisonné dans une chemise en coton feutré, appliquée spiralement, qui maintient la forme du fil pendant l'opération dite de la recuite qui termine le travail. Cette opération a pour but de faire prendre ensemble, en une masse compacte, les différentes couches isolantes ainsi superposées, et à cet effet, ce fil est soumis à une température de 180° c. qui a en même temps pour résultat de vulcaniser convenablement la matière. Cette température réduirait, s'il n'était protégé, le caoutchouc central en une masse semi-fluide ; mais grâce à l'enveloppe qui sépare les deux couches de caoutchouc, la première se forme en une masse compacte qui ne conserve plus aucune trace de ses joints primitifs. L'emploi du séparateur a aussi pour but d'empêcher le soufre d'attaquer le caoutchouc intérieur, et d'atteindre le conducteur qu'il rongerait infailliblement. Le rôle du caoutchouc vulcanisé qui constitue la couche extérieure est d'ailleurs d'empêcher l'oxydation du caoutchouc pur, tant qu'il ne se trouve pas altéré lui-même ; c'est donc lui qui est par le fait le protecteur de l'enveloppe réellement isolante du câble.

La recuite dure quatre heures, et s'opère dans de grands réchauds cylindriques en tôle, dans lesquels les couronnes de fil sont enfoncées au milieu de plâtre en poudre, afin d'échauffer également et en même temps toutes les parties du fil.

Les avantages matériels de ces sortes de câbles sont faciles à saisir, car indépendamment de leur moindre capacité inductive, de leur meilleure isolation, ils ne courent pas risque de se déformer dans les climats chauds, comme cela arrive aux fils recouverts de gutta-percha. Dès lors le conducteur reste toujours bien centré au milieu de son enveloppe isolante, ce qui est un avantage inappréciable à tous les points de vue.

Les essais des câbles de M. Hooper, qui ont été faits aux grandes Indes par le colonel Stewart et M. Webb, et en Angleterre par M. Varley, ont été des plus satisfaisants, et la plupart des électriciens anglais sont unanimes pour déclarer leur supériorité.

Chatterton. — Le composé de Chatterton qui, comme on l'a vu, est fréquemment employé dans la construction des câbles concurremment avec la gutta-percha, est un mélange de gutta-percha, de goudron de Stockolm et de résine, en proportions convenables pour donner à la matière une certaine fluidité. Il durcit à froid, mais une faible élévation de température suffit pour le rendre fluide. Il s'applique à chaud par couches minces entre les couches successives de gutta-percha, et son rôle est non-seulement de cimenter entre elles ces différentes couches et de les rendre adhérentes au fil de cuivre, mais encore de boucher les petites fissures, crevasses ou bulles d'air qui existent toujours dans les enveloppes de gutta-percha.

Composé de Hughes. — Le composé de Hughes est une substance isolante et visqueuse du même genre que le Chatterton, et qui résulte de la distillation d'un produit bitumineux ; il joue un peu le même rôle que le Chatterton, mais il est plus fluide et peut s'introduire plus facilement dans les défauts ; la disposition du câble avec ce composé est aussi un peu différente de ce qu'elle est ordinairement ; le conducteur est d'abord recouvert d'une légère couche de gutta-percha déposée par la méthode ordinaire, puis il est enclos dans un tube aussi en gutta-percha, dont l'espace libre est rempli avec le composé en question. Un pareil câble peut être percé sans inconvénient, car le trou se trouve alors immédiatement bouché par le liquide visqueux qui, en se desséchant, fournit un isolement presqu'aussi bon que la gutta-percha. Nous avons donné, page 101, tome I, la valeur relative de la capacité électro-statique de cette substance comparée à celle des autres isolateurs.

Mélange de Wray. — Le composé de Wray contient deux parties ou deux parties et demie de caoutchouc, une demie de résine, une de silice ou d'alumine en poudre, et environ un neuvième de gutta-percha. Cette composition est en quelque sorte un verre de caoutchouc, qui à l'avantage d'être isolant, difficilement fusible, et d'augmenter plutôt de résistance avec la température, ce qui est l'inverse des autres composés. Malheureusement, cette substance est altérée par l'eau de mer, et ne peut être employée à la surface des câbles. Elle peut, du reste, être facilement moulée comme la gutta-percha lorsqu'elle est chaude ; elle est très-tenace, très-forte, et sa résistance électrique est même supérieure à celle du caoutchouc, lorsqu'on supprime la gutta-percha dans sa fabrication. Sa capacité électro-statique est, comme on l'a vu tome I, p. 101, à peu près égale à celle du caoutchouc.

Composé de Radcliff. — Ce composé est une sorte de gutta-percha, préparée avec du carbone et certains procédés chimiques inconnus qui lui donnent une grande compacité et une élasticité voisine de celle du caoutchouc. Ses propriétés isolatrices sont supérieures de près du double à celles de la gutta-percha ordinaire, mais sa capacité électro-statique et ses autres propriétés ne semblent pas différentes en apparence.

Composé Godefroy. — M. Godefroy prépare aussi une variétéde gutta-percha par le mélange de cette substance avec de la poudre de noix de coco, dans la proportion de 200/0 et avec 100/0 de caoutchouc; son pouvoir isolateur est à peu près le même que celui de la gutta-percha ordinaire, mais sa capacité électro-statique est un peu plus grande.

Malgré les avantages annoncés de ces différentes matières, la commission anglaise pense qu'on ne doit les accepter qu'avec une grande réserve, d'autant plus que le temps n'a pas encore suffisamment prononcé sur elles.

Soudures et joints. — La fabrication des fils isolés destinés à la fabrication des câbles télégraphiques, s'opère généralement par longueurs d'un mile marin et pour joindre ensemble ces diverses longueurs, on est obligé de les souder. On commence d'abord par souder les deux bouts du conducteur, de manière à ne pas laisser dépasser extérieurement des aspérités qui pourraient percer la couche isolante, puis on nettoie avec soin la soudure, afin de n'y laisser aucune impureté; après quoi on la recouvre entièrement d'une première couche de chatterton. On ramollit ensuite à la lampe à naphte de bois les extrémités de la couche de gutta-percha des deux fils, et on les étire de façon à recouvrir entièrement le conducteur; la gutta-percha étant ramollie se mastique facilement; de sorte que les deux couches ainsi étirées peuvent se souder parfaitement l'une sur l'autre. On applique alors sur cette première enveloppe une couche de chatterton que l'on égalise le plus possible à l'aide d'un fer chaud; puis on enveloppe le tout d'une pièce de gutta-percha en feuille, d'une épaisseur en rapport avec la force du fil, pièce que l'on a eu soin de ramollir et d'appliquer à chaud sur la première enveloppe également réchauffée; les bords de cette pièce ainsi soudée sont ensuite coupés et les balèvres rabattues au moyen d'un fer chaud. La partie la plus délicate de cette opération est dans le mariage intime de la gutta-percha du joint avec celle du câble, et c'est par une manipulation intelligente, aidée d'un ramollissement convenable de la masse du joint, qu'on parvient à chasser toutes les bulles d'air, et à former du tout une pâte homogène. Le joint achevé, on le recouvre en entier de chatterton et parfois aussi de bandes spiralisées de caoutchouc pur. Il est d'ailleurs facile à reconnaître à sa couleur plus brune et au gonflement qu'il donne au fil en ces endroits, et cette distinction est nécessaire quand on soumet le câble à l'épreuve des joints. Nous ajouterons qu'il est indispensable avant de commencer la soudure de la gutta-percha, de nettoyer scrupuleusement, avec de la naphte au bois, la gutta-percha sur laquelle le joint doit être fait.

Quelquefois avant de souder les deux bouts du conducteur, on chauffe sur une longueur de 7 à 8 centimètres les parties extrêmes de leur enveloppe de gutta-percha, de manière à la ramollir assez pour la retirer en arrière et former deux pelottes qui laissent à nu les bouts du fil de cuivre; on raccourcit alors ces bouts, et après les avoir taillés en biseau et appliqués l'un sur l'autre, on les soude; puis après avoir échauffé de nouveau les pelottes de gutta-percha étirée, on les ramène l'une après l'autre et l'une sur l'autre, de manière à recouvrir complétement le joint, en ayant soin d'interposer, entre les deux couches, du chatterton. On passe sur le tout une nouvelle couche de chatterton, et on enveloppe le joint entier, au delà même de ses extrémités, de minces bandes de gutta-percha que l'on incorpore facilement à la masse du joint. Ce système employé par M. Siemens a l'avantage d'éviter le mélange de gutta-perchas de différents âges.

Pour ramollir la gutta-percha dans les différentes opérations que nous venons d'exposer, on peut employer avec avantage un jet de vapeur que l'on dirige au moyen d'un tube à bec. Cette vapeur est produite dans une marmite, que l'on chauffe à une distance suffisante du joint pour ne pas l'impressionner, et dont le couvercle disposé en entonnoir porte le tube en question.

Les jointures des fils recouverts de caoutchouc s'effectuent d'une autre manière. Les soudures du conducteur sont faites, il est vrai, de la manière usuelle, mais la jointure de l'enveloppe isolante est effectuée en continuant à la main les spirales de caoutchouc qui constituent cette enveloppe; on enferme ensuite le joint dans une boite où les spirales subissent pendant deux heures l'action d'un jet de vapeur ayant la même température que celle qui a servi à leur soudure pendant la fabrication du fil. Le caoutchouc ainsi recuit semble résister plus que tout autre aux influences atmosphériques.

3° **Des armatures protectrices.** — La question des armatures protectrices a été bien controversée. Les uns croient que les matières molles et délicates qui composent l'enveloppe isolante des câbles sous-marins ont besoin, pour ne pas être détériorées, soit pendant l'opération du déroulement à la mer, soit même au fond de la mer par les coquilles perforantes ou par les frottements, d'être protégées par des couvertures solides et résistantes. Les autres, admettant qu'au fond de la mer il n'existe ni courants ni causes accidentelles susceptibles de détériorer les câbles, rejettent toute espèce de couvertures, sauf celles en chanvre ou en ruban goudronné, qui sont nécessaires pour les protéger pendant l'opération de la pose. Ces derniers prétendent que les couvertures métalliques, en alourdissant considérablement le câble, rendent leur pose plus difficile, leur rupture plus aisée, et encombrent inutilement les navires chargés de les transporter.

Nous n'entrerons pas dans ce débat, dont nous avons parlé dans les tomes IV et V de notre *Exposé des Applications de l'électricité* (2e édition), nous nous contenterons d'exposer les conclusions de la Commission anglaise des câbles sous-marins qui sont formulées de la manière suivante :

« La forme de l'enveloppe extérieure doit, dans chaque cas, dépendre des circonstances locales et de la situation dans laquelle doit se trouver le câble. Dans le choix qu'on fait, il faut avoir soin de s'assurer la possibilité de réparer le câble partout, excepté dans les profondeurs qui dépassent la limite à laquelle on peut le soulever.

« L'enveloppe doit être telle, qu'elle puisse protéger l'âme contre les avaries qui peuvent résulter du déroulement ou du relèvement (en cas de réparation), contre les attaques des animaux marins et contre le frottement sur un fond rocheux : elle doit permettre de faire facilement les joints et donner au câble un poids spécifique suffisant pour qu'il s'enfonce régulièrement. De plus, la substance destinée à donner au câble sa force doit être efficacement protégée contre la corrosion, et doit fournir la force nécessaire avec le minimum d'allongement. Enfin cette matière ne doit pas être assez isolante pour masquer les défauts du câble pendant sa fabrication. »

Suivant la Commission, les câbles des mers profondes ne doivent être légers que parce que, sans cela, ils ne seraient pas transportables et susceptibles d'être relevés ; car pour la pose, *leur plus grand poids serait sans grande influence sur la tension exercée*, attendu que, par suite de leur immersion, cet excès de poids est à peu près compensé par leur plus grand volume. « Il est digne de remarque, dit le Rapport de la Commission, que *presque tous les petits câbles ont joué de malheur*, tandis que l'expérience a toujours démontré *que plus un câble était lourd, plus grande était sa durée.* » Quoi qu'il en soit, la Commission admet comme *de nécessité absolue* que ces câbles soient recouverts d'une enveloppe métallique ; car il a été reconnu, suivant elle, que les revêtements uniquement composés de chanvre goudronné duraient extrêmement peu de temps, et que pour le relèvement d'un câble une couverture résistante est indispensable ; elle croit de plus que les fils de fer ou d'acier qui doivent former cette couverture doivent être préalablement étamés et recouverts de chanvre saturé de goudron ou d'une couche de gutta-percha pour éviter la corrosion. Enfin elle regarde comme indispensable qu'une couverture épaisse en filin ou en ruban goudronné soit interposée entre l'enveloppe isolante et l'enveloppe protectrice, afin de servir en quelque sorte de coussin, de matelas à cette dernière, et d'empêcher ainsi la déformation de la couche isolante pendant l'opération du recouvrement et de la pose.

Pour éviter l'allongement du câble, la formation de nœuds et une pression trop grande de la matière isolante pendant la pose, la Commission recommande que le pas de l'hélice constituée par les fils de fer ou d'acier de l'enveloppe protectrice soit le plus allongé possible ; elle croit même qu'une disposition qui permettrait à ces fils de se maintenir parallèlement les uns à côtés des autres dans le sens de la longueur du câble aurait de réels avantages.

Enfin, suivant la Commission, le 2e câble d'Alger à Toulon aurait été dans de bonnes conditions, particulièrement sous le rapport de son poids spécifique (1,9), par rapport aux profondeurs de 1500 à 2000 brasses auxquelles il devait descendre. Pour les câbles des mers peu profondes, où des frottements sur les rochers et des accidents de toutes sortes peuvent se présenter, il importe que l'enveloppe extérieure ait une grande solidité, et dans ce cas la question de poids disparaît. Ce sont donc des câbles à fortes armatures de fer qui doivent être alors employés, surtout dans le voisinage des points d'atterrissement. En raison de cette considération, il est facile de comprendre que les câbles dont nous avons parlé précédemment doivent être garnis vers leurs extrémités d'armatures plus fortes que dans le reste de leur longueur.

M. Ternant, dans son manuel de télégraphie sous-marine, et M. Clark, dans son formulaire électrique, entrent dans de grands détails sur ces enveloppes protectrices, et étudient avec un soin spécial les différents éléments qui entrent dans leur construction. Ne pouvant entrer dans tous ces détails, qui sont tout à fait spéciaux, nous nous contenterons de les résumer le plus brièvement possible.

Nous commencerons par faire observer que l'enveloppe de chanvre qui garnit extérieurement les conducteurs recouverts de leur enveloppe isolante est constituée par deux couches superposées, que la première est simplement imprégnée de tannin, que la seconde est le plus souvent goudronnée, et que ces deux enveloppes sont enroulées spiralement en sens inverse l'une de l'autre à l'aide de machines à corder qui effectuent simultanément la double opération.

Le chanvre se conserve d'une manière remarquable sous les fils de fer, mais il se détruit assez vite sous l'eau et se trouve souvent rongé par des insectes tels que la limnoria et le toredo, lorsque la destruction du fer les expose à nu. On a trouvé ces insectes marins dans presque tous les câbles de la Méditerranée et à des profondeurs où l'on n'aurait jamais supposé que des êtres organisés pussent exister.

Dans les mers de Chine, des insectes du même genre, des espèces de crustacés microscopiques, sont même parvenus à perforer l'enveloppe isolante des câbles, après avoir dévoré en quelques points leur enveloppe de chanvre. On ne s'est pas préoccupé encore sérieusement de cette question, mais il semble logique de prévenir cette cause de détérioration, soit au moyen d'une seconde cuirasse de fils de fer fins, comme on l'a proposé en Amérique, soit en recouvrant l'enveloppe de chanvre de naphtaline ou d'une peinture toxique, telle que celle que M. Jouvin avait proposée pour la préservation des coques des navires en fer et qui est un composé de bleu de Prusse et de turbith minéral ; ce mélange fournit sous l'influence de l'eau de mer un chlorocyanure de mercure et de sodium qui est un des poisons les plus violents.

Le poids du chanvre nécessaire à la construction d'un câble pour une longueur d'un knot, est, d'après M. Clark, donné approximativement par la formule :

$$\alpha\left(D_1^2 - D^2 - \frac{n}{2}\, d^2\right) \ldots \textit{cwt. (hundred weight)}$$

α étant un coefficient variant suivant la nature des chanvres, qui est 12 pour le chanvre ordinaire, 17 pour le chanvre goudronné, 13 pour le chanvre de Manille.

D_1 étant le diamètre de la circonférence décrite par les centres des fils de fer de l'enveloppe protectrice, en pouces anglais.

D le diamètre extérieur de l'enveloppe isolante du câble, en pouces,

d le diamètre des fils de fer de l'enveloppe protectrice,

n le nombre de ces fils.

Les poids obtenus par cette formule sont exprimés en fonction de *l'hundred weight (cwt)* qui représente 112 livres anglaises.

Si l'on ne veut prendre en considération que l'épaisseur de la couche de chanvre depuis l'enveloppe isolante jusqu'à la circonférence des centres des fils de fer, la formule précédente peut être mise sous la forme :

$$\alpha\left(ab - \frac{n}{8}d^2\right)\ldots\ cwt.$$

Alors les valeurs α sont 46, 66 et 50, au lieu de 12, 17, 13 ; b représente l'épaisseur en question et $a + b = D_1$.

L'enveloppe protectrice en fer est généralement constituée par la réunion d'une certaine quantité de fils de fer ou d'acier enroulés les uns à côté des autres, en hélice à pas allongé, autour du câble. Pourtant plusieurs constructeurs entr'autres, MM. Siemens, l'ont formée de bandes de cuivre enroulées en hélice à pas assez serré et disposées de manière à être à recouvrement les unes sur les autres, comme les ardoises d'un toit. Ce système, toutefois n'a pas prévalu et comme nous le disions, ce sont les armatures à torons de fils de fer qui sont aujourd'hui presqu'exclusivement employées.

Les avantages de cette disposition sont, d'abord que la pression résultant de la traction du câble ne s'exerce que pour serrer les fils les uns contre les autres de la même manière que la pesanteur exerce son action sur les claveaux d'une voûte ; par conséquent l'enveloppe isolante ne peut subir aucune atteinte de cette pression ; en second lieu, que l'allongement sous l'effort de la traction ne peut jamais être bien considérable, les fils s'arqueboutant tous les uns les autres. En revanche, cette disposition tend à déterminer sur le câbe la formation de nœuds et de boucles qui pourraient avoir des conséquences fâcheuses si on ne prenait pas un soin particulier pour les empêcher de se produire. Aujourd'hui, ces accidents sont beaucoup plus rares qu'il y a quelques années, par suite du perfectionnement des appareils d'enroulement et de déroulement. Toutefois, il est rare qu'un câble une fois posé ne fournisse pas plusieurs boucles ; mais quand ces boucles ne sont pas trop serrées, elles ne produisent pas de perturbations bien sensibles dans les transmissions électriques.

La force de résistance de l'armature protectrice d'un câble doit être telle, qu'elle pourrait supporter, sans se rompre, une tension égale à 2 tonnes par kilog. et par mètre. Ainsi un câble dont l'ensemble des fils pèserait 20 000 kilog. par mile, soit environ 11 kilog. par mètre, doit supporter une tension de 22 tonnes, ce qui correspond à une force de 6500 kilog. par centimètre carré de section.

Le fer que l'on doit employer pour les armatures protectrices doit être le plus doux possible, et comme il doit avoir aussi une grande ténacité, c'est au moyen de recuites convenablement effectuées sur des fers forts qu'on résout ce double problème. Les fers les plus employés en Angleterre pour ces armatures sont connus sous le nom de Best-Best et ils sont souvent galvanisés, mais les fils d'acier sont particulièrement recherchés pour les câbles légers des grandes profondeurs, en raison de leur plus grande force sous un plus petit volume.

D'après M. Clark, la pesanteur spécifique du fer est environ 7,79 et un pied cube de cette matière pèse environ 480 livres. Le poids d'un knot de fil de fer est représenté par la formule $\frac{d^2}{62,6}$... livres, d étant son diamètre en mils ; d'où il résulte que le diamètre a pour expression : $7,91\sqrt{w.}$, w étant le poids en livres par knot. Dans un câble où se trouvent réunis plusieurs fils pour constituer l'armature protectrice, le poids de cette armature par mile nautique ou par knot est donné par la formule $\frac{d^2 n}{6806}$... *cwt.*, dans laquelle $d =$ le diamètre de chaque fil en mils, et $n =$ le nombre des fils. Le diamètre d'un câble ainsi recouvert peut être déduit de la formule :

$$D = d\left(1 + \text{cosec.}\ \frac{180^0}{n},\right)$$

ou approximativement,

$$D = \frac{d\,(n \times 3,2)}{3,14.},$$

D exprimant le diamètre du câble, d celui du fil de l'armature et n le nombre des fils.

Les machines qui servent à appliquer les fils de fer autour des câbles ressemblent aux machines à corder, et, par le fait, l'outillage des manufactures de câbles ressemble beaucoup à celui d'une grande corderie.

Les fils de fer qui constituent l'armature protectrice des câbles sont soumis à de nombreuses causes de détérioration : à la rouille d'abord, qui agit d'autant plus énergiquement qu'elle se dissout aisément dans l'eau salée, et cette usure augmente encore quand l'eau est en mouvement autour du câble ; en second lieu, aux actions chimiques qui peuvent être produites par l'action de substances sulfureuses que les câbles rencontrent quelquefois au fond de la mer ; enfin aux frottements qui peuvent résulter du mouvement des eaux, surtout quand le câble n'appuie pas uniformément au fond de la mer, et qu'il se trouve suspendu entre deux masses rocheuses. Dans ce dernier cas, les parties du câble correspondantes aux deux points de suspension sont alors promptement mises hors de service.

On a proposé plusieurs moyens pour parer à ces causes de destruction, d'abord de galvaniser le fer, puis ensuite de recouvrir les fils eux-mêmes avec une couverture imperméable. Le procédé qui a le mieux réussi, est celui de MM. Clark et Bright; il consiste à appliquer à chaud sur une double enveloppe d'étoupe commune, un mélange de poix minérale et de silice en poudre et à enrouler cette enveloppe autour du câble en deux spirales opposées; cette opération s'effectue mécaniquement et de la même manière que pour l'enveloppe de chanvre qui entoure l'enveloppe isolante du câble, seulement une roue à palette déverse, au fur et à mesure de l'enroulement, le bitume rendu liquide par un jet de vapeur. Lorsque les deux couches sont appliquées de la sorte, le câble entraîné par la machinerie passe à travers une matrice qui lui conserve sa forme parfaitement cylindrique. La figure 161 représente la coupe d'un câble de ce genre; c'est celle de la portion intermédiaire du câble de Brest à Saint-Pierre de Miquelon et elle est de grandeur vraie.

Fig. 161.

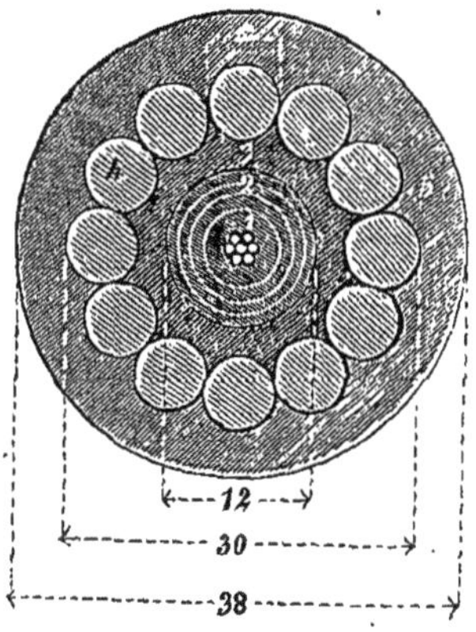

M. Clark, dans son formulaire, p. 146, donne quelques détails sur son composé, qui est constitué de la manière suivante : 65 *parties en poids de goudron minéral*, 30 *de silice*, 5 *de goudron végétal*. Le chanvre sur lequel il est appliqué doit être par rapport à lui dans le rapport de 1 à 2 en volume; on en détermine le poids pour un câble donné d'un knot de longueur au moyen de la formule :

$$28\left(D_2^2 - D_1^2 - \frac{n}{2}d^2\right)\ldots\ldots cwt,$$

dans laquelle D_2 représente le diamètre extérieur du cylindre enveloppant le câble; D_1 celui de la circonférence réunissant les centres des fils de fer, d le diamètre de ces fils et n leur nombre, le tout estimé en pouces.

Dans plusieurs câbles, notamment dans les câbles transatlantiques, de 1865 et de 1866, on a résolu le problème de la protection des armatures de fer, en recouvrant séparément chacun des fils qui les composent d'une forte enveloppe en étoupe goudronnée. Avec ce système, la pression exercée par suite de la traction peut être, il est vrai, préjudiciable, car ne rencontrant pas entre les fils en contact une résistance rigide, non-seulement elle permet au câble de s'allonger, mais elle agit encore elle-même sur l'enveloppe isolante en tendant à la déprimer ; toutefois, ces inconvénients n'ont pas eu de résultats fâcheux, car les nouveaux câbles transatlantiques ont toujours fonctionné dans de très-bonnes conditions.

Nous représentons fig. 162, 163, 164, 165, 166, 167 ci-dessous les coupes transversales de quelques-uns des câbles les plus importants qui ont été posés il y a quelques années.

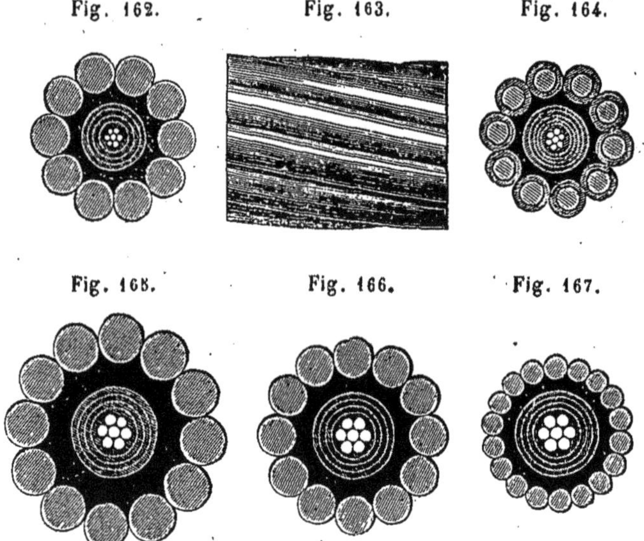

Fig. 162. Fig. 163. Fig. 164.

Fig. 165. Fig. 166. Fig. 167.

Les trois premières figures représentent de grandeur naturelle les deux parties du câble de Port-Vendres à Alger. Les trois autres figures celles du câble de Malte à Alexandrie.

La partie légère de ces câbles, celle qui est immergée au milieu de la mer, est représentée fig. 164 et 167 : la grosseur du conducteur central est comme on le voit bien différente dans les deux câbles ; son diamètre atteint à peine 3 millimètres dans le câble d'Algérie, tandis qu'il dépasse 4 millimètres dans celui d'Alexandrie ; il est vrai que le conducteur de ce dernier est le plus gros qui ait été construit. L'armature protectrice est également très-différente : elle se compose dans l'un de 18 fils de fer de 3 millim. de diamètre, serrés à nu les uns contre les autres, tandis que dans l'autre elle est constituée par 10 fils d'acier recouverts isolément d'une enveloppe de chanvre goudronné. Les parties lourdes de ces câbles, celles qui correspondent aux points d'atterrissement sont représentées fig. 162 et 165; elles sont beaucoup plus fortes dans le câble d'Alexandrie que dans celui d'Algérie. On sait, du reste, que ce dernier a été mis hors de service au bout de quelques mois de travail. Son prix de revient était 2500 francs par kilomètre.

Fig. 168.

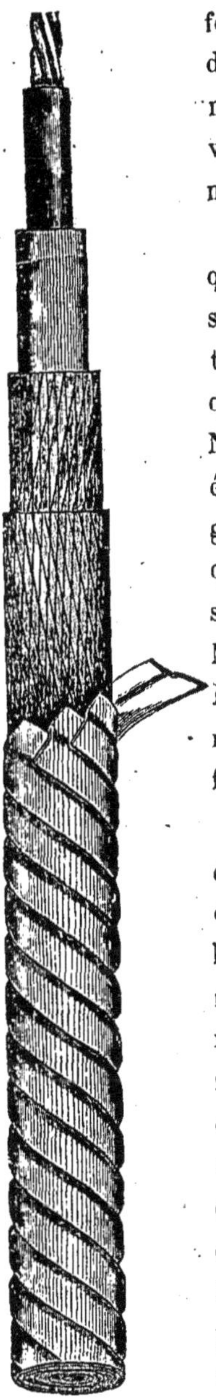

La description et l'histoire des différents câbles qui ont été posés, seraient sans doute très-intéressantes à publier, mais elles exigeraient tant de détails, qu'elles nous éloigneraient beaucoup du but que nous nous sommes proposé dans cet ouvrage. Nous avons d'ailleurs, dans le tableau des valeurs électriques des différents câbles récemment immergés que nous avons donné page 491, tome I, indiqué les dimensions de leurs principales parties constituantes (1), et l'on peut voir dans l'ouvrage de M. Blavier l'histoire des principaux d'entre eux. Nous croyons plus utile pour les lecteurs auxquels nous nous adressons de dire quelques mots des différents systèmes qui ont été proposés.

Différents systèmes de câbles. — Pour donner aux câbles des mers profondes toute la solidité désirable, sans nécessiter les armatures métalliques dont on entoure ordinairement les câbles sous-marins, M. Allan enveloppe le fil conducteur lui-même, alors composé d'un fil unique de cuivre de 4 millimètres de diamètre, avec un câble de petits fils d'acier enroulés légèrement en hélice autour de lui, et c'est au-dessus de ce petit câble, formé de vingt-cinq fils, chacun de la grosseur d'une aiguille à coudre, que se trouve appliquée l'enveloppe isolante. Celle-ci est composée de quatre couches de gutta-percha, et le tout est enveloppé d'une double couverture en ruban de toile goudronnée, qui sert d'enveloppe protectrice. Le diamètre total est de 17 millimètres.

(1) Voir le *Manuel de télégraphie sous-marine* de M. Ternant, pages 66 et 192.

MM. Siemens et Halske ont cherché aussi à résoudre le problème des câbles légers en employant comme isolateur le caoutchouc et en remplaçant les lourdes armatures de fer par des armatures beaucoup plus légères, composées de simples fils d'acier de petit diamètre, disposés rectilignement les uns à côté des autres et enveloppés par des bandes minces de cuivre phosphoré, enroulées en spirale autour du câble. Ces bandes, étant déprimées sur la moitié de leur largeur, de manière à ce que les différentes spires s'arc-boutent entre elles, tout en étant à recouvrement les unes sur les autres, forment une gaîne flexible, à peu près imperméable à l'eau, qui rend le câble excessivement maniable (voir fig. 168). Il résulte de cette disposition : 1° que les dimensions du câble peuvent être considérablement réduites ; 2° qu'il ne peut facilement s'allonger sous les efforts de la traction (les fils de fer étant droits) ; 3° que la résistance est, relativement à son volume, plus considérable que celle des autres câbles ; 4° que l'armature protectrice ne court pas risque d'être corrodée et détruite ; 5° que les animaux perforants ne peuvent avoir accès dans l'enveloppe isolante. En recouvrant l'enveloppe de cuivre d'une couche de peinture, composée avec le mélange toxique dont il a été parlé page 469, on pourrait même rendre le câble susceptible d'être relevé facilement, puisque aucun dépôt de coquillages ne pourrait dès lors s'effectuer à sa surface.

Dans le système de M. Siemens, l'enveloppe isolante se compose de plusieurs enveloppes de caoutchouc superposées et séparées du fil conducteur par une couche assez mince de *chatterton's compound*. Une autre couche de cette dernière substance et une couche de gutta-percha, superposées aux dernières couches de caoutchouc, complètent l'enveloppe isolante. Cette interposition du *chatterton's compound* a non-seulement pour effet d'empêcher l'action du cuivre sur le caoutchouc, mais encore de fournir entre ces divers corps une complète adhérence. Enfin une double couverture de rubans goudronnés sert d'intermédiaire entre l'enveloppe isolante et l'armature de fer et de cuivre. MM. Siemens et Halske ont construit des câbles de ce modèle de toutes grosseurs, et on a reconnu qu'ils ont l'avantage d'être très-légers, de se conserver parfaitement sous l'eau et d'avoir un isolement parfait.

Il y a quelques années, M. Dunkan a proposé une solution curieuse du problème des câbles légers. Dans ce système, l'armature en fer est remplacée par une armature faite avec des tiges de rotin. Suivant l'auteur, une pareille armature réunit les avantages de la solidité, de la durée et de la légèreté. Il est certain que le rotin a une résistance relativement assez considérable et ne s'altère pas dans l'eau. On sait, en effet, que les Chinois s'en servent de temps immémorial pour en faire des cordes de sondage pour leurs puits artésiens et des câbles pour leurs jonques; mais, en admettant la réalité de ces avantages, le problème serait-il pour cela résolu ? C'est ce que l'expérience seule pourra dire ; car, à force de rechercher la légèreté, on pourrait bien, avec ce système, avoir dépassé le degré convenable. D'ailleurs, les tiges de rotin pourraient-elles être fournies en quantité suffisante pour l'établissement d'une ligne un peu longue ?

Une foule d'autres systèmes, parmi lesquels nous citerons ceux de MM. Balestrini, Bardonnault, de Mathys, Harisson, etc., ont encore été proposés ; mais les avantages qu'ils promettent étant plus que douteux, nous n'en parlerons pas davantage.

Pour empêcher la descente trop prompte des câbles pendant leur immersion, quelques inventeurs ont imaginé, soit de les envelopper d'une substance très-légère, susceptible de se dissoudre à l'eau de mer, au bout d'un certain temps, soit de les soutenir de distance en distance par des parachutes ou même de les maintenir soutenus entre deux eaux à l'aide de bouées, mais ces moyens sont plutôt théoriques que pratiques, et en combinant convenablement le mouvement du navire avec la vitesse de défilement du câble, on peut arriver à les poser sans encombre et sans grandes difficultés, comme nous le verrons plus tard.

On a, du reste, beaucoup écrit et beaucoup parlé sur cette question, et malheureusement ce sont ceux qui avaient le moins de connaissances à cet égard qui ont fait le plus de bruit. Il en est résulté que l'on croit généralement cette question à résoudre, lorsqu'elle est depuis longtemps résolue. Les Anglais, qui sont des hommes pratiques, ont fait moins de bruit et beaucoup plus de besogne, et nous en voyons la preuve par le monopole qu'ils exercent dans le monde entier pour la fabrication et la pose des câbles sous-marins.

On a cherché encore, pour éviter l'induction électro-dynamique des fils les uns sur les autres dans les câbles à plusieurs fils, de recouvrir l'enveloppe isolante de chacun d'eux, avant leur réunion dans le câble, d'une armature d'étain. Si on se rappelle, ainsi qu'on l'a vu page 178, que l'induction se divise et se répartit entre les corps conducteurs qui en subissent l'effet, à la manière du magnétisme d'un aimant agissant sur plusieurs armatures de fer doux, on peut comprendre que cette enveloppe d'étain jouant en quelque sorte le rôle des tubes graduateurs des appareils d'induction, doit effectivement empêcher l'induction de se produire d'un fil à l'autre ; mais l'induction électro-statique n'en est pas pour cela détruite : bien au contraire, car cette disposition rapproche davantage les surfaces destinées à la produire, et le contact direct établi de distance en distance entre ces surfaces et la terre ne peut que rendre plus faciles les effets de condensation qui en sont la conséquence. S'il faut pourtant en croire M. Foucaut, l'auteur de cette innovation, des essais auraient été tentés en Amérique et auraient fourni des résultats avantageux, mais les renseignements que nous possédons ne sont pas suffisants pour que notre opinion soit parfaitement arrêtée à cet égard.

Dans le câble de M. Foucaut, chaque fil de cuivre formant conducteur est enveloppé de gutta-percha d'une épaisseur de un à un millimètre et demi. Par dessus est une gaine de coton roulé imprégnée de céruse mêlée avec de l'huile de lin, puis un tube de papier d'étain formé d'une bande de ce papier enroulée en hélice. Chaque tube d'étain est cordé avec ses pareils, de manière à ce que chaque armature soit en contact avec les autres, ce qui est un point essentiel d'après l'auteur. Enfin, diverses enveloppes entourant les tubes d'étain, une corde enroulée en fourrure et une bande imprégnée d'une composition au pétrole qui recouvre le tout, complètent le système. Suivant M. Foucaut, le recouvrement de la gutta-percha par une enveloppe de céruse qui devient à la longue d'une dureté extrême serait un des perfectionnements les plus importants de son invention, en constituant une enveloppe protectrice très-efficace, sous le rapport de l'isolement, même en supposant la gutta-percha endommagée.

Dans la brochure que M. Foucaut a publiée sur ce câble, figurent plusieurs procès-verbaux d'essais faits à New-York en 1869, qui constatent la bonne réussite de ce système. Ces procès-verbaux sont signés de MM. Wood, Paper et Farmer. Mais ces essais ont été faits sur une trop petite échelle pour qu'on puisse rien conclure de positif à cet égard.

Essais des câbles à la manufacture et pendant leur construction. — Les nombreux cas d'insuccès qui, dans l'origine, sont survenus dans l'établissement des câbles sous-marins, ont engagé les ingénieurs et les constructeurs à prendre toutes les précautions possibles, non-seulement pour assurer leur bonne construction, mais encore pour vérifier, au fur et à mesure de leur fabrication, leurs conditions d'isolement et de conductibilité.

On commence d'abord par faire subir à chaque rouleau de fil fin qui doit entrer dans la formation du toron une épreuve de résistance par voie de comparaison avec un étalon fixe, et on écarte, bien entendu, tous les fils qui n'ont pas la conductibilité voulue ; puis quand le faisceau cordé de ces fils est construit, on en mesure de nouveau la conductibilité à une température donnée. Le degré de cette conductibilité figure, pour le constructeur dans le cahier des charges, au même titre que le poids de la matière. Ces mesures sont faites ordinairement à l'aide du pont de Wheatstone.

L'épreuve de l'isolement s'effectue de la même manière et d'après l'une ou l'autre des méthodes que nous avons indiquées dans le 5e chapitre de notre premier volume ; on doit fournir des chiffres exacts de la capacité électro-statique et de la résistance par knot de câble, et ces mesures doivent être prises avec les deux sens opposés du courant, d'abord pour chaque tronçon de câble fabriqué, puis pour le câble entier. Ces vérifications sont faites en premier lieu par l'entrepreneur fabricant et sont ensuite contrôlées par les ingénieurs agissant au nom de la compagnie contractante. Ce n'est qu'après ces essais préventifs, que les fils recouverts de leur couche isolante sont envoyés à la manufacture des câbles, où ils doivent recevoir leur enveloppe protectrice. Là ils sont de nouveau essayés, et ce n'est qu'après cette nouvelle vérification qu'ils sont livrés aux machines. Pendant toute la durée de la manufacture, les épreuves du cuivre et de l'isolement sont répétées deux fois par jour sur toute la longueur des sections du câble en construction, que l'on maintient constamment sous l'eau, dans des réservoirs spéciaux disposés de manière à donner au liquide une température constante de 24° centigrades.

Dans ce genre d'épreuves, on attache avec raison la plus grande importance à maintenir tous les appareils et leurs points de contact dans le plus grand état de propreté, afin d'éviter les résistances anormales qui pourraient en résulter et aussi afin d'élaguer la perte qui pourrait résulter de la conduction par des surfaces malpropres. C'est pour ce motif que les extrémités du fil à l'épreuve doivent être souvent coupées et qu'on doit les enduire, avant l'épreuve, de paraffine, après les avoir nettoyées avec de l'essence de térébenthine ou de l'essence de naphte.

En raison des effets de l'électrification dont nous avons parlé page 462, tome I, et qui ont pour résultat d'indiquer un accroissement relatif de l'isolation en raison de l'absorption graduelle de la charge à travers toute la masse isolsnte, on limite à un temps déterminé, qui est généralement une minute, les épreuves de l'isolement, et ce temps est indiqué par un sablier ; quelques praticiens adaptent même cet appareil à la clef qui établit le contact de la pile avec le câble, afin que la période soit plus scrupuleusement limitée. Ils ont seulement soin, avant l'expérience, de décharger préalablement le câble de tout résidu de charge qu'il aurait pu conserver: On opère d'abord avec le courant négatif, puis avec le courant positif, faisant intervenir entre les deux épreuves un espace de temps assez long durant lequel les deux extrémités du fil sont mises en contact avec la terre. La moyenne des deux observations indique d'une manière suffisamment exacte la résistance de l'isolement.

Un câble sous-marin devant être immergé à une profondeur toujours considérable et devant en conséquence subir une forte pression, on a pensé qu'il fallait soumettre les divers tronçons de câble, au moment de l'essai de leur isolement, à une pression assez forte pour forcer en quelque sorte les défauts. On introduit en conséquence ces tronçons de câble par longueurs de 5538 mètres dans un grand cylindre en fer hermétiquement fermé et en communication avec une puissante machine de compression susceptible de fournir une pression de 1400 kilog. par centimètre carré, et pour augmenter la conductibilité de la gutta-percha, on maintient la température du liquide dans ce récipient à 25° ; ordinairement on règle cette pression d'après celle que le câble doit subir au fond de la mer, et on la maintient plusieurs jours sur les tronçons de câble successivement soumis à l'épreuve. L'appareil dont on se sert pour ces expériences est celui de M. Reid.

D'un autre côté, comme il existe toujours dans la gutta-percha et autres substances isolantes des bulles d'air et des soufflures qui, en crevant fortuitement pourraient altérer sensiblement l'isolement du câble, on commence, avant de le soumettre à la pression dont nous avons parlé, par faire le plus complétement possible le vide dans l'appareil, afin de déterminer immédiatement la rupture de ces soufflures.

C'est ordinairement le galvanomètre astatique de Thomson qu'on emploie pour ces expériences et on lui adapte un appareil à dérivation pouvant réduire sa sensibilité de $\frac{1}{10}$, de $\frac{1}{100}$, de $\frac{1}{1000}$, et même de $\frac{1}{10000}$.

II. POSE DES CABLES SOUS-MARINS.

Tracé des lignes sous-marines. — Le rapport de la commission anglaise pour l'étude des câbles sous-marins s'exprime ainsi, relativement au tracé des lignes sous-marines :

« Avant de décider la route que doit suivre un câble sous-marin, il faut se livrer à une étude soigneuse et détaillée de la nature et des inégalités du fond de la mer, et l'on doit choisir la route par laquelle on a le moins de chances d'essuyer des avaries, causées par des actions *mécaniques* ou *chimiques*, et, lorsqu'il est possible, pour laquelle les profondeurs soient telles, qu'elles permettent de relever le câble pour le réparer (c'est-à-dire de 300 à 400 brasses au maximum). Dans une pareille étude, il est de la plus grande importance de tenir compte, à chaque pas, des différences relatives du niveau du fond de la mer et de la profondeur réelle ; et ce serait un grand point déjà si l'on pouvait inventer un instrument permettant de tracer le profil du fond de la mer. La position des câbles pourrait être ainsi définie avec la plus grande précision possible, ce qui faciliterait les réparations futures. »

Il suffit, pour qu'on puisse saisir l'importance de ces recommandations, d'examiner la situation d'un câble appuyé sur un sol inégal, et présentant des aspérités ou des différences de niveau brusques et rocailleuses. Le câble ne pouvant dans son défilement suivre alors toutes les sinuosités, se trouve par places tendu entre deux points d'appui qui supportent tout le poids de la masse ainsi suspendue. On comprend aisément qu'il y a alors de nombreuses chances de rupture pour le câble, non-seulement par l'effort mécanique que celui-ci doit supporter à ces points d'appui, mais encore par l'usure prompte qui peut résulter, en ces points, des mouvements du câble sous l'influence des courants sous-marins ; c'est précisément ce qui est arrivé pour le premier câble de l'Algérie. Le fond de la mer Méditerranée, dans le voisinage des côtes d'Afrique, descend brusquement à une profondeur énorme pour s'élever ensuite en pente douce vers les côtes de France : or un déplacement trop rapide du câble l'avait maintenu suspendu sur une assez grande longueur dans le voisinage de la côte africaine, et naturellement il n'a pu résister longtemps à l'effort continuel qu'il avait à supporter, d'autant plus qu'il était alors très-lourd. On comprend d'après cela l'importance des sondages sur la route que doit suivre un câble, et cette précaution est encore bien plus nécessaire dans le voisinage des points d'atterrissement, qui sont les plus exposés aux mouvements des eaux de la mer, à l'action des rochers, et aux accidents matériels résultant des conditions de la navigation, et particulièrement du trainage ou du relevage des ancres des navires.

Sans entrer dans les raisons politiques, commerciales et administratives qui décident la direction générale d'un câble, il est néanmoins des circonstances locales qui, indépendamment des conditions exposées précédemment, doivent exercer une certaine influence. Ainsi, la condition du plus court chemin, et le voisinage d'un poste télégraphique important, doivent évidemment entrer en ligne de compte, et on devra également choisir la position des points d'atterrissement de manière à les éloigner des endroits favorables au mouillage des navires.

Arrimage des câbles à bord des navires. — Dans l'origine, les navires portant le câble, étaient remorqués par un ou plusieurs bateaux à vapeur, et pouvaient être en conséquence aménagés facilement dans ce but ; mais on n'a pas tardé à reconnaître que l'on ne pouvait jamais être maître d'un défilement convenable du câble tant que le navire qui le portait ne contenait pas lui-même son moteur, et dès lors il a fallu songer à disposer des navires à vapeur tout exprès pour cette opération. Cet aménagement n'est pas chose aisée ; car pour de longues distances, le câble occupe une place d'autant plus grande qu'il doit être enroulé circulairement dans des réservoirs remplis d'eau et du plus grand diamètre possible. Il faut de plus que l'espace occupé par lui soit complétement libre et à l'abri de la chaleur, que rien sur son parcours, ne puisse entraver sa marche quand il descend à la mer, et qu'à mesure qu'il se déroule, le navire garde toujours son équilibre. On obtient facilement ce dernier résultat quand les navires sont lestés avec de l'eau, car à mesure que le câble se déroule, on peut remplacer le poids perdu par un poids d'eau équivalent. Quoiqu'il en soit, voici le système d'arrimage adopté dans les immersions les plus récentes.

« Aussitôt terminé, dit M. Ternant, le câble est enroulé dans des réservoirs pleins d'eau, où on le maintient à l'abri de toute détérioriation et on lui fait subir chaque jour les épreuves qui constatent sa conservation et son état de bon fonctionnement. Ces réservoirs circulaires ou ovales sont abrités du soleil par des hangars, et ils sont presque toujours construits de manière à être remplis ou vidés d'eau à volonté. C'est de là que les câbles sont dirigés à bord, lorsqu'on doit les embarquer. »

Quand le navire qui doit transporter le câble peut accoster les quais, le halage et l'arrimage du câble peuvent se faire directement ; mais quand il est obligé de rester à distance, comme c'était le cas du *Great-Eastern*, on emploie des chalands intermédiaires qui viennent accoster le navire et mettre le câble à sa portée. Celui-ci est d'abord amené à bord par une série de poulies à gorge sur lesquelles il est engagé et qui le conduisent à une hutte en bois construite temporairement au-dessus de l'ouverture de la cale du navire. Ces poulies sont mises en mouvement par une petite machinerie à vapeur analogue à celle qui dans les navires anglais, servent au chargement et au déchargement des colis, et un compteur adapté à cette machinerie, permet d'enregistrer exactement, à chaque instant, la quantité de câble embarquée.

Une fois engagé à bord dans la machinerie dont nous venons de parler, le câble passe dans les réservoirs circulaires de la cale à travers une ouverture conique, qui correspond au centre de ces réservoirs, et des ouvriers le reçoivent et le disposent circulairement en couches concentriques du centre à la circonférence ; on en enroule ainsi moyennement 25 miles par jour.

Les réservoirs sont en tôle, et remplis d'eau au fur et à mesure que le câble s'élève, de manière que le chanvre soit constamment humecté. Le *Great-Eastern* en avait trois de 18 mètres environ de diamètre sur 6 mètres de profondeur. Ces réservoirs doivent être bien entendu disposés de manière que le centre de gravité de la masse du câble soit au-dessous de la ligne de flottaison.

Au sortir des réservoirs, le câble est reçu soit directement, soit indirectement par une voie d'augets, sur deux ou plusieurs roues en fonte à gorge profonde et héliçoïdale, sur chacune desquelles il fait 3 ou 4 tours pour résister à l'entraînement de la partie mise à l'eau. Ces roues sont d'ailleurs pourvues de puissants freins qui modèrent au besoin leur mouvement et qui, en raison du frottement énorme qu'ils subissent, doivent être continuellement arrosés, à moins que le système ne soit plongé dans l'eau, comme on l'a pratiqué quelquefois. Dans l'origine, on faisait glisser le câble à l'eau par l'avant du navire, mais aujourd'hui on le laisse défiler par l'arrière, et pour le rendre libre d'accomplir des déplacements latéraux, suivant les mouvements du navire, on garnit le bastingage de la poupe d'une longue pièce de fonte sur toute la longueur de laquelle il peut glisser sans difficulté. Enfin des compteurs avec indicateurs fixés sur les roues marquent à chaque instant la longueur immergée du câble. Inutile de dire que des appareils télégraphiques, placés à terre et à bord du navire, permettent d'apprécier à tous moments l'état d'isolement de la ligne, et de fournir les indications nécessaires sur la marche de l'opération.

La machinerie du *Great-Eastern*, qui est la plus perfectionnée, était un peu plus compliquée ; elle se composait : 1° de deux grands tambours garnis de freins puissants du système d'Appold et de sabots sur lesquels le câble faisait 4 tours ; 2° de 6 roues à gorge également munies de freins qui servaient de guide au câble pour le maintenir tendu sur le tambour d'émission, et sur la circonférence desquelles appuyaient des galets à leviers de pression qui pouvaient être commandés par un même mécanisme pour serrer plus ou moins le câble dans les gorges des roues ; 3° d'un dynamomètre à contre-poids sur les poulies duquel passait également le câble pour indiquer la valeur de la tension qui le sollicitait, tension d'après laquelle on réglait la pression sur les freins ; 4° enfin d'une poulie à gorge de grand diamètre en fer forgé, munie de douilles en bronze aux paliers, qui conduisait le défilement du câble en mer. Cette poulie était placée à l'arrière du navire et était à demi-enveloppée par une pièce de fonte très-évasée qui avait pour but de prévenir le frottement ou l'abrasion du câble contre les bords de la poulie et les autres parties de l'arrière du navire. On trouvera dans l'ouvrage de M. Ternant, et dans sa notice sur les câbles atlantiques publiée le 1er juin et le 1er juillet 1869, dans les *Annales industrielles*, le détail de toute cette machinerie qui est fort curieuse.

Pour qu'on puisse se faire une idée bien nette de ce genre de machinerie, nous représentons dans la fig. 169, empruntée à l'ouvrage de M. Blavier, la disposition du mécanisme qui a servi au déroulement du premier câble transatlantique et qui a été installé à bord de l'*Agamemnon*.

A, B sont les deux grandes roues à gorge profonde et héliçoïdale sur lesquelles le câble fait quatre tours avant d'être immergé ; H, H, H, H, sont des tambours fixés sur les axes des roues A et B et sur lesquels appuient des frotteurs commandés par quatre tiges M, M à leviers articulés ; tout ce système constitue le frein proprement dit et il est mis en action par une espèce de roue de gouvernail située près du dynamomètre OG, laquelle, par l'intermédiaire d'une chaîne enroulée sur une poulie Q réagit sur les leviers articulés N, les tiges MM, et par suite sur les frotteurs des tambours. Le mécanicien peut donc, sans quitter son poste d'observation au dynamomètre, régler le serrage des freins suivant les différentes circonstances de l'opération et les tensions observées. Afin de rendre solidaires les uns des autres les mouvements des tambours H, H, et des roues A, B, les deux axes qui les portent sont reliés par deux roues d'engrenage commandées par une roue intermédiaire E.

Le dynamomètre est constitué par une grosse masse K maintenue soulevée par le câble à l'aide d'un système à glissières O, adapté à une poulie G. La masse K est suspendue à l'axe de cette poulie, et le câble en passant au-dessous de la poulie, soulève ou abaisse le système, suivant

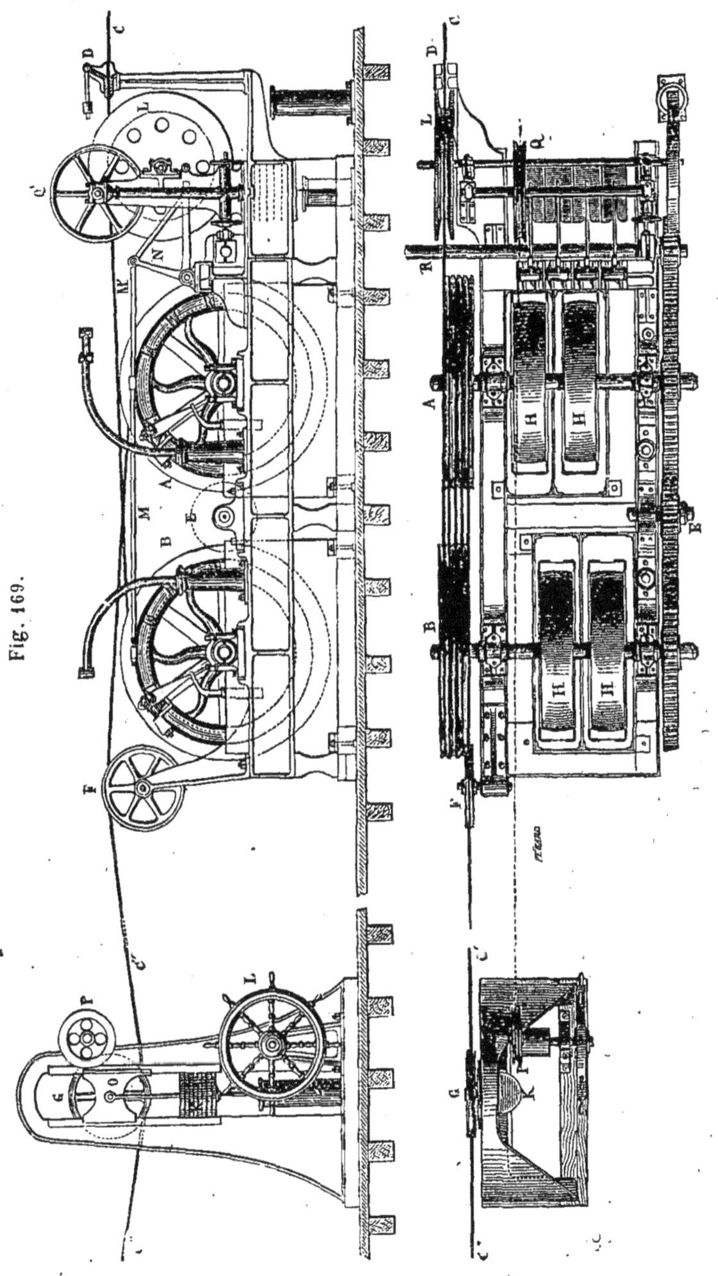

Fig. 169.

sa tension plus ou moins grande, et comme les montants le long desquels s'effectuent ces mouvements sont gradués, on peut reconnaître facilement le degré de la tension. Afin d'amortir les chocs trop brusques qui pourraient résulter d'un changement trop prompt de tension causé par le mouvement du vaisseau, la masse K est reliée à un piston plongeant dans un cylindre plein d'eau. Une pompe du même genre se trouve au-dessous des poids qui équilibrent les leviers N, afin d'empêcher qu'un mouvement trop rapide de la roue Q ou que le mouvement du navire ne fasse mouvoir trop brusquement le frein.

Les tambours H, H, plongent d'ailleurs dans des réservoirs pleins d'eau qui empêchent leur échauffement ; des pompes, des tuyaux pour leur alimentation, un compteur appliqué, à l'une des roues qui permet de connaître la vitesse du filage du câble, un axe R permettant d'arrêter le mouvement et de faire tourner les roues en sens contraire au moyen d'une machine spéciale, de forts montants destinés à protéger la machine contre les chocs extérieurs, etc., complètent l'installation.

Inutile de dire que le câble sort des réservoirs du côté C, se trouve conduit au frein en passant par le guide D et la poulie L, ressort du frein pour passer sur la poulie G du dynamomètre, après avoir passé sur la poulie F, et quitte le dynamomètre pour regagner la poulie située à l'arrière du navire qui le conduit à la mer.

Submersion des câbles. — Lorsqu'un câble descend au fond de la mer en quittant le bord d'un navire en marche, il peut se présenter deux cas : ou la marche du navire est assez lente pour que le câble descende presque perpendiculairement, et alors celui-ci se trouve appliqué au fond de la mer sans tension, ou le navire marche assez vite pour exercer sur le câble une certaine tension qui peut être mesurée au dynamomètre et réglée constamment au moyen des freins qui retardent ou accélèrent la vitesse du déroulement. Dans ces dernières conditions, le câble est tendu au fond de la mer et il est constamment soumis à une traction plus ou moins grande. En même temps, il décrit, du fond de la mer au navire, une courbe qui est celle de la chaînette que nous avons déjà étudiée sur les lignes aériennes. Pour obtenir le premier résultat, il faut que la vitesse du déroulement du câble soit plus grande que celle du navire et pour obtenir le second, il faut que l'inverse ait lieu. Quel est le meilleur système ? .... C'est ce que nous allons essayer d'éclaircir.

Au point de vue économique, on pourrait croire que le système d'immersion avec tension aurait l'avantage, car il est bien certain qu'il faut plus de longueur de câble pour immerger un câble sans tension qu'avec tension. Si le fond de la mer était parfaitement plat, il pourrait effectivement y avoir avantage à ce point de vue, mais il est loin d'en être ainsi, car on retrouve souvent au fond de la mer des inégalités plus ou moins accentuées qui, étant contournées par le câble dans son défilement, déforment continuellement la courbe que celui-ci décrit pour rejoindre le navire, et qui sont quelquefois tellement brusques, qu'une tension maintenue constante pourrait entraîner une rupture immédiate du câble ; de plus le câble peut se trouver suspendu, comme on le voit en GH et en DP, fig. 170, et être exposé d'une manière permanente, non-seulement à des tensions considérables aux points d'appui, mais à des mouvements qui

Fig. 170.

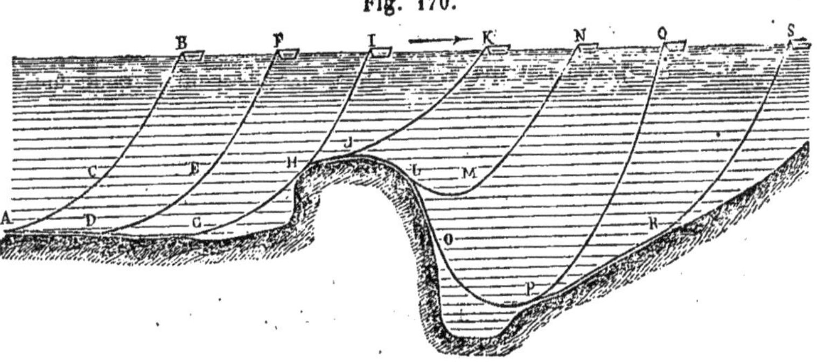

pourraient l'user promptement en ces points. Dans tous les cas, il est facile de voir sur la figure par l'inclinaison différente que prend le câble en passant à travers ces inégalités, combien la tension exercée par sa descente peut être modifiée dans des sens différents. En laissant filer presque perpendiculairement le câble à la mer, ces inconvénients n'existent pas, et nous verrons du reste plus tard que cette plus grande longueur de câble déposée au fond de la mer est même nécessaire pour les réparations qu'on peut avoir à y faire et pour le relèvement.

Il est encore dans l'immersion des câbles un élément important et dont on doit tenir compte, c'est la résistance de l'eau. Lorsque d'un navire en mouvement un corps tombe dans l'eau, il se meut horizontalement pendant quelque temps à mesure qu'il tombe, en raison de la vitesse acquise, mais ce mouvement de translation horizontal s'arrête bientôt sous l'influence de la résistance de l'eau, et alors il tombe à peu près verticalement ; mais par la même raison, la vitesse de sa chute augmente dans les premiers instants, puis devient uniforme quand la résistance de l'eau, qui augmente proportionnellement au carré de la vitesse, est égale à la pesanteur du corps dans l'eau.

Cette résistance est considérable, et, par suite, la chute d'un corps est toujours assez lente. On peut s'en faire une idée par cette considération qu'un boulet en fer qu'on laisse tomber dans l'eau emploie :

1′,21″	à descendre	de 400 à 500	brasses	(1000 mètres)
3 ,26	—	de 1000 à 1100	—	(1800 —)
4 ,29	—	de 1800 à 1900	—	(3200 —)

d'où il résulte que la vitesse maximum est d'environ 8 à 10 mètres par seconde ; cette vitesse est d'autant moindre que la densité du corps dans l'eau est moindre, et elle serait nulle si le poids du corps était égal à celui de l'eau qu'il déplace. Elle varie également avec la grandeur et la forme du corps qui tombe. Or cette résistance de l'eau étant combinée aux effets de la traction, dans le cas qui nous occupe, il en résulte une courbe d'un ordre particulier dont on peut se faire une idée par cette considération, que si un bout de câble pendant verticalement est soumis à un mouvement de translation sans toucher le fond, il s'inclinera sous l'influence de ce mouvement et de la résistance de l'eau, et prendra une position d'équilibre qui dépendra de la vitesse du mouvement de translation, de la densité et des dimensions du câble, mais qui sera toujours suivant une ligne droite plus ou moins inclinée, comme on le voit fig. 171. Naturellement, l'angle formé par ce câble avec l'horizon sera d'autant moins prononcé que la vitesse de translation sera plus grande, que le câble sera plus léger et qu'il offrira plus de prise à la résistance de l'eau ; il sera toutefois indépendant de la longueur de câble immergée. Quant à la tension sur le navire elle sera toujours égale au poids d'un câble de même dimension suspendu verticalement dans l'eau, augmenté du frottement dû à l'action de l'eau glissant longitudinalement le long de sa surface.

D'après M. Blavier, si on suppose un câble pesant 309 grammes par mètre et d'un diamètre total de 2 centimètres, on trouve que l'angle qu'il forme avec l'horizon est :

Pour une vitesse de 15 kilom.	à l'heure.	9°
— de 10	—	14°
— de 5	—	27°.

Il résulte donc de cette action, qu'un câble qui sera déposé au fond de l'eau sans tension ne sera jamais dirigé suivant la verticale, mais suivant une ligne plus ou moins inclinée qui se transportera parallèlement à elle-même avec le mouvement du navire, comme on le voit fig. 171 ; mais il faut pour cela que la vitesse de défilement du câble soit égale à celle du navire. Si la vitesse de celui-ci se ralentit, le câble décrit alors une courbe convexe par le bas, et si elle s'accroît, la ligne du câble devient concave.

Fig. 171.

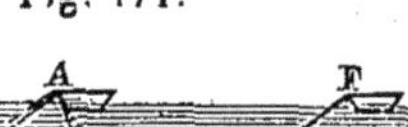
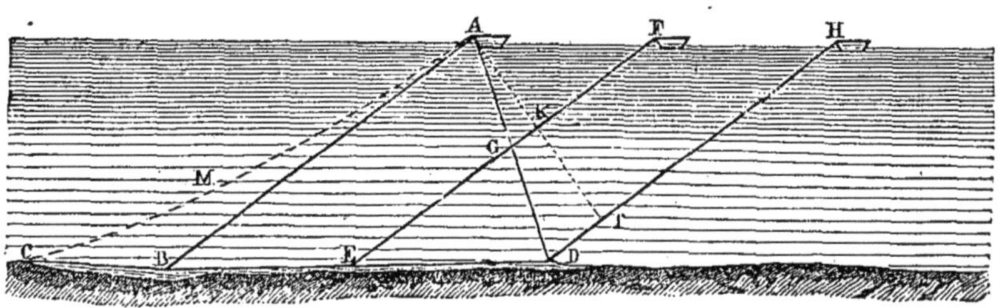

Admettons maintenant qu'au lieu de supposer variable la vitesse du navire, on réagisse sur la tension exercée sur le câble au moyen des freins : la courbe décrite par celui-ci, quand on augmentera la tension, se rapprochera de celle de la chaînette, et on se trouvera alors placé dans les conditions de la pose avec tension dont nous avons parlé précédemment ; quand, au contraire, on diminuera la tension, le poids du câble l'emportera sur la force qui le retient et il filera en suivant toujours la ligne rectiligne d'immersion, mais avec une vitesse croissante, jusqu'à ce qu'il y ait équilibre entre la tension du frein et le poids d'une longueur de câble égale à la profondeur d'eau, moins l'action du glissement. Dans ce cas, il y a évidemment perte dans la longueur du câble immergé, c'est-à-dire qu'au lieu d'être étalé en ligne droite au fond de l'eau, il s'y étale en suivant des sinuosités ou même en s'enroulant sur lui-même, mais on peut y suppléer en augmentant alors la vitesse du navire.

Si l'on considère que dans l'immersion d'un câble il est souvent nécessaire d'arrêter le défilement, soit à cause d'un défaut dont la présence aura été signalée, soit pour toute autre cause, on comprendra aisément que ce que l'on devra surtout rechercher dans l'opération de l'immersion d'un câble, sera *de diminuer le plus possible la tension* exercée sur lui, fusse même au prix de la perte d'une certaine partie de sa longueur ; cette tension ne devra donc jamais dépasser celle qui correspondrait au poids de la longueur du câble qui rejoindrait perpendiculairement le navire au fond de la mer. Il faut également que le navire ne soit pas arrêté subitement par les freins de défilement, car il en résulterait alors que la courbe formée par le câble deviendrait une chaînette qui déterminerait au point d'appui sur le navire une tension considérable capable, dans certains cas, surtout quand la ligne d'immersion est très-inclinée, d'amener la rupture du câble. Quand l'opération devra être arrêtée, on devra laisser continuer le filage du câble quelques instants, et en amortir graduellement la tension par un mouvement rétrograde du navire qui, en rapprochant de la verticale la ligne d'immersion, augmentera par cela même l'angle de la chaînette avec l'horizon. Avec les derniers câbles de l'Atlantique, qui reposent à des profondeurs variant de 1750 à 2400 brasses, on a cherché à diminuer le plus possible la tension exercée par les freins au prix d'une perte de 15 0/0 de câble qu'on a immergée en trop ; mais dans ces conditions, il n'a fallu appliquer qu'une tension de 605 kilog., alors qu'il en eût fallu une de 1400 kilog. pour les poser tendus. Ce résultat était obtenu avec une vitesse de défilement de câble de 5 à 8 nœuds à l'heure, sous un angle avec l'horizon variant de 9° à 12° et avec une vitesse du navire de 4 3/4 à 6 3/4 nœuds.

Dans la théorie que nous venons d'émettre, on a supposé que la profondeur de la mer était constante, mais comme nous l'avons déjà dit, il est loin d'en être ainsi, et dès lors il devient nécessaire de diminuer ou d'augmenter la pression des freins pour que la tension soit toujours égale au poids du câble suspendu verticalement dans l'eau. Si la manœuvre est bien faite, l'angle d'immersion doit rester toujours le même pour une vitesse égale du navire, et s'il varie, on peut reconnaître précisément par là les inégalités de profondeur que le câble rencontre au fond de la mer. Il est clair, en effet, que si la profondeur augmente, l'angle d'immersion augmentera, et il faudra serrer le frein, puisque la longueur pendante du câble sera alors plus grande ; on devra par la raison inverse, le desserrer si la profondeur diminue.

Voici maintenant, d'après M. Clark, les formules exprimant la vitesse de descente d'un câble au fond de la mer et la tension à laquelle il est soumis sous les différents angles.

Vitesse approximative de la submersion des câbles.

(125) $$v = 2{,}51 \sqrt{d\left(\frac{s'}{s} - 1\right)} \ldots\ldots \text{ pieds par seconde,}$$

$v =$ la vitesse avec laquelle le câble descend vers le fond sous l'angle ordinaire ;

$d =$ le diamètre du câble en pouces ;

$s =$ la pesanteur spécifique de l'eau de mer représentée par 1,028 ;

$s' =$ la pesanteur spécifique du câble.

Exemple : (câble atlantique), diamètre = 1,128 ; pesanteur spécifique = 1,6, alors la vitesse de submersion est :

$$v = 2{,}51 \sqrt{1{,}128 \left(\frac{1{,}6}{1{,}028} - 1 \right)} = 1{,}98 \text{ pieds par seconde.}$$

Angle de descente a^o du câble avec l'horizon.

$$\frac{v}{V} = \sin a^o. \qquad (126)$$

v = la vitesse en pieds par seconde avec laquelle le câble s'enfonce ;
V = la vitesse du navire en pieds par seconde ;
a^o = l'angle à déterminer.

Exemple : un câble tombe librement dans l'eau de mer avec une vitesse de 1,78 pieds par seconde, le navire marche avec une vitesse moyenne de 10,4 pieds par seconde. Par conséquent :

$$\frac{1{,}78}{10{,}4} = 0{,}17115 = \sin 9^o{,}50' \text{ qui est l'angle de descente.}$$

Tension du câble quand il se déroule à travers un frein.

$$t' = 0{,}0536 \frac{hw}{1 - \cos \beta} \dots cwt \qquad (127)$$

t' = tension du câble pendant au-dessus de l'eau ;
h = la profondeur de l'eau en toises de 6 pieds anglais (fathoms).
w = le poids d'un pied du câble dans l'eau estimé en livres anglaises.
β = angle du câble avec l'horizon au-dessous de l'eau.

Exemple : (atlantique de 1866) h = 2000 fathoms w = 0,242 livres $\beta = 45^o$, et une autre fois 90°.

$$1^o \; t' = 0{,}0536 \times \frac{2000 \times 0{,}242}{1 - 0{,}707} = 36{,}7 \dots cwt.$$

$$2^o \; t' = 0{,}0536 \times \frac{2000 \times 0{,}242}{1 - 0} = 25{,}9 \dots cwt.$$

Tension du câble quand il est déroulé sous différents angles (Airy).

Angle fait par le câble par rapport à la ligne d'horizon au-dessus de l'eau.	Tension du câble exprimée en fonction du minimum de tension.
5°	262,8
10	65,8
15	29,4
20	16,6

Angle fait par le câble par rapport à la ligne d'horizon au-dessus de l'eau.	Tension du câble exprimée en fonction du minimum de tension.
25°	10,7
30	7,47
35	5,53
40	4,27
45	3,47
50	2,80
55	2,35
60	2,00

L'unité est le poids dans l'eau d'un morceau de câble dont la longueur est égale à la profondeur de la mer.

Calcul en nombres ronds de la courbure du câble pendant son défilement.

$$\text{courbure} = \left(\frac{6000}{st} - 100\right) \text{pour cent.} \qquad (128)$$

t = le temps en minutes que met un knot à défiler ;

s = la vitesse du navire en knots par heure d'après la ligne du loch.

Exemple. En déroulant le câble atlantique, un knot défila en 10,2 minutes, tandis que la vitesse du navire était de 5,4 knots. Alors la courbure est :

$$\left(\frac{6000}{10,2 \times 5,4} - 100\right) = 109 - 100 = 9 \text{ pour cent.}$$

M. Clark donne, page 152 de son formulaire, une table indiquant la courbure des câbles pendant leur déroulement, suivant les différentes vitesses de ce déroulement et les différentes vitesses du navire, depuis 1 0/0 jusqu'à 20 0/0.

Tension mécanique pendant la submersion (Longridge).

$$t = 0,0536\,h \left\{ w - \frac{kv^2\left(\frac{v}{v'} - \cos a\right)^2}{\sin a} \right\} \ldots \text{en } cwts. \qquad (129)$$

h = la profondeur en fathoms ou toises de 6 pieds ;

n = le poids dans l'eau d'un pied du câble en livres ;

v = la vitesse de déroulement du câble en pieds par seconde ;

v' = vitesse du navire en pieds par seconde ;

a = l'angle que fait le câble avec la surface de l'eau ;

k = le coefficient de frottement, c'est-à-dire la résistance, en livres, que l'eau oppose au mouvement de chaque pied de câble tiré suivant sa longueur à une vitesse de un pied par seconde. Pour le câble atlantique de 1866, qui était couvert avec du chanvre, k était égal à 0,0085 (1).

Exemple (câble atlantique de 1866) $h = 2000$ fathoms $w = 0,2576$ livres, $v = 12$ pieds par seconde, $v' = 10,4$, $k = 0,0085$ livres et $a = 9°,30'$.

$$t = 0,0536 \times 2000 \left\{ 0,2576 - \frac{0,0085 \times \overline{10,4}^2 \left(\frac{12}{12,4} - 0,9863 \right)^2}{0,16504} \right\} = $$
$$= 10,8 \text{ cwts.}$$

Épreuves en mer pendant l'immersion. — « Les épreuves faites durant la construction des câbles, dit M. Ternant, ont surtout pour objet de s'assurer de la parfaite condition du câble avant la pose, et de n'admettre à l'usage que des matériaux ayant la plus grande pureté possible ; un cahier des charges spécifie généralement la qualité de ces matériaux, et l'on prend tout le soin et la peine nécessaires pour que les clauses du contrat soient fidèlement remplies ; du reste, les épreuves que nous avons déjà décrites, page 477, quoiqu'elles ne soient pas les seules auxquelles les câbles soient soumis, suffiraient déjà à remplir le but que l'on se propose, et il est rare que des fautes originelles se soient glissées dans des fils ayant subi les recherches minutieuses dont il a été question.

« Les épreuves électriques que l'on fait à la mer ne doivent évidemment pas avoir le même but. Bien que le fil arrivé à bord, soit généralement dans de parfaites conditions de conductibilité et d'isolement avant la pose, il peut se produire, par suite de cette opération ou par tout autre effet accidentel, des fautes dont il est important de déterminer immédiatement la nature et la cause, aussi bien que la position. Ces fautes ne peuvent évidemment être qu'une solution de continuité ou une perte de l'isolement, et les épreuves déjà décrites sont par conséquent applicables à la recherche de ces fautes ; mais comme le galvanomètre Thomson dont il est question dans ces expériences ne pourrait s'accommoder des mouvements du navire, il a fallu lui substituer un autre appareil, et cet au-

(1) En général pour les câbles recouverts seulement en chanvre $k = 0,007d$
— — recouverts en fer — $k = 0,001d$.
Dans ces coefficients, qui sont approximatifs, d représente les diamètres en pouces.

tre appareil est précisément celui que nous avons décrit page 325, sous le nom de *galvanomètre marin*. »

Le système suivi dans ces épreuves n'a pas toujours été le même. Dans l'origine, on alternait la mesure de la résistance du conducteur et de l'isolement, avec des communications entre le navire et la terre. Chaque heure était divisée en 3 périodes de 20 minutes, et la moitié de chacune des deux premières était employée à la mesure de l'isolement et de la résistance aux deux stations, c'est-à-dire à terre et sur le navire; la 3e était consacrée à l'échange des correspondances. Il en résultait que si un défaut survenait pendant les périodes de l'observation à terre, ce défaut pouvait se trouver déjà loin quand c'était au tour du navire à faire l'observation. Avec des câbles ayant plusieurs conducteurs, les épreuves étaient plus faciles, mais ce cas est rare, et d'ailleurs il n'était pas exempt d'inconvénients, comme le fait judicieusement observer M. Ternant.

Pour parer à ces inconvénients, plusieurs électriciens ont préféré se passer du concours utile des épreuves faites à terre et de la correspondance, et se sont bornés à suivre d'une manière permanente l'état de l'isolement en maintenant constamment isolée l'extrémité du câble laissée à terre. Ce système pouvait jusqu'à un certain point indiquer les solutions de continuité qui pouvaient se produire dans le conducteur du câble, car la longueur du circuit devenant alors moins grande, la résistance de l'isolation acquérait une valeur beaucoup plus considérable. Néanmoins, ce système était loin encore d'être satisfaisant, et il était à désirer qu'on trouvât mieux. C'est ce à quoi est parvenu M. Willoughby-Smith, dans le système qu'il employa en 1866 lors de la pose du câble transatlantique actuel.

Ce système est fondé sur ce principe, que si on réunit à la terre le bout d'un câble par l'intermédiaire d'une énorme résistance, telle par exemple qu'une résistance de 2 ou 3 millions d'Ohms, le câble n'en reste pas moins chargé à sa tension extrême, parce que, dans ce cas, la pile lui fournit plus vite sa charge électrique que la communication à la terre ne la lui enlève. De sorte qu'en interposant dans le circuit après cette résistance énorme un second galvanomètre Thomson, on se trouve en possession d'un circuit continu, dans lequel se trouvent interposés deux galvanomètres, l'un à terre, l'autre à bord du navire, lesquels galvanomètres peuvent être influencés par les mêmes causes, mais dans un sens différent, et peuvent, malgré les indications qu'ils fournissent, se prêter à une correspondance réciproque, d'un côté par des contacts directs à la terre effectués au bout du câble avant la résistance additionnelle interposée dans le circuit, de l'autre par le renforcement de la tension de la pile. La figure 172 représente le dispositif de ce système.

Fig. 172.

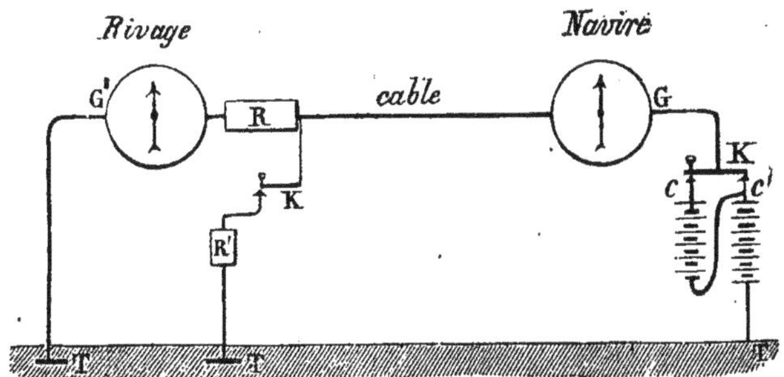

G, G' sont les deux galvanomètres Thomson, dont l'un G est placé à bord du navire, R est la résistance de 3 millions d'Ohms adaptée au bout du câble, K, K' sont les deux interrupteurs du courant pour la correspondance, *cc'* est une pile divisée en deux parties, qui peut fournir un courant faible ou fort, suivant que l'interrupteur K est au repos appuyé sur le contact *c*, ou abaissé sur le contact *c'* ; cette pile est naturellement portée par le navire.

En temps ordinaire, le courant de la première partie de la pile traverse le câble, la résistance R et les deux galvanomètres : il produit une très-petite déviation en G', mais une plus grande en G, car au courant s'écoulant en terre en G' s'ajoute celui qui résulte de la perte à travers l'enveloppe du câble. Si cette perte ne présente rien d'anormale, ces déviations sont à peu près constantes ; mais si un défaut d'isolation se produit, la déviation diminue en G' et augmente en G. D'un autre côté, si une rupture du conducteur se déclare, la déviation cesse complétement en G' et diminue en G ; on se trouve donc de cette manière averti sans cesse aux deux stations de l'état du câble, et on peut correspondre, comme je le disais, par des affaiblissements alternatifs et saccadés de la charge du câble au moyen de contacts à la terre déterminés par l'interrupteur K', ce qui établit la correspondance de la terre au navire. La correspondance du navire à la terre est obtenue d'ailleurs par l'augmentation de la tension de la pile au moyen de l'interrupteur K.

Lors de l'application des condensateurs de M. Varley aux transmissions sous-marines, la méthode d'épreuve de M. Willoughby-Smith fut modifiée comme l'indique la figure 173.

La résistance énorme introduite au bout du câble est toujours en R avant le galvanomètre du rivage G, mais celui-ci est spécialement affecté à la constatation de la continuité métallique du câble, et c'est par suite de l'interposition d'un condensateur c dans le circuit corréspondant à l'interrupteur K, qu'on peut mesurer à terre les conditions d'isolement du câble par l'intermédiaire d'un second galvanomètre g. Ordinairement la continuité du circuit s'observe toutes les 15 minutes par un renversement de la déviation du galvanomètre G, déterminé à l'aide d'une inversion de courant faite à bord du navire. La mesure de l'isolement s'observe toutes les cinq minutes par la méthode que nous avons décrite tome I, page 488, et s'effectue de la manière suivante :

En temps ordinaire, le câble n'a d'autre communication avec la station du rivage que celle que lui ouvrent la résistance R et le galvanomètre G, mais quand, au moment de l'observation à terre, on vient à abaisser pendant 10 secondes le levier de l'interrupteur K, on charge le condensateur c à la tensoin du câble, et pour connaître la valeur de cette charge, il suffit, par le soulèvement du levier K, d'établir une communication entre le condensateur c et la terre. Il se détermine alors à travers le galvano-

Fig. 173.

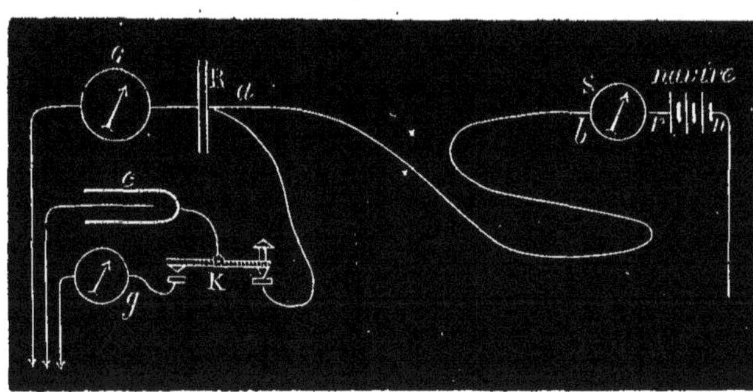

mètre g une décharge que l'on note et que l'on envoie au navire. S'il se déclare une faute, on en détermine la position à l'aide de l'une des méthodes dont il sera question plus tard.

Pour parler à travers le câble sans troubler les épreuves dont il vient d'être question, on donne à la résistance R la forme d'un condensateur et on interpose un appareil semblable entre le bout b du câble et le galvanomètre S. Alors, si sur le vaisseau ou sur le bord du rivage on charge l'armure extérieure du condensateur correspondant avec des tensions positives ou négatives, on pourra communiquer aux aiguilles des galvanomètres des impulsions de sens différent, qui pourront fournir des signaux sans qu'aucun flux électrique, autre que celui qui sert aux expériences, pénètre dans le câble, ce qui est un grand avantage.

Dans ce genre d'épreuves, la pile employée est de 100 éléments et la résistance R constituée par 10 ou 15 miles de câble isolé, représente de 20 à 30 millions d'Ohms.

Raccordement des bouts de câble en mer. — Le raccordement en mer des bouts de câble est une des opérations les plus difficiles et les plus délicates de la pose de ces organes télégraphiques. Le procédé de soudure ordinaire exige au moins trois heures pour chaque raccordement et encore est-il loin de donner toujours des résultats satisfaisants; plusieurs systèmes ont été proposés pour résoudre ce problème, mais les plus perfectionnés, ce nous semble, sont ceux de MM. C. Lair et Brière, que nous allons décrire.

Le système de M. C. Lair consiste à introduire dans une boîte de fer AB (fig. 174) percée à ses deux bouts A et B de deux trous du diamètre du câble, les extrémités disjointes de celui-ci. Après leur introduction dans la boîte, on redresse les fils de fer de l'armature qui les terminent, et on recourbe chacun d'eux en crochet de manière à les forcer de maintenir, comme les chatons d'une bague, un anneau légèrement conique formant bouchon à l'intérieur des deux trous de la boîte. Les conducteurs de cuivre dégarnis de leur enveloppe sont ensuite amenés au milieu de la boîte pour être tortillés ensemble et soudés, et il ne reste plus qu'à remplir de gutta-percha l'intérieur de la boîte, et à visser la couverture de fer de celle-ci, pour terminer l'opération. On comprend facilement qu'avec cette disposition, la tension exercée sur les bouts du câble ainsi encastrés n'a d'autre effet que de serrer davantage l'anneau conique contre les fils de l'armature et de les tenir plus étroitement reliés à la boîte.

Fig. 174.

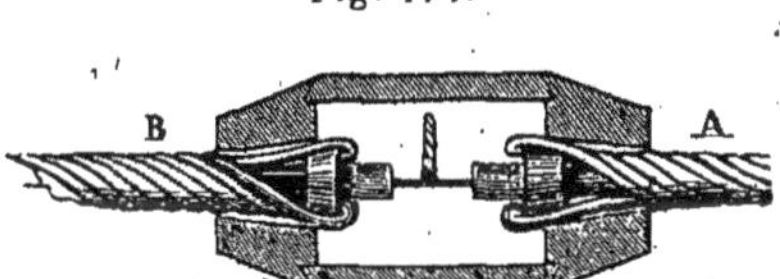

Le système de M. Brière se compose de deux mâchoires coniques munies de rainures héliçoïdales dans chacune desquelles on engage, en les croisant, les fils de l'armature des deux tronçons qu'il s'agit de réunir. Dans l'espace vide recouvert par les deux mâchoires prennent place les bouts, préalablement raccordés et recouverts de gutta-percha, de l'âme du câble. De cette manière, toute la tension est supportée, comme dans le système précédent, par l'armature extérieure.

Ces deux systèmes ont été essayés à l'administration des lignes télégraphiques ; le premier, celui de M. Lair, n'a exigé que 25 minutes de travail pour exécuter un bon raccordement ; le second a demandé un peu plus de temps (50 minutes) ; mais l'un et l'autre ont évidemment un grand avantage sur les systèmes employés ordinairement.

Épreuve des jonctions. — L'épreuve des jointures, quand on réunit un morceau de câble à un autre, ne laisse pas que d'être assez délicate, en raison de la petitesse de la longueur du fil correspondante à cette jointure, qui ne pourrait donner lieu à aucune indication de la part même des galvanomètres les plus sensibles ; mais on peut arriver à mesurer sa résistance en immergeant cette jointure dans une auge de gutta-percha remplie d'eau, et en plongeant dans cette eau une plaque de platine mise en rapport avec l'armure interne d'un condensateur. En faisant passer à travers le conducteur le courant d'une pile de 200 éléments, mise en rapport avec le sol auquel communique déjà l'armure interne du condensateur, on finit, au bout de quelques minutes, par accumuler une charge suffisante pour donner lieu à une décharge à travers le galvanomètre, et en comparant la déviation obtenue à celle que produirait, dans les mêmes conditions, une longueur d'enveloppe normale de gutta-percha égale à celle du joint, on peut reconnaître si la jointure peut être acceptée ou non.

Réparations et relèvement des câbles. — Laissons parler M. Ternant, qui a traité cette question d'une manière intéressante :

« Dans les profondeurs moyennes, la réparation des câbles est toujours facile tant que les fils de fer sont dans de bonnes conditions de résistance. Les câbles de la Manche ont tous été réparés plusieurs fois et toujours dans un temps comparativement court.

« Après avoir déterminé par des épreuves dont nous allons donner le détail, la nature et le lieu précis de la faute, on se dirige vers ce point, et, quand on y est arrivé, on jette à la mer le grappin et la ligne qui doivent draguer le câble et le ramener à bord ; on le coupe et on l'essaie, et si la faute est proche, on place une bouée à l'extrémité saine du câble, afin de pouvoir la relever plus tard ; puis après avoir enroulé l'extrémité fautive sur un tambour de relèvement mis en mouvement par une machine à vapeur et qui amène le câble à bord, on se dirige sur la faute pour laquelle il faut parfois jeter de nouveau le grappin. Si le câble ne résiste pas au point fautif, on répare la ligne, soit en faisant intervenir un morceau de câble neuf, soit en mettant le câble lui-même en état, par l'un des procédés indiqués plus haut; après quoi on l'immerge de nouveau jusqu'à la bouée où l'on rejoint les deux extrémités par une épissure qui est ensuite abandonnée à son sort. La submersion du bout réparé produirait des coques sur le câble s'il n'était pas suffisamment tendu : pour éviter cet inconvénient, avant de l'abandonner, on l'amarre solidement à l'arrière du navire que l'on dirige à toute vitesse dans une direction perpendiculaire à la ligne sous-marine, et l'on coupe l'amarre avec une hache lorsque l'on juge que le câble a reçu une tension suffisante.

« L'opération de la drague est longue et délicate, elle exige beaucoup de précautions, et la marche du navire doit être très-ralentie ; il est en effet très-difficile de saisir les câbles avec le grappin, et quand ils sont tendus au fond de la mer, il est pour ainsi dire impossible de les relever à de grandes profondeurs. On voit par là que la perte de câble que l'on fait dans sa pose devient utile en cas de relèvement.

« Souvent il n'est pas besoin de couper le câble, et on peut filer dessous jusqu'à la faute. Cette opération se fait au moyen d'une poulie placée à l'avant du navire et sur laquelle on engage le câble. Mais ce système de relèvement est abandonné, depuis que l'on est parvenu à calculer d'une manière exacte le lieu de la faute. »

On avait cru longtemps que la drague était impossible dans les grandes profondeurs, et pour faire les réparations dans ce cas, on était obligé d'aller le chercher à une profondeur ne dépassant pas 60 ou 80 brasses. On le halait alors à bord et on le lovait à mesure qu'on le relevait, ayant soin de le tenir dans une position verticale à la proue, afin de diminuer la friction de l'eau, qui offre d'autant plus de résistance que la diagonale est plus prononcée, et aussi afin que le poids du câble pendant verticalement fût, avec la friction de l'eau, les seuls efforts qu'il eût à subir ; mais depuis que M. Samuel Canning a prouvé qu'on pouvait draguer à toutes les profondeurs quand les câbles n'étaient pas tendus au fond de la mer, on applique aux câbles des grandes profondeurs le grappin et la drague, et c'est avec ce système que le câble de 1865 a été repêché par des fonds dépassant 2000 brasses. Ce système, en effet, est infiniment préférable, car, avec l'autre, les mauvais temps, les boucles qui se resserrent en bosses, quelques fils rompus dans le câble, sont autant de causes qui peuvent amener un échec.

La machinerie destinée à relever les câbles est à peu près semblable à à celle qui les défile, celle du *Great Eastern*, qui était mise en mouvement par deux machines à vapeur de 80 chevaux de force, à bielles rentrantes, se composait de deux tambours de $1^{m},80$ de diamètre chacun, placés sur des arbres parallèles et à très-peu de distance l'un de l'autre ; chacun de ces tambours était muni d'un frein puissant mis en mouvement par un engrenage, et cet engrenage permettait de communiquer aux tambours deux vitesses différentes. Le câble lui-même était amené à ces tambours par une série de poulies aboutissant à la grande poulie de l'avant, qui était fixée au navire par de longues poutres consolidées par des consoles en fer.

Afin de maintenir constante ou entre des limites déterminées, la tension appliquée sur le câble dans l'opération du relèvement, certains ingénieurs, entr'autres MM. Jenkin et Clark, ont disposé les tambours de relèvement de manière à avoir leur action réglée automatiquement d'après l'effort qu'ils ont à exercer sur le câble. Ce réglage, dans le système de M. Jenkin, est obtenu à l'aide d'un frein Appold qui commande, par l'intermédiaire d'un mécanisme particulier à deux mouvements contraires, la marche du tambour de relèvement, et qui, suivant la résistance plus ou moins grande que le moteur rencontre, peut non-seulement retarder ou accélérer la vitesse du relèvement, mais encore l'annihiler complétement ou même déterminer un défilement du câble au lieu d'un halage. Dans le système de M. Clark, le câble, avant de s'enrouler sur le tambour de relèvement, passe à travers un système de poulies, dont l'une fixée au piston d'une vaste machine pneumatique, ne peut céder que sous l'influence d'une tension supérieure à la pression atmosphérique. Lorsque cet effet se produit, le piston et la poulie qu'il porte se soulèvent et laissent défiler une certaine quantité de câble à la mer, ce qui soulage la tension exercée sur le câble. Or la pression atmosphérique à laquelle est ainsi opposée cette tension, peut être calculée de manière à correspondre à la limite de la tension permise. C'est, comme on le voit, un système anologue à la soupape de sûreté des chaudières à vapeur.

Atterrissement des bouts côtiers. — Cette opération ne peut se faire qu'au moyen de bateaux plats pouvant accoster convenablement les parages où le câble doit atterrir. Lorsque la marée est à son point culminant, on peut, au moyen de bateaux d'un faible tirant d'eau, décharger le câble à la mer et le retrouver à la marée basse ; il est quelquefois nécessaire d'employer des barques, mais presque toujours les ouvriers doivent se mettre à l'eau dans le voisinage des points d'atterrissement.

Une fois à terre, de profondes tranchées creusées sur la plage reçoivent le câble, qui est ensuite recouvert et conduit jusqu'au pied du premier poteau qui doit le relier à la ligne télégraphique de terre. On l'engage dans une profonde rainure ménagée dans le poteau, et avant de le relier à la ligne terrestre, on fait intervenir un paratonnerre.

III. RECHERCHES DES FAUTES ET DES DÉRANGEMENTS SUR LES CABLES SOUS-MARINS.

Les fautes qui peuvent se présenter sur les câbles sous-marins peuvent être réparties en deux catégories principales :

1° Celles qui amènent une cessation complète des communications ;

2° Celles qui, tout en affectant le câble de manière à l'endommager graduellement jusqu'à ce qu'il cesse de fonctionner, permettent toutefois des communications régulières pendant un certain temps.

Dans le premier cas, on peut mettre tout en œuvre pour découvrir immédiatement la cause et le lieu du point fautif; dans le second, on doit ménager l'emploi de la pile, de manière à ne pas augmenter le défaut,

A la première catégorie des fautes appartiennent les solutions de continuité du conducteur et les ruptures de l'enveloppe isolante sur une assez grande étendue pour écouler en terre toutes les charges électriques transmises.

A la seconde peuvent être attribués, le contact du conducteur avec l'armature protectrice par suite d'une décentration partielle de ce conducteur, le contact de deux conducteurs dans les câbles à plusieurs fils, enfin une fissure de peu d'importance produite dans l'enveloppe isolante.

Quelles que soient, du reste, ces fautes, elles peuvent toujours être révélées par la mesure de l'isolement des câbles, qui doit être effectuée, comme on l'a déjà vu, non-seulement pendant les différentes phases de leur fabrication, mais encore pendant leur immersion et après qu'ils ont été complétement immergés. Quand, à la suite de ces expériences, on constate un *affaiblissement* ou une *augmentation* notable dans la résistance de cet isolement, il y a évidemment une faute, qui peut appartenir à la première catégorie dont nous avons parlé, s'il y a augmentation et à la seconde s'il y a diminution. C'est ensuite au calcul à préciser la faute, à indiquer l'endroit où elle se trouve et son importance. On a employé pour ce genre de recherches plusieurs méthodes que nous allons maintenant rapporter d'après le formulaire électrique de M. L. Clark.

1re Méthode dite de Murray, applicable à un câble dont on peut disposer des deux bouts, et particulièrement appliquée à la recherche des fautes dans les câbles en

construction. — Dans cette méthode, on suppose que la faute est due à un défaut d'isolement en un certain point du câble, et on admet que sa résistance propre est éliminée par cette considération, que la résistance de l'isolation est toujours tellement considérable, que celle de la faute disparaît devant elle.

Fig. 175.

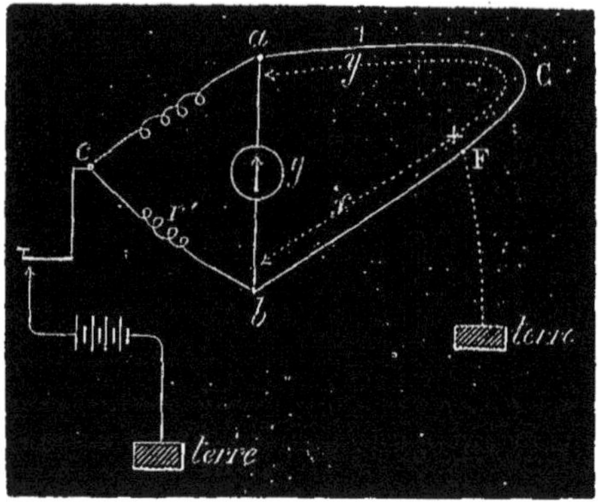

Soit C le câble immergé qu'on aura replié de manière à rapprocher l'une de l'autre ses deux extrémités a et b et qui présentera, en un point F, une faute dont la position est à déterminer. Soient r et r' deux résistances rhéostatiques constituant deux des côtés d'un pont de Wheatstone complété, d'ailleurs, par le galvanomètre g et les deux résistances correspondantes aux parties x et y du câble des deux côtés de la faute F. Enfin, soit L la longueur du câble en knots et représentant $x + y$: quand l'équilibre de la balance sera établi, on aura :

$$r : r' :: y : x \text{ ou } r + r' : r' :: y + x : x$$

d'où :

$$x = \text{L}. \frac{r'}{r' + r} \ldots\ldots \text{ knots,} \tag{130}$$

et :

$$y = \text{L}. \frac{r}{r + r'} \ldots\ldots \text{ knots.} \tag{131}$$

Cette méthode a été modifiée par M. Hockin, mais celle qu'a proposée ce dernier exigeant la connaissance exacte de la résistance de la faute et de l'isolation, elle n'a pu être que rarement employée. Toutefois, quand on possède ces données, la position de la faute, avec une résistance supérieure ou inférieure à un meghom, peut être déterminée avec certitude.

Supposons que, dans ce cas comme dans l'autre, L représente la longueur du câble, x la distance de la faute à partir du centre du câble estimée en knots, r et r' les deux résistances rhéostatiques du pont donnant l'équilibre, F la résistance connue de la faute, et I la résistance en meghoms de l'isolation de la moitié du câble supposé fautif, on aura :

$$x = \frac{L}{2}\left(\frac{2F}{I} + 1\right) \frac{r' - r}{r' + r} \text{..... knots.} \qquad (132)$$

Méthode de Varley. — La disposition des résistances électriques est, dans cette méthode, la même que précédemment ; seulement une résistance variable R est établie entre le point b du pont et le bout correspondant du câble. x et y étant les résistances, en ohms, des longueurs du câble à partir de la faute, et le conducteur entier ayant l ohms, on a quand la balance est établie au moyen de la résistance R :

$$r : r' :: y : x + R. \quad \text{ou} \quad r + r' : r :: l + R : y,$$

d'où :

$$y = (R + l) \frac{r}{r + r'} \text{... Ohms,} \qquad (133)$$

et,

$$x = \frac{r' l - Rr}{r + r'} \text{... Ohms.} \qquad (134)$$

Si les deux branches r et r' du pont sont égales, ces formules se réduisent à :

$$x = \frac{l - R}{2} \quad \text{et} \quad y = \frac{R + l}{2} \text{... Ohms.}$$

Corrections pour les épreuves des câbles repliés sur eux-mêmes. — Les formules précédentes ne supposent qu'une seule faute dans les lignes défectueuses : or, cette hypothèse n'est admissible que quand la faute en question a une résistance voisine de zéro, ou si petite qu'elle peut être négligée devant celle que présente l'isolation de la ligne repliée ; mais comme toute mauvaise isolation se comporte, par le fait, comme une faute qui existerait en un certain point d'une ligne, laquelle faute a une résistance égale à la résistance absolue de l'isolement de la ligne, la position de cette faute apparente (que Schwendler appelle *faute résultante*) dans une ligne repliée, peut toujours être déterminée par une épreuve faite selon les conditions précédentes, quand toutefois les lignes sont dans les conditions ordinaires. Ainsi une ligne sur laquelle la communication est interrompue ou imparfaite, a en réalité deux fautes apparentes : la position et la résistance de l'une (celle due à l'isolement défectueux) sont connues, et l'autre faute (celle qui causé l'interruption ou l'imperfection de la communication) peut être localisée par la formule suivante :

$$x = (1 + d)\frac{r' l - rR}{r + r'} - dy, \qquad (135)$$

dans laquelle x est la résistance inconnue à partir de la station où se font les essais, d le rapport entre les résistances des deux fautes (la résistance de la faute localisée divisée par la résistance absolue de la ligne), l la résistance du conducteur de la ligne repliée, y la résistance de la ligne depuis la station d'épreuve à la faute apparente qui est produite par l'isolation défectueuse, enfin les autres lettres ayant la même interprétation que précédemment.

Dans la plupart des cas, quand la ligne est construite avec un fil de même diamètre, y devient égal à $\frac{l}{2}$ et si l'épreuve est faite en prenant égales les deux résistances rhéostatiques r et r' du pont, la formule devient :

$$x = \frac{l - R(1 + d)}{2}.$$

Une autre correction a encore été apportée à ce système d'épreuve, par M. A. Taylor :

a F f b

Soit F, la position apparente de la faute d'après l'épreuve du câble replié ;

Soit A, la distance de a à F, déterminée par l'épreuve (en knots) ;

Soit B, la distance de b à F ;

Soit f, la véritable position de la faute ;

Soit x, la distance, en knots, de la position apparente de la faute à la vraie position ;

Soit P, la résistance en megohms du câble quand il est parfait ;

Soit Q, la résistance en meghoms du même câble quand il est fautif ;

on a :

$$x = \frac{Q(A - B)}{2(P - Q)}. \qquad (136)$$

La vraie position de la faute est, bien entendu, plus éloignée du milieu du câble que sa position apparente, et si on représente par d la véritable distance de la faute au bout du câble on a :

$$d = \frac{1}{2}\left\{\left(A + B\right) - \left(A - B\right)\frac{P}{P - Q}\right\} \qquad (137)$$

Si A et B sont exprimés en unités, (A — B) devient égale à la résistance nécessaire pour produire l'équilibre de la partie du pont représentée par le câble replié, et A + B représente la résistance totale du conducteur de cuivre du câble. Dans ce cas *d* sera exprimé également en unités.

Résultant fault, dans un fil isolé. — M. Schwendler a proposé une méthode pour l'épreuve des câbles pendant leur construction, analogue à celle de Murray, mais basée sur ce principe, que si un câble est parfait au point de vue électrique dans toute sa longueur, la perte à travers une enveloppe isolante semblera concentrée en son point milieu. Il en résulte que si une faute de médiocre importance se développe, la faute apparente qui en résultera (*résultant fault*) ne correspondra plus au milieu du câble, mais se trouvera plus ou moins déportée vers l'un ou l'autre des bouts, suivant l'importance du défaut.

Malheureusement, dans la pratique, les enveloppes de gutta-percha qui sortent des machines ne sont pas appliquées sur les fils dans les mêmes conditions d'isolation de la matière ; les dernières longueurs fabriquées, étant plus neuves, sont moins bien isolées que les premières, de sorte qu'un câble, pendant sa construction, est loin d'être homogène dans toute sa longueur ; il en résulte que la faute résultante ne doit pas, en réalité, se trouver au milieu du câble, mais doit être un peu reportée vers le bout qui est en voie de construction.

Si les deux bouts d'un câble, pendant sa construction, se trouvent réunis de manière à constituer l'un des côtés d'un pont de Wheatstone, et que l'aiguille du galvanomètre, par sa déviation, établisse un contact comme dans un relais, un avertisseur peut être mis en action s'il se présente une faute, et la construction peut être arrêtée immédiatement.

Fautes dans les câbles sous-marins immergés. — Quand le câble est immergé et que l'on ne peut agir que sur l'un de ses bouts,

Fig. 176.

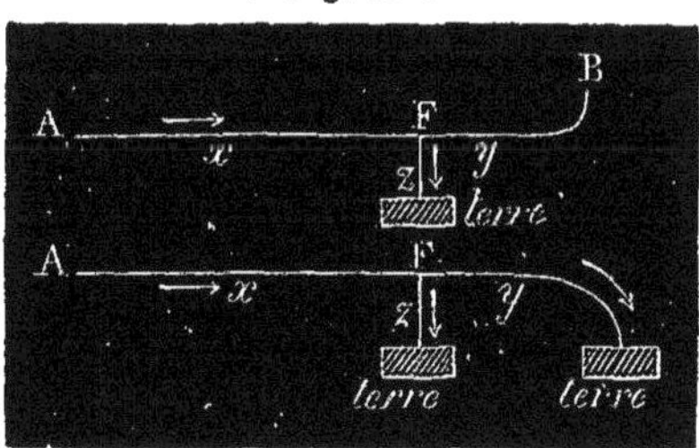

on doit mesurer d'abord sa résistance R, le bout éloigné étant isolé, puis on mesure ensuite sa résistance *r* quand ce bout éloigné est en communication avec la terre. Ceci bien entendu ne peut se faire que quand la faute n'est pas assez grande pour empêcher entièrement toute communication ou quand, par une convention préalable, le correspondant de la station éloignée sait à quel moment il doit faire communiquer le câble à la terre à cette station, et quand il doit l'isoler.

La figure 176 représente les deux conditions de l'expérience, et nous admettons que la faute est produite en F. Si $x+y$ représente la résistance totale du fil de cuivre de la ligne, c'est-à-dire l quand aucune faute n'est signalée, et si z exprime la résistance du défaut, les valeurs des trois quantités x, y, z sont données par les équations :

$$x = r - \sqrt{(R-r)(l-r)} \ldots \text{ ohms,} \quad (138)$$

$$y = (l-r) + \sqrt{(R-r)(l-r)} \ldots \text{ ohms,} \quad (139)$$

$$z = (R-r) + \sqrt{(R-r)(l-r)} \ldots \text{ ohms,} \quad (140)$$

et si un knot de ces conducteurs a une résistance de n ohms, on obtient :

1° Pour la distance de la faute à partir de A :

$$\frac{1}{n}\left[r - \sqrt{(R-r)(l-r)}\right] \ldots \text{ knots ;}$$

2° Pour la distance de la faute à partir de B ;

$$\frac{1}{n}\left[(l-r) + \sqrt{(R-r)(l-r)}\right] \ldots \text{ knots.}$$

Quand la faute est assez considérable pour que les signaux ne puissent être transmis au bout opposé, et que le correspondant ne peut être avisé des opérations qu'il a à exécuter, le bout que l'on expérimente doit rester isolé, ou bien on doit prendre des arrangements pour effectuer, à des périodes de temps convenues d'avance, son isolement où sa mise en communication avec la terre. Dans ce cas, l'expérimentateur se transporte à l'autre bout du câble et exécute les essais dont nous avons déjà parlé et qui sont répétés à la station qu'il a quittée.

Ces conditions étant réalisées, supposons qu'à l'une des stations on ait trouvé pour exprimer $x + z$, les deux bouts du câble étant isolés, la résistance R, et qu'à l'autre station on ait trouvé pour représenter $z + y$ la résistance R', on aura :

$$x = \frac{R - R'}{2} + \frac{l}{2} \ldots \text{ ohms,} \quad (141)$$

$$y = \frac{R' - R}{2} + \frac{l}{2} \ldots \text{ ohms,} \quad (142)$$

et pour distance de la faute à partir de A :

$$\frac{R - R' + l}{2n} \ldots \text{ knots,} \qquad (143)$$

et pour celle à partir de B :

$$\frac{R' - R + l}{2n} \ldots \text{ knots.} \qquad (144)$$

D'un autre côté, on obtient des deux mesures prises avec les deux bouts du câble mis en communication avec la terre, les équations suivantes :

1° $$r = x + \frac{yz}{y + z};$$

2° $$r' = y + \frac{xz}{x + z},$$

desquelles on déduit :

$$x = \frac{r(l - r')}{r - r'}\left[1 - \sqrt{\frac{r'(l - r)}{r(l - r')}}\right] \ldots \text{ ohms,} \qquad (145)$$

$$y = \frac{r'(l - r)}{r' - r}\left[1 - \sqrt{\frac{r(l - r')}{r'(l - r)}}\right] \ldots \text{ ohms,} \qquad (146)$$

ou :

$$x = \frac{r(l - r')}{n(r - r')}\left[1 - \sqrt{\frac{r'(l - r)}{r(l - r')}}\right] \ldots \text{ knots,}$$

$$y = \frac{r'(l - r)}{n(r' - r)}\left[1 - \sqrt{\frac{r(l - r')}{r'(l - r)}}\right] \ldots \text{ knots.}$$

Résistance des fautes. — Quand un câble qui a une résistance d'isolation connue, évaluée à R megohms, se trouve avoir un défaut qui réduit sa résistance à r megohms, la résistance du défaut est exprimée par :

$$z = \frac{Rr}{R - r} \ldots\ldots \text{ megohms.} \qquad (147)$$

Détermination de la distance des fautes par le procédé de la perte de tension de M. Clark. — Si la ligne est en bonne communication avec la terre à l'endroit de la faute, il suffit, suivant M. Clark, pour obtenir la distance x de la faute, d'insérer une résistance R (ohms) entre l'extrémité du câble et l'un des pôles d'une batterie voltaïque dont l'autre pôle est relié à la terre. En supposant que T est la tension électrique à l'une des extrémités de la résistance R, et t la tension à l'autre extrémité, on aura, d'après les principes qui ont été formulés, page 476, tome I :

$$T - t : R :: t : x,$$

d'où :

$$x = \frac{tR}{T - t} \ldots \text{ ohms,} \qquad (148)$$

et si la ligne a n ohms par mile, la distance d de la faute sera :

$$d = \frac{R}{n} \cdot \frac{t}{T - t} \text{ miles.}$$

Les tensions sont alors mesurées avec un électromètre, et quand $t = \frac{1}{2} T$, ce qui peut être facilement obtenu en réglant convenablement R, cette distance x devient égale à R.

Quand la communication du câble à la terre par le défaut est imparfaite, on doit prendre la tension électrique au bout le plus éloigné du câble qui doit être alors isolé. Si S représente cette tension, on a :

$$x = R. \frac{t - S}{T - t} \ldots \text{ ohms.}$$

Pendant l'immersion du câble transatlantique, les tensions étaient observées au rivage toutes les cinq minutes par l'intermédiaire d'un condensateur, et leur valeur étant télégraphiée au vaisseau, on pouvait, à l'aide de la formule précédente, reconnaître si un défaut se produisait pendant l'immersion successive du câble.

Détermination de la résistance des fautes quand le cuivre est mis à découvert. — Quand le défaut d'un câble met à découvert son fil conducteur de cuivre, les courants positifs ont pour effet, comme nous l'avons déjà vu page 102, tome I, de provoquer une oxydation qui détermine sur la surface dénudée la formation d'un sel de cuivre ; si un courant négatif succède alors au courant positif, ce sel est réduit, et de l'hydrogène se développe quelques instants après au même endroit. Comme les effets secondaires qui naissent de ces réactions, peuvent changer les valeurs des résistances que l'on déduit, il importe, pour obtenir les véritables chiffres qui les représentent, de les observer dans l'intervalle de temps qui s'écoule entre la disparition du sel de cuivre à la faute, et le développement de l'hydrogène qui succède à cette disparition. Pour cela, l'opérateur doit commencer par polariser la faute à l'aide d'un courant positif qu'il fait agir pendant quelques minutes, puis il commence à mesurer la résistance du câble sous l'influence d'un courant négatif; il voit alors la résistance apparente augmenter graduellement pendant un certain temps, puis subir brusquement une augmentation considérable : c'est précisément alors que commence le dégagement de l'hydrogène. Or c'est la résistance constatée immédiatement avant ce saut brusque, qui est celle dont on doit tenir compte pour représenter la vraie résistance du cuivre à la place fautive du câble.

Fautes se produisant dans les petites longueurs de fils isolés (Clark). — On trouve presque toujours des fautes minimes dans les câbles de peu de longueur, quand après avoir réuni un des bouts à une batterie très-puissante, on traîne doucement le fil à travers un bassin rempli d'eau ou sur une éponge mouillée. Si ce bassin ou cette éponge est convenablement isolé au moyen de suspensions en gutta-percha et qu'on le fasse communiquer à un électromètre de Peltier ou de Milner, les gerçures les plus petites, les défauts les plus invisibles sont rendus apparents, et il devient, quelquefois même, nécessaire d'établir une communication avec le sol par l'intermédiaire d'un morceau de bois ou d'une corde mouillée, pour maintenir la déviation électrométrique dans des limites convenables, sans pour cela que les défauts en question soient importants. L'électromètre est donc, dans le cas de défauts très-petits et pour de petites longueurs de câbles, un appareil excellent pour les vérifier. Quand ces défauts sont plus importants, un galvanomètre peut suffir.

En pratique, il suffit, pour constater ces fautes, d'isoler les tambours sur lesquels sont enroulés les différents tronçons de câble, et de mettre ces tambours en contact avec l'électromètre ; on détermine ensuite la position des défauts en débobinant graduellement le câble. Aussi longtemps que le défaut se montrera dans la partie restée enroulée sur le tambour, l'électromètre déviera, mais aussitôt que ce défaut sera en dehors, la déviation cessera et on pourra dès lors aisément le découvrir.

M. Warren emploie pour résoudre le même problème une méthode analogue à celle que nous venons de décrire, mais plus perfectionnée : les fils sont enroulés sur deux tambours séparés et également isolés, et on met chacun d'eux en rapport avec un électromètre. La batterie communique avec l'un des bouts du conducteur, et, quand les électromètres ont dévié sous l'influence de la charge induite, on décharge les tambours en les mettant en communication avec le sol. Les électromètres retombent alors à zéro, mais celui des deux tambours où se trouve le défaut dans le fil, revenant plus vite à sa tension électrique primitive que l'autre, l'électromètre qui lui correspond, dévie de nouveau pendant que l'autre électromètre reste en repos. Alors on débobine le fil d'un tambour sur l'autre, jusqu'à ce que la partie fautive du fil, ayant changé de côté, l'électromètre demeuré en repos fournisse des indications. On circonscrit ainsi de cette manière l'emplacement du défaut. Dans cette expérience, l'extérieur du fil entre les tambours doit être desséché avec soin, mais les autres parties, au contraire, doivent être humidifiées.

Epreuves accumulées (Clark 1860). — Pour localiser une faute minime sur un câble pendant sa fabrication, on peut s'y prendre de la manière suivante. On réunit les deux bouts du câble aux deux pôles

Fig. 177.

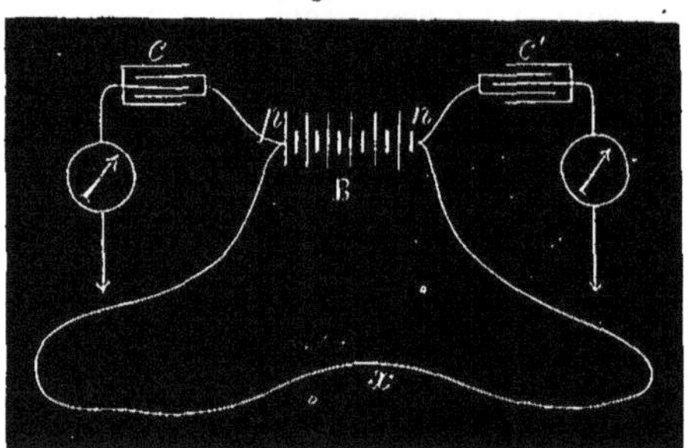

d'une puissante batterie B (fig. 177), et ces pôles eux-mêmes sont mis en rapport avec deux condensateurs c, c', dont une des armatures communique à la terre par l'intermédiaire d'un galvanomètre. Si la faute x ne se trouve pas au milieu du câble, les tensions des condensateurs c, c' seront entre elles comme les longueurs du câble comprises entre ses extrémités et la faute ; de sorte que l'on pourra poser :

$$c : c' :: px : nx ;$$

d'où, si L est la longueur totale du fil fautif en yards :

$$px = \text{L}. \frac{c}{c + c'} \dots \text{ yards} \qquad (149).$$

$$nx = \text{L}. \frac{c'}{c + c'} \dots \text{ yards}. \qquad (150)$$

Si on ne voulait employer qu'un seul galvanomètre pour mesurer la décharge des deux condensateurs, il faudrait employer un commutateur disposé de manière à placer les hélices dans des positions inverses, par rapport à la décharge, afin que les déviations puissent se faire d'un même côté.

Rupture d'un conducteur. — Quand le conducteur d'un câble construit dans de bonnes conditions est rompu, on peut trouver la position du point de rupture en mesurant sa capacité électro-statique par l'un des procédés que nous avons indiqués dans notre précédent volume.

Supposons, en effet, que cette capacité électro-statique soit f microfarads par knot, et qu'elle soit F pour l'un des fragments du câble compris entre le point de rupture et l'une des extrémités, la distance D de cette extrémité à la solution de continuité sera :

$$D = \frac{F}{f} \ldots \text{ knots} \qquad (151)$$

Quand trois ou plusieurs conducteurs, au sein d'un câble, se trouvent avoir leurs bouts en contact, on peut mesurer leurs différentes résistances de la manière suivante.

Soient A, B, C, trois fils : réunissons leurs bouts les plus éloignés alternativement ensemble et mesurons leur résistance combinée qui sera :

pour A et B... r ohms
pour A et C... r'
pour B et C... r'',

$$\text{la résistance de A} = \frac{r + r' - r''}{2} \ldots \text{ ohms} \qquad (152)$$

$$\text{la résistance de B} = \frac{r + r'' - r'}{2} \ldots \text{ ohms} \qquad (153)$$

$$\text{la résistance C} = \frac{r'' + r' - r}{2} \ldots \text{ ohms} \qquad (154)$$

IV. CABLES SOUTERRAINS.

Les lignes souterraines ont été employées dès l'origine de la télégraphie, car on croyait à cette époque qu'il serait impossible de préserver contre la malveillance des lignes suspendues en plein air. En Prusse et en Russie, tout le réseau télégraphique avait même été primitivement ainsi organisé ; mais aucun système n'ayant donné de bons résultats, on dut y renoncer définitivement. Aujourd'hui les lignes souterraines ne sont plus employées que dans les villes et dans quelques cas particuliers assez rares ; encore ont-elles été, même dans ces attributions limitées, l'objet de tant de déceptions, qu'on cherche à les éviter autant que possible.

Avant l'introduction de la gutta-percha par le docteur Montgommery, les fils souterrains étaient placés dans des rainures pratiquées à l'intérieur de madriers de bois, et ces rainures étaient enduites d'un mélange de plâtre, de poudre de brique, de suif fondu et de poix ; il fallait, en outre, que les fils eux-mêmes fussent recouverts de coton et imprégnés d'un enduit de suif, de cire et de résine. On pensa ensuite à utiliser, dans ce but, la propriété imperméable du caoutchouc ; mais, quoique la réussite eût été d'abord complète, l'oxydation de cette substance la fit bientôt abandonner, et c'est alors qu'on songea à l'emploi de la gutta-percha. Les premiers essais en furent également heureux; mais on ne tarda pas à reconnaître que, plongée en terre, cette substance se décomposait extrêmement promptement, et, dans le but d'empêcher cette décomposition, on chercha à la combiner avec du soufre et à en faire ce que l'on a appelé depuis la gutta-percha vulcanisée. Les résultats de cette nouvelle substance furent assez avantageux. Toutefois, elle ne put résoudre complétement le problème, car sa durée en terre, quoique supérieure à celle de la gutta-percha naturelle, était encore très-limitée. On pensa alors au bitume, et on crut un moment le problème complétement résolu ; car cette substance, à cause de son bon marché, permettait d'employer des fils de fer assez gros, que l'on pouvait réunir en certain nombre dans une même rigole, et que l'on pouvait noyer entièrement dans la matière isolante. Mais les gerçures qui se sont manifestées dans cette substance, et le plus souvent certaines réactions chimiques produites au sein même du sol, durent y faire renoncer, malgré les avantages qu'on avait reconnus. Parmi ces réactions chimiques, il en est une qui a réagi de la façon la plus désastreuse : c'est celle résultant de l'action des fuites de gaz. Le gaz d'éclairage est, comme on le sait, un carbure d'hydrogène, et tous les bitumes ont la propriété d'être dissous par cette substance; il devait donc en résulter naturellement que les cubes de bitume placés dans le voisinage de ces fuites de gaz devaient finir par se ramollir, et permettre aux fils de se toucher. C'est en effet ce qui est arrivé. On a cherché à remplacer ce mode d'isolement par un système analogue à celui des câbles sous-marins, en réemployant la gutta-percha, et en renfermant le faisceau de fils ainsi isolé et recouvert de coton goudronné, dans des tuyaux de plomb ou des caniveaux de béton. Tous les fils de la rive gauche de la Seine, partant de l'administration centrale des lignes télégraphiques, avaient été ainsi disposés au nombre de 55 il y a quelques années, et au bout de peu de mois ils ne pouvaient plus fonctionner. La plupart avaient leur enveloppe isolante décomposée, et les tuyaux de plomb eux-mêmes étaient endommagés.

Il y a une dizaine d'années, M. Baron a essayé un système qui a beaucoup mieux réussi, pour les fils (au nombre de 91) allant de l'administration des lignes télégraphiques aux différentes gares de la rive droite de la Seine. Ces fils, qui existent encore, sont absolument disposés comme ceux des lignes sous-marines, moins le révêtement en fil de fer, et sont réunis 7 par 7, de manière à constituer 13 câbles bien isolés et indépendants les uns des autres. Le tout est introduit dans une large conduite de fonte dont les joints sont hermétiquement fermés avec du plomb, et qui présente des regards tous les 100 mètres. Tous ces câbles sont libres à l'intérieur de cette conduite, et on peut aisément les remplacer par fractions, quand leur isolement fait défaut, sans qu'on soit obligé de toucher à ceux qui fonctionnent bien. Pour obtenir ce résultat, M. Baron coupe la ligne des tuyaux tous les 50 mètres, en laissant vide une espace d'environ 50 centimètres qui est recouvert par un manchon de fonte de 1 mètre de longueur. Ce manchon peut aisément glisser sur les tuyaux une fois son jointoiement enlevé, et il devient alors facile par le glissement de deux ou trois de ces manchons, non-seulement de réparer les câbles, mais encore de les sonder pour reconnaître celui qui doit être remplacé ou réparé. La ligne souterraine dont nous parlons va d'abord de la rue de Grenelle à la rue Royale-Saint-Honoré. Elle est complétement enterrée dans cet intervalle; mais, en aboutissant rue Royale, au grand égout collecteur, elle cesse d'être enterrée et se trouve soutenue à la voûte de l'égout jusqu'à Asnières, où elle rejoint la ligne aérienne de ceinture, qui distribue les commuuications aux différentes gares de cette rive.

Aujourd'hui la rive gauche de la Seine est en possession d'une organisation télégraphique souterraine tout à fait analogue, et à défaut de l'égout collecteur , on s'est servi des catacombes pour conduire les fils une grande partie du chemin. Ces fils, qui étaient au nombre de 70 au moment de leur installation, vont de la rue de Grenelle à la barrière du Maine, quittent en cet endroit le tuyau de fonte dans lequel ils ont été introduits pour s'enfoncer dans les catacombes, où ils se trouvent suspendus comme dans le grand égout collecteur, et ressortent de ces souterrains à la porte d'Orléans, à Montrouge.

Il est évident que cette disposition résout parfaitement le problème, mais cette solution est loin d'être économique : aussi recherche-t-on encore des moyens plus simples d'installer les lignes souterraines, et certes ce ne sont pas les inventions ni les projets qui manquent. Parmi tous les systèmes jusqu'ici essayés, ceux qui ont le mieux réussi, en dehors de celui dont nous venons de parler, mettent à contribution la gutta-percha et le ciment. La gutta-percha livrée à elle-même ne tarde pas, comme nous l'avons souvent dit, à s'altérer dans le sol, mais enveloppée hermétiquement dans une épaisse garniture de ciment, elle peut se conserver intacte pendant bien des années, comme l'ont démontré plusieurs expériences faites en Suisse.

Pour organiser ce système de conducteurs souterrains, on étend d'abord au fond de la tranchée où doivent être enterrés les fils, du sable fin, puis on aligne de longues règles de bois laissant entre elles l'espace libre nécessaire suivant le nombre de fils à poser. Un guide en bois qui glisse entre les règles et à travers lequel passent les fils ou les câbles, régularise leur espacement. On coule le ciment sous forme d'une bouillie liquide qui se fige au bout de deux ou trois minutes. Le prisme se construit successivement sans aucune soudure, et les fils sont pris dans une masse qui durcit rapidement. Le travail, il est vrai, exige une grande précision dans la gachée et la manœuvre, car la pâte se prend rapidement, mais cette rapidité de solidification est une des conditions de succès ; les câbles ou les fils doivent en effet être soutenus par les blocs de ciment à mesure que le travail avance. Le ciment doit être choisi avec soin, celui qu'on emploie en France est extrait du Venarey, près Montbard, mais il est probable que le ciment de Portland vaudrait encore mieux.

L'inconvénient de ce système est de ne pouvoir changer la destination des fils, quand besoin en est, et de trouver difficilement les points défectueux, quand ils se produisent. On a bien proposé de former les blocs de ciment de deux parties à recouvrement l'une sur l'autre et portant des cannelures pour le passage des fils, mais ce système serait loin de présenter les garanties de conservation dont nous avons parlé pour la gutta-percha.

Les avis sont encore assez partagés sur l'importance pratique des lignes souterraines, les uns prétendent qu'une fois la première dépense de leur installation faite, les lignes souterraines exigeraient beaucoup moins de réparations et d'entretien que les lignes ordinaires, et de plus elles seraient à l'abri de la malveillance et des coups de main. D'autres prétendent avec raison que les transmissions, dans ce système, seraient beaucoup plus difficiles à cause des réactions d'induction qui existeraient alors, et qui seraient aussi énergiques que sur les câbles sous-marins ; ils ajoutent d'ailleurs que les fils ne seraient pas pour cela exempts de dérangements, mais que la recherche de ces dérangements non-seulement serait plus difficile, mais entraînerait à beaucoup plus de frais que sur les lignes aériennes. Ce qui est certain, c'est que dans tous les pays, on en revient toujours à ces dernières, et il n'y a à soutenir d'une manière générale les lignes souterraines que ceux qui ne connaissent pas les difficultés que l'on rencontre avec les réactions électro-statiques. Quant à nous, nous pensons qu'il ne faut employer ce genre de lignes que dans des cas très-rares, et lorsqu'on ne peut, pour un motif sérieux, établir une ligne aérienne.

Afin de faciliter les expériences sur les lignes souterraines et les recherches en cas de dérangements, on place généralement des regards de distance en distance sur leur parcours, et en des points convenablement choisis et faciles à retrouver.

Les regards sont généralement formés d'une caisse en maçonnerie de 35 à 40 centimètres de côté, à laquelle aboutissent les conduits contenant les fils ; ces caisses sont recouvertes par une dalle en pierre ou une plaque de fonte. Les fils y sont séparés et on les enroule autour d'une pièce de bois horizontale, ou bien ils passent dans une plaque percée de trous ; ils sont numérotés de façon à rendre les recherches faciles. Quelquefois les regards sont formés d'une colonne creuse verticale communiquant avec le conduit souterrain et dans laquelle on fait monter les fils, ce qui permet de les atteindre immédiatement et sans travail.

Quand la ligne est en bitume, le regard est lui-même une caisse étanche en bitume, et on la recouvre d'une planche en chêne sur laquelle on coule du bitume chaud ; cette couche se réchauffe et s'enlève quand on veut ouvrir le regard.

Pour faire les raccordements des lignes souterraines et des lignes aériennes, on amène les câbles au fond d'une colonne creuse en bois ou en fonte dans laquelle ils s'élèvent ; les fils sont divisés, traversent les parois par des trous distincts garnis de porcelaine, et sont soudés aux fils aériens qui sont fixés directement à la colonne quand elle est assez solide, ou à un point d'appui voisin. Un petit toit surmonte la colonne pour mettre les fils à l'abri de la pluie.

Quelquefois la colonne est remplacée par un simple poteau cannelé, qu'on entoure de baguettes de bois pour protéger les fils; d'autres fois par une guérite ou une maisonnette, dans l'intérieur de laquelle la jonction est opérée entre les fils aériens et souterrains, et où l'on installe des appareils pour faciliter les expériences.

CHAPITRE III.

COURANTS ACCIDENTELS DANS LES CIRCUITS.

Les dérivations qui se produisent sur toute l'étendue du parcours des lignes télégraphiques, et dont nous avons si souvent parlé, ne sont pas les seuls obstacles que l'on rencontre dans l'exploitation des lignes télégraphiques. Outre les courants telluriques, dont il a été question pages 78 et 81, tome I, des courants accidentels dus à diverses causes sillonnent en tout temps ces lignes et sont souvent assez forts pour neutraliser complétement l'action des courants voltaïques que l'on envoie. Jusqu'à présent, on n'a guère trouvé de moyens efficaces pour combattre ces effets nuisibles ; mais, si l'on ne peut parvenir à les conjurer entièrement, il est toujours très-important de les connaître, ne serait-ce que pour ne pas imputer à d'autres causes les dérangements que l'on observe, et qui conduiraient, par suite d'une mauvaise interprétation, à détériorer ou tout au moins à dérégler inutilement les appareils télégraphiques. Nous croyons donc devoir consacrer un chapitre entier à l'étude de ces courants.

Les courants accidentels peuvent être classés en quatre catégories distinctes : les courants qui ont pour origine une action *hydro-électrique* ou *thermo-électrique*, les courants provenant de l'électricité atmosphérique, ou simplement les *courants atmosphériques* ; les courants provenant du magnétisme terrestre, ou *courants terrestres ;* enfin les *courants induits*, résultant de la réaction des fils les uns sur les autres. Nous ne parlerons pas toutefois des courants telluriques ni des courants de polarisation des plaques enterrées, car ils ont été l'objet d'une étude sérieuse dans notre premier volume, pages 84 et 399, mais nous devrons nous arrêter un peu sur les autres courants, car ils ont été souvent mal interprétés.

Pour pouvoir bien se rendre compte des courants accidentels qui se développent sur les lignes télégraphiques, il est essentiel d'abord qu'on étudie la question dans ses éléments les plus simples, c'est-à-dire sur une ligne mise en rapport avec le sol que d'un seul côté. De cette manière, l'un des bouts se trouve isolé dans l'air et des courants contraires ne sillonnant pas simultanément la ligne, on peut étudier plus facilement les actions électriques qui sont en cause dans ce genre de phénomènes. Nous avons déjà vu, tome I, page 401, que M. Magrini avait reconnu la présence de courants accidentels dans une ligne placée dans ces conditions ; mais n'ayant pas suivi la marche de ces courants, il n'avait émis aucune conclusion à leur égard, si ce n'est que la plaque enterrée qui semblait les provoquer se comportait par rapport à eux comme une source calorifique, c'est-à-dire en leur donnant une intensité successivement décroissante ; il avait aussi remarqué que le sens de ces courants était contraire à celui qui serait résulté d'une simple oxydation de la plaque. En réfléchissant qu'une ligne télégraphique dont un bout est isolé se trouve par le fait, en raison de son mauvais isolement, dans les mêmes conditions qu'un fil qui joindrait une plaque de terre à une lame métallique exposée à l'air et médiocrement isolée, j'eus l'idée, pour étudier le phénomène dans des conditions bien déterminées, de relier par un fil convenablement isolé l'épi de zinc terminant le toit d'une haute tour à une plaque également en zinc enterrée dans le sol, et ayant interposé dans le circuit un galvanomètre excessivement sensible ayant 36000 tours de spires, j'ai pu constater, après plusieurs mois d'observations, les résultats suivants :

1° En tout temps, le fil en rapport avec l'épi de zinc surmontant le toit de ma tour est parcouru par un courant relativement énergique, qui est tantôt positif et tantôt négatif, suivant les conditions d'oxydabilité relative de la pointe de zinc et de la plaque enterrée, et suivant leur température relative, conditions qui dépendent, par conséquent, des circonstances extérieures qui accompagnent l'expérience.

2° Quand la plaque enterrée n'est pas trop susceptible d'oxydation, ou que sa polarité électro-positive n'est pas très-accentuée, parce qu'elle aura été enterrée, dans un terrain relativement sec et chaud, ou sera combattue par la polarité contraire d'un fil de cuivre mis en contact avec elle sans être isolé du sol, le courant en question sera dirigé, en temps humide, et par une température relativement basse, comme si la plaque enterrée constituait un pôle positif, ce qui est conforme aux observations de M. Magrini, et la déviation de l'aiguille galvanométrique, tout en étant en rapport direct avec le degré d'humidité, varie en raison inverse de l'élévation de la température ambiante. Or comme l'air est plus humide et moins chaud la nuit que le jour, il se produit pendant la nuit un courant qui peut être de *sens inverse* à celui qui se manifeste dans la journée, si les actions physiques qui sont en jeu sont à peu près équilibrées, ou *moins fort* que ce dernier courant, si celui-ci est déjà *fortement positif*, c'est-à-dire dirigé de la pointe de zinc à la terre, ou enfin *plus fort* que ce même courant, si celui-ci est déjà *fortement négatif*, c'est-à-dire dirigé de la terre à la pointe de zinc.

3° Quand le ciel est serein, et que la terre est relativement sèche et chaude, comme cela a lieu au sortir de l'été, le courant en question est généralement négatif depuis le coucher du soleil jusqu'à une heure plus ou moins avancée de la journée, qui dépend de l'époque de la saison, de la chaleur du jour, du degré de polarité négative de la plaque enterrée, de la plus ou moins grande quantité de rosée qui s'est produite, et de la force du vent. Au commencement de l'automne, par un temps calme et avec des températures voisines de 17 degrés, la déviation négative cesse vers 1 heure de l'après-midi, et recommence à 5 heures 30^{m} du soir. Dans la journée, elle est positive et va en augmentant jusqu'à 2 heures 30^{m}, où elle atteint environ 55 degrés. Elle oscille dans un intervalle de 50 à 60 degrés jusqu'à 3 heures 45^{m}, puis décline successivement, d'abord très-lentement jusqu'à 4 heures, puis plus rapidement jusqu'au moment de l'inversion du courant, qui a lieu, comme nous l'avons dit, entre 5 heures 30^{m}, et 6 heures. En hiver, et surtout après un automne pluvieux, l'intérieur du sol n'étant plus aussi échauffé que dans cette dernière saison, et étant plus humide, les déviations par un temps serein sont le plus souvent positives, même la nuit ; mais elles sont naturellement plus accentuées dans la journée, à moins que la température ne s'élève brusquement après le coucher du soleil par suite d'une saute de vent du Sud. Il n'y a guère qu'à une température voisine de zéro, à la suite d'une pluie prolongée ou en temps de faible gelée, aux heures de dégel, que les déviations négatives se montrent en hiver par un temps serein. Par les fortes gelées, même, qui entraînent le desséchement plus ou moins complet des corps conducteurs en contact avec la pointe de zinc, ces déviations sont nulles ou positives, et, ce qui est alors curieux, elles sont souvent négatives le jour et positives la nuit. En été, les courants sont très-variables et dépendent du degré de la chaleur du sol par rapport à la température ambiante. Quand cette température n'est pas trop élevée, les courants sont souvent négatifs jour et nuit.

4° Quand le ciel est nuageux, le courant a une direction très-variable, mais le plus souvent négative, dans des limites moindres cependant que celles dont il a été question précédemment, et cette variation dépend essentiellement de l'action du soleil et du vent. Comme cette action n'est pas immédiate, il se produit des effets qui paraissent au premier abord contradictoires, mais qui, après un examen attentif, montrent que l'apparition du soleil a pour effet, comme la chaleur, de tendre à développer sur la pièce métallique qui en subit les effets une polarité positive ; par conséquent, si cette pièce est déjà positive par suite d'autres conditions, l'apparition du soleil aura pour effet, en admettant que des causes contraires plus puissantes n'interviennent pas, d'augmenter la déviation positive. Elle diminuera, au contraire, la déviation, si la pièce a une polarité négative. Naturellement, la disparition du soleil provoque des effets diamétralement opposés. Le vent exerce aussi un certain effet, en ce sens qu'il atténue l'action solaire et qu'il dessèche l'humidité autour de la pointe métallique exposée aux effets atmosphériques ; il en résulte, par conséquent, que son action est à la fois négative et positive, négative par rapport au soleil, positive par rapport aux causes qui peuvent entraîner l'oxydation du métal. L'importance de ces effets varie, bien entendu, suivant que les temps qui ont précédé ont été secs ou pluvieux, et suivant le degré de la température moyenne du jour. Comme, avec ces temps nuageux, la rosée et le serein sont peu abondants, que la température est moyennement assez élevée, il arrive généralement, surtout si le temps qui a précédé a été longtemps sec, que l'heure de l'inversion du courant en automne est avancée le matin et reculée le soir ; quelquefois même on trouve zéro à 8 heures du matin ;

5° Quand le temps est couvert et pluvieux, le courant est, ainsi que nous l'avons déjà dit, presque toujours négatif. Par conséquent, la pointe de zinc joue le rôle de la plaque oxydée. On peut, du reste, établir d'une manière générale que, quel que soit le sens de la déviation et son amplitude, il suffit de quelques gouttes de pluie pour la rendre toujours négative, ce qui montre que les effets hydro-électriques sont toujours prédominants dans la création de ces sortes de courants.

Pour m'assurer du rôle de l'électricité atmosphérique dans ces différents effets, j'ai adapté à la sommité du toit d'une tour voisine un second fil parfaitement isolé avec du caoutchouc, d'après le système de M. Hooper, et dont le fil conducteur composé de 7 fils de cuivre étamés, tordus ensemble, pouvait fournir à l'extrémité libre une houppe de pointes étamées très-propre à recueillir l'électricité atmosphérique. Pour constituer en temps de pluie une solution de continuité entre cette houppe de fils métalliques et la surface extérieure de la gaine isolante, l'extrémité du fil a été munie d'une cloche renversée en caoutchouc, qui agissait à la manière des isolateurs à cloche. Or, pendant toute la série des expériences dont nous avons parlé, le courant d'électricité atmosphérique fourni par ce fil parfaitement isolé a été pour ainsi dire nul, tant que des orages ou des averses de grêle ne se sont pas montrés. On peut donc en conclure que la quantité d'électricité contenue dans l'air en temps ordinaire est bien minime, puisque, avec un galvanomètre aussi sensible que celui dont j'ai parlé, je n'ai pu obtenir des déviations appréciables.

De tout cela, il résulte que les courants accidentels produits sur les fils télégraphiques dont un bout est isolé, lesquels fils sont, comme on le sait, recouverts d'une couche de zinc, sont ainsi que ceux excités dans le dispositif des expériences dont il a été précédemment question, le résultat d'un couple voltaïque dont les lames polaires sont constituées, d'abord par la plaque enterrée, et en second lieu par le fil télégraphique galvanisé ou la pointe de zinc dont nous avons parlé. Le milieu conducteur interposé entre ces deux lames est représenté dans un cas, par les poteaux souteneurs du fil et dans l'autre, par le toit et la maçonnerie de la tour. Enfin la cause excitatrice, dans cette sorte de couple, étant complexe, comme dans tous les couples de ce genre, et dépendant des effets d'oxydation, des effets de polarisation et des effets calorifiques qui s'y trouvent toujours développés d'une manière différente sur les deux lames, il doit en résulter un courant dont le sens varie suivant la prédominance de tel ou tel de ces effets et qui peut être prévu en partant des trois principes suivants que j'ai démontrés (1) :

1° Quand deux lames d'un même métal oxydable sont en contact intime avec un milieu semi-conducteur humide, il se produit toujours un courant relativement énergique, quand l'humidité de ce conducteur n'est pas la même dans le voisinage des deux lames, et la lame en contact avec la partie la plus sèche de ce conducteur, est toujours électro-négative par rapport à l'autre ; elle joue en conséquence le rôle de *pôle positif*. Nous avons déjà parlé de ces courants page 402, tome I.

2° Quand l'une des électrodes d'un couple hydro-électrique quelconque, mais particulièrement d'un couple du genre de ceux dont nous parlons, est échauffée par une source calorifique quelconque, elle se *constitue par ce seul fait négativement par rapport à l'autre* et joue par

(1) Voir mes mémoires sur cette question dans les comptes rendus de l'Académie des sciences, tome 65, p. 956, 1098, 1504 et 1622.

conséquent le rôle de *pôle positif* quand l'action produite dans le couple est à peu près nulle à la température ambiante. Quand cette action n'est pas nulle, la chaleur transmise à la lame chauffée tend à diminuer la force électro-motrice du courant que celle-ci détermine, si toutefois elle joue le rôle de pôle négatif; mais si cette lame constitue déjà un pôle positif, la chaleur augmente d'une manière sensible cette polarité. *En même temps, les effets de polarisation déterminés sur cette lame se trouvent notablement amoindris.*

3° Dans un couple hydro-électrique où des effets d'oxydation se développent à la fois sur les deux électrodes, le sens du courant dépend, lorsque les polarités des deux lames sont fort peu différentes l'une de l'autre, *de la prédominance des effets de polarisation,* et la lame sur laquelle ces effets se développent le plus énergiquement est *électro-négative par rapport à l'autre*, c'est-à-dire fournit au circuit extérieur *le pôle positif.*

Si l'on considère maintenant que, sur une ligne télégraphique soumise à des dérivations régulièrement espacées, le couple formé par le fil de ligne et la plaque enterrée constitue, à chaque dérivation, un circuit complet, on peut en conclure que l'intensité du courant dans la partie du fil qui touchera la plaque enterrée devra être plus grande que dans la partie la plus éloignée, puisque tous les courants dérivés se superposeront dans la première, alors que la dernière ne les contiendra qu'isolément; c'est ce qui explique l'intensité décroissante observée par M. Magrini, dans ces sortes de courants.

Courants atmosphériques. — D'après les expériences dont il vient d'être question, il devient facile d'expliquer sans avoir recours à aucune hypothèse de convention ni à l'électricité statique normale répandue en tous temps dans l'atmosphère, les courants qui ont été signalés par plusieurs physiciens sur les lignes télégraphiques par un temps serein, et dont le sens varie suivant l'altitude des différentes parties de la ligne, suivant son orientation, suivant les heures de la journée auxquelles on expérimente et suivant même la direction des nuages. On comprend en effet qu'une ligne télégraphique un peu longue étant forcément placée à ses deux extrémités dans des conditions différentes de température et d'humidité, soit par suite de son orientation du Nord au Sud, soit par suite de la hauteur différente du soleil à ses deux points extrêmes, elle devra être sillonnée par des courants du genre de ceux que nous avons précédemment étudiés, et qui seront plus ou moins intenses, suivant qu'ils se superposeront ou se neutraliseront partiellement, suivant l'énergie plus ou moins grande des causes physiques qui les feront naître, et suivant les différentes circonstances météorologiques qui favoriseront ou combattront ces causes. D'un autre côté, comme ces causes elles-mêmes sont dans des conditions différentes la nuit que le jour, le sens de ces courants devra être différent. Sur certaines lignes télégraphiques, entre autres celle de Vienne à Milan, qui traverse les Alpes du Tyrol, l'intensité de ces courants devient assez forte pour gêner quelquefois la correspondance à certaines heures du jour.

S'il en est déjà ainsi par un temps parfaitement serein, que doit-ce donc être quand des nuages orageux viennent à passer sur une ligne télégraphique? Cette fois, les courants qui naissent ne proviennent plus d'une simple différence de tension électrique produite en différents points de la ligne, mais bien d'une action par influence analogue à celle qui charge les conducteurs d'une machine électrique, et comme cette action par influence est variable à mesure que les nuages marchent ou se déchargent, la ligne se trouve alors parcourue par des courants plus ou moins énergiques, d'une plus ou moins grande durée, qui varient de sens non-seulement suivant qu'ils constituent des courants de charge ou de retour, mais encore suivant l'électrisation des nuages qui ont provoqué la réaction par influence.

Souvent la réaction des nuages orageux sur les fils télégraphiques est assez forte pour provoquer, à la sortie des appareils récepteurs, un foudroiement susceptible de fondre les fils des électro-aimants ou de détériorer les appareils eux-mêmes quand, rencontrant dans ces électro-aimants une trop grande résistance, la décharge se porte à gauche ou à droite sur les corps conducteurs avoisinant l'extrémité du fil télégraphique. Pour éviter ce foudroiement, qui pourrait avoir des conséquences funestes pour les employés, on interpose dans le circuit de ligne, avant sa communication avec les appareils, un petit instrument appelé *parafoudre*, fondé sur les propriétés de l'électricité statique, et dont le dispositif a, du reste, été très-varié, comme nous allons le voir à l'instant.

L'action des nuages orageux ne se borne pas à la simple action par influence que nous avons signalée précédemment. Quelquefois la décharge atmosphérique se manifeste entre le fil et le nuage, pour s'écouler de là en terre par les poteaux ; souvent même elle saute du fil à la terre, surtout quand il se trouve dans le voisinage des corps très-bons conducteurs, comme des rails de chemin de fer. Dans le premier cas, les supports solateurs sont brisés, et les poteaux, s'ils ne sont pas renversés, ce qui est du reste rare, portent des traces profondes du passage de l'élément destructeur. Ce cas de foudroiement, toutefois, à moins d'une action directe sur les postes, n'est pas généralement celui qui est le plus dangereux, car il arrive alors trop peu d'électricité à ces postes pour que les effets en soient très-désastreux.

Les lignes souterraines et sous-marines sont également influencées par les orages, mais à un degré bien moindre que les lignes aériennes ; car alors l'action par influence s'effectue directement sur la terre ou sur l'eau qui les recouvre, et ne peut guère se manifester énergiquement sur la ligne que par les extrémités mises en rapport avec les fils aériens qui y aboutissent, et encore lorsque ceux-ci sont eux-mêmes influencés. C'est donc surtout en propageant les courants accidentels produits au dehors, que les lignes souterraines et sous-marines subissent la réaction des orages, et on peut en grande partie empêcher cette réaction en coupant alors la communication de ces lignes avec la ligne aérienne. Il est donc essentiel, pour la conservation des lignes souterraines et sous-marines, de placer à leur extrémité un parafoudre muni d'un interrupteur de circuit.

Bien que les effets magnétiques de l'électricité statique soient peu énergiques, le passage des courants électriques atmosphériques a souvent pour effet de désaimanter les aiguilles des boussoles et même de les réaimanter en sens contraire : c'est un des inconvénients que présentent les appareils basés sur l'emploi des aimants.

Courants terrestres. — Si les nuages orageux provoquent sur les lignes télégraphiques des courants accidentels très-énergiques, les aurores boréales en déterminent, sinon d'aussi désastreux, du moins d'aussi intenses, qui rendent souvent les transmissions télégraphiques impossibles. Les nombreuses observations qui ont été faites dans ces derniers temps sur ce genre de phénomène, ont démontré jusqu'à l'évidence que ces courants sont reliés de la manière la plus étroite à l'état physique du globe terrestre, et ont un rapport intime avec le phénomène des aurores boréales, dont ils semblent être en quelque sorte une dérivation. En effet, ces sortes de courants naissent toutes les fois qu'on observe des perturbations dans les appareils de déclinaison ou d'inclinaison, et quand ces courants prennent une certaine intensité, on est toujours sûr qu'une aurore boréale s'est montrée quelque part.

On comprend, d'après cette origine, que l'intensité des courants terrestres dans les lignes télégraphiques doit dépendre beaucoup de l'orientation de ces lignes, c'est-à-dire de la position des points où leurs extrémités communiquent avec le sol. On a remarqué effectivement que ces courants acquéraient leur plus grande intensité quand les deux postes extrêmes d'une ligne télégraphique étaient situés sur une ligne allant du nord-est au sud-ouest.

Les courants terrestres sont généralement continus, durent plus ou moins longtemps et changent de sens, tantôt avec rapidité, tantôt lentement; ils présentent le plus souvent des périodes de repos suivies d'impulsions rapides, presque toujours en rapport avec les palpitations de l'aurore boréale. Leur intensité est souvent supérieure à celle du courant transmis. Ainsi M. Varley a calculé que leur force électro-motrice pouvait atteindre quelquefois celle d'une pile de Daniell de 140 éléments.

Suivant M. de la Rive, ces courants proviendraient d'un grand courant électrique qui traverserait la couche terrestre du nord à l'équateur, en revenant par les couches élevées de l'atmosphère, et dont les fils télégraphiques détermineraient des dérivations. Ce courant, d'après M. Walker, aurait une direction constante faisant avec le méridien magnétique un angle de 63 degrés vers l'est ou 41 3/4 degrés avec le méridien terrestre ; et la direction perpendiculaire ne devrait fournir aucun courant, ce qui constituerait une direction *neutre*. Cette opinion a été contestée par plusieurs savants. Ce qui est positif, c'est que beaucoup d'anomalies peuvent être opposées à cette délimitation de direction, et M. Blavier croit que, dans cette hypothèse même, la conductibilité plus ou moins grande des diverses couches géologiques du sol devrait entrer pour beaucoup dans le phénomène, soit en changeant la direction de la ligne suivant laquelle ces courants devraient se produire théoriquement avec le plus d'énergie, soit en les rendant plus ou moins sensibles à travers les dérivations représentées par les lignes télégraphiques. La preuve, selon lui, c'est que les courants terrestres sont moins sensibles sur les lignes télégraphiques qui longent les côtes maritimes que sur les autres, et en particulier que sur celles qui se trouvent entre deux mers. M. Blavier ne croit pas, du reste, que ces sortes de courants accidentels puissent provenir du prétendu courant allant du nord à l'équateur, sur lequel M. de la Rive base sa théorie des aurores boréales ; il admettrait plutôt qu'ils seraient le résultat d'une induction déterminée par *les variations successives de l'intensité du magnétisme terrestre ou du courant auroral*, variations qui existent toujours au moment où ces courants se produisent, ainsi que l'ont reconnu MM. Varley et Secchi, et qui disparaissent avec la manifestation électrique. Pour nous, qui n'admettons pas de la part du sol une conductibilité dans un sens déterminé, nous serions tenté de nous ranger à cette dernière hypothèse, d'autant plus qu'elle explique facilement toutes les variations spontanées de direction et d'intensité des courants terrestres, qui sont inexplicables avec la théorie de M. de la Rive ; seulement, nous nous demandons comment des variations aussi lentes que celles que l'on remarque dans le magnétisme terrestre peuvent engendrer des courants continus aussi énergiques. Quoi qu'il en soit, ce qui est certain, c'est que les courants dits *terrestres* ont des caractères particuliers qui les distinguent complétement des courants atmosphériques. Ainsi, ils persistent plus ou moins longtemps, et ne se produisent que si le fil est en communication avec la terre aux deux extrémités ; ils ont à un moment donné la même direction sur toute l'étendue d'une même ligne, et leur intensité augmente avec la distance des points extrêmes. De plus, ils se manisfestent en même temps sur une grande étendue, ce qui exclut l'hypothèse d'une relation avec les phénomènes météorologiques qui ne sont que locaux.

Si on se rappelle les expériences de M. Varley que nous avons rapportées, page 76, tome I, on pourra comprendre aisément que l'emploi d'un condensateur dans les transmissions télégraphiques permet d'annihiler complétement l'action de ces sortes de courants. En effet, en raison de leurs variations lentes, ces courants ne peuvent exciter de la part du condensateur que des décharges peu appréciables, qui sont, par conséquent, sans action sur la ligne, et comme celle-ci est coupée, c'est-à-dire sans communication avec la terre, par suite de l'interposition du condensateur, ils ne peuvent s'y développer directement. C'est pour les lignes sous-marines un des plus grands avantages que présente le système de M. Varley.

Courants induits. — Nous avons vu, page 110, tome I, que quand deux fils sont placés parallèlement l'un à côté de l'autre et que l'un d'eux est traversé par un courant, il se produit dans l'autre, au moment des fermetures et interruptions de ce courant, des courants induits d'autant plus énergiques que la distance séparant les deux fils est plus faible. Il était donc à supposer, d'après cela, que les fils des lignes télégraphiques qui sont placés parallèlement entre eux devaient s'influencer plus ou moins et provoquer des courants induits accidentels. L'expérience a en effet démontré que cette réaction existe ; mais à la distance à laquelle ces fils sont ordinairement les uns des autres, elle est si faible qu'elle n'a aucune influence sur les transmissions télégraphiques. Dans les câbles sous-marins et souterrains, il n'en est plus ainsi, et c'est même là un des graves inconvénients des câbles à plusieurs fils conducteurs isolés.

Si l'induction des fils les uns sur les autres est insignifiante sur les lignes aériennes, il n'en est pas de même de l'induction exercée sur le fil par les objets environnants, par le sol, par les maisons, les arbres, en un mot, par tous les corps conducteurs placés dans le voisinage et qui placent ces fils dans les conditions d'un véritable câble sous-marin, dont l'enveloppe isolante serait représentée par la couche d'air interposée entre le fil et les corps conducteurs qui l'avoisinent, et l'armature extérieure, par ces corps conducteurs eux-mêmes. Les effets que nous avons étudiés pour l'induction électro-statique des câbles sous-marins doivent donc se retrouver sur les lignes aériennes, et c'est en effet cette action qui entraîne la charge extérieure des fils dont nous avons parlé page 42, tome I, et qui constitue pour eux ce coefficient de charge qui joue absolument le même rôle que la capacité électro-statique des câbles sous-marins. Or nous avons vu que ce coefficient de charge dépend non-seulement des conditions du milieu avoisinant, mais encore de l'étendue de la surface du conducteur et même de sa forme, car comme la tension élétro-statique est d'autant plus grande que la surface sur laquelle elle se développe est plus anguleuse, il peut se faire que deux surfaces égales donnent des charges différentes, par suite d'une simple différence dans la courbure des surfaces. Il en résulte que les fils fins auront une tension électrique plus grande que les gros fils, mais comme la tension n'augmente pas en raison inverse du rayon du fil, tandis qu'au contraire la surface augmente proportionnellement à ce rayon, la charge totale devra augmenter avec le diamètre du fil, mais dans une proportion moindre, et cette proportion pourrait être approximativement comme la racine carrée du rayon, si on part de la loi empirique de Wheatstone sur les câbles sous-marins que nous avons rapportée page 99, tome I.

Courants de retour. — On a vu page 62, tome I, que si un conducteur, mis en rapport avec la terre par une de ses extrémités, est chargé à l'autre extrémité par son contact momentané avec une pile, il se produit au moment où on met cette dernière extrémité en contact avec le sol, un courant qui contribue à la décharge du conducteur et qui, de ce côté, est de sens contraire à ce qu'il était primitivement. C'est ce courant auquel on a donné le nom de *courant de retour*.

Quand le circuit est simple, c'est-à-dire qu'il ne contient pas de résistances additionnelles, comme une ligne télégraphique simplement en contact avec la terre à son bout éloigné, ce courant de retour ne se fait guère sentir que quand la ligne a une longueur d'environ 700 ou 800 kilomètres ; mais quand cette ligne se termine par une forte résistance, comme celle que présente un électro-aimant, il n'en est pas ainsi : le courant de retour devient plus énergique et dure en même temps plus longtemps. Cette plus grande durée tient non-seulement à l'augmentation de résistance du circuit, mais encore à l'action des spires de l'hélice qui, ainsi que nous l'avons vu, page 50, augmente la durée de la période variable dans une très-grande proportion. Sur un circuit de 400 à 500 kilomètres, avec un électro-aimant d'une résistance de 150 à 200 kilomètres, ce courant de retour est assez fort, surtout par les temps secs, pour faire marcher des récepteurs télégraphiques ; il agit du reste d'une manière analogue au courant induit de désaimantation produit par l'électro-aimant seulement, mais il se produit dans un sens opposé, et on peut, au moyen d'un galvanomètre, reconnaître celui qui l'emporte sur l'autre. Ces deux courants augmentent, en effet, d'intensité dans des conditions opposées. Ainsi les courants induits, qui sont de même sens que les courants transmis, s'affaiblissent à mesure que la ligne s'allonge, tandis que les courants de retour augmentent d'intensité. Il en résulte que si on fait l'expérience sur des longueurs différentes de lignes, on constate la présence d'un courant qui accuse d'abord une certaine direction, pour en accuser plus tard une diamétralement opposée.

La charge des lignes sous-marines étant plus grande que celle des lignes aériennes, les courants de retour sont plus énergiques avec les premières qu'avec les dernières, et il suffit de 30 ou 40 kilomètres pour les observer.

On a proposé pour éviter les inconvénients de ces courants de retour plusieurs moyens dont nous parlerons plus tard, et dont le plus simple, est de décharger la ligne au point de départ avant que le courant de retour n'entre dans les appareils de réception. Quant à l'envoi, sur la ligne, d'un courant permanent de sens contraire à ces courants, c'est un moyen qui ne fait que reculer la difficulté sans la résoudre, car pour produire les renforcements et les affaiblissements de ce courant nécessaires à une transmission, il faut établir des communications à la terre, et les courants de retour peuvent se produire aussi bien avec des courants différentiels qu'avec des courants directs ; le plus simple est donc d'agir sur les appareils et non sur les lignes.

APPAREILS PRÉSERVATEURS DES COURANTS ACCIDENTELS.

Parafoudres. — Les lignes télégraphiques, en raison de la bonne conductibilité des éléments qui les composent et de leur étendue considérable, sont particulièrement sujettes sinon à être foudroyées, du moins à servir de véhicule à ce terrible élément, et celui-ci étant ainsi conduit aux stations télégraphiques, non-seulement pourrait fondre ou détériorer les appareils interposés dans le circuit, mais encore foudroyer les employés eux-mêmes. Pour éviter ces accidents, on a dû disposer aux différentes stations des espèces de paratonnerres ; mais comme ces effets foudroyants peuvent venir de loin et se produire sans qu'on puisse les prévoir, il a fallu disposer les appareils de manière que, sans interrompre le service, ils pûssent détourner assez les effets de la foudre pour préserver les appareils et les hommes.

Le problème était assez complexe, mais grâce aux propriétés différentes de l'électricité statique et de l'électricité voltaïque, il a pu être résolu d'une manière assez simple.

Les parafoudres ont été très-variés dans leur construction, et tous les jours on en invente de nouveaux, mais ceux que la pratique a conservés, se rapportent à trois types désignés sous le nom de parafoudres à pointes, de parafoudres à plaques, et de parafoudres à fil préservateur.

Les parafoudres à fil préservateur, employés pour la première fois par les Anglais, étaient basés sur ce principe, qu'un fil de fer très-fin interposé sur un fil de ligne, avant sa jonction avec l'appareil télégraphique, ne change rien aux transmissions électriques pour les courants ordinaires des piles; mais que, devenant d'une conductibilité insuffisante pour les fortes décharges, telles que les coups de foudre, il brûle dès le commencement de la décharge, et, par suite, établit une solution de continuité infranchissable entre la ligne et l'appareil.

Ce système, n'ayant pas été reconnu suffisant en France, principalement par cette considération que le remède était la conséquence de l'effet produit; on voulut adjoindre à cet appareil un système qui, tout en ouvrant une voie directe à la décharge pour s'écouler en terre, pût cependant empêcher les courants voltaïques de suivre cette voie. On imagina alors les paratonnerres à pointes qu'on interposa dans une dérivation établie entre la ligne et la terre. Avec ces appareils, l'électricité de tension pouvait s'écouler en grande partie par les pointes sans passer par le circuit continu, et le courant voltaïque, ne pouvant vaincre une solution de continuité, restait confiné dans le circuit métallique. Ces paratonnerres à pointes ont été très-variés dans leur construction, mais l'expérience ayant démontré que les pointes, étant fréquemment foudroyées, laissaient souvent un trop grand espace à franchir à la décharge, on imagina le parafoudre à pointes mobiles dont le type est représenté fig. 178.

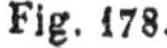

Fig. 178.

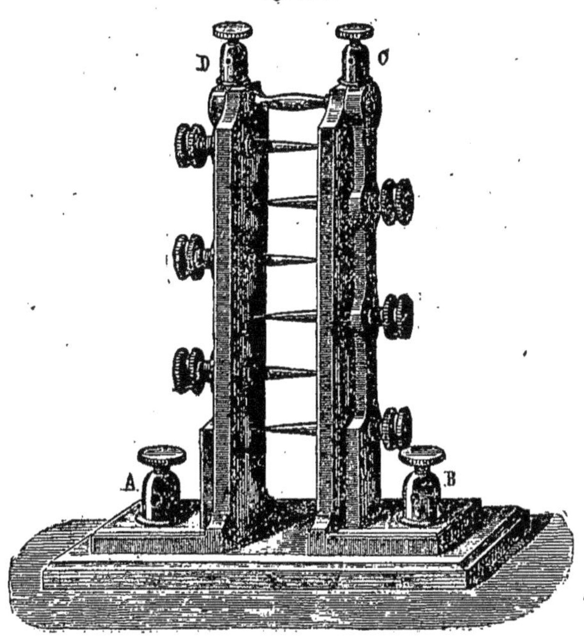

Ce parafoudre présente six pointes fixées sur deux montants de cuivre et enchevêtrées les unes dans les autres, de manière que trois d'entre elles soient opposées de chaque côté aux surfaces des deux montants et à très-petite distance de ceux-ci. Ces pointes se dévissent facilement, et peuvent par conséquent être remplacées quand elles se trouvent foudroyées. Inutile de dire que l'un des montants communique à la terre, l'autre à la ligne.

Quant au système à fil préservateur, il a été établi sur un appareil spécial, représenté fig. 183, et disposé de manière, qu'en cas de brûlure du fil, une communication entre la ligne et la terre fût établie automatiquement. Pour obtenir ce résultat, on enroule le fil de fer, qui doit être recouvert de soie, sur un petit cylindre de cuivre (fig. 184), dont les extrémités sont isolées au moyen de bagues d'ivoire. Ce cylindre, qui porte vers le milieu un renflement, est introduit dans une douille mise en communication avec le sol, et les deux extrémites du fil sont reliées par des boutons d'attache avec la ligne et le récepteur télégraphique, par l'intermédiaire d'un commutateur. On comprend aisément qu'avec cette disposition, si le fil vient à être fondu par un coup de foudre, la couverture isolante se trouve brûlée, et la ligne se trouve mise en contact métallique avec la douille qui communique au sol.

Les parafoudres qui sont les plus usités en Allemagne, ont été imaginés par M. Steinheil et successivement perfectionnés par MM. Meismer, Lippens et Siemens. Ils consistent, comme on le voit fig. 179, dans deux plaques métalliques séparées l'une de l'autre par une feuille de papier ou toute autre surface isolante, et mises en rapport avec la ligne et le sol, comme les appareils à pointes. On comprend facilement qu'avec cette

Fig. 179.

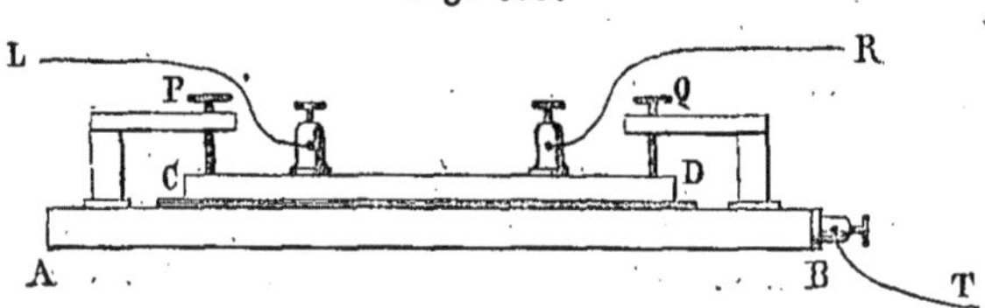

disposition, l'électricité atmosphérique n'a à vaincre, pour s'écouler dans le sol, que la feuille mince de papier qui sépare les deux plaques, laquelle peut être facilement percée en un grand nombre de points, surtout si la surface des lames métalliques est rugueuse ou présente des aspérités nombreuses. De plus, ces lames, en formant une espèce de condensateur, engagent la décharge à se porter principalement de ce côté. Les parafoudres de MM. Léopolder de Vienne, Siemens, Hasler et Escher de Berne, Hermann de Lisbonne et Devos de Bruxelles, qui avaient figuré à l'Exposition de 1867, sont des parafoudres du même genre. Dans celui de M. Léopolder, les plaques ont leur surface intérieure guillochée et vernie, ce qui dispense du papier; la plaque inférieure est assez grande pour comporter la superposition de quatre petites plaques séparées les unes des autres par un intervalle de 2 centimètres. Le parafoudre de M. Siemens a ses plaques cannelées et également vernies. Dans celui de Hermann, les plaques sont circulaires et de petites dimensions. Dans celui de MM. Hasler et Escher, les plaques sont séparées par une feuille de papier; les plaques supérieures mises en rapport avec la ligne sont au nombre de deux pour que l'appareil soit commun à deux fils de ligne. Enfin le parafoudre de M. Devos est exactement du même genre que ce dernier.

Pour rendre les appareils à fil préservateur plus sensibles, plusieurs inventeurs, à différentes reprises, ont cherché à faire en sorte que sous l'influence d'un simple échauffement, le fil préservateur pût établir lui-même, et sans attendre sa fusion, non-seulement la communication de la ligne à la terre, mais encore une communication avec une sonnerie d'alarme pour prévenir les employés du foudroiement du fil. L'un des parafoudres de M. Mouilleron et celui de M. Lamothe, sont des appareils de ce genre. Le principe sur lequel ils sont fondés est bien simple : qu'on imagine une lame de ressort tirant sur un fil très-fin interposé dans le circuit de ligne et disposé en face d'un contact correspondant au sol, on comprend aisément que, sous l'influence de l'échauffement du fil qui s'allongera, le contact du ressort avec le fil de terre aura lieu, et ce contact pourra facilement provoquer, d'une part la communication de la ligne à la terre, et, d'autre part, la fermeture d'un circuit local correspondant à une sonnerie.

Plusieurs modèles établis d'après cette disposition, figuraient à l'Exposition de 1867. L'un des plus perfectionnés était celui de M. Picco, que l'on remarquait dans l'exposition italienne ; il réunissait en plus un parafoudre à pointes. Celui-ci consistait dans une boule de cuivre mise en relation avec le sol et qui était enveloppée par un anneau muni de huit vis à pointes. Le système préservateur qui était disposé pour s'adapter à plusieurs lignes consistait uniquement dans une bascule de cuivre terminée, d'un côté par deux lames de ressort placées entre deux contacts et qui tendait à s'incliner dans un certain sens sous l'effort d'un ressort appuyant sur le bras libre de la bascule. Toutefois, le fil préservateur relié à cette bascule s'opposait à cette inclinaison, qui aurait eu pour résultat d'établir le contact avec le sol, et forçait en même temps le second ressort de la bascule à toucher le contact du récepteur télégraphique ; ce n'était que sous l'influence de l'allongement du fil par l'effet de la chaleur développée dans le circuit, que la permutation des contacts se produisait.

Les parafoudres à pointes ont été très-variés dans leur disposition. Nous avons décrit celle qui a été adoptée par l'administration française, mais plusieurs constructeurs prétendant que 6 pointes ne pouvaient suffire pour écouler la décharge foudroyante, ont disposé ces parafoudres de manière à en présenter un très-grand nombre. C'est ainsi que M. Mouilleron a été conduit à placer l'un au-dessus de l'autre, deux disques entaillés de manière à présenter en regard les uns des autres huit cent pointes pyramidales taillées en pointes de diamant, et les lames conductrices aboutissant à ces disques étaient elles-mêmes dentelées comme on le voit fig. 185. En Amérique, on a été plus loin et l'on a employé à cet usage des cardes à coton dans lesquelles les pointes se comptent par milliers. Ils sont alors disposés comme l'indique la figure 180.

Quelques cas d'insuccès ayant appelé l'attention de l'administration

Fig. 180.

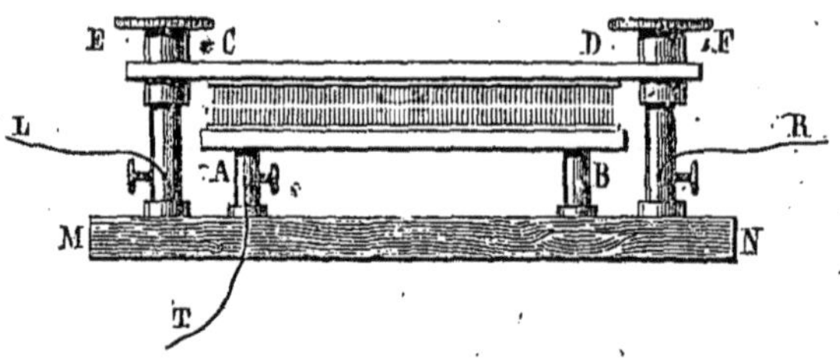

des lignes télégraphiques françaises sur ces appareils, la commission de perfectionnement dut entreprendre à cet égard des expériences qui conduisirent aux modèles nouveaux, désignés ordinairement sous le nom de parafoudres Bertsch.

La première question à éclaircir était de savoir si définitivement la multiplicité des pointes était favorable ou non à la protection donnée par les parafoudres. La persistance incroyable de la commission scientifique de l'Institut à patroner les paratonnerres à pointe unique, et d'un autre côté, les expériences bien démonstratives, cependant, de M. Perrot sur l'efficacité des paratonnerres à pointes multiples, pouvaient certes donner lieu à un doute bien légitime. Des expériences comparatives entre le parafoudre à 6 pointes et les parafoudres à pointes nombreuses, y compris les cardes américaines, furent donc établies par M. Hughes, et on put reconnaître définitivement que les parafoudres à pointes multiples avaient une supériorité bien marquée. Toutefois, on put constater que ces simples parafoudres ne pouvaient protéger complétement les appareils, et qu'il fallait leur adjoindre des appareils à fil préservateur.

Ces expériences en amenèrent d'autres pour établir les meilleures dispositions à donner à ces derniers appareils, et ces nouvelles expériences entreprises par M. Guillemin conduisirent à des résultats tellement inattendus, qu'ils durent faire modifier non-seulement les dispositions des communications métalliques des parafoudres, mais même la théorie qu'on s'était faite du mode de transmission de l'électricité de tension dans les conducteurs métalliques. Nous avons indiqué les résultats de ces expériences, tome I, page 69, et les conséquences qu'on a dû en tirer pour les communications des parafoudres avec le sol ont été exposées, tome II, page 391. Nous n'y reviendrons donc pas en ce moment, nous dirons seulement que d'autres expériences également entreprises par M. Guillemin démontrèrent bientôt que les parafoudres à plaques étaient plus sensibles que les parafoudres à pointes, et qu'ils étaient d'autant meilleurs que la couche isolante interposée était plus mince et moins susceptible de se carboniser sous l'influence du passage des étincelles. Une surface isolante constituée par une lame de mica a semblé réunir sous ce rapport les conditions voulues. D'un autre côté, on a pu s'assurer que si les parafoudres à plaques avaient le plus de sensibilité au moment d'une décharge opérée brusquement, les parafoudres à pointes avaient pourtant de grands avantages en diffusant la charge électrique et en l'empêchant de s'accumuler. Les conclusions de la commission durent donc être de poser, comme *désideratum*, que le paratonnerre à plaques et à pointes pût être réuni dans le même instrument, et c'est précisément ce *desideratum* qui a été réalisé dans le modèle présenté par M. Bertsch et accepté par l'administration. Cet appareil se compose donc de trois plaques, dont deux sont munies de nombreuses pointes enchevêtrées de manière que leurs extrémités aiguës soient respectivement distantes des surfaces métalliques sur lesquelles elles sont plantées d'une très-petite fraction de millimètre. La plaque supérieure est isolée et mise en rapport avec le fil de ligne, et c'est le dessus de cette plaque qui constitue avec la troisième qui lui est superposée, le parafoudre à plaques. A cet effet, cette dernière plaque est séparée de celle sur laquelle elle appuie par une lame de mica, et est reliée métalliquement au sol par l'intermédiaire de la plaque inférieure du parafoudre à pointes.

Le second modèle de parafoudre, présenté par M. Bertsch est destiné à être placé sur les lignes à l'entrée des tunnels. C'est un cylindre muni de pointes qui se trouve recouvert par un autre cylindre métallique dont il est isolé à ses points d'attache. Ce dernier cylindre est en rapport avec le sol, l'autre avec la ligne.

Afin de faciliter la décharge de l'électricité atmosphérique sans pourtant ouvrir une voie aux courants voltaïques destinés au service des lignes, plusieurs inventeurs ont voulu donner au milieu interposé dans la décharge une conductibilité relative, spécialement propre à l'électricité de tension. C'est ainsi que M. Bianchi s'est trouvé conduit à placer ses parafoudres dans un ballon vide d'air, que M. Masson, et après lui plusieurs autres, entr'autres M. Pouget-Maisonneuve, l'ont introduit dans de l'alcool ou autres liquides isolants; mais les expériences faites avec la grande bobine de Ruhmkorff à l'administration des lignes télégraphiques, n'ont pas été en faveur de ces dispositions, du moins de la dernière, car on a reconnu qu'elles protégeaient moins efficacement les appareils que notre disposition ordinaire. Quant à celle de M. Bianchi, elle n'a pas été essayée d'une manière sérieuse, et jusqu'à présent on ne peut guère lui reprocher que sa disposition trop fragile et la difficulté de renouveler les pointes après un foudroiement. Comme dispositif, le parafoudre de M. Bianchi est exactement celui de M. Picco, que nous avons décrit, seulement il avait été imaginé quelque dix ans auparavant. C'est une sphère métallique maintenue au milieu d'un ballon de verre par une tige en communication avec la ligne télégraphique, et enveloppée par un anneau garni de pointes qui est mis en rapport avec le sol. Le vide est fait dans le ballon et fournit des décharges silencieuses au lieu de décharges foudroyantes.

Fig. 181.

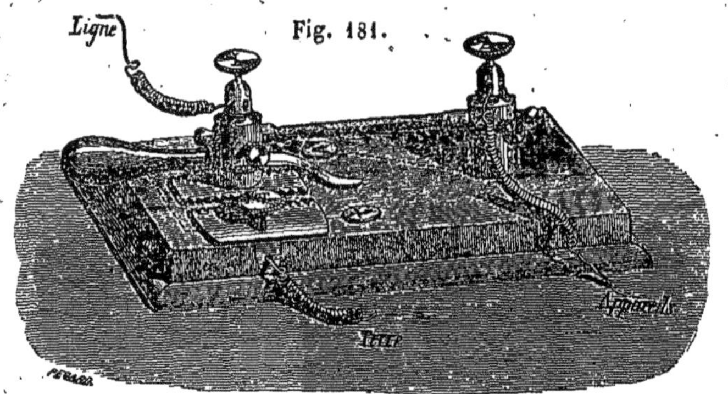

Quand on veut éviter les frais de parafoudres, on peut adapter aux commutateurs de ligne des plaques dentelées, comme dans le système représenté fig. 181. La protection qui est alors donnée n'est sans doute pas complète, mais elle peut suffire dans beaucoup de cas, notamment sur des lignes de peu d'étendue. Ce dispositif est dû à M. Breguet, et a été l'un des premiers employés en France ; il est encore en usage sur les chemins de fer. La bobine à fil préservateur, dans ce système, est soutenue horizontalement sur deux colonnes, communiquant, l'une avec la ligne, l'autre avec les appareils du poste.

Dans les appareils employés par l'administration des lignes télégraphiques françaises, le parafoudre est, comme on l'a vu, séparé de la bobine préservatrice, mais celle-ci fait partie du commutateur destiné, suivant les cas, à établir les communications de la ligne avec la terre ou avec l'appareil récepteur. Cette bobine représentée en grand, fig. 184, est fixée en effet au moyen de vis sur trois piliers A, B, C, fig. 183, qu'elle traverse, et qui correspondent aux trois lames du commutateur. Celui-ci est à manette, et les contacts sont pris directement sur les lames de communication. Quand la manette D appuie sur la lame T, la ligne est mise directement en communication avec la terre ; quand elle appuie en E, la ligne est reliée au récepteur par l'intermédiaire du fil de la bobine préservatrice. Enfin, quand la manette touche la lame AF, la communication est directe entre la ligne et le récepteur. A cet effet, le fil de ligne aboutit au bouton d'attache L, le fil de terre communique au bouton T, et le récepteur au bouton A. Comme le pilier C porte une douille dans laquelle la partie métallique du milieu de la bobine entre à frottement doux, il arrive que si le fil préservateur est fondu, la communication électrique s'effectue directement avec la terre par l'intermédiaire de cette douille et du pilier C.

Fig. 184. Fig. 183.

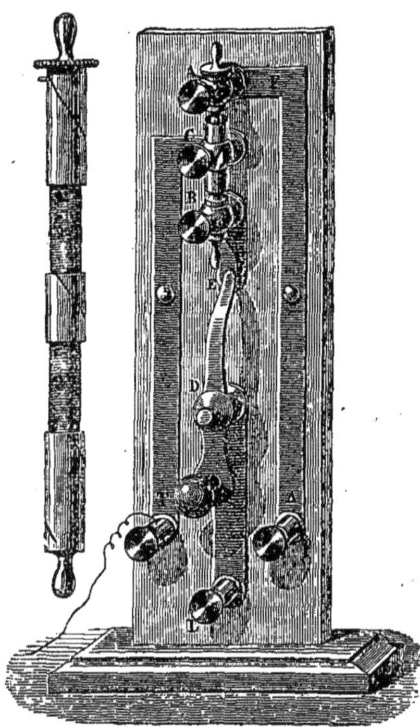

Bien que l'efficacité de ce système de parafoudre ait été plus d'une fois constatée, il est toujours préférable, quand la présence d'un orage se manifeste, d'établir la communication directe à la terre, ce que l'on fait en portant la manette D sur la lame C T.

Comme les effets les plus marqués de l'électricité atmosphérique sur les lignes télégraphiques ne se manifestent pas toujours quand les orages éclatent dans le voisinage des postes, il arrive souvent que les fils des appareils préservateurs se trouvent brûlés sans qu'on s'en aperçoive, et alors la ligne se trouve avoir une communication à la terre en dehors du récepteur ; de là une perte telle dans les courants transmis, qu'il devient impossible de correspondre. Le plus souvent les employés, au lieu d'aller vérifier leur parafoudre, vont rechercher partout ailleurs la cause de ce dérangement, et perdent ainsi un temps considérable avant de rétablir le circuit dans son état normal. Dans ce cas, on peut comprendre combien serait utile un avertisseur automatique du genre de ceux dont nous avons parlé, et nous sommes étonné que les administrations télégraphiques n'aient pas encore introduit, d'une manière générale, ce perfectionnement dans leurs appareils à fil préservateur.

Dans le système de M. Mouilleron, représenté fig. 185 et fig. 186, le parafoudre et la bobine préservatrice font partie du même appareil, qui est, comme on le voit, disposé d'une manière très-simple : deux disques à pointes sont fixés en M et superposés, et la bobine préservatrice est fixée en CED. Les supports de cette bobine sont reliés au commutateur, comme on le voit fig. 186 et de telle manière, que quand la manette appuie sur le contact L, la ligne est mise en rapport avec le récepteur par l'intermédiaire du fil préservateur ; alors le courant suit le chemin L'LCDAa ; quand elle appuie sur le contact T, la communication directe à la terre est établie par le chemin L'FTt, et quand elle touche le contact a, la ligne est reliée directement au récepteur par le chemin L'FAa ; mais dans le premier cas, le parafoudre à pointes est en même temps interposé dans le circuit par la voie L'LCIt. Quand le fil préservateur est brûlé, la communication à la terre se fait par EIt à travers le disque de dessous du parafoudre, en maintenant une séparation ED de 4 centimètres entre le circuit de ligne et la communication du récepteur.

Fig. 185. Fig. 186.

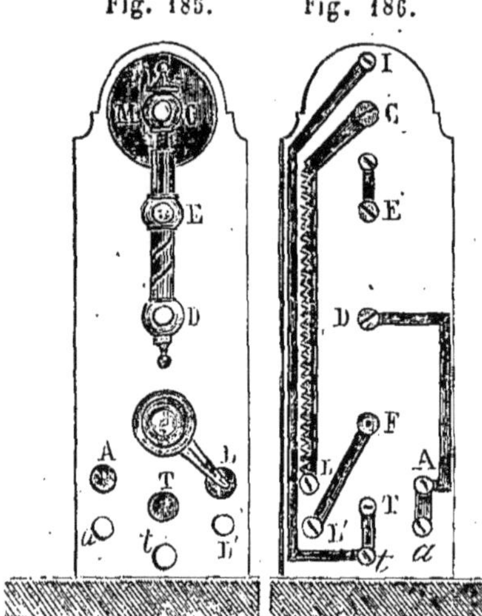

APPENDICES

APPENDICES A LA SECTION II

1° Recherches théoriques sur les électro-aimants.

Dans un récent travail présenté à l'Académie des sciences le 18 novembre 1872, M. Cazin a complété d'une manière très-intéressante ses recherches théoriques sur les électro-aimants, en montrant que l'*énergie magnétique d'un aimant est proportionnelle au produit de sa quantité de magnétisme par son moment magnétique, ou ce qui est la même chose, au produit du carré de sa quantité de magnétisme par sa distance polaire.*

Il démontre ce principe par les variations de la quantité de chaleur que prend un noyau de fer magnétisé sous l'influence de la disparition de son magnétisme, chaleur qui, selon lui, mesure l'énergie magnétique.

Comme il résulte des principes qu'il avait déjà posés et que nous avons résumés p. 129, que la position des pôles d'un électro-aimant est indépendante de l'intensité du courant, on peut en conclure que si l'on fait varier seulement cette intensité, le moment magnétique sera proportionnel à la quantité de magnétisme. Or, en mesurant les moments magnétiques d'un noyau magnétisé pour diverses intensités du courant, et en les comparant aux effets calorifiques correspondants, M. Cazin a trouvé que ces effets sont *proportionnels aux carrés des moments magnétiques.*

D'un autre côté, en déterminant dans quelles conditions deux noyaux magnétiques de volumes égaux; mais de longueurs différentes, acquièrent des quantités égales de magnétisme, conditions dans lesquelles les moments magnétiques se trouvent être alors proportionnels aux distances polaires, M. Cazin a pu reconnaître par la comparaison de ces moments (mesurés par la méthode de Gauss) avec les effets calorifiques correspondants, que *lorsqu'on change seulement la distance polaire dans les noyaux magnétiques, la chaleur créée en eux par la disparition de leur magnétisme est proportionnelle à cette distance.*

Il en résulte que si on désigne par m la quantité de magnétisme du noyau, par l la distance mutuelle de ses pôles absolus, la loi de la chaleur créée dans les noyaux d'un électro-aimant par la cessation du courant ou son énergie magnétique Q est :

$$Q = km^2l.$$

k étant un coefficient dépendant des unités adoptées.

M. Moutier, dans une note présentée à l'Académie des sciences le 9 décembre 1872, a rendu compte mathématiquement de cette loi simple, en faisant voir que l'accroissement de force vive qu'éprouve le barreau par l'effet de l'aimantation, est proportionnel au carré de l'intensité du magnétisme et à la distance polaire, et que l'effet de la désaimantation correspond à une perte égale de force vive, qui est la mesure de l'effet thermique produit, si cet effet est le seul qui accompagne la désaimantation.

D'autres recherches également intéressantes ont été entreprises par M. Jamin, et il en résulterait que l'aimantation, du moins pour les corps magnétiques doués d'une force coërcitive persistante, tel que l'acier trempé, ne se limite pas à leur superficie, et pénètre à leur intérieur à des profondeurs variables avec la force aimantante qui est en jeu et la force coërcitive elle-même, mais qui atteignent leur limite quand on arrive au point de saturation. Dans ces conditions, toute action aimantante inverse, moindre que celle qui permet d'atteindre ce point de saturation, développe une aimantation contraire qui s'arrête à une moindre profondeur et laisse subsister les couches intérieures du magnétisme primitif. Pour une certaine force, les deux couches contraires peuvent se neutraliser, et l'acier paraît alors revenu à l'état naturel, *mais elles ne font en définitive que se dissimuler mutuellement.*

Pour une force d'aimantation moindre, la couche magnétique extérieure primitivement déterminée n'est pas détruite, et rien n'est changé. Mais, si après la neutralisation apparente dont nous venons de parler, on renverse l'action de cette force, on peut détruire le magnétisme de la couche superficielle qui était inverse, et l'effet du magnétisme central reparaît en rétablissant l'aimant avec ses caractères primitifs (*voir les mémoires de M. Jamin dans les comptes rendus de l'Académie des sciences, tome LXXV, p.* 1572 *et* 1796).

APPENDICES A LA SECTION III

Nouvelles machines de Gramme. — Depuis l'impression de notre travail sur la machine de Gramme, de nombreux perfectionnements lui ont été apportés, principalement dans la disposition qui lui a été donnée

Fig. 187.

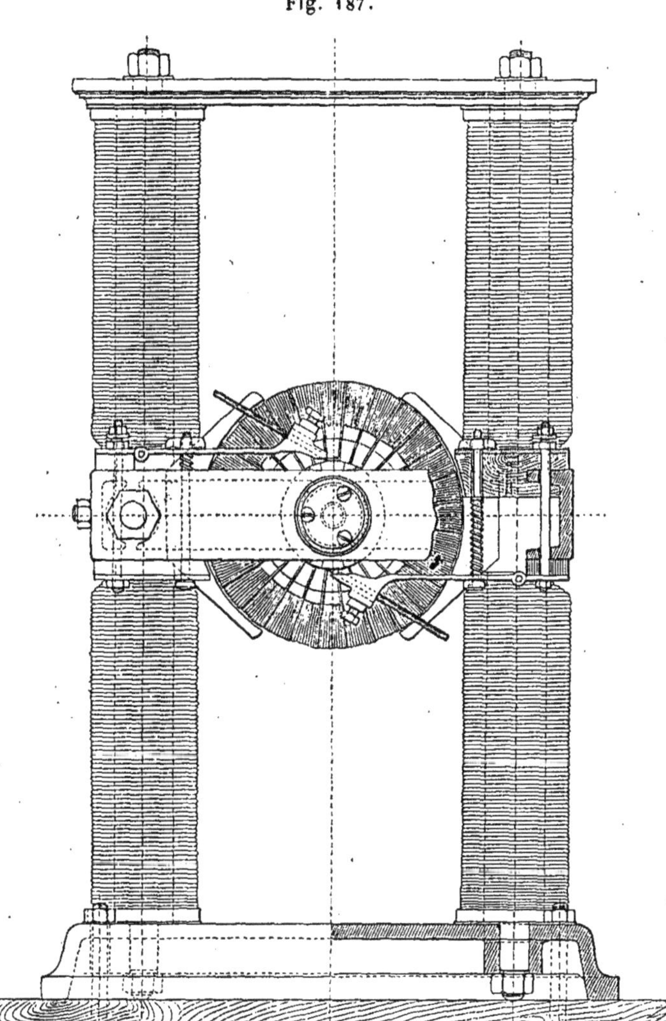

pour les forts courants. Aujourd'hui, ces machines sont les plus puissantes qui existent, et il nous suffira, pour qu'on puisse juger de leur importance, de dire qu'une machine à 3 anneaux mise en mouvement par un moteur à vapeur de la force de quatre chevaux, a pu fournir une lumière électrique équivalente à 900 becs Carcel et a pu rougir deux fils de cuivre juxtaposés ayant 12 mètres de longueur sur un diamètre de 7 dixièmes de

Fig. 188.

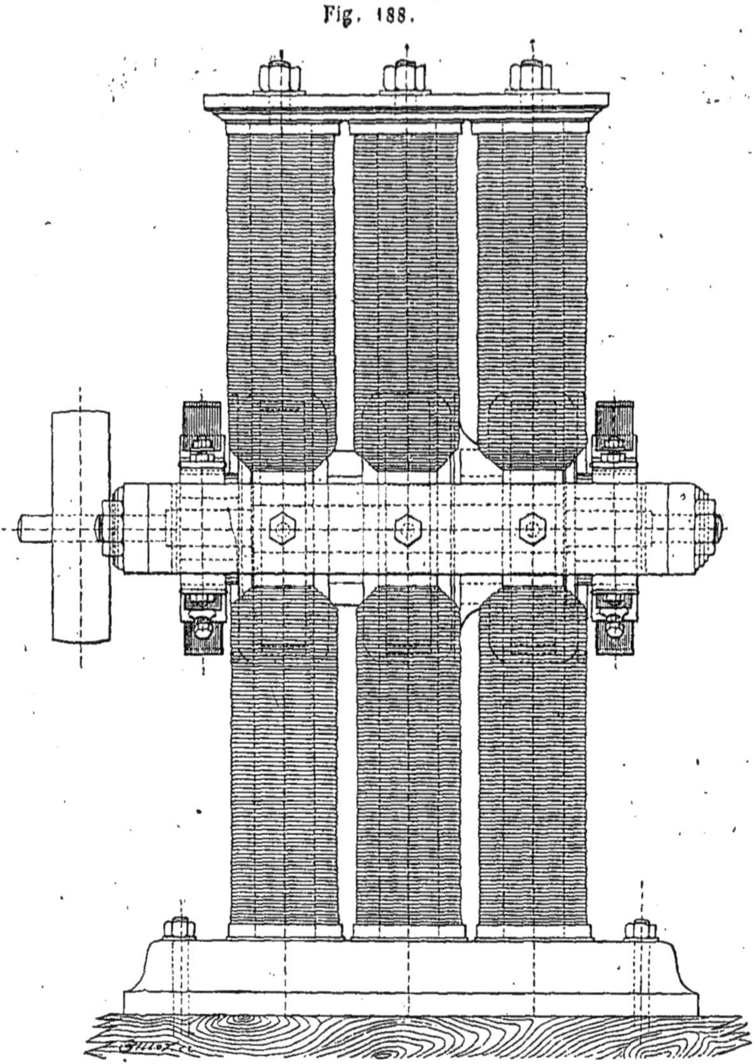

millimètre chacun. On a pu même fondre sur une longueur de $2^m,50$ un fil de 13 dixièmes de millimètre de diamètre. Ces résultats sont réellement étourdissants, et si je ne les avais pas vus moi-même, je les aurais crus bien certainement exagérés. D'après les expériences et les calculs qui ont été faits par M. Fontaine, l'habile ingénieur qui dirige l'exploitation de ces machines, la force du courant fourni par la machine à lumière dont nous parlons, est équivalente à celle qui serait fournie par une pile de Bunsen composée de cent cinq éléments multiples réunis en tension et composés chacun de cinq éléments en quantité, ce qui suppose par conséquent une pile de 525 éléments Bunsen.

Nous représentons fig. 187, 188 et 189 la machine dont nous parlons et qui est destinée à la lumière électrique, mais M. Gramme lui a donné une autre disposition pour son application à la galvanoplastie, et c'est elle que nous représentons fig. 190, 191 et 192.

Machine à lumière. — Dans la machine à lumière, les électro-aimants annulaires dont nous avons parlé page 216 et qui ont toujours la même disposition, sont disposés au nombre de trois, entre des pièces de fer qui les emboîtent sans les toucher à la manière de freins, et qui constituent les pôles de deux systèmes d'électro-aimants triples, opposés l'un à l'autre par leurs pôles de même nom. Ces électro-aimants, comme

Fig. 189.

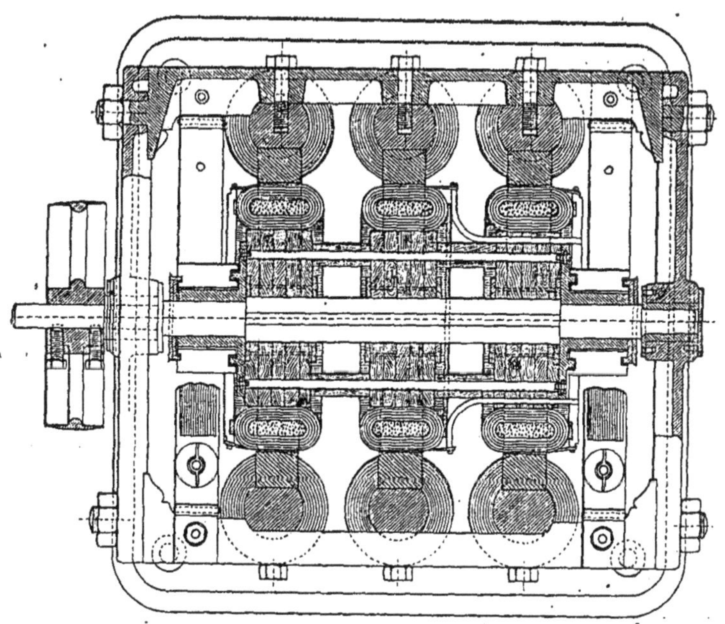

l'indiquent les figures, forment une sorte de cage rectangulaire qui constitue en même temps le bâti de l'appareil, et les collecteurs du courant sont fixés au milieu de cette cage sur des traverses de bois boulonnées fortement sur les pièces de fer qui fournissent les pôles de ce système électro-magnétique.

La fig. 187 représente la vue de face de la machine, la fig. 188 une vue de côté et la fig. 189 la coupe horizontale suivant l'axe de rotation des anneaux. Leur échelle est de un décimètre pour un mètre.

Les traverses de fer qui réunissent les 12 branches des deux électro-aimants, sont constituées par deux grandes plaques de fer à peu près carrées, et les noyaux de fer eux-mêmes, par des cylindres de fer qui s'y trouvent fortement fixés. Deux hélices magnétisantes sont enroulées sur chacun de ces cylindres en sens opposé, et sont séparées l'une de l'autre par un intervalle qui est occupé par les pièces de fer arquées que l'on distingue à droite et à gauche de l'anneau ; ces pièces forment l'épanouissement des pôles déterminés en ce point par les hélices, et réagissent conséquemment sur l'anneau auquel elles correspondent comme les deux pôles de l'aimant représenté fig. 75, page 220. La seule différence est que l'aimant ainsi formé est infiniment plus puissant et a sa force entretenue, comme dans les machines de Ladd, par le courant induit qui est provoqué. L'un des trois anneaux est en effet uniquement utilisé à cette fonction, et le courant induit dont nous avons relaté les merveilleux effets résulte seulement des deux autres anneaux dont les courants s'ajoutent en quantité sur le collecteur qui leur correspond.

Ce collecteur qui, naturellement, est double, puisqu'il y a deux circuits différents à animer, est un peu différent de celui que nous avons décrit page 220 ; il consiste dans deux frotteurs inclinés composés d'un très-grand nombre de fils de cuivre maintenus ensemble par un lien, qui leur donne la forme de pinceaux ou de balais plats ; ils sont assez longs pour qu'au fur et à mesure de leur usure, il suffise de les pousser un peu dans le support qui les porte. Ce système, d'après M. Gramme, donne un contact d'une grande douceur, et prévient les solutions de continuité résultant des vibrations qui se produisent toujours dans ces sortes d'organes. Ce système, du reste, a été souvent employé dans les applications électriques, et n'est pas aussi nouveau que le suppose M. Gramme ; on le distingue aisément dans la figure 187, au-dessus et au-dessous de la traverse sur laquelle tourne l'axe des électro-aimants annulaires.

Le fil enroulé sur les électro-aimants fixes qui est du n° 18, pèse 250 kilog.. et celui des trois bobines annulaires, qui est du n° 12, pèse 75 kilog.; la machine, entière ayant $1^m,25$ de hauteur sur $0^m,80$ de largeur, ne pèse guère plus d'une tonne.

Pour obtenir les effets dont il a été question, il suffit d'une vitesse de rotation de 300 tours par minute avec une dépense de 4 chevaux de force ; c'est une vitesse bien moindre que celle nécessitée pour les autres machines du système Wilde.

On peut se faire une idée parfaitement nette de la machine par l'inspection des 3 figures que nous avons données : nous ajouterons seulement que les lames qui établissent la communication des différentes sections de l'hélice induite avec le collecteur, doivent former à l'intérieur de l'anneau un cylindre compacte, et ne doivent être séparées les unes des autres que par une enveloppe isolante très-mince, sans quoi la machine donnerait de fortes étincelles et ne produirait que de faibles courants ; une simple épaisseur de soie suffit pour l'isolement de ces lames.

Nous avons déjà dit page 220 que la machine pouvait être disposée pour subir l'action de plusieurs pôles magnétiques au lieu de deux : « cette possibilité », dit M. Gramme, est la chose la plus saillante de mon invention : « c'est elle qui permettra de produire, avec une seule machine, une série « de courants distincts, et de fractionner la lumière électrique. »

Machines à galvanoplastie. — La machine de Gramme fonctionne maintenant d'une manière usuelle dans l'usine galvanoplastique de M. Christofle, qui en a été tellement satisfait qu'il a renoncé définitivement aux piles.

Fig. 190.

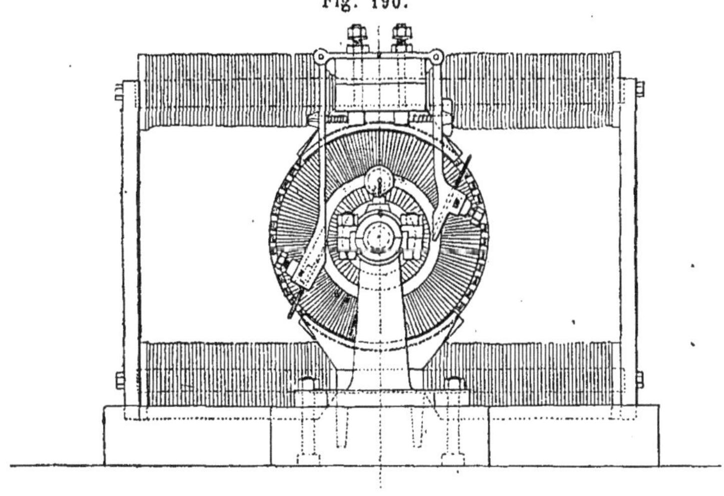

Sa disposition est à peu près la même que celle que nous venons d'étudier, seulement, elle est de dimensions beaucoup moindres, et les électro-aimants inducteurs au lieu d'être verticaux sont horizontaux, comme on le voit fig. 190, 191 et 192 qui en représentent la vue de côté, la vue en plan et la coupe verticale suivant l'axe de rotation des anneaux, sur une échelle de 1 décimètre pour un mètre.

Ces machines ont été calculées pour produire un dépôt de 600 grammes d'argent par heure avec une vitesse de rotation de 300 tours par minute ; elles pèsent 460 kilog.; le fil enroulé sur les électro-aimants fixes pèse 135 kilog. et celui des bobines annulaires, 40 kilog. La force nécessaire à la marche normale est d'environ 1 cheval. La tension du courant produit est celle de deux éléments Bunsen ordinaires, et la quantité correspond à 32 éléments.

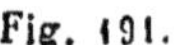

Fig. 191.

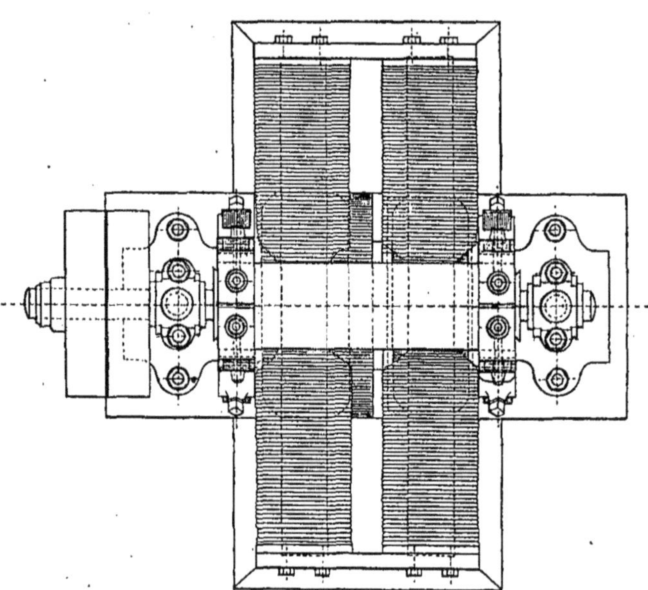

A la vitesse de 275 tours par minute, cette machine dépose 525 grammes d'argent à l'heure, à 300 tours, 605 grammes, à 325, 675 grammes; cette dernière vitesse, suivant M. Gramme, est trop grande, et produit dans les bobines un échauffement qui pourrait à la longue devenir compromettant pour la machine.

Essayée concurremment avec une machine de Wilde, on a reconnu que le dépôt par heure, par mètre carré de surface d'anode, variait de 158 à 176 grammes avec la machine de Wilde, pour une vitesse de 2400 tours par minute, tandis qu'avec la machine de Gramme il variait de 143 à 216 grammes avec une vitesse de rotation de 300 tours seulement.

« Il paraît inutile, dit M. Gramme, de faire ressortir les avantages d'une vitesse huit fois moins considérable ; je me contenterai de dire qu'après quatre mois de marche, les conducteurs et les frotteurs étaient dans un

Fig. 192.

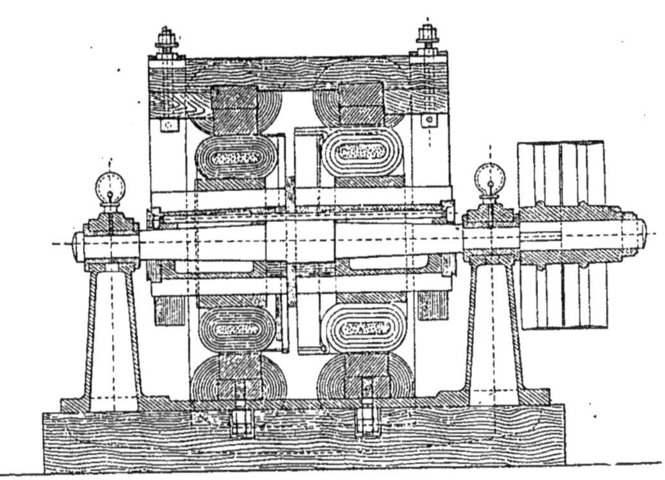

parfait état de conservation, et que la machine n'avait pas exigé un centime d'entretien, à part le graissage des paliers. »

Machines d'induction à électro-aimants fermés. — M. Trève a dernièrement envoyé à l'Académie des sciences, un travail dans lequel il cherche à attirer l'attention des physiciens sur les courants induits que l'on obtient à travers une hélice placée sur la culasse d'un électro-aimant quand on magnétise ou qu'on démagnétise celui-ci. Au premier abord, on pourrait croire que cette culasse contenant la région magnétique neutre ne devrait fournir que des courants induits insignifiants, mais comme l'a reconnu M. Trève et beaucoup d'autres avant lui, il est loin d'en être ainsi, et ce fait n'a en définitive rien qui ne soit conforme aux lois de l'induction, puisque cette action est bien plus le résultat de l'effet exercé par les spires de l'hélice magnétique que celui des forces polaires ; or comme la résultante de toutes ces spires magnétiques par rapport à l'effet dynamique qu'elles produisent, correspond au milieu de l'aimant, ce doit être en ce point que l'induction doit exercer son effet le plus énergique, ainsi que l'ont du reste constaté MM. Muller et Poggendorff ; c'est même pour cette raison que certains constructeurs ont disposé en fuseau les hélices des bobines d'induction électro-magnétique, ainsi que nous l'avons déjà dit page 180.

On peut du reste faire l'expérience d'une manière très-simple en plaçant aux deux extrémités d'une tige cylindrique de fer doux, deux bobines d'électro-aimants disposées de manière à développer aux deux extrémités de cette tige deux pôles de noms contraires, et en adaptant sur cette tige, dans l'espace vide entre les bobines, une hélice d'induction d'une très-petite longueur (de 2 centimètres environ). Quand cette hélice est placée au milieu de la tige de fer, on trouve que les courants induits résultant de l'aimantation ou de la désaimantation de cette tige, sont beaucoup plus énergiques que ceux qui se produisent quand l'hélice est placée à gauche ou à droite de ce point, et même contre l'une ou l'autre des hélices magnétisantes. Dans mes expériences, j'obtenais dans le premier cas une déviation de 30°, tandis que dans le second cette déviation était réduite à 20°. Daprès M. Trève, un électro-aimant télégraphique portant sur sa culasse une troisième bobine en fil n° 16 peut fournir dans cette bobine sous l'influence du courant résultant d'une pile de Daniell de 24 éléments et à travers une résistance de 300 kilomètres, une déviation de 15 à 20 degrés sur un galvanomètre de 300 tours. (Voir le mémoire de M. Trève dans les comptes rendus de l'Académie des sciences, tome LXXV, p. 1508).

L'emploi des bobines induites sur la culasse des électro-aimants n'est du reste pas nouveau : à l'Exposition de Londres de 1862, M. Allan, comme nous l'avons vu p. 218, faisait fonctionner un télégraphe à aiguille au moyen d'un système de ce genre, et, je dois même le dire en passant, c'est le système le plus simple pour fournir des inversions successives de courant sous l'influence d'un courant simplement interrompu, problème qui se présente souvent en télégraphie.

Le dispositif de M. Allan consistait dans un système rectangulaire composé de 4 noyaux de fer doux soudés l'un à l'autre et portant chacun une bobine. Deux de ces bobines étaient en communication avec la ligne et représentaient les bobines ordinaires de nos électro-aimants. Les deux autres, placées sur les parties de l'électro-aimant fermé constituant la culasse et l'armature, étaient réunies et fournissaient les courants d'induction destinés à réagir sur l'appareil télégraphique, qui de cette manière pouvait fonctionner sous l'influence de simples interruptions de courants, alors qu'il exigeait par sa construction, l'action de courants renversés.

Machine d'induction péripolaire. — Dans un mémoire envoyé récemment à l'Académie des sciences (*voir comptes rendus, tome*

LXXV, *p*. 1805), M. Leroux entre dans des détails intéressants sur les courants produits dans un disque métallique qui tourne entre les pôles d'un électro-aimant. Ces courants déjà étudiés par MM. Matteucci, Weber, Felici, sont dirigés de l'axe du disque à sa circonférence, quand les pôles de l'électro-aimant sont circulaires et disposés concentriquement au disque, et ils peuvent s'expliquer facilement en partant de la loi de Lenz. Par une disposition ingénieuse qu'il imaginée, M. Leroux a rendu ces courants assez énergiques pour fournir étincelle et équivaloir au courant d'un élément à sulfate de cadmium. Voici cette disposition.

Un disque de cuivre rouge, de 15 centimètres de diamètre, d'une épaisseur de 2 millimètres environ, peut recevoir d'un système d'engrenage un mouvement de rotation de 180 tours par seconde. Ce disque se meut entre deux masses circulaires de fer doux qui sont aussi rapprochées que possible et leur sont concentriques. Ces deux masses sont portées par une sorte de châssis rectangulaire en fer dont elles occupent intérieurement le milieu des plus longs côtés. Comme dans la machine de Gramme, représentée fig. 187, quatre bobines entourent les parties de ce châssis qui avoisinent les deux masses dont il vient d'être question, de telle façon que celles-ci acquièrent des polarités contraires. Tout est disposé avec la plus parfaite symétrie, pour que la ligne des centres de figure de ces masses puisse être considérée comme contenant leurs pôles. Les choses étant ainsi disposées, on aimante l'appareil en y lançant le courant d'un certain nombre d'éléments de Bunsen.

Si l'on applique à un tel système la loi de Lenz, il est facile de voir qu'il doit naître dans le disque des forces électro-motrices qui sont toutes radiales ; il n'y aura donc de production de courants qu'autant que, au moyen de frotteurs convenablement disposés, on fera communiquer la circonférence du disque avec sa partie centrale.

Le sens de ces courants est bien d'accord avec la loi de Lenz et change avec le mouvement de rotation et aussi avec l'aimantation.

Nous avons déjà parlé, page 164, de ces courants péripolaires et radiaux ; et il est vraisemblable qu'on les retrouve dans les courants issus de la machine de Gramme ; ce sont des courants intéressants à étudier et la machine de M. Leroux peut en donner les moyens.

TABLE DES MATIÈRES

CONTENUES DANS CE VOLUME

DEUXIÈME PARTIE

Technologie électrique.

Deuxième section.

ORGANES ÉLECTRIQUES SUSCEPTIBLES D'ÊTRE EMPLOYÉS DANS LES APPLICATIONS ÉLECTRIQUES.

CHAPITRE PREMIER

CONSIDÉRATIONS GÉNÉRALES ET LOIS DES ÉLECTRO-AIMANTS.

CHAPITRE II.

DISPOSITIONS DIVERSES DES ÉLECTRO-AIMANTS.

Troisième section.

GÉNÉRATEURS MÉCANIQUES DE L'ÉLECTRICITÉ.

CHAPITRE PREMIER

MACHINES D'INDUCTION ÉLECTRO-DYNAMIQUES.

CHAPITRE II.

MACHINES ÉLECTRIQUES A FROTTEMENT ET PAR INFLUENCE.

Quatrième section

INSTRUMENTS D'EXPÉRIMENTATION.

Appendices

Cinquième section.

DES CIRCUITS ÉLECTRIQUES ET DE LEUR ORGANISATION.

CHAPITRE PREMIER.

CIRCUITS IMPARFAITEMENT ISOLÉS.

CHAPITRE II.

CIRCUITS PARFAITEMENT ISOLÉS.

CHAPITRE III.

COURANTS ACCIDENTELS DANS LES CIRCUITS.

APPENDICES.

APPENDICES A LA SECTION II.

APPENDICES A LA SECTION III.

FIN DU TOME SECOND.

TABLE DES NOMS D'AUTEURS

M

N

O

P

Q

R

ERRATA

Page 11. — 2° formule après la dixième ligne, le π qui précède la parenthèse a été enlevé au tirage au lieu de : $\frac{b}{g} 2 \left(r + a - \frac{g}{2}\right)$

lisez donc $\frac{b}{g} 2 \pi \left(r + a - \frac{g}{2}\right)$.

— 14. — 22e ligne en descendant, au lieu de : *sans charger le générateur*..., lisez : *sans changer le générateur*...

— 15. — 1re formule, après la formule 86, au lieu de :

$$F = \frac{g^4 E^2 ab}{f^2 K^2 [Rg^2 + \pi ba (a + c)]^2}, \text{ lisez :}$$

$$F = \frac{g^4 E^2 a^2 b^2}{K^2 [qRg^4 + f^2 \pi ba (a + c)]^2}.$$

— 16. — 6e ligne en remontant, au lieu de : *divisée par un facteur a*... lisez : *divisée par un facteur* α.

— 18. — 8e ligne en descendant, au lieu de : *doivent être supérieures à celles*... lisez : *doivent être inférieures à celles*...

— 25. — 2e ligne après la formule 90, au lieu de : *égale à* 2R, lisez : *égale à* 3R.

— 159. — 1re ligne, au lieu de : *courant d'intersection polaire*, lisez : *courant d'interversion polaire*.

— 160. — 1re ligne de la note du bas de la page, au lieu de : *Antinoni*, lisez : *Antinori*.

— 265. — 9e ligne, au lieu de : *M. Croisant*, lisez : M. *Croissant*.

— 276. — 1re ligne, au lieu de : *R. P. Proveuzali*, lisez : *R. P. Provenzali*.

— 297 — 6e ligne en remontant, au lieu de : *cette distance*, lisez : *cette résistance*.

— 298. — 13e ligne en descendant, au lieu de : *par* $ab (\pi c + 2d)$... lisez :

par $\frac{ab}{g^2} (\pi c + 2d)$.

— 302. — 7e ligne en descendant, au lieu : de *M. Bourbonze*, lisez : *M. Bourbouze*.

— 347. — Le n° de la formule au haut de la page est 106 au lieu de 104.

— 331. — 6e ligne en descendant, au lieu de : *produisant une résistance de* 1 *mégohm*, lisez : *traversant une résistance de* 1 *mégohm*.

— 333. — Dernière formule, l'exposant de 10 doit être négatif, lizez donc 10^{-6}.

— 423. — 1re ligne, au lieu de : *et la résistante* R, lisez : *et la résistance* R.

— 423. — Formule 112, l'f ne doit pas avoir d'indice.

— 423. — 9e ligne, au lieu de : *agles limites*, lisez : *angles limites*.

Page 434. — 3e formule — le numéro de cette formule, qui est le numéro 115, a été enlevé.

— 435. — 9e ligne en descendant, au lieu de : *entrelation*, lisez : *en relation*.

— 486. — 8e ligne en descendant, au lieu de : DP, lisez : OP.

— 491. — Formule 129, la quantité kv^2 qui figure au numérateur de l'expression fractionnaire doit être lue kv'^2.

— 492. — Le dénominateur de la fraction qui figure dans la quantité entre parenthèses de la formule doit être 10,4 au lieu de 12,4.

— 501. — 2e alinéa, au lieu de : *Soit* C' *le câble immergé*..., lisez : *Soit* C (*fig.* 175) *le câble immergé*....

— 502. — Première ligne au haut de la page, au lieu de : r *la distance, etc....*, lisez : z *la distance, etc....*

— 510. — Dernière formule, n° 154, la dernière quantité du numérateur doit être r au lieu de r'.

2e ERRATA

DU PREMIER VOLUME

Page 451. — Un g a été enlevé en avant de la première quantité fractionnaire qui figure au dénominateur de la longue équation de la note, équation se rapportant à la valeur de G.

— 452. — 3e colonne du tableau, au lieu de : *résistance d'un fil de* 1 *pied de longueur pesant un gramme* ... lisez : *résistance d'un fil d'un pied de longueur pesant un grain.*

— 469. — 7e ligne en remontant, au lieu : 0,0154 *millimètre*... lisez : 0,0254 *millimètre.*

— 476. — 3e ligne en descendant, au lieu de : page 487, lisez : page 467.

— 480. — La deuxième et la troisième équation sont fautives, lisez pour la première :

$$\pm e = E \frac{(W'' - W')\,b}{(W' + W'')\,b + 2f\,(a+b) + ab}.$$

pour la seconde :

$$\pm e = \frac{W'' - W'}{W' + W'' + a} \cdot E$$

Même page deuxième ligne, au lieu de :
Si E est la force électro-motrice de la pile e *celle d'un seul de ses pôles, on a* : lisez :
Si E est la force électro-motrice mesurée de la pile, e *celle qui réagit quand on expérimente avec l'un ou l'autre pôle de cette pile, on a :*

Imp. Polytechnique de E. Lacroix, N. Collin, Successeur, à St-Nicolas-Varangéville (Meurthe).

NOTE RECTIFICATIVE

SUR

LES RÉSISTANCES MAXIMA

DES BOBINES MAGNÉTIQUES

(Extrait d'une lettre à M. l'abbé Moigno, insérée dans les *Mondes* du 29 mai 1873.

Permettez-moi, en répondant aux observations de M. Raynaud dans sa communication à l'Académie du 21 avril dernier, de vous donner des renseignements plus complets que je ne l'avais pu faire dans le travail auquel il fait allusion.

Je commencerai par dire que je n'ai pas prétendu critiquer en aucune façon *la solution admise*, comme M. Raynaud semble le croire, puisque je suis arrivé *aux mêmes conclusions* en partant de la formule que j'avais posée, quand je prenais pour variable la grosseur du fil de l'hélice (voir mon *Exposé des applications de l'électricité*, t. II, p. 16); j'ai seulement voulu montrer qu'avec une formule incomplète comme celle que l'on discute généralement, et dans laquelle les divers éléments entrant dans la construction d'une bobine magnétique ne figurent pas, on ne peut découvrir des conditions de maximum qui, dans certains cas, peuvent conduire à des conclusions tout autres. En définitive, je voulais démontrer que si l'on ne se préoccupe pas des dimensions d'un multiplicateur par rapport à un autre, ce qui est le cas général, le maximum de sa sensibilité correspond à une résistance de circuit extérieur *plus petite* que sa résistance propre, dans les conditions bien entendu où l'action des différentes spires peut être regardée comme sensiblement la même. Il est certain que si la question est posée différemment, si, par exemple, on doit choisir entre plusieurs multiplicateurs de même diamètre mais enroulés avec des fils de grosseur différente, l'appareil qui aura la plus grande sensibilité sera celui dont la résistance sera égale à celle du circuit extérieur, comme je l'ai démontré, non-seulement dans mon *Exposé des applications de l'électricité*, mais encore dans mon ouvrage *Sur les meilleures conditions de construction des électro-aimants* (p. 18 et 125). Cette interprétation incomplète de ma pensée m'engage donc à revenir sur cette question et en même temps à rectifier certains passages de mon ouvrage qui étaient trop obscurs.

Pour déterminer les conditions de maximum de la résistance des bobines magnétiques, particulièrement de celles employées pour la construction des électro-aimants, je pars des lois de MM. Jacobi, Dub et Muller, qui donnent, comme expression de la force électro-magnétique F, le produit de l'intensité I du courant par le nombre t des tours de spires, et comme valeur de la force attractive A, le carré de ce produit. Ces formules n'ont peut-être pas toute la rigueur désirable, comme l'ont démontré les recherches intéressantes de M. Cazin, mais, de même que les lois de Ohm, elles sont suffisamment exactes entre certaines limites pour permettre des déductions vraies et utiles pour l'application. Ces formules peuvent être écrites de la manière suivante :

$$(1) \qquad F = \frac{Et}{R + H} \quad \text{et} \quad A = \frac{E^2 t^2}{(R + H)^2},$$

E représentant la force électro-motrice de la pile, R la résistance du circuit extérieur et H la résistance de la bobine magnétique. Si l'on recherche la véritable expression de t et de H en fonction des éléments entrant dans la construction d'un électro-aimant, on arrive à trouver $t = \frac{ab}{g^2}$ et $H = \frac{\pi ba(a+c)}{g^2}$, a représentant l'épaisseur des couches de spires, b la longueur de la bobine, c le diamètre du fer de l'électro-aimant, g le diamètre du fil de l'hélice.

En appliquant aux formules précédentes n° (1) ces valeurs de t et de H, on arrive à l'équation :

$$(2) \qquad A = \frac{E^2 a^2 b}{[Rg^2 + \pi ba(a+c)]^2}$$

qui peut conduire à différentes conditions de maximum suivant qu'on fait varier a, c ou g.

I. Si l'on fait varier l'épaisseur a de l'hélice, ce qui suppose les autres quantités invariables et l'action des spires sensiblement la même, hypothèse que l'on peut admettre dans les conditions ordinaires des électro-aimants ainsi que l'expérience l'indique, les conditions de maximum répondant à l'annulation de la dérivée de l'expression précédente indiquent que R doit être égal à $\frac{\pi ba^2}{g^2}$, c'est-à-dire à la longueur H de l'hélice divisée par le rapport $\frac{a+c}{a}$, ou, ce qui revient au même, que H doit être égal à $R\left(1 + \frac{c}{a}\right)$. Traduite en langage ordinaire, cette déduction signifie que l'on peut enrouler avantageusement sur un électro-aimant un fil de grosseur donnée jusqu'à ce que la résistance de ce fil soit égale à celle du circuit extérieur multipliée par $\left(1 + \frac{c}{a}\right)$, en admettant toutefois que le rapport $\frac{c}{a}$ ne donne pas à ce facteur une valeur qui rendrait inadmissible l'égalité d'action des spires qui a été supposée.

II. Si l'on fait varier g, c'est-à-dire le diamètre du fil de l'électro-aimant, comme R doit être estimé en unités de même ordre que le fil de l'hélice, il faudra que g figure dans son évaluation; en un mot, il faudra que R soit fonction de g, et si l'on désigne par q la constante numérique représentant le rapport de conductibilité des métaux de R et de H divisé par le carré du diamètre de R, et que f représente le coefficient par lequel il faut diviser g pour obtenir le diamètre du fil de H dépourvu de sa couverture isolante, on arrive à avoir pour expression de la valeur réduite de R la formule $\frac{q\mathrm{R}g^2}{f^2}$. D'un autre côté, comme en faisant varier la grosseur du fil g, on fait varier le nombre des spires pour une épaisseur donnée a, et on augmente ou on diminue la longueur réelle du circuit sans tenir compte des variations de résistance qui en résultent, il devient nécessaire, pour combler cette lacune, d'affecter le numérateur de l'expression par le facteur $\frac{g^2}{f^2}$, car si l'intensité d'un courant est en raison inverse de la longueur réduite du circuit, elle est au contraire proportionnelle à sa section quand celle-ci est variable. Il en résulte que, si l'on suppose le fil de R plus gros que celui de l'hélice, la formule n° (2) se trouve transformée en :

$$\text{(3)} \qquad \mathrm{A} = \frac{g^4\mathrm{E}^2a^2b^2}{[q\mathrm{R}g^4 + f^2\pi ba(a+c)]^2}.$$

Or, la dérivée de cette expression s'annulant pour $\frac{q\mathrm{R}g^2}{f^2} = \frac{\pi ba(a+c)}{g^2}$, on en conclut que les conditions de maximum, dans ce cas, répondent à $\mathrm{R} = \mathrm{H}$, ce qui signifie que, pour des électro-aimants de mêmes dimensions ayant des bobines de même diamètre, la grosseur du fil de l'hélice la plus convenable sera celle qui rendra sa résistance égale à celle du circuit.

Si l'on cherche les rapports réciproques des forces magnétiques dans ces deux conditions de maxima, on trouve :

1° Que si la grosseur du fil reste la même, mais que le diamètre des bobines soit différent, le rapport des forces F′ et F sera :

$$\frac{\mathrm{F}'}{\mathrm{F}} = \frac{\sqrt{a^2+2ar+r^2}+r}{\sqrt{a^2+2ar}+r} = \frac{2}{\sqrt{2}+\frac{1}{2}},$$

F′ représentant la force avec $\mathrm{H} = \mathrm{R}\left(1+\frac{c}{a}\right)$,

F représentant la force avec $\mathrm{H} = \mathrm{R}$,

et c étant égal à a et représenté par $2r$ avec une valeur de 1.

2° Que si la valeur du fil est variable et le diamètre des bobines exactement le même, le rapport de ces forces est :

$$\frac{F}{F'}=\frac{2+\frac{2r}{a}}{2\sqrt{1+\frac{2r}{a}}}=\frac{2+1}{2\sqrt{2}}.$$

III. Si l'on fait varier la quantité c de manière à établir une relation constante entre l'épaisseur de l'hélice et le diamètre du fer, et que l'on se guide sur ce diamètre pour satisfaire aux conditions d'application de l'électro-aimant, la résistance de l'hélice doit être calculée d'après les conditions de maximum se rapportant au second cas que nous avons discuté; et si, cette détermination étant faite, on suppose invariables l'épaisseur a de l'hélice et le nombre t des tours de spires, la force attractive A devient proportionnelle au diamètre c multiplié par le carré de l'intensité du courant et a pour expression :

$$(4)\qquad A=\frac{E^2t^2.c}{[2t\pi(a+c)]^2}.$$

En prenant la dérivée de cette expression par rapport à c considéré comme variable et l'égalant à zéro, on trouve que les conditions de maximum répondent à $a=c$, c'est-à-dire à l'égalité de l'épaisseur de la bobine et du diamètre du fer de l'électro-aimant.

Comme en définitive dans la construction des électro-aimants on part toujours d'un diamètre de fer donné, diamètre qui a été calculé pour correspondre à une force exigée et à un degré de saturation magnétique convenable pour l'intensité électrique employée, les conditions du problème se trouvent être généralement celles qui entraînent comme conditions de maximum l'égalité des deux résistances R et H et celle des deux quantités a et c; de sorte que par le fait l'observation de M. Raynaud est fondée, et dans les conclusions de mon travail insérées dans les *Mondes* (t. XXV, p. 30), on devra évidemment modifier celles qui établissent d'une manière générale que les électro-aimants doivent avoir une résistance double de celle du circuit extérieur, ou, du moins, il sera nécessaire de spécifier les cas dans lesquels cette déduction est réellement applicable. Dès lors la formule qui donne la valeur de c sans désignation du diamètre du fil de l'hélice et de manière à ce que l'état magnétique du fer soit voisin du point de saturation doit être :

$$(5)\qquad c=\sqrt[3]{(E-IR)^2.0,000000000000000339701761},$$

I indiquant l'intensité du courant dans le circuit où doit être interposé l'électro-aimant et dont la résistance totale est 2R. La valeur de g se déduit alors de l'équation $H = \frac{2\pi c^3 m}{g^2}$ qui donne, par rapport à R réduit en fonction de g :

$$g = f\sqrt{\frac{c^3}{R}\cdot 0{,}0001005312},$$

R étant évalué en mètres de fil télégraphique de 4 millimètres de diamètre et m représentant un coefficient égal à 12.

IV. Si l'on fait varier la quantité b, c'est-à-dire la longuer de la bobine, il n'y a plus de maximum possible. Toutefois, les expériences de M. Hughes ont démontré qu'en rendant la longueur d'un électro-aimant fonction de son diamètre, le coefficient m, par lequel il faut multiplier c pour obtenir b, doit être 6 pour chacune des bobines d'un électro-aimant à deux branches. Dans mon ouvrage *Sur les meilleures conditions des électro-aimants,* j'ai voulu déduire mathématiquement ce rapport en faisant abstraction de l'action propre des spires et en partant de la proportionnalité de la force attractive à $\sqrt{b}$ ou à $c^{\frac{3}{2}}$, mais ce système de calcul n'a en réalité rien de rigoureux.

Néanmoins, si l'on ne veut qu'une simple indication, et que l'on fasse b égal à cm, on peut obtenir pour m une valeur déduite des conditions de maximum de la formule

$$A = \frac{E^2 m^2 c^4 . c^{\frac{3}{2}}}{[Rg^2 + 2\pi c^3 m]^2}, \qquad (5)$$

dans laquelle le diamètre c étant supposé variable et égal à l'épaisseur de l'hélice a, les quantités a, b, c varient toutes en même temps et entraînent pour A non-seulement la proportionnalité au carré de l'intensité du courant et au carré du nombre des tours de spires, mais encore la proportionnalité à la puissance trois demi des diamètres. (*Loi de Dub.*)

Dans ces conditions, le maximum de la formule précédente répond à

$$m = 11 . \frac{Rg^2}{2\pi c^3}.$$

Mais comme c n'a plus alors la même valeur que dans l'hypothèse où la résistance de l'hélice doit être égale à la résistance du circuit extérieur R, et que cette quantité exprime ce dernier diamètre multiplié par $\sqrt[3]{11}$, l'expression $\frac{2\pi c^3}{g^2}$ représente par le fait la longueur d'une hélice dont le fer a pour diamètre $\frac{c}{\sqrt[3]{11}}$ et une longueur $\frac{c}{\sqrt[3]{11}} \times 11$, laquelle longueur doit être alors égale à R. Il en résulte que le facteur $\frac{Rg^2}{2\pi c^3}$ peut être considéré comme égal à 1, et dès lors la valeur de m devient égale à 11, chiffre bien voisin de celui indiqué par M. Hughes.

V. Les déductions qui précèdent supposent que le circuit est parfaitement isolé, que l'état permanent de la propagation électrique est établi, que les réactions de l'extra-courant de l'électro-aimant n'existent pas, et que le fer de l'électro-aimant est dans les conditions de saturation nécessaires pour que les lois de MM. Dub et Muller soient applicables. Quand ces conditions n'existent pas, je démontre théoriquement que la résistance de l'hélice doit être considérablement réduite, ce que les expériences de M. Hughes ont prouvé d'une manière irrécusable et ce qu'ont confirmé d'une manière plus nette encore les expériences récentes de M. Lenoir, expériences qui l'ont conduit à réduire cette résistance dans une proportion beaucoup plus grande encore que ne l'avait fait M. Hughes, quand l'électro-aimant se trouve appliqué aux télégraphes autographiques, c'est-à-dire quand il doit subir des alternatives d'aimantation et de désaimantation très-rapides.

Avec des éléments si divers il est impossible de poser une formule qui puisse donner exactement les conditions de maximum de résistance des bobines électro-magnétiques. Pour l'action seule des dérivations, le calcul démontre que les conditions sont les mêmes que celles déterminées précédemment en supposant que la résistance R, sur laquelle elles sont basées, est représentée par la résistance totale du circuit extérieur avec ses dérivations, dans des conditions opposées et symétriques du point d'application de ces dérivations; et comme la résistance totale d'un circuit soumis à des dérivations est moindre que sa résistance propre, l'hélice magnétisante doit se trouver avoir une moindre résistance.

En prenant le cas le plus simple, celui d'une simple dérivation u établie sur un circuit extérieur de résistance l, avec une résistance commune R, la force attractive de l'électro-aimant interposé au milieu de l sera :

$$A = \frac{E^2 u^2 t^2}{[R(u + l + H) + u(l + H)]^2},$$

et si l'on substitue à t et à H leur véritable valeur, on arrive à une expression dont la dérivée, par rapport à a, s'annule pour

$$l + \frac{uR}{u + R} = \frac{\pi b a^2}{g^2};$$

or, le second membre de cette équation représente précisément la valeur de R dans un circuit isolé; mais ici R est exprimé par la résistance totale du circuit prise en sens inverse, car celle qui est étudiée est représentée par le fait par $R + \frac{lu}{u + l}$.

Je n'insisterai pas toutefois sur cette question, que j'ai longuement traitée dans mon ouvrage *Sur les meilleures conditions de construction des électro-aimants*, j'ajouterai seulement que la vérification expérimentale des premières lois que nous avons discutées est très-délicate, en raison de la difficulté de se procurer des fils de cuivre de diamètres différents qui soient exactement de la même conductibilité et recouverts de soie d'une manière uniforme. Il suffit d'une différence assez minime dans cette conductibilité pour renverser quelquefois les déductions que nous avons émises. Les bobines dont j'ai rapporté les résultats dans mon ouvrage avaient été construites avec soin par MM. Digney, et les fils avaient la même provenance, mais j'ai fait depuis des expériences avec d'autres bobines, et j'ai obtenu des résultats variables. Le mode d'enroulement a aussi une grande influence, de sorte que le guide le plus sûr en cela est encore la théorie.

Il résulte de tout ceci que, sur un circuit isolé, un électro-aimant donné peut correspondre avantageusement à une résistance du circuit extérieur plus petite que sa résistance propre, et la différence de ces résistances est d'autant plus grande que l'épaisseur de l'hélice est plus petite par rapport au diamètre du fer de l'électro-aimant; mais que, pour des électro-aimants dont les éléments sont à déterminer et qui doivent avoir une épaisseur d'hélice indiquée, on devra s'arranger, par le choix du fil, de manière à donner à l'hélice une résistance égale à celle du circuit.

Enfin, si le circuit extérieur n'est pas isolé ou que l'électro-aimant doive subir des alternatives d'aimantation et de désaimantation extrêmement rapides, la résistance de l'hélice devra être de beaucoup inférieure à la résistance de ce circuit extérieur.

Paris. — Imprimerie WALDER rue Bonaparte, 44.

POIDS DES DIFFÉRENTES MATIÈRES EMPLOYÉES DANS LA CONSTRUCTION DES CABLES RÉCEMMENT IMMERGÉS.

CABLES.	DATE DE l'immersion.	LONGUEUR en knots.	POIDS PAR KNOT DE CABLE.						REMARQUES.
			DU cuivre en livres.	DE l'isolateur en livres.	DU fer en tonnes.	DU chanvre en tonnes.	DE l'asphalte en tonnes.	DE la totalité en tonnes.	
1° Golfe Persique.	1864	1148,00	225	275	3,060			3,73	
2° Atlantique.	1865	1896,00	300	400	0,632	0,8055		1,75	
3° Golfe Persique.	1866	160,00	225	275	3,060			3,73	
4° Atlantique.	1866	1852,00	300	400	0,632	0,8055		1,75	
5° Angleterre et Hanovre.	1866	224,00	107	150	17,065	0,3396	0,637	18,49	bouts côtiers.
					8,100	0,4000	2,080	10,94	partie centrale.
6° Placentia-Bay et Sydney.	1867	112,10	150	230	2,150	0,1804		2,50	Placentia et Saint-Pierre.
		188,70							Saint-Pierre et Sydney.
7° Anglo-Méditerranéen.	1868	927,00	150	200					
8° Atlantique Français.									
					17,795	0,217	2,113	20,447	bouts côtiers.
(Brest-Saint-Pierre).	1869	2584,00	400	400	4,605	0,368	0,921	6,246	intermédiaire.
					0,709	0,104	0,487	1,652	partie centrale.
					14,972	0,109	1,563	16,760	bouts côtiers.
(Saint-Pierre-Duxbury).	1869	749,00	107	150	4,753	0,528	0,879	6,276	intermédiaire.
					1,949	0,1095	0,700	2,875	partie centrale.
9° British-Indian.	1870								
					9,758	0,540	0,927	11,412	bouts côtiers.
Suez-Aden.		1460,66	120	175	2,725	0,131	0,330	2,286	intermédiaire.
					1,193	0,189	0,459	2,742	partie centrale.
					9.759	0,725	1,080	11,737	bout côtier (Aden).
					11,705	0,146	0,698	12,737	— — (Bombay).
Aden Bombay.		1817,43	180	240	5,429	0,325	0,691	6,633	intermédiaire, n° 1.
					2,851	0,083	0,345	3,414	— n° 2.
					1,186	0,146	0,352	1,872	partie centrale.
10° Falmouth-Gibraltar.	1870	27,75	120	175	10,604	0,725	1,080	11,737	bouts côtiers.
(Falmouth-Lisbonne)		144,80			3,018	0,090	0,350	3,420	1er intermédiaire.
		651,06			0,709	0,104	0,487	1,652	1re partie centrale.
Lisbonne Gibraltar.		42,00	120	175	10,604	0,725	1,080	11,737	bouts côtiers.
		15,00			3,018	0,090	0,350	3,420	1er intermédiaire.
		274,00			0,923	0,063	0,244	1,535	2e partie centrale.
		45,00			5,917	0,325	0,691	6,633	2e intermédiaire.
11° Gibraltar et Malte.	1870	4,00	120	175	10,604	0,725	1,080	11,737	bouts côtiers.
		251,97			3,018	0,090	0,350	3,420	1er intermédiaire.
		846,29			0,923	0,063	0,244	1,535	2e partie centrale.
		2,81			5,917	0,325	0,691	6,633	2e intermédiaire.
12° Marseille, Alger et Malte.	1870	16,00	107	166	10,604	0,725	1,080	11,737	bouts côtiers.
(Marseille à Bône).		486,00			1,054	0,140	0,346	1,864	partie centrale.
Bône à Malte.		24,00	107	166	10,604	0,725	1,080	11,737	bouts côtiers.
		336,00			1,214	0,450	0,360	1,880	partie centrale.
13° British-Indian (extension).	1870				9,518	0,587	1,304	11,524	bouts côtiers.
Penang-Singapore.		1447,17	120	175	2,696	0,108	0,443	3,375	intermédiaire.
					2,761	0,122	0,385	3,397	partie centrale.
Penang-Madras.		387,00	120	175	5,113	0,273	0,810	6,331	bouts côtiers.
					1,099	0,066	0,247	1,541	partie centrale.
					9,514	0,666	1,371	11,412	bouts côtiers.
14° Télégraphe de Chine.	1870	1632,00	107	140	2,831	0,103	0,443	3,286	intermédiaire.
					1,913	0,259	0,459	2,712	partie centrale.
15° British Australien.	1870								
Batavia Singapore.		579,00	107	140	9,514	0,666	1,371	11,665	bouts côtiers.
					2,834	0,103	0,443	3,490	partie centrale.
Batavia et Port Darwin.			107	140	9,514	0,666	1,371	11,665	bouts côtiers.
					1,193	0,107	0,393	1,796	partie centrale.
16° Golfe Persique.	1868	525,00	225	200	3,06			3,73	
17° Angleterre-Danemark.	1868	365,00	180	180	2,40			3,00	
18° Angleterre-Norwége.	1869	240,00	180	180	2,40			3,00	
19° Nord de la Chine.	1870								
Hong-Kong-Schanghai.		685,00	300	200	1,10			1,50	Section A caoutchouc de Hooper.
		272,00			2,10			3,00	— B
		111,00			6,60			8,00	— C
		30,00			1,52			18,00	— D
Schanghai-Posietta.		990,00	300	200	1,10			1,50	— A
		92,00			2,40			3,00	— B
		96,00			6,60			8,00	— C
		20,00			1,52			18,00	— D

NOTA. — La livre anglaise représente 453 gram., 544 milliar. — La tonne représente 20 hundred Weight ou 1015 kilog. 938 gram.

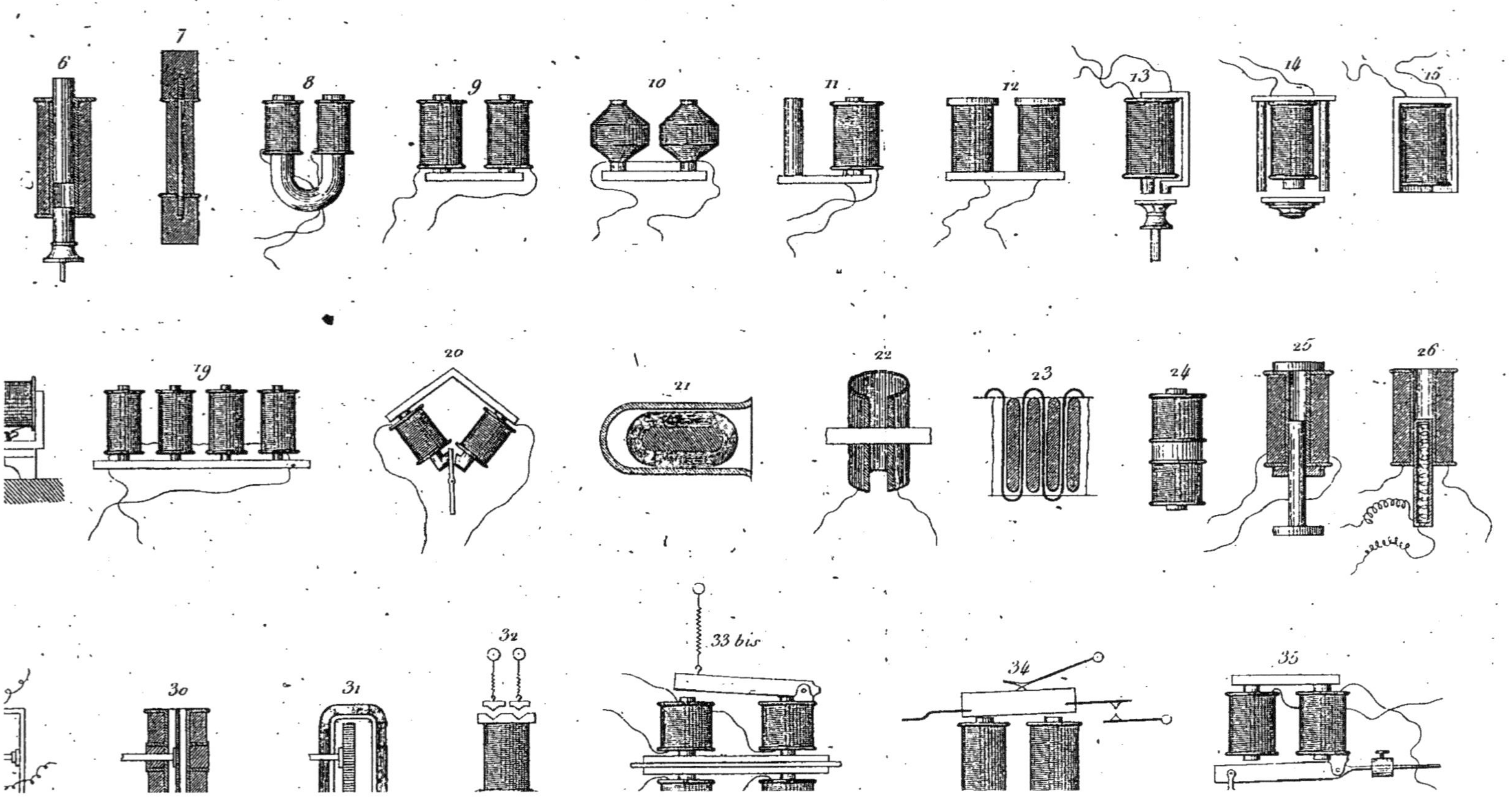

6 7 8 9 10 11 12 13 14 15

19 20 21 22 23 24 25 26

30 31 32 33 bis 34 35

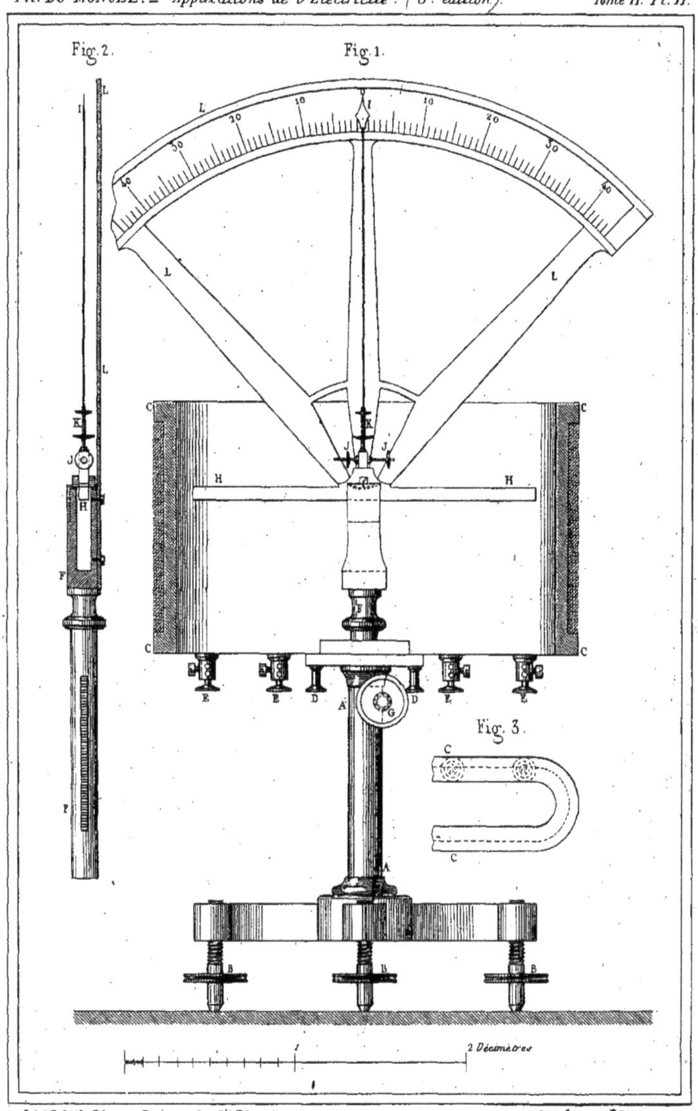

LACROIX, Éditeur, Paris, rue des Sts Pères, 54. Imp. Janson, Paris.

GALVANOMÈTRE-BALANCE, PAR M. BOURBOUZE.

Publication trimestrielle, 2 fr. par an — Le n° 75 c.

BIBLIOGRAPHIE

DES

INGÉNIEURS, DES ARCHITECTES

DES

CHEFS D'USINES INDUSTRIELLES

DES

ÉLÈVES DES ÉCOLES POLYTECHNIQUE ET PROFESSIONNELLES

ET DES AGRICULTEURS

REVUE CRITIQUE DES LIVRES NOUVEAUX

PAR

E. LACROIX ✻

Ancien-Officier de marine, Ingénieur civil

Membre de la Société industrielle de Mulhouse, de l'Institut royal des Ingénieurs hollandais

de la Société des Ingénieurs de Hongrie, etc

IVe SÉRIE, N° XVII

PUBLICATIONS DU 2e TRIMESTRE 1873

Prix : 75 c.

Avis. — Tous les ouvrages sans indication de prix n'ont pas été destinés à être livrés dans le commerce; nous prions donc nos abonnés de ne pas nous en adresser la demande, nous ne pourrions que très-rarement les satisfaire. A cette occasion, nous prions ceux de nos lecteurs qui seraient en possession de quelques-uns de ces ouvrages, qui pour eux deviendraient sans utilité, de vouloir bien nous en proposer l'acquisition, pour nous aider à compléter notre collection et celle de quelques-uns de nos abonnés.

Nous ferons l'analyse de tous les livres (concernant les sciences, l'industrie et l'agriculture) dont il aura été adressé un exemplaire au bureau de la rédaction, 54, rue des Saints-Pères.

PARIS

LIBRAIRIE SCIENTIFIQUE, INDUSTRIELLE ET AGRICOLE

Eugène LACROIX, Imprimeur-Éditeur

Libraire de la Société des Ingénieurs civils de France, de celle des anciens Élèves des Écoles nationales d'Arts et Métiers, de la Société des Conducteurs des Ponts et Chaussées de MM. les Mécaniciens de la Marine, etc., etc.

54, RUE DES SAINTS-PÈRES, 54

BIBLIOGRAPHIE
DE L'INGÉNIEUR, DE L'ARCHITECTE,
ET DE L'AGRICULTEUR, ETC.

Principaux ouvrages de science appliqués à l'industrie, publiés en France pendant le 2e trimestre 1873.

A

AMIOT, ingénieur des mines. — Note sur l'**affinage de la fonte** par le procédé Danks. In-8, 22 p. et 2 pl. Paris, imp. Arnous de Rivière;

B

BASSET, chimiste. — Guide théorique et pratique du **fabricant d'alcools et du distillateur**. 3e partie. In-8, 826 p. Paris, imp. Hennuyer; 10 fr.

BAUDE. — Les **Chemins de fer** pendant la guerre de 1870 et 1871. In-4°, 15 p. Paris, imp. Ve Bouchard-Huzard.

BELGRAND, membre de l'Institut. — La Seine, **études hydrologiques**, régime de la pluie, des sources, des eaux courantes. Gr. in-8, XI-623 p. et atlas de 73 pl. Paris, imp. Raçon et Cie;

BERGERON. — Le **Chemin de fer** sous-marin entre la France et l'Angleterre. In-8, 16 p. Paris, imp. Dutemple

BLAISE. — Les **Chemins de fer** d'intérêt local et l'agriculture. In-8, 20 p. Paris, imp. Parent;

BONNEVILLE, PAUL et JAUNEZ. — Les Arts et les produits céramiques. **La fabrication des briques et des tuiles**, suivie d'un chapitre sur la fabrication des pierres artificielles et d'une étude très-complète des produits céramiques, poteries communes, porcelaines, faïences etc. Ouvrage accompagné de notes de tableaux avec nombreuses figures dans le texte et plusieurs planches, par MM. Bonneville, Paul, A. et L. Jaunez, ingénieurs manufacturiers, rédacteurs des *Annales du Génie civil*. 2e et dernière partie : Poteries diverses, faïences fines, porcelaines, etc. In-8, VIII-184 pag. avec 8 pl., in-4, et fig. dans le texte. Paris, imp. et lib. E. Lacroix. L'ouvrage complet. 10 fr.

BOSC, architecte. — **Étude sur les chaussées** dans les grandes villes. In-8, 32 p. Paris, imp. Jouaust;

BRETON, ingénieur en chef des ponts et chaussées. — Traité de **nivellement**, 3e *édition*. In-8, XX-352 p. et 4 pl. Paris, imp. Bouchard-Huzard. 6 fr.

D

Dictionnaire industriel à l'usage de tout le monde, ou les 100,000 secrets et recettes de l'industrie moderne : Agriculture. — Arboriculture. — Animaux domestiques. — Arts et Métiers. — Arts industriels. — Chemins de fer. — Chimie industrielle. — Conservation des substances alimentaires. — Constructions civiles. — Economie industrielle et domestique. — Engrais. — Géologie. — Histoire naturelle. — Hygiène. — Jardinage. — Machines à vapeur. — Machines agricoles. — Mines. — Minéralogie. — Métallurgie. — Physique. — Sondages, par MM. les rédacteurs des *Annales du Génie civil*: E. LACROIX, ingénieur civil, directeur de la publication. T. 1er. Abaque-Dégraissage. In-18 jésus, VI-360 p. Paris, imp. et lib. E. Lacroix. 5 fr. L'ouvrage complet (4 vol.). 20 fr.

DU MONCEL. — Rapport de M. le comte Du Moncel sur les **piles à bichromate** en général et sur leur chargement au moyen des produits composés solides de bichromate de potasse et sels acides de MM. Voisin et Dronier. In-8, 52 p. avec fig. Caen, imp. Le Blanc-Hardel;

E

Essai sur la **filature** mécanique du lin; in-8, 212 p. Lille, imp. Robbe;

F

FARCOT. — Le **Servo-moteur**, ou moteur-asservi, ses principes constitutifs, variantes diverses, application à la manœuvre des gouvernails. Gouvernails à vapeur Farcot. In-8, VII-92 p. et 36 pl. Paris, imp. Chamerot;

FURNO, ingénieur. — Note sur l'**aéro-vapeur** Warsop. In-8, 17 p. Paris, imp. et lib. Eug. Lacroix. 2 fr.

Extrait des *Annales du Génie civil.*

G

GATELLIER, ingénieur civil des mines. — Expériences sur les **engrais** chimiques. Gr. in-8 à 2 col., 8 p. Paris, imp. Chamerot;

GEYMET. — **Photolithographie** traits et demi-teintes. In-18 jésus, 180 p. Paris, imp. Seringe frères; 10 fr.

GODARD. — Encyclopédie des **virages.** In-8, 62 pages. Angoulême, imp. Nadaud et Comp. 2 fr.

J

JULLIEN, ingénieur. — Introduction à l'étude de la **métallurgie du fer** et en général des composés de la nature qui ne sont pas des corps composés. In-4, 59 pages. Paris, imprim. Ve Bouchard-Huzard;

L

LEMOINE, ingénieur des ponts et chaussées. — Notes sur les procédés les plus récents proposés en Angleterre pour la **fabrication perfectionnée du chlore.** In-8, 15 p. Paris, imp. Arnous de Rivière et Cie.

Extrait des *Annales des Mines*, t. 3, 1873.

— Notes de voyage sur quelques progrès récents des industries chimiques et métallurgiques en Angleterre. In-4, 24 p. Paris, imp. Ve Bouchard-Huzard.

O

OLIVIER, professeur de géométrie descriptive. — Cours de **géométrie descriptive** 2e partie. Des courbes et des surfaces courbes. Texte. 3e *édition.* In-4, 436 p. Abbeville, imp. Briez.

P

PILLORE. — Les Chemins de fer économiques; 3e *édition.* In-8, 40 p. Saint-Valery-en-Caux, imp. Pillore. 60 c.

R

RIVIÈRE, vétérinaire. — Guide pratique du **vétérinaire** et du parfait bouvier, in-18 jésus, 470 p. Versailles, imp. Crété; 3 fr.

RUGGIERI, artificier du gouvernement. — Notice sur la **dynamite**, son histoire, sa fabrication, ses propriétés physiques, sa conservation, son emmagasinage et son emploi commode, facile et sûr. In-8, 63 p. Paris, imp. Blot. 2 fr.

S

Savalle. — Progrès récents de la **distillation**; par M. Désiré Savalle. Distillation des mélasses indigènes et exotiques, distillation des betteraves, distillation des grains et des pommes de terre par le malt et par les acides, distillation des vins, distillation directe de la canne à sucre, appareils pour la distillation des jus fermentés et la rectification des alcools, production du mythilène anhydre sans odeur; fractionnement des benzols pour la fabrication des couleurs d'aniline. Avec 37 fig. In-8, 179 p. Paris, imp. A. Chaix et Cᵉ; 12 fr.

Série de prix appartenant à la ville de Paris, applicable aux ouvrages de toute nature à exécuter en 1873-1874 pour le compte de l'administration municipale. Dressée par la commission spéciale instituée par arrêté préfectoral du 17 février 1872. Paris, imp. A Chaix et Cie.

— 1re partie. A. Terrasse, Maçonnerie, Carrelage. In-4, 139 pag. 25 fr.

— 2e partie. B. Charpente. In-4, 56 p. 6 fr.

— 3e partie. C. Couverture. — Plomberie et zincage. — Gaz. 1 vol. in-4, 110 p. 18 fr.

— 4e partie. D. Menuiserie. In-4, 150 p. 18 fr.

— 5e partie. E. Serrurerie. In-4, 247 p, 30 fr.

— 6e partie. F. Fumisterie, 1 vol. in-4. 82 p. 10 fr.

— 7e partie. G. Marbrerie-Stuc. In-4 45 p. 5 fr

— 8e partie. H. Peinture. — Vitrerie. — Dorure. — Tenture. — Miroiterie, in-4, 60 p. 10 fr.

— 9e partie. I. Pavage. — Granit. — Asphalte. — Ardoiserie. — Vidange. 1 vol. in-4. 34 p. 4 fr.

L'ouvrage complet, c'est-à-dire toutes les parties prises ensemble, est de 70 fr.

Système de **recrutement** des ingénieurs de l'Etat. In-8, 110 p. Paris, imp. Viéville et Capiomont.

Bulletin des *Ingénieurs civils*, 1873, 1er trimestre. 7 fr.

T

Tetin. — Méthode élémentaire de **télégraphie** électrique. In-18, 36 p. Paris, imp. Pougin;

W

Wagner. — Nouveau traité de **chimie** industrielle. T. 2, 1er fascicule. Avec 400 fig. dans le texte. In-8, 160 p. Corbeil, imp. Crété fils; les deux vol. 20 fr.

Imprimerie et Librairie de E. Lacroix, 54, rue des Saints-Pères, Paris.

www.ingramcontent.com/pod-product-compliance
Ingram Content Group UK Ltd.
Pitfield, Milton Keynes, MK11 3LW, UK
UKHW020255230726
13925UKWH00001B/52